Heinrich Mayr

Waldbau auf naturgesetzlicher Grundlage

Verlag
der
Wissenschaften

Heinrich Mayr

Waldbau auf naturgesetzlicher Grundlage

ISBN/EAN: 9783957009043

Auflage: 1

Erscheinungsjahr: 2016

Erscheinungsort: Norderstedt, Deutschland

Hergestellt in Europa, USA, Kanada, Australien, Japan
Verlag der Wissenschaften in Hansebooks GmbH, Norderstedt

Cover: Jean-Baptiste Camille Corot "Brücke bei Narni"

Waldbau

auf naturgesetzlicher Grundlage.

Ein Lehr- und Handbuch,

bearbeitet von

Heinrich Mayr,

Dr. philos. et oec. publ.,

o. ö. Professor der forstlichen Produktionslehre an der Universität
München.

Mit 27 Textabbildungen und 3 Tafeln.

BERLIN.

VERLAGSBUCHHANDLUNG PAUL PAREY.

Verlag für Landwirtschaft, Gartenbau und Forstwesen.

SW., Hedemannstrasse 10.

1909.

Vorwort.

Für vorliegendes Werk wurde der Titel „Waldbau“ beibehalten,
obwohl das Wort nur einen Teil der begründenden, erziehenden und
pflegenden Tätigkeit des Forstmannes im Walde wiedergibt; allein das
Wort: Waldbau, Silvicultura, ist international, verständlich geworden
und begegnet nur noch bei Laien der engen Deutung, daß Waldbau
mit dem Ansäen und Anpflanzen von Nutzbäumen sich erschöpfe.
Man könnte fragen, ob denn die naturgesetzlichen Grundlagen heute
schon genügend erforscht seien, um darauf einen für Theorie un'd
Praxis zugleich bestimmten Waldbau aufbauen zu können?
Man darf dies bejaen in der Erkenntnis, daß der Waldbau selbst viel
älter und weiter vorgeschritten ist, als es den naturwissenschaftlichen
Grundlagen möglich war, ja, daß der ganze praktische Waldbau der vorausgehenden Jahrhunderte als eine Sammlung großartiger, ununterbrochener
und naturwissenschaftlicher Versuche aufgefaßt werden muß, deren Ergebnisse noch der systematisch-wissenschaftlichen Deutung und Zu-
sammenfassung harren. So manche Entdeckung der heutigen Natur-
wissenschaften bringt deshalb nur eine wissenschaftliche Begründung
waldbaulich längst bekannter Erscheinungen, wie z. B. die Forschungen
über das Lichtbedürfnis der Pflanzen. Durch dieses Voraneilen hat
die Praxis an Ansehen nicht gewonnen; es schien, als ob Waldbau
auch ohne wissenschaftliche Vorbildung erlernt und getrieben werden
könnte, und vielfach gilt heute noch mechanisch-praktischer Drill als
die wichtigste Grundlage für forstliche Ausbildung. Anderseits hat
die Praxis selbst sich überschätzt, indem sie den Satz prägte: „Probieren
geht über Studieren“ und mit Verachtung auf die Theorie, die naturgesetzlichen Grundlagen des Waldbaues, herabblickte.

Es fallen aus diesem Grunde heute noch viele Praktiker in den
Fehler, daß sie, in einen neuen Wirkungskreis mit neuen Holzarten
und neuen Standorten versetzt, wieder ab ovo der Waldbaupraxis,
das heißt mit Probieren beginnen, weil sie entweder die Theorie des
Waldbaues nicht kennen oder Mißtrauen und Vorurteile hegen gegen
die Tätigkeit des Vorgängers oder des Nachbarn, gegen Theorie und
Praxis in den Nachbarstaaten, gegen andere Holzarten, seien sie einheimische oder gar fremdländische.

Nur im theoretischen Waldbau auf naturgesetzlicher Grundlage
vereinigen sich alle Erscheinungen und Ergebnisse der naturwissenschaftlichen Forschung und Waldbaupraxis zu einem harmonischen,
logischen Ganzen; mit seiner Fortbildung hebt sich der Wert des
Waldes, mindern sich die Kosten seiner Begründung und Pflege, mehrt
sich die Rente, erhöht sich das Wissen und die soziale Stellung der
Forstwirte; ohne ihn wird der Forstmann zum Waldhand-
werker.

Ruht Waldbau auf naturwissenschaftlicher Grundlage, so kann es nur eine Theorie des Waldbaues geben, da die großen Naturgesetze für alle Holzarten der Erde die gleichen sind; naturgesetzlicher Waldbau ist international; verschieden ist nur das materielle Interesse, das der Mensch an den Produkten des Waldes nimmt, verschieden das Endziel der Wirtschaft; verschieden die Praxis, die Kunst, durch Waldbegründung, Walderziehung und Waldpflege dem verschieden gestalteten, ökonomischen Prinzipe im Walde gerecht zu werden.

Wer hierbei die naturgesetzlichen Grundlagen verläßt und nur allein auf höchsten Gewinn bedacht ist, wie der heutige Kahlschlagbetrieb mit Pflanzung, fehlt gegen das natürliche Prinzip der Nachhaltigkeit der Bodengüte und der Holzarten; wer einseitig das natürliche Prinzip zu wahren sucht, wie es Karl Gayer in seiner gruppenweisen, natürlichen Begründung gemischter Bestände gelehrt hat, schädigt die Rente. C. Wagner in Tübingen erstrebt in der saumweisen, schirmständigen Naturverjüngung (Blendersaum) eine Verknüpfung der widerstreitenden Prinzipien im Walde; sein System verdient ernsthafte Beachtung und Prüfung.

Seit vielen Jahren suche ich auf einer anderen Fährte den goldenen Mittelweg in einer Wirtschaft, welche das Recht der Lebenden, die höchste Rentabilität, wahrt, aber auch den Kommenden gibt, worauf sie berechtigt sind, Nachhaltigkeit in Bodengüte, in Holzarten, in Nützung. Ob meine Vorschläge, welche am Schlusse dieser Schrift im zwanzigsten Abschnitte als „Kleinbestandswald" kurz zusammengefaßt sind, waldbaulich und betriebstechnisch richtig sind, mögen jene probieren, welche die Macht haben, Wirtschaftsregeln zu geben, sowie jene, welchen die Freiheit zugestanden ist, nach eigenem Wissen wirtschaften zu dürfen. Möchten jene, welche mit mir übereinstimmen, daß der theoretische Waldbau nur dann eine Wissenschaft ist, wenn er auf Naturgesetzen fußt, der praktische Waldbau nur dann eine richtige, Wald und Wirtschafter zugleich hebende Tätigkeit sein kann, wenn dem Probieren das Wissen vorausgeht, den vorliegenden Waldbau nicht im ganzen verurteilen, wenn sie in manchen Punkten mit demselben nicht einverstanden sind.

Ihr aber, welche ich mit Stolz und Freude meine jungen Freunde, meine Schüler nenne, vos estis spes nostra. Ihr habt seit zwei Dezennien gewünscht, daß die flüchtigen Worte über naturgesetzlichen Waldbau und seine Durchführung im Walde in die feste Form eines Lehrbuches gegossen würden, hier habt Ihr es; in Euren Händen liegt schon heute oder in Bälde das Schicksal des Waldes von den Tropen bis an seine Kältegrenzen; prüfet diese Schrift überall auf der Erde auf ihre Wahrheit und Brauchbarkeit!

Grafrath, im September 1908.

Der Verfasser.

Inhalt.

Einleitung.

Die Aufgaben des Waldbaues.

Nach dem Urteil der größten Mehrheit jener, welche ihre Blicke Gedanken und Schritte dem Walde zulenken, erwächst der Wald wild, d. h. ohne Zutun des Menschen; ihnen ist Wald gleich Urwald, von dem sie keine greifbare Vorstellung haben; ihnen ist der Urwald Ausgangspunkt und Schlußfolgerung ihrer Betrachtungen; für sie ist Waldbau etwas Überflüssiges; die ganze forstliche Tätigkeit beschränkt sich auf die Ernte, auf die Nutzung des Waldes; für sie gleicht der Forstmann in seiner Tätigkeit dem Jäger, der nur schießt, was im Walde wild erwächst. Für die Mehrzahl jener, welche tiefer mit dem Probleme Wald, mit seiner wirtschaftlichen und klimatischen Bedeutung sich befassen, erschöpft sich die Aufgabe des Waldbaues in der Begründung des Waldes durch Saat oder Pflanzung. Für sie ist der Forstmann gleich dem Landwirte, der nur sät und erntet, gleich dem Gärtner, der zwar seine Pfleglinge nicht durch Verkauf in alle Himmelsrichtungen zerstreut, sie aber an einer Stelle eng zusammenhäuft als Wald, dem nach dem Urteil vieler gerade das Beste im Walde, die Schönheit fehlt. Es sind daher auch jene durchaus nicht in geringer Zahl, welche glauben, die naturwissenschaftliche Vorbildung sei dem Forstmanne eher ein Hindernis als ein Fördernis für den späteren, praktischen Beruf. Daß auch unter den Forstwirten selbst diese Ansicht tief wurzelt, zeigt die Mißachtung des naturwissenschaftlichen, des sogenannten theoretischen Waldbaues in der Schule und in der Praxis. Wer den Gedanken hegt, Waldbau könnte in seinen zahlreichen Aufgaben ohne Theorie, d. h. ohne Kenntnis der Naturgesetze des Waldes und seiner Holzarten, erlernt werden, der kennt die Aufgaben des Waldbaues nicht und handelt nur folgerichtig, wenn er seinen Wald einem Halb- oder Ungebildeten anvertraut; wer vom Forstmann nichts verlangt, als daß er säen und pflanzen und verwalten kann, der braucht keinen naturwissenschaftlich gebildeten Mann; denn Säen und Pflanzen sind so einfache Geschäfte, daß jeder sie erlernen oder durch Herumprobieren im Walde, auch Praxis des Waldbaues genannt, sich erwerben kann; ist dann der Wald reif für die Ernte, so kann diese von jedem naturwissenschaftlich Ungebildeten betätigt werden, da ja nach der Ansicht selbst der Bestgebildeten unter den Laien diese nur darin besteht, die Bäume abzuhacken.

Das ist die landläufige Auffassung von der waldbaulichen Tätigkeit des Forstmannes im Walde, aber auch die Tendenz der Erziehung des forstlichen Nachwuchses: in möglichst kurzer Zeit möglichst viele Verwaltungskenntnisse, möglichst viele einfache, praktische Handgriffe in der Betätigung des Waldbaues und möglichst wenige der naturgesetzlichen Grundlagen des Waldbaues dem jungen Manne beizubringen; so wird aus ihm ein Beamter, der den bis ins kleinste ausgearbeiteten Wirtschaftsregeln sich fügt.

Die Einfachheit im forstlichen Betriebe feiert ihre höchsten Triumphe im Kahlschlage, wie ihn die Forsteinrichtung für ihre reinen, mangelhaft erzogenen, großen Bestände voraussetzt.

Am ersten hat die Natur mit heftigen und schweren Kalamitäten gegen die Unnatürlichkeit protestiert, welche an Stelle der ursprünglichen, natürlichsten Form des Waldes, an Stelle des Urwaldes getreten ist. Was liegt näher, als daß man auf der Rückfährte zum Urwalde heute die Heilung des Kulturwaldes erblickt. Zweifellos ist dieser Gedanke richtig, aber seine Ausführung ist schwierig. Die Annäherung an das Unerreichbare hängt ab von der heutigen, wirtschaftlichen Bedeutung des Waldes und von der Wertschätzung des Urwaldes. Es kann den Vorschlägen, welche sich mit einer Verbindung zwischen Urwald und wirtschaftlichem Walde befassen, der Vorwurf nicht erspart werden, daß sie die heutige Bedeutung des wirtschaftlichen Waldes unterschätzen, die waldbauliche Bedeutung des Urwaldes aber überschätzen.

Nur letzteres kann hier kurz gestreift werden. Wer glaubt, der Urwald mit seinen Riesen erzeuge die hochwertigsten Stämme nach Art und Schaftform, wer glaubt in der Urwaldform, d. h. sich selbst überlassen, verjünge sich der Wald am vollkommensten und schnellsten, der steht unter dem Banne einer nebelhaften Vorstellung von dem Werdegange des Urwaldes, er ist gefangen von seiner Schönheit, seiner Ursprünglichkeit, von seinem Artenreichtum, seinen mächtigen Gestalten, aber er vergißt, daß die Baumriesen gerade wegen ihrer Riesenhaftigkeit ungefügige Kolosse sind, deren Nutzungswert sich nur lohnt, wenn der Ankaufspreis äußerst niedrig ist. Nicht die Erziehung von Baumriesen ist das Ziel der forstlichen Waldbautätigkeit; jeder Baum soll nur so lange leben und nur so groß werden, bis er die höchste Wertstufe in seinem Körper erreicht hat; dem Waldbau speziell fällt dabei die Aufgabe zu, durch entsprechende Erziehung in möglichst kurzer Zeit dieses Ziel zu erreichen. Wer mit dem Urwalde inniger sich vertraut macht, findet bald, daß an den Baumriesen woniger die Größe als deren Alter bewundernswert ist; auch der moderne Kulturwald wäre imstande, solche Riesen zu erzeugen, wenn das mit den Prinzipien einer gesunden und geregelten Wirtschaft vereinbar wäre; es fehlt hierzu nur die entsprechende Höhe der Umtriebszeit.

Die Begründung der Waldesjugend im Urwalde erfordert einen überaus langen Zeitraum; jahrzehntelang erhalten sich in dem Halbdunkel die verschiedenen Altersstufen der jungen Pflanzen, bis endlich der überschirmende, alte Stamm abstirbt oder vom Winde gebrochen wird; mühsam kämpft sich die junge Pflanze durch das Gewirr der Äste empor, bis sie endlich zum vollen Lichtgenuß gelangt, nachdem 50, 100 Jahre, ja Jahrhunderte vergangen sind, seit das Korn vom Mutterbaume fiel. Unmöglich kann der heutige Waldbau diesem Verjüngungsgang folgen; sein Ziel ist darauf gerichtet, daß auf die Nutzung des erwachsenen Baumes so schnell als möglich die Wiederbegründung der neuen Generation folge. Ja, der Waldbau sucht, wenn irgend möglich, der jungen Generation das Dasein zu geben und zu sichern, ehe noch die alte Generation völlig von der Fläche verschwunden ist.

Im Urwalde fehlen Sturm-, Wasser- und Insektenkatastrophen durchaus nicht; sie sind aber dort seltener und abgeschwächt gegenüber dem Kulturwalde. Entsteht im Urwalde eine kahle Fläche, so verjüngt sich dieselbe ebenso wie eine künstlich geschaffene Kahlfläche, die wir der Natur zur Wiederbesamung überlassen; Tausende von Beispielen in Europa, Amerika und Asien lehren den gleichen, natürlichen Werdegang des Waldes auf Grund gleicher Naturgesetze. Überall strebt die Natur, die Kahlflächen möglichst rasch zu überkleiden mit einer Vegetation der leichtsamigsten Gewächse, der flugfähigsten Sämereien. Teils sind es annuelle und bienne Pflanzen, Kräuter, Gräser, Sträucher; vielfach sind sie denselben Familien wie z. B. den Kompositen, entnommen; bald sind es Bäume, insbesondere die leichtsamigen Gattungen Salix, Populus, Betula, leichtsamige Nadelbäume, wie vor allem Föhren, Fichten, Cupressineen mit geflügelten Sämereien, welche auf der Kahlfläche sich einfinden; wer zuerst erscheint, behauptet das Feld für die erste Waldgeneration, und zuerst kommt, wer zur Zeit der Kahlflächenbildung gerade Samen trägt. Die Unkräuter überwiegen, denn sie sind die alljährlichen Samenträger; ihre Sämereien sind all- und immergegenwärtig; die Bäume halten im Samenerträgnis einen Turnus ein, und ihre Keimlinge sind so zart, daß nur jene Art siegen kann, welche den klimaextremen Verhältnissen der Kahlfläche am besten gewachsen ist, welcher der Zustand des Bodens für Anflug und Keimung am besten entspricht. So ist die neue Generation überall ein Kind der Umgebung und des Zufalles. Zufällig kann auch der neue Wald den Absichten der Menschen entsprechen; das sind Ausnahmen. Läßt man diese erste Generation der leichtsamigen Gewächse ungestört, das heißt, vernichtet man sie nicht durch Feuer oder Axt, so schließt sie sich zum Walde zusammen, in dem auch die Tiere des Waldes, vor allem Vögel, sich niederlassen können, um für die Einbürgerung schwersamiger Holzarten, besonders der Eichen, Buchen, Nußarten und dergleichen, zu sorgen. Nach langem Kampfe gelingt es schließlich auch den schwersamigen und zumeist forstlich wertvolleren Holzarten, die leichtsamigen wieder auf ihr ursprüngliches Gebiet zurückzudrängen. Nun erst, vielleicht nach Jahrhunderten, ist wieder jenes Gleichgewicht im Walde hergestellt, das durch Sturmgewalt oder menschliche Eingriffe gestört worden war. Dieser langsame, umständliche Weg, den die Natur im Ur- und Kulturwalde zu gehen gezwungen ist, kann unmöglich vom Waldbau beschritten werden. Nur dann, wenn ein Meer einer Holzart die Kahlfläche umschließt, ergreift diese sofort von der Scholle wieder Besitz.

Es ist allgemein die Ansicht verbreitet, die Natur wähle im Urwalde auf einem gegebenen Boden die für diesen passendste Holzart selbst aus. Abgesehen davon, daß es fraglich ist, ob diese Holzart auch für den Menschen die entsprechendste ist, trifft die Voraussetzung in den meisten Fällen gar nicht zu. Die Natur sät die Holzarten aus ohne Rücksicht auf die Bodengüte; sie bringt Föhren auf Boden, der nach waldbaulicher Auffassung für die Föhre viel zu mastig, zu gut ist; sie stuft Eichen, Nüsse, Kastanien mit Hilfe der Tiere auf Böden, die viel zu mager sind, um solche anspruchsvolle Holzarten zu ernähren; nach langem Kampfe um eine ärmliche Existenz siegt freilich allmählich die für den betreffenden Boden passendste Holzart. Die Aufgabe des Waldbaues ist von Anfang an, ohne Zeit- und Geldverlust jene Holzarten herauszufinden und anzubauen, welche für den Boden und die menschlichen Zwecke am passendsten sind.

Was für den Boden gilt, hat auch Geltung für das Klima. Seit Jahrtausenden macht die Natur Anbauversuche mit den Holzarten über deren beste Wuchsgebiete, ja, über deren natürliche Verbreitungsgrenze hinaus; seit Jahrtausenden ist das Endergebnis das gleiche: die Holzarten kümmern und verschwinden wieder, erdrückt durch den Mitbewerb der im neuen Gebiete heimischen, kampfesstärkeren Baumart. Die Verbreitung über die natürliche Grenze hinaus scheitert an der Unmöglichkeit der Bäume, sich an ein vom Heimatgebiet fremdes Klima anzupassen. Nur ein Studium der unwandelbaren, klimatischen Bedürfnisse der Baumarten und der Gesetze der Verbreitungsgebiete kann den Waldbau vor Mißgriffen bewahren, zu denen die Natur gezwungen wird, da sie blindlings nach allen Richtungen hin die Sämereien ausstreut.

In ihrem Bestreben, jede wunde Stelle des Bodens möglichst schnell mit Vegetation zu überkleiden, wählt die Natur oft Pflanzen, welche für später kommende Sämereien den Boden verschließen. Wo Gräser, vor allem der alles erdrückende Bambus sich angesiedelt hat, sind Holzgewächse für die erste Generation oder selbst für immer ausgeschlossen; was die Natur schafft, ist überall ein lückiger, von verunkrauteten, vergrasten Stellen durchbrochener Wald, ist eine unvollkommene Bestockung, eine mangelhafte Ausnutzung des Bodens, ist ein Wald, in dem die Individuen zu viele Äste und zu wenig wertvolle Schäfte ausbilden müssen. Daß es Aufgabe des Waldbaues ist, eine vollkommene Ausnutzung des Bodens und mit dieser auch Vollkommenheit in der Ausbildung der Schäfte zu erzielen, bedarf keiner weiteren Worte.

Der Waldbau hat längst herausgefunden, welche Vorzüge reine oder auch gemischte Bestände bieten, welche Baumarten und in welchen Verhältnissen die einzelnen Baumarten in Mischung treten können, um verschiedene Wirtschaftsziele zu erreichen. Nichts von all dem vermag die sich selbst überlassene Natur; bei ihr ist die erste Waldgeneration ein Zufallskind; sie schafft reine Bestände von Lichtholzarten, die ohne Beimischung anderer den Boden nicht zu schützen vermögen; sie schafft Mischbestände, welche an der betreffenden Stelle in kurzer Zeit im Kampfe der Arten um Licht und Boden in reine Bestände übergehen müssen oder ihr Leben lang an geringer Masse und Ästigkeit kranken.

Zu den Aufgaben des Waldbaues zählt der wirksame Schutz der neuen Waldgeneration gegen Naturereignisse, vorzugsweise Wind, Feuer, Insekten, Pilze, durch vorbeugende Maßnahmen, als da sind Anbau entsprechender Holzarten, passende Form und Methode des Anbaues und geeignete Erziehung der begründeten Waldbestände. Wenn hierin die vom Menschen unberührte Natur das Vorbild liefert, indem sie ihre Bestände in aufgelöstem Schlusse des Urwaldes erzieht, so ist es die Aufgabe des Waldbaues, in der Begründungs- und Erziehungsform eine Annäherung an den Urwald zu suchen und die Nachteile des von Jugend an aufgelösten Kronenschlusses des Urwaldes zu meiden.

Vorbildlich ist die Natur für den Waldbau in der Kostenlosigkeit, mit der sie verjüngt. Die Natur arbeitet langsam aber billig; wer billig im Walde verjüngen will, muß langsam arbeiten und die Natur zur Hilfeleistung heranziehen; wer aber ohne Verlust an Zeit und Zuwachs wirtschaften will, muß schnell arbeiten; das schnelle Arbeiten aber ist kostspielig. Es muß Aufgabe des Waldbaues sein, eine Methode zu finden, für welche im Urwalde kein Analogon sein kann, eine Methode, die natürlich und schnell zugleich verjüngt; wer einer solchen nicht traut, aber dennoch schnell verjüngen will, muß eine künstliche Verjüngung wählen und sie ausführen, ehe der Standort unnatürlich durch Kahlschlag verändert ist.

Dieser Gedanke führt naturgemäß zur Forderung, daß Waldbau und Waldbenutzung zusammenwirken müssen; jede Nutzung soll auch waldbauliche Zwecke, jede waldbauliche Handlung das Endziel, die spätere Nutzung, zur Richtschnur haben. Wie die Nutzung geregelt sein muß, so daß ihre Nachhaltigkeit gewährleistet ist, so muß auch jede waldbauliche Maßnahme so getroffen werden, daß durch sie die Nachhaltigkeit der Bodenkräfte als die Quelle aller Nachhaltigkeit der Nutzung gesichert bleibt; hierin ist voll und uneingeschränkt der Urwald das Ideal und sichert sich dieses durch den Mangel an Nutzung und durch Anreicherung des Bodens; diese wieder erfolgt in der besten Form durch stetige Überschirmung mit Kronen, welche Luft, Licht und Wärme zum Boden gelangen lassen, welche wegen des Mischwuchses leicht zersetzbare Abfallstoffe dem Boden zuführen. Naturverjüngung zur Erzielung der Stetigkeit der Bodenbedeckung, Durchforstung und Durchlichtung für die normale Streuauflösung und gemischte Bestände sind aus diesem Grunde Forderungen des heutigen Waldbaues; ob sie erfüllbar sind, soll in vorliegender Schrift geprüft werden.

Als Führerin versagt die Natur ganz auf jenen ungeheuren Strecken der Erdoberfläche, welchen sie selbst seit Urzeiten eine Walddecke verweigert hat, weil sie nicht imstande ist, die der Waldansiedlung entgegenstehenden Hindernisse zu beseitigen, als da sind Überschuß an Wasser, an Wind, Mangel an Niederschlägen, an Temperatur, waldfeindliche Vegetation und andere. Die Bewaldung solcher natürlicher Ödländereien gehört zu den volkswirtschaftlich wichtigsten, wenn auch schwierigsten und kostspieligsten Aufgaben des Waldbaues. Das gleiche muß gesagt werden von jenen ungeheuren Flächen, welche der Mensch des Waldes beraubt hat, auf denen der Mensch die natürliche Rückkehr des Waldes unmöglich gemacht hat. Asien hat zuerst begonnen mit der Entwaldung ungeheurer, jetzt bis zur Wertlosigkeit herabgesunkener Flächen; es fehlen die schützenden und Samen spendenden Mutterbäume für eine neue Generation, Bodendecke und Bodenklima sind durch die Entwaldung so verändert worden, daß die Waldansiedlung, auch wenn das Samenkorn vorhanden ist, zur Unmöglichkeit wird. Europa ist mit der Entwaldung und Schaffung von Ödländereien gefolgt. Freilich sind die Gebiete viel kleiner, klimatisch vielfach günstiger, und vielfach braucht es in der Tat nichts anderes, als den Menschen von der Scholle zu vertreiben, um dem Walde sein ehemaliges Besitztum zurückzugeben. Amerika ist wiederum den Europäern in der Waldverwüstung und -vernichtung gefolgt; die Arbeit war aber viel schneller und gründlicher getan. Die waldvernichtende Tätigkeit des Menschen hat der waldbegründenden Tätigkeit die flächengrößten und schwierigsten Aufgaben gestellt.

Man wird dem Waldbau die Anerkennung nicht versagen können, daß seine Aufgaben sehr mannigfaltige und schwierige sind, daß die Lösung derselben über Forterhaltung, Bewirtschaftung und Rentabilität des Waldes als eines volkswirtschaftlich und finanziell hochwertigen Gutes in erster Linie entscheidet, und an die Lösung dieser Aufgaben sollen wir treten mit der Devise: „Probieren geht über Studieren?" Auch heute noch gibt es Forstwirte, welche diesem Grundsatze huldigen und verächtlich auf den „theoretischen" Waldbau herabblicken, der zur Devise hat: „Erst studieren, dann probieren." An die lernende Jugend und an jene Minderheit unter den Praktikern, welche der wissenschaftlichen Entwicklung des Waldbaues folgen und selbst durch Versuche und Beobachtungen an dem Fortschritt des Waldbaues weiterbauen, wendet sich der nachfolgende Waldbau auf naturgesetzlicher Grundlage; er will dem Anfänger das Rüstzeug für seinen Eintritt in die Praxis, dem Praktiker Anregung und Führung zur Beobachtung und Prüfung bieten. Sollte er sein Ziel nicht erreichen, so kann die Schuld an der Unzulänglichkeit des Autors, aber auch daran liegen, daß die Naturgesetze des Waldes noch ungenügend erforscht sind. All unser Wissen ist nur Stückwerk; gerade die für den Waldbau wichtigste Wissenschaft, die kaum 30jährige Pflanzenphysiologie, steckt noch ganz in den Kinderschuhen, und ihre wichtigsten und zuverlässigsten Grundlagen für den Waldbau hat nicht die wissenschaftliche Forschung, sondern die viel ältere Praxis im Walde, der praktische Waldbau gezeitigt. Es sind noch nicht zwei Dezennien verflossen, als im Hörsaal einer Universität das Wort fiel, Waldbau sei keine Wissenschaft, Waldbau an einer Hochschule vorzutragen, sei eine Schande für dieselbe. Wer unter Waldbau nur das mechanische Säen und Pflanzen versteht, nicht aber die naturgemäße Begründung, Pflege und Erziehung des Waldes, wer den Waldbau von der bequemen Ecke des „Probieren geht über Studieren" beurteilt, der kennt nicht jenes Wissensgebiet, dem er den Charakter einer Wissenschaft abspricht.

Vorliegende Schrift ist der Versuch, den Waldbau als Wissenschaft einzuführen durch den Versuch seines Aufbaues auf naturwissenschaftlicher Grundlage, wodurch seine Gültigkeit und Notwendigkeit eine universelle wird, und durch den Nachweis, daß er zur Lösung der mannigfaltigen, vielgestalteten Probleme in erster Linie theoretisches Wissen und logisches Denken beansprucht.

Wissen und Denken führen naturgemäß zur Freiheit im Denken, zur freien Beurteilung der Bedürfnisse des Waldes und seiner Glieder. Aus der Freiheit des Geistes erwächst das Streben nach Freiheit des Handelns. Für den Wirtschafter, der Waldbau treibt nach dem Grundsatze: „Probieren geht über Studieren", sind Vorschriften und Wirtschaftsregeln notwendig, um das kostspielige, zeitraubende und insbesondere das aussichtslose Probieren einzuschränken; der Wirtschafter nach dem Grundsatze: „Erst studieren, dann probieren", verdient die Freiheit des Handelns, aber die Freiheit ist nur ein wohltuender Schein, denn an Stelle der Vorschriften der vorgesetzten Behörden treten die Vorschriften der obersten Instanz, die Naturgesetze, in deren Befolgung und Verknüpfung mit den Wirtschaftszielen des Menschen der wahre Meister des freien Waldbaues sich zeigt.

Erster Teil.

Die naturgesetzlichen Grundlagen des Waldbaues.

Seit Menschengedenken hat sich keiner der Faktoren im Klima wie im Boden auf natürlichem Wege so verschlechtert, daß als Folge hiervon Wald verschwunden wäre, wo er früher bestanden hat; aber auch kein Faktor hat sich so verbessert, daß neuer Wald entstanden wäre, wo er ursprünglich fehlte; die walderzeugenden und waldvernichtenden Faktoren sind noch heute nach Tausenden von Jahren in gleichem Sinne wirksam. Die Natur, sich selbst überlassen, vernichtet den Wald, wenn er a u ß e r h a l b der von ihr gezogenen Waldgrenzen angelegt wird; die Natur, sich selbst überlassen, baut den Wald wiederum auf, wenn er i n n e r h a l b der von ihr gezogenen Waldgrenzen vernichtet wurde. Könnte man den Menschen wieder vertreiben, Wald würde in kurzer Zeit zurückkehren auf jenen drei Vierteln des Deutschen Reiches, auf denen er durch den Menschen beseitigt wurde; Wald würde von Frankreich wiederum jene 83 % der Oberfläche zurückerobern, welche heute als vom Walde entblößt sich darstellen; volle vier Fünftel der Oberfläche des Ostens der Vereinigten Staaten würden zu Wald zurückkehren; noch rascher würde Wald von ganz Großbritannien, ganz Japan Besitz ergreifen. Alle Versuche, welche in den Alpen angestellt wurden, um mit Pflanzungen aus Sämereien aus dem höchsten Norden noch ü b e r d e r W a l d g r e n z e in den Alpen einen Wald zu begründen, hat die Natur gleich im Keime erstickt; wo immer es dem Menschen gelingt, an Stelle von Ödland, Steppe, Prärie o h n e k ü n s t l i c h e V e r ä n d e r u n g d e s B o d e n z u s t a n d e s W a l d z u b e g r ü n d e n, d a w a r e r f r ü h e r bereits v o r h a n d e n.

So erscheinen die natürlichen Faktoren der Waldexistenz als etwas Unabänderliches, und sie zu ergründen und zu erkennen, ist das Alpha und Omega jeglicher Tätigkeit, welche die Waldbegründung zum Ziele hat. Der fortschreitenden Forschung entgeht es nicht, daß diese Naturgewalten nicht bloß ewig und unveränderlich sind, soweit die Zeit des menschlichen Daseins auf der Erde in Frage kommt; sie erkennt auch, daß überall auf der Erde die Faktoren die gleichen, daß die mächtigsten unter ihnen klimatischer Natur sind. Es ist daher logisch, zuerst die Einwirkung des Klimas auf das Dasein der Waldungen und ihre Verteilung auf der Erde auf Grund dieser Einwirkung festzulegen.

Erster Abschnitt.

Naturgesetzliche Grundlagen und Verteilung der Wälder auf der Erde.

1. Das Klima.

Klima ist ein Sammelname für alle jene Einflüsse, die auf die Erde, ihre Pflanzendecke und ihre Bewohner von oben her einwirken, die das Dasein aller Lebewesen bedingen, ihr Gedeihen fördern oder schädigen und sie wiederum vernichten; die Faktoren des Klimas wirken auch auf die feste Erdkruste ein, indem sie an der Verwitterung derselben sich beteiligen, dieselbe mit Naß durchtränken und genügend erwärmen, wodurch die Erde erst für Pflanzen und Tiere bewohnbar geworden ist. Je nach dem Wechsel der einzelnen Faktoren im Klima wird die Einwirkung auf Boden und Pflanzendecke sich in verschiedenen Zuständen, in verschiedenen Pflanzenformen äußern müssen. Auf große Flächen hin herrschen, wie insbesondere Hilgard und Ramann gezeigt haben, unter den gleichbleibenden Faktoren gleiche Verwitterungsformen und Zustände im Boden und nur allmählich geht ein Bodentypus in einen anderen über. Es ist auch ein Charakteristikum des Klimas, daß es, nur allmählich in seinen Faktoren sich ändernd, allmählich in einen anderen Typus übergeht; es ist eine naturgemäße Folgerung, daß unter dem Einflusse dieser Erscheinung auch die Vegetation der Erde allmählich von einem Typus in einen anderen sich umwandelt. Unsere Aufgabe muß es sein, die Wechselbeziehungen zwischen Klima-, Boden- und Waldtypen aufzusuchen und in ihrem Zusammenhange kennen zu lernen. Zu diesem Ende muß zuerst das Klima in seinen einzelnen Faktoren geschildert werden, soweit diese den Vegetationsformen, deren wichtigste und vornehmste der Wald ist, ihren Charakter aufprägen, soweit sie vor allem das Dasein des Waldes überhaupt ermöglichen, sein Gedeihen fördern oder es ganz verhindern.

a) Die Temperatur.

Nur jene Wärme, die von der strahlenden Sonne der Erde gespendet wird, rechnet man zu den Faktoren des Klimas; Eigenwärme der Vegetation, Eigenwärme des Bodens können die Wirkung der klimatischen Wärme erhöhen oder mindern. Sie sind jedoch nur ganz ausnahmsweise so mächtig, daß sie das Ergebnis der klimatischen Erwärmung in bemerkbarer Weise abändern.

Würde man die Frage an die Pflanzenzüchter stellen, ob es Flächen auf der Erde gibt, auf welchen es für das Dasein von Pflanzen, von Wald zu kalt ist, so würden wohl fast alle mit ja antworten; würde man an sie die Frage richten, ob es Flächen gibt, auf denen wegen allzu hoher Temperatur Pflanzenwuchs fehlt, so würde die Mehrzahl abermals mit ja antworten. In beiden Fällen aber muß es nein heißen, wenn man die absolute Temperatur, das absolute Maximum der Sonnenstrahlung und das absolute Minimum der Wärmeausstrahlung in Betracht zieht. Bezüglich der höchsten Temperatur haben die noch nicht veröffentlichten Untersuchungen des Verfassers ergeben, daß alle vegetabilischen Gewebe, ob sie Bäumen oder Sträuchern, perennierenden oder annuellen Kräutern, ob sie fertigen Geweben oder solchen angehören, welche eben im zartesten Entstehen begriffen sind, getötet werden, sobald ihre Erwärmung 54° C überschreitet.

Gegen Überhitzung, welche in einem plötzlichen Ausstoßen großer Wassermengen in flüssiger Form sich äußert, schützt jeder Pflanzenteil sich durch Wärmeableitung, beziehungsweise durch Empfang von Kälte von benachbarten Medien, wie er gegen das Übermaß der Wärmeausstrahlung von benachbarten Medien Wärme empfängt. Nadeln und Blätter werden, obwohl sie nicht bloß in den Tropen und Subtropen, sondern weit hinauf in den Norden der heißesten Mittagssonne ausgesetzt sind, von den Strahlen der Sonne nicht versengt, vorausgesetzt, daß sie im vollen Lichte erwachsen sind, weil ihre Wärme durch Leitung der umgebenden Luft auf ein unschädliches Maß herabgedrückt wird; an den Ästen und Schäften der Bäume tritt, sofern ihre Oberflächen stets im Lichte gewesen sind, keine Überhitzung ein, weil die hohe Temperatur sofort in die tieferen Gewebe verteilt wird; es bedarf einer besonderen Anordnung des Experiments oder besonderer, ungünstiger Verhältnisse, wie plötzlicher Freistellung im Schatten gebildeter Blatt- oder Rindenoberflächen, um die als Blattbleiche und Rindenbrand bekannten Erscheinungen hervorzurufen. Eine Erhitzung des Bodens durch Wärmeeinstrahlung kann die Ansiedelung einer Pflanze hindern, wenn für Wärmeleitung besonders ungünstige Verhältnisse vorliegen, wenn z. B. Wasser fehlt, das die Wärmeleitung in die tiefen Bodenschichten begünstigt, wenn der Boden durch Humusbeimengungen eine dunkle Farbe besitzt, wie vor allem Humus und

Torf selbst. Ebermayer fand eine Erhitzung bis zu 65°; auf nadel-
bedecktem Humus, lehmigem Sand, sowie auf Moorboden fand Verfasser nicht weniger als 68° C Maximalwärme; die dunkle Fläche der
Saatbeete zeigt noch unter dem 49° nördlicher Breite bei 570 m Erhebung 58° C, obwohl die Sonnenstrahlen wie in ganz Mittel- und
Nordeuropa nicht senkrecht auf solche Beetflächen auftreffen können.
Bei solcher Temperatur stirbt natürlich jeder Keimling ab; durch Selbst-
saat sowie durch künstliche Saat können solche Flächen sich zwar
wieder mit Pflanzen besiedeln, aber die Besiedelung geht äußerst
langsam, schwierig und lückenhaft vor sich. Eine Durchforschung der
Prärien und Wüsteneien der nördlichen Halbkugel findet zwar Flächen
genug, von denen heute das Temperaturmaximum den Wald abhält;
es läßt sich aber nachweisen, daß sie nicht von Uranfang an durch
die Sonnenhitze, vielmehr durch Wassermangel waldlos waren. In
diese Rubrik fallen auch alle kahlen Flächen im forstlichen Betriebe,
wobei jene auf trockenen, schlecht leitenden Sand- oder Moorböden
die schlimmsten sind. Das absolute Maximum der Lufttemperatur, das
ist zum allergrößten Teile reflektierte Sonnenwärme, liegt stets unter
der Wärme, welche feste Gegenstände der Wärme absorbierenden
Erdfläche durch direkte Strahlung annehmen; Maximaltemperaturen
von 50° C in der Luft sind nur im Zentrum der großen Kontinente, in
den lufttrockensten Gebieten nachweisbar; die Lufttemperatur
bleibt stets unter der Tödlichkeitsgrenze für vege-
tabilische Gebilde; es wäre auch irrig, allzu hoher Temperatur
oder dem durch die Hitze in seiner Oberfläche physikalisch veränderten
Boden das Fehlen von Wald zuzuschreiben. Man braucht derartige
Flächen nur zu bewässern, und ohne weitere Änderung des Bodens
entspringt demselben eine Vegetation, ein erfrischender, kühler,
schattiger Wald.

Wie man die höchsten Temperaturen nicht in der Nähe des
Äquators, sondern nördlicher von diesem, selbst in gemäßigter Region,
ja hart an der Baumgrenze findet (Ostsibirien), so liegen auch die
tiefsten Temperaturen nicht, wie man wohl vermutet, möglichst nahe
am Nord- oder Südpol, sondern im Festlande, vom erwärmenden Meer
entfernt; auf der nördlichen Erdhälfte treffen wir sie mit — 55° C fast
an derselben Stelle, an der im Sommer auch die höchsten Temperaturen
sich einstellen. So tiefe Temperaturen sind natürlich absolut tödlich für die gesamte Pflanzenwelt, welche vom Äquator
bis zum 40.° nördlicher Breite bei geringer Elevation
wächst; sie sind tödlich für die gesamte Baum-, Strauch-
und Krautflora der südlichen Halbkugel; eine einzige Nacht
mit — 30° C würde bereits genügen, sie alle zu vernichten. Aber es
gibt Bäume und zahlreiche andere Pflanzen, es gibt Wälder, welche
der tiefsten Temperatur von — 50° C und darunter trotzten. Es sind

Fichten, Birken, Weiden, Lärchen, Zirben und andere, welche in dem ostsibirischen Kältebecken ohne Schaden gedeihen. So muß die Ansicht vieler, daß die höchsten Regionen der Gebirge, die nördlichsten und südlichsten Punkte unserer Erde waldlos seien, weil die Temperatur zu tief sinke, d. h. das absolute Minimum zu tief liege, als den tatsächlichen Verhältnissen nicht entsprechend bezeichnet werden; die tiefste Temperatur kann das Aufwachsen von Wald nicht hindern; daß sie aber eine äußerst wichtige Rolle spielt in der Frage nach der Zusammensetzung des Waldes in Holzarten, ist selbstverständlich.

Da die Eigenwärme der Pflanzen und damit auch der Bäume infolge chemischer Vorgänge in ihrem Innern nur eine ganz geringfügige, für das Leben der Pflanzen belanglose ist, da die Eigenwärme der Erde nur an wenigen Punkten bis zur Oberfläche empordringt, so ist für das Dasein der Bäume, für das Dasein des Waldes in erster Linie die Lufttemperatur entscheidend, insofern als während einer bestimmten Zeit eine bestimmte Wärmemenge auf die Pflanze einwirken muß, damit sie leben kann; Wärmegrade und Zeit sind die beiden Faktoren, welche entscheiden, ob Wald besteht oder nicht, ob ein Baum gedeiht oder nicht. Die günstigsten Wärmegrade können keinen Wald schaffen, wenn die Einwirkung nicht eine genügend lange Zeit dauert, wie die waldlosen Gebiete des hohen Nordens, der höchsten Regionen mit ihren für kurze Zeit nur hohen Temperaturen beweisen. Auf der südlichen Halbkugel fehlt jeglicher Wald, wo immer die durchschnittliche Jahrestemperatur nur $+ 8^{\circ}$ C zeigt, welche Jahreswärme gleich ist jener der bestbewaldeten Gebiete Europas und Amerikas; aber auf der südlichen Halbkugel steigt bei 8° Jahrestemperatur die Wärme der vier Sommermonate nicht über den Durchschnittsbetrag von 10°; es fehlt somit bei der Jahresisotherme von $+ 8^{\circ}$ der Wald, weil die Temperatur zu niedrig ist, obwohl sie während der Sommermonate nicht bis auf $+ 5^{\circ}$ herabgeht. So überraschend eine derartige Aufstellung klingen mag, sie läßt sich als ein allgemeines Naturgesetz beweisen. Beobachtungen an den Waldgrenzgebieten haben ergeben, daß ein Baum seine Vegetation innerhalb 45 Tagen beenden kann; es fehlt aber an Beobachtungen und Zahlen, wie groß die Wärmemenge während dieser Minimalzeit sein muß, und vollständig mangelt uns die Kenntnis, wie weit die Luftwärme hierbei durch die direkte Insolation ersetzt werden kann.

Indem eingehende Erörterungen für die Ansprüche der Holzgewächse an die Lufttemperatur einer späteren Betrachtung überlassen werden müssen, sei hier nur auf jene Fälle hingewiesen, in denen die Existenz des Waldes unmöglich ist, weil die Temperatur ungenügend hoch ist oder, wenn hoch genug, nur allzu kurze Zeit zur Verfügung steht.

Aus Gründen, die später anzugeben sind, betrachtet der Verfasser als den besten Maßstab zur Beurteilung der Wärmeansprüche der Holzarten jene Temperatur, die sich aus dem Mittel von vier Monaten ergibt, welche die Hauptvegetationszeit ganz oder teilweise umfassen. Auf der nördlichen Halbkugel wurden die Monate Mai, Juni, Juli und August, auf der südlichen November, Dezember, Januar und Februar gewählt. Unter dem 50.° nördl. Br. und 40.° südl. Br. fällt die Vegetationsdauer annähernd mit den vier Monaten zusammen; nördlich vom 50.° bzw. südlich vom 40.° ist die Vegetationszeit kürzer, südlich vom 50.° nördl. Br. bzw. nördlich vom 40.° südl. Br. wird die Vegetationsdauer länger als die gewählten vier Monate; man könnte die Viermonatstemperatur als Tetra(meno)therme bezeichnen; sie ist der Maßstab der Wärmeansprüche der Holzarten und wird im Verlaufe der Darstellung der Naturgesetze des Waldbaues noch näher zergliedert werden.

Vergleichende Untersuchungen haben den Verfasser belehrt, daß auf der ganzen Erde eine Viermonatstemperatur oder Tetratherme von + 10° das Minimum ist, das ein Wald zu seiner Existenz verlangt.

Als Wald ist dabei eine Ansiedlung von Bäumen von mindestens 8 m Höhe verstanden. Man kann diese natürliche Waldgrenztherme kurz als Horotherme, als Grenztherme bezeichnen und die Waldgrenze selbst als Folge der Horotherme, Thermohore des Waldes nennen. Sinkt die Horotherme unter den Betrag von 10°, so sinkt auch der Wald zum Strauchwerk herab, steigt die Horotherme über diesen Betrag, so bleibt natürlich Wald als Bodendecke, es ändert sich aber sein Charakter, seine Zusammensetzung nach verschiedenen Holzarten.

Die polare Waldgrenze oder polare Thermohore.

Da auf der nördlichen Halbkugel die Landmassen gegenüber den Wassermassen beträchtlich überwiegen, nämlich im Verhältniss von 1 : 0,4, somit zehnmal mehr Land auf der nördlichen als auf der südlichen Halbkugel sich findet, erhält die nördliche Erdhälfte in ihren klimatischen Verhältnissen, von Küstenstrichen abgesehen, mehr oder weniger den Charakter des Kontinentalklimas mit Steigerung der Extreme während der heißen und während der kalten Zeit. Diese Verschiedenheiten kommen schon in den, der Waldgrenzwärme, der Horotherme von 10° entsprechenden Winter- und Jahrestemperaturen zum Ausdruck. So entsprechen auf der nördlichen Erdhälfte der Horotherme von 10° eine mittlere Temperatur der vier Wintermonate von — 5° und eine durchschnittliche Jahrestemperatur von + 3; auf der südlichen Hälfte entsprechen der Horotherme von 10° eine durchschnittliche Temperatur von 5° der vier kühlsten Monate und von + 8° während des Jahres. Auf der südlichen Hälfte findet sich bei einer Jahrestemperatur von 8° die Waldgrenze, obwohl in dieser Region während der kühlsten

Monate Minusgrade noch ganz fehlen oder doch nur sehr mild auftreten, während auf der nördlichen Hälfte der Erde bei 8° Jahrestemperatur und schwerem, lang andauerndem Winter die schönsten, ertragreichsten, ja man kann sagen die wertvollsten Waldungen der Welt stocken. Die Erklärung für diese Erscheinung ist einfach genug. Nördlich vom Äquator setzt sich die Jahrestemperatur zusammen aus sehr warmer Sommer- und kalter Wintertemperatur, während südlich vom Äquator die Jahrestemperatur das Mittel aus kühler Sommer- und warmer Wintertemperatur darstellt. Die kühle Sommertemperatur aber reicht nicht hin für das Dasein von Wald, wenn ihr durchschnittlicher Wert unter 10° liegt. Vorgreifend sei hier schon erwähnt, daß mit dem schroffen Wechsel der Jahreszeiten auf der südlichen Hälfte der Erde auch der winterkahle Wald fehlt, daß der immergrüne Laubbaumwald an der Thermohore zum immergrünen Laubbuschwald herabsinkt.

Durch die **kontinentale Entwicklung** der nördlichen Erdhälfte erleidet das Klima **eine Erhöhung in seinen Wärmeverhältnissen** während des Sommers, eine Vertiefung während des Winters; nachdem aber **nicht die Winter-, sondern die Sommer-** resp. **Vegetationszeittemperatur** über die **Existenz des Waldes entscheidend** ist, so reichen die Bedingungen für Waldesdasein auf der nördlichen Erdhälfte viel weiter nach Norden und an Bergen viel höher nach oben als auf der südlichen Hälfte; dazu kommen noch **warme und kalte Meeresströmungen**, welche mit ihren gewaltigen Wassermassen die darüber liegenden Luftschichten erwärmen bzw. abkühlen. Werden nun diese Luftmassen in das Festland gesogen, so beeinflussen sie ebenfalls im positiven oder negativen Sinne die Wärmeverhältnisse des Kontinents. Auf der nördlichen Halbkugel werden die Westküsten der Alten wie der Neuen Welt von warmen, aus südlicher Breite kommenden Strömen, dem Golfstrom und dem Kuro Schiuo, getroffen und so günstig erwärmt, daß die Waldgrenzlinie oder Thermohore bis zum 65.°, ja stellenweise bis zum 70.° nördlicher Breite vorgeschoben wird; es verstärkt sich somit sowohl in Europa wie in Westamerika die durch kontinentale Entwicklung bereits bestehende, positive Anomalie des Sommerklimas noch um einen weiteren Betrag, der waldfördernd, vorwiegend durch Verlängerung der Vegetationszeit wirkt. An den Ostküsten der Alten Welt (Ostasien) und der Neuen Welt (Ostamerika) wälzen sich Ströme von kühlen Wasser- und Luftmassen südwärts, so daß durch die Verkürzung der Vegetationszeit, die sie bedingen, die Thermohore bis zum 55.°, ja stellenweise bis zum 50.° nördlicher Breite herabgedrückt wird.

Es liegt an den Ostküsten der Kontinente die Waldgrenze unter einem Breitengrade, unter welchem an den Westküsten (Westamerika und -europa) noch mächtige Eichen, Douglasien, Fichten, Tannen, Föhren, ja das Gros der wichtigsten Waldungen der nördlichen Halbkugel wächst.

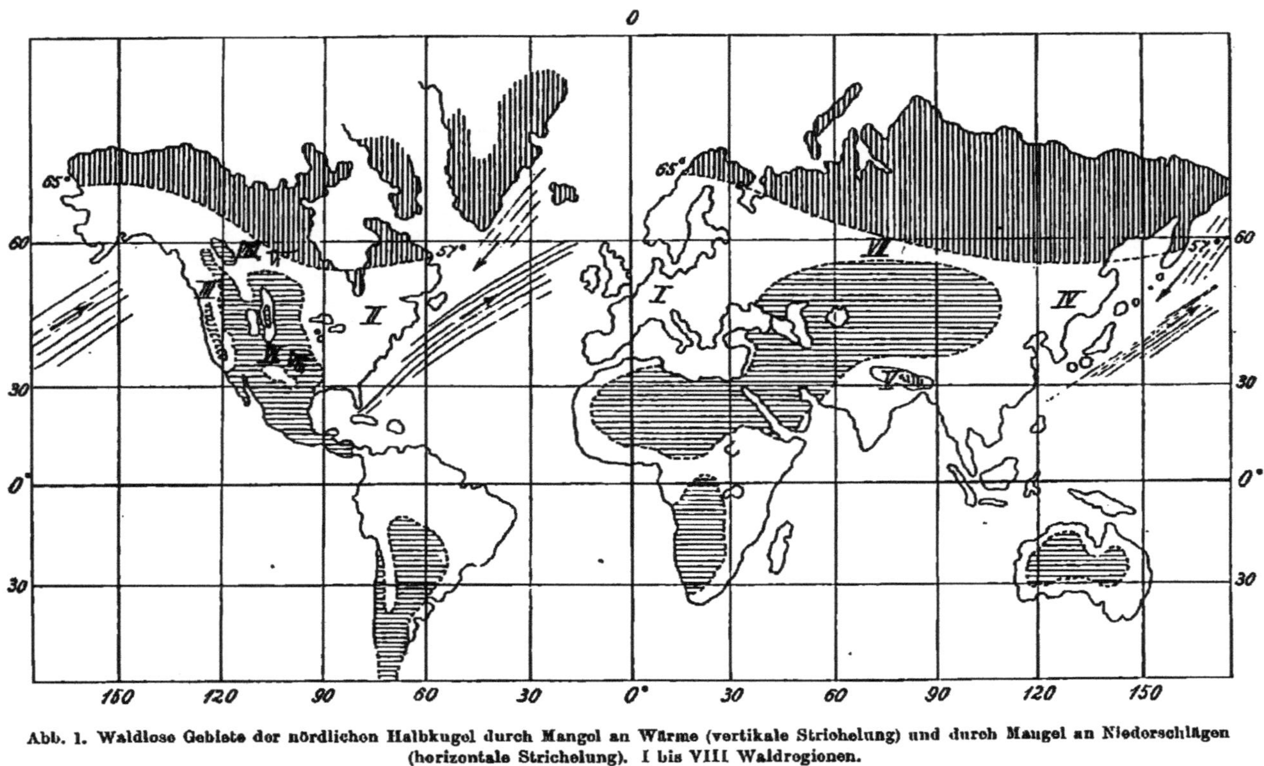

Abb. 1. Waldlose Gebiete der nördlichen Halbkugel durch Mangel an Wärme (vertikale Strichelung) und durch Mangel an Niederschlägen (horizontale Strichelung). I bis VIII Waldregionen.

Beiliegende Kartenskizze stellt den Verlauf der Thermohore des Waldes auf der nördlichen Halbkugel dar; alle Gebiete nordwärts von dieser Grenzlinie sind waldlos aus Mangel an genügender Vegetationswärme, und alle Versuche, Wald zu begründen, müssen an diesen natürlichen und unabänderlichen Hindernissen scheitern.

Auf der südlichen Halbkugel sind es ebenfalls Meeresströmungen, wie der Perustrom und der antarktische; ein weiterer, kühler Strom fließt nordwärts gegen Tasmanien und Neuseeland hin; aber auf der südlichen Halbkugel sind die Landmassen nicht weit genug nach Süden vorgeschoben, um die Thermohore zu erreichen.

Mit der polaren Thermohore erreicht die Waldgrenze hoch im Norden der großen Kontinente das Meer; alle Ebenen, alles hügelige Gelände von 0—200 m Erhebung südlich von dieser Grenzlinie tragen Wald, wenn die übrigen Faktoren für Waldesdasein günstig sind.

Die alpine Waldgrenze oder alpine Thermohore.

Wären die nördliche und die südliche Halbkugel der Erde oro- und hydrographisch ganz gleichförmig entwickelt, Land- und Wassermassen gleichmäßig verteilt, wären die Meeresströmungen in parallelem Sinne ausgebildet, so müßte die polare Thermohore oder Waldgrenzlinie nach dem Äquator hin gleichmäßig als alpine Thermohore ansteigen, um südlich vom Äquator in einem, dem nördlichen Aufstiege symmetrischen Abstiege unter dem 65° südlicher Breite die Meeresfläche zu erreichen. Eigene Beobachtungen an den alpinen Waldgrenzen nördlich und südlich vom Äquator haben den Verfasser überzeugt, daß auch beim Verlaufe der vertikalen oder alpinen Thermohore der Einfluß der großen Landentwicklung der nördlichen Halbkugel in die Erscheinung tritt dadurch, daß die alpine Thermohore von Norden gegen den Äquator hin rascher ansteigt, als dem Breitengrade nach entsprechen sollte, somit eine positive Anomalie in ihrer vertikalen Richtung ebenso wie in der horizontalen zeigt; die Waldgrenze erreicht bereits unter dem 10.° nördlicher Breite ihre höchste Erhebung über dem Meeresniveau mit 3500 m.

Trägt man die Breitengrade als Abszisse, die Elevation als Ordinate auf, so ergibt sich eine steilere oder flachere Parabel, je nachdem die Polargrenze des Waldes an der Ost- oder der Westküste der Kontinente die Meeresfläche trifft. Alle Erhebungen nun, welche unterhalb der Parabel verbleiben, tragen Wald bis in die höchsten Spitzen, wenn die übrigen Verhältnisse für Wald günstig sind; alle Berge, welche über die Parabel hinausgreifen, sind waldlos an dem ganzen, überragenden Stück; ist das Verhältnis zwischen Ordinate und Abszisse richtig gewählt, so kann für jeden Punkt, für jeden Berg der Erdfläche sofort dem Diagramm entnommen werden, in welcher Höhe die natürliche Waldgrenze zu suchen ist. In der beigegebenen Tafel I ist das aus Wärmemangel waldlose Gebiet, die Strauchvegetation, als Polaretum und Alpinetum bezeichnet.

An der Verschiebung der alpinen Waldgrenzlinie auf den Gebirgen der Erde sind folgende Faktoren beteiligt:

Die weitgehendste Verschiebung bringt die Exposition und die Steilheit der Bergwände hervor. An der kühleren Nordseite liegt die Thermohore stets tiefer als an der Südseite, an der sie auch höher steigt als auf den Ost- und Westseiten. Man kann im Durchschnitt die Verschiebung durch die Exposition auf 200 m aufwärts an der Südseite und 200 m abwärts auf der Nordseite berechnen; an steilen Hängen von über 45° und darüber verschiebt sich die Waldgrenze um volle 500 m auf- oder abwärts, je nachdem Süd- oder Nordseite vorliegt. Der Grund liegt in der intensiveren Besonnung auf der Süd- und in der Abnahme der Bestrahlung auf der Nordseite. Man kann berechnen, daß unter dem 48.° nördlicher Breite die Nordseite eines Berges bei einer Steilheit des Hanges von 60° von Sonnenstrahlen überhaupt nicht mehr getroffen werden kann. In solchen extremen Fällen, die in den Alpen wie in den Pyrenäen, im Himalaya wie im Hochgebirge der Sierra Nevada sehr häufig beobachtet werden, steigt die Waldgrenzvegetation bis ins Tal herab, wo sie mit den schönsten Hochwaldungen der Südseiten zusammenstößt, die unter dem Einflusse des Sonnenlichtes und damit auch der größeren Wärme erwachsen sind.

Es ist durch verschiedene Messungen in den Alpen nachgewiesen worden, daß die Waldgrenze sich an großen Gebirgsstöcken höher erhebt als an isolierten Bergen; Vulkane unvermittelt aus der Ebene auftauchend und bis zur Schneegrenze sich erhebend, wie z. B. der Fuji in Japan, beweisen auf das vollkommenste die Anordnung der Waldvegetation nach Zonen und das Herabrücken der Waldgrenze.

Eine weitere Verschiebung erleidet sodann die Waldgrenze auf feuchtem Boden, besonders bei stagnierender Feuchtigkeit; Feuchtigkeit übt während der Vegetationszeit eine abkühlende Wirkung auf die über ihr liegenden Luftschichten und damit auch auf die Pflanzenwelt aus. Dieser Umstand erklärt, daß auf feuchtem Moorboden bereits eine alpine Vegetation stockt, d. h. die Waldgrenze überschritten ist, während in dem rundherum anstoßenden, trockenen, wenn auch höher gelegenen Gelände Baumwald herrscht. Wird die überschießende Feuchtigkeit beseitigt, so hebt sich die Wärme und mit ihr der Höhenwuchs der Baumflora. In Frostlöchern aus natürlichem oder wirtschaftlichem Grunde (Kahlschlag) ist durch die Entwaldung gleichsam eine Verschiebung des Terrains in ein ungünstigeres, kühleres Gebiet eingetreten; Frostlöchern in der oberen Buchen-, in der Fichten- und Birkenzone kommt ein Klima zu, so extremereich und rauh, wie es den Strauchwald der Alpenwaldgrenze kennzeichnet; solche Frostlöcher wieder klimawärmer zu gestalten durch Ansiedelung einer Waldvegetation zählt naturgemäß zu den schwierigsten, langwierigsten und kostspieligsten Aufgaben des Waldbaues.

Nachgewiesen ist sodann, daß die Waldgrenze nach abwärts gedrängt wird, wenn der Grenzwald durch Menschen oder Weidetiere vernichtet wird. Die Erklärung hiefür liegt in der Erscheinung, daß der Wald sein eigenes Klima besitzt, das milder ist als jenes der Umgebung. Mit diesem Klima ist er an den Bergen so hoch als möglich emporgeklettert; wird er durchlöchert oder vernichtet, so wird sein Klima zerstört und die Waldgrenze sinkt bis zu jenem Niveau herab, das ihr nach Breitengrad, Elevation und Exposition ureigentlich zukommt.

Eine zwar geringfügige, aber doch bemerkenswerte Verschiebung des Klimas verursachen die Flüsse; ihr Einfluß ist um so größer, je größer die Wassermasse und je direkter sie aus dem kühlen in ein wärmeres Gebiet oder umgekehrt strömen. In den Bergen z. B., den Alpenflüssen und alpinen Bächen trägt das kühlere Wasser von oben her das Klima und die Keime der kühleren Waldregion an dem schmalen Ufersaume abwärts; dadurch wird die Krummholzföhre (Pumilio) ins Bereich der Fichten, selbst Buchen getragen; die Alpenflüsse der schwäbisch-bayerischen Hochebene begrenzen vorzugsweise Fichten, welche sie mit einem Stück des Klimas an ihren Ufern in das Gebiet des Fagetums herabgebracht haben. Noch viel großartiger aber ist die Wirkung der von Süden nach Norden fließenden Riesenströme des Jenissei, der Lena, welche mit dem Klima Keime des Picetums (Larix und Picea) bis an ihre Mündung tragen, somit das Picetum ihren Ufern entlang volle zehn Breitengrade weiter nach Norden verschieben.

b) Feuchtigkeit.

Auf großen Flächen, auf denen die Wärmeverhältnisse zum Aufsprossen eines Waldes genügen würden, kann Wald fehlen aus Mangel an genügender Feuchtigkeit; Feuchtigkeit kommt in zwei Formen in Betracht, als Niederschlag, also in flüssiger oder fester Form, und Feuchtigkeit als Wassergas, also dampfförmig in der Luft verteilt. Die Niederschläge werden in Millimetern gemessen, ob sie als Regen, Schnee, Hagel oder Tau erscheinen; das Wassergas in der Luft wird bestimmt durch das Verhältnis der gegebenen zu jener Menge von Wassergas, welche die herrschende Temperatur zu fassen vermag, bis das Wassergas flüssig wird; man nennt dieses Verhältnis die relative Feuchtigkeit und den Temperaturgrad, bei dem das Wassergas flüssig wird, den Taupunkt. Wird der Taupunkt der Luft nicht an festen Gegenständen durch deren Abkühlung, sondern in höherer Luftschicht durch zuströmende, kältere Luftmassen erreicht, so tritt die Ausscheidung von flüssigem Wassergas in Form von winzigen Tröpfchen, zunächst in der Form von Nebel und Wolken auf, aus denen dann die

Niederschläge sich loslösen. Sowohl die Feuchtigkeit der Luft wie die Niederschläge können bestimmend sein für das Dasein des Waldes; daß beide, Niederschläge wie Luftfeuchtigkeit, von größter Bedeutung für das Gedeihen der einzelnen Baumarten, für die Ausführung der waldbaulichen Operationen sind, soll an späterer Stelle ausführlicher gezeigt werden.

Die Niederschläge und Luftfeuchtigkeit. Für die Feststellung der für das Waldesdasein absolut notwendigen Menge an Luftfeuchtigkeit und Niederschlägen ist es unumgänglich, Ursprungsweise und Ursprungsstelle aller Feuchtigkeit des Festlandes zu kennen, denn das Fehlen des Waldes aus hydrometeorologischen Gründen hängt eng zusammen mit der Entfernung eines Gebietes von der Feuchtigkeitsquelle.

Verdunstung von seiten der Pflanzendecke und der festen Erdkruste. Man hat berechnet, daß ein voll entwickeltes Roggenfeld an einem windstillen Tag 1 m über den Ähren die Luftfeuchtigkeit gegenüber jener über dem nackten Boden nur um 5 % erhöht hat; von Hönel hat gefunden, daß eine 110 jährige Buche während eines Sommers rund 9000 kg Wasser abdunstet; ein Hektar eines solchen Buchenbestandes würde 3,6 Mill. kg Wasser in die Luft abgeben, was auf dem Hektar 360 mm Niederschläge bedeuten würde; es fehlen jedoch Beobachtungen über die Erhöhung der Luftfeuchtigkeit und die Fernwirkung dieser Erhöhung. Man hat der Vermutung lange Zeit nachgehangen, daß die erhöhte Luftfeuchtigkeit auch eine erhöhte Niederschlagsmenge bedingen müsse, da ja bei erhöhter Luftfeuchtigkeit eine geringe Temperaturerniedrigung genüge, um den Taupunkt zu erreichen. Allein man hat übersehen, daß auf nicht bewaldeter Fläche die Temperaturerniedrigung viel früher und viel tiefer eintritt als im Walde, also die Wahrscheinlichkeit für Nebel- und Wolkenbildung auf einer Kahlfläche viel größer ist als über einer bewaldeten, was die abendliche Erfahrung bei Windstille auf Kahlflächen, besonders in Frostlöchern, bestätigt. So imponierend die Zahl 360 mm pro Hektar als Wasserverlust erscheint, so geringfügig ist seine Bedeutung für den Wald, denn von dieser Verdunstungsmenge kommt weder dem Walde noch der Umgebung etwas zugute; dem Walde nicht, weil die Wassermenge auf der Außenseite des Waldes, der Baumkrone gegen den freien Himmelsraum, abdunstet, der Umgebung nicht, weil der Wasserdampf infolge der Insolation und der Aufwärtsbewegung der Luft über dem Walde mit in die Höhe gerissen wird, wo er der trockneren Luft sich einmischt. Die bei feuchtkalter Witterung aufsteigenden Nebelschwaden entstehen nicht durch höhere Luftfeuchtigkeit, sondern durch wärmere, lebhaft aufsteigende Luftströmungen. So wichtig jene Feuchtigkeit ist, welche der Wald in seinem eigenen Hause, das heißt unter dem Dache seiner Kronen, anhäuft und zurückhält durch Abdunstung von seiten der Blätter, Zweige und der

Bodendecke, von seiten des Bodens selbst und durch Mäßigung, ja völlige Sistierung der Luftbewegung und Verhinderung der Entführung der Feuchtigkeit, so unbedeutend muß die Wirkung der vom Walde entströmenden Wassergase in den Außenräumen bezeichnet werden. Gäbe es eine Fernwirkung der Waldfeuchtigkeit, belangvoll für Erhöhung der Luftfeuchtigkeit und Niederschläge außerhalb des Waldes — nur auf Waldblößen und Waldrändern ist sie durch gering erhöhte Taubildung nachgewiesen —, so müßte jeder Wald in seinen Grenzen gegen waldlose Gebiete hin stetig wachsen oder, da hierzu seit Jahrtausenden Zeit war, es gäbe überhaupt keine, aus Feuchtigkeitsmangel waldlosen Gebiete.

Auch die Wasserverdunstung von seiten des nackten Erdbodens kann, da sie nicht eigenes, sondern nur von den Meeren mitgeteiltes Naß ist, zur Ausbreitung des Waldes nichts beitragen; unter dem Walddache dagegen wird diese Verdunstung von großer Wichtigkeit.

Verdunstung von seiten der Wasserflächen. Das Meer. Das an der Meeresoberfläche abdampfende Wasser ist es, welches das große Festland mit Wasser versieht, seine Wasserläufe und seine Luft speist, der Pflanzendecke, dem Walde, ja allen Lebewesen das Dasein gibt; es bedarf aber ständiger Zufuhr dieses Wassers, um der Erde Pflanzen und Tierwelt zu erhalten. Die Erde selbst besitzt das Mittel, um die feuchte Meerluft zum Eintritt in das Festland zu zwingen. Dieses Mittel heißt Erwärmung. Die stärkste Saugwirkung übt die ungleiche Erwärmung der großen Kontinente den Wassermassen, den Meeren gegenüber während des Wechsels der Jahreszeiten, das heißt, während der halbjährigen Wärme- und der halbjährigen Kältezeit. Während der Wärmezeit entstehen über den großen Kontinenten durch Erhitzung, Auflockerung und Aufwärtsbewegung der Luftteilchen in den höheren Luftschichten, Anstauungen der Luftteilchen, welche ein Abfließen der Luft nach allen Seiten hin zur Folge haben.

Der Altmeister der Meteorologie, J. Hann[1]), sagt in seinem vortrefflichen Buche: „Infolgedessen haben die Luftschichten in der Höhe ein Gefälle vom Kontinent gegen das kühlere Meer hinaus, und die Luft fließt dahin ab. Dadurch wird der Luftdruck über dem Innern des Landes sinken, weil die drückende Luftmasse sich dort vermindert, über dem Meere steigen, weil hier ein Luftzuschuß in der Höhe eintritt. Im Meeresniveau entsteht dadurch ein dem oberen entgegengesetztes Gefälle der Luft vom Meere gegen das Land hin, von der Stelle höheren Druckes gegen die Stelle niedrigeren Luftdruckes, und die untere Luft muß deshalb von allen Seiten gegen den erwärmten Kontinent zufließen.“ Der Einfluß der Luft aus der Antizyklone (hoher Luftdruck) über dem Meere nach der Zyklone (niederer Luftdruck)

---

[1]) J. Hann, Handbuch der Klimatologie. I. Bd. 1897.

über dem Festlande vollzieht sich nach den Gesetzen der Luftbewegung bei Luftdruckdifferenzen. Die Rotation der Erde lenkt diese Windrichtung auf der nördlichen Halbkugel nach rechts, auf der südlichen nach links ab. Während des Winters übernimmt das Meer die Rolle des Festlandes, da es wärmer ist als dieses; es liegt dann über dem Meere die Zyklone und über dem Festlande der hohe Druck, die Antizyklone; die Luft bewegt sich vom Festlande zum Meere hin. Durch diesen Wechsel in der Erwärmung während eines Jahres entstehen regelmäßig wehende Winde, welche Monsune genannt werden. Auf dem großen Kontinent Asien, dem die Halbinsel Europa als Westküste angehängt ist, wie auch in Nordamerika wehen daher nach Hann während des Sommers folgende Winde: an der Westküste aus NW, an der Nordseite aus NO, an der Ostküste aus SO und an der Südküste aus SW; auf der südlichen Halbkugel, in Südamerika und Afrika sind die herrschenden Sommerwinde: an der Westküste aus SW, an der Nordseite aus NW, an der Ostküste aus NO und an der Südküste aus SO. Während des Winters herrschen auf der nördlichen Halbkugel, in Asien und Nordamerika, folgende Winde vor: an der Westküste O, an der Nordküste SW, an der Ostküste NW und an der Südküste N und NO. Europa, mit Ausnahme des Südens, steht unter dem Einflusse einer großen, zyklonalen Luftbewegung über dem nordatlantischen Ozean, die es mit W- und SW-Winden versieht.

Alle aus niederen Breiten kommenden Winde sind wärmer und, soweit sie über das Meer hinwegstreichen, bei hoher Temperatur mit Feuchtigkeit gesättigt; treffen sie auf das Festland, wo sie sich erheben und abkühlen, so teilen sie diesem große Mengen von Luftfeuchtigkeit und Niederschlägen mit; alle von hohen Breiten kommenden Winde sind kühler, und wo sie in das Land eintreten, bedingen sie trockenes Klima, da sie im Festlande sich erwärmen und trockener werden; erstere schaffen für Waldesdasein und -gedeihen günstige, letztere ungünstige Bedingungen; aus diesem Spiel der Winde zwischen Festland und Meer ergeben sich auch die großen Unterschiede im Klima zwischen den West- und Ostküsten der großen Kontinente in den höheren Breiten, worauf schon bei der Betrachtung der Wärmeverhältnisse hingewiesen wurde, und worüber bei den einzelnen Waldgebieten noch Näheres mitgeteilt werden muß.

Den konstanten Luftströmen gehen die Meeresströme parallel; Hann (l. c. S. 181) sagt: „Es kann jetzt kaum mehr ein Zweifel darüber bestehen, daß die großen Meeresströmungen ihre Entstehung den vorherrschenden Winden verdanken, weshalb auch im allgemeinen die Richtung der Meeresströme mit der Richtung der über den betreffenden Teilen der Ozeane vorherrschenden Luftströme übereinstimmt." Die durch W-Winde von den Kontinenten unter dem 37.° nördl. Br. abgelenkten warmen Ströme, Golfstrom und Kuro Shiuo, wenden sich von da an nordostwärts und lassen nördlich von diesen Breitengraden Raum für den von Norden kommenden kalten Polarstrom. An der Westküste von Südafrika und Südamerika streichen zwar ebenfalls kalte Ströme — entsprechend den kalten Strömen an den Ostküsten der Kontinente der nördlichen Halbkugel —, doch ist das kalte Küstenwasser dort nach den neueren Forschungen nicht allein diesen Strömen, sondern den direkt von der Tiefe aufsteigenden, kalten Strömen zuzuschreiben; diese aufsteigenden Ströme aber werden hervorgerufen durch den vom Land in das Meer wehenden Wind, der die oberflächlich erwärmte Schicht von der Küste hinwegtreibt; als Ersatz strömt von unten kaltes Wasser nach; dreht sich der Wind und weht er landeinwärts, so kommt er als kühle Brise, welche im Lande sich erwärmt, relativ trockener wird und so wenig Niederschläge bringt wie die von Osten kommende Landluft. Diese Erscheinung erklärt, daß, da die Niederschläge unzureichend sind, an den Westküsten von Südamerika und Südafrika Wald fehlen muß; erst bei hoher Elevation wird der Taupunkt des Meerwindes erreicht; im Gebirge erscheint der Wald. Gleiche Verhältnisse obwalten an der kalifornischen Küste von Nordamerika.

Aus obiger Darstellung ergibt sich, daß während der warmen Zeit, der Vegetationszeit, in Europa Winde aus SW, W und NW vorherrschend sind; sie kommen vom Atlantischen Ozean mit Feuchtigkeit gesättigt an die Küste; es ergibt sich ferner, daß in ganz Ostasien die Winde aus SW, S und SO überwiegen, welche vom großen Stillen Ozean befeuchtet werden; in Westamerika, nördlich vom 40.° nördl. Br., strömen die SW- und W-Winde ein; in Ostamerika sind es S- und SO-, also ebenfalls vom großen Wasserbecken kommende, feuchte, warme Winde; auf der südlichen Halbkugel korrespondieren mit den westlichen Küsten der nördlichen Halbkugel die östlichen; die Ostküste von Südamerika wird durch den feuchten, warmen SO-Wind mit Wasser versehen, gleiches gilt von der Ostküste Afrikas, während die Westküste sowohl von Südafrika wie von Südamerika vom Westwind, der über kalte Wasserflächen streicht, nur Feuchtigkeit bei niederer Temperatur erhält, aus welchem das Festland, da es die kühleren Winde erwärmt, keine Niederschläge ziehen kann; erst bei höheren Elevationen, seien sie Küsten- oder Binnenlandsgebirge, kühlen sich die kühlen Winde bis zum Taupunkt und zu Niederschlägen ab; die Gebirge sind die Regenmacher und Regenmehrer, nicht der Wald.

Soweit nun diese wasserdampfreichen Luftströme in das Festland eintreten und dieses mit Luftfeuchtigkeit, Nebel, Wolken und Niederschlägen versehen, herrscht Wald, vorausgesetzt, daß die Niederschläge in genügender Menge, daß Temperatur und andere Verhältnisse, die im nachfolgenden betrachtet werden müssen, das Waldesdasein überhaupt ermöglichen. Die ganze Anordnung der Waldungen unserer Erde nach Waldregionen hängt auf das engste zusammen mit den meteorologischen Erscheinungen der Luftbewegung über den Kontinenten und den Ozeanen. Auf dem Wege landeinwärts verlieren die feuchten, warmen Luftströme durch das fortgesetzte Ansteigen immer mehr von ihrer befruchtenden Feuchtigkeit, und endlich erreichen Luftfeuchtigkeit oder Niederschläge oder beide zusammen einen so niederen Betrag, daß, trotz sonstiger günstiger Existenzbedingungen, Wald nicht mehr dem Boden entsprossen kann.

Zur Feststellung des für das Dasein des Waldes absolut notwendigen Minimums an Feuchtigkeit und Niederschlägen ist es nötig, über die Beziehungen beider, insbesondere im Leben der Bäume selbst, einiges vorauszuschicken. Jeder Wald beginnt, wenn ihn die Natur aufbaut, oder wenn er durch Saat begründet werden soll, mit äußerst zarten Keimlingen; für das Gedeihen dieser sind die Niederschläge während der ersten Vegetationszeit wie während der ersten Vegetationsruhe außerordentlich wichtig; mit dem Alter nimmt die Gefahr der Vertrocknung stetig ab; für das ganze Leben gilt der Satz, daß die Verdunstung von seiten der Pflanzen um so größer ist, die Gefahr der Überverdunstung um so näher liegt, je lufttrockener das Gebiet; je feuchter der Boden, um so leichter erträgt eine Pflanze Lufttrocknis; umgekehrt kann die Regenmenge (Bodenfeuchtigkeit) um so geringer sein, je feuchter die Luft. Diese Momente spielen in der Wechselbeziehung bei der Frage der natürlichen Bewaldung unserer Erde, der ursprünglichen Ausdehnung der Waldungen wie auch bei allen Waldneuanlagen von seiten des Menschen eine einschneidende Rolle. .

Die Beziehungen zwischen Luftfeuchtigkeit und Niederschlägen sind keine direkt proportionalen; so empfängt z. B. die Ostseeküste bei Durchschnitt 74 % r. F. jährlich 224 mm Niederschläge, das Riesengebirge bei 600 m Erhöhung und 72 % r. F. 307 mm. Viel größer sind natürlich die Kontraste in größeren Kontinenten. Die Prärie zwischen dem Felsengebirge und dem Missourifluß erhält während der vier Monate Mai bis August 45 % r. F. noch 100 mm Regen; die Prärie an der südkalifornischen Küste empfängt bei vollen 72 % nur 40 mm während derselben Vegetationszeit. In diesen Gebieten fehlt Wald aus natürlichen Gründen, beide Male aus Mangel an genügenden Niederschlägen; auf der Prärie östlich vom Felsengebirge genügen nicht einmal 100 mm, in Kalifornien nicht 72 % r. F., um einen Wald hervorzurufen. Aber in beiden Gebieten kann künstlich Wald begründet werden; denn der Wald schafft sich unter seinem Dach sein eigenes Klima, wie es später besprochen werden muß.

Mehrmalige Studien an den Waldgrenzen, an den Prärierändern

von Nordamerika nnd Ostasien während der Jahre 1885—1887 haben den Verfasser veranlaßt, folgende Zahlen als minimale Beträge in Luft- und Bodenfeuchtigkeit (Niederschlägen) für die Existenz des Waldes zu betrachten.

Fallen in einem Gebiete weniger als 50 mm Regen, auf der nördlichen Halbkugel während der Monate Mai, Juni, Juli und August, auf der südlichen Halbkugel während der Monate November, Dezember, Januar, Februar, so ist dort Waldansiedelung auf natürlichem Wege unmöglich, mag die Feuchtigkeit der Luft noch so hoch sein, weil eben das durch Wind oder Tiere vom Saum der Waldregion aus dorthin getragene Samenkorn als zarter Keimling während der Dürr- periode stets vernichtet wird. Man kann dieses Niederschlags- oder Regenminimum für den Wald die Ombrohore oder Waldgrenze durch Regenmangel nennen. Ein solcher waldloser Küstensaum, auf dem die Niederschläge ungenügend, die Luftfeuchtigkeit aber genügend, ja stellen- weise sogar hoch ist, erstreckt sich in Nordamerika vom 40.° nördlicher Breite an südwärts durch Mittel- und Südamerika bis nach Patagonien; ein solcher Küstensaum liegt auch an der Westseite von Afrika südlich vom Äquator; es fehlt Wald, weil das notwendige Wasser im Boden fehlt; wird dieses aber künstlich zugeführt, so kann diese Prärie in üppige Getreidefelder, Obstgärten und Waldungen umgewandelt werden. Länderstriche, welche während der vier Monate mehr als 50 mm und weniger als 100 mm Regen erhalten, tragen ebenfalls noch keinen Wald, wenn die Luftfeuchtigkeit während derselben Zeit unter 50% herab- sinkt; denn die erhöhte Verdunstung verbraucht den Überschuß an Niederschlägen, der über die Ombrohore von 50 mm hinaus gefallen ist. Steigt aber die Niederschlagsmenge über 100 mm, so kann die Luftfeuchtigkeit resp. Trocknis allein den Wald nicht mehr verhindern, so daß man von einer Psychrohore, einer Grenze für den Wald durch Luftfeuchtigkeitsmangel, wohl nicht sprechen kann. Wird der Boden künstlich bewässert oder anderweitig auf natürlichem Wege mit Wasser versehen (Grundwasser, oberflächliche Bewässerung), so entspringt diesem ein Wald, mag die Luft noch so trocken während der Vegetationszeit sein. Unter 100 mm Niederschlägen bei weniger als durchschnittlich 50% Luftfeuchtigkeit empfängt die große Prärie zwischen dem Felsgebirge und dem großen Waldbande am atlantischen Ozean in Nordamerika; es zählen hierher die ausgedehnten Steppen- gebiete von Südrußland und Westasien, die Steppe der inneren Mongolei von Ostasien; die Steppe von Uruguay, Paraguay, Südwestafrika und Australien. Jederzeit kann solches Gelände, in welches der Wald mit seinen natürlichen Hilfsmitteln nicht eindringen kann, auf künstlichem Wege in Wald umgewandelt werden.

In einer Landschaft, in welcher während der genannten vier Monate sowohl die Niederschläge unter 50 mm als auch die Luftfeuchtigkeit

unter 50 % herabsinken, somit die Ombrohore und Psychrohore überschritten ist, löst sich auch die zusammenhängende, präriale Bodendecke
auf, nackte, vegetationslose Erde erscheint dazwischen; trägt sie Vegetation, so können nur noch eigenartige, für die ausnehmende Trockenheit ausgerüstete Pflanzen (Agaven und Kakteen) ihr Dasein fristen.
Der nackte Boden wird beweglich und vom Winde entführt; solches
Gelände nimmt die Zentren der großen Kontinente ein; es wird in
Nordamerika und Nordmexiko Desert, in Asien Gobi von den Mongolen
oder Shamo (Sand) von den Chinesen, in Afrika Sahara genannt; daß
auch noch solche Wüsteneien durch Bewässerung in Gartenland und
Wald umgewandelt werden können, beweisen die Bäume an den Flußläufen, die Oasen bei Untergrundbefeuchtung durch aufsteigende Quellen.

Wie breit das Waldband von der Küste aus landeinwärts, d. h. wie
weit die Ombrohore des Waldes von der Küste entfernt liegt, hängt
von der Mächtigkeit der wasserreichen, einströmenden Luftmassen und
von der Konfiguration des Landes selbst ab. Es gelang dem Verfasser
bereits 1890 [1]), nach Auffindung der Waldgrenzwerte auch die Eigenart
der Verteilung der Waldungen im Innern der Kontinente selbst auf
naturwissenschaftlichem Wege zu erklären; da diese Theorie alle
Fragen über die Ursache der Wald- und Steppenverteilung beantwortet,
dürfte sie richtig sein.

Steigt von der Küste hinweg das Gelände nur ganz allmählich, aber
stetig an, tritt somit der feuchte Luftstrom vom Meere aus ungehindert
in das Festland ein, so kennzeichnet seine Bahn einen Wald, der erst
hundert, selbst Tausende von Kilometern von der Küste entfernt seine
natürliche Grenze, seine Ombrohore findet; derartig gelagert und entstanden sind der europäische Wald, der atlantische Wald von Nordamerika, der pazifische Wald von Ostasien, der brasilianische Wald
von Südamerika, die Waldgebiete von Ostafrika; selbst große Inseln
wie die Sundainseln, Madagaskar, Neuseeland, Neuguinea müssen aus
obigen Gründen durchaus bewaldet sein.

Ragen Gebirge auf, so hemmen sie den Eintritt des feuchten
Luftstromes nicht, wenn sie dem Strome parallel gerichtet
sind; kleinere Gebirge unter 1000 m Erhöhung werden überschritten, das Dasein des Waldes aber wird nicht bedroht bzw.
nicht verhindert. So liegen in Europa die Alpen, die Pyrenäen
im Luftstrom des Atlantischen Ozeans, die Alleghanies in Nordamerika
im Luftstrom, der vom Golf von Mexiko nordwärts streicht; ganz Japan
stellt einen großen von Süden nach Norden, also parallel mit dem
feuchten, warmen Luftstrom verlaufenden Gebirgszug dar. Die geringeren
Erhebungen in Europa, wie Schwarzwald, bayerischer Wald, Vogesen
und andere werden vom Strom überschritten unter Abgabe großer Wasser-

---

[1]) H. Mayr, Die Waldungen von Nordamerika. 1890.

mengen, die Westseite der Gebirge ist die Regenseite; im Regen-schatten, an der Ostseite der Gebirge, sind zwar für den Wald, seine Zusammensetzung und seine Behandlung wichtige Unterschiede gegen-über der Regenseite vorhanden, allein die Ombrohore erreicht der Luft-strom nicht, überall ist Wald.

Streicht aber ein hoher Gebirgszug entlang der Küste, also mehr oder weniger senkrecht auf die Bewegungsrichtung des Meeres-luftstromes, so wird letzterer in seinem Aufstieg zur Paßhöhe des Gebirges zur Abgabe von großen Mengen von Feuchtigkeit gezwungen, so-daß er nach Überschreitung der Paßhöhe bei seiner Senkung durch Ver-dichtung und Erwärmung relativ so trocken wird, daß Nebel- und Wolkenbildung sich auflösen und die Niederschläge unter die Ombro-hore für den Wald herabsinken. Ein ganz besonders schönes und deutliches Beispiel des Ganges des mächtigen, feuchten Luftstromes über den Kontinent hinweg und seines Einflusses auf das Dasein bzw. Fehlen von Wald zeigt ein Profil durch Nordamerika, daß unter dem 40.° an der Westküste beginnt. Hier trifft der Luftstrom auf drei ein-ander parallel laufende und in ihren Höhenverhältnissen ansteigende, größere Gebirgszüge. Ein eingehendes Studium von Waldgrenzen, Elevationen und Feuchtigkeitsverhältnissen, letztere nach den übersicht-lichen Angaben der meteorologischen Stationen der Union, ergaben nun nebenstehende Abbildung:

Der über dem großen Stillen Ozean gesättigte, westliche Luftstrom stößt an den ersten Gebirgszug, das Küstengebirge (Coast Range), kühlt sich bei dem Aufstieg ab, verliert ganz gewaltige Wassermengen und gibt einem Walde, überaus mächtig in Höhe und Raschwüchsigkeit, das Dasein. Die Paßhöhe wird bei 900 m überschritten. Der absteigende Luftstrom erwärmt sich, wird relativ trockener, die Niederschläge sinken unter den Betrag der Ombrohore, Grasprärie tritt auf und erfüllt das ganze Tal und reicht noch im zweiten Gebirge (dem Kaskadengebirge) bis zu einer Höhe empor, welche der Paßhöhe des vor-liegenden, ersten Gebirgszuges entspricht, nämlich 900 m; von da an aufwärts beginnen wiederum Wolken und Niederschläge und Wald, der mit dem Luftstrom bis zur Paßhöhe des zweiten Gebirgs-zuges emporschreitet; aber auf der Windschattenseite des Gebirges lösen sich Wolken und Regen wieder auf, die Luft wird abermals er-wärmt und getrocknet, die Ombrohore verhindert den Wald auf der ganzen Fläche zwischen den Kaskaden und dem dritten Gebirgszuge, dem Felsengebirge (Rocky Mountains); an der Westseite dieses Gebirges erscheint der Wald erst bei einer Höhe von 1200 m, einer Höhe, welche der Paßhöhe des vorliegenden zweiten Gebirgszuges entspricht, und so weit steigt der Wald im Felsengebirge aufwärts, als die Temperatur es gestattet; auf der Ostseite des Gebirges aber fehlt jeder Wald, weil diesem Gebiete von Westen her nur trockene Luft zuströmt. Von

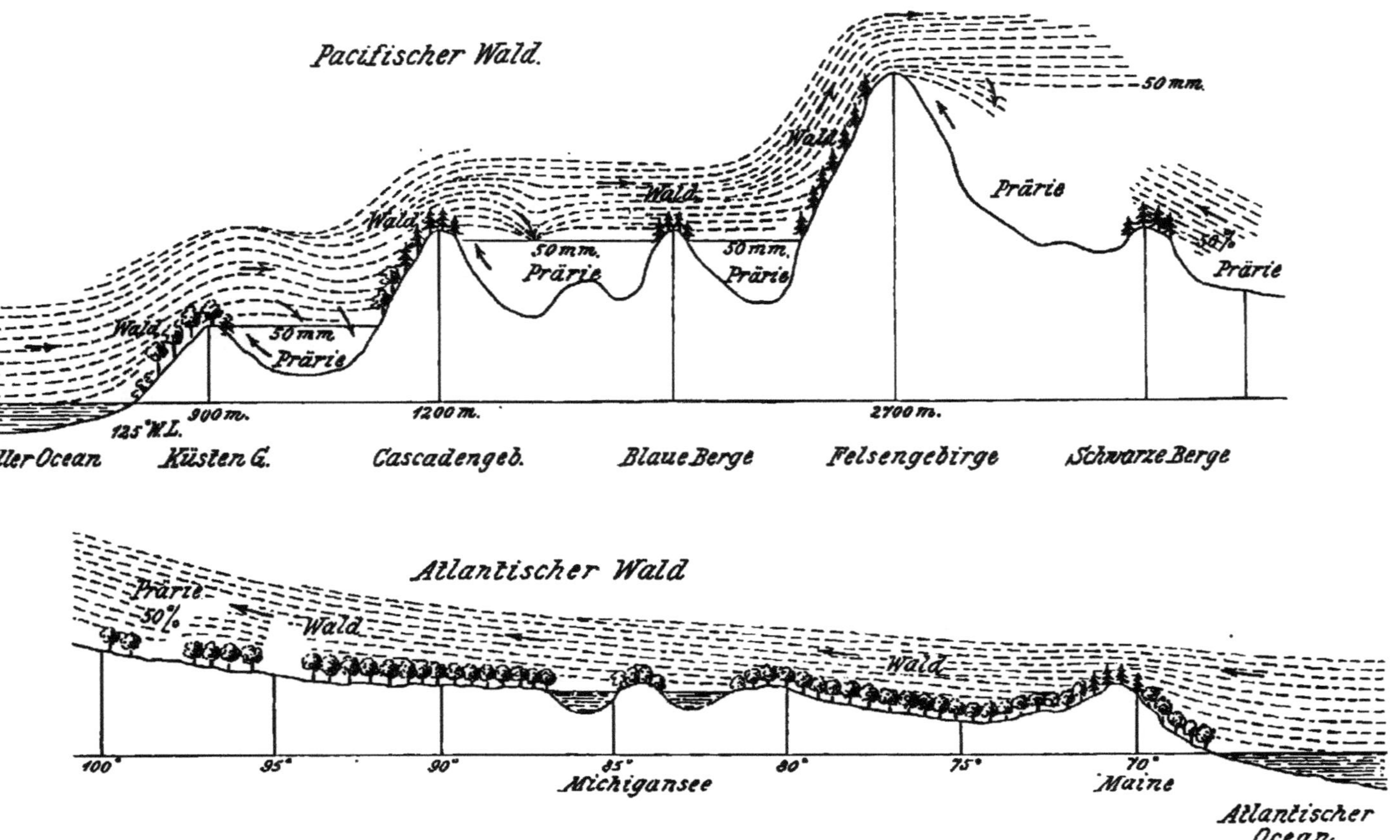

Abb. 2. Profil durch Nordamerika unter dem 40° nördl. Br., die Abhängigkeit des Waldes von der Feuchtigkeitsmenge zeigend.

Osten her, vom atlantischen Ozean, reichen zwar Niederschläge bis an den Rand des Felsengebirges, allein sie sind zu spärlich, sie werden während der trockenen, heißen Zeit durch Überverdunstung beseitigt, so daß ein Einwandern von Wald in dieses Gebiet von Osten her unmöglich ist. Zwischen den Kaskaden- und dem Felsengebirge liegt ein stattlicher Gebirgsstock, die Blauen Berge oder Blue Mountains; soweit ihre Plateaus und ihre Gipfel in den feuchten Luftstrom hineinragen, das heißt über 1200 m sich erheben, tragen sie Wald; unter dieser Grenze besteht Prärie.

So erklärt sich auf natürliche Weise die parallele Gliederung von Wald und Prärie an der Westküste von Nordamerika. Ehe ein weiteres Jahrhundert vergangen sein wird, wird die Prärie durch die menschliche Tätigkeit in eine Feld-, Garten- und Waldlandschaft umgewandelt sein, und wenn nicht bald ein Gemeinwesen von ewigem Bestand, sei es Staat oder Union, die gerade hier so eminenten Schutzwaldungen der Gebirge an sich bringt, wird der Wald verödet und vergrast sein. Das Landschaftsbild, wie es ursprünglich bis zum Ende des vorigen Jahrhunderts als ein Ergebnis der natürlich aufeinander einwirkenden Faktoren des Klimas sich darstellte, wird durch menschliche Dazwischenkunft völlig in das Gegenteil verkehrt sein.

Die langsame Erschöpfung der Meereswinde an Feuchtigkeit infolge des weiten Weges und langsamen Aufstieges landeinwärts, wie sie Europa und Ostamerika zeigen, wo erst unter dem 90.° westl. Br. Luftfeuchtigkeit und Niederschläge zu Beträgen sinken, die dem natürlichen Fortschreiten des Waldes nach Westen hin eine Grenze setzen, wiederholt sich auch an der Ostküste von Südamerika, an der Ostküste von Afrika und Asien. Ihr Parallelismus in Waldesbreiten und Waldesgrenzen im Innern der Kontinente an der Ombrohore ist offenkundig. Die rasche Erschöpfung des feuchten Meereswindes infolge steilen Anstieges am Küstengebirge, die Ombrohore auf der Regenschattenseite des Gebirges, wie sie Nordamerika an seiner Westküste zeigt, wiederholt sich in Südamerika ostwärts der Anden, wiederholt sich hinter den Küstengebirgen von Afrika, Australien und Südasien (Himalaja). Hinter den Gebirgen fehlt Wald, wenn andere Feuchtigkeitsquellen ausgeschlossen sind.

Man kann daraus entnehmen, wie es um Europa stünde, wenn es in seinen Befeuchtungsverhältnissen allein auf das Mittelmeer und den Südwind angewiesen wäre; nördlich der Alpen würde sich eine Steppenlandschaft ausdehnen müssen, die bis hart an die Küste der Nord- und Ostsee heranreicht; es ist an einer anderen Stelle dieser Schrift der Nachweis versucht, daß Mitteleuropa nach der Eiszeit nie eine Ombrohorensteppe, wohl aber eine Thermohorensteppe besaß.

Ähnlich wie Außenmeere können auch Binnenmeere wirken; das Schwarze Meer, das Kaspische Meer, die Gruppe der großen Seen der

Vereinigten Staaten erzeugen ihre eigenen Monsune durch den Kontrast der Erwärmung von Festland und Wasser; sie ermöglichen auch das Dasein· eines Waldes .in einer Region, welche, wäre sie nur auf den Atlantischen Ozean mit ihrer Feuchtigkeit angewiesen, wahrscheinlich Steppe sein müßte.

Dem großen Gegensatze zwischen Winter- und Sommerhalbjahr und deren Wechsel während eines Jahres vergleichbar ist der Wechsel in der Erwärmung von Festland und Wasser während 24 Stunden. Tag und Nacht erzeugen ähnliche Schwankungen in der Erwärmung von Festland und Wasser wie Sommer und Winter. Gegenüber der stärkeren Erwärmung des Festlandes während des Tages, der stärkeren Abkühlung desselben während der Nacht erscheint das Meer, das Wasser als ein mit mittlerem Grad versehenes Medium. Die Erwärmung des Festlandes bedingt ein Einströmen der Meeres- oder Seeluft, während nachts die Luft vom kühleren Festlande zu den wärmeren Wasserflächen hinstreicht. Die etwa vier Stunden nach Sonnenaufgang einsetzende Seebrise, wasserdampfreich, kühl, erfrischend, schwach salzig, streicht bis zu 30 km landeinwärts, der nachts zum Meere fließende Luftstrom ist beträchtlich schwächer. In den Tropen ruft diese Tag- und Nachtperiode vielfach gegen den Nachmittag hin Gewitter mit reichlichen Niederschlägen hervor. Auch die auf diesem Wege gespendete Luftfeuchtigkeit und Regenmenge kann Wald hervorrufen, während er weiter ab von der Küste fehlt. Kleinere Seen, selbst Flüsse äußern ihre Fernewirkung durch eine auffallende Milderung des Klimas, eine Verzögerung des Frühlings, Milderung des Sommers, Verlängerung des Herbstes und Mäßigung des Winters so lange, bis die Wasserfläche zu Eis erstarrt. Ein besonders auffallendes Beispiel der Verlängerung des Spätsommers erwähnte Verfasser in seiner bereits zitierten Schrift (1890): Der Einfluß des himmelblauen Sees Pend d'Oreille im Felsengebirge, von dicht bewaldeten Bergen eingefaßt auf die Verzögerung des Spätsommers Ende Oktober (1885) ist unverkennbar; die Lärchen (L. occidentalis) an den Uferhängen waren noch grün, unmittelbar nach Verlassen des Seebeckens wieder wie· vor der Annäherung goldgelb. Den Einfluß der Süßwasserseen auf die Reife der Früchte von einem wärmeren Klima angehörigen Holzarten (wie Castanea vesca in Herrenchiemsee) ist ebenso für die Schweizer Seen von A. Engler 1900 nachgewiesen worden.

Tau und Reif. Die Kondensation des Wassersdampfes aus der Luft an allen sich abkühlenden Gegenständen — bei Abkühlung bis zu 0° als Tau, unter 0° als Reif — kommt zwar auch der Bodenoberfläche zustatten als Verstärkung der Niederschläge und der darüber liegenden Luft durch die relative Vermehrung ihres Wasserdampfgehaltes, also Erhöhung der relativen Feuchtigkeit; allein der Betrag an Flüssigkeit, den Tau liefert, ist so gering, daß höchstens eine Grasvegetation damit sich begnügt, vielfach fehlt selbst diese. Nie aber kann durch Tau allein Wald erscheinen wegen der starken Verdunstung untertags; Tauniederschläge sind z. B. auf der Sahara fast täglich und in sehr starkem Maße zu beobachten, dennoch fehlt Wald. Künstlich Wald begründet, würde er in solchen Örtlichkeiten ohne künstliche Wasserzufuhr sich nicht halten können, obwohl alle Bäume aus den Tauniederschlägen durch Blätter und Rinde einen sehr beträchtlichen Teil Wasser aufzunehmen und in sich aufzuspeichern vermögen. Künstlich begründeter Wald kann nur da sich halten, wo noch so reichlich Niederschläge fallen, daß der Wald durch seine Feuchtigkeit erhaltende Kraft einem durch Überverdunstung entstehenden Defizit in der Pflanze und im Boden die Wagschale halten kann; Wald kann sodann entstehen und bestehen, wenn von untenher den Wurzeln stets neue Feuchtigkeit zugeführt wird.

Für den Wald ergibt sich als weitere Wasserquelle bodenfeuchtender Nebel bei Plusgrad oder Rauhreif bei Minusgrad. Ersterer entsteht, wenn die Luft bis zum Taupunkt sich abkühlt, letzterer, wenn die Abkühlung bis unter 0^0 sich fortsetzt. Werden die winzigen Wassertröpfchen des Nebels oder die feinen Eisnadeln des Rauhreifes gegen irgendeinen Gegenstand vom Wind geworfen, so sammeln sie sich an diesem an; bei Nebel tropft der Überschuß ab und gelangt in den Boden, bei Reif können die in der Luft verteilten, in der Sonne glitzernden Eisnadeln bis zu solchem Massen sich ansammeln, daß Telegraphendrähte, im Walde Äste, ja ganze Bäume zusammenbrechen (Duftbruch). Rauhreif kann so stark im Walde auftreten, daß sein Herabfallen durch beginnendes Tauwetter oder durch Wind den Boden wie mit einer Schneedecke überzieht. Folgt aber auf den Rauhreif trockene Witterung, so verdampft er, ohne dem Boden einen Tropfen Wasser gespendet zu haben. Die Wassermengen, welche durch diese beiden Naturerscheinungen geliefert werden, sind oft beträchtlich; der Tau ist für die aufkeimende Generation während der Vegetation durch die Befeuchtung des Bodens oft von größtem Werte. Daß aber Nebel die durch Regen gebrachte so notwendige Feuchtigkeitsmenge ersetzen könnte, davon kann keine Rede sein. In den nebelreichsten Gebieten, z. B. in der Nähe des kühlen Labradorstromes, des kühlen Stromes von der Behringstraße des äußersten Ostasiens, der den Aleuten und Kurilen entlang streicht, ist der Wald nicht etwa begünstigt, sondern vielmehr durch den Wärmemangel infolge allzu geringer Besonnung geschädigt, ja stellenweise sogar ganz vertrieben.

Eisregen kann man eigentlich nicht hierher zählen. Es ist wie das Wort sagt, eigentlich Regen; daß er überkältet, an allen Gegenständen als Eiskruste sich anheftet, kann für die Vegetation verhängnisvoll werden; auch für die Bodenbefeuchtung ist Eisregen ungünstig, weil die Eisform das Wasser längere Zeit der Verdunstung aussetzt und damit die Menge, welche in den Boden eintritt, schmälert.

Ein Übermaß von wolkenbruchartig herabstürzenden Regenwassern scheint, von gelegentlich störenden Kalamitäten hier abgesehen, nur auf einer Stelle der Erde als Regel sich einzustellen; das ist im südlichen Assam, wo aus dem rasch emporstürmenden, feuchtwarmen Luftstrom aus dem Meerbusen von Bengalen so ungeheuere Regenmassen sich auslösen (10 000 mm jährlich), daß nicht bloß für Wald, sondern für jegliche geschlossene Pflanzendecke der Boden vom Felsenplateau abgewaschen wird.

Schnee. Mag Schnee in noch so gewaltigen Massen während des Winters sich auf die Vegetation der Erde herabsenken, Schnee kann das Aufwachsen des Waldes nicht hindern; er kann sehr störend sein, kann insbesonders empfindliche Holzarten ganz ausschließen, aber den Wald als solchen, und vor allem den natürlich erwachsenen Wald bedroht er nicht; waldlose Gebiete infolge allzu großer Schneemengen gibt es nicht. Ja, nicht einmal die kriechende Form einzelner Holzgewächse der obersten Vegetationszone, wie das so einfach und natürlich scheint und deshalb von allen Laien vermutet wird, kann dem Schnee zugeschrieben werden; die Alpen haben als oberste Strauchvegetation die kriechende Pinus Pumilio, in den Pyrenäen endet der Wald mit pfeilgerader Pinus uncinata. Keine einzige Bergföhre kriecht dort, sie wäre denn von den Bewohnern gestümmelt. Im Westen der Vereinigten Staaten ist die Grenzvegetation aufrecht stehend; in Ostasien bildet die Waldgrenze eine kriechende Zürbel. Wo Fichtenbäume, Lärchen oder Föhren bis zur Thermohore emporsteigen, besitzen sie — in diesem Gebiete der Maximalschneeanhäufung — eine wohl vom Schnee zerzauste, nicht aber eine kriechende Form; sie bleiben aufrecht, aber nieder, infolge Mangels an nötiger Wärme. Einen klassischen Beweis, daß Schnee den Wald nicht vernichten kann, durch ihn keine kriechenden Formen entstehen, nicht die Prärie an Stelle des Waldes treten kann, liefert die Nordwestküste von Japan. Der kalte, über das Meer geführte Nordwind oder sibirische Wind häuft dort ungeheuere Schneemassen an. Schneehöhen von 4 m sind dort Durchschnitte, welche jeder Winter bringt, und dennoch ist das ganze Gebiet eines der best bewaldeten von Japan und trägt den schönst und höchst entwickelten Wald; wo Wald fehlt, hat nicht Schnee ihn verhindert, sondern der Mensch ihn zerstört.

c) Wind.

Die wohltätige Seite des Windes als Walderzeuger wurde in den vorhergehenden Zeilen betrachtet; Wind ist aber auch ein Waldzerstörer, wenn er gelegentlich zum Orkan anschwillt; er ist sodann ein Waldverhinderer, wenn er stetig mit großer Kraft über gewisse Gebiete hinwegstreicht. Trotzdem, daß alle Faktoren für das Aufwachsen von Wald günstig sind, kann Wald fehlen durch den Wind. Vor allem sind es flache Meeresküsten, über welche die ungebrochene Gewalt des Windes hinwegstreicht und die Ansiedelung von Bäumen verhindern kann. Felsige, bergige Küsten sind nur an der Windseite der Berge baumlos. An flachen Küsten ist erst weiter landeinwärts die Gewalt des Windes soweit gebrochen, daß Bäume, daß Wald aufwachsen kann; der Wald kämpft gegen den Wind, indem er keilförmig gegen denselben vordringt; mögen es Buchen sein wie in Ostfriesland, oder Föhren wie in den Landes von Südwestfrankreich, Zypressen wie in Westamerika oder Eichen wie in Nordjapan, überall schieben sie sich keilartig gegen den Wind vor und besetzen soweit als möglich das zwischen dem Meere und dem Walde liegende Marschland, die Grassteppe. Waldlos sind sodann Küsten und flache Inseln im Gebiete der stürmischen Monsune, während alle Inseln in der Region der Kalmen Wald tragen.

Ähnlich wie die Küsten verhalten sich unvermittelt aus der Ebene emporragende Bergesgipfel, nicht allzuweit von der Küste entfernt. Kahle Bergesgipfel im Binnenlande, mitten im Waldgebiete können zweierlei Ursprungs sein: entweder besaßen sie ursprünglich Wald, dann kann ihn nur menschliche Tätigkeit vernichtet haben, oder sie waren schon von Anfang an waldlos, durch Mangel an genügender Wärme oder an genügenden Niederschlägen oder auch durch ungeeignete Bodenausformung, worüber in den folgenden Zeilen das bis jetzt bekannt Gewordene mitgeteilt werden soll.

Licht, ein Faktor des Klimas und mit den übrigen Faktoren des Klimas im engsten Zusammenhange, kann nirgends das Aufwachsen des Waldes hindern; die nördlichste Waldvegetation, welcher der Lichtgenuß am meisten beeinträchtigt wird, bedarf während dieser Zeit des Lichtes nicht, da sie ruht; ihr nützt auch der Überschuß während der Vegetationszeit nichts, da sie Mangel an Wärme leidet. Die Bedeutung des Lichtes während der Vegetationszeit soll einer späteren Betrachtung vorbehalten sein.

2. Der Boden.

Allgemein, auch unter Pflanzenzüchtern, ist die Anschauung verbreitet, jede Holzart verlange zu ihrem Gedeihen ihren eigenen, spezifischen Boden mit spezifischen Nährsalzen, mit einer spezifischen Verteilung, spezifischen Menge; die Annahme der Wissenschaft, daß die in einem Baume gefundene Menge an Mineralsalzen auch den notwendigen Bedarf hieran darstelle, verführt hierzu; will eine Waldanlage nicht entsprechendes Gedeihen zeigen, wird in erster Linie auf den unpassenden Boden als die Ursache hingewiesen. Was liegt

näher als der weitere Gedanke, daß es auf unserer Erde große Land-
striche gäbe, auf denen Wald fehlt, weil der Boden hierfür ungeeignet sei? Bei genauerer Prüfung wird sich ergeben, daß an
dem Mißlingen einer Waldkultur weniger Boden als Klima, Behandlung und andere Momente schuld sind, und eine Prüfung der waldlosen
Gebiete der Erde zeigt, daß überall, wo für Wald ungeeigneter Boden
auftritt, dieser erst unter dem Einflusse des Klimas oder bestimmter
Pflanzenformen odes des Menschen die ungünstige Verfassung angenommen hat. Ramann[1]) sagt: Erst in neuerer Zeit hat man erkannt, daß die Böden in ihren wichtigsten Eigenschaften vom Klima
abhängig sind; die Böden sind Produkte der Verwitterung und des
Pflanzenlebens, die beide zunächst vom Klima bedingt werden; es ist
daher ohne weiteres verständlich, daß auch je nach dem herrschenden
Klima die Böden verschiedenen Charakter tragen. Den Zusammenhang
zwischen Klima und Boden haben russische und amerikanische Forscher
zuerst betont. Verfasser[2]) hat vor 18 Jahren in seinen „Waldungen
von Nordamerika" bereits gezeigt, daß nirgends, wo Wald endet oder
fehlt, der Boden, sondern das Klima schuld ist, nicht weil es den
Boden in eine für den Wald ungünstige Form umwandelte, sondern
weil den Bäumen zum Aufwachsen Wärme oder Niederschlag mangelte.
Die primäre Ursache für das Fehlen von Wald ist, von wenigen Fällen
abgesehen, immer klimatischer Natur. Der Sahara fehlt Wald,
weil Wasser mangelt; die Flachmoore des kühlsten Klimas sind waldlos,
nicht weil es zu feucht, sondern weil es zu kalt ist. Die Flachmoore
des wärmeren Klimas sind entweder noch nicht Wald geworden, oder
sie sind, vom Menschen des Waldes beraubt, wieder in das Moor-
stadium zurückgekehrt. Erst in den Hochmooren lernen wir ein Gebilde
der Natur kennen, welches keinen Wald duldet, aber wieder nicht wegen
des Bodens, sondern durch das Klima und die Tätigkeit gewisser Pflanzen.

    Wärme. Wie bei einer Erörterung über die Wärme in der Luft
muß auch beim Boden die Frage berührt werden, ob es Böden gibt,
die so kalt oder so heiß sind, daß aus diesem Grunde Wald fehlt.
Diese Frage liegt bei der allgemeinen Überzeugung von der Wichtigkeit der Bodentemperatur für das Pflanzenleben sehr nahe. Mißt man
die Temperatur während der vier Monate Mai, Juni, Juli und August
auf der nördlichen Halbkugel im Wurzelbereiche eines Waldes, z. B.
eines erwachsenen Fichtenbestandes von Mitteleuropa, so ergibt sich
sofort, daß diese Temperatur weit unter der Lufthorotherme für
das Dasein des Waldes, nämlich unter 10° C verbleibt; wäre in den
Böden die Horotherme ebenfalls bei 10° C gelegen, so müßte in Europa
die Waldgrenze bereits in Dänemark, im südlichen Norwegen und

---

[1]) Dr. E. Ramann, Bodenkunde, 1905, 2. Aufl.
[2]) Dr. H. Mayr, Die Waldungen von Nordamerika. 1890.

Schweden, somit um 5—10° südlicher liegen als in Wirklichkeit; an der Waldgrenze dürfte die Bodenwärme im Wurzelbereiche während der vier Monate den Betrag von 6° kaum erreichen. Man könnte nun sagen, die dort herrschende, niedere Bodentemperatur von 6° entspräche der Lufthorotherme von 10° und sei schuld, daß dort der Wald zu Ende geht. Dieser Schluß wäre nicht richtig; denn nach den Untersuchungen des Verfassers geht in einem Boden, der bis auf +1° C künstlich abgekühlt erhalten wird, der Vegetationsbeginn zwanzigjähriger Bäume genau mit derselben Schnelligkeit vor sich, als in einem Boden, der künstlich auf eine höhere Temperatur, als die Umgebung zeigt, erwärmt wird; die Erwärmung hat die Vegetation nicht beschleunigt, die Abkühlung hat sie nicht verzögert. Diese Tatsache, daß die Bodentemperatur für die Vegetationsphasen der Bäume gleichgültig ist, daß über das Dasein des Waldes die oberirdische, nicht die unterirdische Wärme entscheidet, überrascht für den ersten Augenblick, steht aber völlig im Einklang mit weiteren Beobachtungen anderer Forscher, welche berichten, daß in nördlichen Regionen auf starkem Humusboden die Wurzeln über Schichten gefrorenen Bodens hinwegstreichen; die diesen Bäumen zur Verfügung stehende Bodentemperatur kann somit nur ein paar Grade über 0 betragen. Zu heiß für die Wurzelverbreitung kann der Boden nur unmittelbar an und in der Oberfläche sein, worüber bereits auf Seite 13 gesprochen wurde; in tieferen Schichten kann es nur zu heiß sein, wenn Wärme von unten, durch vulkanische Kräfte heißes Wasser oder heiße Luft zugeführt wird; diese Fälle sind nur ganz vereinzelt auf der Erde. Dagegen muß sofort zugegeben werden, daß die Bodentemperatur von größtem Belang ist für chemische und physikalische Prozesse der Streuzersetzung, Bodenaufschließung, Bodendurchlüftung, von größtem Werte ist für die Keimung und ersten Jahre der Baumjugend, sowie für alle jene niederen Gewächse, welche mit der umgebenden Luft dem Einflusse des Bodens in Temperatur unterworfen sind.

Feuchtigkeit. Die Niederschläge aus Regen, Tau, Nebel, Hagel, Graupeln usw. haben dann eine Bedeutung für die Baumvegetation, wenn sie vom Boden aufgesogen und durch die Wurzeln den Bäumen zugeführt werden; so wichtig für alle Bäume und übrigen Pflanzen die oberirdische durch Blätter und Triebe aufgenommene Feuchtigkeit in Zeiten der Not sein kann, ist doch für das Waldesdasein nur die Menge an Wasser entscheidend, welche in den Boden eindringt und in die Tiefe sickert. Die ausgedehnten aus Mangel an Feuchtigkeit waldlosen Gebiete unserer Erde kann man, wie schon früher gezeigt wurde, in drei Gruppen einteilen: 1. Die erste Gruppe umfaßt alle Flächen, welche während der vier Monate (Mai, Juni, Juli und August auf der nördlichen, November, Dezember, Januar und Februar auf der südlichen Halbkugel) weniger als 50 mm Niederschläge erhalten, während die Luftfeuchtigkeit eine zuweilen hohe ist; trotz dieser ist die Verdunstung größer als die Wasseraufnahme; es dringt kein Sickerwasser in die Tiefe, das Lebenselement für alle Bäume, welche ihre Wurzeln in die Tiefe zu richten gezwungen sind; nur die seicht wurzelnden Gräser und Stauden finden sich mit geringer Oberflächenfeuchtigkeit im Boden ab. Ihnen kommen überdies die Niederschläge aus dem Tau zugute. Solche Flächen können jederzeit mit Baumwuchs bestellt werden, seien es Obstbäume oder forstliche Naturpflanzen; es bedarf nur einer Bewässerung. Einmal begründet, erhält sich der Wald durch Herabsetzung der Verdunstung an der Bodenoberfläche. 2. Flächen, welchen während der vier Monate nur < 50 mm Niederschläge oder weniger zugeführt werden, welchen überdies wegen der trockenen, heißen Temperatur ein sehr großes Sättigungsdefizit in der Luft zukommt, sind zum größten Teile vegetationslos; Wald erhält sich nur bei künstlicher Bewässerung; wird dieselbe unterbrochen, stirbt auch der Wald wiederum ab. 3. Gebiete, welchen während der vier Monate 50—100 mm Niederschläge zugeführt werden, können durch künstliche Kultur in Wald umgewandelt werden, trotz hoher Trockenheit der Luft. Es genügt der Kampf gegen die Präriegräser bei der erstmaligen Begründung des Waldes und seiner naturgemäßen Behandlung, um die weitere Existenz des Waldes zu sichern. 4. Prärie- oder Steppenflächen, welchen während der vier Monate mehr als 100 mm Niederschläge zukommen, waren bereits ursprünglich mit Wald bedeckt; die menschliche Tätigkeit hat sich dort bisher auf Waldvernichtung und Unterstützung der Steppenpflanzen durch Feuer beschränkt; solche Gebiete in Wald umzuwandeln, würde zu erreichen sein, wenn der Mensch seine zerstörende Tätigkeit in eine aufbauende verwandeln wollte.

Wie Feuchtigkeitsmangel kann auch Feuchtigkeitsüberschuß die Veranlassung zu Strauch- und Grasflächen, zum Fehlen von Wald sein. Man kann diese Flächen in zwei Gruppen trennen je nach ihrem Ursprunge und nach ihrem Endziele; gemeinsam ist beiden die Anhäufung unvollständig zersetzter Pflanzenstoffe (Torf, Schlamm) bei Überschuß von Wasser.

1. Flachmoore, Grünlands- oder Wiesenmoore, Moose, Brücher usw.; Wasseransammlung durch überreiche Zufuhr oder ungenügende Abfuhr nährstoffreicher Wasser; Beginn der Torfansammlung am tiefsten Punkte. Der Entwicklungsgang ist folgender: Wasserflächen, welche allmählich durch Pflanzenwuchs sich ausfüllen, werden in Wiese und dann Wald umgewandelt; man kann diese drei Phasen der Entwicklung bei allen Flachmooren festhalten: Wasser, Grasfläche, Wald; das Endziel der ungestörten Entwicklung ist Wald; greift der Mensch in den natürlichen Entwicklungsgang ein, so kann er irgendeine Entwicklungsstufe oder auch ein Übergangsstadium von einem zum anderen Typus längere Zeit festhalten, er kann den Über-

gang zur nächsthöheren Entwicklung beschleunigen oder auch verzögern und die Rückkehr zu einem vorausgehenden Stadium herbeiführen. Von den Tropen bis zur kühlsten Waldregion ist
der Entwicklungsgang: Wasser, Grasfläche, Wald der
gleiche; es wechselt mit der Wärme nur die Schnelligkeit
der Entwicklung und die Pflanzenart.

2. Hochmoore, Buckelmoore. Ansammlung von nährstoff-
armen Wassern in und auf der Oberfläche des Bodens, Ansammlung
durch die kapillare Wirkung von Moosen, besonders Sphagneen; Aus-
gangspunkt der Bildung sind Wiese oder Wald; die Wiesen- und
Waldpflanzen ersticken und verhungern in dem nahrungsarmen Wasser;
Endziel der Entwicklung ist das Flechtenmoor; auch diese
Bildung zeigt drei Typen oder Phasen, nämlich: Wiese bzw. Wald
(Wiese ist nur die Vorstufe des Waldes), Hochmoor, Flechtenmoor.
Durch menschliche Eingriffe kann auch bei diesen Gruppen Wiese und
Wald gegen den Übergang zum Hochmoor und Flechtenmoor geschützt,
das Flechten- bzw. Hochmoor wiederum in die Ausgangsphase Wald
zurückgeführt werden. Die Hochmoorbildung ist auf das kühlere Klima,
das Picetum und Polaretum bzw. Alpinetum der später zu gebenden
Klima- und Waldzonenbildung beschränkt. Hochmoore sind daher eine
charakteristische Erscheinung des Nordens und der höheren Elevation.
Bei einer Darstellung des Einflusses der Temperatur auf das Waldesdasein wurde bereits erwähnt (S. 19), daß alle Böden, welche einen
Überschuß an Wasser führen, die über ihnen liegende Luft abkühlen.
So heiß es untertags ist, so kühl ist es während der Nacht, so daß das
Plus an Wärme während des Tages durch das Minus an Wärme während
der Nacht für die Pflanzenwelt wiederum verloren geht; Verzögerung
des Frühlings, tiefe Temperatur während klarer Sommernächte — von
500 m aufwärts können in Mitteleuropa in jedem Sommermonat
Nachtfröste auftreten —, verlängerter Herbst und außerordentlich tiefe
Wintertemperatur sind die bekannten, klimatischen Erscheinungen
des nassen Bodens. Es wurde bereits erwähnt, daß nasse Boden-
flächen auf die Luft abkühlend wirken, daß an der betreffenden Stelle
nicht das Klima der Umgebung, sondern jenes der kühleren
Region herrscht. Sumpfige Gebiete im Fichten- und kühleren
Buchenwalde (kühleres Fagetum und Picetum nach einer später gegebenen Darstellung) besitzen das Klima des Alpinetum bzw. Polaretum;
in dieser Klimazone ist somit der Übergang der Wiesenmoore
in Wald außerordentlich erschwert, an der oberen und nördlichen Waldgrenze wohl auch ganz ausgeschlossen. Seichtes
Wasser im alpinen oder polaren Klima kann aus Mangel an Temperatur
nur bis zur Wiese oder Sumpfsteppe, nicht bis zum Wald sich entwickeln; es fällt den Sphagneen anheim, wird Hochmoor und schließlich
Flechtenmoor; stört der Mensch die Entwicklung des Wiesenmoores zu

Wald im kühleren Fagetum und Picetum, so kann auch aus einem Wiesenmoor direkt ein Buckel oder Hochmoor hervorgehen. Bei der Gruppe der Hochmoore ist das Auftreten derselben im wärmeren Klima, d. h. wärmer als Fagetum, unmöglich, weil die waldvernichtenden Pflanzen (Sphagneen) dem Alpinetum bzw. Polaretum hauptsächlich angehören, welche nur noch im benachbarten Picetum bzw. Fagetum zur Herrschaft gelangen können; in wärmeren Klimalagen ist ihnen das Klima zu warm und zu trocken. Das Hochmoor geht nur dann in ein Flechtenmoor über, wenn es in der Zone des Polaretums oder Alpinetums gelegen ist, weil die Flechtenpflanzen des kühleren Klimas (Lichenetum) nicht mehr im Picetum oder in noch wärmeren Klimalagen herrschend werden können.

Mit dem Nachweis, daß alle seichten Wasserflächen der Erde im ungestörten Walten der Natur sich zu Wald entwickeln müssen, soweit das Klima diesen gestattet, daß alle auf der Erde vorhandenen, so mannigfaltig bevölkerten Sümpfe nur verschiedene Phasen in diesem Entwicklungsprozesse darstellen, erklärt sich in einfacher, naturgerechter Weise die ganze Mannigfaltigkeit der Sumpfbildungen unserer Erde. Wir erzielen damit eine naturgesetzliche Grundlage für die Behandlung und Umwandlung der sumpfigen Gebiete in Wald. Wir erhalten damit aber auch neue Anhaltspunkte zur Lösung der Frage über die Entstehung der Braun- und Steinkohle. Wie der Mensch während der letzten Jahrtausende haben vor ihm in noch großartigerer Weise in den Entwicklungsgang der Sümpfe Katastrophen der früheren Erdgeschichte eingegriffen, Übersandung, Überflutung durch Meere mit Gesteinsabsätzen. Unter dem Drucke und dem ungenügenden Sauerstoffzutritt ging eine außerordentlich langsame Zersetzung der Pflanzenreste vor sich, welche zu Torf, zu Braun- und Steinkohle führen mußte.

Nährgehalt. So außerordentlich wichtig der Nährwert des Bodens für das Auftreten gewisser Baumarten im Walde und das Gedeihen des gesamten Waldes ist, so einflußlos muß die Bodengüte und die geologische Abstammung des Bodens bezeichnet werden, wenn es sich um die Frage des Daseins von Wald überhaupt handelt. Der ungebundenen Natur ist kein Boden zu arm, um auf demselben einen Wald hervorzurufen; sind Wärme, Feuchtigkeit und Ruhe gegeben, trägt im Urwald auch der von Natur aus ärmste Boden einen Wald; im Urwald verrät erst die Zusammensetzung des Waldes und seine wechselnde Höhenentwicklung, daß Unterschiede in der Bodengüte bestehen. Fehlt die Feuchtigkeit, so können gewisse Nährsalze, wie Karbonate und Sulfate der Alkalien bei starker Verdunstung aus dem Boden ausblühen, so daß nach längerer Trockenheit die ganze Landschaft wie mit leichtem Schnee bedeckt erscheint (Salzböden der Steppe, Alkaliböden). Wo die mittlere Regenmenge größer als die Verdunstung, sickern die Nährsalze in tiefere Bodenschichten zur Ernährung des Waldes. Unter denselben Verhältnissen finden sich auch Kochsalzausscheidungen am Boden, die wie die Alkalisalze nur von bestimmten Pflanzen ertragen werden.

Mitten im Waldgebiete aber kann es waldlose Flächen geben durch Anhäufung von schwefliger Säure im Boden. Es kommt hier noch nicht die Einwirkung des Menschen auf Bodenvergiftung in Frage; Bodenvergiftungen mit schwefliger Säure sind auch ohne Zutun des Menschen in der Natur keine seltenen Erscheinungen, aber stets an vulkanische Gebiete gebunden. Der Verfasser dieser Schrift lernte an der pazifischen Küste Asiens mehrere Vulkane kennen, die bei ihrem Ausbruche Wasserdämpfe und Schwefelsäuregase emporgestoßen hatten; in höheren Luftschichten erkalteten sie und kamen als schwefligsaure Regen zur Erde, wo sie auf weiten Umkreis hin den Wald völlig vernichteten. Das Überraschendste war, daß 15 Jahre nach dem Ausbruche am Rande des am Leben gebliebenen Laubwaldes immer noch einzelne Bäume abstarben. Mit der Zeit wird jedoch das Gift in die Tiefe gewaschen und der Wald kehrt von selbst auf die Stellen zurück, welche er vor der Katastrophe innehatte.

Bodenkonsistenz. Wenn hinreichende Niederschläge fallen, ist der Verwitterungsboden nirgends zu fest, nirgends zu locker für das Dasein des Waldes; wo der Boden beweglich ist, fehlt Wasser, oder er kann nicht zur Ruhe kommen, weil die Kräfte, welche an seiner Bewegung arbeiten, nicht zur Ruhe kommen, z. B. Wind und Wasser an den Meeresküsten (Dünenbildung). Bewegter Boden kann Wald zerstören (Wanderdünen) und neue Flächen für Wald aufbauen; im gleichen Sinne wirken Wasser und vulkanische Kräfte; in früheren Erdepochen haben zerstörende und aufbauende Kräfte den Boden für die wichtigsten Waldungen der Erde geschaffen; ihre Tätigkeit in der Gegenwart ist eine abgeschwächte und lokale, weniger aufbauend als zerstörend durch die Beihilfe des Menschen.

Bodenneubildung. Nur im Bereiche genügender Regenmenge kann der Wind neues Land durch Aufschütten von Sand schaffen; die Sandwehen auf Tausende von Quadratmeilen in Nordafrika und über das Rote Meer hinweg nach Arabien können keinem Walde den Nährboden geben; denn es vergehen zuweilen Jahre, bis dort wiederum ergiebiger Regen fällt; jene unermeßliche Licht- und Wärmemenge, welche auf diese Gebiete niederstrahlt, ist vergeudet, da sie nicht auf Pflanzen und Bäume auftrifft, welche sie durch ihr Blattgrün in ihren und damit in den Dienst der Menschheit stellen könnten.

Stürme aus einer Lößwüste der Mongolei waren es, welche dem nördlichen China den besten Grund für Acker und Wald, den Löß, brachten. Die Lößwüste war bewaldet, als das sibirische Tertiärmeer noch gegen die Landmassen der nördlichen Mongolei schlug; durch das Zurückweichen des Meeres nach Norden hin, durch Freigabe des

Landes nahm die Feuchtigkeitsmenge im Zentrum der Mongolei stetig ab; der Wald ging allmählich in Steppe und die Steppe in vegetationslose Wüste über. Nun erst konnten trockene Nordwestmonsune, die ebenfalls erst in dieser Zeit der großen Landbildung entstanden, einsetzen und den lockeren Lehmboden aufgreifen. Die angewehten Lößmassen begruben in Nordchina den Wald; auf dem Löß entsproß ein neuer Wald, der heute wiederum vernichtet ist durch den Menschen. Noch heutigen Tages bringt der Nordwestwind Löß aus der Mongolei, in geringer Menge unschädlich, ja sogar nützlich für Feld und Wald als mineralischen Dünger. Auch Japan, ebenfalls unter dem Einfluß des Nordmonsuns während des Winters stehend, hat wie China seine Staubstürme, aber in Japan ist es humoser Boden der Felder, der vermischt mit Straßenstaub alles mit einer dunkelbraunen, sandigen Kruste überzieht. Kein Wald wird vernichtet, aber auch kein Boden für Wald neu geschaffen; was den Feldern entrissen wird, kommt dem Walde zugute.

Heutzutage ist das Wasser als Neubodenbildner der wirksamste Faktor. Neues Land entsteht durch Korrektion der Gebirgsflüsse, denen die zerfressene, waldlose Geröllfläche abgenommen wird. Hierbei muß Wasser, das durch seine Überflutungen und Geländeverschiebungen den Wald vernichtet und seine Rückkehr unmöglich gemacht hat, wieder Kies und feinen Schlamm zum Aufbau herbeitragen. Neues, noch unbewaldetes Gebiet entsteht an den Flußmündungen, Deltabildungen, dadurch, daß die feinsten Schlickstoffe, welche der Fluß mit sich führt, bei Abnahme der Fortbewegung des Wassers zu Boden sinken. Flüsse, deren Hinterland eine Vegetationsdecke, vor allem Wald trägt, führen nur geringe Mengen dieser besten, fruchtbarsten Bodenbestandteile hinaus in das unersättliche Meer; Flüsse, welche aus einem Gebiete kommen, in dem die Entwaldung und Bodenentblößung im vollen Gange ist, wie der Mississippi, schwellen mit ihrem Hochwasser zu immer unheimlicherer Höhe an; im Oberlaufe des Riesenstromes sind es Feuer und Axt, welche den Wald vernichten, im Unterlaufe ist es der Strom selbst, der den seit Jahrtausenden unberührten Urwald mit Sand und Kies überschüttet. Man hat berechnet, daß der Hwangho jährlich 500 Mill. cbm schlammige Sedimente mit sich führt; mit dem Jangtze fallen in jeder Sekunde 6 cbm fester Stoffe ins Meer. Das flache Becken des Gelben Meeres füllt sich stündlich mehr und mehr und Hunderttausende von Hektaren an der Mündung sind bereits Land geworden; sie sind landschaftliche Gelände bester Art und wären heute längst Wald, wenn der Mensch es gestatten würde. Überall wiederholt sich der gleiche Vorgang; tiefe Wasser werden ausgefüllt zu seichten Wasserflächen; eine Vegetation von Wasser- und Sumpfpflanzen bewohnt sie und hebt durch ihre Sinkstoffe den Boden immer mehr empor, bis er auch für die Pioniere des Waldes, für Weiden, Pappeln, Erlen, für Gräser und Sträucher bewohnbar wird.

Vulkanische Kräfte schütten neues Land an, meist nur auf solchen Flächen, auf welchen sie zuerst den Wald vernichteten. Gräbt man auf der großen, vulkanischen Insel Eso in Nordjapan in den Boden, so wechseln Bimsstein und vulkanischer Sand mit schwarzen, kohligen Humuslagern ab; jede solche schwarze Schicht entspricht einer Vegetationsdecke, einem Walde, welcher von der Asche des Vulkans vernichtet wurde und immer wieder auf der verwitternden Asche zurückkehrte. Flüssiges Gestein, an der Luft abgekühlt und erhärtet, bleibt sehr lange Zeit ohne Pflanzendecke; so ist der schwarze Steinstrom, der 1872 dem Krater des Vesuvs entquoll und Weinberge und Felder zerstörte, noch heute ohne alle Vegetation, weil die Verwitterung des Gesteins sehr langsam vor sich geht.

Bodenmangel. Man liest zuweilen in der forstlichen, häufiger aber noch in der gärtnerischen Literatur, daß dieser oder jener Baum auf völlig nacktem Felsen noch aufwächst; darnach könnte man vermuten, daß Wald nicht fehlen kann, wenn dem Felsboden die Verwitterungskrume fehlt; allein derlei Äußerungen entsprechen mangelhafter Beobachtung oder unvorsichtiger Reklame für den betreffenden Baum. Auf nacktem Felsboden wächst kein Baum. Finden wir Bäume, so haften sie mit ihren Wurzeln in den Klüften und Spalten des Felsgesteins, in welchen die abgewaschene Verwitterungskrume des Gesteins sich ansammelt; die scheinbar auf nacktem Felsen lebenden Bäume müssen durchaus nicht bescheiden, sie können sogar sehr anspruchsvoll an die Bodengüte sein, denn in den Felsspalten sitzt der beste Boden. Ganz ähnlich ist es mit dem „steinigen Boden“, der ein sehr nahrungsreicher und sehr armer sein kann. Wird der Verwitterungsboden von der Oberfläche des Gesteins oder der Gesteinstrümmer in solche Tiefen gewaschen, daß er für die Würzeln der Bäume nicht mehr erreichbar ist, dann fehlt auch der Wald. Solche waldlose Stellen sind teils ursprünglich — man nennt sie „Steinerne Meere“, deren fast jedes Gebirge ein solches besitzt—, teils künstlich durch die waldvernichtende, menschliche Tätigkeit und durch Abschwemmung geschaffen; man nennt solche Flächen „Karste“; ihre Wiederbewaldung ist eine der schwierigsten Aufgaben des Waldbaues.

Waldlosigkeit durch Bodenmangel liegt sodann vor für die Felsenplateaux von Südassam, welche von den niederstürzenden Regenmassen kahl gewaschen sind. Es muß auch die Gürtelprärie an den Vulkanen von Zentral- und Südjapan hierher gerechnet werden. Diese natürliche Prärie liegt zwischen zwei bewaldeten Zonen an der ausladenden Basis der Vulkane; dort ist bei der Aufschüttung des Vulkans das gröbere Gestein zur Ruhe gekommen; die reichlich fallenden Niederschläge waschen die Verwitterungskrume immer noch in die tiefen Hohlräume; die Sickerwasser aus den höheren, bewaldeten Regionen bewegen sich hier zwischen den tieferen Hohlräumen des Bodens abwärts, um an

der Basis der Vulkane als eiskalte Quellen zutage zu treten. In der Gürtelprärie wird die Verdunstung durch die senkrecht auffallenden Sonnenstrahlen beschleunigt. Alle diese Faktoren wirken zusammen, so daß nur
Graswuchs aufkommen kann. Es hängt von der geographischen Lage
ab, ob der Vulkan nur auf seiner Südseite (nordische Lage) oder auf allen
Seiten, auf der Südseite weiter als auf der Nordseite, diese Gürtelsteppe
trägt. Daß auch hier, von der Steppe ausgehend, Feuer nach oben
und nach unten den Wald angefallen und die Steppe verbreitert haben,
bedarf für den, der die Menschen kennt, keiner Erwähnung.

3. Pflanzen.

Es gibt eine Menge sogenannter forstlicher Unkräuter, die wir als
Schädlinge unserer Waldkulturen kennen, weil sie diese durch ihr
rasches Wachstum verdämmen, d. h. ihnen Licht, Luft und Bodenraum
entziehen; schädlich werden sie sodann genannt, weil sie die natürliche
Rückkehr des Waldes, den Anflug von Sämereien und das Keimen derselben auf längere Zeit ausschließen können. Aber unter allen diesen
höher entwickelten Gewächsen ist kein einziges, welches imstande gewesen wäre, ursprünglich den Wald von einem bestimmten Gebiete
fern zu halten; sie finden sich nur in Gebieten, welche keinen Wald
tragen können — aus den früher erwähnten Gründen. In solchen
Örtlichkeiten kämpfen gewisse Unkräuter erfolgreich gegen angeflogene
oder eingetragene Waldkeime. Alle forstlichen Unkräuter im Waldgebiete sind ursprünglich ohnmächtige, harmlose Zierden des mäßig
geschlossenen Urwaldes gewesen oder auf Stellen beschränkt geblieben,
welche aus lokalen Gründen keinen Wald tragen konnten. Auch die
Heide mit der Rohhumus-Bleichsand- und Ortsteinbildung kann hiervon
nicht ausgenommen werden, denn die Heide wurde erst mächtig durch
den Eingriff des Menschen; die Stufenleiter abwärts bis zur Heideprärie
war Wald, mißhandelter Wald, Überhandnahme der Heide, Umwandlung
des Bodens und Erschwerung der Rückkehr für den Wald, der sicher
auch die Heideflächen zurückerobern würde, wenn man ihm einen un-
begrenzten Zeitraum zur Verfügung stellen könnte. Im Urwald siegt
immer der Wald; im Kulturwald, der seine Laufbahn als mißhandelter
Wald beginnt, werden den Unkräutern die Waffen zum Kampfe gegen
den Wald geschliffen. Erst unter den niederen Pflanzen sind Wald-
verderber und Waldverhinderer; das sind vor allem Moose und zwar
die erwähnten Sphagneen, welche durch ihre Wasseransammlung innerhalb der Bodendecke die Bäume des Waldes ertränken und diesen in
Hochmoore umzuwandeln vermögen.

Die Kleinarbeit der Pilze geht in ihren schädlichen Wirkungen
ins große. Aber trotz stellenweiser Massenvermehrung der Pilze,
z. B. des Wurzelkrebses, gibt es keine größeren Stellen im Waldgebiete,

welche durch Pilze waldlos gemacht worden wären und als solche aufrecht erhalten werden würden.

4. Tiere.

Nur bei Massenvermehrung der Tiere, welche gewisse Bäume des Waldes benützen oder doch wenigstens sie bevorzugen, werden Waldungen selbst auf größeren Flächen hin in Frage gestellt; aber es ist kein Beispiel bekannt geworden, daß es waldlose Stellen gäbe infolge der Tätigkeit der pflanzenfressenden oder den Boden umgestaltenden Tiere; mit den Pflanzen hätten auch die Tiere absterben müssen. Gegen eine Massenvermehrung schützt sich die Natur, indem sie den Tieren nur spärlich Futter im Walde gibt, durch die Vielartigkeit des Urwaldes und dadurch, daß sie den Massenvermehrungen Massenkrankheiten, Epidemien folgen läßt.

5. Der Mensch.

Die Eingriffe und Veränderungen in den naturgesetzlichen Grundlagen des Waldes, seine dauernde Vertreibung und seine Ansiedlung, wo er von Natur aus fehlte, die zerstörenden, erhaltenden und aufbauenden Tätigkeiten des Menschen sind im VII. Abschnitte kurz besprochen.

Zweiter Abschnitt.

Naturgesetzliche Grundlagen der Waldregionen der nörd-lichen Erdhälfte außerhalb der Tropen, innere Verwandtschaft.

Aus der Darstellung des vorigen Abschnittes, daß alle Waldmassen ihr Dasein den großen Feuchtigkeitsspendern, den Ozeanen, verdanken, ergibt sich für die Verteilung der Waldregionen und ihre Benennung eine natürliche Grundlage. Der Atlantische Ozean erzeugt zwei große Waldregionen, eine in der Alten Welt und eine zweite in der Neuen Welt; der Stille Ozean gibt ebenfalls zwei Waldregionen das Dasein, die eine liegt in der Neuen, die zweite in der Alten Welt; der Indische Ozean erzeugt eine Waldregion im Süden von Asien; das Nordische Eismeer befruchtet die anliegenden Länder der Alten und der Neuen Welt und gibt einem Wald den Ursprung, wo immer es die Temperatur gestattet. Daraus ergeben sich folgende Waldregionen (Abb. 1):

I. die atlantische Waldregion der Alten Welt, umfassend die Waldungen von Europa und Nordafrika;

II. die atlantische Waldregion der Neuen Welt, umfassend die Waldungen von Ostamerika;

III. die pazifische Waldregion der Neuen Welt, umfassend die Waldungen von Westamerika;

IV. die pazifische Waldregion der Alten Welt, umfassend die Waldungen von Ostasien;

V. die sibirische Waldregion, welche die beiden Waldregionen von Europa und Ostasien miteinander verknüpft;

VI. die kanadische Waldregion, welche die beiden Waldregionen von Ost- und Westamerika miteinander verbindet;

VII. die indische Waldregion, ein zentralasiatisches Waldgebiet mit Berührung nach dem europäischen und dem ostasiatischen Walde hin;

VIII. die nordmexikanische Waldregion, ebenfalls ein zentrales Waldgebiet mit Berührung zum ost- und westamerikanischen Walde.

Ein Blick auf Abb. 1 zeigt den Parallelismus der beiden großen Kontinente in der Verteilung der Waldregionen; beide Welten tragen in ihrem Zentrum eine waldlose Landschaft; waldlose und waldbedeckte Gebiete der neuen wie der alten Welt verhalten sich in ihren Größen zueinander wie die Größen der beiden Welten; Nordamerika trägt im Süden wegen seiner außerordentlichen Verschmälerung des Kontinentes nur die kleine nordmexikanische, artenarme Waldregion, deren Parallele in Asien, entsprechend der gewaltigen Verbreiterung Asiens an dieser Stelle zur weitausgedehnten und artenreichen, indischen — chinesisch-japanischen — Waldregion ausgebildet wurde; ein schmales und kurzes Band ist die kanadische, ein schmales, aber sehr langes Band ist die sibirische Waldregion.

Dem Parallelismus der Lagerung der Waldregionen entspricht ein Parallelismus im Klima, in der Anordnung der Waldregionen nach klimatischen oder Waldzonen, in der Abstammung der Böden aus gleicher, geologischer Formation und aus gleichem Gestein, in der Verwandtschaft der Waldtypen und der Bäume, welche diese Waldregionen bevölkern. Sämtliche acht Waldregionen erstrecken sich, mit der Zone der Subtropen angefangen, bis zu jenen kühlsten Lagen, in welchen die Horotherme dem Walde eine Grenze setzt; sechs Waldregionen erreichen diese Grenze durch ihre Erstreckung nach Norden und nach höheren Elevationen hin, die beiden Regionen im Süden erreichen diese Grenze nur im Hochgebirge bei entsprechender Erhebung über dem Meere.

Verfasser war wohl der erste, der vor 18 Jahren den Nachweis erbrachte, daß bei Gleichheit der Temperatur während der vier Monate Mai, Juni, Juli und August auf der nördlichen Halbkugel überall auch eine Gleichheit der Wälder auftreten muß, das heißt den gleichen Temperaturen entsprechen gleiche Baumgattungen (Genera). Wenn aber keine Gleichheit zwischen den drei Regionen in den Arten (Spezies) besteht oder diese nur auf einige wenige Arten sich beschränkt, so erklärt sich dies aus den unberechenbar langen Zeiträumen, seitdem diese acht Waldregionen voneinander getrennt sind; wenn das eine Waldgebiet Gattungen zeigt, die dem anderen fehlen, so erklärt sich dies aus den Ursachen, welche die Trennung veranlaßten und aus den geologischen Katastrophen, welche über die Weltteile nach ihrer Trennung hereinbrachen. Die innere Verwandtschaft der Waldregionen, welche in der Gleichheit der Gattungen und in der Gleichheit der Biologie der Waldungen zum Ausdruck kommt, erklärt sich aus dem früheren, territorialen Zusammenhang der Waldgebiete, der allmählichen Abtrennung der beiden Kontinente und der Abstammung der Bäume von den gleichen Voreltern.

In den Gesteinsschichten der Tertiärformation Europas beobachtet man zahlreiche Baumgattungen, wie Magnolia, Liriodendron, Juglans, Magnolia Catalpa, zahlreiche schmetterlingsblütige Gewächse, ja selbst fremdartige Nadelhölzer wie Thuja, Sequoia, Gingkyo, Gattungen, die heute in Europa gar nicht mehr vorhanden sind. Da diese Baumgattungen dem wärmeren Gebiete des winterkahlen Laubwaldes (dem Castanetum der späteren Ausführungen) angehören, muß diese jetzt nur noch in Südeuropa vertretene Waldzone mit zahlreichen Eichen, Eschen, Ahorn und sonstigen Laubbäumen zur Tertiärzeit in Europa bis zum 60.° nördl. Br. vorgedrungen sein; nördlich vom Castanetum muß dann jener kühle Laubwald, den wir nach der Buche Fagetum nennen, sich angeschlossen haben, nördlich davon der Nadelwald der Fichten, Tannen und Lärchen, den man Picetum nennt, gefolgt sein, und für die kälteste Strauchregion, das Polaretum, bleibt nur die unmittelbare Umgebung des Nordpols übrig. Es fehlt an den nötigen Forschungen, wie weit diese Voraussetzung zutreffend ist; daß aber zur Tertiärzeit das zusammenhängende Festland um den Pol herum mit einer Baumflora von gleichen Gattungen und vielen gleichen Arten bevölkert war, ergibt sich vor allem auch aus der Verwandtschaft des amerikanischen, europäischen und asiatischen Waldes. Alle drei Weltteile hatten gleichzeitig ihre letzte Eiszeit, wie mehrere solche Katastrophen selbst in der geologischen Jugend unserer Erde nachgewiesen sind, womit die Theorie von der allmählichen Wärmeabnahme auf der Erde als Folge der inneren Erkaltung als unhaltbar über Bord geworfen ist. Die Abkühlung der nördlichen Halbkugel während der Eiszeit kam verhältnismäßig rasch; im äußersten Norden und auf den höchsten Gipfeln der Alpen und der Pyrenäen begannen die Eismassen talwärts zu rücken; langsam, aber fortgesetzt verschoben sich die Waldzonen nach S. und an den Bergen nach unten. Zur Zeit der schlimmsten Vereisung war von Mitteleuropa nur das Gebiet zwischen den oberbayerischen Seen (48°) und dem 54.° nördlicher Breite eisfrei; in diesem, ebenfalls entsprechend abgekühlten, schmalen Bande wurde die ganze Vegetation zusammengedrängt; das Castanetum mit seinen Holzarten wurde vollständig vertrieben, soweit es nach SO ausweichen konnte; jene Holzarten, die nicht rasch genug zu wandern vermochten, wurden erdrückt; vom Fagetum konnten sich Reste in den wärmsten Tälern erhalten, vorherrschend aber waren in dem eisfreien Gebiete das Picetum und an dieses sich anschließend das Polaretum oder Alpinetum. Nach der Eiszeit erfolgte zwar wieder Erwärmung, aber nicht mehr bis zu jenen Graden, die vor der Eiszeit geherrscht hatten.

Das Castanetum blieb ausgeschlossen, das Fagetum verbreitete sich wieder, aus SO. wanderten Laubhölzer hinzu, das Picetum und das Polaretum würden auf ihnen klimatisch entsprechende Gebiete zurückgedrängt. Dieser Werdegang des europäischen Waldes erklärt seine gegenwärtige Zusammensetzung an Baumarten und seine außerordentliche Armut an solchen; der Tertiärflora war das Ausweichen nach S durch die Pyrenäen und Alpen verlegt.

Amerika und Asien hatten ebenfalls gleichzeitig mit Europa ihre Vergletscherungen, aber die der Bahn der Kältebewegung parallelen Gebirgszüge ermöglichten das Ausweichen der Baumflora nach S und insbesondere die Rückkehr in die alten Gebiete nach der Eiszeit. Aber auch dort hat die Wärme nicht mehr den Höhepunkt wie vor der Eiszeit erreicht; in Ostamerika und in Ostasien haben sich zwar die meisten Baumarten erhalten, sie sind aber auf südlicherem Standorte stehen geblieben; Nordamerika und Ostasien sind, wie Asa Gray, zuerst nachgewiesen hat, die glücklichen Erben des vorglazialen Baumreichtums der nördlichen Halbkugel; in Westamerika konnten die warmen, dem Laubwalde zusagenden Gebiete von den Laubhölzern nicht wieder besiedelt werden, wegen eingetretenen Mangels an Niederschlägen.

Abstammung von gleichen Eltern ist die erste Ursache für die nahe Verwandtschaft der Waldgebiete; sehr wenig scheint die Verbreitungsfähigkeit der einzelnen Holzarten zum verwandtschaftlichen Verhältnisse der großen Waldregionen beigetragen zu haben. Man überschätzt gewöhnlich die Entfernung, bis zu welcher leichter, flugfähiger Samen vom Wind getragen werden kann. Die Vermutung Griesebachs, der, wenn auch geflügelte, doch immer noch schwere Same der Himalayastrobe (Pinus excelsa) sei vom Wind bis nach Mazedonien, sohin rund 4000 km weit getragen worden, widerspricht den einfachsten Gesetzen der Schwere und der Luftbewegung. Es gelang nicht einmal den leichtsämigsten Pappeln und Weiden die 500 km breite Prärie zwischen Ost- und Westamerika zu überbrücken; nur solche Baumarten sind beiden Waldregionen gemeinsam, welche die Prärie mittels des kanadischen Waldstreifens zu umgehen vermochten. Auch die Verbreitung durch Wasser bei schwimmfähigen Sämereien kann auf große Entfernung hin nicht wirken. Samen, die im Wasser liegen, gehen nach wenigen Tagen unter. Große Strecken können somit auf diesem Wege nicht zurückgelegt werden; ein Transport von lebenden Sämereien aus Amerika nach Europa mittels des Golfstroms ist somit ganz ausgeschlossen; wohl aber werden Sämereien von Holzarten der kühleren Waldzonen, z. B. Krummholzföhren, in die Zone der Lärchen und Fichten, diese in die Zonen der Buchen durch fließende Gewässer abwärts getragen. Daß Tiere, zumal Vögel, auf ziemliche Entfernung hin Sämereien verschleppen, muß zugestanden werden; da aber das verzehrte Samenkorn nach wenigen Stunden den Darmkanal passieren muß, kann es sich nur um Entfernungen von höchstens 400—500 km handeln, abgesehen davon, daß die Vögel solche gewaltige Flüge nicht ost- oder westwärts, sondern südwärts unternehmen; wo die nordischen Sämereien nicht gedeihen können, oder nordwärts, wo die südlichen Sämereien verkümmern müssen. Griesebach hat die kühne Behauptung aufgestellt, es könnten Drosselarten, also mäßige Flieger, den schweren Samen einer Juniperus-Art von Spanien nach Kleinasien verschleppt haben. Da die Entfernung rund 3000 Kilometer beträgt, da der Vogel nur 80 km in der Stunde fliegen kann und absolut keine Veranlassung hat in größter Eile zwei Tage und eine Nacht hindurch ostwärts zu fliegen, wobei es nötig wäre, während der langen Zeit die Faeces zurückzuhalten, so ist diese Erklärung der scheinbaren Identität der beiden Wachholder von Spanien und Kleinasien ebenso wenig naturwissenschaftlich möglich und haltbar wie die Erklärung der sogenannten Indentität zwischen' der griechischen und der indischen Strobe. Erst der Mensch hat sich als der wirksamste Mischer der Flora aller Waldregionen in den letzten Jahrzehnten herausgebildet.

Von diesen Verschiebungen durch den Menschen natürlich abgesehen, bestand die ursprüngliche Baumflora der vier wichtigsten Waldregionen aus folgenden Gattungen und Arten; die Zahlen sind nicht feststehend; es sind auch nur jene Holzarten gezählt, welche regelmäßig über 8 m Höhe erreichen. Dazu kommt, daß es noch viele Botaniker gibt, welche Bäume mit konstanten und erblichen, äußeren und biologischen Merkmalen, mit einem Verbreitungsgebiete, in welchem andere, nah verwandte oder die sogenannten typischen Arten ausgeschlossen sind, als Varietäten des willkürlich gewählten Typus auffassen oder den bisherigen Typus als Varietät ansehen, denn der Typus hat vor solchen Varietäten nur den Vorzug, früher entdeckt worden zu sein. Hier sind solche konstante Varietäten mit erblichen Eigenschaften als das gezählt, was sie sind, als Arten. Unsicherheit bringt sodann in die unten angeführte Zusammenstellung der erfreuliche Umstand, daß es immer noch Regionen der nördlichen Halbkugel gibt, insbesondere in Zentralasien, in welchen noch neue Baumarten von Forschern und Reisenden aufgefunden werden. Die Zusammenstellung kann somit absolute Richtigkeit nicht beanspruchen, gibt aber doch für die Beurteilung der Zusammensetzung der Waldregionen einen, für den vorliegenden Zweck verwertbaren Einblick; sie gilt für alle Baumarten nördlich bzw. oberhalb der Subtropenzone, somit für Castanetum, Fagetum und Picetum der späteren Ausführungen.

Waldregion I. Der europäische Wald umfaßt

an Laubhölzern 30 Gattungen mit 60 Arten,
„ Nadelhölzern 7 „ „ 18 „

zusammen 37 Gattungen mit 78 Arten.

Waldregion II. Der ostamerikanische Wald umfaßt

an Laubhölzern 110 Gattungen mit 220 Arten,
„ Nadelhölzern 13 „ „ 30 „

zusammen 123 Gattungen mit 250 Arten.

Waldregion III. Der westamerikanische Wald umfaßt

an Laubhölzern 34 Gattungen mit 70 Arten,
„ Nadelhölzern ·22 „ „ 50 „

zusammen 56 Gattungen mit 120 Arten.

Waldregion IV. Der ostasiatische (chino-japanische) Wald umfaßt

an Laubhölzern 150 Gattungen mit 400 Arten,
„ Nadelhölzern 26 „ „ 100 „

zusammen 176 Gattungen mit 500 Arten.

Aus diesen Zahlen geht zunächst deutlich hervor, daß die Osthälfte der großen Kontinente, Ostamerika und Ostasien, am meisten Baumarten von der vorglazialen Baumflora gerettet hat, daß dagegen Europa infolge seiner mächtigen Gebirgszüge im Süden durch die glaziale Katastrophe den größten Teil seiner ursprünglichen Baumflora verloren hat. Daraus ergibt sich für alle Pflanzenzüchter der zwingende Schluß, diese vertriebenen Gattungen mit solchen, welche dem europäischen Walde überhaupt fehlten und welche heutzutage nicht mehr imstande sind, das trennende Meer auf natürliche Weise zu überbrücken, als neue Glieder dem europäischen Walde einzufügen und sie hinsichtlich ihrer Anbaufähigkeit und Brauchbarkeit zu prüfen.

Vergleicht man die Verwandtschaftsverhältnisse der einzelnen Waldgebiete, durch Feststellung der identischen Gattungen und Arten, so muß vorausgeschickt werden, daß die Zahl der identischen Baumarten nur gering ist und nur gering sein kann. Es liegt nahe, daß es im europäischen und ostasiatischen Waldgebiete identische Baumarten gibt, da beide ja territorial verbunden sind. Es hat sich aber gezeigt, daß nur solche Arten identisch sein können, aber nicht müssen, welche im Waldesbande von Sibirien ohne Unterbrechung von Europa nach Asien oder umgekehrt auch heute noch zu wandern vermögen; nachdem dieses Band aber der kühlsten Waldzone, dem Picetum, angehört, können nur Holzarten dieser Klimazone zwischen Europa und Ostasien identisch sein; daß somit irgend eine asiatische Buche oder Eiche oder Kastanie mit der europäischen gleicher Art sei, ist eine geographische, biologische und pflanzengeschichtliche Unmöglichkeit; aber unter den Fichten, Birken, Erlen, Pappeln, Wacholdern, Weiden undanderen kann es identische Arten geben, und daß besonders Weiden von Europa bis zu den Kurileninseln im fernsten Osten in ein und derselben Art sich erstrecken, konnte Verfasser auf seinen Reisen selbst nachweisen.

Auch in der nordamerikanischen Baumflora kann nur dann eine Art mit einer europäischen oder asiatischen identisch sein, wenn diese Art imstande ist, die schmale Meeresstraße zwischen den beiden Kontinenten (ca. 70 km) zu überbrücken; das ist in der Tat möglich für alle Baumarten, welche in der kühlsten Region des Waldes zu leben imstande sind. Es sind dies wieder Birken, Weiden, Erlen, Wacholder, welche diese Wanderungen ausführen können. Alle wärmeres Klima verlangenden Holzarten müssen eigene Arten sein.

Die territoriale Trennung zu Ende der Tertiärzeit, die Südwärtswanderung infolge der Vereisung, die Nordwärtswanderung nach der Wiedererwärmung und vor allem die Abänderungen in den Arten durch sprungweise Änderung während der Geburt haben so unendlich lange auf die jetzige Baumflora eingewirkt, daß die ehemalige Gleichheit der Arten als Nachkommen einer rings um den Pol wohnenden Elternflora verloren gegangen ist. An Stelle der ehemaligen, innigen Verwandtschaft in Arten ist eine lockerere Verwandtschaft in Gattungen getreten. Berechnet man die Zahl der Gattungen, welche in den verschiedenen Waldregionen identisch sind, so sind die

Laubholzgattungen des ostamerikanischen Waldes (II) im europäischen Wald vertreten mit 45 %, im ostasiatischen Wald vertreten mit 65 %;

Nadelholzgattungen des ostamerikanischen Waldes (II) im europäischen Wald vertreten mit 55 %, im ostasiatischen Wald vertreten mit 90 %;

Laubholzgattungen des westamerikanischen Waldes (III) im europäischen Wald vertreten mit 55 %, im ostamerikanischen Wald vertreten mit 55 %;

europäischen Laubholzgattungen (I) im ostamerikanischen Wald vertreten mit 100 %, im ostasiatischen Wald ebenfalls mit 100 %;

europäischen Nadelholzgattungen (I) im ostamerikanischen Wald vertreten mit 100 %, im ostasiatischen Wald gleichfalls mit 100 %.

Alle Baumgattungen (Genera), welche in Europa den heutigen Wald zusammensetzen, sind auch in Amerika und in Asien zu finden; aber viele Baumgattungen, welche in Amerika und Asien zusammen mit den europäischen Baumgattungen den Wald bilden, fehlen in Europa. Es liegt damit naturgesetzlich nahe, daß jene fremden Gattungen, welche in Amerika mit den europäischen zusammenleben, auch in Europa mit den europäischen zusammenleben können oder mit andern Worten, daß sie im europäischen Wald im korrespondierenden Klima und Boden werden anbaufähig sein müssen.

Es erhellt aus der Vergleichung der verwandtschaftlichen Beziehungen der Waldregionen aber noch ein weiteres Naturgesetz, das grundlegend ist für den Waldbau. Nachdem die Kinder ein und derselben Eltern so außerordentlich nahe stehende, äußere Merkmale besitzen, so nah, daß für viele Baumarten von einigen Forschern die Identität amerikanischer, europäischer und asiatischer Arten behauptet wird, ist es eine naturgesetzliche Folgerung, daß auch die inneren Eigenschaften, die biologischen und anatomischen, auf welche die ganze, wirtschaftliche Behandlung und Benutzung sich gründen muß, zwischen den Angehörigen derselben Gattung enge verwandt sein müssen; es ist naturgesetzlich begründet, wenn man schließt, daß die Fichten in Amerika und Asien wirtschaftlich, d. h. waldbaulich ebenso behandelt werden können wie die europäischen Fichten; das gleiche gilt für die Buchen, für die winterkahlen Eichen, für zweinadelige und fünfnadelige Föhren, für Eschen usw., mit einem Wort für alle europäischen Gattungen, bzw. Föhrensektionen, da bei den Föhren die Sektionen sich wie Gattungen verhalten. Es ist ein außerhalb aller Naturgesetze liegendes Moment, ob die erzielten Produkte den menschlichen Bedürfnissen entsprechen oder nicht; umgekehrt ist es naturgesetzlich begründet, daß alle Erfahrungen und Gesetze, gefunden an den Baumgattungen in Amerika und in Asien, sofort auch auf die europäischen Vertreter dieser Gattungen übertragen werden können; was der amerikanische oder asiatische Waldbau an seinen Fichten oder Buchen oder winterkahlen Eichen auffindet, hat auch für den europäischen Wald Gültigkeit und muß von der Wissenschaft und Praxis angenommen werden, wenn anders die dabei erzielten Produkte den europäischen, menschlichen Bedürfnissen gerecht werden.

Die Internationalität des naturgesetzlichen Waldbaues beruht auf dieser engen Verwandtschaft der Holzarten der klimagleichen Waldgebiete, beruht auf der allgemeinen Gültigkeit aller Naturgesetze; die Internationalität der europäischen Baumgattungen verleiht dem europäischen Waldbau internationalen Charakter.

Naturgesetzliche Grundlagen der einzelnen Baumarten, Ansprüche derselben an Klima und Boden, waldbaulich-physiologische Eigenschaften der Holzarten.

A. Klima.

Die Anordnung der Baumarten innerhalb der Waldregionen ist durchaus keine zufällige und willkürliche; sie unterliegt ganz bestimmten Gesetzen, als deren wichtigste jene des Klimas erscheinen. Im allgemeinen Klimacharakter der Waldregionen nördlich der Tropen treten, da sie vom Meere das Dasein erhalten und diesem anliegen, bei gleicher Elevation wie bei gleichem Breitegrad zwei verschiedene Typen in die Erscheinung, welche für die Pflanzenwelt, ihre Verteilung, ihre Aufzucht und Erziehung grundlegende Differenzen und Folgerungen nach sich ziehen müssen; der eine Typus ist das Küsten- oder insulare Klima mit zahlreichen Niederschlägen, häufigem Winde und Abstumpfung aller Extreme in Temperatur und Luftfeuchtigkeit. Der zweite Typus ist das Inlandklima mit seinen Extremen in Wärme und Feuchtigkeit. Im Inland ist der Winter, wie Hann in seiner Klimatologie ausführt und dem hier teilweise gefolgt ist, ausgezeichnet durch die Gleichmäßigkeit im Witterungscharakter: längere Andauer schöner Witterung, längere Regenperiode, andauernde Nebeldecke und trübe Tage ohne Sonnenschein und Niederschläge. Trocken ist die Witterung im ostasiatischen Monsungebiet, feucht im europäischen, west- und ostamerikanischen Waldgebiet. Störungen durch wandernde Luftdruckminima in Europa von SW nach NO, in Ostamerika von S nach N sind nicht ausgeschlossen. Der Frühling zeigt in allen Waldgebieten einen gemischten Typus. Die rasche Zunahme der Erwärmung der Erdoberfläche bedingt aufsteigende Luftströme; schöne Tage und Regen in bunter Abwechslung; Hitzperioden mit Regen und Kälterückschlägen. Je kühler und feuchter das Klima, wie z. B. im Bereiche des Picetums, desto rascher der Übergang vom Winter zum Sommer, desto kürzer der Frühling. Der Sommer ist die Zeit der größten Erwärmung; rasch emporsteigende Luftströme, Gewitter, Platzregen und Hagel sind die Folge. Stellt sich im Sommer bereits der stetige Charakter des Herbstes ein oder verspätet sich der andauernde Frühlingsregen, so arten beide zu Katastrophen aus, ersterer wegen Vertrocknungsgefahr für die Pflanzen, letzterer wegen Überschwemmungsgefahr für Wald und Boden. Im Herbst ist die Wärmeverteilung überall gleichmäßiger, der Witterungscharakter ist der ruhigste während des ganzen Jahres; Platzregen und Gewitter werden seltener. Hoher Luftdruck breitet sich über das Inland und bringt klare Tage mit kühlen Nächten. Während die Erwärmung der Erde im Frühjahr bis zur höchsten Sommertemperatur mit jähem Ansteigen und jähem Abfallen der Temperatur allmählich erreicht wird, wird das Gefälle von der höchsten Sommerwärme zur tiefsten Wintertemperatur durch den Herbst hindurch mit schwachem Gegengefäll (Wärmerückschlägen) allmählich erreicht.

Gegenüber diesem wechselvollen Klima der gemäßigten Region ist der Charakter des Tropenklimas jener der größten Gleichmäßigkeit in Temperatur und Feuchtigkeit; den Einfluß des wechselvollen Klimas auf den Menschen, das weniger den Pflanzen als den Tieren und dem Menschen zusagt, gegenüber dem erschlaffenden, aber die Pflanzen begünstigenden Klima der Tropen hat Ratzel besonders zutreffend in seiner Anthropo-Geographie 1882 geschildert.

Das Küsten- oder insulare Klima mit seinen Abstumpfungen der Extreme in Wärme und Trockenheit findet ein Analogon im Gebirge, besonders wenn dieses mit Wald bedeckt ist; die erhöhten Niederschläge, die konstante, hohe Luftfeuchtigkeit fördern den Pflanzenwuchs wie im insularen Klima; beiden fehlt vom tropischen Klima nur die Wärme.

Wer nur das mittlere Europa oder nur Deutschland oder einen noch kleineren Teil der Erdoberfläche kennen gelernt hat, dem kann man verzeihen, wenn er in der Literatur behauptet, es gebe keine Vegetations-, keine Waldzonen. Durch Jahrhunderte menschlicher Tätigkeit sind die einen Holzarten an Zahl so vermindert worden, daß ihre Heimatsgrenze scheinbar nicht auffindbar ist; andere Holzarten wurden so begünstigt, daß ihre Heimat nunmehr fast ganz Europa zu umfassen scheint. Wollte man nach der gegenwärtigen Verteilung der Baumarten in Europa versuchen, Zonen zu bilden, so wäre dies allerdings ein Ding der Unmöglichkeit. Wegen dieser Verschiebungen der Holzarten, wegen des möglichen Anbaues derselben außerhalb ihrer heimatlichen Zone haben Schriftsteller behauptet, die Zonenbildung habe keine wissenschaftliche und praktische Bedeutung. Diese übersehen, daß es außerhalb der Heimat zahlreiche Punkte gibt, welche mit der Heimat

klimagleich sind, somit derselben Klimazone angehören, daß aber
die Holzarten mit ihren natürlichen Hilfsmitteln die zwischenliegenden
Gebiete nicht zu überschreiten vermochten. Was die praktische Bedeutung anlangt, so sei nur kurz angedeutet, daß mit der Entfernung
einer Holzart von ihrem heimatlichen Klima hinweg eine Menge von
Schwierigkeiten in der Begründung, in der Erziehung, in der Erreichung
des gewünschten Holzproduktes entstehen, deren Beseitigung Zeit und
Aufwand an Mitteln verlangt; man wird nicht leugnen, daß die Kenntnis
dieser Verhältnisse, welche über die ganze Rentabilität der Waldanlagen
entscheiden, für den Forstmann wichtig ist. Das Studium der Gesetze
der Zonenbildung gibt hierüber einen Anhalt vor der Waldbegründung,
der ja wohl durch den praktischen Versuch, durch langwieriges und
kostspieliges Probieren, 60, 80 oder 100 Jahre später auch gewonnen
und wieder verloren werden kann.

Klima und Oberflächenbildung erschweren in Mitteleuropa die Erkennung der Klima- und Waldzonen; ist doch die Wärme in Süddeutschland vielfach geringer als in Norddeutschland; die höhere Elevation
durch die Alpen und ihre Abdachungen nach Norden hin erklären
dieses; ist doch der Osten von Mitteleuropa in seiner durchschnittlichen
Wärme bei ganz gleicher, geographischer Breite viel kälter als der
Westen; die Einwirkung des Golfstromes erklärt die Erscheinung, daß
Klima und Waldzonen nicht den Breitegraden parallel, sondern von
SW nach NO, ja stellenweise von S nach N verlaufen. Dadurch er-
halten die Zonen eine Drehung; Elevation und Exposition erzeugen
Ausbuchtungen und Einbeugungen an den Grenzen der Zonen, und wie
der Wechsel in der Temperatur geht auch jener in den Gewächsen nur
allmählich vor sich, lauter Erscheinungen, welche die, in der erdrückenden
Mehrheit ganz ungenügend in der Klimalehre gebildeten Baumzüchter,
Forstwirte wie Gärtner, verwirren und ihre Erkenntnis der Bedeutung
dieser Wissenschaft für praktische Pflanzenzucht trüben. Gründlicheres
Studium der Meteorologie und Klimatologie, tieferes Eingehen in die
Biologie der Gewächse würden lehren, daß das ganze Entstehen
und Gedeihen der Pflanze, insbesondere Anbau, Erziehung
und Ernte, in erster Linie von der Wärme des Klimas des
Standortes abhängig sind; sieht man von den durch die mensch-
liche Gewinnsucht abgemagerten und erschöpften Böden ab, so kommt
der Boden erst als der in zweiter Linie entscheidende
Faktor in Betracht; bei Klimagleichheit entscheidet der
Boden.

Es bedarf für den naturwissenschaftlich gebildeten Leser wohl
kaum des Hinweises, daß von den Tropen im Süden bis zu den Polaren
im Norden oder von den Kastanienhainen am Fuße eines Berges bis
zu den alpinen Büschen in höheren Elevationen Gewächs- oder
Waldzonen bestehen, die schon äußerlich in ihrem Gesamtbilde als

Einheiten sich darstellen, da sie von Bäumen mit annähernd gleichen Ansprüchen an das Klima gebildet werden; denn der Einheit im Klima entspricht die Einheit in der Vegetation und umgekehrt: in seiner Einheit erscheint der subtropische Wald als ein immergrüner, dunkler Laubwald, der winterkahle Laubwald als ein im Sommer hellgrüner Laubwald, der Fichten- und Tannenwald wiederum als dunkles, immergrünes Band, mit dem die Waldvegetation abschließt.

Änderungen in der ursprünglichen, äußeren Erscheinung und in der inneren Zusammensetzung haben erst die Eingriffe des Menschen hervorgerufen durch Verdrängung von Baumarten, Änderungen des früheren, natürlichen Waldzustandes, Ersetzung des früheren Halbdunkels des Urwaldes durch das Volldunkel oder Vollicht des Kulturwaldes, Einführung neuer Baumarten, Veränderung des Bodens, womit auch eine Änderung in der Zusammensetzung der Waldflora verknüpft ist. Will man aber die Lebensgeschichte der Holzarten auf naturgesetzlicher Grundlage erforschen, will man auf Grund der Erkenntnis der Anforderungen der Holzarten an Klima und Boden einen Wald begründen, so muß man die ursprünglichen, natürlichen Grenzen einer jeden Holzart aufsuchen, d. h. jene Standorte studieren, an welchen eine Holzart trotz tausendjähriger Anbauversuche der Natur durch verwehte oder verschleppte Sämereien zu versagen beginnt, da die Bedingungen für ihr Gedeihen, in erster Linie die Temperatur, ungünstig geworden sind.

Das Studium der Ansprüche einer Holzart in ihrem natürlichen Verbreitungsgebiet führt zunächst zur Feststellung ihrer wahren, klimatischen Bedürfnisse, wie ausführlicher im Verlaufe dieses Abschnittes dargelegt werden soll; aus dem Klima des Heimatgebietes ergibt sich der naturgesetzlich richtige Schluß auf die Klimazone der Holzart, welche nicht bloß die Heimat, sondern auch das künstliche Anbaugebiet mit heimatgleichem Klima umfaßt. Es scheint nach Äußerungen in der Literatur für manche ein Unding zu sein: Anbau einer Holzart außerhalb ihrer Heimat in heimatlichem Klima.

Es ist eine in allen Mittelschulen bereits gelehrte Tatsache, daß dieselben Klima- und Vegetationszonen, denen man auf unserer Erde von irgendeinem Punkte bis zum nördlichen oder südlichen Polarkreis hin begegnet, sich wiederholen, wenn man einen hohen Berg in diesem Punkte besteigt. Wer in den Tropen bis zur alpinen Region emporsteigt, hat einen Weg durch die gleichen Klima- und Vegetationszonen zurückgelegt wie jener, der von den Tropen bis zu den Polarzonen gereist ist. So wichtig und richtig diese Vorstellung der Zonenbildung für die gemäßigten Klimate von Europa ist, für die Tropen trifft sie nicht zu; die südliche Halbkugel vollends besitzt andere Klima- und Vegetationszonen als die nördliche. Vom 20.° nördl. Br. südwärts zum Äquator und nach Süden bis zum 20.° hin ist der Unterschied zwischen Winter- und Sommertemperatur ein geringer; die Zunahme der Meeresfläche und der Luftfeuchtigkeit, der hohe Stand der Sonne bedingen eine Abstumpfung der Extreme zwischen Winter und Sommer. Deutlich beweist dies die nachfolgende, dem großen, klassischen Werke von J. Hann, „Die Meteorologie", entnommene Tabelle. Unter dem 20.⁰ nördl. Br. beträgt der Unterschied zwischen kältestem und heißestem Monat nur mehr 6⁰ und hebt sich von da an südwärts durch die ganze südliche Halbkugel nicht über den Betrag von 7⁰.

Mittlere Temperatur der Breitengrade.

Breiten	Januar	Juli	Differenz
	Mittel		
Nördl. Br.			
60	−16	14	30
50	−7	18	25
40	5	24	19
30	15	27	12
20	22	28	6
10	26	27	1
Äquator	26	26	0
Südl. Br.			
10	26	24	2
20	25	21	4
30	22	15	7
40	16	9	7
50	8	3	5

Wo es heiß oder warm ist, ist es heiß oder warm das ganze Jahr hindurch, wo es kühl oder kalt ist, ist es kühl oder kalt das ganze Jahr hindurch; es fehlt somit vom 20.⁰ nördl. Br. südwärts und über die ganze, südliche Hälfte der Erde hinweg der winterkahle Laubwald. Nur der im kühlen Klima auf der nördlichen Halbkugel so reich vertretene Nadelwald ist angedeutet durch Araucaria, Podocarpus und andere Gattungen, welche jedoch den Subtropen oder Tropen angehören. Wenn dem entgegengehalten wird, daß es auch auf der südlichen Halbkugel Buchen gibt, so wird vergessen, daß diese immergrün sind, den Gattungsnamen Nothofagus führen und den Subtropen angehören.

Das Gesetz der Klima- und Vegetationszonenbildung auf der Erde gibt am deutlichsten die umstehende Tafel I wieder.

Es fehlt in den Tropen und auf der ganzen, südlichen Hälfte wegen mangelnder Sommerwärme und mangelnder Winterkälte das Castanetum, Fagetum und Picetum der nördlichen Halbkugel. Bäume der Subtropenzone reichen bis zur Thermohore empor und bilden schließlich niedere Sträucher, das Alpinetum. Nachdem aber für alle folgenden Betrachtungen die Tropen und die südliche Halbkugel ausgeschlossen sein sollen, hat der allbekannte Satz vom Parallelismus der Zonen nach der horizontalen (nach Norden) und nach der vertikalen Richtung (nach oben hin) seine Geltung. Ein Blick auf Tafel I lehrt aber auch, daß es für jede Holzart, welche im Süden in höheren Elevationen lebt, noch weitere Klimagebiete im Norden zunächst bei geringeren Elevationen und schließlich in der Ebene nur ein paar hundert Meter über dem Meere geben muß, welche der gleichen Zone angehören. Manche Holzart ist dort im Norden ebenfalls wie im Süden bei höherer Elevation beheimatet, z. B. die Fichte in Mittel- und Nordeuropa; andere sind nur auf höhere Elevationen oder nur auf den höchsten Norden beschränkt; die europäische Lärche hat ihre Heimat in den Alpen, aber Norwegen und das mittlere und nördliche Schweden gehören zur Klimazone der Lärche. Dieses sind somit die Länder, in welchen für die Lärche naturgesetzlich die günstigste Aussicht besteht, wenn man die Lärche in der Ebene unmittelbar über dem Meere anbauen will; die Lärche käme durch solchen Anbau weit hinweg von der Heimat — in heimatliches Klima!

Um Zahlen zu besitzen, mit welchen die Klimate der einzelnen Vegetationszonen beschrieben und verglichen werden können, hat Verfasser für die sogenannten Hauptvegetationsmonate Mai bis August inklusive die durchschnittliche, relative Feuchtigkeit, Regenmenge und Temperatur für mindestens fünf Jahre für zahlreiche Punkte jeglicher Elevation für alle drei Weltteile berechnet. Die Vegetation der Buchenregion des winterkahlen Laubwaldes spielt sich zum größten Teil innerhalb dieses Zeitraumes ab; in der kühlsten Waldregion der Fichten sind nur die Monate Juni und Juli Vegetationsmonate, ja der alpinen oder polaren Region der Krummhölzer stehen nur sechs Wochen für die vegetative Tätigkeit zur Verfügung, während in der Zone der immergrünen Laubhölzer die Vegetationszeit natürlich länger dauert als vier Monate. Eigentlich sollte es nicht nötig sein, über derartige Anfangsgründe der Pflanzenphysiologie und Klimatologie zu schreiben; allein es steht irgendwo gedruckt, daß Verfasser mit seinen Klimazonen behauptet hätte, die Vegetationszeit an der oberen Waldgrenze dauere vier Monate!

Wäre es möglich, die einer jeden Vegetationszone dargebotene Wärmesumme genau zu berechnen, so wäre damit allerdings ein guter Maßstab zur Beurteilung der Ansprüche der Holzart an die Wärme gegeben; allein die Feststellung scheitert an der Unvollkommenheit der Beobachtung, der Messung und Berechnung. Nach Kalenderfrühjahr und -sommer zu rechnen, paßt auf der nördlichen Hemisphäre nur für jene Region, in welcher der Kalender entstanden ist, das ist die Edelkastanienzone; die durchschnittliche Jahrestemperatur allein ist ebenso ungenügend wie die höchste Temperatur des Sommers oder die tiefste des Winters für den Vergleich von Landgebieten mit großen Unterschieden in der Luftfeuchtigkeit. Nimmt man für Mitteleuropa die tiefsten Wintertemperaturen als Klimamaßstab, so sind die „wärmeren" Ebenen die kältesten Punkte; im berüchtigten Winter 1879/80 konnte der Verfasser bei 400 m auf der bayerischen Hochebene eine tiefste Temperatur von — 35° C beobachten, während gleichzeitig in den Alpen bei 800 m Erhebung nur — 4° C herrschten. Das Gesetz der Temperaturumkehr erklärt es vollständig, weshalb viele, fremde Holzarten, z. B. Douglasien, Sequoien u. a., in der „wärmeren" Ebene während des Winters erfrieren, in den kühleren Höhenregionen aber von Winterfrösten unberührt bleiben.

Es wäre wohl der beste Maßstab zur Abgrenzung der Klima- und Vegetationszonen, zur Beurteilung der Bedürfnisse einer Holzart an Wärme, wenn es möglich wäre, für alle Holzarten die Vegetationstherme ermitteln zu können. Es fehlt an phänologischen Beobachtungen zur genauen Feststellung des Vegetationsbeginnes und -Abschlusses und zugleich an meteorologischen Beobachtungen in den Heimatgebieten der Holzarten. Unter Vegetationstherme versteht Verfasser die durchschnittliche Temperaturkonstante, welche eine jede Holzart zu ihrem Gedeihen bedarf, gleichgültig, wie lange der Zeitraum ist, der über das Zeitminimum von 1½ Monaten hinaus ihr dabei zur Verfügung gestellt wird. Es gelang dem Verfasser, für die Alpenlärche eine Vegetationstherme von 14° C zu finden, indem die durchschnittliche Temperatur vom Vegetationsbeginn bis zum Vegetationsabschluß an verschiedenen Standorten des natürlichen und künstlichen Anbaugebietes berechnet wurde. In der höchsten Region der Alpen steht der Lärche nur das Zeitminimum von 1½ Monaten — Mitte Juni bis anfangs August — zur Verfügung; die mittlere Temperatur dieses Zeitraumes beträgt dort in der obersten Lärchenregion 14°; in das kühlere Fagetum der bayerischen Hochebene verpflanzt, beginnt die Vegetation der Lärche Mitte April und endet Mitte August mit dem Abschluß des Jahresringes; die ihr dort gebotene Durchschnittswärme während dieser Zeit beträgt 14°. Im wärmeren Fagetum der Rheinebene umfaßt die Vegetationszeit der Lärche sechs Monate, Mitte März ergrünt sie, gegen Mitte September schließt sie den Jahresring ab: Nadelverfärbung und Nadelabfall liegen natürlich später; allein diese Vorgänge sind von Wärme insofern unabhängig, als sie auch in der Nähe von 0° sich abspielen können. Die Durchschnittstemperatur während dieser Zeit ist wiederum 14°. Im Castanetum von Südfrankreich beginnt anfangs März die Ergrünung, Ende November ist der Jahresring geschlossen; auch während dieser Zeit ist die Durchschnittstemperatur 14°. Daß mit dem wärmeren Fagetum infolge Abnahme des Höhenwuchses der Lärche, frühzeitiger Rotfäule, die forstliche Brauchbarkeit erlischt, sei hier nur nebenbei bemerkt. Die Anbaufähigkeit wird wegen Wärmeüberschusses zur Unmöglichkeit werden müssen in jenem Gebiete, dessen durchschnittliche Jahrestemperatur über der Vegetationstherme von 14⁰ liegt, ebenso wie in einem Gebiete, dessen Temperatur während der Minimalzeit von 1¹/₂ Monaten den Betrag von 14⁰ C nicht erreicht.

Wie kläglich z. B. im kühlsten Lauretum die europäische Lärche sich verhält, beweisen die Anbauversuche mit dieser Holzart an der Grenze der Subtropen. Da die Lärche bis zur Waldesgrenze emporsteigt, so folgt daraus die Tatsache, daß es Bäume mit einer Vegetationstherme von weniger als 14⁰ C überhaupt nicht gibt und die Waldgrenze da liegen muß, wo während 1¹/₂ Monaten nicht mehr 14⁰ C Durchschnittstemperatur geboten sind. Die Beobachtungen reichen noch nicht hin, um als Tatsache festzustellen, daß die Vegetationstherme für die europäische Fichte ebenfalls 14⁰, für die europäische Buche 16⁰, für die Stieleiche 17⁰ beträgt. Es bedarf wohl kaum der Erwähnung, daß die Kenntnis der Vegetationstherme die Festlegung der Vegetationszonen einerseits und die Auffindung der Anbaugebiete für jede Holzart anderseits außerordentlich erleichtern und sichern würde. Das Optimum ihres Gedeihens brauchte dann nicht mehr in, den meisten Pflanzenzüchtern ungeläufigen und langwierig zu ermittelnden Wärmegraden, sondern in einer Zeitangabe fixiert zu werden. So ist das Optimum der Lärche und Fichte gegeben, wenn die Vegetationstherme von 14⁰ als Durchschnittstemperatur aus 3¹/₂ Monaten sich ergibt; 14⁰ während der beiden, wärmsten Monate kennzeichnet ein Klima kühler, als für das Optimum nötig ist; 14⁰ aus fünf Monaten ist ein Klima wärmer, als für das beste Gedeihen der Fichte und Lärche zuträglich ist; bei der Vegetationstherme von 14⁰ aus sieben Monaten hört die forstliche Brauchbarkeit von beiden Holzarten auf.

Mangels phänologischer und klimatologischer Beobachtungen im Walde in den verschiedensten, natürlichen und künstlichen Verbreitungsgebieten für jede Holzart ist die Vegetationstherme einstweilen mehr theoretisch als praktisch verwertbar.

Auf die einschneidende Bedeutung der Feuchtigkeit der Luft für das Verhalten der Holzarten, für die Wahl der Anbaumethode und andere waldbauliche Maßnahmen hat Verfasser zuerst 1890 hingewiesen; es ist nötig, hierüber während der entscheidenden Jahreszeit Auskunft zu erhalten.

Alle Angaben von Temperaturen (in Celsius), relativer Feuchtigkeit (in Prozenten), Regenmenge (in Millimetern), welche vor der fettgedruckten Zahl der durchschnittlichen Jahrestemperatur stehen, beziehen sich auf den Zeitraum Mai bis August inklusive; die Monats-

namen wie, Mai, September, bedeuten letzter bzw. erster Frost; die letzte
Zahl gibt die tiefste bis jetzt beobachtete Temperatur.

Die Höhenangaben für die Zonen in Metern sind nur Durchschnitts-
werte, wie sie gegeben werden müssen, um nicht durch die Zahlenfülle
mehr· zu verbergen als zu enthüllen; schon der Umstand, daß die
Vegetationszonen ebenso wie die Klimate allmählich ineinander übergehen, daß an solchen Grenzpunkten lokale Einflüsse, wie Exposition,
Boden, waldbauliche Behandlung, eine Verschiebung der Holzarten
nach Süden oder Norden, nach unten oder oben bewirken können,
macht große Zahlen, d. h. Durchschnittsrechnungen nötig. •

Die Einreihung der Baumarten in Vegetationszonen macht jegliche
Angaben über Breitengrad und Elevation des heimatlichen Standortes
der Holzart entbehrlich; aus solchen Angaben kann ohnedies niemand
das Klima beurteilen. Jeder Laie kann verstehen, was es bedeutet,
wenn von einer Holzart durch ihre Einreihung in ihre Vegetationszone
gesagt ist, daß sie in einem Klima wächst, in dem immergrüne Eichen
oder Edelkastanie oder Buche oder Fichte ihre natürliche Heimat
finden.

In die Holzartenparallele wurden nur forstlich beachtenswert erscheinende Baumarten von mehr als 8 m Höhe aufgenommen.

A. Tropische Waldzone, das Palmetum,

bleibt außer Betracht, da in Europa keine Parallele besteht.

B. Subtropische Waldzone der immergrünen Eichen und Lorbeerbäume, das Lauretum.

Europa.

Südküste, insulare Westküste von Mitteleuropa, 20—24°, 50—60%, 50—100 mm,
16—19°, Dezember, Februar, —5°.
Quercus Suber usw., Q. Ilex, Laurus nobilis, Arbutus Unedo, Buxus, Ceratonia,
Olea, Cupressus fastigiata, Pinus canariensis, Pinea, maritima, aleppensis,
Chamaerops-Palme.

Nordamerika.

Atlantische Region:	Zentrale Region:	Pazifische Region:
Florida, Küstengebiete der Südstaaten, 25—28°, 75%, 600 mm, 15—21°, Januar, Februar, —7°.	Tiefste Lagen von Arizona, Neumexiko, Nordmexiko, 24°, 40%, 13—270 mm, 17°, —5 bis 10°.	Kalifornien bis 500 m Erhebung, 16°, 75%, 30 mm, 14°, — 2°.
Quercus virens, Persea, Sabalpalmen, Pinus cubensis, palustris, Taxodium distichum, Juniperus virginiana, Chamaecyp. sphaeroidea, Magnolia grandiflora	Q. grisea, Arbutus chalapensis, Prosopis juliflora, Cereus giganteus, Cupressus arizonica Agave, Yucca.	Q. agrifolia, Castanopsis, Umbellularia calif, Arbutus Menziesii, Washingtonia(Palme), Cupressus macrocarpa, Sequoia sempervirens, Pinus insignis, muricata, attenuata, Sabiniana, Pseudotsuga macrocarpa, Torreya californica.

Asien.

Himalaya:	Japan:	China:
zwischen 1300 und 2200 m Erhebung. Klima der kühleren Lage: 15—19°, 72—93%, 550 -1200 mm, 11—13°, — 4°. Quercus incana, fenestrata usw., Cupressus torulosa, Buxus, Cedrus Deodar, Pinus excelsa, Rhododendron, Immergr. Magnolia.	Formosa zwischen 500 und 2000 m (nach Dr. Honda), Riukiu-Inseln, Shikoku, Kiushu, südl. Hondo bis ca. 500 m, 28°, 80%, 1000 mm, 17°, März, Nov. — 7°. Q. acuta, glabra usw., Machilus, Litzaea, Cinnamomum Camphora, Buxus, Ilex, Olea, Pasania, Trachycarpus-Palmen, Camellia, Podocarpus, Cryptomeria japonica, Pinus Luchuënsis, Thunbergii, Juniperus rigida, chinensis, Torreya, immergrüne Magnolia.	Südchina bis zum Kuenlun. Erhebung? Klima? Q glauca, semecarpifolia, usw., Machilus, Litzaea, Cinnamonum Camphora, Buxus, Ilex, Olea, Pasania, Zwergpalmen, Camellia, Podocarpus, Cryptomeria japonica, Pinus sinensis, Cunninghamia sinensis, Keteleeria, Glyptostrobus heterophylla, Juniperus rigida, chinensis, recurva, Biota orientalis, immergrüne Magnolienart.

Landwirtschaftliche Kulturpflanzen der Zone: Citrus-Arten, Baumwolle, Zuckerrohr, Reis.

Ca. Gemäßigt warme Zone des winterkahlen Laubwaldes, wärmere Hälfte, das Castanetum.

Europa.

Südliches:	Mittleres:
Italien von 500—1000 m, von 0—400 m im Norden. Griechenland, Südfrankreich, Spanien, Portugal bis 600 m, Südtirol bis 300 m, 20—23°, 50—60%, 100 -200 mm, 13—17°, März bis November, — 11°. Castanea vesca, Quercus pedunc., sessil., pubescens, Cerris, hungarica, Ostrya, Celtis, Platanus, Aesculus, Fraxinus, Ulmus, Carpinus, Cupressus fastigiata, Pinus maritima, aleppensis, Pinea, austriaca, corsic., silvestris u. a.	Südengland, Südirland, Nordwestfrankreich 15°, 80%, 200 mm, 10°, April bis November, — 16°. Castanea vesca, kultiv., Quercus pedunc., sessilif., Carpinus usw.

Nordafrika:

Atlas von 1000—2000 m.
Cedrus atlantica, Juglans regia, Quercus pubescens.

Kaukasus:

von 200—1000 m.
Mehrzahl der europäischen Holzarten, Pterocarya, Zelkowa.

Nordamerika.

Atlantische Region:	Zentrale Region:	Pazifische Region:
Südliche Unionsstaaten bis 1000 m, mittlere bis 400 m, nördl. bis 200 m Erhebung, 23—24°, 70%, 400 mm, 12—15°, April bis Oktober, — 14° bis — 20°.	Neumexiko und Arizona von 800—1200 m, mittlere Staaten bis 800 m. Klima? Quercus? Platanus Wightii, Juglans, Fraxinus, Populus, Pinus	Kalifornien v. 500—1500 m, Oregon, Washington, Kolumbia bis 300 m, 15°, 85%, 90 mm, 10°, Febr., Novbr., — 6°. Quercus Garryana, Kellog-

Castanea dentata, Quercus lyrata, imbricaria, alba, macrocarpa, falcata usw., Carya alba, porcina, amara, sulcata, olivaeformis, Nyssa silvatica, Fraxinus quadrangulata, Ulmus alata, Robinia Pseud., Gleditschia, Acer, Carpinus, Celtis, Aesculus, Ostrya, Juglans, Liriodendron, Gymnocladus, Sassafras, Prunus serotina, Catalpa, winterkahle Magnolia, Platanus occid., Liquidambar, Pinus glabra, Taeda, palustris, clausa, inops, pungens, mitis, rigida, Tsuga carol., Taxodium dist., Junip. virgin., Thuja occident., Cham. sphaeroidea.

chihuahuana, arizonica, Mayriana, ponderosa, scopulorum.

gii, densiflora, Platanus racemosa, Arbutus Menziensii, Aesculus, Cercis, Acer, Libocedrus decurr., Pinus ponderosa, Sabiniana, Jeffreyi, Coulteri, attenuata, insignis, Chamaecyparis nutk., Lawsoniana, Pseudotsuga Douglasii, macrocarpa.

Asien.

Himalaya:
Von 2200 m bis? Klima? Cedrus Deodar, winterkahle Magnolia, Prunus, Pinus excelsa.

Kleinasien:
Libanon von 1000—2600 m. Cedrus Libani, Juglans regia.

Japan:
Südjapan von 500—1500 m, mittl. Hondo bis 800 m, Nordhondo bis 200 m; SW-Ecke von Eso, 20°, 80%, 500 mm, 12—15°, —20°. Castanea crenata, Zelkowa Keaki, Magnolia hypoleuca, Kobushi, Juglans, Quercus serrata, variabilis, glandulifera usw., Paulownia, Aesculus., Rhus, Hovenia, Albizzia, Phellodendron, Celtis, Gleditschia, Cercidiphyllum, Fraxinus, Carpinus, Sophora, Acanthopanax, Acer, Ulmus, Prunus, Pinus Thunbergii, densiflora, Cryptomeria japonica, Chamaecyparis, Thuja, Thujopsis, Sciadopitys, Torreya, Abies firma, Tsuga Sieboldii, Juniperus rigida, chinensis, Cephalotaxus.

China:
Erhebungen? Klima? Castanea crenata, Zelkowa Keaki, Quercus serrata, Bungeana, glandulifera, Paulownia, Phellodendron, Catalpa, Liriodendron, Rhus, Gleditschia, Gymnocladus, Hovenia, Aesculus, Sterculia, Albizzia, Juglans, Celtis. Fraxinus, Carpinus, Acer, Ulmus, Ailanthus, Prunus, Cercidiphyllum, Sophora, Liquidambar, Cunninghamia, Libocedrus macrolepis, Biota orientalis, Juniperus chinensis, rigida, recurva, Cupressus funebris, Cephalotaxus, Torreya, Pinus sinensis, Henryi, Tsuga Sieboldii, chinensis, yunnanensis, Pseudolarix Fortunei, Cryptomeria.

Landwirtschaftliche Kulturpflanzen: Reis, Wein, Tabak, Maulbeerstrauch, edelste Obstsorten.

Cb. Gemäßigt warme Zone des winterkahlen Laubwaldes, kühlere Hälfte, das Fagetum.

Europa.

Südliches:	Mittleres:	Nördliches:
Apennin 900—1400 m, Balkan 800—1200 m, Pyrenäen 800—1300 m.	südlich bis 900 m, nördlich bis 600 m.	südlichste Gebiete von Schottland, Dänemark, Schweden, Kurland, Livland und Estland.

16—18°, 70 %, 250 mm, 7—12°, Mai bis September, — 25° bis — 30°.

Fagus silvatica, Quercus pedunculata, sessiliflora, pubescens, hungarica, Acer, Ulmus, Betula, Carpinus, Prunus, Alnus, Populus, Fraxinus, Salix, Tilia, Pinus Peuke, silvestris, austriaca, leukodermis, Picea excelsa, Abies pectinata, Pinsapo, cephalonica, Larix europaea.

Ural:	Kaukasus:
1000—1400 m. Pinus sibirica, Abies sibirica, Picea obovata, Larix sibirica (erstes Auftreten).	Erstes Auftreten von Abies Nordmanniana, Picea orientalis.

Nordamerika.

Atlantische Region:	Zentrale Region:	Pazifische Region:
Südliche Unionsstaaten von 1000—1800 m, mittl. von 400—900 m, nördl. u. Süd-Canada von 200—800 m, 19°, 65%, 200 mm, 7—12°, Mai bis September, — 25° bis — 35°. Fagus ferruginea, Quercus alba, macrocarpa, coccinea, palustris, tinctoria, Carya alba, porcina, amara, tomentosa, Acer rubrum, saccharum, Fraxinus, Salix, Betula, Juglans, Liriodendron, Prunus, Ulmus, Populus, Tilia, Sorbus, Pinus Strobus, resinosa, rigida, Banksiana, Thuja occidentalis, Cham. sphaeroidea, Abies balsamea, Picea alba, nigra, Larix americana.	Arizona, Neu-Mexiko von 1200—2000 m, Felsengebirge bis 1000 m. Klima? Fraxinus, Populus, Prosopis julif., Salix, Pinus chihua., ponderosa, scopulorum, Murrayana, arizonica, Mayriana, strobiformis, Abies arizonica, concolor, Pseudotsuga glauca, Picea Engelmanni, pungens.	Sierra Nevada von 1500 bis 2000 m, Kaskadengebirge, Küstengebirge, 15°, 80%, 140 mm, 7 bis 10°, März bis November, — 16°. Quercus Garryana, Kelloggii, Acer macroph., Fraxinus oregona, Populus tricho., Alnus, Salix, Pseudotsuga Douglasii, Abies grandis, bracteata, concolor, Thuja gigantea, Tsuga heterophylla, Chamaecyparis Lawson., nutkaënsis, Libocedrus decurrens, Sequoia gigantea, Pinus monticola, Lambertiana, ponderosa, Jeffreyi, contorta, Picea sitkaënsis, Larix occidentalis.

Asien.

Himalaya:	Japan:	China:
östl. 2500—2900 m, westl. 2000—2500 m. Klima? Tiefste Temperatur nicht unter — 15°.	Mittleres Japan von 800 bis 1500 m, nördliches Japan von 400—1000 m, Eso 200 bis 500 m, 17°, 80 %,	Fagus sinensis, Engleriana, Quercus dentata, mongol. u. andere. Tilia, Acer, Prunus, Fraxinus, Ulmus,

Acer, Pyrus, Tsuga dumosa, Abies Pindrau, Webbiana, Pinus excelsa, Khasiana, Gerardiana, Picea Morinda, Larix Griffithii.	400 mm, 7—9°, Mai, Oktober, —25°. Fagus japonica, Sieboldii, Quercus dentata, crispula, Fraxinus mandshur., longicuspis, Phellodendron, Magnolia hypoleuca, Cladr. amur., Acer, Cercidiphyllum, Acanthopanax, Ostrya, Betula, Salix, Carpinus, Prunus, Populus, Tilia, Ulmus, Chamaecyparis, Thuja, Cryptomeria, Thujopsis, Sciadopitys, Pinus-Arten, Pseudotsuga japonica, Tsuga diversifl., Taxus, Abies homolepis, sachalinensis, Picea polita, bicolor, ajanensis, Larix leptolepis.	Betula, Carpinus, Populus, Salix, Biota orientalis, Taxus baccata (?), Pinus sinensis, Armandi, Bungeana, Henryi, mandshurica, Pinus koreensis, Abies, Tsuga, Pseudolarix Fortunei, Larix, Picea.

Landwirtschaftlich: Hopfen, Weizen, Gerste, Winterroggen; in den wärmsten Lagen noch Wein, Tabak, Mais, feineres Kern- und Steinobst.

D. Gemäßigt kühle Region der Fichten, Tannen und Lärchen, das Picetum oder das Abietum oder das Laricetum.

Europa.

Südliches:	Mittleres:	Nördliches:
von über 1300—2300 m.	über 900—2100 m im Süden 600—1000 m im Norden.	über 500 m.

10—14°, 75%, 600—800 mm, 3—7°, Mai, September, —35°.

Sorbus, Alnus, Betula, Salix, Populus, Abies pectinata, Pinsapo, cephalonica, Picea excelsa, Omorica, Pinus silvestris, (im Norden P. lapponica) uncinnata, Cembra Peuke, Larix europaea.

Ural:	Kaukasus:
Abies sibirica, Pinus sibirica, Picea obovata, Larix sibirica.	Abies Nordmanniana, Picea orientalis.

Nordamerika.

Atlantische Region:	Zentrale Region:	Pazifische Region:
mittlere Unionsstaaten von 1800 m aufwärts, nördl. von 1000 m an, Kanada 500 m nordwärts bis zum Meeresniveau, 15°, 75—80%, 400—600 mm, 6°, Mai, Septbr., —15° im Süden, —40° im Norden.	Felsengebirge über 1000 m im Süden, über 500 im Norden. Klima? Sorbus, Betula, Picea pungens, Engelmanni, Pinus Murrayana, aristata, scopulorum, Pseudotsuga glauca, Abies lasiocarpa,	Sierra Nevada 2000-2800 m, Kaskadengebirge 1500 bis 2700 m, Alaska unter dem 55.° 0—500 m, unter dem 60.° 0—150 m Erhebung, 10°, 80%, 500 mm, 6°, —16°. Sorbus, Betula, Alnus,

Sorbus, Betula, Populus, Salix, Abies balsamea, Fraseri, Tsuga canadensis, Picea alba, nigra, rubra, Thuja occidentalis, Pinus Strobus, resinosa, Banksiana, Larix americana.

concolor, Juniperus pachyph., Larix Lyallii, occidentalis.

Abies grandis, concolor, nobilis, amabilis, magnifica, Pinus contorta, monticola, Balfouriana, flexilis, albicaulis, ponderosa, Picea sitkaënsis, Breweriana, Pseudotsuga Douglasii, Tsuga heterophylla, Pattoniana, Larix occidentalis.

Asien.

Himalaya:
östl. 2900—4800 m, westl. 2500—4000 m. Klima?
Sorbus, Betula, Alnus, Salix, Abies Webbiana, Pindrau, Tsuga dumosa, Picea Morinda, Larix Griffithii.

Kleinasien:
Abies cilicica.

Japan:
südl. von 1500—2700 m, nördl. von 1000—1500 m, Eso von 500—1000 m, Kurileninsel Iturupp über 100 m, Urupp über 0 m, 12—15°. 80—90%, 800 bis 1000 mm, 4—7°, —30°.
Sorbus, Betula, Alnus, Salix, Abies Veitchii. Mariesii, sachalinensis, Pinus koreensis, parviflora, densiflora, Picea bicolor, hondoënsis, ajanensis, Glehnii, Larix leptolepis, kurilensis.

China:
Sorbus, Alnus, Betula, Salix, Populus, Picea Schrenkiana, Wilsoni, Neoveitchii, Mastersii, brachityla, likiangensis, bicolor, ajanensis. Abies Delavayi, Fargesii, Veitchii, Pinus Bungeana, Henryi, sinensis, Larix Principis Rupprechtii u. dahurica, sibirica (?), thibetica, Griffithii, chinensis.

Landwirtschaftlich: Sommerroggen, gepflegte Alpenwiesen.

E. Kühle Region der Krummhölzer und Halbbäume, Waldgrenzen, das Alpinetum, das Polaretum.

Europa.

Südliches:	Mittleres:	Nördliches:
Apennin bei 2500 m, Balkan 2000 m.	Nordalpen 2000 m.	über 600 m.

8—10°, 80%, 400 mm, 1—8°, Juni, August, —35° bis —45°, Hochalpen — 25°.
Im Norden Strauchbirken, Erlen, Weiden, Picea excelsa, Pinus lapponica, im mittleren Europa Pinus pumilis, Picea excelsa, Pinus Cembra, Larix europaea.

Nordamerika.

Atlantische Region:	Zentrale Region:	Pazifische Region:
nördl. Kanada 7—9°, 80%, 0°, —45°. Betula, Alnus, Salix, Juniperus, Abies hudsonica, Pinus Banksiana, Larix americana.	Felsengebirge bei 3500 m, tiefste Temperatur ? Pinus flexilis, Pinus albicaulis, Pinus aristata, Picea pungens u. Engelmanni, Larix Lyallii.	Sierra Nevada 3000 m, Alaska 500—1200 m (Südhänge d. Eliasalpen), 8°, 90%, 150 mm, —2°, —20°. Salix, Populus, Alnus, Pinus Balfouriana, Picea Albertiana, Larix Lyallii, Tsuga Pattoniana.

Asien.

Himalaya:	Japan:	Sibirien:
4000 m, tiefste Temperatur —10°. Sorbus, Abies Pindrau, Larix Griffithii.	mittl. bei 2500 m, nördl. über 1000 m, Kurilen über 300 m, von Urupp nordostwärts, von der Meeresküste aufwärts, —80°. Sorbus, Alnus, Salix, Populus, Betula, Pinus pumila, Picea Hondoënsis, Picea ajanensis, Larix kurilensis, Larix leptolepis.	—45°. Strauchförmige Reste der vorigen Zone, insbesondere Birken (Taiga), Picea obovata, Larix sibirica, L. dahurica, Cajanderi.

Landwirtschaftlich: ungepflegte Alpenweiden.

Das Auffinden der Vegetationszone kann mit Hilfe entsprechender, klimatischer Beobachtungen oder mit Hilfe der sogenannten klimatypischen Baumgattungen geschehen. In Ländern, in denen die gleichen, typischen Genera wie in anderen Ländern nicht vorhanden sind — z. B. fehlen Buchen (Fagus) in Westamerika — treten andere Baumgattungen mit gleichem Klima oder mit der Fagus zusammenwachsende Gattungen an die Stelle; das dürfte aber kein genügender Grund sein, für das betreffende Waldgebiet eine andere Benennung der Zone zu wählen, nachdem die klimatypische Fagus in den übrigen großen Waldgebieten vertreten ist.

Für Landgebiete, in deren Waldungen die Holzarten noch in der ursprünglichen Verteilung angeordnet sind, ist das Auffinden einer Zone sehr einfach; trotzdem eine Zone stets allmählich wie das Klima in eine andere übergeht. Wo z. B. die Edelkastanie (Castanea) vorwiegt, fehlt die Buche (Castanetum), wo die Edelkastanie eine seltenere Erscheinung wird oder erst durch künstlichen Anbau hingebracht ist, Buchen aber reichlicher werden, dort liegt die Grenze zwischen Edelkastanienzone (Castanetum) und Buchenzone (Fagetum); das Vorherrschen der Buche, ihre beste Entwicklung kennzeichnet die mittlere Zone ihrer Verbreitung (das Optimum); wo bereits Fichten oder Tannen in reichlichem Maße sich beimengen, liegt das kühlere Fagetum und die Grenze zwischen dem Fagetum und der Fichtenzone (Picetum oder Abietum); wo Fichte vorherrscht, eine vollkommene Entwicklung zeigt, Buche dagegen in reinen Beständen seltener wird, da liegt das Optimum der Fichte usw.; nach diesem Beispiel sind die übrigen Zonen zu beurteilen und zu konstruieren.

Schwieriger liegt der Fall in den alten Kulturländern, in denen die ursprüngliche Vegetationsgrenze durch die menschliche Tätigkeit verwischt ist. In solchen Fällen muß das gegenwärtige Gedeihen der Holzarten — für alle gute Böden vorausgesetzt —, das Vorhandensein von alten Bäumen und Waldungen, die aus dem Femelbetrieb hervorgegangen sind, müssen etwa vorhandene, klimatische Beobachtungen, Elevation, Exposition, Bodenbefeuchtung usw. in Betracht gezogen werden.

Die vorherige, richtige Konstruktion der Vegetationszonen der Erde vorausgesetzt, kann aus der auf Tafel I gegebenen, graphischen Darstellung sofort für jeden Standort der nördlichen Halbkugel ermittelt werden, welcher Klima- oder Waldzone er angehört, nachdem zuvor die Erhebung des Ortes über dem Meere und dessen geographische Breite und dessen allgemeine Lagerung — Europa, Ostamerika, Westamerika, Ostasien — festgestellt wurde.

Daß eine derartige Verteilung des Klimas und der dem Klima entsprechenden Holzart für die Aufforstungen von Ödländereien, von einschneidender Bedeutung sein muß, bedarf nicht vieler Worte.

Nachdem Verfasser in der Klima- und Zonenbildung der bewaldeten Gebiete der Erde und in der Einreihung einer jeden Holzart in die ihr zukommende Zone die wichtigsten Grundlagen für Anbau und Erziehung aller Holzarten erblickt, wurde die Tafel der horizontalen und vertikalen Wald- uud Klimazonen gefertigt; sie macht keinen Anspruch auf absolute Genauigkeit in allen ihren Teilen; hierzu fehlen noch vielfach meteorologische Beobachtungen in den verschiedenen Zonen und im höheren Luftraum; es mangelt auch an genauerem, pflanzengeographischem Wissen.

Auch in dieser Wissenschaft spiegelt sich ein wichtiges Stück der Biologie der Holzgewächse ab, nämlich der Anspruch der Holzarten an Klima und Boden und der Wettkampf unter den Holzarten um Wärme, Licht, Wasser und Boden; das Endergebnis dieses Wettkampfes ist die ursprüngliche, geographische Verteilung der Holzarten, die Pflanzengeographie.

Daß dieses Wissensgebiet in den höheren und höchsten Schulen den Pflanzenzüchtern gar nicht oder nur ganz nebenbei und nebensächlich geboten wird, wurde bereits früher betont.

Teils aus den Darstellungen der Tafel, teils aus anderweitigen Beobachtungen des Verfassers und anderer lassen sich folgende, allgemeine Schlüsse gewinnen.

Bezüglich des Klimas:

a) Die Temperaturen der vier Monate nehmen vom Äquator zum Pol auf der nördlichen Halbkugel langsamer ab, als dies nach der theoretischen Abnahme pro Breitengrad der Fall sein sollte; die einzelnen Horizontalzonen streichen weiter nach Norden, die vertikalen Zonen steigen höher hinan, wie die Verbreiterung und Emporwölbung in der Darstellung erkennen lassen; auf der südlichen Halbkugel dagegen nimmt die Temperatur vom Breitengrad bis zum Pol mit jedem

Breitengrad rascher ab, als die thermische Normale für den betreffenden Breitengrad beträgt; die horizontalen und vertikalen Zonen verschmälern sich, wie der steile Absturz der Zonen in der Tafel andeutet.

b) Die Temperaturen der vier Monate nehmen auf der nördlichen Halbkugel vom 37. Grad nördl. Br. an auf den Ostseiten der Kontinente (ostamerikanische und ostasiatische Waldregion) sowohl in der horizontalen als in der vertikalen Richtung rascher ab als auf den Westseiten der Kontinente (europäische und westamerikanische Waldgebiete).

c) Die tiefste Temperatur des Winters sinkt ziemlich gleichmäßig. In Milde des Winters kann mit dem westamerikanischen Walde nur der westlichste Wald von Europa und der südjapanische Wald verglichen werden; die Waldungen des Binnenlandes in Ostasien (chinesischer Wald) und in Europa, sowie der Wald der Zentralgebirge von Nordamerika (Felsengebirge) müssen wohl dieselbe tiefe Wintertemperatur haben, wenn auch die meteorologischen Notizen wegen des Mangels an Stationen, vor allem in China, dieses noch nicht erkennen lassen.

d) Die Horotherme von durchschnittlich 10° während der vier Monate bildet auf der nördlichen wie auf der südlichen Erdhälfte sowohl in der horizontalen Richtung (polare Thermohore) wie in der vertikalen (alpine Thermohore) die Waldesgrenze.

e) Mit der Erhebung über dem Meere nimmt die Sommerwärme rascher ab, als hierbei die Winterkälte steigt; in windstillen, klaren Nächten liegt die tiefste Temperatur im Tale, in den Ebenen und im Plateau des Vorlandes, nach oben hin wird es wärmer; bei intensivster Besonnung liegt die größte Erwärmung der Luft unmittelbar über dem Boden, nach oben hin wird es kühler; bei bewegter Luft ist die Temperatur der Berge niederer als die der Ebene und des Vorlandes. Das Gesetz der Temperaturumkehr bewirkt in allen klaren, windstillen Nächten ein Anhäufen der kälteren Luft an den tiefsten Punkten, somit im Tale und in der Ebene. Da Täler und Ebenen es sind, welche untertags am meisten sich erwärmen und bei Wind die größte Wärme genießen, so wird dort frühzeitiger die Vegetation erweckt und länger der Abschluß derselben verzögert als in den Bergen; da aber bei klaren Nächten im Frühjahr und Herbst gerade die Ebenen und Täler infolge der Temperaturumkehr die tiefste Temperatur, z. B. solche unter 0, zeigen, ist die Spät- und Frühfrostgefahr gerade in den wärmeren Ebenen am größten; daß dabei jene Holzarten, welche zuerst erwachen, in größter Gefahr schweben, liegt auf der Hand. Manche im Verhalten der Holzarten auffallende Erscheinung wird dadurch geklärt.

f) In den Tropen fehlt der Wechsel der Jahreszeiten, welche nach Norden hin immer deutlicher sich ausprägen; im Castanetum sind die vier Jahreszeiten am deutlichsten, Frühling und Herbst von langer

Dauer; nach dem Fagetum hin schwächen sich Frühling und Herbst immer deutlicher ab. Im Picetum erfolgt der Übergang vom Winter zum Sommer und umgekehrt sprungweise. Dieses letztere Verhältnis ist für die Pflanzenwelt günstig, während das lange Frühjahr und der lange Herbst mit ihren Kälte- bzw. Wärmerückfällen von verderblichem Einfluß auf die Pflanzenwelt sich erweisen. Im Castanetum und Fagetum sind verspätete und verfrühte Fröste am schlimmsten; im kühlen Picetum, wo der Laie das Maximum an Frostgefahr vermutet, fehlen Fröste nach Erwachen der Vegetation und vor Abschluß derselben fast gänzlich.

g) Aus der Zonenbildung lernen wir eine Charakteristik der zweinadeligen Föhren, welche keine klimatypischen Nadelhölzer sind, sondern als Stellvertreter anderer Holzarten in mehreren Klimazonen auf Böden erscheinen können, welche den typischen, anspruchsvolleren Holzarten nicht mehr genügen.

h) Südwest-, Südsüdwest- und Westseiten sind stets wärmer und trockener als die entgegengesetzten Expositionen; je steiler die Gebirgsflanken, um so extremer die Temperatur; südliche Expositionen bedeuten gleichsam eine Verschiebung der Fläche in ein wärmeres Gebiet, so daß sogar klimatisch eine Verschiebung in die wärmere Nachbarzone eintreten kann, wenn der Berg ohnedies schon dieser Zone genähert ist; im wärmeren Fagetum gehören Südhänge bereits dem Castanetum an; im wärmeren Picetum tragen die Südhänge Fagetumklima; die Folge ist, daß alle Holzarten auf den südlichen Expositionen weiter nach oben steigen, als die Durchschnittserhebung für alle Expositionen beträgt. In gleicher Weise ergeben alle nördlichen Expositionen eine Abkühlung, die wiederum um so stärker ist, je steiler das Gefälle. Nördliche Expositionen bedeuten daher im Pflanzenleben eine Verschiebung des Standortes in die kühlere Zone; Nordseiten des kühleren Fagetums zählen klimatisch zum Picetum; Nordseiten des Picetums tragen bereits Krummholzvegetation oder Grenzwald; auf der Nordseite des kühleren Castanetums erscheint bereits die Buche, somit das Fagetum. Diese allgemeinen Naturgesetze haben natürlich auch zur Folge, daß eine Holzart dem beobachtenden Bergbesteiger zuerst auf der Nordseite entgegentritt, zuletzt auf der Südseite, zuerst auf der Nordseite entschwindet, zuletzt auf der Südseite. Die Verschiebungen in den Bergen können 200—500 m betragen; d. h. eine Holzart, die auf der Nordseite bereits bei 1000 m verschwindet, ist auf der Südseite noch bis zu 1200, 1300, 1400, selbst 1500 m Elevation anzutreffen. Es gibt Äußerungen in der Literatur, welche abfällig über die Zonenbildung lauten, weil es dem betreffenden Beobachter geglückt ist, in einer Höhe noch Vertreter des Fagetums zu finden, bei welcher auf demselben Berge auf der Nordseite bereits einzelne Büsche der Krummhölzer auftraten. Verfasser hat bereits erwähnt, daß ihm noch schönere Beispiele — der Zonenbildung! — aus den Pyrenäen bekannt sind, wobei auf der Südseite eines Berghanges Buchen wuchsen, während auf der steilen Nordseite, welche während des ganzen Jahres keinen Sonnenstrahl empfingen, bloß die typische Holzart des dortigen Alpinetums, die P. uncinnata, auftrat. Das sind keine Ausnahmen vom großen Naturgesetze der Klima- und Waldzonen, das sind nur Probleme im Rahmen des Gesetzes, deren Lösung nicht jedermann glückt.

i) **Feuchter bis nasser Boden**, inbesonders in Mulden und Einsenkungen, wirkt erkältend auf die Luft- und Bodentemperatur[1]), so daß derartige **Standorte das Klima der nächsten, kühleren Zone besitzen**. So erklären sich Fichten mitten im Gebiete des Fagetums, polare oder alpine Vegetation mitten im Gebiete des Picetums. In allen vier Waldgebieten sind diese Verschiebungen nachweisbar und auf die gleiche Ursache zurückzuführen.

k) Die **relative Feuchtigkeit der horizontalen Zone** (Hann erklärt ausdrücklich die relative Feuchtigkeit als einen genügenden und bequemen Maßstab zur Beurteilung der Luftfeuchtigkeit für klimatologische Zwecke) nimmt auf der nördlichen Halbkugel von den Tropen bis zum Castanetum stetig ab; von da an nimmt sie wieder nach Norden hin zu; das wärmste Gebiet des winterkahlen Laubwaldes ist somit das trockenste; in der vertikalen Richtung nimmt mit der Erhebung über dem Meere die Luftfeuchtigkeit bis in das Picetum zu. Mit der Auflösung der Waldungen in dieser Zone und dem Übergang zum Alpinetum nimmt die Luftfeuchtigkeit wieder ab.

l) Je mächtiger und massiver das Gebirge und je größer die dasselbe bedeckende Waldmasse, **desto höher und gleichmäßiger die Feuchtigkeit der Luft im Walde** und in engen Tälern und Schluchten, weil durch diesen Faktor die Luftbewegung gehemmt wird; das Klima nähert sich dem insularen.

m) Die **Niederschlagsmenge** während der vier Monate nimmt sowohl im ostamerikanischen wie im ostasiatisch-japanischen Walde vom Lauretum bis in das Fagetum hinein stetig ab, bis auf ein Drittel der Menge im Lauretum, im europäischen und westamerikanischen Walde dagegen bis auf das Vierfache des Lauretums zu; im Picetum steigt in allen vier Waldregionen die Niederschlagsmenge durchschnittlich auf das Dreifache des Fagetums, d. h. die Fichten- und Tannenwaldungen sind in allen Waldregionen die luftfeuchtesten und regenreichsten Gebiete. Nur das Palmetum zu beiden Seiten des Äquators ist regenreicher. Von allen vier Waldregionen überhaupt ist das regenreichste das ostasiatische, das unter dem Einflusse des mit Feuchtigkeit gesättigten Südmonsuns steht.

---

[1]) Prof. Bühler fand im Boden 1—6° Unterschied. Mitt. d. württ. forstl. Vers. 1906.

n) Die dem feuchten Luftstrom entgegengelagerten Abdachungen der Gebirge sind regenreicher als die im Regenschatten gelegenen; z. B. West- und Ostseite des Schwarzwaldes, des bayerischen Waldes in Deutschland, des Urals in Rußland, der Anden in Südamerika, Südwest- und Nordostseite des Himalaya und andere.

o) Gebirgsketten, langgestreckte Täler erzeugen Windstraßen, auf denen die Winde entweder in der einen oder in der entgegengesetzten Richtung, parallel der Richtung der Gebirgskette oder der Täler, wandern, wenn nicht der Luftstrom senkrecht auf die Streichrichtung stößt; Ebenen und schwaches Hügelland haben Wind aus allen Windrosen, wenn auch die gefährlichen Stürme meist nur einer bestimmten Richtung angehören, nämlich in ganz Europa Südwest und West, in Ostasien Süd und Nord, in Ostamerika Süd, West und Ost, in Westamerika West.

Bezüglich der Holzarten ist den Waldzonen folgendes zu entnehmen:

a) Die Zahl der Baumgattungen und Arten nimmt von Süden nach Norden, von unten nach oben hin stetig ab.

b) Die Verwandtschaft der Bäume in den von Süden nach Norden folgenden Zonen nimmt nach Gattungen und Arten stetig zu; im Picetum und Polaretum gibt es sogar identische Arten.

c) Nach dem kühleren Klima hin nimmt die Zahl der Individuen einer Art zu; es überwiegen daher in den Subtropen die Mischbestände mit Einzelmischung der Holzarten; im Castanetum beginnen bereits reine Bestände einer Art, die im Picetum aus natürlichen Gründen überwiegen.

d) Da in jeder Klimazone zonentypische Baumgattungen auftreten und der gleichen Klimazone die gleichen, typischen Gattungen entsprechen, kann die Klimazone bei dem Fehlen von Klimadaten auch aus dem Auftreten der klimatypischen Baumgattungen abgegrenzt und in ihrem klimatischen Charakter mit ziemlicher Sicherheit ergänzt werden. Dieser letztere Fall wird zur Auffindung der Zonen und Bestimmung des Klimas einstweilen noch der häufigere sein müssen. Um das Klima eines gegebenen Standortes zu bestimmen, wird die Praxis zunächst noch auf das natürliche, ursprüngliche Auftreten gewisser Holzarten an dem betreffenden Ort oder in seiner Nachbarschaft angewiesen sein.

Bezüglich des Bodens sei folgendes bemerkt:

In den Tropen entstehen unter Einwirkung des feuchten, heißen, regenreichen Klimas vorzugsweise ausgewaschene Böden, Laterite; in den Subtropen mit oft langandauernder, sommerlicher Dürre sind Böden mit rötlichen Verwitterungsprodukten (terra rossa) typisch; den gemäßigten Klimaten gehören nach Wohltmann Böden mit hohem

Humusgehalt, wie der Löß, an. Ramann teilt die Böden mit hohem Humusgehalt wieder in braune und graue Erden. Mangelt Wasser (wie insbesondere im Binnenland der Castanetum- und Fagetumzone), so bildet sich unter Einwirkung von Klima und Pflanze der Steppenboden, ist Wasser im Überschuß vorhanden (wie im Picetum und Polaretum), so entstehen Moorböden.

Es mag der Hinweis gestattet sein, daß auch die Tiere des Waldes, schädliche wie nützliche, ein bestimmtes Klima beanspruchen; freilich sind deren Klimazonen weniger scharf abgegrenzt; auch die Fähigkeit, waldlose Gebiete zu überfliegen, ist größer. Verfasser fand, daß zahlreiche, europäische Borkenkäfer sich auch im japanischen Walde wiederfinden. Weiland Prof. Döbner von Aschaffenburg schrieb 1886 dem Verfasser bezüglich der in Nordjapan gesammelten Käfer: „Ich bin überrascht, wie viele der japanischen Borkenkäfer mit europäischen Arten identisch sind." Man muß daraus schließen, daß sie auch dem breiten Bande des sibirischen Nadelwaldes, das den europäischen Wald mit dem japanischen verknüpft, nicht fehlen werden.

Das klimatische Optimum.

Der mittlere Teil des ursprünglichen, natürlichen Verbreitungsgebietes einer Holzart, der mittlere Teil der Klimazone einer Holzart muß naturgemäß jenes Gebiet sein, in dem die Holzart am besten gedeiht, das klimatische Optimum; nach der Wärme- wie nach der Kältegrenze hin muß naturgemäß eine Abnahme der ganzen Lebensenergie der Holzart eintreten, welche endlich an der Verbreitungsgrenze, an den Rändern der Klimazonen zum Unterliegen der Holzart im Kampfe mit jenen Holzarten führt, welche an der betreffenden Stelle ihr klimatisches Optimum finden, somit biologisch kräftiger sind als erstere. Dies scheint eine so einfache, selbstverständliche Wahrheit zu sein, daß man sich nur wundern muß, warum sie bis heute nicht beobachtet und in ihrer fundamentalen Bedeutung für die Forstwirtschaft, ja für die ganze Pflanzenzucht nicht beachtet wurde. Für jene Holzarten, denen nur eine horizontale Verbreitung zukommt, kann es nördlich von dieser kein Optimum geben; im Verbreitungsgebiete kann das Optimum je nach der flacheren Ausformung des Geländes größere oder kleinere Teile der Landschaft umfassen; man kann dieses in der horizontalen Klimazone der Holzart 0—200 m über dem Meere gelegene Optimum das Horizontaloptimum nennen, südlich von diesem Optimum muß es ein zweites Optimum bei entsprechender Elevation geben, das Vertikaloptimum. Jene Holzarten, welche nur bei höherer Elevation, somit nur in einer vertikalen Klimazone auftreten, müssen neben dem Vertikaloptimum noch ein zweites in der Ebene, ein Horizontaloptimum im Norden besitzen; im gebirgigen Gelände gibt es natürlich zahlreiche

Optima; je sanfter der Anstieg, um so breiter die Optimumzone, je steiler derselbe, desto schmäler wird sie sein müssen. Manche Holzart, wie z. B. die europäische Fichte, streicht aus dem vertikalen Optimum im Süden nach Norden hin sich senkend in das horizontale hinein; bei anderen, wie z. B. der Alpenzürbel, kann das horizontale Optimum nur durch künstlichen Anbau getroffen werden; eine natürliche Verbindung fehlt. Nachstehende Abb. 3 gibt die Lage des klimatischen, vertikalen und horizontalen Optimums für die Alpenzürbel wieder.

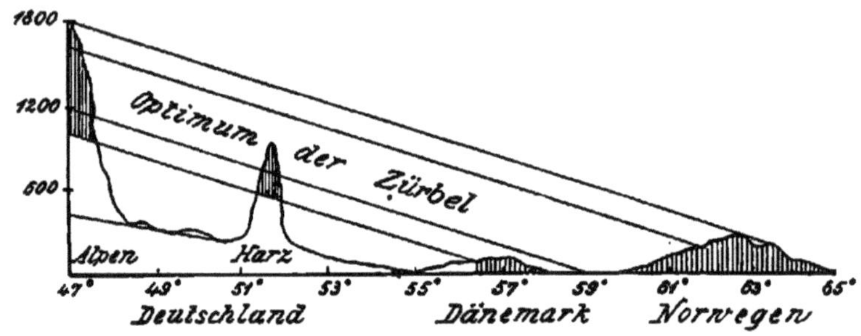

Abb. 3. Die Lage der Klimazone und des klimatischen Optimums der Zürbel unter dem 10.° östlicher Länge von Greenwich.

Man kann für jede Holzart fünf Klimazonen der Verbreitung unterscheiden; nämlich drei Zonen für das ursprüngliche, natürliche Vorkommen, zwei für das künstliche.

Künstliches Anbaugebiet kühler als das natürliche Verbreitungsgebiet.

Natürliches Verbreitungs- gebiet	kühler als das Optimum.
	Optimum.
	wärmer als das Optimum.

Künstliches Anbaugebiet wärmer als das Optimum.

Der Wert obiger Darstellung kommt in einer Reihe von naturgesetzlichen Erscheinungen im biologischen Verhalten aller Holzarten zum Ausdruck; für die Bedürfnisse der Forstwirtschaft betrachtet und geordnet sind es folgende:

1. Die Bedeutung des Optimums für Holzmassenproduktion und Umtriebszeit, für die Zwecke der Forsteinrichtung.

a) Unter Voraussetzung gleich guten Bodens und gleichen Alters nimmt der Höhenzuwachs vom Optimum hinweg nach dem kühleren Klima hin gleichmäßig ab, nach dem wärmeren Klima hin anfänglich stark zu, später rasch ab.

b) Unter Voraussetzung gleich guten Bodens und gleichen Alters zeigt der laufende Stärkezuwachs denselben Verlauf wie der Höhenzuwachs, d. h. vom Optimum hinweg nach dem kühleren Klima hin durchwegs Abnahme; nach dem wärmeren Klima hin anfänglich starke Zunahme, später rasche Abnahme.

c) Unter Voraussetzung gleich guten Bodens und gleichen Alters zeigt auch die Holzmasse des einzelnen Baumes vom Optimum hinweg eine gleichmäßige Abnahme nach dem kühleren Klima hin; im wärmeren Klima anfangs große Massenproduktion; später sinkt die Produktion unter den Betrag, der im Optimum erzielt wird.

d) Unter Voraussetzung gleicher Bodengüte und niedrigen Alters (niederer Umtriebszeit) von etwa 20—40 Jahren erzeugt ein Baum den maximalen Holzertrag in einem Klima, das wärmer ist als sein natürliches Verbreitungsgebiet; daran reiht sich jenes wärmer als das Optimum, dann das Optimum, endlich ein Klima kühler als sein Optimum; noch geringer wird der Ertrag im künstlichen Anbaugebiete sinken müssen, soweit dieses kühler ist als das natürliche Verbreitungsgebiet der Holzart.

e) Unter Voraussetzung gleicher Bodengüte und eines hohen Alters (Umtriebszeit von 80—120 Jahren) ist die Wachstumsleistung des Baumes am größten im Optimum; sie nimmt nach dem wärmeren Klima hin ab und ebenso nach dem Klima hin, welches kühler ist als das Optimum. Abb. 4 (S. 77) erläutert dieses Verhalten des Baumes. Es wäre gewiß eine dankenswerte Aufgabe, auch das Verhalten der Massen eines Bestandes von diesem Gesichtswinkel aus zu betrachten.

f) Wird eine Holzart außerhalb ihres Optimums, aber noch innerhalb ihres natürlichen Verbreitungsgebietes kultiviert, muß ihre Umtriebszeit dem Optimum gegenüber sowohl bei Nieder- als Hochwald in wärmeren Gebieten verkürzt, in kühleren verlängert werden.

g) Wird eine Holzart über ihr ursprüngliches Verbreitungsgebiet hinaus künstlich angebaut, so muß ihre Umtriebszeit, mag sie als Nieder- oder als Hochwald behandelt werden, in wärmeren Gebieten abermals verkürzt, in kühleren abermals verlängert werden.

h) In letzterem Falle (g) wird die Entscheidung, ob eine Holzart noch den Anbau lohnt, neben der Massenerzeugung und Umtriebszeit auch den Umstand berücksichtigen müssen, daß die Kosten des Anbaues vom Optimum hinweg ständig steigen.

i) Die Umtriebszeit des Eichenschälwaldes muß wegen gesteigerten Wachstums und rascher Zunahme der Borkigkeit der Rinde nach dem wärmeren Klima hin verkürzt, nach dem kühleren hin verlängert werden.

2. Die Bedeutung des Optimums für die Güte der Holzproduktion, somit für Zwecke der Waldbenutzung.

Die Bodengüte wird als gleich vorausgesetzt.

a) Vollholzigkeit, Geradschaftigkeit und Schaftlänge nehmen vom Optimum hinweg nach beiden Seiten hin ab.

b) Die Astreinheit nimmt vom Optimum hinweg nach beiden Seiten hin bei allen Holzarten stetig ab, weil dabei der reine Bestand des Optimums allmählich aufgelöst wird; führt bei den Lichtholzarten die Auflösung des reinen Bestandes zur Mischung mit Schattenhölzern, dann verbessert sich die Astreinheit; es nimmt in diesem Falle die Astreinheit vom Optimum hinweg zu.

c) Wie die Astreinheit, verhält sich auch die Spaltbarkeit, Elastizität, Tragkraft.

d) Wesentlich unterstützt wird die Spaltbarkeit und Elastizität durch die Gleichmäßigkeit des Jahresringbaues. Dieselbe nimmt vom Optimum hinweg gegen das wärmere Klima hin ab, gegen das kühlere zu, so daß auch der Satz gilt: Je kühler das Klima, um so gleichmäßiger das Gefüge der Jahresringe. (Fichtenholz der warmen Ebene einerseits und Resonanzholz des kühleren Picetums andererseits.)

e) Zähigkeit und Biegsamkeit nehmen vom Optimum hinweg zum wärmeren Klima zu, zum kälteren ab, d. h. je wärmer das Klima, um so zäher und biegsamer das Holz.

f) Druckfestigkeit nimmt vom Optimum hinweg nach beiden Seiten ab.

g) Schwere des Holzes erwachsener Stämme und damit auch seine Härte und Brennkraft nehmen vom Optimum hinweg nach beiden Seiten ab.

h) Jahresringbreite (siehe Stärkenzuwachs 1 b). Über das Verhältnis von Jahresringbreite und Gewicht bei Laub- und Nadelhölzern wollen die Ausführungen des Verfassers[1]) in der „Forstbenutzung" eingesehen werden.

i) Die Dauer des Holzes nimmt, soweit Substanzgehalt des Holzes entscheidet, mit dem Gewichte vom Optimum hinweg ab; soweit Farbstoff des Kernes entscheidet, steigert sich die Dauer mit dem wärmeren Klima; bei den Nadelhölzern hat der Harzgehalt keinen ausschlaggebenden Einfluß auf die Dauer; es entscheidet das spezifische Gewicht und der Farbstoff des Kerns. Bei den farblosen Hölzern der Nadelbäume, Fichten, Tannen u. a. ist ausschließlich das spezifische Gewicht für die Dauer maßgebend, und es gelten daher die Gesetze zwischen Klima und spezifischem Gewichte.

k) Die Borkigkeit der Rinde (das Rindenprozent) nimmt vom Optimum nach dem kühleren Klima ab, nach dem wärmeren zu; in gleichem Sinne verändert sich somit auch der Brennwert und der Gerbwert gleichalter Rinden.

l) Da die Blattgröße und Blattmenge mit dem wärmeren Klima zunimmt, so ist der Streuabfall in einem Klima, wärmer als das Optimum, größer, in einem Klima, kühler als das Optimum, kleiner

---

[1]) K. Gayer und H. Mayr, Die Forstbenutzung. 9. Aufl. 1903.

als im Optimum; da aber die Streu (ceteris paribus) sich um so schneller
zersetzt, je wärmer das Klima, so ist die Streuansammlung im kühlsten
Klima am größten.

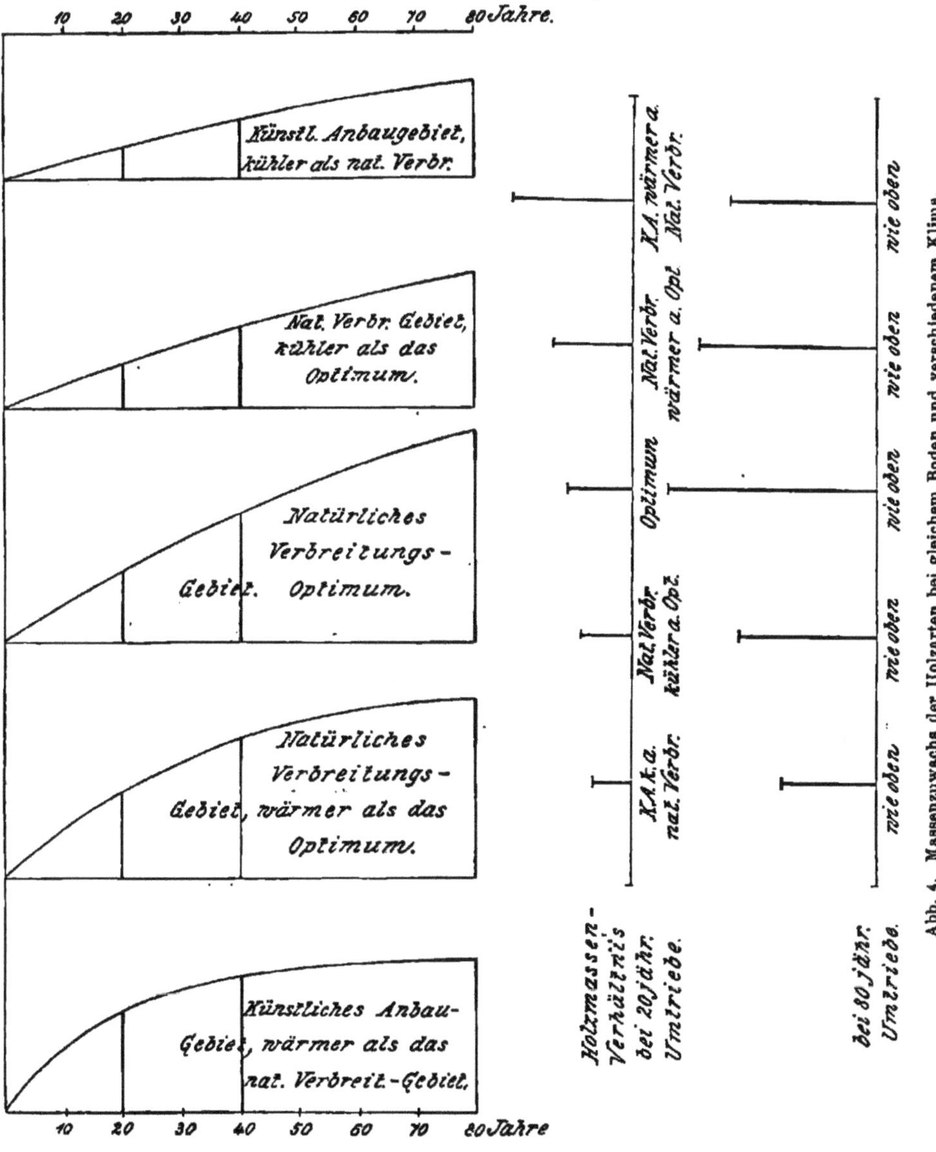

Abb. 4. Massenzuwachs der Holzarten bei gleichem Boden und verschiedenem Klima.

3. Die Bedeutung des klimatischen Optimums für den Waldbau.

a) **Schnellwüchsigkeit = Höhenzuwachs.** Es wurde bereits
sub 1 a betont, daß die Schnellwüchsigkeit im ersten Lebensdrittel eines

Baumes steigt gegenüber dem Optimum in einem Gebiete, das wärmer ist als das Optimum, und abermals steigt, wenn wärmer als das natürliche Verbreitungsgebiet, daß mit der Annäherung an die zweite Lebenshälfte eines Baumes die Schnellwüchsigkeit am größten im Optimum, daß sie in einem Klima, wärmer als das Optimum, ebenso abnimmt wie in einem Klima, das kühler ist als dasselbe. Dieser Satz hat grundliegende Bedeutung für die Mischung mehrerer Holzarten auf ein und demselben Boden und in ein und demselben Klima.

b) Werden zwei oder mehrere in der Raschwüchsigkeit nicht allzusehr verschiedene Holzarten auf ein und denselben Standort gebracht, so wächst in der ersten Zeit jene voran, welche an dem betreffenden Standorte in einem Gebiete ist, das wärmer ist als das Optimum; mit Annäherung an die zweite Lebenshälfte bleibt sie zurück, und jene wird vorancilen, welche an dem betreffenden Standorte im Optimum ist; ist erstere in ein Gebiet kühler als das Optimum geraten, wird sie stets von der anderen unterdrückt werden müssen. Es genügt hier, einstweilen auf die Bedeutung, z. B. für das Wuchsverhältnis von Eiche und Buche, Fichte und Lärche, Fichte und Buche, Föhre und Lärche usw. hinzuweisen.

c) Das Lichtbedürfnis einer Holzart wird bei gleichem Boden durch das Klima mächtig beeinflußt. Je wärmer das Klima, um so geringer das Lichtbedürfnis; umgekehrt: je kühler, desto größer. Eine Holzart, welche im klimatischen Optimum eine Lichtholzart ist, wie Eiche, Föhre, Lärche, kann in einem Klima, wärmer als das Optimum, zur Halbschattenholzart werden; eine Holzart, welche im Optimum eine Schattenholzart ist, wie Tanne, Buche, wird in einem Klima, kühler als das Optimum, zur Halbschattenholzart; eine Holzart, welche in ihrem Optimum Halbschattenholzart ist, wie Hainbuche, Ahorn, Strobe, wird im wärmeren Klima zur Schattenholzart, im kühleren zur Lichtholzart.

d) Da die Blattgröße und Blattmenge mit dem wärmeren Klima zunimmt, so beschattet eine Holzart den Boden am meisten im wärmeren, am wenigsten im kühleren Gebiete.

e) Der Bestandsschluß, das Aneinanderrücken der Kronen nimmt vom Optimum hinweg nach dem kühleren Klima ab, nach dem wärmeren zu. Führt die Auflösung des Bestandsschlusses zur Auflösung des reinen Bestandes, dann nimmt der Bestandsschluß bei den Schattenholzarten nach beiden Richtungen vom Optimum hinweg ab, bei den Lichtholzarten nach beiden Richtungen hin zu.

f) Mit dem Bestandsschluß geht Hand in Hand die Verunkrautung des Bodens in dem Sinne, daß mit dem Schlusse die Verunkrautung abnimmt.

g) Die Ansprüche einer Holzart an die Bodengüte werden bei größerem Wärmegenuß etwas ermäßigt.

h) Die Ansprüche an bestimmte chemische Stoffe im Boden steigern sich bei jeder Holzart vom Optimum hinweg; alle Holzarten verlangen an ihren Verbreitungsgrenzen ein Überwiegen bestimmter Stoffe; im Optimum sind sie bodenvag, an den Verbreitungsgrenzen werden sie bodensteter.

i) Die Ansprüche an die Luftfeuchtigkeit nehmen nach dem wärmeren Klima hin stetig zu wegen der stärkeren Verdunstung überhaupt und der vergrößerten Blätter insbesondere.

k) Je wärmer das Klima, um so lufttrockener dasselbe, um so größer die Verdunstung der Pflanzen, um so größere Wassermengen müssen ihnen im Boden zugeführt werden. Eine Holzart, die im Optimum im frischen Boden lebt, verlangt im wärmeren Klima feuchteren, im kühleren Klima trockeneren Boden.

l) Die Ausschlagsfähigkeit, soweit die Menge der Ausschläge in Betracht kommt, steigert sich konstant nach dem wärmeren Klima hin; dagegen nimmt die Dauer der Ausschlagsfähigkeit ab.

m) Das Samenerträgnis beginnt um so früher, je wärmer das Klima; Wiederholung und Samenmenge sind im wärmeren Klima günstiger als im Optimum, im Optimum günstiger als im kühleren Klima; die Dauer des Samenerträgnisses ist jedoch am längsten im Optimum.

n) Natürliche und künstliche Verjüngung sind am leichtesten und sichersten im Optimum der Holzart; von diesem hinweg nehmen die Gefahren und Schwierigkeiten zu; im Optimum ist daher die Verjüngung überhaupt am billigsten durchzuführen, je weiter ab von diesem, um so teurer wird die Kultur, da sie eine künstliche werden muß, um schnell und vollkommen zu sein.

o) Wird eine Holzart aus der Fremde eingeführt, so erfüllen sich an ihr die gleichen Naturgesetze wie an den einheimischen Baumarten; die Feststellung ihres klimatischen Optimums in der neuen Heimat kann auch ohne vorherige Versuche durch die Angleichung an die Vegetationszonen in der alten Heimat geschehen, wie dies vom Verfasser vor 18 Jahren bereits für die wichtigsten, westamerikanischen Holzarten in Europa geschehen ist. Die Anbauversuche haben 20 Jahre später die Richtigkeit dieser Aufstellungen bewiesen.

p) Der Anbau irgend einer einheimischen oder fremden Holzart in einem Gebiete, das kühler ist als deren natürliches Verbreitungsgebiet, ist unmöglich, wenn letzteres bis zur Waldgrenze selbst (Thermohore) vorrückt.

Akklimatisation nennt man die Anpassung (Akkommodation) an das Klima; die Frage der Akklimatisation oder Anpassung an das Klima ist nur dann gegeben, wenn eine Holzart außerhalb ihres klimatischen Heimatgebietes, außerhalb ihrer Klimazone auf einen neuen Standort verbracht wird, dessen Klima von allen Standorten, auf welchen die Holzart in der Heimat wächst, verschieden ist. Wächst z. B. eine Fichte in ihrer Heimat in wärmerem Tiefland und in den kühlsten Alpenwaldregionen, so bedarf es für diese Fichte keiner Akklimatisation an das Klima, wenn sie vom wärmsten zum kältesten oder umgekehrt versetzt wird; wird aber diese Fichte außerhalb ihres Heimatgebietes auf Standorte gebracht, die wärmer oder kälter sind als die wärmsten oder kältesten Standorte des Heimatbezirkes, so müßte sie sich dort an das fremde Klima anpassen, um normal wie in der Heimat gedeihen zu können; gedeiht sie aber nicht der Heimat gleich, dann ist sie eben nicht imstande gewesen, sich anzupassen. Die erste Frage, die gelöst werden muß, lautet somit: Welches Klima hat der neue Standort? Ist dieses verschieden von allen Klimaten der Standorte der Heimat? Ergibt sich Klimagleichheit mit irgendeinem Punkte in der Heimat, so liegt keine Akklimatisation, sondern einfach Reaktion von seiten der Pflanze vor, welche in der Pflanze die gleiche Erscheinungsform (Standortsform) hervorrufen muß, wie sie der klimagleiche Standort der Heimat aufweist. Reaktion auf das Klima ist keine Akkommodation oder Akklimatisation; eine Akkommodation und damit auch Akklimatisation liegt nur dann vor, wenn eine Holzart den ihr typischen Anspruch an Wärme und damit auch die Wiederstandskraft gegen Kälte zugunsten des neuen Standortes abändert, d. h., wenn sie am neuen Orte die typische Vegetationstherme erhöht bzw. ermäßigt.

Die europäische Lärche hätte sich akklimatisiert, wenn sie irgendwo in ihrem künstlichen, wärmeren Verbreitungsgebiete imstande gewesen wäre, ihre Vegetationstherme auf 15^0 oder 16^0 zu erhöhen; weil sie aber das nicht vermochte, hat sie in diesen Standorten einfach die Vegetationsdauer verlängert, um ihre Vegetationstherme von 14^0 zu erfüllen; die europäische Lärche hätte längst im Hochgebirge höher aufwärts wandern müssen, wenn sie imstande wäre, ihre Vegetationstherme zu erniedrigen. Wie die Lärche, verhalten sich alle Holzarten. Verfasser muß auf seine Schriften[1] hinweisen, in welchen der Nachweis geführt ist, daß ein selbst tausendjähriger Anbau mit verschiedenen Holzarten nicht imstande gewesen ist, die Holzarten zu akklimatisieren. Forstwirte und vor allem Gärtner stellen sich die Akklimatisation als etwas ganz Einfaches dar; die Systematiker raten stets auf Klimavarietät, wenn sie zwei nahestehende Arten vor sich haben. Bei den meisten gärtnerischen und waldbaulichen Versuchen ist die naturnotwendige Voraussetzung für Akklimatisation, nämlich die

---

[1] H. Mayr, Fremdländische Wald- und Parkbäume für Europa. 1906.

Klimadifferenz, gar nicht gegeben. Pflanzenzüchter urteilen hierin allzu rasch. Will eine Holzart nicht wachsen, so ist, wenn nicht der Boden, doch sicher das Klima, nie aber die Behandlung oder Mißhandlung schuld. Gedeiht eine Holzart auf neuem Standort, so heißt sie sofort akklimatisiert. Von der ostamerikanischen, forstlich so wichtigen Weymouthsföhre z. B. wird mit Bestimmtheit behauptet, daß sie sich in Mitteleuropa vollständig akklimatisiert habe. Erforscht man genauer das Klima der neuen und alten Heimat, so findet man keine Klimadifferenz, eine Akklimatisation war daher unnötig. Liegt wirkliche Klimadifferenz vor, so verwechselt man Reaktion mit Akklimatisation, weil man nicht abwartet, wie viele und wie große Nachteile an einem Baume auftreten, der wirklich auf klimadifferentem Standorte steht. Die verschiedenen Reaktionen einer Pflanze in verschiedenen Klimalagen können nicht erblich sein. Gäbe es Akkommodation und Akklimatisation, was nur mit einer Wesensänderung der inneren, seit Jahrtausenden gefestigten und vererbten Anlagen (Änderung der typischen Vegetationstherme) möglich wäre, so dürfen wir vermuten, daß eine solche Änderung auch erblich wäre.

Verhalten gegen Frost. Ein Beweis gegen die Akklimatisation, vor allem gegen die vermutete rasche Anpassung, ist die Empfindlichkeit der Holzgewächse gegen Temperaturextreme und die zahlreichen Beschädigungen, die sie durch dieselben erleiden.

Auf den ursprünglichen Standorten unter den natürlichen Bedingungen der Heimat sind die Voraussetzungen zur Widerstandskraft der Holzarten gegen Frost erfüllt. Diese erschöpfen sich in dem Vorgange des Ausreifens der Gewebe, d. h. des Abschlusses der Triebe und in der Jahresringbildung, der Auswanderung der wichtigsten Nährsalze aus den vergänglichen in die bleibenden Teile, der Auswanderung des Plasmas aus den spindelförmigen, eigentlichen Holzzellen des eben gebildeten Jahresringes, womit in diesen Organen jegliches Leben erlischt. In dem heimatlichen Klima erreicht jede Holzart den normalen Vegetationsschluß und damit auch die Vorbereitung für den normalen Winter, der diesen Standorten eigentümlich ist. Wird nun eine Holzart außerhalb ihrer Heimat (Vegetationszone) auf einen wirklich klimadifferenten Standort gebracht, z. B. in ein wärmeres Klima, so glaubt jeder Pflanzenzüchter, daß sie damit in günstigere Wuchsverhältnisse geraten, besonders gedeihen und dem forstlichen Zwecke ganz hervorragend entsprechen müsse. Die Pflanze reagiert aber in folgendem Sinne: Sie verlängert ihre Vegetationszeit durch früheren Vegetationsbeginn und späteren Vegetationsabschluß (siehe die Ausführungen über die Vegetationstherme S. 59); es besteht große Gefahr durch verspätete Fröste im Frühjahr (man siehe die Ausführungen über Temperaturumkehr während der Nächte), während der im wärmeren Klima verlängerte Sommer und die weniger frühen und tiefen Herbst- und Wintertemperaturen dem Vegetationsabschluß günstig sind. Alle Holzarten, welche aus dem Picetum in das Fagetum, aus dem Fagetum ins Castanetum oder gar aus dem Picetum ins Castanetum übergesiedelt werden, reagieren im obigen Sinne.

Wird dagegen eine Holzart aus einer wärmeren Zone in eine kühlere verpflanzt, so ist sie nach Ansicht der Pflanzer, wenn sie gedeiht, akklimatisiert; sie reagiert jedoch folgendermaßen: Sie beginnt ihre vegetative Tätigkeit später als in der Heimat; sie bedarf gleichsam einer größeren Wärmesumme, d. h. längerer Zeit, bis sie zu neuer Tätigkeit erwacht. Diese Verschiebung bringt die Holzart glücklich hinweg über die Gefahr durch verspätete Fröste, sie ist spätfrosthart. Die geringere Sommerwärme aber verzögert den Vegetationsabschluß, und die ersten Fröste im Herbst treffen die Pflanzen noch in voller Tätigkeit und Vorbereitung für den Winter; sie werden durch diese Frühfröste beschädigt. Selbst dann, wenn sie äußerlich ihre Tätigkeit normal abgeschlossen zu haben scheinen, kann das innerliche, unfertige Gewebe durch tiefere Temperaturen des kommenden Winters getötet werden. Hierher ist auch der forstlich sehr lästige, bei Holzarten aus wärmerem Klima zu beobachtende Gipfelknospentod während des Winters zu rechnen; die Gipfelknospe ist die letzte, welche fertig wird. Alle Holzarten, die aus dem heimatlichen Castanetum in das Fagetum oder Picetum transferiert werden, zeigen dieses Verhalten, je weiter sie in die kühleren Zonen vordringen. (Man vergleiche die Skala der Frostempfindlichkeit auf Seite 88.) Um diese Erscheinung auszulösen, ist es nicht notwendig, eine Holzart ganz aus ihrer Heimatzone herauszubringen; bei ungeeigneter waldbaulicher Behandlung kann sie auch auf heimatlichem Boden durch Spät-, Früh- oder Winterfröste geschädigt werden (Kahlflächen).

Alle waldbaulichen Operationen, durch welche der normale Wuchsbeginn im Frühjahr oder der normale Abschluß im Herbste beeinträchtigt wird, wie Spätsaat oder -pflanzung im Frühjahr, spätes Beschneiden, später Stockabhieb, Beschädigung während der Vegetationszeit durch Fröste, Hagel, Tiere, Menschen, kräftige Düngung, allzu dichte Überschirmung, allzu frühe Saat oder Pflanzung im Herbste und dergleichen, bringen die betreffenden Holzarten in Gefahr durch verfrühte oder durch Winterfröste geschädigt zu werden. Im folgenden Frühjahr ist sie gezwungen, zuerst neue Organe zur Begrünung zu schaffen, wodurch ihre ganze Vegetation abermals verschoben und verzögert wird und die Gefahr im kommenden Winter neuerdings besteht. Erst ein besonders milder Winter bringt solche Individuen wieder in ihr normales Geleise.

Alle Holzarten sind weniger empfindlich gegen Frost während der Wuchsperiode, wenn diese ihrem Ende sich nähert, als in jener Zeit, in der die Wuchsperiode beginnt; im Moment der Knospenentfaltung sind alle Holzarten am empfindlichsten; jene · Nadelbäume (Lärchen), welche ihre Vegetation mit einer Kurztriebbegrünung einleiten, sind am empfindlichsten, wenn der Längstrieb einsetzt. Es genügt schon ein halber Grad unter Null, um an den Gattungen Abies, Picea, Pseudotsuga, Tsuga u. a. die zarten Enden der neuen Triebe zu töten und damit für diese Holzarten (z. B. am Höhentriebe) einen ganzen Jahreszuwachs zu vernichten. Stellt sich der letzte Frost im Frühjahr erst so spät ein, daß der neue Trieb schon eine Streckung erfahren hat, so beschränkt sich die Frostwirkung vielfach nur auf Krümmungen des neuen Triebes; je weiter im Herbst die Vorbereitung für die Winterruhe vorgeschritten ist, um so weniger leiden die Pflanzen durch Herbstfröste, um so tieferer Temperaturen bedarf es während des Winters, um noch eine Beschädigung herbeizuführen. In feuchten, kahlen Mulden innerhalb des Fagetums und Picetums treten selbst mitten im Hochsommer Morgenfröste auf, durch welche Erlen, Eschen, Birken innerhalb der Grasspitzenhöhe im entstehenden Holzringe beschädigt werden (Sommerfrost).

Wird eine Holzart als lebende Pflanze aus dem wärmeren Standort in kühleres Klima oder auf eine Kahlfläche verbracht (Pflanzenbezug aus wärmerem Klima, Anlage des Pflanzgartens in wärmerem Klima und Auspflanzen des Materials in einem kühleren Standorte), so besteht Gefahr, daß die Pflanzen leiden, wenn die Transferierung der Pflanzen im Herbst stattgefunden hat. Die Pflanzen haben sich an ihrem früheren Standorte während des Sommers für den kommenden Winter, wie er dem wärmeren Standorte entspricht, vorbereitet; finden sie auf dem neuen Standort früheren Wintereintritt, einen strengeren Winter, so werden sie leiden müssen, da sie darauf nicht vorbereitet sind. Werden aber die Pflanzen im Frühjahre, also nach überstandenem Winter ausgehoben und auf den neuen Standort verbracht, so reagieren sie auf die kommende Vegetationswärme des neuen Standortes so, daß sie auch für die kommende Wintertemperatur des neuen Standortes vorbereitet sind; sie bleiben infolgedessen unbeschädigt. Einstweilen sei diese für die Praxis beachtenswerte Beobachtung hier nur angedeutet.

Es herrscht allgemein unter den Pflanzenzüchtern der Glaube, daß eine Pflanze vor dem Erfrieren (Tod durch Gefrieren) bewahrt werden kann, wenn sie langsam aufgetaut wird. Neuere Forschungen von Molisch haben jedoch ergeben, daß dies nur für wenige, krautartige Pflanzen zutrifft. Wenn es gelingt, eine Holzpflanze durch langsames Auftauen am Leben zu erhalten, dann war sie überhaupt noch nicht erfroren, und auch das schnelle Auftauen hätte ihr nichts geschadet.

Die klimatischen Verhältnisse des einzelnen Baumes und deren Beziehungen zur Biologie des Baumes können hier nur so weit berührt werden, als daraus Änderungen in der waldbaulichen Behandlung entstehen können.

Es ist eine allgemein verbreitete Anschauung, daß die Wärme im Innern des Baumes eine Mischung von Luft- und Bodenwärme darstelle, derart, daß die mit dem Bodenwasser aufsteigende Temperatur sich in den feinen Zerteilungen des Baumes allmählich mit der Außentemperatur ausgleicht. Diese Vorstellung ist zwar verführerisch naheliegend, sie ist aber doch irrig. Jahrelange, noch nicht veröffentlichte Beobachtungen haben den Verfasser zu folgenden Ergebnissen geführt. **Der erwachsene Baum hat ein eigenes Klima;** nur seine Wurzeln hängen in der Wärme vom Boden, nur seine feinsten Verzweigungen in der Wärme von der Luft ab, der Schaft und die stärkeren Äste sind auf die Wärme der Luft und Insolationswärme angewiesen.

Es liegt der Satz nahe: Die Wurzeln haben die Temperatur der umgebenden Bodenschichten. Der Satz ist nicht richtig. Zur Zeit der Hauptverdunstung des Baumes zeigen die Wurzeln, besonders die kräftigen, über fingerdicken, nicht die Temperatur der unmittelbar anliegenden Erdmassen, sondern die kühlere Temperatur der etwa 5—10 cm tiefer liegenden Erdschicht, da der Wasserstrom aus den tiefen Bodenschichten die kühlere Temperatur nach oben trägt. Zur Zeit der geringsten Verdunstung, bei Eintritt von Taubildung, sistiert die Wasserbewegung; dann ist die Wurzel wärmer als die umliegende Erdschicht, da vom erwärmten Schaft aus die Wärme durch Leitung, sowie höchstwahrscheinlich auch durch den abwärts erfolgenden Stoß des Vegetationswassers im Baume Wärme nach unten in die Wurzeln hineingetragen wird. Während des Winters, zur Zeit der geringsten, ja oft wochenlang ganz unterbrochenen Verdunstung sind die stärkeren Wurzeln je nach Witterungsperioden bald kälter, bald wärmer als die Umgebung durch direkte Wärmeleitung im Stamme nach der Tiefe.

Würde der Bodenwärme die Bedeutung für die Waldbäume zukommen, die ihr allgemein zugesprochen wird, so wären die tiefwurzelnden Holzarten sehr zweckwidrig gebaut, da sie gerade zur Zeit des größten Wachstums aus den tiefsten Bodenschichten das kälteste Wasser durch die Wurzelspitzen aufnehmen und durch Leitung nach oben der Erwärmung des Bodens und der Wurzeln entgegenarbeiten würden.

Wählt man nun den extremsten Fall von Verdunstung aus (Hochsommer, Mittagszeit, volle Besonnung), so muß man voraussetzen, daß der Wasserstrom von den Wurzeln zu den verdunstenden Blättern am lebhaftesten sich bewegt. Die Beobachtungen des Verfassers haben ergeben, daß selbst in diesem Fall die von den Wurzeln gebrachte Abkühlung nur 0,5 m **v o m B o d e n i m S c h a f t e nachweisbar ist;** zwischen 0,5 und 1 m erlischt der Einfluß völlig; das Wasser im Baume hat die Temperatur angenommen, die ihm zukommt, wenn es stille gestanden hätte; es läßt sich dies leicht nachweisen durch Beobachtung an zwei nebeneinander stehenden Bäumen, von denen der eine vollständig entästet steht, der andere vollständig belaubt dasteht; an der von der Sonne getroffenen, tiefsten Schaftstelle ist sogar das Wasser des Splintes wärmer als irgendwo am Baume; denn diese Schaftstelle wird von der Sonne am intensivsten erwärmt. Zeigte die Splinttemperatur auf der Nordseite unmittelbar über dem Boden zur Mittagszeit 16° C, so war sie auf der Südseite bereits auf 44° erwärmt; 0,5 m über dem Boden betrug die Temperatur auf der Nordseite 19°, auf der Südseite 35°; von da an aufwärts nahm die Temperatur auf der Südseite ständig ab, auf der Nordseite ständig zu, durch Wärmeleitung von der Südseite her und den Einfluß der warmen Luft (34°); in der Baumkrone war der Splint der Süd- und Nordseite gleich warm. Wenn man bedenkt, daß bei den Nadelbäumen der Kern kein Wasser leiten kann, das Wasser somit auf die enge Bahn des Splintes zusammengedrängt ist, so ist dennoch die Bewegung des Wassers aufwärts so langsam, daß dieser Vorgang geradezu als einflußlos für die Temperatur des Schaftes und der Krone der Bäume bezeichnet werden muß. An den von der Sonne getroffenen, isolierten oder randständigen Bäumen ist die Temperatur des Schaftes eine Mischung aus Insolationswärme und Luftwärme, erstere durch Strahlung, letztere durch Leitung mitgeteilt; die Erwärmung ist extrem. Über die Wärmeverhältnisse in den Schäften der Bäume eines Bestandes ist die Lufttemperatur entscheidend. Je dünner der Schaft und die Zweige, um so genauer und rascher folgt die Baumwärme den Schwankungen der Luftwärme; je dicker und stärker, um so unabhängiger wird der Baum von den Extremen der Luft; er bewegt sich in seiner Innenwärme auf unbesonnter Seite mehr oder weniger parallel der Durchschnittstemperatur; die besonnte Seite eines Schaftes liegt in der Durchschnittstemperatur höher als jene der Luft. Die dünnsten Zweige, die Nadeln sind von der Lufttemperatur in erster Linie abhängig.

Folgt auf Nachtfrost warmer Sonnenschein, so tauen zuerst Schaft und Äste, von der Sonne getroffen, auf, während die feinsten Zweige und Nadeln noch gefroren sind, wenn die Temperatur der Luft unter 0° beträgt. Jene Hypothese, welche das Braunwerden der Nadeln an immergrünen Laub- und Nadelholzarten während des Winters durch Überverdunstung von seiten der aufgetauten Nadeln bei beschränkter Wasseraufnahme aus den gefrorenen Äste- und Stammteilen zuschreibt, operiert mit Erscheinungen, die im Leben des Baumes, in der Natur nicht eintreten, ja geradezu umgekehrt sich abspielen. Das Braunwerden ist ein Erfrieren des Chlorophylls, das im gefrorenen Zustand gegen direkte Insolation empfindlich wird, weil die Chlorophyllkörner nicht in die Schutzstellung zu wandern vermögen. Für alle immergrünen Holzarten, immergrünen Nadelbäume der kühleren, immergrünen Laubbäume der wärmeren Gewächszone besteht, wenn sie in kühleres Klima oder auf Kahlflächen verbracht werden, oder wenn sie aus dem Bestandschlusse durch Beseitigung der überschirmenden Bäume während des Winters in Freistand geraten, die Gefahr dieses Chlorophylltodes. Sonnige, frostreiche Winter werden allen immergrünen Holzarten durch Rötung gefährlich. Ebenso ist das Absterben der über die Schneedecke hervorragenden Pflanzenteile bei gewissen Holzarten nicht eine Vertrocknung, sondern ein Erfrieren, da unmittelbar über dem Schnee die tiefsten Temperaturen liegen.

Eine Sonnenwirkung ist die gesunde Rötung, selbst Bräunung der Nadeln einjähriger Föhren und Lärchen vor Eintritt des Winters, die Winterfärbung der Thujen und Chamaecyparis und anderer immergrüner Baumarten; im Schatten bleiben trotz tiefer Temperatur die betreffenden Pflanzen grünlich; im Frühjahr tritt wiederum die normale Grünfärbung der Nadeln und Zweige ein; hiervon ist grundverschieden die Nadelröte (Schütte) der Föhre, welche als Pilzinfektion Millionen von Föhren während der Vegetationszeit befällt, so daß sie während der Vegetationsruhe, besonders im März, mit roter Farbe vertrocknen. Alle diese Vorgänge, so wichtig als naturgesetzliche Grundlagen und Erscheinungen im Leben der Pflanzen und damit auch des Waldbaues, an dieser Stelle zu besprechen, um zu zeigen, daß die Forschungen des Verfassers Ergebnisse gezeigt haben, die mit den herrschenden Theorien vielfach in Widerspruch stehen, liegt außerhalb des Rahmens dieser Schrift.

Je größer die Körpermasse eines Baumes, um so unabhängiger wird er in seiner Temperatur von seiner Umgebung; das Samenkorn keimt oder kümmert, je nach Temperatur und Feuchtigkeit der obersten Bodenschicht; der Keimling steht unter den extremsten Verhältnissen der Bodenoberfläche; die aufwachsende Pflanze hängt ab von der Temperatur und Feuchtigkeit der unteren Luftschicht; da mit der Höhe die Extreme abnehmen, wird der höhere Baum nicht härter gegen Spät- und Frühfröste, weil er sich akklimatisiert, sondern weil er in wärmere, weniger extreme Luftschichten hineinwächst.

Im Winter gefriert, wenn die Lufttemperatur tief genug sinkt, auch der Baum vollständig. Verfasser hat mehrfach in völlig erwachsenen Fichten von 80 cm Durchmesser nahe am Marke Temperaturen von — 17° gemessen. Daß durch besonders tiefe Temperatur Bäume aufreißen können, ist bekannt. Die Theorie, daß das gefrierende und sich ausdehnende Wasser die Bäume sprengt, ist längst über Bord geworfen; nach ihr könnte es in ganz Mittel- und Nordeuropa keine ungeplatzten Bäume geben. Es verdient aber auch die andere Theorie das gleiche Schicksal, nach welcher durch das Gefrieren das Wasser der toten Zellen aus der Wandung heraustritt, so daß diese schließlich so trocken wird, daß ein Schwinderiß im Baume entstehen muß. Alle Versuche des Verfassers ergaben, daß das Wasser in toten Zellen da gefriert, wo es gerade von dem Minusgrad überrascht wird. Der Splintkörper des Baumes ist so wasserreich, daß man ihn einen Wasserkörper nennen kann, der somit bei genügend tiefer Temperatur ein Eiszylinder wird. Wie nun das Eis überhaupt bei besonders tiefer Temperatur durch Kontraktion zersprengt wird, so platzt auch der Baum auf, wenn der bereits gefrorene Schaft immer tiefer sich abkühlt. Diese Eisklüfte schädigen den Baumwert und sind für Laubholzarten, welche beim Anbau an ihre Kältegrenze gelangt sind, geradezu eine typische Erscheinung; es leiden gerade die schönsten, geradfaserigen, spaltbarsten Schäfte der Eichen, Ulmen, Eschen und anderer Laubbäume; auch bei Nadelhölzern sind ähnliche Erscheinungen bekannt; ob sie aber gleichen Ursprungs sind, ist noch zweifelhaft.

Winter- wie Sommertemperaturen sind für die Bäume nötig; für die Bäume des gemäßigten Klimas sind die Extreme in der Temperatur, wie sie durch Tag und Nacht während der Vegetationszeit hervorgerufen werden, unentbehrlich für die Durchlüftung, durch Erwärmung oder Expansion und Abkühlung oder Kontraktion. Je größer die Differenz in der Temperatur zwischen Baumluft und Außenluft, um so rascher der Austausch durch die Stomata der Blätter, den Ausmündungen der Gefäße des Laubholzkörpers. Die Gefäße des Holzes selbst führen nie Wasser; sie sind die Luftwege des Holzes; sie können sich daher auch nicht an der Wasserbewegung beteiligen; Wasser würde auch die Gefäße verstopfen und so deren Daseinszweck, die Durchlüftung der Bäume, vereiteln. Extreme in der Temperatur sind nötig für die Auflösung, für die Wanderung der Stoffe, für die Zwecke der Assimilation, mit einem Wort für das ganze Leben der Bäume; nicht nötig aber sind die Extreme im Frühjahr und Herbst; würden sie ganz ausfallen, wäre die Vegetation am günstigsten bestellt. Es wurde schon angedeutet, daß, je länger Frühjahr und Herbst sich hinziehen, bis einerseits Sommer, andererseits Winter zum Durchbruch kommen, um so größer die Gefahren für die Pflanzen, um so notwendiger waldbauliche Maßnahmen diesen vorzubeugen.

Will man eine Skala, nach welcher sich die Holzarten bei Verbringung in wärmeres Klima oder auf eine Kahlfläche hinsichtlich ihrer Spätfrostempfindlichkeit aneinander reihen, so wäre dies, mit den empfindlichsten angefangen, folgende:

Abies, Pseudotsuga, Tsuga.

Picea, Fagus.

. . . .

Thuja, Chamaecyparis, Juglans, Robinia, Castanea, Magnolia.

Betula, Larix, Pinus.

Zwischen diesen beiden extremen Reihen liegen alle übrigen Baumgattungen. Daß bei Auswahl besonders ungünstiger Verhältnisse (Frostlöcher) oder bei besonders spätem Auftreten von Frösten (Mai bis Juli) gelegentlich auch alle Holzarten in Mitleidenschaft gezogen werden können, sei hier nur angedeutet; bei so schweren Kalamitäten gehen in der Regel nur Birken und Föhren noch ziemlich unverletzt hervor. Will man eine Skala der in kühlerem Winterklima oder auf Kahlflächen durch Früh- und Winterfröste besonders gefährdeten Holzarten, so stehen an der Spitze der empfindlichsten Baumgattungen:

Robinia, Juglans, Castanca, Magnolia.

Chamaecyparis, Thuja.

. . . .

Pseudotsuga, Tsuga, Quercus, Fagus.

Abies, Pinus (Angehörige des kühleren Klimas), Picea, Larix.

Überhitzung. Bei der Betrachtung der klimatischen Verhältnisse des Bodens wurde berührt, daß freiliegende Böden (Saatbeete, Kahlflächen), besonders bei dunkler Farbe, somit humusreiche Böden, sich außerordentlich erhitzen können. Verfasser selbst maß Temperaturen von 68° unter einer dünnen Nadeldecke. Es liegt auf der Hand, daß die Mangelhaftigkeit der natürlichen oder künstlichen Ansaat bei der Zartheit aller Keimlinge nicht immer auf Vertrocknung, somit Wassermangel im Boden, sondern ebenso häufig, wenn nicht sogar regelmäßig der Überhitzung, der Verbrennung durch Überhitzung zugeschrieben werden muß.

Blätter, Nadeln und dünne Zweige der Bäume, obwohl der vollen Bestrahlung durch die Sonne ausgesetzt, erhitzen sich nicht bis zur Maximalgrenze der Erwärmung (54° C), da ihre Temperatur durch das umgebende Medium, durch die Luft auf einen unschädlichen Betrag herabgedrückt wird. Es bedarf einer besonderen Anordnung des Versuches oder, auf die Praxis übertragen, einer unvorsichtigen, allzu raschen Lichtung über vorhandenem Vorwuchs, um auch eine Beschädigung durch die kombinierte Wirkung Hitze und Licht an den Pflanzen herbeizuführen, welche Beschädigung, analog der Nadelbräune, Blätter- oder Nadelbleiche genannt werden kann. Die bei gemäßigtem, ja vielfach bloß diffusem Licht gebildeten Organe der Vorwuchspflanzen sind gegen die Erhitzung und Bleichung der vollen Sonne ebenso empfindlich, ihr Chlorophyll wird ebenso zerstört und gebleicht wie bei den Blattpflanzen, die, im Zimmer erzogen, plötzlich der vollen Sonne ausgesetzt werden.

An Baumschäften und Ästen tritt eine Überhitzung, ein Absterben der Rinde, Rindenbrand, unter folgenden Umständen auf.

1. Bei glattrindigen Bäumen, welche überhaupt keine oder nur spät Borkenrinde bilden, ist das einzige Schutzmittel Beschattung

durch die eigene oder eine fremde Krone; werden daher im Bestandsschluß erzogene und damit astreine Schäfte durch Beseitigung der Umgebung der Sonne preisgegeben, stirbt die Rinde an der Stelle ab, an welcher die stärkste Insolation und Erhitzung erfolgt; hierher zählen z. B. Buchen, Hainbuchen, Weißtannen, Zelkowa, Magnolien.

2. Auch bei Borke bildenden Bäumen tritt Rindenbrand auf, wenn diese plötzlich aus dem Bestandsschluß in den Freistand geraten. Bei ihnen ist die bei mangelhafter Licht- und Wärmemenge, aber erhöhter Luftfeuchtigkeit gebildete Borke dünn oder fehlt überhaupt noch ganz.

Es war wohl Verfasser der erste, der 1882 bereits nachwies, daß freistehende Bäume früher die Borkenbildung beginnen zum Schutze gegen Extreme in Temperatur und Verdunstung. Werden erwachsene Bäume freigestellt, ist Rinderbrand an den dickborkigsten wie Eichen, Lärchen, Föhren unbekannt. Die dickborkigen Holzarten sind zugleich Lichtpflanzen, welche schon von Jugend auf einer stärkeren Erwärmung ihrer Rinde durch Besonnung ausgesetzt sind.

3. Je mehr der Auffallswinkel der Sonnenstrahlen einem rechten sich nähert, um so größer ist die Gefahr; die Übergangsstellen vom Schaft zur Wurzel, die Oberseite der stärkeren Äste, die über dem Boden herausragenden Wurzeln sind am meisten durch Rindenbrand gefährdet.

4. Die Beschädigung ist auf die Zeit der höchsten Lufttemperatur beschränkt, welche 1—2 Stunden nach dem höchsten Stand der Sonne sich einstellt; damit ist auch ausgesprochen, daß ein nach SSW orientierter Längsstreifen im bestehenden Schaft als die Anfangsstelle für die rindenbrandige Fläche zu betrachten ist.

5. Nur nördlich vom 30.° nördl. Br. kann an glattrindigen Schäften Rindenbrand auftreten; an südlicher stehenden Bäumen wird der Schaft durch die Krone gegen die Sonne zur heißesten Tageszeit geschützt; der Schaft selbst kann nur unter spitzem Winkel getroffen werden. Zur Zeit des rechtwinkligen Auffallens der Strahlen hat die Sonne entweder ihre höchste Kraft noch nicht erlangt oder bereits wieder verloren.

Luftfeuchtigkeit und Regenmenge. Schon aus der früheren Zonenbildung kann entnommen werden, daß während der in erster Linie entscheidenden Vegetationszeit Luftfeuchtigkeit und Niederschlagsmenge innerhalb der Waldgebiete sehr verschieden sind; dennoch ist der Charakter der Waldungen ein gleichmäßiger, dieselbe Holzart tritt waldbildend auf, mögen 50% oder 80% relative Feuchtigkeit, 100 oder 1000 mm Niederschlag während der vier Monate Mai bis August zur Verfügung stehen. Es gibt eben wie ein Minimum für die Waldexistenz so auch ein Maximum der Luftfeuchtigkeit und der Niederschlagsmenge, über das hinaus den Holzarten kein Vorteil erwächst; bei 70% relativer Feuchtigkeit und bei 100 mm Regenmenge während der Vegetationszeit kann jede Holzart gedeihen; über diesen Betrag hinaus wird nur noch die Verjüngung der Holzart, sei es die durch Menschenhand herbeigeführte, künstliche, oder die natürliche erleichtert und gesichert.

An die Waldgrenze jedoch, wo das Minimum an Luftfeuchtigkeit und Niederschlägen nach einer früheren Darstellung auftritt, rücken nur wenige Holzarten heran. Diese sind es, welche die durchschnittlich trockenste Luft, somit den größten Wechsel in Luftfeuchtigkeit bzw. das Minimum an Bodenfeuchtigkeit ertragen. So treten bis an den Rand der Prärie oder Steppe vor die Föhrensektionen Pinaster, Murraya, Jeffreya, alle winterkahlen Eichen, Cupressus und andere; auf das Zentrum großer Waldmassen, in enge, windgeschützte, feuchte Schluchten, in höhere Regionen, unmittelbar an das Meer, an Flüsse und Seen und ihre Inseln ziehen sich zurück die Gattungen Thuja, Taxodium, Chamaecyparis, die Föhrensektionen Strobus und Cembra, die Gattungen Picea, Abies, Taxus, Larix und andere. Baumgattungen wie Juniperus, Betula, Alnus, Populus (Zitterpappel) gedeihen in trockenen und in feuchten Klimaten. Daß mit dem wärmeren Standort einer Holzart größere Bodenfrische, mit dem kühleren geringere Bodenfeuchtigkeit geboten werden muß, wurde bereits angedeutet.

Bei gleichbleibender Temperatur, aber erhöhter Luftfeuchtigkeit und Bodenfrische ist eine Steigerung der Zuwachsgeschwindigkeit bei allen Pflanzen nachweisbar. Steigerung der Luft- und Bodenfeuchtigkeit bei gleichbleibender Temperatur ist nur möglich bei gleichzeitiger Bewegung in ein wärmeres Klima; denn erhöhte Luft- oder Bodenfeuchtigkeit setzt die Temperatur herab. Damit sie dem trockneren Standorte gleich wird, muß man die Pflanzen in wärmere Gebiete verbringen. Es ist gewiß kein Zufall, daß die warmen, luftfeuchten Küsten des größten Feuchtigkeitsspenders, des Stillen Ozeans, die schnellwüchsigsten Holzarten, die größten Baumriesen der nördlichen Halbkugel, aber auch unter den zonengleichen Baumgattungen die winterweichsten Arten tragen.

Erhöhte Feuchtigkeit in Luft und Boden erleichtert das Gelingen aller waldbaulichen Maßnahmen, welche die natürliche und künstliche Begründung sowie auch die Erziehung des Waldes zum Ziele haben. In den luftfeuchtesten und regenreichsten Waldgebieten ist es kaum möglich, eine Verjüngungsmethode zu erfinden, die nicht zum Ziele führen würde; in den Gebieten mit schnell wechselnder Luft- und Bodenfeuchtigkeit aber, z. B. in der warmen Ebene, auf den trockenen Kahlflächen, hat die Praxis annähernd so viele Methoden der Waldbegründung ersonnen, als es Wirtschafter gegeben hat.

Erhöhte Luftfeuchtigkeit mindert stets die Frostgefahr; trockene Luft kühlt sich durch Ausstrahlung rascher ab als feuchte. Längere Trockenperioden sind der Schrecken aller Wirtschafter im Walde. Für

Saat- und Neupflanzungen wäre es erwünscht, wenn jeden zweiten Tag
während der Vegetationszeit Regen fiele; für Pflanzen, welche bereits
mehrere Jahre im Boden fußen, würde es genügen, wenn sich alle acht
Tage Regen einstellen würde; an erwachsenen Bäumen gehen Trockenperioden längerer Dauer während der Vegetationszeit spurlos vorüber.
Untersuchungen des Verfassers ergaben, daß infolge abnormer Trocknis,
z. B. 1905, die Bäume je nach Individuen bald stärkeren, bald
schwächeren Zuwachs zeigten als in Jahren mit normaler Luft- und
Bodenfeuchtigkeit, woraus der Schluß berechtigt ist, daß Trockenperioden auf den Zuwachs erwachsener Bäume keine sofortige Wirkung
ausüben; nach Cieslar und Hesselmann tritt die Wirkung erst im
nächsten Jahre (1906) ein.

Über das Minimum an Luft- und Bodenfeuchtigkeit, das bei all-
jährlichem Auftreten von Trocknis während der Vegetationszeit zur
Existenz von Wald überhaupt notwendig ist, wurde bereits im ersten
Abschnitte das Nötige mitgeteilt. Es wurde früher betont, daß die
Pflanze durch ihre ober- und unterirdischen Organe Feuchtigkeit aufnehmen kann, wenn beiderlei Organe mit Wasser in Berührung kommen;
für die oberirdischen Organe genügt auch, daß diese bis zum Taupunkt
der umgebenden Luft sich abkühlen, um mit Wasser sich versehen zu
können; ja, ehe noch tropfbares Wasser als Tau erscheint, nehmen
oberirdische Baumteile hygroskopisch Wasser auf.

Es mag hier erwähnt werden, daß dem Baume noch eine Feuchtigkeitsquelle zur Verfügung steht, welche bis jetzt unbeachtet geblieben zu sein
scheint. Während der Vegetationszeit, zumal nach warmen, luftfeuchten
Nächten oder bei raschem Witterungsumschlag von kühl zu warm, kann
beobachtet werden, daß der unterste halbe Meter des Schaftes, besonders
von glattrindigen Bäumen, tropfnaß ist, ja, daß das Wasser am Schafte
abfließt und den Wurzeln entlang in den Boden gelangt[1]). Das ist
Tauniederschlag aus der feuchten Luft, nicht infolge Abkühlung der
Luft, sondern infolge der Abkühlung des Baumschaftes, kühl durch
direkte Leitung der Temperatur von unten nach oben, kühl durch die
Wasserbewegung aus den kühleren Bodenschichten; am lebhaftesten
ist deshalb dieser Vorgang nach Sonnenaufgang, wenn mit der
Verdunstung der aufsteigende Wasserstrom lebhafter im Baume wird;
der Einfluß erstreckt sich aber nur auf die oberen Wurzeln und einen
halben Meter hoch im Schafte, da eben höher hinauf der Einfluß der
Abkühlung des Schaftes durch den Wasserstrom erlischt. Der Vorgang dauert an freistehenden Bäumen nur kurze Zeit, weil mit der
zunehmenden Erwärmung der Schaft sich erwärmt und die umgebende
Luft trockener wird. Im Bestandsinnern erhält sich dieser Vorgang,

---

[2]) Weise erwähnt in seinem Leitfaden zum Waldbau diese Betauung, deutet
aber ihre Entstehung anders und erwähnt von der Bedeutung dieser Wasserquelle
nichts.

den man die Selbstbegießung der Bäume nennen kann, mehrere
Stunden. Auch an borkigen Bäumen geht derselbe Prozeß vor sich,
wenn auch tropfbares Wasser nicht sichtbar wird. Der Moos-
ansatz, den wir am Fuße der Bäume finden, verdankt dieser
Wasserquelle sein Dasein.

Die Menschen beurteilen die Härte des Winters nach seiner Schneemenge und nach seiner Dauer; der Winter 1906/07 war auf der bayerischen
Hochebene außerordentlich schneereich und dauerte bis zum Mai; er
war durch seine Trübung des Himmels, durch den Schnee, durch
seine Abkürzung des Frühjahrs der mildeste Winter für die Pflanzen;
der Winter 1907/08 war sonnig, kalt, schneearm; er war der ärgste
Pflanzenverderber seit Jahren.

Schnee ist das Federbett der zarten, jungen Pflanzen während
des Winters; unter dem Schnee erfriert nichts; auf dem Schnee liegt
die tiefste und gefährlichste Wintertemperatur. Schnee in außerordentlichen Mengen kann alle Pflanzen schädigen; aber gegen normal eintretende, große Schneemassen schützen sich die Bäume selbst, nicht
durch eine kriechende Form, sondern durch Ausbildung einer eigenen
Schneekrone mit fast vertikal von oben nach unten hängenden Ästen
an den aufrecht bleibenden Bäumen.

Wind. Wind scheint für das Leben der Bäume notwendig zu
sein; kräftige Windbewegung wirkt saugend und drückend auf die
Luft im Boden wie auf die Spaltöffnung der Blätter und die Lentizellen der Rinde; bei dem Aufprallen des Windes drückt er die Binnenluft zusammen, bei dem seitlichen Berühren saugt und verdünnt er
dieselbe. Das langsame Wachstum der Bäume, der erhöhte Flechtenansatz in völlig ruhigen, mit höchster Luftfeuchtigkeit gesättigten
Schluchten dürfte neben dem Mangel an größeren Temperaturdifferenzen
auch dem Mangel an Luftbewegung zuzuschreiben sein; wie weit dieser
Faktor auch die Entwicklung der allzu dicht geschlossenen Jungwüchse
und Bestände beeinträchtigt, verdient weitere Untersuchungen. Daß
das Übermaß von Windhäufigkeit und Windstärke schädigt, bedarf
keiner Erwähnung. Wind, der regelmäßig nur von einer Seite weht,
verhindert die Ausbildung der Äste nach dieser Seite hin; an Küsten-
bäumen entwickeln sich Kronen vorzugsweise nach der Landseite zu,
auf den höheren Bergen Mitteleuropas zeigen alle Nadelbäume der
Westhänge, wo jahraus, jahrein nur Westwind weht (denn auch der
Ostwind weht auf der Westseite des Berges als Überfallswind von
unten nach oben, also wieder westlich), das Fehlen der Äste auf der
Westseite, ihre stärkere Entwicklung nach Osten hin.

Die Beschädigungen, welche Schnee und Wind dem Walde
zufügen können, teilen sich in drei Gruppen. Schneebruch und
Windbruch bestehen im Brechen der Äste und Schäfte durch Schnee
und Wind; Windwurf und Schneedruck nennt man das Umstürzen

der Bäume durch diese Einflüsse; Windschub und Schneeschub ist Schiefdrücken unter Zerrung der Wurzeln. Über die Widerstandskraft gegen Bruch entscheidet neben den Kronenverhältnissen das Holz der Holzarten; an exponierten Örtlichkeiten bildet sich, je nach Holzart, eine Krone geringster Widerstandsfläche in spindelartiger oder horizontalflacher oder etagenartiger Ausformung; eine typische Schneekrone besitzt vertikal abwärts hängende Äste; je spröder ein Holz, desto brüchiger; es steht hierin unter den gefährdetsten Holzarten, obenan die Föhrensektion Jeffreya; daran reiht sich die Sektion Pinaster, daran Murraya; unter den Laubbäumen sind die Robinia, der eschenblättrige Ahorn besonders empfindlich. Es entscheidet sodann die Bewurzelung der Holzart; tief wurzelnde Holzarten, wie Lärchen, Föhren, Eichen, sind fester als die seicht wurzelnden Fichten. Gegen Schneedruck sind besonders empfindlich die am dichtesten geschlossenen Stangenhölzer, insbesondere der Nadelbäume und der mit verdorrten Blättern überwinternden Laubbäume. Unter den Nadelbäumen sind wiederum am meisten gefährdet Picea, Pseudotsuga, Chamaecyparis, Tsuga, Abies, Pinus; gegen Windwurf sind die erwachsenen Stämme genannter Nadelbäume, voran die seicht wurzelnde Gattung Picea, gefährdet. Soweit hierbei die Bewurzelung mit entscheidet, kann natürlich auch der Boden, in welchem je nach seinen Eigenschaften die Bewurzelung der Bäume sich ändert, die Gefahr erhöhen oder abschwächen. Es wird später gezeigt werden müssen, daß in der Erziehung der Bestände, in der dadurch bedingten Abänderung der Kronenverhältnisse und des Standraumes die wichtigsten, waldbaulichen Mittel zur Bekämpfung aller Gefahren durch Schnee und Wind gelegen sind.

Gegen Hagel, der zur Zeit der Streckung der Triebe im Juni und Juli niederstürzt, sind alle Holzarten empfindlich; ob die Beschädigung von dem weichen, eben sich bildenden Trieb noch weiter abwärts auf die älteren Teile der Pflanzen sich erstreckt, hängt natürlich auch von der Glattrindigkeit dieser Organe und von der Größe der Hagelkörner ab; es sind Fälle bekannt, daß von den Hagelkörnern die Rinde der Fichten und Föhren bis zur starken Borke herab weggeschlagen wurde, so daß die Stämme gefällt werden mußten. Jedenfalls ist so viel erwiesen, daß der Wald ebenso verhagelt wird wie die landwirtschaftlichen Gelände, und daß es keine Mittel gibt, die Gefahr abzuwenden oder den Schaden zu mäßigen; die erste Jugend mag unter dem Schirme der Althölzer Deckung finden.

Das Licht. Das Licht ist für jeden Punkt der Erdoberfläche ein in seiner Quantität wechselnder Faktor; es verhält sich wie andere Faktoren des Klimas, vor allem wie Wärme, und wird daher selbst zum Klima gerechnet. Die Kenntnis des Lichtquantums unter verschiedenen Breitengraden, bei verschiedenen Expositionen und Elevationen ist die Grundlage für die Feststellung des Lichtklimas eines Standortes.

Wie die Quantität des Lichtes nirgends die gleiche, wenn auch auf großen Flächen hin annähernd gleich, ist auch die Qualität, die Spektralzusammensetzung des Lichtes wie es scheint nicht die gleiche. Licht ist für das Pflanzenleben absolut notwendig. Die Bedeutung des Lichtes im Walde ist den ältesten Schriftstellern des Waldbaues nicht entgangen; solange es eine Naturverjüngung für die Buche gibt — und diese ist bereits mehr als hundert Jahre alt —, hat man der Lichtmenge, welche in den einzelnen Stadien der Verjüngung der Jugend zu geben ist, ein besonderes Augenmerk zugewendet; die alte Bezeichnung „Lichthieb" ist ein Beweis hierfür. Mehr als hundert Jahre alt ist die Feststellung durch die forstliche Praxis, daß es Holzarten gibt, welche bei Lichtentzug schneller kümmern als andere, worauf sich die Unterscheidung von Licht- und Schattenholzarten gründet. An diesem Ergebnis der Praxis hat auch die erst in den beiden letzten Dezennien einsetzende, wissenschaftliche Erforschung des Einflusses des Lichtes nichts zu ändern, nur zu bestätigen und zu begründen vermocht.

Es muß zugestanden werden, daß mancher Praktiker etwas zu weit ging, wenn er alles Kümmern der Pflanzen unter Schirm allein dem Lichtentzug, statt einer sich gegenseitig verstärkenden Wirkung von Licht- und Wassermangel zuschrieb; es war aber sicher ein Fehlgriff, wenn Borggreve und Fricke die Behauptung aufstellten, das ganze Dogma vom Lichtbedürfnis und Schattenerträgnis der Holzarten sei falsch; wäre in der bisherigen Auffassung von der Abhängigkeit der Holzarten vom Lichte ein Fehler, so hätte die vielköpfige, langjährige Praxis ihn längst herausgefunden.

Es war Theodor Hartig der zuerst eine Methode zur Messung der Lichtintensität im Walde mittels lichtempfindlichen Papieres behufs Feststellung des Durchforstungsgrades angab. Unabhängig von Hartig hat Professor Wiesner[1]) in Wien bereits seit mehreren Dezennien sich der Erforschung der Bedeutung des Lichtes für das Pflanzenleben gewidmet, und die Forstwirte schulden dem Gelehrten den wärmsten Dank, denn er ist es, welcher die erste Grundlage für eine wissenschaftliche Erklärung und Bekräftigung der bisher von der Praxis gewonnenen Erfahrungssätze beigebracht hat; Wiesner war der erste, der eine Methode zur Messung der Lichtintensität erfand, welche es ermöglicht, ausgedehnte Untersuchungen unter den schwierigsten Verhältnissen z. B. im Bereich der Baumkronen verschiedener Holzarten, verschiedenen Alters auszuführen.

Um Lichtquelle und Lichtquantum auch in Worten, schärfer, als dies bisher geschehen ist, ausdrücken zu können, ist es notwendig, daß in den waldbaulichen Sprachschatz eine Reihe von neuen Begriffen eingeführt wird; ein Teil dieser stammt von Untersuchungen auf land-

---

[1]) Professor Dr. Wiesner, Der Lichtgenuß der Pflanzen. 1907.

wirtschaftlichem Gebiete, der größte Teil ist von Wiesner selbst; für forstliche Bedürfnisse hat Verfasser einige hierzu gefügt.

Das Tageslicht ist eine Wirkung der von der Sonne ausgehenden Lichtwellen, welche auf die in der Lufthülle vorhandenen, kleinsten Teilchen, Stäubchen, Wassertröpfchen auftreffen und von diesen nach allen Richtungen hin zerstreut werden. Dieses Licht, das bei bedecktem Himmel allein scheint, heißt diffuses Licht. Verfasser[1] hat schon vor Jahren auf Grund von Beobachtungen über das Lichtbedürfnis verschiedener Holzarten im Versuchswalde zu Grafrath den Satz aufgestellt, daß für das Wachstum aller Holzarten das diffuse, bzw. das von den Wolken reflektierte Licht dem Pflanzenleben, das ist der Assimilation der grünen Organe, am zuträglichsten sei. Wiesner hat durch seine Untersuchungen diese Tatsache vollauf bestätigt. Das direkt gestrahlte Sonnenlicht ist so intensiv, daß die Pflanzen sich gegen die „Übersonnung“, wie man diese schädliche Lichtwirkung nennen kann, durch Veränderung der Blattstellung oder Änderung in der Chlorophyllkornstellung (nach Stahl) zu schützen suchen. An klaren Tagen herrscht das „gemischte“ Licht nach Wiesner, d. h. diffuses und Sonnenlicht. Das diffuse Licht nimmt nach Norden wie auch an den Bergen nach oben hin ab, das Sonnenlicht nimmt nach Norden hin ab, nach oben hin zu. Arktische oder Polarregionen und alpine Regionen können in Wärme und Luftfeuchtigkeit gleich sein; in ihrem Lichtklima bestehen große Unterschiede. Das Höhenklima zeigt während der Vegetation der Pflanzen große Schwankungen in der Lichtintensität, in nordischen Regionen wird das Lichtklima wegen der geringen Mittagssonnenhöhe gleichmäßig; dazu kommt, daß in geringen geographischen Breiten die Nordseite der Bäume am wenigsten belichtet, im Norden dagegen am stärksten belichtet wird. In den Polar- oder arktischen Gebieten nehmen die sonnenlosen Tage zu, das diffuse oder zerstreute Licht kommt zur größten Geltung.

Nur ausnahmsweise steht ein Baum unter Einwirkung des vollen Lichtes, das von dem gesamten Himmelsgewölbe und dem Himmelskörper ihm zugestrahlt wird; andere Bäume, Unebenheiten des Geländes schneiden ihm einen Teil des zugestrahlten Lichtes ab, so daß der Lichtgenuß eines Baumes kleiner als das gesamte Licht ist; denkt man sich an der Außenseite der Krone eines Baumes eine lichtabfangende Hülle gelegt, so ist auch die auf diese Hülle strahlende Lichtmenge immer noch bedeutend größer als jene Lichtmenge, welche der Baum mittels seiner Blattflächen auffangen und nutzbar machen kann. Jene Lichtmenge, die dem Baume zuströmt und von diesem verarbeitet, d. h. absorbiert

---

[1] H. Mayr, Naturgesetze des Waldbaues. Allgemeine Forst- und Jagdzeitung 1901.

wird, heißt der **relative Lichtgenuß**; er ist wahrscheinlich auch der Maßstab für das **relative Lichtbedürfnis** des Baumes.

Das dem Baume zuströmende Licht zerlegt **Wiesner** in:

1. **Oberlicht** (*a*), das ist das vom Himmelsgewölbe auf die Außenseite der Kronen strahlende Gesamtlicht;

2. **Unterlicht** (*d*), Licht, das von unten her von hellem Boden, Wasserflächen, von den Blättern der Unkräuter und Unhölzer[1]) in das Innere der Baumkronen einströmt;

3. **Lichtintensitätsminimum** (*b*), im absterbenden Teil der Kronen gemessen, ist somit jene Kronenlichtmenge, bei der die Blätter sich noch am Leben zu erhalten, d. h. zu assimilieren vermögen; für wald-

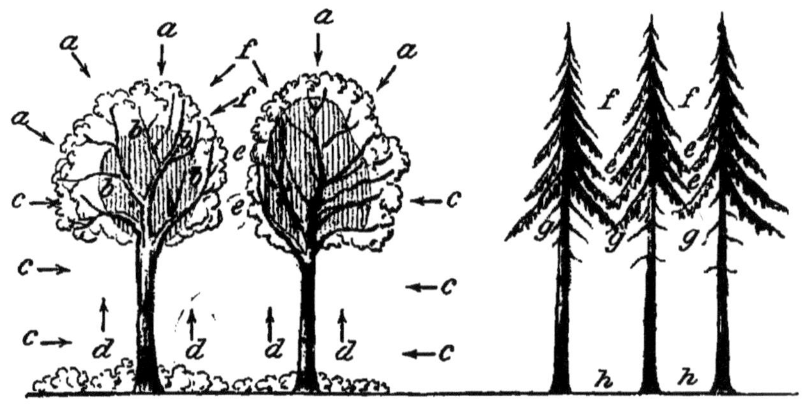

Abb. 5. **Einwirkung des Lichtes.** *aa* Oberlicht, *bb* Lichtgenußminimum (Baumkronenlicht), *cc* Vorderlicht, *dd* Unterlicht, *ee* Hinterlicht, *ff* verschleiertes Licht, *gg* Bestandesschlußlicht, *hh* Bestandesschattenlicht.

bauliche Zwecke ist dieses Licht von hoher Bedeutung; es wäre daher vielleicht als „**Baumkroneninnenlicht**" statt des „**Lichtintensitätsminimums**" zu bezeichnen;

4. **Baumschattenlicht**, das gedämpfte Licht des Baumschattens, dem noch

5. **Vorderlicht** (*c*) zufließt;

6. **Hinterlicht** (*e*); es ist gegeben, wenn eine Beeinträchtigung des Lichtzuflusses von der Seite her durch Berge, Mauern, Schlagwände und Bäume stattfindet. Für waldbauliche Bedürfnisse ist aber obige Einteilung **Wiesners** noch nicht erschöpfend.

7. Das Licht, das den Kronen eines aufwachsenden Bestandes von oben zuströmt, ist nicht das volle Außen- oder Oberlicht des einzenenl und freistehenden Baumes, es ist ein durch Nachbargipfel gedämpftes Licht, das Wiesner „**verschleiertes Licht**" (*f*) nennt.

---

[1]) Nach **Wagner**, Pflanzenphysiologische Studien im Walde. 1907.

8. **Bestandskroneninnenlicht** oder **Bestandsschluß-
licht** (g) ist von dem Kroneninnenlicht des einzelnstehenden Baumes insofern verschieden, als ihm das Unterlicht fehlt, welches dem freistehenden Baum zugute kommt. Zur Zeit des Sonnenunterganges dringen Lichtstrahlen in die Krone des freistehenden Baumes; im Bestandsschluß werden diese Strahlen von den Stämmen und Ästen abgefangen. Dieses Innenlicht der Bestandskronen wechselt je nach der Bestandsschlußdichte.

9. die **Bodendecke** und ihre Vegetation unterhalb der Baumkronen steht unter der Herrschaft eines Lichtes, welches man **Bestandsschattenlicht** (h) nennen kann; dieses ist das schwächste Licht und vom Baumschattenlicht durch den Mangel an Vorderlicht ausgezeichnet. Dazu kommt, daß von dem Licht, das die Baumkrone durchdrungen hat, nur jener Teil zum Boden gelangt, der von den dürren Ästen und Schäften nicht abgefangen wurde. Wiesner berechnet das Lichtgenußminimum (3) für jede Pflanze in einem Bruch, zum Beispiel $1/20$, welcher besagt, daß die Pflanze im Licht 1 einer durch intensivste Schwärzung des lichtempfindlichen Papieres festgelegten Einheitszahl bis zu $1/20$ dieser Lichtintensität sich entwickeln kann. Sinkt das Licht auf $1/21$, so würde dies bedeuten, daß das Blatt zwar ergrünen aber nicht mehr assimilieren kann. Das Blatt muß bei einer Lichtintensität $1/20$, wie Wiesner sagt, vertrocknen, wie Verfasser glaubt verhungern, das heißt durch Stoffwanderung in die Herbstfärbung und Ablösung übergehen. Für die betreffende Pflanze ist somit $1/20$ das Lichtintensitätsminimum.

Jede Pflanze besitzt ein **Optimum** der Lichtintensität, bei der sie am vollkommensten gedeiht; dieses Optimum liegt bei den meisten Holzarten dem Maximallicht (1) näher als dem Minimum (3). **Die forstlichen Kulturpflanzen wechseln ihr Lichtbedürfnis während ihrer Entwicklung;** soll eine Holzart Nutzbaum werden, muß ihr während eines bestimmten Zeitabschnittes, Hauptlängenwachstumszeit genannt, eine größere Lichtmenge geboten werden, als anfänglich zum Schutze und später im haubaren Alter notwendig ist. Das Lichtquantum muß größer sein als das Minimum des Lichtgenusses. In der Jugend geht die waldbauliche Behandlung vieler Holzarten bis hart an die Grenze des Maximums der Überschirmung, somit des Minimums der Belichtung der überschirmten Pflanze, wobei nicht der Entzug des Lichtes Zweck, sondern Mittel zum Zweck, des Schutzes der Verjüngung gegen Übersonnung, Vertrocknung, Frost ist. Die Kunst der Begründung des Waldes und seiner Erziehung während des Stangen- und Baumalters besteht in der Regelung des Lichtgenusses, welche bisher mehr in dem Gefühl als auf positivem Wissen fußte; durch Wiesners Lichtmeßmethode hat sie eine zuverlässigere Basis erhalten. Doch bedarf es noch eines mächtigen Fortschrittes der neuen

Wissenschaft vom Licht, speziell in ihrer Anwendung für forstliche Kulturpflanzen und ihr Leben, um auch noch die Beziehungen feststellen und messen zu können, welche zwischen Licht und Wärme, Licht und Bodengüte im Pflanzenleben bestehen; der Aufhellung bedarf noch das qualitativ verschiedene Licht und die qualitative Selektion (Zederbauer) von Seite der Bäume. Eine andere Beziehung besteht darin, daß im Walde jede Maßnahme, welche die Lichtgebung erhöht, auch zugleich eine Erhöhung des Wärmeund des Wasser'genusses mit sich bringt.

Über den Einfluß der verschiedenen Lichtarten im Walde läßt sich einstweilen folgendes feststellen:

1. Das Oberlicht, welches das Maximum an zerstreutem oder diffusem Licht enthält, bedingt die Anordnung der Blätter an den Sprossen, ihre Lage zum Licht, die Stellung der Zweige, um den vom Licht durchfluteten Innenraum der Krone möglichst auszunützen (Blatt- und Zweigmosaik); der Längs- oder Gipfeltrieb strebt dem stärksten, zerstreuten, nicht dem Sonnenlichte zu; dieses Streben wird unterstützt durch die Schwerkraft, welche eine symmetrische Ausbildung aller Anhangsorgane des Haupttriebes, der zum Gipfel, zum Schaft des Baumes wird, behufs Herstellung des Gleichgewichtes hervorruft; geht der Gipfeltrieb verloren, überträgt sich diese Wirkung des Oberlichtes und der Gleichgewichtslage vielfach auf einen Seitentrieb.

2. Das Unterlicht ist in der Regel so schwach, daß sein Einfluß nicht nachweisbar; Wagner (l. c.) hält es in seinen pflanzenphysiologischen Studien für wichtig als Lichtquelle für die Baumkronen; nur wenn das Unterlicht von Wasserflächen reflektiert wird, wird es als Lichtquelle zum Ziel, dem die Unteräste der Bäume zustreben.

3. Das Baumkroneninnenlicht oder das Lichtintensitätsminimum ist jener Bruchteil des Außenlichtes, bei dem die Assimilation der Blätter noch nicht ganz unterdrückt ist. Diese Zone im Kronenraum liegt bei Schattenholzarten näher der Außenseite der Kronen als bei den Lichtholzarten, weil bei ersteren die Blätter sich an ihren Kronenhüllen anhäufen, bei letzteren die Belaubung spärlich, die Krone offener und für Licht tiefer durchdringbar ist. Blätter, welche durch die Blattzunahme der Krone während der Vegetationszeit in einen Lichtgenuß geraten, welcher geringer ist als das Minimum, müssen absterben; mit ihnen sterben auch die sie tragenden Zweige und Äste ab. Wiesner glaubt, daß dem Absterben eine Vertrocknung zugrunde liege. Verfasser glaubt, wie erwähnt, daß es um ein Verhungern sich handelt. Alle diese Vorgänge sind bei dem einzelnen Baum verlangsamt und in ihrer Wirkung beeinträchtigt. In vollkommener Weise vollzieht sich dieser Prozeß der Astreinigung bei dem Bestandskroneninnenlicht (8).

Das Lichtintensitätsminimum reduziert die Zahl der Zweigordnungen durch ungenügende Beleuchtung der lichtbedürftigen Knospen. Nimmt man z. B. einen Birkenzweig mit zwei Seitenknospen, so müßten aus diesen, wenn im neuen Jahre jedesmal zwei Knospen zu Trieben sich entwickeln, im zehnten Lebensjahre 19 683 Zweige hervorgehen, welchen 10—1, d. h. neun Jahresbildungen oder Zweigordnungen entsprechen müßten. Wiesner fand nun an einem von der Sonne getroffenen, zehnjährigen Birkenzweig nur 238, an einem im Schatten stehenden Zweig nur 182 Seitenzweige und statt der neun Zweigordnungen nur deren fünf. Offenbar sind jene Holzarten, welche die geringste Zahl der Zweigordnung aufweisen, die lichtbedürftigen, jene mit der größten Zahl die am besten Schatten ertragenden Holzarten. Wiesner stellt folgende Reihen auf:

Larix . . .	mit	3—4	Zweigordnungen,
Gingkyo .	„	4	„
Gleditschia .	„	5	„
Populus .	„	5	„
Picea . . .	„	5 (?)	„
Pinus Laricio .	„	5	„
Betula .	„	5	„
Quercus .	„	6	„
Robinia .	„	7	„
Ulmus . .	„	7	„
Fraxinus . .	„	7	„
Carpinus . . .	„	8	„
Taxus . . .	„	8	„
Fagus .	„	8	„

Von obigen Gruppen wäre die erste mit den Lichtholzarten, die letzte mit den Schattenholzarten, forstlich gesprochen, identisch. Es fällt die Fichte auf, welche nach der gefundenen Zweigordnung zu den Lichtholzarten geraten würde. Es ist aber zu bedenken, daß die Zweigreduktion nicht ausschließlich eine Wirkung des minimalen Lichtgenusses ist; gerade bei den alten Fichten ist Beseitigung von Zweigen durch Tiere, besonders durch Eichhörnchen, durch Wind sehr häufig; vielleicht hat ein solches abnormes Exemplar vorgelegen.

4. Das Schattenlicht wirkt in seiner Kombination als Kronenschirmlicht und Vorderlicht; letzteres ist das stärkere; es bewirkt, daß die Äste im Schattenlicht stehender Pflanzen dem Vorderlicht sich zuwenden, die Pflanzen sich somit einseitig entwickeln.

5. Das Vorderlicht regt die Knospen der Seitenzweige zur Entwicklung an; die Seitenzweige wachsen dem Vorderlichte zu. Die Ausbildung der Bestandsränder, die Umsäumungen der Bestandslöcher sind Wirkungen des Vorderlichtes, das in der Astentwicklung forstlich

ungünstige Verhalten gruppenweiser und stammweiser Holzartenmischung ist Folge des in den Bestand durch die Mischung hineingetragenen Vorderlichtes.

6. Das Hinterlicht zwingt wegen seiner Schwäche die meisten Äste zum Absterben; nur jene entgehen, welchen die Fähigkeit innewohnt, sich aufwärts, dem Oberlichte zuzuwenden; dadurch entsteht die in Figur 5 abgebildete Astbildung.

7. Das verschleierte Licht ist jenes Licht, welches den über das Kronendach des Bestands hinausragenden Gipfeln zukommt, es ist somit in seiner Wirkung gleich einem abgeschwächten Oberlicht.

8. Das Bestandsschlußlicht, das Kroneninnenlicht der Baumvereinigungen, wirkt wie abgeschwächtes Ober-, Vorder- und Hinterlicht, es zwingt somit die Äste zur Aufwärtsbewegung nach dem Oberlicht, wie dies unter 6 erwähnt wurde; daraus folgt, daß im lebenden Teil der Baumkrone die Äste nach oben, im absterbenden Teil horizontal und im toten Teil nach abwärts gerichtet sind, wie dies auch Dr. Metzger in seinen Studien über den Aufbau der Schäfte bereits gezeigt hat. Diesem Typus folgen im Bestandsschlusse Laub- und Nadelbäume. Um die Erhöhung oder Herabsetzung dieses Bestandsschlußlichtes drehen sich die verschiedenen Meinungen bezüglich der Stärke der Durchforstungen, der Durchlichtungen, der ganzen Erziehung eines Baumes im reinen und gemischten Bestand von seiner Begründung bis zur Haubarkeit. Es erscheint dem Verfasser jedoch zweifelhaft, ob durch die Lichtmessung ein Maßstab für jeden speziellen Fall gewonnen werden kann; die reinen Bestände werden am ehesten nach einem voraus bestimmten Lichtgrad sich durchforsten lassen; bei den gemischten Beständen tritt die individuelle Behandlung der einzelnen Stämme allzusehr in den Vordergrund.

9. Das Bestandsschattenlicht, wegen der Schäfte und Äste noch schwächer als das Bestandsschlußlicht, entscheidet mit dem Faktor Wasser über das Gelingen aller Verjüngungen unter Schirm, seien sie natürlich oder künstlich; Pflanzen, die an Licht Mangel leiden, können nicht durch Wasser gerettet werden; Pflanzen, die an Wasser Mangel leiden, können durch mehr Licht gerettet werden, denn die Durchlichtung der Baumkronen schafft Licht und Wasser zugleich. Das Bestandsschattenlicht ist jener Rest von Licht, der durch die Baumkronen, die dürren Äste hindurch bis zum Boden gelangt. Es ist die Kunst des Waldbaues, dieses Licht in seiner Menge so zu regeln, daß die Sämereien keimen und aufwachsen unter den verschiedenen Ernährungsbedingungen, welche ihnen die Verschiedenheiten des Bodens bieten. In der Regelung des Lichtgenusses, in der möglichsten Vermeidung des für das Aufwachsen der Pflanzen notwendigen Minimums, in der Darreichung des den Zwecken des Schutzes noch zuträglichen Maximums an Licht bzw. Minimums der Beschattung beruhen die

wichtigsten Aufgaben der natürlichen Wiederverjüngung. Sinkt das Bestandsschattenlicht unter das Minimum, so kann die Pflanze zwar ergrünen, aber nicht assimilieren, sie muß allmählich zugrunde gehen; wird ihr mehr Licht geboten, so bedingt eine schwache Assimilation ein langsames Aufwachsen und eine Verbreiterung der Krone, eine Verflachung, wie sie bei den meisten Laub- und Nadelhölzern auftritt, oder auch eine dünne, schlanke Säule, wie sie z. B. Juniperus zeigt. Das Bestandsschattenlicht entscheidet über die Verfassung der Bodendecke, ob Laub- oder Nadeldecke, ob Begrünung, ob beschleunigte oder gehemmte Zersetzung der Abfallstoffe, ob Rohhumusbildung u. dgl. auftritt.

Die Lichtintensitäten obiger Lichtarten im Walde und ihre fördernde oder schädigende Wirkung auf forstliche Kulturgewächse steht in Abhängigkeit von folgenden Umständen:

1. Von der Zeit, in welcher einer Pflanze durch eine andere Licht entzogen wird. Lichtschmälerung außerhalb der Vegetationszeit, ist für winterkahle Holzarten sicher gleichgültig. Auf den ersten Blick möchte es scheinen, daß die immergrünen Holzarten von der Belichtung während der Vegetationsruhe Gewinn ziehen müßten. Wiesner wenigstens erwähnt Bildung und Auflösung von Stärke an warmen Wintertagen bei den immergrünen Nadelbäumen; in die äußere Erscheinung tritt ein solcher Vorteil nicht. Die winterkahle Lärche wächst auf ein und demselben Boden anfänglich sogar viel schneller als die immergrüne Fichte, welche sechs Monate länger, wenn auch vielfach unter ungünstiger Temperatur belichtet wird. Auch immergrüne Eichen haben den unmittelbar neben ihnen stehenden, winterkahlen Eichen gegenüber keinen Vorsprung in Wuchsgeschwindigkeit oder Früchteerträgnis.

Zur Zeit der Knospenentfaltung ist nach Wiesner ein erhöhter Lichtgenuß für alle Holzarten notwendig; so ist das Anfangsminimum der Belaubung bei der Lärche $\frac{1}{2}$ des vollen Lichtes, später sinkt dasselbe auf den Wert von $\frac{1}{5}$ herab; bei der Buche ist das Anfangsminimum $\frac{1}{4}$, später sinkt es auf $\frac{1}{60}$. Auch dies ist der forstlichen Praxis wohlbekannt; zur Erweckung der schlafenden Knospe der Stöcke im Niederwaldbetriebe ist die Beseitigung des beschattenden Unkrautwuchses in der Umgebung der Stöcke ein altes, die Zahl der Ausschläge förderndes Mittel. Zum Blühen und Fruchtansatz ist wieder etwas mehr Licht notwendig als zum bloßen Wachsen. Im gemäßigten, z. B. im verschleierten Kronenlichte des Bestandsschlusses, beginnen sämtliche Holzarten später zu blühen als im vollen Freistand. Die Forstwirte berechnen die Verspätung auf durchschnittlich 20 Jahre. Auch der uralte Vorbereitungshieb im geschlossenen Bestande für Verjüngungszwecke wird geführt, um den bleibenden Stämmen mehr Licht zu bieten und sie zur Samenbildung anzuregen.

2. Ganz allgemein zeigt sich im Walde, daß es für das Aufwachsen der Jugend am günstigsten ist, wenn ihr Seitenbeschattung, somit verschleiertes Licht und auf der Südseite gedämpftes Vorderlicht geboten werden kann; wenn aber wegen des Schutzes gegen Frost, Unkrautwuchs usw. statt der Seitenbeschattung Schirmbeschattung gewählt werden muß, dann ist dieses notwendige Übel stets mit einem Verlust an Zuwachs in der Jugend wegen ungenügender Assimilation verknüpft.

3. Bei Überschirmung, weniger auch bei seitlicher Beschattung, hängt die Intensität des Bestandsschattenlichtes von dem Lichtbedürfnis der überschirmenden Holzart ab; liegt das Lichtminimum dieser sehr tief, d. h. ist sie selbst schattenertragend und deshalb ihre eigene Krone verdichtend, so gibt sie auch intensiven Schatten. Am stärksten ist die Beschattung unter geschlossenen Buchen, wo weder Buche noch irgendeine Holzart genügend Licht findet; daran reihen sich Abies, Picea und andere; am wenigsten beschatten die Lichtholzarten wie Eiche, Föhre, Birke, Lärche und andere. Unter den Schattenholzarten könnten nur solche Arten noch wachsen, welche ein geringeres Lichtgenußminimum als die Schattenhölzer besitzen; unter den Buchen müßte eine Holzart ein geringeres Lichtminimum als $^1/_{80}$ des vollen Lichtes besitzen.

Wiesner gibt an, daß das Minimum des Buxus unter $^1/_{100}$ herabgehe; aber niemand wird wohl an die Kultur des Buchses unter Buchen denken. Schattenhölzer unter voll geschlossenen Schattenhölzern sterben in der Regel schon nach 10—20 Jahren ab; Lichthölzer unter Schattenhölzern erliegen schon nach fünf Jahren. Schattenhölzer unter Lichtholzarten haben eine wegen genügenden Lichtgenusses unbeschränkte Lebensdauer; Lichtholzarten unter Lichtholzarten erhalten sich in der Regel 10—20 Jahre, also ebensolange wie Schattenholzarten unter Schattenholzarten.

4. Da der Lichtentzug durch die überschirmende Holzart sich nicht gleich bleibt, sondern zur Zeit des dichtesten Schlusses im Stangenholzalter sein Maximum erreicht, so können nur Schattenholzarten unter Lichtholzarten diese Periode des minimalsten Lichtgenusses überdauern.

5. Es besteht kein Zweifel, daß das wärmere Klima die Beschattungsdichte der überschirmenden Bäume erhöht, dafür aber auch die Beschattungsfähigkeit der darunter stehenden Holzarten steigert.

6. Es dürfte auch kaum zweifelhaft sein, daß in gleichem Sinne ein guter gegenüber einem weniger guten Boden sich geltend machen muß.

7. Die Holzarten hat die forstliche Praxis auf Grund ihrer bisherigen Messungen des Lichtes, wobei als Maßstab wohl das empfindlichste Reagens, das biologische Verhalten der Pflanzen selbst, benutzt

wurde, in zwei Gruppen geteilt, in Lichtholzarten, welche längere
Beschattung nicht ertragen, und Schattenholzarten, welche Lichtentzug ertragen, ohne zugrunde zu gehen, ja unter mäßigem Lichtentzug sogar zu forstlich nutzbaren Bäumen aufwachsen können.

Soweit es sich um extrem lichtbedürftige und extrem schattenertragende Bäume handelt, besteht in der Praxis kein Zweifel; aber
für eine Reihe von Holzarten, welche in der Mitte stehen, ist der ab-
ändernde Einfluß von Klima und Boden genügend, um sie bald den
Licht-, bald den Schattenholzarten näher zu bringen. Je nach dem
Beobachtungsort hat ein Waldbauschriftsteller eine Holzart zu den
Lichtholzarten gerechnet, welche ein anderer Autor in einem anderen
Beobachtungsgebiete den Schattenholzarten angliederte. Scheidet man
diese mittleren und strittigen Holzarten als eine mittlere Gruppe der
Halbschattenholzarten aus, so erhält man biologisch zusammen-
gehörige Holzarten, welche in schlechterem Boden und in kühlerem
Klima den Lichtholzarten, in wärmerem Klima und besserem Boden
den Schattenholzarten in ihrem Verhalten sich nähern; es ist selbstverständlich, daß auch jede Licht- und Schattenholzart ihr Verhalten
dem Licht gegenüber entsprechend den günstigen oder ungünstigen,
klimatischen und pedologischen Verhältnissen, wie früher angegeben,
abändert. So werden z. B. Buchen und Tannen auf schlechtem Boden,
im kühlsten Klima zu Halbschattenholzarten, Föhren und Lärchen im
günstigsten Boden und günstigsten Klima zu Halbschattenholzarten.

Zur Gruppe der Schattenholzarten zählen folgende
Baumgattungen: Taxus, Fagus, Abies, Picea, Tsuga, Pseudotsuga,
Thujopsis, Thuja, Sciadopitys, Aesculus, immergrüne Laubbäume,
darunter auch die immergrüne Sektion der Gattung Quercus u. a.

Zur Gruppe der Halbschattenholzarten sind zu rechnen:
Carpinus, Tilia, Acer, Fraxinus, Ulmus, Alnus, Föhrensektion Strobus,
Föhrensektion Cembra, Chamaecyparis, Libocedrus, Cryptomeria, Sequoia,
Robinia, von Quercus die Sektion der Schwarzeichen u. a.

Als Lichtholzarten werden betrachtet: von Quercus die Sektion
der Weißeichen, von den Föhren die Sektionen Pinaster, Murraya,
Jeffreya u. a.; Larix, Salix, Populus, Betula, Taxodium, Magnolia, Liriodendron u. a.

Halbbäume und Sträucher: Schattenholzarten, immergrüne Laubholzsträucher wie Buxus; Halbschattenholzarten:
Corylus, Cornus, Ligustrum, Evonymus, Lonicera u. a.; Lichtholzarten: Prunus, Spartium, Evonymus, Calluna, Crataegus,
Viburnum u. a.

Forstliche Unkräuter: Schattenpflanzen: Polythrichum,
Hypnum, Aspidium, Vaccinium, Hedera u. a.; Halbschatten-
pflanzen: Anemone, Pteris u. a.; Lichtpflanzen: Cirsium, Silene,
Fragaria, die meisten Gräser- und Kleearten usw.

Nach den Untersuchungen von Wiesner sinkt das Minimum des Lichtgenusses bis zu folgenden Beträgen des Vollichtes:

Bei Buxus unter $^1/_{100}$
  „ Fagus unter $^1/_{80}$ } Schattenholzarten.
  „ Aesculus auf $^1/_{80}$

Bei Carpinus auf $^1/_{56}$
  „ Acer auf $^1/_{55}$ } Halbschattenholzarten.
  „ Picea auf $^1/_{36}$ (?)

Bei Quercus auf $^1/_{26}$
  „ Thuja auf $^1/_{20}$ (?)
  „ Pinus (2nadelig) auf $^1/_{11}$
  „ Populus auf $^1/_{11}$ } Lichtholzarten.
  „ Betula auf $^1/_9$
  „ Liriodendron auf $^1/_7$
  „ Fraxinus auf $^1/_{5,8}$ (?)
  „ Larix auf $^1/_5$

Obige Holzarten lassen sich mit ihrem Lichtbedarfsminimum ungezwungen in die nebenstehenden, forstlichen Gruppen einreihen, wodurch sich eine Bestätigung der Richtigkeit der forstlichen Auffassung ergibt; nur bei der Gattung Picea erscheint für die Ermittelung des Lichtminimums eine abnorm situierte oder behandelte Pflanze vorgelegen zu haben; denn die Fichte ist nach allen Erfahrungen nur auf schlechtem Boden eine Halbschatten-, sonst stets eine Schattenholzart; ebenso dürfte die Esche nur auf schlechtem, ihr unpassendem, trockenem Boden oder im kühlsten Fichtenklima eine Licht-, sonst stets nur eine Halbschattenart sein; sie ist sicher weniger lichtbedürftig als die Birke. Die schöne Übereinstimmung, welche die Wiesnersche Forschung über das Lichtbedürfnis der Holzarten mit den Erfahrungen der forstlichen Praxis zeigt, läßt der Hoffnung Raum, daß es der jungen Wissenschaft von der Quantitätsmessung und der physiologischen Bedeutung des Lichtes im Walde in kurzer Zeit gelingen wird, aus ihrer Rolle der Bestätigung zu jener der Führung für die forstliche Praxis fortzuschreiten.

Wenn man an eine Anpassung an Klima und Boden von seiten der Pflanze, an eine Festigung der so erworbenen Eigenschaften und schließlich an eine Erblichkeit derselben glaubt, wofür aber bis jetzt noch kein nach jeder Richtung hin zwingender Beweis vorliegt, so liegt es nahe, ja, es ist wohl notwendig, daß man dann auch eine Anpassung an das Licht erwartet. Es muß hier ebenfalls zwischen Reaktion von seiten der Pflanze auf veränderten Lichtgenuß einerseits und Anpassung (Akkommodation) anderseits, welche wohl passend als Allumination zu bezeichnen wäre, unterschieden werden.

Wie die Pflanze abgeänderter Lichtquantität gegenüber in der mannigfachsten Weise reagiert, ist auf den vorhergehenden Seiten gezeigt worden; eine Buche kann assimilieren beim vollen Lichtgenuß 1 bis zum achtzigsten Teil desselben. Innerhalb dieses weiten Spielraumes muß die Buche zunächst in der Wuchsgeschwindigkeit, in der Ausbildung ihrer Krone, in dem Ausbau ihrer Blätter innerlich (Anatomie) wie äußerlich (Größe) Abänderungen erleiden. Dies ist jedoch einfache Reaktion, keine Anpassung; letztere wäre erfüllt, wenn die Buche bei $1/80$ des vollen Lichtes ebenso schnell oder mit der gleichen Äste- und Blätterentfaltung, mit gleichem Ausbau der Blattorgane emporwachsen würde wie beim Lichtgenuß 1. Eine Reaktion auf das Licht ohne Fixierung des veränderten Zustandes der Pflanze bis zur Erblichkeit kann keine Allumination sein. Die flache Krone der unterdrückten Bäume kann nur eine Reaktion, keine Anpassung sein, denn sie geht sofort bei steigendem Lichtgenuß wieder verloren und führt bei plötzlicher Einwirkung des Vollichtes zum Wachstumsstillstand. Eine Anpassung an fremdes Lichtklima bedingt eine vollständige Wesensänderung der Pflanze, welche eingetreten wäre, wenn die Buche unter allen Lichtverhältnissen und in allen Nachkommen eine flache oder eine normale Krone zeigen würde; dann läge aber keine Reaktion, keine Variation, sondern eine neue Art vor. In Europa wie in Amerika ist aber aus der einen Art weder durch Wärme (Akklimatisation) noch durch Licht (Allumination) eine zweite Art entstanden; wo mehrere Arten sich finden, können weder Wärme noch Licht und, wie hier hinzugefügt werden mag, noch Boden die artbildenden Faktoren gewesen sein. Die Erblichkeit einer neuen Lichtgestalt bei den Holzarten ist schon dadurch unmöglich, daß eine durch Lichtmangel in ihrer Gestalt veränderte Pflanze keine Früchte trägt. So vermag der Faktor „Licht“ im Klima so wenig wie der Faktor Wärme oder wie der Boden Variationen oder Individualitäten in der Natur nicht hervorzurufen.

B. Ansprüche der Holzarten an den Boden.

Die natürliche Verteilung der Holzarten innerhalb der ihren Wärmebedürfnissen entsprechenden Klimazonen übernehmen auf gutem Boden die Faktoren Wärme, Licht, Raschwüchsigkeit, Verbreitungsfähigkeit und andere; je mehr aber der Boden eine einseitige Konstitution zeigt, um so mächtiger wird die Rolle, welche der Boden bei der Verteilung und im Gedeihen der Holzarten spielt. Auf gutem Boden gedeihen alle Holzarten, welche der Wärmeanspruch dem betreffenden Standorte zuweist; ist aber im Boden irgendein für das Wachstum der Holzart nötiger, zumeist physikalischer Faktor im Minimum vorhanden, so können nur jene Holzarten wachsen, die mit diesem Faktor am besten sich abzufinden vermögen; ist in einem Boden irgendein Faktor in einem für das Pflanzenleben schädlichen Maximum vorhanden, so können nur jene Holzarten gedeihen, welche mit dem schädlichen Faktor noch am besten auszukommen vermögen. Alle Holzarten verlangen einen guten Boden, um das Ziel ihres Daseins, das freilich von den Zielen der Menschen meist verschieden ist, zu erreichen.

Die Bezeichnung „guter Boden" ist eigentlich ein Sammelname; denn die Bodengüte kann bestehen:

1. in der Bodenmenge, welche horizontal wie vertikal dem Verbreitungsbedürfnisse der Wurzeln genügen muß;

2. im Reichtum an mineralischen Salzen, welche in einer für Wurzeln aufnehmbaren Form vorhanden sein müssen;

3. im physikalisch günstigen Zustande des Bodens, der genügend locker, durchlüftet, durchfeuchtet, durchwärmt sein muß.

ad 1. Bodenmenge. Horizontal wird die Bodenmenge im Walde eingeengt, wenn die Wurzeln der Bäume an größere Steine und Felsen anstoßen, wenn sie auf größeren, isolierten Steinplatten sich verbreiten, wenn sie auf Gräben, Straßen, Flußufer u. dgl. in ihrem Längenwachstum auftreffen oder endlich, wenn sie in der Verbreitung und Ausnützung des Bodens durch die Wurzeln der benachbarten Bäume oder auch tiefwurzelnder Nachbarsträucher, -gräser und -kräuter verhindert werden, was man mit dem Worte „Wurzelkonkurrenz" in neuester Zeit bezeichnet. Der mechanische Einfluß ist hier weniger entscheidend als der physiologische, der Entzug von Wasser und Nährstoffen.

Die Bodenmenge in der vertikalen Richtung heißt Bodentiefe. Die keimende und heranwachsende Pflanze strebt so rasch als möglich den frischeren und tieferen Bodenschichten zu, um der größten Gefahr, welche ihr droht, der Vertrocknung, zu entgehen. Es genügen einige Jahre, um die Pflanzen gegen die schlimmsten Trockenperioden zu sichern, wenn der Boden mächtig genug ist, um den Pflanzen das Vordringen zu größeren Tiefen zu ermöglichen. Findet ein Vertrocknen während einer Dürreperiode statt, so war die Pflanze entweder noch nicht mit ihren Wurzeln in tiefere Schichten vorgedrungen (Jugend, Verpflanzung), oder sie konnte infolge eines mechanischen Hindernisses nicht in die Tiefe vordringen, aus Mangel an Tiefe des Bodens. Ist mit dem Stangenholzalter der Bäume das Haupttiefenwachstum der Wurzeln abgeschlossen, so zeigt sich, daß auf gleich tiefem Boden nicht alle Holzarten gleich tief vorgedrungen sind.

Boden, der das Eindringen der Wurzeln auf mehr als 1 m Tiefe gestattet, nennt man sehr tiefgründig; Holzarten, welche ihre Wurzeln mehr als 1 m tief in den Boden versenken, nennt man Pfahlwurzler; sie dringen mit einer Wurzel, welche die genaue Fortsetzung des oberirdischen Schaftes ist, senkrecht in den Boden; hierher zählen die Gattungen Quercus, Pinus, Castanea und andere, denen eine erhöhte Sturmfestigkeit zukommt. Tiefgründiger Boden ermöglicht eine Durchwurzelung bis zu 1 m Tiefe; zwischen 0,5 m und 1 m liegt das Wurzelwerk der Hauptzahl der Baumarten; sie beginnen ihr Tiefwachstum mit einer Pfahlwurzel, welche aber nicht weiter vordringt und in der Folge von stark wachsenden, aus dem Wurzelhalse entspringenden, schief nach unten vordringenden Wurzeln (Herzwurzeln) abgelöst wird. Man nennt diese Baumarten „Herzwurzler"; ihre Verankerung im Boden ist eine genügende, ihre Sturmfestigkeit eine große.

Boden, der nur bis zu 0,5 m von Wurzeln bewohnbar ist, heißt flachgründig; Holzarten, welche trotz vorhandener, größerer Bodentiefe nur bis zu 0,5 m mit ihren Wurzeln vordringen, sohin in flachem, aber sonst gutem Boden ihre vollkommene Entwicklung erreichen können, heißen „Flachwurzler"; die Gattungen Carpinus, Betula, Robinia und vor allem Picea, die Fichten, zählen hierher. Boden, der ein Eindringen der Wurzeln nur bis 0,3 m Tiefe erlaubt, wird seichtgründig genannt. (Unterlage Ton- oder Lettenlager, Kies, Gerölle, Felsen, Grundwasser usw.) Ist der Boden in allen übrigen Eigenschaften gut, so vermag jede Holzart auf seichtem Boden zu wachsen und wenigstens ihren Lebenszweck, die Vermehrung, zu erreichen; es wird aber der vegetative Teil der Pflanzen, der Schaft, um so mehr zurücktreten, je größere Bodentiefe sie für die normale, forstlich notwendige Baumdimension beansprucht. Auf seichtem Boden werden nicht sofort Eichen, Föhren und andere Pfahlwurzler sogleich verschwinden, sondern sie werden wachsen mit verkürztem, verkrümmtem Schafte, weit ausladender Krone, mit einer für forstliche Zwecke wertlosen Wuchsform. Auf seichtem, aber sonst gutem Boden dagegen werden jene Holzarten vollkommen nach forstlicher Forderung sich entwickeln können, welche auch auf tieferem Boden Flachwurzler bleiben. Das sind die oben genannten Gattungen, vor allem die Fichtenarten; aber auch das Heer der Sträucher und Halbbäume im Walde ist hierher zu zählen.

Diese letzteren Baum- und Strauchgattungen sind somit als bescheidene Holzarten, bescheiden in ihren Ansprüchen an Bodentiefe, aufzufassen; mit Rücksicht auf die übrigen Eigenschaften des Bodens jedoch sind sie anspruchsvolle Holzarten. Steiniger Boden gilt in der Praxis immer als schlechter Boden, weil er dem Saat- und Pflanzgeschäfte zuviel Schwierigkeit bereitet; für Pflanzen kann ein solcher Boden sehr gut oder sehr schlecht sein, je nach der feinen Bodenmenge, welche zwischen den Steinen eingelagert ist. Was von der Redensart zu halten ist, daß eine Holzart noch auf nacktem Felsen wächst, wurde schon früher betrachtet und dabei betont, daß solche Holzarten ihre Wurzeln in Felsspalten versenkt haben, wo der beste

Verwitterungsboden angehäuft ist; solche Holzarten als bescheiden hinzustellen, ist daher falsch und führt zu irriger Verwendung.

ad 2. Der Reichtum an mineralischen und organischen Nährsalzen kann nur dann durch eine Holzart ausgebeutet werden, wenn diese in aufnehmbarer Form den Wurzeln geboten werden, d. h. wenn sie im Bodenwasser gelöst sind. Die Erwartungen, welche J. von Liebigs Entdeckungen erweckten, daß die chemische Bodenanalyse alle Rätsel des Gedeihens und Versagens der Holzarten auf dem gegebenen Standorte lösen und damit zur wichtigsten aller Forschungen im Walde werden müßte, haben sich nicht erfüllt; bei den geringen Ansprüchen der Holzarten an die chemisch wichtigsten Nährsalze hat sich vielmehr gezeigt, daß diese fast stets in größerer Menge vorhanden sind, als sie für die Existenz und das Gedeihen einer Holzart nötig sind, daß sie stets bei Erhaltung der normalen Verwitterungsdecke des Bodens durch Aufschließung von gebundenen in aufnahmsfähiger Form angehäuft werden. Wichtiger haben sich die mechanischen und die physikalischen Bodenanalysen, welche die Untersuchung der Zusammensetzung und der Eigenschaften der Böden zur Aufgabe haben, erwiesen. Die Schwierigkeit der Feststellung quantitativ und qualitativ der für die Pflanzen als notwendig erkannten Nährsalze hat es wohl mit sich gebracht, daß unsere Kenntnisse darüber noch äußerst mangelhaft sind und im wesentlichen die Untersuchungen von R. Weber, E. Ebermayer und E. Ramann heute noch als die grundlegenden betrachtet werden müssen; wir kennen die notwendigen Nährstoffe, aber immer noch nicht das über alles entscheidende Minimum, dessen die verschiedenen Holzpflanzen für ihr Gedeihen bedürfen. Es ist zweifelhaft, ob jener Betrag an Nährsalzen, der nach dem Verglühen der Hölzer in der Asche gefunden wird, als das absolut notwendige Minimum betrachtet werden darf, ob nicht vielmehr die Holzarten mehr von einem Salze aufnehmen, wenn dieses reichlicher geboten ist, als es für das normale Wachstum nötig wäre. Dazu kommt der störende Faktor der Individualität, wonach jede Pflanze wiederum ein spezifisches, qualitatives und quantitatives Bedürfnis an Nährsalzen besitzt. Kali wurde in der europäischen Tanne (Abies pectinata), in Juglans nigra und Fagus silvatica im Betrage von 38—45% der reinen Asche gefunden; an Natron erwiesen sich Ulmen und Legföhren (P. Pumilio) besonders reich; Kalk macht in der Regel drei Viertel des Gesamtgewichtes der Holzasche aus. Tannen haben davon nur 10%, dafür aber etwas mehr Kieselsäure. Fichte (Picea excelsa) ist stets reich an Kieselsäure, nämlich bis 30%. Kieselsäure und Kali spielen zusammen mit Magnesia eine Rolle beim Aufbau des Zellengerüstes; Eisen ist für die Ergrünung, Phosphorsäure für die Kernsubstanz nötig. Die Bedeutung des so wichtigen Kalis ist noch unbekannt.

Alle diese Angaben, welche dem großen Werke von Czapek[1]) entnommen sind, deuten jedoch erst an, wie viel im Chemismus der Vorgänge im Leben der Pflanzen noch zu lösen ist. Waldbauliche Folgerungen darauf aufzubauen, ist heute noch unmöglich; was der Waldbau tun kann, ist, jenen Boden zu verbessern, welcher durch das Wachstum der Holzarten selbst, der besten Reagentien auf die Gesamtgüte des Bodens, als nährstoffarm, als minder gut oder schlecht bezeichnet wird. Die Verbesserung kann durch passive Maßnahmen, durch Vermeidung aller, die Bodengüte schädlichen Operationen oder durch aktive, durch direkte Zufuhr von Nährstoffen (Düngung) geschehen, worüber in einem späteren Abschnitte gesprochen werden muß.

Organische Bestandteile, wie in Verwitterung begriffene, humose Stoffe der Pflanzen, die stickstoffreichen Reste der verwesenden Tiere sind als Bodenverbesserer, als Düngemittel aufzufassen, wenn ihre Zersetzung unter Mitwirkung von Bakterien fortschreitet, und wenn sie dabei den mineralischen (anorganischen) · Bestandteilen des Bodens eingelagert werden. Diese Einlagerung wird durch das Eindringen, Absterben und Verwittern der Wurzeln, durch Tiere (Regenwürmer und andere unterirdisch wohnende Tiere) vermittelt. Die beste Verfassung zeigt ein Boden, in dem die Auflösung der organischen Stoffe und ihre Zufuhr sich die Wagschale halten, so daß keine oder eine unbedeutende Anhäufung ungenügend zersetzter, organischer, besonders humus- resp. pflanzensäurereicher, pflanzlicher Abfallstoffe erfolgt. Anhäufung von unzersetzten Pflanzenstoffen, die wegen des Gehalts an Humussäure [nach Baumann[2]) an unzersetzter Pflanzensäure der Moose] eine saure Reaktion besitzen, heißen Rohhumus, Waldtorf, Moorboden, je nachdem Wasserüberschuß oder Wassermangel an der Verzögerung der Auflösung Schuld tragen. Diese schichtenartig auf dem mineralischen Boden aufliegenden Rohhumusmassen bedingen stets eine Verschlechterung des Bodens, obwohl der Rohhumus alles enthält, was zur Ernährung einer Pflanze ausreichen würde.

Es ist Aufgabe des Waldbaues, speziell der Walderziehung, das Verhältnis zwischen Abfall und Verwitterung der organischen Stoffe so zu regeln, daß eine Anhäufung, eine Bildung von Rohhumus, von Bleichsand, von Ortstein unterbleibt. Um dieses zu erreichen, wird die Erziehungsmethode nach Holzart, Boden und Klima eine verschiedene sein müssen, von welchen drei Faktoren die Geschwindigkeit der Zersetzung der Streumassen abhängt.

Um die Holzarten in ihren Ansprüchen an den Boden einwerten zu können, muß man die Böden nach ihrer Qualitität gruppieren.

---

[1]) Dr. Fr. Czapek, Biochemie der Pflanzen. G. Fischer, Jena. 2 Bde. 1905.
[2]) Dr. Baumann, Naturw. Zeitschrift für Land- und Forstwirtschaft 1907.

Setzt man die notwendige, physikalische Bodenbeschaffenheit als gegeben voraus, so gelten nach dem Nährwerte

als die besten Böden: sandiger Lehm, Mergel (Kalk, Ton, Sand), Löß (poröser, verwitterter Staubsand), vulkanischer Verwitterungsboden, harte Erde, alle genannten Böden mit dem Wassergehalt frisch;

als gute Böden: lehmiger Sand, humoser Sand, kalkreicher Sand, alle genannten Böden mit dem Wassergehalt frisch (siehe Bodenfeuchtigkeit);

als geringe Böden: sandige, kieselsäurereich und arm an Lehm und Ton, trockener Sandboden, Kalksand, Ton, Letten, Moorboden, alle trockenen Böden, seichte Fichtenböden (siehe Bodenfeuchtigkeit);

als schlechte Böden: Flugsand, Dünensand, Schutthalden, Geröllboden und alle unverwitterten, felsigen Böden, alle nassen und alle dürren Böden (siehe Bodenfeuchtigkeit).

Was die Ansprüche der Holzarten an die Bodengüte anlangt, so gilt als Leitsatz: Jede Holzart liebt guten bis besten Boden; nur in der Fähigkeit, auch mit weniger gutem Boden noch vorlieb zu nehmen, sind die Holzarten verschieden, und jene, welche auf weniger gutem Boden noch forstliche Brauchbarkeit erreichen, werden bescheiden genannt. Hinsichtlich der Ansprüche an den Bodennährgehalt gelten, günstige übrige Eigenschaften im Boden vorausgesetzt, folgende allgemeine Gesichtspunkte:

1. Alle Holzarten sind im ersten, ja selbst noch im zweiten Lebensjahrzehnt anspruchsloser als später; ihre Entwicklung auf geringem Boden während der beiden ersten Jahrzehnte ist daher eine trügerische (Lärche!), und der wahre Anspruch äußert sich erst bei der Annäherung und während des Stangenholzalters. Eine anspruchsvolle Holzart auf geringen Boden verbracht, wird sonach anfänglich nach den Leidensjahren der Verpflanzung gut gedeihen; sie wird infolge des ungenügenden Bodens mit einem Male nur dann absterben, wenn während dieser Zeit äußere Störungen (Insekten, Pilze) hinzugetreten sind; nur auf schlechtem Boden verkümmert die Pflanze und stirbt meist schon im ersten Dezennium ab.

2. Laubbäume, welche befähigt sind, zu mächtigen Bäumen heranzuwachsen, können nur dann bescheiden sein, wenn ihnen die Fähigkeit innewohnt, den Bodennährwert durch Aufnahme von Stickstoff aus der Luft zu erhöhen; alle schmetterlingsblütigen Bäume, wie Robinia, Cladrastis, Gymnocladus usw., alle Erlen (Alnus glutinosa, incana, rubra, maritima) und andere zählen hierher.

3. Laubhölzer mit schwerem Holze sind anspruchsvoller als solche mit leichtem Holze, ausgenommen sind nur Stickstoffsammler.

4. Von den Nadelhölzern sind nur jene bescheiden, welche schon in der freien Natur des Urwaldes auf gutem und geringem Boden zugleich oder nur auf geringem Boden sich finden, wie die zwei- und dreinadeligen Föhren, Juniperus usw.; je geringer der Boden, um so geringer die Höhenentwicklung und der forstliche Wert.

5. Bescheiden sind alle Holzarten, welche auch auf bestem Boden nur zu Halbbäumen oder Bäumen III. Größe oder nur zu Sträuchern sich zu entwickeln vermögen.

6. Mit geringerem Bodennährgehalt nehmen die Holzarten vorlieb, bei größerer Bodenfrische, bei größerem Wärme- und ebenso bei erhöhtem Lichtgenusse.

7. Den Boden verbessert im Nährgehalt jede Holzart, wenn auf ihre und der Bodendecke Nützung verzichtet wird. Wird nur Holz genützt, so ist es wahrscheinlich, aber noch nicht erwiesen, daß der Nährgehalt des Bodens wenigstens keine Schmälerung erfahren wird; wird Holz und Bodendecke zugleich genützt, so ist es bereits erwiesen, daß der Boden eine fortschreitende, langsame Verschlechterung erfahren muß; diese tritt auch ein, wenn die Stetigkeit der Bodenaufschließung plötzlich unterbrochen wird (Kahlschlag).

8. Die geologische Abstammung des Bodens ist gleichgültig; ist derselbe gut, kann auf ihm jede Holzart gedeihen.

Gruppiert man die Holzarten nach ihren Ansprüchen an den Nährwert der Böden, so stehen an der Spitze der anspruchsvollen die Gattungen Quercus, Carya, Magnolia, Juglans, Fraxinus, Ulmus, Larix, Fagus, Castanea und andere. Ziemlich anspruchsvoll sind die Angehörigen der Sektion Strobus, Cembra, Picea, Abies, Pseudotsuga, Tsuga, Chamaecyparis und andere. Ziemlich bescheiden sind die Gattungen Robinia und andere schmetterlingsblütige Gattungen, die Birken (Gelbbirken), Erlen (Alnus), Pappeln, Weiden. Bescheiden sind die zwei- und dreinadeligen Föhrensektionen und die Birken (Weißbirken).

Bodenfeuchtigkeit. Wasser ist ein wichtiger Faktor im Boden, der keinem Boden fehlen darf, aber auch geradezu als ein Nährwert im Boden erscheint. Nicht jedes Wasser vermag außer einer physikalischen auch eine nahrungsstoffliche Wirkung im Boden zu äußern; meteorologisches Wasser ist nahezu chemisch rein, somit als Nährfaktor am wenigsten geeignet; jedoch haben die neuesten Forschungen ergeben, daß gerade die wichtigen Stickstoffsalze mit dem Regen bei elektrischen Entladungen dem Boden aus der Luft zugeführt werden. Untergrundwasser, Oberflächenwasser ist reich an Mineralien und erhöht damit den Bodennährgehalt.

Werden dem Boden größere Mengen von Feuchtigkeit in kurzer Zeit zugeführt, wie insbesondere in regenreichen Gebieten, bei guter Bewässerung, so wird damit auch eine Auswaschung der löslichen

Stoffe veranlaßt, wobei diese in die tieferen Bodenschichten getragen werden; in regenarmen Gebieten findet eine umgekehrte Bewegung der Nährsalze statt; sie häufen sich in den oberen Bodenschichten an; ja, sie können selbst aus dem Boden ausblühen (Alkaliböden), wie bereits bei den Daseinsbedingungen der Waldungen erwähnt wurde. Wasser lockert den festen und bindet den allzu lockeren Boden; wasserüberreicher Boden ist im Frühjahr und Sommer kühler, im Herbst und Winter wärmer als benachbarter, wasserarmer Boden. In der Praxis unterscheidet man hauptsächlich folgende Stufen des Feuchtigkeitsgehaltes des Bodens:

Naß: Alle Zwischenräume des Bodens mit Wasser erfüllt, so daß dieses beim Ausheben des Bodens abtropft.

Feucht: Wasser erst beim Zusammendrücken des Bodens abtropfend.

Frisch: Die den Boden zusammendrückende Hand wird feucht.

Trocken: Nur die Pflanzenwurzeln vermögen noch etwas Wasser dem Boden zu entnehmen.

Dürr: Der Boden zerfällt, wenn er locker, und erhärtet, wenn er bindig ist.

Alle Baumarten außerhalb der Tropen lieben den frischen Boden; keine Holzart liebt den feuchten, keine den trockenen Boden; es gibt aber Holzarten, welche besser als andere geeigenschaftet sind, sich mit den Extremen in Feuchtigkeit, wenn auch auf Kosten ihrer Entwicklung, abzufinden.

Bei Überschuß von Wasser im Boden muß unterschieden werden: sauer reagierende und nährstoffarme, versumpfte Böden; eine unvollständige und verlangsamte Zersetzung der Pflanzenstoffe führt Ansammlung derselben und Anreicherung des Wassers mit Humussäure (Pflanzensäure) herbei. Solche saure Böden tragen ihre eigene Kleinflora von Carex, Drosera u. a.; unter den Holzarten gedeihen noch am besten die Gattungen Alnus, Betula, Thuja, die Föhren der Sektionen Strobus, Murraya und Pinaster, Picea, Taxodium u. a.

Neutral ist der nasse Boden, in dem durch strömendes Grundwasser oder oberirdisch fließendes Wasser eine fortgesetzte Erneuerung und Zufuhr von gelösten, mineralischen Nährsalzen stattfindet.

Den milden, neutralen, nassen Boden ertragen am besten die Gattungen Fraxinus, Ulmus, Alnus, Betula, Platanus, Salix, Populus u. a.

Der frische Boden ist das Optimum für alle Holzarten; trockenen Boden ertragen noch am besten die Gattungen Betula, Robinia, von Pinus die zweinadeligen Sektionen Pinaster, Murraya und die dreinadelige Jeffreya.

Anspruch an Bindigkeit (Durchlüftung des Bodens). Mit der Durchlüftung des Bodens, der Lockerheit, steigt und fällt auch die Durchdringbarkeit desselben für die Pflanzenwurzeln. Jede Holzart ist imstande, im Laufe ihres Lebens selbst durch ihre Wurzeltätigkeit und durch Anlockung der den Boden bewohnenden Tiere (besonders Regenwürmer, als Folge der unter dem Kronendache erhöhten, gleichmäßigen Bodendurchfeuchtung) den Boden zu lockern, somit denselben sich ihrem Bedürfnis hierin anzupassen. Seichtwurzler lockern und beanspruchen die Lockerung nur auf geringe Bodentiefe, Pfahlwurzler lockern allmählich bis in die tiefsten, ihnen nötigen Schichten. Wird das Kronendach plötzlich durchbrochen oder ganz beseitigt (Kahlschlag), wird die normale Zersetzung der Bodenstreu unterbrochen oder letztere gar beseitigt, so ändert sich auch der Bindigkeitsgrad des Bodens; die Böden werden fester, trockener, die den Boden lockernden Tiere fliehen, oder die Böden ermüden, wie die Praxis z. B. den durch Streurechen erhärteten Buchenboden nennt.

Die Praxis unterscheidet im allgemeinen nur drei Härtegrade für die Bindigkeit des Bodens:

Schwer, fest, schwer zu bearbeiten: Ton, Lehm, Letten, alle sandarmen Böden, welche beim Austrocknen erhärten und zerspringen.

Locker, mürbe, leicht zu bearbeiten: sandiger Lehm, lehmiger Sand, humusreicher Boden, frischer Sandboden, Gartenerde.

Lose, flüchtig, sehr leicht zu bearbeiten, aber der Zusammenhang fehlt: Flugsand, Dünensand, Schutthalden usw.

Alle Holzarten verlangen als optimalen Grad der Bindigkeit einen lockeren Boden; den festen ertragen noch am besten die Eichen, Zitterpappeln; den losen, flüchtigen Boden zu festigen, gelingt am besten mit zwei- und dreinadeligen Föhren oder grasartigen Gewächsen. Der schwere, feste Boden ist zumeist auch feucht und damit auch kalt, so daß das Nichtgedeihen einer Holzart, z. B. der Nadelbäume, das durch den kümmerlichen Wuchs, durch gelbliche Färbung der Nadeln, durch Frostbeschädigungen usw. sich verrät, in der Regel einer Anhäufung von ungünstigen Faktoren zuzuschreiben ist.

Auf die Ansprüche der Holzarten an Bodenpilze zum Zwecke einer Wurzelsymbiose (Mykorhiza) zur Unterstützung der Aufnahme der gelösten Nährstoffe im Boden sei hier nur hingewiesen mit der Entdeckung Stahls, daß mit dem Schattenerträgnis der Holzarten die Wurzelverpilzung zunimmt, die Ernährung somit immer mehr von der Mykorhiza abhängig wird. Die Schattenholzarten sind schwach transpirierende Pflanzen, welchen die im Boden wuchernden Pilze die Nährsalze vorwegnehmen würden, wenn sie mit ihnen nicht ein Genossenschaftsverhältnis eingehen würden, die Wurzelsymbiose. Dieses Streben nach Sicherung genügender Bodennahrung durch Vermittelung der Pilze bildet nach Stahl den Sinn der Mykorhizenbildung (Wiesner l. c. S. 219).

Es ergibt sich die Frage, ob es eine wirkliche Anpassung, Akkomodation, einer Holzart an ihr ungünstigen Boden gibt. Man vermutet die Möglichkeit einer solchen Anpassung, ähnlich wie bei der Akklimatisation durch allmähliche Verbringung der Holzart in verändertes Klima bzw. hier durch Verbringung in allmählich veränderte Böden. Graf v. Schwerin[1]) hat diese Anpassung an verschiedene Böden Atterenisation genannt. Es wäre eine verlockende Aussicht für den Waldbau, wenn es gelänge, eine Eiche zu züchten oder allmählich durch Anpassung so in der Biologie umzugestalten, daß sie mit schlechtem Sandboden vorlieb nimmt oder ihre Pfahlwurzel einzieht zugunsten eines seichten Bodens; wenn umgekehrt die Fichte ihre Seitenbewurzelung durch Züchtung auf tiefgründigem Boden allmählich zugunsten einer sturmsicheren Pfahlwurzel aufgeben, unsere versauerten Sümpfe sich mit Eichen allmählich durch Steigerung des den Eichen gereichten Wassers bevölkern würden. Wenn es eine Atterenisation gibt, so muß sie auch möglich sein bis in das äußerste Extrem. Wer aber dieses Endergebnis von vornherein als unmöglich bezeichnet, der gesteht damit die Unmöglichkeit der Atterenisation zu. Die forstliche Praxis hat bisher der Atterenisation direkt entgegengearbeitet, indem sie die jungen Pflanzen stets auf bestem Boden aufzuziehen strebte zur Erzielung starker, engbewurzelter Pflanzen; eine Aufzucht auf geringem Boden verbreitert das Wurzelsystem in einer für die Pflanzung ungünstigen Weise. Die Praxis fürchtet nicht, daß die Föhre dadurch an ihrer Bescheidenheit einbüßt, und hofft nicht, daß die Fichte dadurch tiefwurzelnder wird. Das aber müßte eintreten, wenn es eine Atterenisation gäbe. Auch die freie Natur, die bereits Jahrtausende hindurch Experimente wiederholt, hat nur Mißerfolge aufzuweisen. Die zahllosen Eichen, welche der Eichelhäher auf magere Böden gebracht hat, haben sich alle auch mager entwickelt, sie haben ihre Normalität aufgeben müssen, um auf dem schlechteren Boden wachsen zu können, sie haben stets mit Wuchsverlusten auf den schlechteren Böden reagiert; hätten sie dort nichts verloren oder das Verlorene trotz des schlechten Bodens wieder zurückerobert, dann wäre eine Atterenisation im wahren, durch das Wort beabsichtigten Sinne eingetreten. Noch viele Fichten stehen auf dem ihnen seit Jahrtausenden ureigenen, tiefgründigen Boden, die Jugend stammt von den Eltern desselben Standortes. Trotzdem ist dort die Fichte so seichtwurzelnd, als wäre das Eindringen der Wurzeln in die Tiefe seit Jahrtausenden von einer Felsenplatte gehemmt worden. Reaktion auf abgeänderte Bodenverfassung vermag die Pflanze, eine Anpassung ohne Wesensänderung vermag die Pflanze nicht; der Boden ist ein äußerer

---

[1]) Fritz Graf von Schwerin, Mitteilungen der dendrologischen Gesellschaft, Jahrgang 1907.

Faktor, und äußere Faktoren vermögen keine Wesensänderungen hervorzubringen. Wäre dies der Fall, müßte Atterenisation, wie Akklimatisation und Allumination zur Entstehung neuer Arten führen, ja, es läge darin die Erklärung für die Entstehung neuer und vorhandener Arten; die Anbau- und Züchtungsergebnisse in der freien Natur aber weisen bis jetzt den Gedanken ab, daß durch äußere Faktoren: Boden, Klima, Licht, neue Arten gebildet werden können; für neue Arten besteht die gleiche Voraussetzung der Genesis wie für neue Individuen, das ist die Befruchtung und sprungweise Abänderung im Augenblicke der Befruchtung.

Bodenwärme. Obwohl nach dem Innern der Erde die Temperatur zunimmt, dringt doch nichts von dieser Wärme bis zur Oberfläche; die mit heißen Quellen in vulkanischen Gebieten emporgebrachte oder an heiße Dämpfe gebundene Wärme kann an einigen Örtlichkeiten für Kulturzwecke verwendet werden; die mit flüssigem Gestein emporgedrückte Wärme wirkt nur schädlich; Wärme von unten liefern brennende Kohlenflöze; Wärme, welche frei wird bei Verwitterung des Bodens, bei Auflösung der organischen Bestandteile ist für das Pflanzenleben ohne allen Wert; es bedarf einer besonderen Anordnung (Mistbeete), um diese Wärme meßbar und nutzbar zu machen. Es muß zugestanden werden, daß man der Wärme im Boden eine Bedeutung zugeschrieben hat, die ihr nicht zukommt. Professor Ebermayer[1] sagt, daß das Erwachen der Vegetation im Frühjahr erst eintreten könne, wenn die Bodentemperatur 7—9° C erreicht hat; die Produktion erreiche ihren Höhepunkt, wenn die Temperatur im Bereiche der Wurzeln auf 20—22° C gestiegen sei; im Herbst und Winter erlischt schon bei 7—9° C alle Tätigkeit der Wurzeln. Wäre diese Auffassung richtig, dann könnte es in den Zonen des Fagetums und des Picetums überhaupt keinen Wald, keine Bäume geben; der Wald würde sich die Existenz selbst nehmen, dadurch, daß er den Boden beschattet, so daß die für notwendig erachteten Temperaturbeträge bei weitem nicht mehr erreicht werden können; jede Art von Deckung des Bodens in den Saatbeeten mit Moos, Laub, Torfmull u. dgl. müßte die Pflanzen schädigen, denn eine nur 10 cm starke Bodendecke hält nach den Untersuchungen des Verfassers rund 30 % der zugestrahlten Wärme vom Boden zurück. Das Kronendach eines erwachsenen Fichtenbestandes von gutem Schluß hält 42 % der Wärme, das Laubdach der Buche sogar 52 % der zugestrahlten Wärme vom Boden ab. Die abkühlende Wirkung ist bis in größere Tiefen fühlbar; bei 60 cm Bodentiefe beträgt der Wärmeausfall im Buchenbestand noch 30 % gegenüber der Blöße; so kommt es, daß auf der bayerischen

---

[1] Dr. Ebermayer, Die Bedeutung der Bodenwärme für das Pflanzenleben in E. Wollnys Forschungen auf dem Gebiete der Agrikulturphysik. 1891. XIV. 193.

Hochebene unter dem 48.° nördlicher Breite bei 500 m Erhebung die Bodentemperatur im Wurzelbereich auch während des Hochsommers eine sehr niedrige bleibt. Während des Sommers 1896 stieg die Bodenwärme im Wurzelbereich bei 40 cm Bodentiefe nicht über 12,9°; in 60 cm Tiefe war die höchste Temperatur 12,5°. Da das untersuchte Gebiet klimatisch noch dem Fagetum angehört, so muß die Bodentemperatur im kühleren Gebiete des Picetums während der heißesten Zeit noch geringer sein. Aus Tafeln II und III, welche auf Grund von Hanns' Angaben und von Untersuchungen des Verfassers bei 570 m über dem Meere angefertigt wurden, mögen folgende, allgemeine Gesetze entnommen werden. Im Hochsommer ist während einer klaren Nacht und eines klaren Tages die Bodentemperatur bei Sonnenaufgang höher als die Lufttemperatur über nacktem und über begrastem Boden, höher als auf dem Kronendach der Bäume, zur Mittagszeit aber niederer als die Luftwärme bis zu 500 m aufwärts; die nackte Bodenoberfläche ist wärmer als die Luft; nackter Boden ist wärmer als begraster und vollends als bewaldeter. Die Bodentemperatur wandert durch Leitung — je nach Bodenwert verschieden rasch — in die Tiefe. Das Maximum der Erwärmung untertags erscheint nach 12 Stunden in 50 cm Bodentiefe, selbstverständlich mit stark abgemindertem Betrag; schon in 1 m Tiefe verschwinden die täglichen Schwankungen in der Temperatur, schon bei 5 m erlöschen auch die jährlichen Schwankungen, der Unterschied zwischen Sommer und Winter fast vollständig; dort herrscht jahraus, jahrein nahezu dieselbe Temperatur, welche der Durchschnittslufttemperatur des Beobachtungsortes während des Jahres gleich ist. Die extremsten Temperaturen weist der nackte Boden, und zwar in seinen obersten Schichten auf, die gleichmäßigsten der bewaldete Boden; in der Mitte steht der begraste. Je wärmer das Klima, um so geringer wird der Unterschied; untertags sind Luft und Boden annähernd gleich warm; wie die durchschnittliche Wärme der Luft vom Äquator zum Pol hin und an den Bergen von unten nach oben abnimmt, so folgt auch die Durchschnittsbodentemperatur diesem Gesetz; aber den Zonen der Bodenwärme kommt nicht die Bedeutung zu wie jenen der Luftwärme, und es scheint, daß es ein Temperaturoptimum im Boden für Holzarten überhaupt nicht gibt.

Im Winter ist die Temperatur des Bodens bei klaren, windstillen Tagen höher als alle Temperaturen oberhalb der Erdschicht. Der Waldboden ist der wärmste; daran reiht sich der schneebedeckte Boden; der schneefreie ist der kälteste, da die Minusgrade am tiefsten eindringen. Das Frühjahr findet im Boden den Vorrat an Winterkälte; der ausgehende Herbst zehrt bereits vom Wärmevorrat des Sommers.

Aus der Abbildung Taf. III kann entnommen werden, welche Veränderungen in Luft- und Bodentemperatur vor sich gehen, wenn ein Waldteil kahl abgeschlagen wird (nackter Boden) und allmählich eine

Verunkrautung (begraster Boden) sich einstellt. Werden die Kahlflächen besät, so ist das Samenkorn der intensivsten Erwärmung auf dem nackten Boden ausgesetzt. Dunkel gefärbte Böden können, wie bereits erwähnt, sich so sehr erhitzen, daß die Keimlinge getötet werden; solche Böden verlangen Schutzmittel zur Abhaltung der stärksten Bestrahlung. Alle Keimlinge suchen zunächst durch eine zum oberirdischen Trieb unverhältnismäßig starke und tiefgehende Wurzelbildung dem Bodenniveau, in dem es am heißesten und deshalb auch am trockensten ist, möglichst rasch zu enteilen und von den Schwankungen dieses Faktors unabhängig zu werden, auch wenn dabei der Faktor Wärme, scheinbar wenigstens, ungünstiger wird. Nur das keimende Korn ist in seiner ganzen Biologie von der Temperatur des Bodens unabhängig; die ein- und zweijährigen Pflanzen stehen bereits unter dem Einfluß der Lufttemperatur, die unmittelbar über dem Boden in den schlimmsten Extremen schwankt, zumal wenn der Boden verunkrautet ist. Je älter die Baumpflanze, um so mehr entwächst sie dem Einfluß des Bodens, soweit seine Temperatur in Frage kommt. Daß aber trotz der geringen Temperatur im Boden alle Prozesse der chemischen Auflösungen und Verbindungen, alle Funktionen der Wurzeln, vor allem auch deren Wachstum normal vor sich gehen kann, lehren die Waldungen der kühlsten Regionen.

Vierter Abschnitt.

Waldbaulich-biologische Eigenschaften der Holzarten.

---

1. Art, Varietät, Rasse, Individuum, Wuchsfehler und Wuchsvorzüge, Vererbung, Provenienz usw.

Da es ganz aussichtslos erscheint, eine Verständigung über die Begriffe: Art, Varietät, Formen, Rassen zu erzielen, muß jeder, der wissenschaftlich und selbständig arbeitet, definieren, was er unter Varietäten oder Rassen oder Arten versteht. Der Begriff Arten oder Varietäten, wie er gegenwärtig besteht, ist durchaus nichts Feststehendes, Dogmenhaftes, so wenig wie die herrschende Benennung der Pflanzen; Einheit in den Begriffen ist so unmöglich wie Einheit in den Benennungen. Denn die Einheit setzt als erstes voraus die Dauer der Begriffe und der Namen. Da aber beide nur das Resultat wissenschaftlicher Forschung sein können, können Einheit und Begriffe nur so lange dauern, bis die wissenschaftliche Forschung einen Fortschritt zu verzeichnen hat.

Ein solcher mächtiger Fortschritt war es, als man erkannte, zum Wesen einer Pflanze gehöre nicht bloß ihre äußere Erscheinung, sondern vielmehr auch ihr innerer Bau, ihre Lebensgeschichte, die in der freien Natur zur Abgrenzung von Verbreitungsgebieten führt, Die frühere Definition der Art (Spezies), die ausschließlich auf äußere (morphologische) Merkmale fußte, mußte daher fallen gelassen und zum Artenbegriff neben Morphologie auch Anatomie, Physiologie und Geographie der Pflanze als gleichwertige Faktoren hinzu genommen werden.

1. Zu einer Art (S p e z i e s) sind nach Ansicht des Verf. Bäume zu rechnen, welche in einem Komplex von äußeren, d. h. morphologischen und zugleich erblichen Eigenschaften (Blüte, Fruchtbildung, Belaubung, Berindung, Bewurzelung, Tracht) in ihren inneren, d. h. anatomisch-elementaren und zugleich erblichen Eigenschaften (anatomische Elemente der Rinde, des Holzes, der Blätter), in einem Komplex von physiologischen und biologischen Eigenschaften (Verhalten gegen Licht, Wärme, Boden, in Schnellwüchsigkeit usw.) übereinstimmen, welche

sodann ein geographisch in sich insoweit abgeschlossenes Verbreitungsgebiet besitzen, daß sie in dem bestimmten Gebiet bei entsprechenden
Wärme-, Licht- und Bodenverhältnissen herrschend auftreten, d. h. die
anderen nah verwandten Arten (Spezies) von diesem Gebiete ausschließen.

Als Arten in diesem erwähnten, naturwissenschaftlichen Sinne,
nicht aber im Sinne des alten Speziesdogmas oder der Kongreßbeschlüsse
haben daher folgende Holzgewächse zu gelten, die früher als Varietäten
mit konstanten und erblichen Eigenschaften betrachtet wurden.

Picea obovata, die sibirische Fichte, ist nicht eine Varietät, vor
allem keine Klimavarietät der Picea excelsa oder europäischen Fichte,
sondern eine Art, in einem Klima erwachsen, das dem der ursprünglichen Heimat der europäischen Fichte, soweit die Beobachtungen
reichen, in Temperatur und Luftfeuchtigkeit gleich ist; daß an den
Grenzgebieten beider Fichten die Arten sich geographisch und physiologisch mischen (Bastarde bilden) ist eine bei den meisten Holzarten
zu beobachtende Erscheinung. Falsch aber ist es, solche Bastarde als
Übergangsformen von einer Art in die andere aufzufassen. Larix
sibirica, die sibirische Lärche, kann keine Varität, sondern muß eine
Art sein, denn ihre Individuen entsprechen vollständig obigen Anforderungen an eine Art. Pinus sibirica, die sibirische Zürbel, muß aus
dem gleichen Grunde als eine Art, nicht als eine Varietät der Alpenzürbel betrachtet werden. Pinus lapponica ist aus diesem Grunde eine
Art, welche in Finnland, Schweden und Norwegen wächst, wozu aber
die Föhre von Riga, wie Verfasser stets ausdrücklich betonte, nicht
gehört, weil letztere nur die Fortsetzung der mitteleuropäischen Föhre
von Westpreußen über Ostpreußen, Kurland nach Livland und Estland
darstellt; Pseudotsuga glauca, die Colorado-Douglasie, ist morphologisch,
anatomisch, biologisch und geographisch eine eigene Art, ebenso wie
Pseudotsuga Douglasii oder Pseudotsuga japonica ihre nächsten Verwandten in Westamerika bzw. Japan; Pinus uncinnata, Mughus,
Pumilio, austriaca, corsicana, Jeffreyi, scopulorum usw. sind Arten.

Daß die Feststellung der Art botanisch, waldbaulich und gärtnerisch
von größter Wichtigkeit ist, bedarf keines Hinweises; ebenso wichtig
ist natürlich auch die Herkunft (Provenienz) des Saatgutes von der
richtigen, gewünschten Art.

Als Varietät (Varietas) faßt die heutige Systematik jene
Pflanzenformen auf, welche abweichende Merkmale von der Art
(Spezies) aufweisen; diese abweichenden Merkmale müssen durch
Generationen hindurch erblich, somit konstant sein. Mit dieser Defini-
tion ist der Willkür und Deutung freier Spielraum gelassen, denn da-
mit ist der Unterschied von der Art ganz allein auf die äußere Er-
scheinung gelegt und es jedem einzelnen überlassen, ob er abweichende
Merkmale für groß genug hält, um die betreffenden Pflanzen als Varietät

einer Art oder als eigene Art aufzufassen. Erblichkeit und Konstanz der Eigenschaften sind Merkmale der Art.

Ein Varietätmerkmal soll konstant und erblich sein; ist das nicht ein Widerspruch? Entweder ist alles variabel, das schließt dann die Erblichkeit aus, oder es ist alles erblich, d. h. konstant, wenigstens für so langen Zeitraum hindurch, als der Mensch für seine Erkenntnis und Beobachtung zu erfassen vermag, dann ist die Variabilität ausgeschlossen. Das scheinbar geringfügigste Merkmal wird dadurch groß genug, daß es konstant, d. h. erblich ist. Zwei Ahornbäume, die morphologisch und biologisch absolute Gleichheit aufweisen würden, müßten als zwei getrennte Arten gelten, wenn der eine Milchsäfte führt, der andere nicht; schmetterlingsblütige Pflanzen, die in Blüten, Früchten und Blättern absolut gleich sind, müßten als eigene Art gelten, wenn die eine eine Schlingpflanze, die andere ein Baum wäre, eine dritte selbst unter den günstigsten Bedingungen nur ein Strauch wird. So wie heute der Begriff „Varietät“ gefaßt wird, gibt es keine Varietät mehr; solche Varietäten unterscheiden sich von den Arten nur durch ein Plus oder Minus in der menschlichen Erkenntnis.

2. Als Lusus oder Mutationes, Spielarten, Spielformen wären solche Bäume zu bezeichnen, welche nur in der morphologischen, nicht aber in der elementar-anatomischen Eigenschaft von der Art abweichen, wenn dieser variierte Charakter für das ganze Leben des betreffenden Baumes konstant, aber nicht oder nur zum kleinsten Prozente auf die Nachkommenschaft vererbt wird; für sie ist charakteristisch, daß sie mitten unter den typischen Exemplaren, zumeist vereinzelt, selten in größerer Zahl entstehen. Gerade diese Entstehungsweise aber beweist, daß weder Boden noch Klima, noch Erziehung die Ursache dieser Spielarten sein können; hierüber brauchen wir kein Experiment, denn es wiederholt die Natur dasselbe seit Jahrhunderten stetig vor unseren Augen. Wer Pflanzen einer Art nach tausenden züchtet, gewahrt mitten unter den typischen Pflanzen plötzlich eine hängende oder eine astlose, eine rot- oder gelbgefärbte Form. Auf ganz gleichem, von der umgebenden Natur völlig unabhängigem Wege entstehen alle die gärtnerisch interessanten Trauer-, Kriech-, Zwerg-, Busch-, Schlangenformen, juvenile, panaschierte, zerschlitzt-blätterige, Gold- und Silber- oder monophylle Formen. Für die meisten dieser Formen ist charakteristisch, daß ihr Alter — von den vielen Mißhandlungen außerhalb des Waldes natürlich ganz abgesehen — verkürzt, ihre Stammentwicklung geschmälert, somit ihr Wert für forstliche Zwecke Null ist, während der gärtnerische Wert zumeist erhöht ist. Was Mißgeburten und Kretins im Tierreiche, sind diese Spielarten (Lusus) im Pflanzenreiche; der Zeitpunkt der Entstehung der Lusus, ja höchstwahrscheinlich auch die Ursachen der Entstehung sind dieselben wie bei den Tieren: von äußeren Einflüssen

unabhängige, innere Ursachen, welche bei der Vereinigung der Sexual-
zellen zu einer n e u e n Art oder zu e i n e m L u s u s oder zu e i n e m
n e u e n Individuum den Anstoß geben. Spielarten (Lusus) sind
durchaus nicht häufig in der Natur; unter.den Fichten trifft auf kaum
eine Million normaler Pflanzen eine einzige Schlangenspielart; manche
Holzarten neigen hierzu häufiger, wie die Rotbuche zur Blutbuchen-
bildung, Buchenstockausschlag· zur Silberform der Blätter; für die
japanischen Föhrenarten gelang es Verfasser 43 Spielarten, oder Lusus
festzustellen. Sämereien von den Spielarten gesammelt geben zuweilen
in einigen Prozenten die Charaktere der Spielarten wieder; in den
weitaus häufigsten Fällen ist man zur ungeschlechtlichen Vermehrung
(Steckling, Pfropfung) gezwungen aus Mangel an Erblichkeit der vom
Typus abweichenden Formen.

3. I n d i v i d u a l i t ä t e n (i n d i v i d u a l i t a s) vielfach auch R a s s e n
genannt, gibt es unendlich viele. Nicht zwei Individuen derselben Art
sind in allen Punkten ihrer äußeren Erscheinung und inneren Entwicklung einander völlig gleich; selbst wenn äußerliche Gleichheit zu bestehen scheint, sind im Innern der Pflanzen Differenzen im Verhältnis
der Verteilung der anatomischen Elemente (Beteiligung der einzelnen
Zellenformen am Aufbau des Holzes nach Qualität, Jahrringsbau usw.),
kaum zwei Individuen zeigen den ganz gleichen Vegetationsbeginn,
Blütebeginn, Fruchtansatz, Vegetationsabschluß. Auf allen Böden und
in allen Klimalagen gibt es Bäume einer Art, welche Differenzen im
Wachstumsbeginn von einigen Tagen bis zu mehreren Wochen zeigen,
welche in Wuchsgeschwindigkeit ganz beträchtlich divergieren, und
diese d i v e r g e n t e n I n d i v i d u e n s t e h e n u n m i t t e l b a r n e b e n-
e i n a n d e r u n d s t a m m e n s e i t U r z e i t e n v o n B ä u m e n a b,
w e l c h e a n d e m s e l b e n B o d e n u n d i n d e m s e l b e n K l i m a s e i t
U r z e i t e n e r w a c h s e n s i n d. Diese Tatsache, auf die Verfasser zuerst in seinen Schriften hingewiesen hat, schließt die Erklärung aus,
daß die Schnell- oder Langsamwüchsigkeit der Individuen, der frühe
oder späte Vegetationsbeginn und die übrigen Abweichungen auf Einflüsse des Bodens oder des Klimas zurückgeführt werden können; da
auf ein und demselben Boden nebeneinander aus gleicher Saat hervorgegangene gerad- und krummschäftige Laubhölzer, solche mit und
solche ohne Klebeäste, gabelgipfelige und normale sich finden, so
müssen auch diese Eigenschaften zu den individuellen gerechnet
werden, die in der Pflanze schlummern und u n a b h ä n g i g v o n
K l i m a u n d B o d e n i n d i e E r s c h e i n u n g t r e t e n. Daß in der
individuellen Anlage nicht die einzige Ursache für Krummwüchsigkeit,
Klebästebildung, Langsamwüchsigkeit usw. liegt, davon werden die
folgenden Auseinandersetzungen Zeugnis geben.

Die nächste Frage ist: Sind die Individualitätscharaktere erblich?
Seit zehn Jahren führt Verfasser über diesen Punkt Versuche im forst-

lichen Versuchsgarten zu Grafrath aus; alle hatten bisher ein negatives Ergebnis. Aus Früchten, die von einer sehr früh treibenden Roßkastanie genommen wurden, erwuchsen die am spätesten austreibenden Pflanzen des Versuches, aus Samen des spät treibenden Baumes erwuchsen die am frühesten austreibenden Pflanzen des Versuches; **nicht einmal die Majorität der Pflanzen richtet sich nach dem Mutterbaum.**

Soweit heute schon geurteilt werden kann, muß das Urteil lauten: Der Individualitätscharakter bleibt für das betreffende Individuum das ganze Leben hindurch unverändert, es vererbt sich nur die Neigung zu einer neuen Individualität, für welche somit der Individualitätscharakter des Mutterbaumes nicht alleinbestimmend sein kann. Damit fällt aber die Forderung für Kulturzwecke, die Sämereien von bestimmten Individuen zu sammeln, um den uns erwünschten Charakter des Mutterbaumes in den Nachkommen vorherrschend oder alleinherrschend wieder zu finden oder sogar durch Selektion bestimmte Eigenschaften zu züchten, in sich zusammen; die Provenienz des Saatgutes hat für **Individualitätseigenschaften der Nachkommen keine Bedeutung.** Da individuelle Langsam- oder Raschwüchsigkeit, Frühzeitigkeit im Vegetationsbeginn dieselbe Tendenz während des ganzen Lebens der betreffenden Pflanze beibehalten, ist **unter den jungen Individuen** die Auswahl je nach dem beabsichtigten Zweck von größter, waldbaulicher Bedeutung.

4. **Standortformen (Klimarassen, Bodenrassen), Erziehungsformen, Licht-, Schatten- und Freistands-, Schirmstands-, Beschädigungs- usw. Formen (Formae).** Das Klima des Standortes beeinflußt natürlich die äußere Erscheinung und innere Entwicklung auf das mächtigste; Verfasser hat, um diesen Einfluß zu präzisieren, für jede Holzart ein mittleres Klima (entsprechend dem mittleren Teile des Verbreitungsgebietes) als das beste Klima angenommen (Optimum), von dem hinweg nach der Kältegrenze die Wuchsgeschwindigkeit stetig abnimmt, während nach der Wärmegrenze hin die Wuchsgeschwindigkeit anfänglich zunimmt, d. h. größer ist als im Optimum, um dann früher zu erlöschen als im Optimum. Durch veränderte Klimalage werden daher die schnellwüchsig veranlagten Individuen im gleichen Sinne beeinflußt wie die langsam veranlagten. So kann eine schnellwüchsig veranlagte Pflanze, in kühleres Klima versetzt, so langsamwüchsig werden als eine langsam veranlagte Pflanze im heimatlichen, wärmeren oder eine schnell veranlagte Pflanze im kühleren Klima; umgekehrt werden im kühleren Klima wachsende und langsamwüchsig veranlagte Pflanzen, im wärmeren Klima zwar schneller wachsen, immerhin aber noch langsamer sich entwickeln als die schnell oder normal, vielleicht sogar als die langsam veranlagten Pflanzen des wärmeren Klimas. Dieser Satz gilt als sicher, wenn die Pflanze selbst

transferiert werden kann. Was im Saatkorn liegt, ob ein schnell- oder langsamwüchsig veranlagter Keim, kann a priori nicht bestimmt werden, da die Individualität des Mutterbaumes nicht erblich ist.

Cieslar[1]) und nach ihm Engler[2]) haben nun gefunden, daß die Nachkommen der im kühlsten und wärmsten Klima erwachsenen Fichten ihre dort durch das Klima hervorgebrachte Langsamwüchsigkeit bzw. Schnellwüchsigkeit beibehalten; Cieslar und nach ihm Engler nennen dies die Erblichkeit des Zuwachsvermögens; das Klima habe so lange auf die betreffenden Individuen eingewirkt, daß eine „klimatische Varietät" entstanden sei. Das wäre der erste Nachweis, daß eine von außen wirksame Ursache bei Bäumen erbliche Veränderungen hervorrufen kann; nun bleiben noch die praktisch wichtigen Fragen zu lösen, wie viel Jahre diese Erblichkeit nachhält, wo in der Natur die Grenze zwischen Hochgebirgs- und Tieflandsfichte liegt. Ist Klima die Ursache, muß es mit dem Klima alle Übergänge von Tief- zu Hochlandsfichten, somit ungezählte, sogenannte „Klimavarietäten" geben.

Die vor 20 Jahren in den bayerischen Staatswaldungen an mehreren Orten eingeleiteten Versuche mit der Fichte aus Norwegen und Schweden (var. septentrionalis damals genannt) haben schon nach acht Jahren die völlige Gleichwüchsigkeit mit den umgebenden Fichten gezeigt; Cieslar fand das Gleiche (S. 141); auch die äußere Gestalt, Benadelung, Zweigbildung, Farbe war derart, daß in der Umgebung sich die gleichen Formen auffinden ließen; so oft ein Spätfrost die einheimische Umgebung schädigte, wurden gleichzeitig auch die Nordlandsfichten in Mitleidenschaft gezogen; die notorische, anfängliche Langsamwüchsigkeit, welche ein Ergebnis tausendjähriger Festigung sein soll, hat nicht einmal acht Jahre hergehalten.

Freilich kann bei allen diesen Versuchen mit nordischem Samen die Prämisse falsch sein, d. h. der Samen kann trotz seiner nordischen Provenienz aus einem Gebiete stammen, das wärmer ist als das neue Anbaugebiet. Zeigen die Pflanzen solchen Saatgutes dennoch langsames Anfangswachstum, dann kann keine Kältevarietät oder -rasse vorliegen.

Beim Bestreben, Sämereien aus nordischen Regionen zu beziehen, ist in erster Linie der Wunsch, frostharte, d. h. spätfrostharte Pflanzen zu erhalten, entscheidend. Seit 10 Jahren betont Verfasser die Naturwidrigkeit einer solchen Forderung und kämpft gegen die Saatgutverteuerung durch die Versicherung des Samen-

---

[1]) Dr. Cieslar, Über die Erblichkeit des Zuwachsvermögens. Zeitschr. f. d. ges. Forstwesen 1875.

[2]) A. Engler, Einfluß der Provenienz des Samens auf die Eigenschaften der forstlichen Holzgewächse. Mitteil. d. schweiz. Zentralanstalt f. d. forstl. Versuchswesen 1905.

händlers, daß er von besonders nordischer oder hochgelegener Provenienz sei. Alle Beobachtungen zeigten deutlich, daß die Natur, das Klima nicht imstande ist, spätfrostharte Individuen zu züchten, und in der Tat erfrieren die Nachkommen der nördlichsten Provenienz ebenso wie die aus der höchsten Waldregion in die wärmere Zone verbrachten Pflanzen, ebenso häufig und ebenso stark wie die im neuen Standorte sie umgebenden, heimischen Pflanzen. Professor Engler in Zürich kommt zu dem gleichen Ergebnisse, wenn er sagt, daß es frostharte Rassen nicht gibt, d. h., daß die Provenienz des Saatgutes nach dieser Richtung keinen Wert besitzt.

Der Erforschung der Ursachen der Krummwüchsigkeit des Schaftes ist noch am meisten Zeit von seiten der Forscher, der Praktiker und der Samenhändler gewidmet worden. Es ist tief zu beklagen, daß hierbei so viel Mangel an Feingefühl und Takt in der Kritik gegenteiliger Überzeugung, eine solche Fülle persönlicher Gereiztheit und Interessiertheit zutage getreten ist. Nachdem Verfasser auf Grund seiner Studien der Verbreitungsbezirke der Holzarten und ihrer Wuchsverhältnisse in Europa, Amerika und Asien zur Überzeugung gekommen ist, daß es eine Vererbung der im Laufe des Lebens einer Pflanze durch äußere Umstände erworbenen Eigenschaften anscheinend nicht gibt, kann es nicht auffallen, wenn er auch die Erblichkeit der Krummwüchsigkeit, der Drehwüchsigkeit, des niederen, krüppelhaften Wuchses ebenso wie der Geradschaftigkeit, der Vollholzigkeit, der Baumhöhe für bestimmte Arten in Abrede stellt und den Wert der Auswahl (Provenienz) des Saatgutes nach dieser Richtung hin bestreitet. Eine exakte Prüfung der Provenienzversuche Ph. Vilmorins in Les Barres hat des Verfassers Überzeugung nicht zu erschüttern, nur zu befestigen vermocht. Auf Anregung des Verfassers hat der internationale Verband der forstlichen Versuchsanstalten die einschlägige Frage in sein Arbeitsprogramm aufgenommen. Sind Gerade- oder Krummwüchsigkeit erbliche Erscheinungen, so müssen sie bereits in der Baumjugend sich zeigen; die Nachkommen der Krummholzföhren (Pinus Pumilio) sind bereits in der Jugend krumm; jene der nordischen Föhre (lapponica) bereits in der Jugend gerade; jene der mitteleuropäischen Föhre (silvestris) bald krumm, bald gerade, je nach Klima, Boden und Behandlung; alle drei Föhren repräsentieren bereits in der Jugend die erblichen Eigenschaften ihrer Eltern. Tritt Krummwüchsigkeit erst in späterem Alter, etwa nach dem 20. Lebensjahre auf, so kann sie wohl nicht auf Erblichkeit zurückgeführt werden.

Man kann hier drei Gruppen unterscheiden: die erste umfaßt die Gattung Picea, die Fichtenarten Abies, die Tannenarten, Pseudotsuga, die Douglasien, Taxodium, Sciadopitys, die Föhrensektion

Strobus, die Stroben und andere; bei ihnen erwachsen auch unter den ungünstigsten Verhältnissen des Bodens, des Klimas und der Behandlung tadellos gerade Schäfte; auf 1000 Stämme trifft noch nicht ein Stamm mit gebogenem Schafte; nur an schroffen Hängen beginnt auch bei diesen Baumarten der Schaft mit einer Biegung. Zur zweiten Gruppe, welche durch innere und äußere Einflüsse krummschaftig werden kann, gehören die Gattungen Larix, die Lärchenarten, die Sektion der zwei- und dreinadligen Föhren, die Gattungen Tsuga, Cupressus, Chamaecyparis, Sequoia, Cryptomeria und andere. Am stärksten zeigen als dritte Gruppe, die Laubhölzer, die Abweichung von der Geradwüchsigkeit als Folge größerer Empfindlichkeit gegenüber den äußeren Störungen und als Folge verstärkter, innerer Anlage, intensiveren Individulitätsdranges.

Die äußeren Ursachen, welche die Geradschaftigkeit beeinträchtigen können, sind vor allem im Klima gelegen. Es wurde bereits hervorgehoben, daß jede Holzart vom Optimum ihres Verbreitungsbezirkes hinweg eine Abnahme der Hoch- und Geradschaftigkeit erkennen läßt; die Extreme in Schlechtschaftigkeit an den Grenzen der Verbreitungszone sind dem Wärmeüberschuß an der Wärme- und dem Wärmemangel an der Kältegrenze zuzuschreiben. Höherer Feuchtigkeitsgehalt der Luft fördert die Geradschaftigkeit. Durch geraden Schaft auffallend und berühmt ist die Föhre oder Kiefer (P. silvestris) in ihrem klimatischen Optimum, das ist West- und Ostpreußen, die baltischen Provinzen (Riga), sind die Eichen in ihrem Optimum in Nordamerika, Japan wie in Südosteuropa, ist die europäische Buche in ihrem Optimum (Nordfrankreich, Deutschland, Böhmen, Ober- und Niederösterreich) und alle anderen Holzarten, deren Optimum aus der Zentralzone ihres Verbreitungsgebietes sich ergibt; von ihrem Optimum hinweg nimmt die Schönheit der Schäfte ab; die Föhre von Riga, die in ihrem Optimum unter 100 Stämmen noch nicht einen aufweist, der eine Schaftkrümmung besäße, ist im lufttrockenen und warmen Zentralfrankreich (in Les Barres) unter den gleichen Verhältnissen mit der süddeutschen Föhre ebenso krummschaftig wie diese. Siebzigjährige Bestände der Rigaföhre wiesen an krummwüchsigen Stämmen 37%, 32% und 26% der Gesamtzahl auf; die unmittelbar daneben stehende, süddeutsche Föhre hatte 31% krummwüchsige Individuen; die Entfernung der Rigaföhre von ihrem Optimum hatte sie ebenso nachteilig beeinflußt wie die süddeutsche Föhre, d. h. sie war unter dem gleichen Klima der süddeutschen schon in der ersten Generation gleich geworden; die Anlage der Schönschaftigkeit des Optimums der mitteleuropäischen Föhre (Ostpreußen und baltische Provinzen Rußlands) ist daher nicht gefestigt und nicht erblich. Dem Winde fällt ebenfalls etliche Schuld an der Krummschaftigkeit der Bäume, insbesondere an den Nordwest-, West- und Südwesträndern der Waldungen und Bestände zu. Verfasser fand bei Untersuchungen der Bestandsränder und des Bestandsinnern von Rigaföhren in Les Barres, daß unter 100 Randbäumen 76 stark bis sehr stark gekrümmt waren, während im Innern des Bestandes die Zahl dieser auf 24 herabsank. Schon einer frischgesetzten Pflanze kann der Wind gefährlich werden; wird durch Wind die Wurzel gezerrt, die Pflanze oder der Baum „geschoben", so ist keine Pflanze imstande, sich wiederum ohne Krümmung und Gegenkrümmung zur Herstellung der Gleichgewichtslage gerade zu richten. Im gleichen Sinne wie Wind wirkt besonders im jugendlichen Alter der Schnee.

Auch der Boden kann die äußere, mechanische Ursache zur Krummschaftigkeit sein. Holzarten der zweiten und dritten Gruppe, welche Pfahlwurzler sind, werden auf sehr steinigem oder auf seichtem Boden zur Krümmung und Abbiegung ihrer Wurzeln und ihres Schaftes infolge eines korrelativen Verhältnisses zwischen Schaft und Wurzeln gezwungen.

Weitere Ursachen dieser Schaftkrümmung sind Beschädigung und Verlust des Gipfeltriebes, durch absichtliches Einkürzen, durch Schnee, Hagelschlag, Erfrieren, Verletzung durch Insekten, abäsende Tiere u. dgl. Es erhebt sich dann oft ein Seitenzweig als Gipfeltrieb, und eine Krümmung des Stämmchens bleibt zurück. Häufen sich solche unglückliche Zufälle auf ein und demselben Standorte, so wird ein besonders schafthäßlicher Bestand erwachsen müssen.

Neben den äußeren gibt es offenbar auch innere Ursachen, welche auf gleichem Boden und bei gleichem Klima gerad- und krummschaftige Individuen nebeneinander stellen; unmöglich kann man annehmen, die krummwüchsigen Schäfte stammen alle von ebenso mißgestalteten Eltern ab. Die innere Neigung ist bei der dritten Gruppe mächtiger als bei der zweiten und bei beiden größer als bei der ersten. Auf Auslösung der inneren Anlage zur Krummschaftigkeit wirkt offenbar eine üppige Ernährung durch besten, besonders gedüngten Boden, ein besonders schlechter Boden, ein wärmeres oder kühleres Klima. Ist die innere Veranlagung zur Krummwüchsigkeit gefestigt und voll erblich, wie bei den Kriechföhren P. Pumilio, Mughus, pumila, Juniperus prostrata und vielen anderen, so ist sie Artcharakter; ist die Geradwüchsigkeit voll erblich, wie bereits für Pinus lapponica mihi, die nordische Föhre, nachweisbar, dann ist sie Artcharakter; zeigt eine Holzart je nach Klima, Boden, Behandlung bald geraden, bald krummen Schaft, so ist diese Variabilität und Abhängigkeit Artcharakter (Pinus silvestris); Bastarde haben nicht einen gemischten, sondern einen eigenen Charakter; in dieser Abgrenzung liegt die Provenienz des Saatgutes.

Allgemein bekannt sind die Auseinandersetzungen, welche der

Präsident des baltischen Forstvereins, Max v. Sivers, veranlaßte, indem er die Behauptung aufstellte, daß die Kiefern- oder Föhren- bestände Deutschlands deshalb so mangelhaft in Schaftform seien, weil die Samen aus inländischem, deutschem Saatgute oder, wie er sagte, aus Darmstädter Saatgut erwachsen seien; aus solcher Saat erwüchsen zumeist nur krüppelige Stämme, es sei dies die Folge der Erblichkeit der in Süddeutschland überhaupt krumm- wüchsig erwachsenden Föhren; als schlagendster Beweis müsse das Verhalten der Jugend des Darmstädter Saatgutes in den baltischen Provinzen gelten. Es erfolgten Gegenäußerungen aus den Kreisen von Forstwirten, daß es sehr wohl auch in Deutschland schönschaftige Föhren gebe. Verfasser mußte anerkennen, daß die Saatpflanzen aus Darmstädter Saatgut in Livland zum Teil sehr schlechtschaftig, zum Teil aber auch doch tadellos standen, daß baltische Jugend bald tadel- los gerade, bald doch auch unter den vom Menschen geänderten Be- dingungen recht krumm erwuchs, daß die baltischen Föhrenaltbestände dagegen tadellosen, vollendet geraden Wuchs aufwiesen; die Differenzen bezogen sich auf die Erblichkeit der Anlage zur Geradschaftigkeit in der baltischen, der Anlage zur Krummschaftigkeit in der mitteldeutschen Föhre. Verfasser glaubte, die Krummschaftigkeit der jungen Föhre in Livland, sowohl Darmstädter als baltischer Herkunft, auf die Erziehungs- methode, Steigerung der Feinde und Auswahl des schlechtesten Bodens, die Krümmung der deutschen Tieflandsföhren auf größere Wärme, ge- ringere Luftfeuchtigkeit (Lage außerhalb des Optimums) zurückführen zu müssen. Dabei mußte Verfasser auch auf die Tatsache hinweisen, daß auch in Deutschland über 500 m Elevation, d. h. bei gleichem Klima wie in Livland, ebenso schönschaftige Föhren erwüchsen wie jene von Riga (Schwäbisch-bayerische Hochebene, Fichtelgebirge, Schweiz und Schwarzwald[1]).

Die oben angeführten Zahlen über die Krummschaftigkeit der Rigaföhre in Les Barres beweisen nicht die Erblichkeit der Schön- schaftigkeit der Rigaföhre; sie bestätigen vielmehr das allgemeine Natur- gesetz, daß über Gerad- und Krummschaftigkeit der Silvestrisföhre nicht die Abstammung des Saatgutes (Provenienz), sondern Klima, Boden, Behandlung und Mißhandlung auf dem neuen Standorte entscheidend sind. Es ist hier nicht der Ort, um den Nachweis zu erbringen, daß auch die Versuche über Erblichkeit und über Züchtung der Geradschaftigkeit bei der Lärche, welche in Oldenburg[2]) angestellt wurden, nach der Auffassung und Beobachtung des Verfassers als mißlungen bezeichnet werden müssen. Von der Drehwüchsigkeit der Holzfaser des Schaftes wird stets

---

[1]) C. Wagner, Die räumliche Ordnung im Walde. 1907.
[2]) H. Mayr, Supplement der Allgem. Forst.- u. Jagdz. 1895.

behauptet, daß dieser Formfehler erblich sei; nirgends ist ein beweisender Versuch mit einer Baumart, die neben drehwüchsigem auch geradfaseriges Holz besitzt, darüber ausgeführt worden. Soviel ist sicher, daß alle Holzarten auf seichtem Boden, auf Südhängen und steinigem Boden zur Drehwüchsigkeit und zu daraus resultierender Schwerspaltigkeit hinneigen.

Zwiesel- oder Doppelgipfelbildung, eine äußerst lästige Erscheinung, welche bei ungenügender Jungwuchspflege im höheren Alter zu einer Quelle von Verlegenheiten für den Wirtschafter wird,

Abb. 6. Dreißigjährige Eichen (Quercus pedunculata) mit normaler und mit quirlästiger Krone, von Jugend auf fehlerlos und fehlerhaft.

ist bei den Gattungen Picea, Abies, den fünfnadeligen Pinussektionen, bei Pseudotsuga, Larix und anderen Folge einer Verwachsung zweier eng beisammen stehender Pflanzen (Büschelpflanzung) oder Folge eines Gipfelverlustes, wobei zwei Seitentriebe zu neuen Gipfeln sich erheben. Durch innere Steigung doppelgipfelig werden am meisten die Gattungen Tsuga, Chamaecyparis, einige Laubhölzer, wie Cercidiphyllum, Fraxinus, Acer; die innere Steigung (individuelle Anlage) wird besonders häufig ausgelöst in nicht zusagendem Klima und auf unpassendem Boden; im Streben, zuerst den Boden zu decken, treiben genannte Holzarten Seitenäste, welche zu aufrechten Trieben werden.

Vergabelung des Schaftes kommt vorwiegend bei den Laubhölzern vor und wird dadurch hervorgerufen, daß ein Seitenzweig
ohne erkennbare, äußere Ursachen stärker wächst als die folgenden
und die vorausgehenden, ja, daß er dem Gipfeltrieb hierin gleich wird,
so daß beide gleich stark und gleich-hoch nebeneinander aufwärts
streben, bis der eine zurückbleibt und bald darauf ein zweiter, mit
dem zurückgebliebenen korrespondierender Seitenast den Rhythmus
seines Vorgängers wiederholt.

Abb. 7. Fünfunddreißigjährige Eichen mit quirlästiger Krone (je zwei Äste bilden einen Schein-
quirl), *a* in lockerem, *b* in vollem Schlusse, beide von Jugend auf fehlerhaft.

Da unter den gleichen Boden- und Klimaverhältnissen vergabelte
und geradschaftige Stämme nebeneinander stehen, kann man nicht
Boden und nicht Klima für diese forstlich ungünstigen Ausformungen
des Schaftes verantwortlich machen; es liegen wiederum individuelle,
innere Veranlagungen vor, die allerdings auf unpassendem Boden oder
ebensolcher Klimalage bei jeder Holzart häufiger in die Erscheinung
treten als auf guten Böden und in zusagenden Klimaten. Daß eine
überlegene Erziehung der Bestände auf diese individuelle Veranlagung

ein besonderes Augenmerk richten muß, kann hier nur angedeutet werden, um der Praxis die Wichtigkeit solcher Kronenstudien zu zeigen.

Klebeäste und Wasserreiser werden in der Regel zusammengenommen als den Nutzwert schädigende Ausschläge des Schaftes. Beide sind jedoch verschiedenen Ursprungs, physiologisch verschieden.

Abb. 8. *a* neunjährige japanische Lärche (L. leptolepis), krumm aus natürlicher Anlage. *b* dreißigjährige europäische Lärche, krumm durch Wind. *c* dreißigjährige europäische Lärche, krumm durch
innere Anlage von Jugend auf.

Klebeäste sind kurze Triebe, die den Schaft, z. B. an Buchen oder Eichen, im tiefsten Bestandesschatten und im vollen Lichte umkleiden, ohne daß in ihrer Krone, in ihrer Ernährung eine erklärende Ursache zu erkennen wäre. Wasserreiser sind rasch emporwachsende Triebe, die durch das volle Vorderlicht aus schlafenden Knospen erweckt werden;

sie nehmen der Krone das Vegetationswasser vorweg, so daß diese absterben muß (Gipfeldürre, Zopftrocknis). Plötzliche Freistellung,

Abb. 9. Schäfte von drei fünfzigjährigen, herrschenden Buchen aus vollem Bestandesschlusse, ihre Fehler wiederholen sich von der Jugend bis zur Haubarkeit.

Abb. 10. Drei nebeneinanderstehende, siebzigjährige Nachkommen der Riga-Föhre in Les Barres (Frankreich).

Senkung des Grundwasserspiegels, sowie allzu weitgehende Entwässerung sind die Vorbedingungen für Wasserreiserbildung bei allen Laubholzarten, insbesondere Lichthölzern, die aus einer Umgebung von Schattenholzarten losgelöst werden. Klebeästeanlage und Wasserreiseranlage sind individuell; denn es gibt Bäume, die trotz obiger Angriffe ohne Wasserreiser bleiben und solche, welche von Jugend an mit Klebeästen behaftet sind. Zur Klebeästebildung veranlagte Individuen können als Freiständer nicht verwendet werden, denn ihre Klebeäste gehen bei Freistellung in Wasserreiser über. Klebeästefreie Stämme zeigen bei Freistellung gar keine oder nur mäßige Wasserreiserbildung. Die Erziehung der Bestände, ebenso wie der Mittelwald- und Überhaltbetrieb werden hierauf Rücksicht nehmen müssen. Zur Klebeästebildung neigen besonders die Gattungen Quercus, Fagus; von Nadelhölzern wären zu nennen: Pinus mitis, rigida, Murrayana, Taxusarten, die japanische Lärche, Cryptomeria und andere; dabei sind Klebeäste auf das Stangen- und jüngere Baumalter, Wasserreiser an kein Alter gebunden. Bäume mit krummwüchsig veranlagten Schäften wiederholen diese Anlage auch in den Ästen, welche die Krone bilden, in weit ausgreifenden, hin und her gebogenen, mehr horizontal abstehenden Ästen. Sie beanspruchen unverhältnismäßig große Luft- und Lichträume, sind unduldsam gegen die Nachbarn und gegen von unten aufwachsende Pflanzen (Unterbau); Bäume, denen die Anlage einer engen Krone, welche aus aufwärts strebenden Ästen sich aufbaut, eigen ist, sind nicht nur geradschaftig, sondern können auch in größerer Zahl auf der gleichen Fläche wohnen und ermöglichen dem Unterbau, sich hart bis zum Schafte zum Zwecke seiner Astreinigung heranzuschieben.

2. Schnellwüchsigkeit.

Zur Aufstellung einer Reihenfolge der Wuchsgeschwindigkeit der Holzarten kann ein einzelner Versuch, welcher die Holzarten alle auf demselben Boden und in demselben Klima anbaut, nicht dienen; denn der Boden sowohl wie das Klima mögen für eine Holzart optimal sein, für eine andere Holzart sind sie es nicht; beide stehen somit hinsichtlich ihrer Vergleichbarkeit nicht auf gleich günstiger oder gleich ungünstiger Grundlage. Die Prüfung muß berücksichtigen, daß die Schnellwüchsigkeit von folgenden Faktoren abhängig ist:

1. vom Boden; für jede Holzart ist ein Boden von bestimmter Nährstoffmenge und physikalischer Beschaffenheit der beste, wie frühere Auseinandersetzungen bezeugen;

2. vom Klima; es wurde der Satz nachgewiesen, daß in der Jugend der Bäume die Raschwüchsigkeit mit dem wärmeren Klima steigt, vom mittleren Alter an aber das Klima des Optimums den Pflanzen die höchste Wuchskraft verleiht, daß im kühleren Klima jede Pflanze trägwüchsig werden muß.

3. Nicht die volle Belichtung durch die Sonne, sondern eine Einschränkung des Sonnenlichtes bei vollem Oberlicht, das ist Seitenschutz gegen Süden hin, gewährleistet die höchste Wuchsgeschwindigkeit.

4. Die einer jeden Holzart zukommende Wuchskraft ändert sich naturgemäß mit dem Alter; zu Beginn des Stangenholzalters und während desselben, das ist zwischen 15. und 30. Lebensjahr, liegt das Höhenwuchsmaximum.

5. Sehr verschieden ist die einem jeden Individuum innerhalb der Art zukommende Wuchsgeschwindigkeit; es ist unzulässig, die langsamer wüchsigen Individuen als weniger günstig im Boden untergebracht zu betrachten; es ist ebenso unzulässig, die langsamwüchsigen Individuen als von langsamwüchsigen Eltern abstammend aufzufassen.

6. Jeder Eingriff in die normale Weiterentwicklung, wie Verpflanzung, äußert sich sofort in einer auffallenden Verkürzung des Längenwuchses; bei jungen Pflanzen von 4—10 Jahren vergehen 2—3 Jahre, ehe die Pflanze zur Normalität zurückgekehrt ist. Je älter die Pflanze, um so länger verzögert sich diese Rückkehr.

7. Das Beschneiden der Seitenäste hat eine größere Streckung des Längstriebes zur Folge; in demselben Sinne muß auch das Unterdrücken der Seitenäste durch den Baumkronenschluß wirken, wenn auch durch den Wurzelschluß eine Abschwächung der Wirkung erfolgt.

8. Es wird die Erblichkeit des Zuwachsvermögens, der Schnell- und Langsamwüchsigkeit, soweit diese durch wärmeres oder kühleres Klima hervorgerufen wird, von Cieslar und Engler behauptet.

Die Praxis hat noch am ehesten alle obigen Gesichtspunkte bei der Aufstellung einer Skala der Wuchsgeschwindigkeit berücksichtigt. Fügt man zu ihren Listen noch die außereuropäischen Holzarten, soweit möglich, ein, so ergibt sich hinsichtlich der Wuchsgeschwindigkeit in Mitteleuropa

für das fünfte Lebensjahr folgende, absteigende Reihe:

Laubhölzer: Pappel, Ulme, Zelkowa, Birke, Eiche (Q. pedunculata und sessiliflora), Esche, Ahorn, Juglans, Buche, Carya;

Nadelhölzer: Larix leptolepis, Küstendouglasie, Sitkafichte, Pinus Banksiana, europäische Lärche, Strobe, Föhre (Pinus silvestris), europäische Fichte, Kolorado-Douglasie, Picea pungens, Tanne, Larix sibirica, Zirbe, Eibe.

Zehntes Lebensjahr.

Laubhölzer: Pappel, Birke, Ulme, Esche, Erle, Ahorn, Eiche, Buche, Carya.

Nadelhölzer: Japanische Lärche (Larix leptolepis), Küstendouglasie, Sitkafichte; Larix europaea, Pinus Banksiana, Weymouthsföhre, Föhre (Pinus silvestris), Fichte, Koloradodouglasie, Tanne, Zirbe, Eibe.

Mit dem Übergange vom 20. zum 30. Lebensjahre beginnt der typische Anspruch einer jeden Holzart an Boden und Klima und ein für das spätere Verhalten als Baum entscheidender Wechsel in der bisherigen Wuchskraft; vor diesem Zeitpunkt kann für keine fremdländische Holzart ein sicheres Urteil über ihre Wuchskraft abgegeben werden.

Dreißigstes Lebensjahr.

Laubhölzer: Pappel, Birke, Robinia, Ulme, Ahorn, Linde, Erle, Hainbuche, Esche, Eiche, Buche, Edelkastanie.

Nadelhölzer: Sitkafichte, europäische Lärche, Weymouthsföhre, Fichte, Tsuga canadensis, japanische Lärche, Koloradodouglasie, Tanne, Zirbe, Eibe, Pinus uncinnata (Hackenföhre), Pinus Pumilio.

Höhenentwicklung der mitteleuropäischen Holzarten im 70. Lebensjahr.

Nadelhölzer: Lärche, Föhre, Fichte, Tanne, Hackenföhre, Eibe, Kriechföhre (P. Pumilio).

Laubhölzer: Buche, Eiche, Esche, Ulme, Ahorn, Linde, Erle, Birke, Pappel.

Im 100. Lebensjahr.

Nadelhölzer: Fichte, Tanne, Lärche, Weymouthsföhre, Föhre, Hackenföhre, Eibe, Kriechföhre.

Laubhölzer: Buche, Eiche, Ulme, Esche, Ahorn, Linde, Erle, Birke.

Im 120. Lebensjahr.

Nadelhölzer: Tanne, Fichte, Lärche, Weymouthsföhre, Föhre, Hackenföhre, Eibe, Kriechföhre.

Laubhölzer: Buche, Eiche, Ulme, Esche, Ahorn, Linde, Erle.

Es eilen somit die Lichtholzarten während der ersten Dezennien den Schattenhölzern voraus; im Stangenholzalter werden sie von den Schattenholzarten eingeholt und übergipfelt, so daß im Baumalter die Schattenholzarten, welche in der Jugend zu den letzten zählten, nunmehr die ersten geworden sind.

Es läßt sich daraus schon ermessen, daß die Aufzucht einer Mischung von schnell- und langsamwüchsigen, von Licht- und Schattenbaumarten ganz besondere, waldbauliche Vorsichtsmaßregeln erheischen müsse, um eine solche Mischung durch das gefährliche Stangenholzalter in das Baumalter hindurch zu retten.

Es hat nur ein naturwissenschaftliches, aber kein forstlich praktisches Interesse mehr, jene Höhen zu kennen, bis zu welchen die höchsten Riesen einer Baumart emporgewachsen sind, unberührt vom Menschen oder in neuerer Zeit geschützt vom Menschen.

Eine solche Höhenskala müßte mit den Sequoien von Westamerika mit 120 m beginnen, hätte 100 m hohe Küstendouglasien, 80 m hohe Zuckerföhren, Gelbföhren, 70 m hohe westamerikanische Fichten (Sitkafichte) und Tannen, die japanische Cryptomeria, die indische Deodarzeder und andere zu erwähnen; mit 50—60 m würde die Mehrzahl aller Fichten, Tannen, Föhren und Lärchen, die Taxodien, die Chamaecyparisarten und zahlreiche andere Baumarten anzuschließen sein. Das Bewunderungswürdigste an solchen Riesen ist eigentlich deren Alter, das mit den 3000 und 4000 jährigen Sequoien in der Altersskala der Riesen anhebt; den Naturforscher beschäftigt zunächst die Ausdauer der Lebenskraft, ja die rein physikalische Dauer des zuerst vor vielen Hunderten, selbst vor Tausenden von Jahren gebildeten Holzes im Herzen der Bäume; andere hält die Größe gefangen; Durchmesser und Höhe sind aber nur Funktionen der Zeit, da jedes Jahr Durchmesser wie Höhe, wenn auch um einen minimalen Betrag, wachsen müssen, soll der Baum am Leben bleiben; die Dicke kommt also bei den Bäumen im Alter mit den Jahren, in der Jugend mit der besseren Ernährung.

Legt man aber ein Alter zugrunde, wie es im forstlichen Betrieb immer noch als ein durchschnittlich Erreichbares Geltung hat, z. B. 120 Jahre, so können auf günstigem Boden, im optimalen Klima folgende Höhen erzielt werden:

Bäume der I. Größenklasse:

Tanne und Fichte 40 m, Lärche und Weymouthsföhre, Föhre (silvestris) 35—40 m, Buche, Eiche, Ulme, Esche, Linde, Ahorn, Erle 30—35 m.

Bäume der II. Größenklasse:

Birke, Zitterpappel, Hainbuche, Prunus 25—30 m.

Bäume der III. Größenklasse:

Zürbel, Eibe, Hackenföhre, Sorbus und Pyrus 20—25 m.

Großsträucher und Halbbäume:

Evonymus, Sambucus, Viburnum, Corylus 8—10 m.

Sträucher:

Juniperus, Crataegus, Corylus, Lonicera und viele andere unter 8 m.

3. Die natürliche Vermehrung der Holzarten durch Sämereien.

Unter Voraussetzung der Kenntnisse über Entstehung und Morphologie der Sämereien, welche Lehrgegenstände der Botanik sein müssen, kann hier nur auf jene Erscheinungen Bedacht genommen werden, welche mit waldbaulichen Fragen, hier zunächst mit der natürlichen oder künstlichen Verjüngung der Bäume, mit der natürlichen Verbreitungsfähigkeit der Holzarten in kausalem Zusammenhange stehen.

a) In erster Linie entscheidet hier das Gewicht des Samen- kornes und seine Ausrüstung mit Fallschirmen oder mit flügelartigen Anhängseln, welche das Samenkorn zur Rotation und dadurch zur verzögerten Fallgeschwindigkeit zwingen, wodurch das Korn längere Zeit vom Winde schwebend erhalten und auf größere Entfernungen getragen werden kann. Auf den ersten Blick fällt es auf, daß die größten und schwersten Samenkörner durchaus nicht, wie es allgemein erwartet wird, den Riesen der Pflanzenwelt angehören, daß gerade die kleinsten Samenkörner mit dem geringsten Eigengewicht mit dem ergiebigsten Flugapparat ausgerüstet sind. So stehen an erster Linie unter den leichtesten und flugfähigsten Sämereien jene der Gattungen Salix, Populus und andere; es wurde aber bereits im ersten Abschnitt darauf hingewiesen, daß die Flugweite dieser Sämereien viel geringer ist, als man vermutet, indem eine Entfernung von 700 km von ihnen nicht überbrückt werden kann. Immerhin genügen einige Exemplare dieser Holzart und ebenso von forstlichen Unkräutern, um auf jeder Kahlfläche die Allgegenwart dieser bestbeschwingten Sämereien sicher- zustellen. Sehr viel mehr schränkt sich der Verbreitungskreis ein für die Sämereien der Gattungen Betula, Ulmus, Paulownia, Catalpa, Picea, Larix, Pseudotsuga, Tsuga, Thuja, Chamaecyparis, den meisten zwei- und dreinadeligen Föhren und vielen anderen. Immerhin können aber noch Methoden der Verjüngung auf die größere Flugweite dieser Sämereien aufgebaut werden. Zu den schwereren Sämereien, die zwar mit Fallschirmvorrichtung versehen, aber doch nur bei starkem Wind auf eine Entfernung von 1—2 km verschleppt werden können, zählen die Gattungen Abies, die Föhren der Sektion Strobus, die Gattungen Tilia, Carpinus, Fraxinus, Liriodendron, Acer und viele andere. Den schweren Sämereien ohne Fallschirmvorrichtung kommt eine kugelige oder walzenförmige Gestalt zu, um sie zum Rollen auf einer geneigten Ebene zu befähigen; überdies sind die meisten derselben entweder im Kern oder in der Umhüllung auch von der Natur genießbar gemacht, damit sie von Tieren verspeist und verschleppt werden; die Natur opfert gleichsam Tausende von Keimen, um einzelnen wenigstens eine Verbreitung und Keimung zu sichern. Es ist allbekannt, daß einige alte Eichen in der Nähe des Waldes genügen, um dort auf einer baum- freien Stelle massenhaft Eichenjugend aufsprossen zu sehen, welche der Habgier und Fürsorge des Eichelhähers ihr Dasein verdankt; die Zürbelnuß im Hochgebirge wird massenhaft von Tannenhähern vertilgt, aber auch massenhaft an anderen Orten wiederum angebaut. Weniger günstig ergeht es den für einige Tage schwimmfähigen Sämereien, da die guten Körner meist im Wasser am frühzeitigsten zu Boden sinken und selten ein geeignetes Keimbett finden. Auf Tiere zumeist sind die

Sämereien der Gattungen Pyrus, Sorbus, Prunus, der Sektion Cembra, der Gattung Quercus, Fagus, Juglans, Carya, Castanea, Aesculus, Magnolia, Juniperus, Taxus, Robinia, Gleditschia und viele andere angewiesen.

b) **Die Entleerungsart der Sämereien** ist von Einfluß auf die Verbreitungsfähigkeit. Die in Fruchthüllen und Zapfen eingeschlossenen Sämereien bedürfen zumeist trockener Witterung, damit die Fruchthüllen oder Zapfen platzen, aufklaffen oder zerfallen und die Sämereien dadurch frei werden. Auf trockene Witterung sind angewiesen die Gattungen Picea, Pinus, Larix, Tsuga, Pseudotsuga, Thuja, Chamaecyparis, Abies und viele andere Nadelbaumgattungen; ferner Juglans, Carya, Robinia, Castanea, Fagus, Aesculus, Magnolia, Catalpa, Liriodendron, Alnus, Betula und viele andere Laubbaumarten. Trockene Witterung aber stellt sich in ganz Mittel- und Nordeuropa nur bei Föhnlage oder bei Ostwind ein. Soweit die Sämereien der genannten Gattungen flugfähig sind und in Europa angebaut werden, haben sie daher die Tendenz zur Verbreitung **nach Westen** hin. Unabhängig in der Ablösung von der Witterung sind die Gattungen Quercus, Pyrus, Sorbus, Prunus und andere.

Andere Sämereien bedürfen weniger trockener Witterung als vielmehr heftiger Windströmungen, damit sie gewaltsam vom Baume abgerissen werden, wie die Sämereien der Gattungen Fraxinus, Acer, Tilia, Carpinus und andere. Häufige Winde aber sind in Mittel- und Nordeuropa zumeist aus Westen zu erwarten; die Sämereien obiger Bäume haben somit die Tendenz, vorwiegend **nach Osten** hin ihre Sämereien zu verbreiten.

c) **Der Eintritt des Samenertrages, die Häufigkeit der Wiederkehr der Samenjahre, die Menge der gebildeten Sämereien** sind für die Verbreitungsfähigkeit einer Holzart von größtem Belang, wie die folgenden Auseinandersetzungen zeigen werden.

d) Von den Tausenden von Keimen, welche ein Baum bildet und welche Wind und Tiere vom Mutterbaume hinwegtragen, wird die Mehrzahl wieder zugrunde gehen, weil sie auf unpassenden Standort geraten sind. Sind aber die Sämereien einer Holzart zugehörig, welche gegenüber den verschiedenartigsten Bodenverhältnissen sowie gegenüber heterogenem Klima unempfindlich sind, wie die Gattungen Populus, Betula, Alnus, Juniperus, die zwei- und dreinadeligen Föhren und anderen, so besteht die Wahrscheinlichkeit, daß von den ausgestreuten Sämereien dieser Bäume die größte Zahl sich behaupten kann.

Jene Holzart, welche am frühesten mit der Erzeugung keimfähiger Sämereien beginnt, hat die meiste Aussicht für größere Verbreitung, **der Eintritt der Samenertragnisfähigkeit** aber hängt von einer Reihe von äußeren und inneren Einwirkungen auf die Pflanze ab.

Je wärmer das Klima eines Standortes, um so früher beginnt jede Holzart ihr Samenerträgnis; jede Holzart beginnt zuerst im wärmsten Anbaugebiet, wärmer als das natürliche, sodann im Gebiete wärmer als das Optimum früher als im Optimum, dort früher als im Gebiete der natürlichen Verbreitung kühler als das Optimum und am spätesten in einem künstlichen Verbreitungsgebiete kühler als das natürliche.

Je freier Licht und Wärme auf die Kronen der einzelnen Pflanzen einwirken können, um so früher setzt das Samenerträgnis ein. Kronenschluß verzögert um Dezennien den Eintritt gegenüber dem freien Stande, die Vorbereitungshiebe der waldbaulichen Praxis bezwecken erhöhten Licht- und Wärmezufluß für die zur Samenbildung bestimmten Bäume.

Schlechter, unpassender Boden nötigt alle Bäume zu früherem Eintritt der Samenbildung. So vorteilhaft guter Boden nach anderer Richtung, für die reproduktive Tätigkeit der Pflanze ist, den Eintritt der Mannbarkeit verzögert er.

Schwere Eingriffe in das Leben der Pflanze, wie Verpflanzung, Wurzelstümmelung, Erkrankungen aller Art, welche ein Kümmern der Pflanze nach sich ziehen, nötigen dieselbe zur frühzeitigen Samenbildung.

Zu den individuellen und variablen Eigenschaften muß auch der Eintritt des Samenerträgnisses gezählt werden.

Obstsorten sind Individualitäten und Lusus oder Spielarten; wie verschieden im Beginne des Samens bzw. Fruchterträgnisses sie sein können, ist allbekannt. Ähnliche Unterschiede zeigen die Individuen ein und derselben Holzart.

Jede Holzart beginnt mit einem gewissen Alter von selbst das Samenerträgnis; bei allen Holzarten erlischt aber die reproduktive Kraft erst mit dem Tode des Baumes. Zu den Holzarten, welche am frühesten beginnen, zählen die Lichtholzarten mit leichten Sämereien, somit die Gattungen Betula, Populus, Salix, Larix, zwei- bis dreinadelige Föhren und andere; unter den schwersamigen Lichtholzarten sind die Gattungen Quercus, Juglans, Carya als Beispiele zu nennen; leichtsamige Schattenholzarten, wie Picea, Pseudotsuga, auch Thuja, Thujopsis und andere beginnen früher als schwersamige Schattenholzarten, als deren bestes Beispiel die Gattungen Abies und Fagus gelten können.

f) Wichtig für die natürliche Verbreitungs- und Verjüngungsfähigkeit einer Holzart ist sodann die Wiederkehr der Samenjahre und die Ergiebigkeit der einzelnen Holzarten in ihrer Samenproduktion (Samenmenge). Es läßt sich erwarten, daß die kleinsten Sämereien von den Bäumen in größter Zahl gebildet werden müssen, da zu ihrer Fertigstellung die geringste Stoffmenge nötig ist. In Preußen sind seit vielen Jahren hierüber Notizen gesammelt worden, aus denen Professor Schwappach folgende Zusammenstellung gefertigt hat:

Zur Samenmenge, welche als eine Vollernte bezeichnet wird, liefert die

europäische Birke	pro Jahr durchschnittlich			44,8 %
„ Hainbuche	„	„	„	42,0 %
„ Roterle	„	„	„	39,9 %
mitteleuropäische Föhre	„	„	„	37,6 %
europäische Fichte	„	„	„	37,1 %
„ Tanne	„	„	„	34,5 %
„ Esche	„	„	„	33,3 %
„ Stieleiche	„	„	„	17,1 %
„ Buche	„	„	„	16,2 %

Es sind somit bei der Birke zwei Jahre nötig, um das Quantum einer Vollernte zu ergeben; bringt ein Jahr eine Vollernte, so wird nicht das nächste, sondern erst das übernächste Jahr wieder eine Ernte bringen; die Eiche verlangt das Samenerzeugnis von sechs Jahren, um das Quantum einer Vollernte, Vollmast, zu erfüllen. Man kann daraus entnehmen, daß bei Eintritt einer Vollmast in einem Jahr sechs Jahre vergehen können, ehe wiederum reichliche Samenbildung sich einstellt. Bei der Buche beträgt die Ruhepause der Fruktifikation sechs bis acht Jahre und darüber. Vollmasten sind stets selten, Halbmasten häufig, sogenannte Sprengmasten am häufigsten zu erwarten. Die Eigentümlichkeit, daß manche Bäume bei allen Holzarten fast alljährlich etwas Samen bilden, andere nur nach langen Ruhejahren wieder Samen liefern, muß zu den individuellen Anlagen gerechnet werden, wie dies am besten bei den Obstbäumen bekannt ist.

Besonders auffällig ist, daß bei einer sogenannten Vollmast fast sämtliche Individuen einer bestimmten Baumart in Fruktifikation treten, daß in einem solchen Ausnahmejahr sogar der Fruktifikationsbeginn bei den jüngeren Individuen beschleunigt wird, so daß die Altersdifferenz der Holzarten fast völlig ausgeglichen erscheint. Ja, in einem solchen Jahre fruktifiziert alles, als wenn Boden und Klima auf diese innere Leistung der Bäume keine Einwirkung hätten. Alle Holzarten zeigen diese Erscheinung, aber jede Holzart hat wiederum ihren eigenen Zyklus, indem sie diese Massensaat wiederholt. Sicher wird eine naturgesetzliche Ursache hierfür sich noch auffinden lassen; der Fichtenvollmast im Jahre 1906 gingen die Fichtennotjahre 1904 und 1905 mit ihren außerordentlich trockenen Sommern voraus.

Abnorme Witterungsverhältnisse können den normalen Zyklus der Wiederkehr der Samenjahre durchkreuzen; deshalb kehren Blütenjahre regelmäßiger wieder als Fruchtjahre, weil aus der Blüte nicht immer eine Frucht sich entwickeln muß. Fällt in die Blütezeit ein schwererer, verspäteter Frost oder naßkalte Witterung oder fehlt Wind, so wird die Blüte zerstört oder die Eizelle nicht befruchtet.

Im wärmeren Klima ist die Ruheperiode in der Samenbildung bei allen Holzarten kürzer als im kühleren; die Buchen und Eichen tragen in der kühlsten Lage erst alle 10, selbst alle 12 Jahre Sämereien in größeren Mengen. Robert Hartig hat den Satz aufgestellt, daß bei Eintritt eines Samenjahres eine bis in die tiefsten Holzschichten eingreifende Auflösung und Erschöpfung an Stärkemehl einträte, weshalb der Baum mehrerer Jahre bedürfe, um diesen Vorrat wiederum zu ersetzen und zu neuer Samenbildung anzuhäufen. Gewiß ist diese Theorie richtig, aber entscheidend ist der weitere Punkt, daß die günstige Witterung eines Jahres genügen kann, um wieder vollen Ersatz an Reservestoffen zu bringen. Die warmen Sommer 1892, 1893 und 1894 haben nach Beobachtung des Verfassers dieselben Eichen zu alljährlicher, Samenbildung gezwungen. Die Schnelligkeit des Ersatzes, die Länge der Ruhepause hängt somit in erster Linie wieder von den Witterungsverhältnissen der Jahre ab, welche auf ein volles Samenjahr folgen; auch die Obstbäume zeigen das gleiche Verhalten.

g) Von einschneidender Wichtigkeit für den hier zu behandelnden Gegenstand ist der Umstand, ob der gebildete Samen auch gut, d. h. keimfähig ist; die Feststellung dieser Eigenschaft einer späteren Betrachtung zuweisend, sei über die Keimfähigkeit bemerkt, daß sie abhängt vom Alter des Mutterbaumes; im jugendlichen Alter sind die Sämereien, die von kümmernden Pflanzen gebildet werden, zumeist taub. Erst von einem bestimmten Jahre an, dem Eintritt des normalen Samenerträgnisses, beginnt auch die Erzeugung keimfähiger Sämereien; daß aber im höchsten Alter der Bäume der Same wiederum schlecht, d. h. taub ausfalle, ist nur unbewiesene Vermutung; die Beobachtung an ganz alten Bäumen und an der von ihnen zweifellos stammenden Jugend rechtfertigt den Satz, daß die Erzeugung keimfähiger Sämereien bis zum Tode des Baumes sich erhält; die Beobachtung lehrt sodann, daß die alten Bäume immer noch den gleichen Turnus einhalten, in welchem sie auch in jüngeren Jahren fruktifizierten. Schlecht genährte Bäume tragen zwar häufiger, aber minder keimkräftigen Samen gegenüber gut ernährten, vor allem im vollen Lichte fruktifizierenden Bäumen. Waren die Witterungsverhältnisse während der Bestäubung ungünstige, d. h. naß und kalt, so unterbleibt vielfach die Befruchtung, während Frucht- und Samenhülle sich entwickeln. Auch der weitere Verlauf der Witterung des Fruchtjahres, besonders ein warmer, trockener, lichtreicher Sommer fördert die Ausbildung der Keimanlage und die Reife der Samen und Früchte.

Es ist gewiß allgemein richtig, daß kurz vor der Reife gesammelte Sämereien nachreifen, wenn sie in einer dicken, wasserreichen Fruchthülle eingeschlossen bleiben; daraus losgelöste Sämereien oder solche, welche von Anfang an nur dünne Hüllen besitzen, dürfen erst während oder nach der Reife gesammelt werden, wenn nicht ein Teil der Sämereien seine Keimkraft einbüßen soll. Die Art und Weise der Ernte, das Herabschlagen der Sämereien, das Klengen der Sämereien unter Anwendung höherer Temperaturgrade, muß auf die Keimkraft, d. h. Keimzahl der Samenkörner von Einfluß sein, wie dies ja die Lehre der Gewinnung der Sämereien näher bespricht. Es gibt Sämereien, die nur ganz kurze Zeit ihre Keimfähigkeit beibehalten; solche, die unter bestimmten Vorsichtsmaßregeln, welche später zu behandeln sind, längere Zeit aufbewahrt werden können, so daß je nach Holzart resp. Baumgattung und je nach Behandlungsweise die Grenzen sehr weit auseinander liegen können. Pappel- und Weidensamen beginnt schon nach wenigen Tagen zu verderben; die steinharten Sämereien der Robinie können jahrelang trocken aufbewahrt werden, ohne ihre Keimkraft zu verlieren.

Die Korngröße ist insofern von Belang, als allgemein die Ansicht gilt, je größer das Samenkorn, um so kräftiger die daraus hervorgehende Pflanze. Die Samengröße ist abhängig: vom Ernährungszustand des Mutterbaumes und damit von der Bodengüte; je kräftiger die Mutterpflanze, um so größer die Früchte und Sämereien; Sämereien, die im Lebensabschnitte des größten Zuwachses gebildet werden, sind die größten und schwersten; vom Klima; je kühler der Standort, um so geringer die gesamte Entwicklung der Pflanze, um so kleinere Blätter, Früchte und Sämereien. Professor Dr. Cieslar[1]) in Wien hat hierüber die eingehendsten Untersuchungen angestellt.

Er fand, daß Fichtensamen, aus Finnland und Nordschweden stammend, ein 1000-Korngewicht von 3,96—4,56 g, aus Südschweden ein solches von 5—5,5 g und aus Dänemark, das jedoch klimatisch Südschweden gleich ist, 7,5—8,6 g Gewicht hatte.

Das Korngewicht zeigt, daß die sibirische Lärche keine Varietät der europäischen sein kann; denn das 1000-Korngewicht der sibirischen ist 11,25 g, das der europäischen 5,50 g; wäre die sibirische Lärche nur „eine Klimavarietät", so müßte das Korngewicht umgekehrt sich verhalten.

Cieslar fand, daß aus Fichtensämereien mit dem 1000-Korngewicht von 11,00 g im ersten Jahr eine Pflanze von 2,74 ccm, aus Samen von 5,4 g im ersten Jahr eine Pflanze von 1,43 ccm Inhalt hervorgeht.

Die durchschnittliche Höhe der vierjährigen Pflanzen des schweren Samens betrug 50,6 cm, jene des leichten Samens 37,5 cm; achtjährige

---

[1]) Dr. Cieslar, Über die Erblichkeit des Zuwachsvermögens. Zeitschr. f. d. ges. Forstwesen 1895.

Pflanzen waren bezüglich ihrer Herkunft voneinander nicht mehr zu unterscheiden. Die bayerischen Untersuchungen der Praxis vor 20 Jahren stimmen mit diesen Resultaten überein; die Versuche des Verfassers ergaben, daß aus großen und schweren Roßkastanien zahlreiche kleinere, dreijährige Pflanzen erwuchsen als aus kleinen und leichten Samen; von allen die schnellwüchsigste war eine Pflanze aus den kleinsten und leichtesten Sämereien des gleichen Klimas (Nachbarbaumes). Cieslars berühmt gewordene Untersuchung über die Erblichkeit des Zuwachsvermögens gründet sich auf das Ergebnis, daß bei gleichem 1000-Korngewicht von 10 g zweijährige Pflanzen aus Sämerereien, welche 500 m unterhalb der Kältegrenze gesammelt wurden, eine durchschnittliche Länge von 43 mm erreichten, während aus Sämereien, welche 500 m tiefer gesammelt wurden, eine Höhe von 70 mm sich ergab. Professor Engler[1]) (Zürich), bestätigt im wesentlichen die Ergebnisse Cieslars durch eigene Forschungen. Es sind dies jedoch seit P. Vilmorins berühmter Anpflanzung in Les Barres nicht die ersten exakten Versuche, welche darauf hinzielen, den Nachweis zu erbringen, ob eine Eigenschaft, welche durch äußere Verhältnisse einer Pflanze anerzogen wurde, erblich werden könne.

Damit wäre die Betrachtung der Fortpflanzungsverhältnisse der Baumarten beim letzten Punkt, bei den inneren Eigenschaften, welche im Samenkorn ruhen, angelangt. Über dieses Thema, im Zusammenhang mit Vererbung, enthalten die vorausgehenden Abschnitte bereits alles, was der Verfasser aus eigenen und fremden Versuchen und aus jenen in der freien Natur gelernt und geschlossen hat.

h) Ausschlagsfähigkeit. Allen dikotyledonen Laubbäumen und wohl auch den meisten Nadelhölzern kommt bei entsprechender Behandlung die Fähigkeit zu, an oberirdischen Pflanzenteilen, somit Zweigteilen, an Wurzeln (Stecklinge, Absenker), sowie an unterirdischen Pflanzenteilen, somit an Wurzeln beblätterte Triebe (Wurzelbrut) entwickeln zu können; damit aber Zweige oder der Pflanzenschaft selbst oder Wurzeln beblätterte Triebe, welche man gewöhnlich Ausschläge nennt, hervorsprossen lassen, bedarf es einer Verletzung, einer Stümmelung oder einer Erkrankung des betreffenden Pflanzenteiles. Ausschläge, welche an den Aststummeln eines Baumes entstehen, heißen Stammtriebe, Stammausschläge; Ausschläge, welche nach Abtrennung des Schaftes an dem am Boden verbleibenden Baumteile (Stock, Strunk) hervorbrechen, werden Stockausschläge genannt; Triebe, welche einer Verletzung der Wurzeln ihr Dasein verdanken, heißen Wurzelausschläge, Wurzelbrut.

---

[1]) Prof. A. Engler, Einfluß der Provenienz des Samens auf die forstlichen Holzgewächse. Mitteil. d. schweiz. Zentralanst. f. d. forstl. Versuchswesen 1905.

Die naturwissenschaftliche Erklärung für Ausschlagsbildung ist wohl bei allen diesen Vorgängen die gleiche: Herbeiführung einer Stauung von Wasser und Bildungsstoffen (Reservestoffe), welcher Vorgang unter erhöhtem Licht- und Wärmegenuß etwa vorhandene, schlafende Augen zur Entfaltung bringt und die Überwallung der Wunde einleitet, wobei neue Knospen entstehen, die zu Ausschlägen werden. Auf demselben Vorgange der Stauung beruht auch die gärtnerische Maßnahme, an Obstbäumen durch einen Einschnitt oberhalb einer schlafenden Knospe dieselbe zum Austreiben zu zwingen.

Wurzeln entstehen an oberirdischen Organen (Zweigen, Ästen) entweder freiwillig (Luftwurzeln) oder erst nach einer Verletzung der Zweige bzw. Abtrennung derselben (Zweigstecklinge), oder durch fortgesetzte Feuchterhaltung (Unterwassersetzung, Übererdung) von mit dem Baume noch verbundenen Pflanzenteilen (Absenkern); neue Wurzeln (Ausschlagswurzeln) an unterirdischen Organen (an Wurzeln) bilden sich bei Verletzung der Wurzeln (Wurzelschnitt) oder auch bei Zerteilung der Wurzeln und Einlage der Stücke in Wasser oder Erde (Wurzelstecklinge).

Wo immer Neubildungen von Wurzeln entstehen sollen, ist somit ein hohes und konstantes Maß von Feuchtigkeit in Luft, Erde oder direkt Wasser die Voraussetzung; tritt unter solcher Voraussetzung noch Verletzung des Pflanzenteiles hinzu, so wird die Wurzelbildung außerordentlich beschleunigt. Stockausschläge entstehen bei allen Laubbäumen, bei den Nadelbäumen aber nur an vereinzelten Baumgattungen und -arten; die Zahl der Ausschläge hängt von der Holzart, ihrem Alter, von Licht, Wärme und Boden ab. Die größte Zahl von Ausschlägen liefern in absteigender Reihe: Carpinus, Salix, Corylus, Castanea, Alnus, Carya, Cercidiphyllum, Quercus, Robinia, Ulmus, Zelkowa, Tilia, Magnolia, Populus, Fraxinus, Acer, Betula, Fagus. Unter den Nadelhölzern sind zu nennen: Cunnighamia, Gingkyo, Cryptomeria, Sequoia, Sciadopitys, Chamaecyparis, Thuja, Pinus rigida, Murrayana, mitis, Taxus und andere; den Gattungen Pseudotsuga, Tsuga, Abies, Picea, Larix und den meisten übrigen Föhren fehlt die Ausschlagsfähigkeit.

Hinsichtlich des Alters sei hervorgehoben, daß die größte Zahl sich in dem Alter ansetzt, in welchem der größte Zuwachs an Länge und Dicke erfolgt, das ist das Stangenholzalter, und zwar die Zeit kurz vor dem Auftreten der Schuppenborke, welche eine große Zahl der schlafenden Augen am Stamme zum Absterben bringt.

Von einem bestimmten Alter an erlischt die Ausschlagsfähigkeit; bis in das hohe Baumalter erhält sich die Ausschlagsfähigkeit, besonders bei Alnus, Tilia, auch bei Quercus, Castanea, Ulmus; bei Acer, Carpinus, Fraxinus, Juglans, Carya und besonders bei Fagus erlischt sie am frühesten.

Da nach einer früheren Darstellung erhöhter Lichtgenuß zur Erweckung der Knospen nötig ist, so erklärt sich hieraus auch die allgemein beobachtete Erhöhung der Stockausschlagsfähigkeit, wenn in der Umgebung des Stockes aller beschattende Gras- und Unkrautwuchs beseitigt wird; es erklärt sich dadurch auch die Erscheinung, weshalb an sonnigen Standorten die Ausschläge reichlicher als in entgegengesetzten Lagen erfolgen, und daß unter Lichtabschluß eines Bestandes Ausschläge ganz unterbleiben, ein Mittel, um z. B. das Ausschlagen unbeliebter Holzarten zu verhindern; sie werden vor ihrer Umgebung zur Fällung gebracht (Populus, Alnus incana und andere).

Ähnlich wie Licht wirkt Wärme. Das wärmere Klima begünstigt die Zahl der Ausschläge; die Ausschlagsfähigkeit setzt früher ein, freilich erlischt sie auch früher als im kühleren Gebiete infolge starken Wachstums und frühzeitiger Korkbildung des Mutterstammes. Ähnlich wirkt auch der bessere Boden fördernd auf die Zahl der Ausschläge, aber auch die Dauer der Ausschlagsfähigkeit verkürzend. Nur die Wurzelausschläge, die Wurzelbrut, werden durch weniger guten, ja schlechten Boden besonders angeregt, da die ungenügende Ernährung einen schwächlichen, kränkelnden Zustand schafft, der die bereits vorhandene Wurzelbrutfähigkeit einer Art frühzeitig und in auffallender Zahl auslöst.

i) Wurzelbrut erscheint am zahlreichsten bei bestimmten Holzarten, wenn der Stamm abgeschnitten oder von einer langsam um sich greifenden Infektionskrankheit, besonders durch Polyporusarten, ergriffen wird. Wurzelbrut bilden vor allem Populus, Robinia, Prunus, Ulmus, Alnus, (Weißerle) Gingkyo.

k) Durch Stecklinge lassen sich alle Holzarten vermehren, wie die gärtnerische Geschicklichkeit bei Anzucht von Ziergehölzen beweist; für die Mehrzahl der Holzarten bedarf es jedoch einer besonderen Anordnung im Glashause, um Luft- und Bodenfeuchtigkeit und Wärme möglichst gleichmäßig zu erhalten, so daß Wurzelbildung auftritt, ehe ein Vertrocknen oder Verfaulen des Zweigstückes (Stecklings) eintritt. Nur bei jenen Holzarten, die auch in der freien Natur sich rasch genug bewurzeln, ist die Stecklingspflanzung eine forstlich brauchbare Kulturmaßnahme. Am leichtesten lassen sich die Gattungen Salix, Populus und Buxus vermehren, wobei die Wurzeln aus den Leticzellen der Rinde hervorbrechen; eine forstmäßige Stecklingspflanzung ist dann möglich bei den Nadelholzgattungen Chamaecyparis, Cryptomeria, Thuja, Thujopsis, Sciadopitys, Sequoia, Taxus und anderen, bei welchen die neuen Wurzeln aus dem Wundenkallus der Abschnittsfläche entstehen. Zu Wurzelstecklingen, d. h. zu Wurzelstücken, welche bei einer Verbringung in den Boden beblätterte Triebe an der freigelegten, von der Sonne getroffenen Schnittfläche entwickeln, dürften wohl die jüngeren Wurzeln aller Laubbäume geeigenschaftet sein;

wenigstens sieht man bei allen Laubbäumen, an welchen die Wurzeln beim Ausheben von Gräben abgestochen werden, Ausschläge auftreten. Bei Robinia ist diese Art der Vermehrung sogar in die Praxis übergegangen; auch in jedem Nieder- und Mittelwald ist diese Methode zur Verdichtung des Pflanzenstandes anwendbar. Nur bei der Gattung Paulownia sind Wurzelstücke als Stecklinge allgemeiner bekannt und forstlich verwertet.

l) **Absenker.** Alle Laub- und Nadelhölzer sind befähigt, Wurzeln zu schlagen, sobald Zweige herabgebogen und längere Zeit mit feuchter Erde bedeckt werden. Ist die Bewurzelung erfolgt, kann die neue Pflanze von der Mutterpflanze abgetrennt werden. Eine kleine Wunde an der Übererdungsstelle ruft einen Überwallungswulst hervor, aus dem besonders leicht Wurzeln hervorbrechen. Absenker entstehen auch in der freien Natur, wenn auf dem Boden aufliegende Seitenzweige verschiedener Baumarten von Unkrautwuchs und dessen Zersetzungsprodukten eingeschlossen werden. Die fortgesetzte Befeuchtung regt zur Wurzelbildung an; selbst an Fichten, den oft beschriebenen Absenkern der obersten Waldregion, ist diese Erscheinung nicht selten. Bei jenen Baumarten, welche leicht durch Stecklinge sich vermehren lassen, sind die Absenker schon im ersten Jahre genügend für die Selbständigkeit bewurzelt; bei anderen, wie z. B. bei Abies, Picea, Pseudotsuga, Pinus, Larix und anderen vergehen viele Jahre, ehe die Zweige Wurzeln in die Tiefe senden.

m) **Monokotylen Gewächsen,** vor allem Gräsern, zu denen auch die Bambusarten gehören, ist noch eine weitere Art der ungeschlechtlichen Vermehrung, jene durch **unterirdisch** kriechende Ausläufer (Stengelteile, Rhizome), eigen; an den Knoten senden sie beblätterte Triebe nach oben und Wurzeln nach unten aus. Werden solche Rhizomstücke abgetrennt, können sie als selbständige Pflanzen Verwendung finden (Rhizompflanzen).

Bei allen diesen ungeschlechtlichen Vermehrungen erhalten sich die individuellen Eigenschaften der Mutterpflanze oder auch einer Spielart auf das genaueste, was, wie früher dargestellt, forstlich vorteilhaft oder auch nachteilig sein kann; es kommt aber hierzu, daß nach allgemeiner Ansicht ungeschlechtlich vermehrte Pflanzen nicht das hohe Alter der geschlechtlich erzeugten Pflanzen erreichen und überdies ein Holzprodukt besitzen, das durch frühzeitiges Auftreten von Rotfäule minderwertig ist. Das allgemein beobachtete, frühzeitige Absterben der nur durch Stecklinge vermehrten Pyramidenpappeln, die Tatsache, daß Stockausschläge bei höherem Alter rotfaule Stämme geben, die früher genützt werden müssen, legen allerdings den Gedanken an eine Qualitätsverschlechterung der Bäume, welche auf ungeschlechtlichem Wege selbständig geworden sind, nahe.

Fünfter Abschnitt.

Naturwissenschaftlich-waldbauliche Charakteristik der forstlich wichtigen Baumgattungen, Baumarten und Sträucher.

Die Zahl der Baumarten, welche die Waldungen der nördlichen Halbkugel mit Ausschluß der Tropen und Subtropen bevölkern, ist eine ganz gewaltige; nach den Ausführungen des zweiten Abschnittes sind es mindestens 938 Arten, von welchen wiederum 750 Arten den Laubbäumen und 188 Arten den Nadelbäumen angehören. Unter bestimmten Klima-, Boden- und waldbaulichen Verhältnissen, für bestimmte, menschliche Bedürfnisse kann jeder Holzart eine forstliche Brauchbarkeit und Bedeutung zukommen. Es würde aber den Umfang dieser Schrift ins Ungeheure vergrößern, wenn jede Baumart, ja, nur jede Baumgattung, welche irgendwo oder irgend einmal nützlich sein kann, hier besprochen werden wollte. Es ist die Einschränkung auf forstlich wichtigere Baumarten schon aus rein mechanischen Gründen notwendig. Eine weitere und wesentliche Vereinfachung in der Behandlung dieses Abschnittes tritt dadurch ein, daß es sich als ein großes Naturgesetz herausstellt, daß die wichtigsten, waldbaulichen Eigenschaften der einzelnen Arten zugleich der betreffenden, ganzen Gattung zukommen, daß somit die Biologie der Gattung sich in sämtlichen Arten wiederspiegelt; es genügt somit, waldbaulich die Charaktere der Gattungen zu schildern, um damit jene der sämtlichen Arten dieser Gattung kennen zu lernen; umgekehrt ist die ganze Gattung durch das Erkennen der Biologie einer einzigen Art dieser Gattung erfaßt; es genügt zum Beispiel eine einzige Fichte, um an ihr die Lebensgeschichte aller übrigen Fichten zu schildern; was an den Fichten in Amerika oder Asien gefunden wurde, gilt auch für die europäische Fichte und umgekehrt. Die wirtschaftliche Behandlung der Begründung und Erziehung, welche für eine Art passend befunden wurde, muß auch für die übrigen Arten der Gattung zutreffend sein. Verschieden innerhalb der

Gattung kann nur eines sein, was außerhalb der Naturgesetze liegt, das sind die Bedürfnisse der Menschen; sie allein bedingen eine Abänderung in der Behandlungsweise der einzelnen Arten. Allen Arten gemeinsam sind folgende Kennzeichen:

a) **die systematischen Merkmale** in der Blüte- und Fruchtbildung; nach ihnen werden die Arten in die zugehörige Gattung eingereiht;

b) **die allgemeinen morphologischen Merkmale** der Blätter bzw. Nadeln, der Rinde, des Schaftbaues, des Kronenbaues, der Beästung, der Bewurzelung, der gesamten Tracht. Es bedarf immer genaueren Studiums, um die einzelnen Arten, z. B. Fichtenarten der Gattung Picea, voneinander zu unterscheiden; der Laie ist nicht imstande einen Unterschied in den Buchen- oder Fichtenwaldungen von Europa, Ostamerika oder Ostasien zu entdecken;

c) **die anatomischen Eigenschaften des Holzes,** der Rinde, der Blätter und damit auch die **allgemeinen technischen und physikalischen Eigenschaften** des Holzes und der Rinde. Niemand ist imstande Fichten- oder Buchen- oder Eschenholz aus Amerika, Europa oder Ostasien zu unterscheiden; nur wenn das Holz mit seinen schmalen Jahresringen dem Urwaldschlusse entstammt, kann man vermuten, daß es aus Waldregionen kommt, in der es noch Urwaldungen gibt.

Auch in Amerika und Asien ist die Zeit nicht mehr fern, da der Urwald der Geschichte angehören wird. Das Produkt, das als zweites Wachstum (second growth) im Holze erwächst, wird von dem des Kulturwaldes in Europa und Asien nicht mehr verschieden sein können, da die gleichen Naturgesetze und die gleiche Behandlungsweise des Menschen auf alle Baumarten einer Gattung im gleichen Sinne wirken. Naturwidrige Ansicht ist es, zu erwarten, daß es Fichten geben kann, welche ein eichenholzähnliches Produkt liefern könnten. Alle Fichten geben ein Holz, das in seiner Anatomie und in seiner Güte im Rahmen der Anatomie und Gütequalität der Gattung bleiben muß.

d) **Anspruch an das Licht.** Alle Arten einer Gattung gleichen sich hierin, muß das Naturgesetz lauten, und naturwidrig ist daher die Vermutung, daß es z. B. Eichen geben könnte, welche Schatten ertragende Bäume sind, daß es Fichten und Tannen geben könnte, welche Lichtholzarten sind.

e) Nicht weniger den Naturgesetzen widersprechend ist der Glaube, daß z. B. unter den Eichen bescheidene Holzarten, soweit die Ansprüche an die Bodengüte in Frage kommen, sein könnten; denn auch bezüglich **der Ansprüche an den Boden** gleichen sich die Arten einer Gattung.

f) Es ist naheliegend, daß auch die Schnellwüchsigkeit, die Ausschlagsfähigkeit, die Tief- oder Seichtwurzelung, mit einem Wort auch alle übrigen **waldbaulichen Eigenschaften**, die an einer Art gefunden wurden, auch allen übrigen Arten derselben Gattung zukommen müssen. Es kann somit keine schnellwüchsige Eibe, keine von Natur aus langsamwüchsige Lärche geben. Man kann durch besondere Anordnung des Versuches eine langsamwüchsige Art zu rascherem Treiben, eine raschwüchsige zu langsamerem Wuchs zwingen, dadurch ist das Gesetz nicht aufgehoben, sondern nur verdeckt.

g) Umgekehrt kann man gerade das gleiche physiologische oder biologische Verhalten der Baumarten (z. B. bei den Föhren) benützen als Maßstab der Verwandtschaft und zur Abgrenzung der Gattungen selbst. Es scheint diese Bemerkung vielleicht überflüssig, denn es obwalten doch nach allgemeiner Auffassung bezüglich der Abgrenzung der Gattungen keine Zweifel mehr, aber sie bestehen doch. Z. B. rechnet man zur Gattung Quercus winterkahle und immergrüne Eichen, Eichen mit ein- und zweijähriger Samenreife, Eichen mit ringporigem Holz und solche, denen der Frühjahrsporenkreis fehlt, Eichen, welche ausgesprochenes Lichtbedürfnis besitzen, und solche, welche kräftigen Lichtentzug ertragen; so kommt man zur Überzeugung, daß bei der Gattung Quercus die Natur nicht ihre Gesetze aufgehoben hat zur Vereinfachung der Systematik, sondern daß vielmehr die von der Wissenschaft getroffene Einschachtelung der Eichen in eine einzige Gattung Quercus naturwidrig ist. Gegen alle Naturgesetze, gegen alle systematischen, anatomischen und biologischen Merkmale ist die Gattung Pinus gebildet. Pinus war schon unter Linné das große Schiebfach, in dem alles untergebracht wurde, was Nadeln besitzt. Nur äußerst langsam brach sich die neuere Abtrennung und Benennung Bahn, welche die übrigen Abietineengattungen wie Abies, Picea, Larix usw. als selbständige Gattungen anerkennt; immer noch aber bleibt die Gattung Pinus zurück als ein Schiebfach, in das alles eingezwängt wird, was man an Nadelbäumen anderweitig nicht unterbringen kann; die heterogensten Arten mit zwei, drei oder fünf Nadeln, mit den größten Verschiedenheiten im Zapfenbau, in den Sämereien, mit biologischen und geographischen Unterschieden und grundverschiedenem Bau des Holzes, alles ist unter Pinus vereinigt. Längst hat man die Widersprüche gefühlt und hat die Gattungen wiederum in Sektionen zerlegt, um eine systematische Ordnung hineinzubringen. Nach der Ansicht des Verfassers kommt diesen Sektionen systematisch und biologisch der **Wert der Gattungen** zu.

Nachstehende Gattungen sind nicht nach botanischer Verwandtschaft, nicht nach forstlicher Wichtigkeit, sondern der Bequemlichkeit wegen nach alphabetischer Anordnung, getrennt nach Nadel- und Laubhölzern, aufgeführt. Es ist nicht beabsichtigt, durch nachfolgende Beschreibung die forstbotanische Charakteristik entbehrlich zu machen; die botanischen Merkmale zur Erkennung der Baumarten beschränken sich auf jugendliche Exemplare; was die für die **Pflanzenzüchter** wichtige Frage der Sicherheit der Artenbestimmung anlangt, darf Verfasser wohl auf sein jüngst erschienenes Buch [1]) verweisen, das die Erkennung der fremdländischen Baumarten an jungen Pflanzen zur speziellen Aufgabe sich machte.

A. Die Nadelbäume.

Die gegenwärtig am meisten kultivierten Nutzbäume sind Nadelbäume; ihnen gehört auch die kommende Zeit, welche leichtes, tragkräftiges Holz verlangt. Den Nadelbäumen kann auch in späteren Jahrhunderten der Boden von der Landwirtschaft nicht ganz entzogen werden; denn für diese ist der Boden entweder zu kalt (Fichte) oder zu schlecht und unpassend, (Föhre, Sumpfzypresse). Auch die wichtigsten Zierbäume sind Nadelhölzer. Alle Nadelbäume führen wasserarmes Kernholz, so daß der Baum nach Durchtrennung der Splintlage in wenigen Tagen absterben muß.

1. Gattung: Abies, die Tannenarten [2]), firs, sapius.

Immergrüne Baumarten; Nadeln zumeist flach gedrückt, meistens nur an der Unterseite zwei helle Linien, welche die Spaltöffnungen tragen; die Nadeln verschmälern sich gegen die Basis hin und enden in ein Organ, das einer Froschzehe gleicht, mit welchem die Nadeln direkt am Trieb aufsitzen; beim Ablösen der Nadeln bleibt nur ein heller, kreisrunder Fleck zurück; der Trieb ist deshalb glatt. Am Gipfeltrieb sind die Nadeln einspitzig, seltener auch an Seitentrieben; je mehr eine Pflanze oder ein Zweig am Lichtgenuß behindert wird (durch Überschirmung), um so deutlicher wird die Gabelung oder Kerbung der Nadelspitze; bei normalem Lichtgenuß entsteht im zweiten Lebensjahr der jungen Tannenpflanze neben der Gipfelknospe eine Seitenknospe, aus der im dritten Lebensjahr ein senkrecht abstehender Trieb, „der Sporn", entspringt. Das Unterbleiben dieser Bildung ist ein gutes Kennzeichen ungenügender Entwicklung durch Mangel an Licht. Die Zapfen stehen bei allen Tannen aufrecht, zerfallen bei der Reife, so daß nur die Spindel zurückbleibt; der hierbei frei werdende Samen ist verhältnismäßig groß, schwerfällig (gering flugfähig); der Flügel ist mit einer Seite des Samenkornes (der glänzenden) fest verwachsen; die

---

[1]) H. **Mayr**, Fremdländische Wald- und Parkbäume für Europa. Mit 612 Abbildungen und 20 Tafeln. Berlin, Paul Parey 1906. Bezüglich der europäischen Nadelbäume sei auch auf G. **Hempel** und Dr. K. **Wilhelm**, Die Bäume und Sträucher des Waldes in botanischer und forstwirtschaftlicher Beziehung, verwiesen.

[2]) Das Wort „Weißtanne" ist absichtlich vermieden. Nachdem man Tannen und Fichten botanisch scharf trennt, sollten **Pflanzenzüchter** wenigstens vermeiden, noch weiter Weißtanne für Tanne und Rottanne für Fichte zu gebrauchen.

andere, weiche Seite trägt nur eine dünne Samenhülle, an welcher leicht Verletzung und überdies Austrocknung und Verderbnis des Samenkornes eintritt.

Die Ansprüche der Tannenarten an Wärme, Luftfeuchtigkeit, Regenmenge ergeben sich aus der Zugehörigkeit zum Picetum (Klimaparallele S. 61 ff); ihr Optimum liegt in der wärmeren Hälfte des Picetums; im kühleren Fagetum erscheinen sie bereits zahlreich; im kühleren Picetum verschwinden sie. In manchen Örtlichkeiten vertreten sie die Fichten (Apennin, Pyrenäen, Alleghanies, Zentraljapan). Besitzt eine Landschaft, insbesondere Gebirgslandschaft, mehrere Arten, so sind sie geographisch und klimatisch nach Höhenzonen getrennt; es gibt dann Tannen im Castanetum und kühleren Picetum. Hohe Luftfeuchtigkeit sagt allen Tannen zu. Außerhalb des Schirmes vom Mutterbaum, auf kahlen, ebenen Flächen sind sie empfindlich gegen verspätete Fröste. Jene Tannen, welche am frühesten in Vegetation treten (sibirische Tanne, Himalajatanne), leiden am häufigsten und schlimmsten. Frost Ende Mai oder gar im Juni schädigt alle Tannen. Gegen Fröste im Herbst sind die Tannen gesichert; tiefe Winterkälte schadet bei einigen Arten nur den Nadel- und Triebspitzen, wenn dabei intensive Besonnung herrscht (Chlorophylltod, Nadelbräune); unvermittelte Freistellung junger Pflanzen während des Winters bedingt ebenfalls Rötung und Absterben der Nadeln.

Alle Tannen sind während der ersten fünf Jahre langsamwüchsig; unter Schirm von älteren Bäumen zum Schutz gegen verspätete Fröste erhält sich die Langsamwüchsigkeit lange Zeit, ohne daß die Pflanzen infolge Lichtentzug zugrunde gehen oder kümmern; aus diesem Grunde werden alle Tannen Schattenholzarten genannt. Reine Tannenbestände halten sich im Stangenholzalter besonders dicht geschlossen und sind deshalb der Schneedruckgefahr ausgesetzt; auch im Alter erhält sich der Kronenschluß mit allen Vorteilen desselben auf Astreinheit und Formenzahl und allen Nachteilen desselben in bezug auf Langsamkeit des Zuwachses, Streuanhäufung auf dem Boden und Erschwerung der natürlichen Wiederverjüngung. Alle Tannen lieben den Boden, der insbesondere der Rotbuche zusagt, frisch, tiefgründig, nahrungsreich; an Stelle der Pfahlwurzel bilden sich frühzeitig kräftige, in die Tiefe gehende Herzwurzeln aus, so daß die Tannen ziemliche Sturmfestigkeit besitzen. Alle Tannen leiden von allen Nadelholzarten am empfindlichsten durch Verbiß der Gipfeltriebe; auf die Gipfelknospe mit ihren 3—7 Seitenknospen haben es vor allem Hirsche, Rehe, Eichhörnchen abgesehen; ob auch der Nußhäher sich beteiligt, ist nicht ganz sicher. Die Gipfelknospe mit der Quirlknospe ist die kräftigste Knospe an der Pflanze, in der überdies im Winter eine Anhäufung an Nährstoffen stattfindet; der Bissen ist somit für die Verbeißenden schmackhaft und nahrhaft. Da aber zwischen Gipfelknospe und dem tiefer stehenden Astquirle bei schwächlichen, z. B. frisch versetzten Pflanzen keinerlei Seitenknospen sich finden, so ist der ganze Jahreszuwachs verloren; das Vegetationsjahr nach dem Winterverbiß erzeugt nur neue Knospen an der Basis des entgipfelten Triebes; erst im zweiten Vegetationsjahr nach dem Verbiß gehen aus dem meistens in Vielheit angelegten Knospen mehrere Längstriebe hervor, die, weil sie in Vielheit auftreten, wiederum schwach bleiben, bis endlich einer derselben die Führung übernimmt. In der Regel sind durch den Gipfelknospenverbiß 2—3 Jahre Längszuwachs verloren. Der Tannenkrebs, eine Pilzkrankheit, befällt alle Tannenarten; ist der Hauptstamm oder Gipfeltrieb ergriffen, so wird die ganze Pflanze so frühzeitig als möglich, längstens im Stangenholzalter entfernt; alte Krebsstämme zu beseitigen, kann nur den Zweck haben, der weiteren Verschlechterung des Schaftes und der Gefahr des Windbruches an der Krebsstelle vorzubeugen, nicht aber die Krankheit zu bekämpfen. Das Holz aller Tannenarten ist weich, leicht, ohne Harzgänge, daher harzarm, leicht spaltbar, ohne gefärbten Kern, d. h. Splint und Kern in Farbe gleich, ohne Dauer; im Werte steht Tannenholz allgemein dem Fichtenholze etwas nach.

Abies balsamea (*Mill.*), Balsamtanne, balsam fir. Ostamerika.

Nadeln schmal und mittellang; Knospe rötlich, besonders beim Austreiben, mit Harz überzogen. Für Europa forstlich untergeordnet, da dort nur ein Baum zweiter Größe.

Abies cephalonica (*Lk.*), griechische Tanne. Griechenland.

Alle Nadeln mit einfachen Spitzen, stechend. Wird Baum erster Größe.

Abies concolor (*Lindl. et Gord.*), westamerikanische Silbertanne, silver fir. Felsengebirge.

Nadeln an Seitentrieben nach oben gekrümmt; im Lichte beiderseits weißlich; sie übertrifft in ihren Höhenmaßen die mitteleuropäische Tanne; Schwappach sagt, daß sie in Preußen schneller wächst als die mitteleuropäische Tanne; Verfasser kann dies nicht bestätigen.

Abies firma (*Sieb. et Zucc.*), Momitanne, Momi. Japan.

Nadeln an Seitentrieben mit zwei deutlichen Spitzen; unterseits nur wenig heller als oberseits; in Deutschland etwas empfindlich gegen sehr tiefe Wintertemperaturen.

Abies grandis (*Lindl.*), große Küstentanne, White fir. Westamerika.

Knospe violett, mit Harz überzogen; Nadeln der Oberseite des

Seitentriebes kürzer als auf der Unterseite; alle gleich gerichtet und gekämmt. Erreicht bis 70 m Höhe.

Abies homolepis ((*Sieb. et Zucc.*), Nikkotanne, Urashiromomi. Japan.

Nadeln ebenfalls zweispitzig wie Momi, aber zarter, an kräftigen Trieben einspitzig, von verschiedener Länge, unterseits hellweiß.

Abies Nordmanniana (*Link.*), Nordmannstanne. Kaukasus.

Nadeln größer, glänzender und dichter stehend als bei der mitteleuropäischen Tanne. Seitentrieb oft in vier Knospen endend; ergrünt später als die europäische Tanne und entgeht den mittelspäten Frösten im Frühjahr.

Abies pectinata (*D. C.*), europäische Edeltanne. Gebirge von Mittel- und Südeuropa.

Das natürliche Verbreitungsgebiet ist nach Norden hin im mittleren Deutschland; im Süden ist sie die Tanne der Pyrenäen, des Apennin, des Balkan.

Abies Pindrau (*Spach.*), Pindrautanne, Pindrow fir. Westlicher Himalaja.

Diese prächtige Tanne mit sehr langen, unterseits kaum helleren Nadeln, spindelförmiger Krone erreicht 40 m Höhe. Außerhalb ihrer Heimat überall früh- und winterfrostempfindlich.

Abies Pinsapo (*Boiss.*), spanische Tanne, Pinsapo. Spanien.

Eine Tanne mit fichtenähnlichen Nadeln, vom Trieb rechtwinklig und allseits abstehend, auch in ganz Mitteleuropa frostharte Tanne.

Abies sibirica (*Ledeb.*), sibirische Tanne, Pichta. Nordosteuropa, Sibirien.

Die sibirische Tanne erinnert lebhaft im Bau der Nadeln, Knospen und in der Tracht des Baumes an die amerikanische Balsamtanne. Nadeln sehr schmal, lang, weich; Knospe mit Harz verklebt, grün. Ergrünt sehr frühzeitig und ist daher in warmen Klimalagen mit langem Frühjahr und häufigem Frost dazwischen die empfindlichste aller Tannen.

Abies Veitchii (*Lindl.*), Veitchstanne, Shirabe. Japan und China.

Nadeln lang, gleich breit, unterseits kreideweiß. Diese Tanne geht durch das ganze Picetum bis zur Waldgrenze empor; erreicht kaum mehr als 30 m Höhe.

A b i e s W e b b i a n a (*Lindl.*), W e b b s t a n n e, I n d i a n s i l v e r f i r.
Ö s t l i c h e r H i m a l a j a.

Große, glänzendgrüne, unterseits kreideweiße Nadeln. Diese Tanne wird im östlichen Himalaja immer mehr verdrängt durch den unter der Herrschaft der Weidetiere begünstigten Bambus; die Tanne wird kaum höher als 30 m mit flach ausgebreiteter, dem Winde am wenigsten Widerstand leistender Krone.

2. Gattung und Art: Biota orientalis (*Endl.*), chinesische oder orientalische Thuja. China, Mongolei.

Schuppenförmige Blätter, auf der Oberseite mit einer Rinne versehen; Samen ohne Flügel. In Ansprüchen an Boden und Klimatrocknis bescheiden; dem Castanetum und wärmeren Fagetum angehörig; für Aufforstungen in trockenen Gebieten verwendbar. Holz mit rötlichem Kern sehr dauerhaft.

3. Gattung: Cedrus, die Zedern, Cedars, Cèdres.

Obwohl es in ganz Amerika keine eigentliche Zeder gibt, wird diese Bezeichnung doch für eine Reihe von Holzarten ohne eigentliche Nadeln, wie Thujen, Scheinzypressen und andere, gebraucht. Dadurch ist in der alten Welt Verwirrung entstanden, denn nur diese besitzt wirklich Zedern, welche eine immergrüne Benadelung mit Kurztrieb- und Längstriebbildung wie bei den Lärchen kennzeichnet. Der Zapfen reift im zweiten Jahre, steht aufrecht und zerfällt bei der Reife wie jener der Tanne, wodurch die schweren, großen, geflügelten Sämereien frei werden. Nadeln vierkantig, lang, dünn, auf einem Vorsprung der Rinde wie bei den Fichten sitzend. Nur im Gebiete des Castanetums gedeihen sie zur Vollkommenheit; sie erscheinen schon im Lauretum und betreten noch die wärmeren Zonen des Fagetums; dort erlischt ihre forstliche Brauchbarkeit. Tiefe Wintertemperatur wird bei ungenügendem Abschluß des Längstriebes gefährlich.

Insulares- oder auch montanes Klima mit abgeschwächten Wintertemperaturen sind den Zedern besonders günstig; sie verlangen einen guten Boden und vollen Lichtgenuß; dabei sind sie raschwüchsig von höchstem forstlichen Gebrauchswert. Ihr Holz ist weich, leicht zu verarbeiten, mit bräunlichem Kern, der dem Holz eine sehr hohe Dauer verleiht; es wird bei allen Erdbauten, z. B. Eisenbahnschwellen, Brückenbau, ganz besonders gesucht. Das indische Zedernholz ist so berühmt wie das des Libanon, dessen das alte Testament bei der Bundeslade gedenkt; ebenso wird die atlandische Zeder, die über ganz Nordafrika verbreitet ist, schon von Plinius als unverwüstlich gerühmt. Kräftig wachsende Exemplare zeigen einen nickenden Gipfeltrieb; nur vier Arten sind noch vorhanden, nachdem sie in früheren Erdepochen auch ganz Europa bewohnten; eine Zeder, die cyprische, ist noch auf europäischem Boden. Alle Zedern verdienen nicht bloß in ihrer Heimat, sondern überall, wo sie anbaufähig sind, die größte, forstliche Beachtung; sie zählen zu den wertvollsten Bäumen des Castanetums.

Cedrus atlantica (*Man.*), atlantische Zeder. Nordafrika.

Äste von ungefähr 20jährigen Bäumen aufwärts gerichtet. Diese Zeder steht Europa am nächsten auf dem Berge Tabor in Algerien; schon bei 1500 m Erhebung über dem Meere (Castanetum) erscheint die erste Zeder; mit der Erhebung in das Gebiet der Eiche, Ahorn, Eibe wächst ihre Höhe bis zu 35 m. Wo Abies numidica, die numidische Tanne, erscheint (Fagetum), verschwindet die Zeder. Die ausgedehntesten Bestände dieser Zeder mit Vorrat an diesem Holz von unberechenbarem Wert — Schäfte bis zu 40 m Höhe und darüber werden gemeldet — bedecken die inneren Berge Marokkos.

Cedrus Deodar (*Lond.*), Deodar- oder Himalajazeder, Deodar. Westlicher Himalaja.

Hellere Benadelung und abwärts gerichtete Aststellung unterscheiden diese Art von der vorigen; sie ist der wichtigste Nadelbaum der indischen Bergvegetation vom Lauretum aufwärts bis zur Tanne; Bäume mit 60—70 m Höhe sind gefunden worden.

Cedrus Libani (*Barr.*), Libanonzeder. Kleinasien, Syrien.

Äste mehr horizontal abstehend; wird ebenfalls bis 40 m hoch und betritt noch das Gebiet der cilicischen Tanne.

4. Gattung: Chamaecyparis, Scheinzypressen.

Die waldbauliche Tätigkeit ihrer Heimat beginnt erst ganz allmählich diesen hochwertigen Holzarten gerecht zu werden, nachdem bisher nur Holzhandel und Technik die Scheinzypressen ob ihres vorzüglichen Holzes bis zur Erschöpfung verfolgt haben. Von den eigentlichen Zypressen wie von den Thujen unschwer unterscheidbar; von den Zypressen durch den flachen Querschnitt der Seitentriebe, von den Thujen durch den bei normal wachsenden Pflanzen überhängenden Seitentrieb. Der Samen ohne Flügel, gering flugfähig; aber wegen sehr häufiger und reichlicher Bildung ist die natürliche Verjüngung leicht. Auch durch Stecklinge kann Waldanlage betätigt werden. Die Scheinzypressen finden ihr klimatisches Optimum im Castanetum, wo in luftfeuchten Tälern, auf frischem Boden alle Scheinzypressen bis zu 40 m Höhe und darüber erreichen. Mit dem Auftreten der Fichte oder Tanne im kühleren Fagetum verschwinden sie allmählich. Ganz hart gegen verspätete Fröste, können sehr tiefe Wintertemperaturen (Chlorophylltod) ihnen gefährlich werden. Der Boden muß gut sein; Sandboden dritter Bonität ist die äußerste Grenze. Ohne Frische, ist auch der beste Boden ungenügend. Auf feuchterem Boden in Gesellschaft mit Erlen oder Weymoutsföhren gedeihen sie vorzüglich. Ohne diese Gesellschaft sind den Scheinzypressen derartige Örtlichkeiten im Fagetum zu kalt. Ihr Optimúm erreichen sie in reinen Beständen, weniger im lockeren Schluß von Laublichtholzarten. Man muß die Scheinzypressen zu den Halbschattenholzarten rechnen, weil sie den Lichtentzug lange Zeit ertragen. Im vollen Licht sind sie alle schnellwüchsig. Als Gefahren sind besonders nennenswert Agaricus melleus, der Wurzelkrebs und ein die Zweige tötender Pilz, der wahrscheinlich mit Frost und anderen Störungen, z. B. Agaricus, zusammenwirkt und vorläufig von Böhm (1894) als Pestalozzia funerea bestimmt wurde. Doch vermögen kräftig wachsende Pflanzen den Pilz abzustoßen. Das Holz ist weich, leicht, zähe; das gefärbte Kernholz ist sehr dauerhaft, für Hochbau und Wasserbau sehr hoch geschätzt. Jede Art hat einen speziellen, überaus aromatischen Geruch im Kernholz; sie empfehlen sich alle als Ersatz des Bleistiftholzes. Im europäischen Wald fehlen Scheinzypressen vollständig, Amerika und Asien sind die glücklichen Besitzer dieser ausgezeichneten Holzarten. Es ist zu beklagen, daß in Europa mehr das Vorurteil der Forstwirte als das Klima den Anbau dieser Baumart verhindert.

Camaecyparis Lawsoniana (*Parl.*), Lawsonie, Lawsonsscheinzypresse, White Cedar, Port Orfordcedar. Westamerika.

Triebe zart, langgestreckt, zwischen den Schuppenblättern helle Streifen, unterseits heller als oberseits. Sie werden bis 60 m hoch; mit 80 Jahren erwachsen in luftfeuchten Gebieten des Castanetums Bäume mit 35 m Höhe und 78 cm Durchmesser in Brusthöhe. Ihr Vorkommen in der Heimat unmittelbar an der Küste des Stillen Ozeans und an den Küstenbergen aufwärts bis in frostreiches Höhenklima ist von enger, räumlicher Begrenzung.

Chamaecyparis nutkaënsis (*Spach.*), Nutkascheinzypresse, Yellow Cypress. Westamerika.

Schuppenblätter kräftig mit scharfen Spitzen. Wo sie beheimatet ist, an der Küste Westamerikas bis ins Picetum aufwärts und nordwärts, gilt sie als der wertvollste Nutzbaum mit einem dauerhaften Holze.

Chamaecyparis obtusa (*Sieb. et Zucc.*), Feuerscheinzypresse, Hinoki. Japan.

Leittriebe nicht in schönen Bögen wie die amerikanische Art, sondern in geradlinigen Stücken überhängend. Schuppenblätter stumpf. Unterseits der Zweige weiße Linien an den Grenzen der Schuppen. In Japan teils in reinen Beständen, teils einzeln im Laubwald; sehr viel künstlich durch Pflanzung und durch Stecklinge angebaut; es gilt das Holz dieser Art als das weitaus wertvollste unter sämtlichen Nadelbäumen. Der Kern rosa gefärbt, sehr fein gefügt, von sehr großer Dauer.

Chamaecyparis pisifera (*Sieb. et Zucc.*), Weichholzscheinzypresse, Sawara. Japan.

Schuppenblätter mit scharfen Spitzen, unterseits einen weißen Fleck tragend. Diese Scheinzypresse ist die minderwertigere Schwester der vorigen, soweit ihr Holz in Frage kommt. Der Kern ist gelb gefärbt, das Holz ist weicher und weniger schön.

Chamaecyparis sphaeroidea (*Spach.*), Kugelscheinzypresse, White Cedar. Ostamerika.

Diese Scheinzypresse hat die zierlichsten Triebe von allen. Im Castanetum und Lauretum von Ostamerika auf sumpfigen Böden bildet diese Art sehr dichtgeschlossene Waldungen mit hohem Holzwerte. Solche Standorte im Fagetum sind dem Baume viel zu kalt.

5. Gattung und Art: Cryptomeria japonica (*Don.*), Kryptomerie, Sugi. China und Japan.

Von dieser Gattung ist nur eine einzige Art in Ostasien bekannt; Nadeln pfriemenförmig, dreikantig. Dieser Baum ist raschwüchsig, lichtbedürftig, verlangt guten, nahrungsreichen Boden, noch auf Sandboden dritter Bonität zu brauchbarer Dimension erwachsend. Maximalhöhe im Optimalklima des Castanetums sind 70 m; nur das wärmere Fagetum kann nördlich vom oder über dem Castanetum für diesen Baum zu forstlichen Zwecken in Frage kommen. Das Holz ist leicht, weich, mit seinem braunen Kern dauerhaft; bei kurzem Umtrieb im vollen Licht auf mäßigem Boden erzogen, liefert der Baum ein außerordentlich leicht zu bearbeitendes, billiges Baumaterial für die Holzbehausungen der Japaner. Die Kryptomerie ist für Ostchina und ganz Japan der forstlich wichtigste Nadelholzbaum.

6. Gattung: Cupressus, Zypressenarten, Cypress, Cyprès.

Zweige vierkantig; alle Angehörigen dieser Gattung gehören dem Lauretum und wärmeren Castanetum an; einige erhalten sich noch mühsam im warmen Fagetum; forstlichen Wert besitzen sie in dieser Klimazone nicht mehr; nur in den milden Lagen des Insularklimas gedeihen sie dort auch für forstliche Zwecke genügend. Da die Bäume schnellwachsend sind und ein gutes und dauerhaftes Holz bilden, verdienen sie forstliche Beachtung und forstlichen Anbau. Sie sind Lichthölzer, welche guten Boden verlangen. Daß keine Holzart, auch diese Zypresse nicht, wie es geschrieben steht, auf nacktem Boden gedeiht, wurde schon bei den allgemeinen Grundlagen besprochen; die Zypressen verlangen sogar guten Boden, den sie zwischen den Felsenspalten finden. Die Mehrzahl der Angehörigen sind, weil Halbbäume, ohne forstliche Bedeutung.

Cupressus sempervirens (L.),

die orientalische Zypresse, ist in Südeuropa heimisch.

Cupressus macrocarpa (Hartw.),

die Montereyzypresse von Kalifornien, verdient Erwähnung wegen ihres außerordentlich raschen Wachstums und ihres Anbaues auf gefestigten Dünen.

Cupressus torulosa (Don.),

die Nepalzypresse, wird im Himalaja bis 50 m hoch.

7. Gattung: Juniperus, Wacholderarten, Junipers, Genèvriers.

Nur soweit die Wacholderarten Bäume werden, welche forstlicher Benutzung dienen, verdienen sie auch forstliche Pflege; die bald pfriemenförmige, bald schuppenförmige Benadelung, die Beerenfrucht, die auf besonderem Exemplare (weiblichen) allein zur Ausbildung kommt, der aufrechte Längstrieb sind die wichtigsten Merkmale. Die Wacholder sind ziemlich langsam wachsende Lichtholzarten, welche auf den verschiedensten Böden: geringen, sandigen, kiesigen, trockenen, guten und frischen Böden, selbst in sumpfigen Örtlichkeiten, sich finden; einzelne Arten sind schon im Lauretum zu finden und streichen bis in das kühle Picetum, aber es ist zu beachten, daß alle Wacholderarten sowohl auf geringem Boden als auf gutem Boden im Klima kühler als das Castanetum nur Halbbäume werden, welche somit keine für Nutzzwecke brauchbare Größe erreichen. Der brauchbare Teil der Wacholderarten ist nur das schön gefärbte Kernholz. Tiefe Wintertemperaturen werden allen Wacholderarten gefährlich.

Juniperus chinensis (L.), chinesischer Wacholder, Ibuki. China und Japan.

Reine Bestände dieses Baumes sind nirgends vorhanden; er ist in China besonders häufig bei Tempeln angebaut; das Holz steht dem virginischen Wacholder an Schönheit der Farbe, nicht aber an Wohlgeruch nach.

Juniperus virginiana (L.), der virginische Wacholder, Bleistiftholz, Red Cedar. Ostamerika.

Diese Art ist die bekannteste von allen, und um das wertvolle, zu Bleistiften wegen seiner Farbe und seines Geruches verwendete Holz auch in Europa zu gewinnen, hat man dem Baume forstliche Aufmerksamkeit erwiesen, die er offenbar in ganz Mitteleuropa, von der warmen Küste abgesehen, nicht verdient. Auch in Nordamerika liegt die Zone der technischen Verwendbarkeit in den Südstaaten (Castanetum und Lauretum).

8. Gattung: Larix, Lärchenarten, Larches, Tamaracks, Mélèzes.

Die Lärchen sind winterkahle Nadelbäume; ihre erste Benadelung im Frühjahr besteht durchaus aus kurzen Trieben, in welchen die Nadeln bis zu 50 angehäuft sind. Später bricht aus den kurzen Trieben der Längstrieb hervor mit zerstreut stehenden Nadeln. Die Nadeln sitzen auf einem längswulstigen Vorsprung der Rinde. Der Samen wird schwierig aus aufrechten Zapfen frei; trockene Winde sind nötig. Samen dreikantig, klein; Keimlinge an den Kotyledonen und Erstlingsnadeln ohne Zähnchen am Rande. Allen Lärchen ist gemeinsam, daß sie bis zur Kältegrenze des Waldes, sei es im Norden (Polaretum), sei es in höheren Regionen (Alpinetum), vordringen. Von da an süd- beziehungsweise abwärts streichen sie bis ins Picetum und Fagetum; keine aber betritt in ihrem natürlichen Vorkommen das Castanetum. Das Optimum liegt im Picetum und kühleren Fagetum. Im Castanetum erschöpfen sich die Lärchen in Zapfenerträgnis und Kurzschaftigkeit. Alle Lärchen sind frosthart. Selbst nach dem ersten Ergrünen können sie noch —5° C ohne Schaden ertragen; nur in besonders schweren Frostlagen erfriert im Juni der Längstrieb; im wärmeren Klima verlängert sich die Wuchsperiode, dort sind auch Schäden durch Frühfröste nicht selten. Alle Lärchen sind anfänglich sehr raschwüchsige, volle Lichtholzarten; infolge ihrer tiefgehenden Herzwurzeln zeigen die Lärchen große Sturmfestigkeit; in der Jugend ist Schneedruck und Krümmung des Schaftes als Folge hiervon nicht selten; die gleiche Erscheinung ruft noch häufiger Wind hervor. Sie vertragen keine Überschirmung, höchstens seitliche Einengung der Kronen durch ihresgleichen; 15—20jährige Gipfelfreiheit sichert allein ihr Gedeihen in Mischung mit anderen Holzarten. Alle Lärchen verlangen einen guten, tiefgründigen, nicht allzu schweren und feuchten, kalkreichen Boden; auf nahrungsarmem Boden, Kiesgerölle, Sandboden dritter Bonität und geringer, entwickeln sich die Lärchen nur die beiden ersten Jahrzehnte rasch, wodurch eine unheilvolle Täuschung erweckt wurde; vorzeitig läßt das Wachstum nach, und von unten nach oben fortschreitend, stirbt allmählich die Krone unter Flechtenansatz und Krebswülsten ab. Im Holze sind alle Lärchen gleich; in einem warmen Standorte wird jede ein weitringiges, leichtes, weiches, in einem kühlen jede ein engringiges, hartes, schweres Holz bilden müssen. Der schmale Splint deckt einen rotbraunen Kern von großer Dauer und Härte. Härte und Kernfarbe hängen ganz vom Standort und von der Erziehungsweise ab. In der Schaftschönheit sind die Lärchen verschieden; je wärmer das Klima, um so größer die Tendenz zur Verschlechterung der Schaftform. Aber auch von diesem Faktor abgesehen, bestehen Unterschiede in den Arten; die japanische Lärche scheint von allen die ungünstigste, die sibirische Lärche und die westamerikanische scheinen die günstigste Schaftform zu besitzen. Aus dem Holze wird Harz gewonnen. Den Lärchen werden Motten und Läuse häufig, Agaricus melleus zuweilen schädlich; der schlimmste Feind aber ist der Lärchenkrebs, Peziza Willkommii, dem gern in die Schuhe geschoben wird, was an Fehlern in der waldbaulichen Behandlung der Lärchen verbrochen wird; an keiner anderen Holzart fegt der Rehbock mit größerer Vorliebe als an den Lärchen.

Larix americana (*Michx.*), die ostamerikanische Lärche, Tamarack. Ostamerika.

Fertige Triebe gelbrot, kahl. An der Wärmegrenze in sumpfigen Standorten selbst in reinen Beständen von geringer Höhe; im Optimum, das auf kanadischem Boden liegt, auf normalen Böden mit normaler Frische auch mit normaler Höhe.

Larix europaea (*CD.*), die europäische Lärche. Alpen, Karpaten und Sudeten.

Die fertigen Triebe hell, strohgelb, glänzend. Knospe hellbraun mit gleicher Basis. Der Anbau dieser Lärche weitab von der Heimat in dem wärmeren Gebiet (Castanetum und wärmerem Fagetum), unter naturwidriger Anbauart und unpassender Erziehung, hat viele Erwartungen getäuscht; besonders sind in Schottland, in Norddeutschland große Kulturen zugrunde gegangen. Man kann sagen, mit keiner Holzart ist so viel von der Praxis experimentiert und so wenig Erfolg erzielt worden, als mit der Alpenlärche nördlich von den Alpen. Millionen von Lärchen sind bereits zugrunde gegangen, und Millionen von Lärchen, in den letzten Jahrzehnten begründet, droht das gleiche Schicksal. Über die Krummwüchsigkeit der Lärche und der allgemein vermuteten Erblichkeit dieser Eigenschaft ist bereits im Abschnitt IV berichtet worden. Vor hundert Jahren ausgeführte Versuche haben Stämme mit 40 m Höhe ergeben. Daß das Holz in der Jugend infolge des freien Standes und des wärmeren Klimas nördlich der Alpen zugleich breitringiger und minderwertiger ist gegenüber dem im hohen Alter oder im kühleren Klima gebildeten Holze, ist ein allgemeines Naturgesetz für alle Holzarten, verdient aber hier besonders erwähnt zu werden, weil allen Ernstes die Behauptung aufgestellt wurde, daß mit einem Samenkorn aus der obersten Alpenregion sich auch Engringigkeit und Schwere des Holzes vererben müsse!

Larix leptolepis (*Gord.*), die Hondolärche, japanische Lärche, Karamatzu, Fujimatzu. Japan.

Fertige Triebe hell bis dunkelrot, Knospe rot. Nadeln mit deutlicher, heller Unterseite. Wegen ihres raschen Wachstums im ersten Lebensjahrzehnte und ihrer Schönheit ist diese Holzart vielfach zum Liebling der Forstwirte in Europa geworden; je älter aber die Kulturen werden, um so mehr schwindet die Liebe dahin. Verfasser mußte bereits 1898[1]) konstatieren, daß die japanische Lärche vom zweiten Lebensjahrzehnt an in Wuchskraft hinter der europäischen Lärche zurückbleibt. Die Schaftform ist noch schlechter als jene der europäischen; gegen Pilz und Insekten etwas härter, gegen Wurzelkrebs bedeutend empfindlicher als die europäische Lärche. Dagegen ist die Leichtigkeit der natürlichen Wiederverjüngung sowie die hohe Keimkraft des Saatgutes[2]) überraschend.

Larix occidentalis (*Nutt.*), westamerikanische Lärche, Tamarack. Westamerika.

Junge Triebe gelbbraun, glänzend. Knospe braun. Im Felsengebirge bildet die Lärche mit der blauen Douglasie einen lockeren Bestand von durchschnittlich 40 m Höhe.

Larix sibirica (*Led.*), sibirische Lärche. Nördlicher Ural und Sibirien.

Junge Pflanze dieser Lärche schon in Saat- und Pflanzbeeten von allen übrigen Lärchen durch auffallend geraden Wuchs, kurze, fast rechtwinklig abstehende Äste und derbe Entwicklung unterscheidbar. Vielfach in wärmerem Klima langsam, in kühlerem sehr raschwüchsig. Fertige Triebe der europäischen Lärche in Farbe gleich, Knospe mit fast schwarzer Basis. Die sibirische Lärche färbt sich im Herbste bereits goldgelb, während alle übrigen Lärchen noch grün sind. Die auffallende Geradschaftigkeit verleiht dieser Lärche einen besonders hohen Wert.

9. Gattung: Picea, die Fichtenarten, Spruces, Epicéas.

Für alle Länder, welche dem Fagetum und Picetum angehören, wie Mittel- und Nordeuropa, Kanada, Sibirien, für alle Berglandschaften, welche in diese Zonen hineinragen, liefert die Gattung Picea das wertvollste Bau- und Stammholz, eine hoch geschätzte, nur von der Föhre (Kiefer) übertroffene Brettware. In allen Ländern, welche einer wärmeren Klimazone als Fagetum zufallen, wie Südeuropa, Vereinigte Staaten von Nordamerika, Ostasien (China und Japan), liegen die Fichten vom Verbrauchsorte weitab in höheren Elevationen oder im Norden. In solchen Fällen sind die Angehörigen der Gattung Picea, die selbstverständlich in Amerika und Asien dasselbe Holz wie in Europa bilden,

---

[1]) H. Mayr, Anbauversuche mit japanischen Holzarten usw. Forstwissenschaftliches Zentralblatt 1898 S. 43.

[2]) Joh. Rafn, Kopenhagen, hat bis 80 % festgestellt.

einstweilen noch ziemlich wertlos wegen der Entfernung vom Verbrauchsorte und wegen des Auftretens von Nadelbäumen, welche die Fichten in ihren Verwendungszwecken vollauf ersetzen, ja noch übertreffen, wie Pitchpine, Strobe, Douglasie, Gelbföhre in den Vereinigten Staaten, Cryptomerie in Japan und China, die Zeder im Himalaja. Die europäische Fichte verdankt teilweise der Güte des Holzes, aber auch ihrer massenhaften, natürlichen Anwesenheit, ihrem schnellen Wuchs, ihrer Schaftform, ihrer Bescheidenheit und leichten Aufzucht ihre Berühmtheit, welche sie aber mit sämtlichen übrigen Angehörigen der Gattung Picea, nach dem Grundgesetz, daß derlei Eigenschaften Gattungscharaktere sind, teilt.

Die Fichten sind immergrüne Baumarten mit einspitzigen Nadeln; diese am Grunde verschmälert und auf einem aus der Rinde des Triebes vorspringenden Nadelkissen aufsitzend. Nach dem Nadelabfall bleibt das vorstehende Kissen am Triebe noch Jahre lang erhalten. Nadeln vierkantig; in diesem Falle sind alle vier Flächen mit weißen Spaltöffnungslinien versehen, oder flach zweikantig; in diesem Falle trägt die Oberseite der Nadel zwei breite, weiße Streifen. An Seitenzweigen drehen sich die Nadeln nach unten, so daß bei solchen Fichten eine weißliche Zweigunterseite erscheint. Der Zapfen reift in einem Jahr, hängt bei der Reife nach abwärts, öffnet sich bei trockener Witterung, so daß die Sämereien durch ihre Schwere herausfallen. Der Samen liegt in einer löffelartigen Vertiefung des Flügels, aus der er sich loslöst. Am Keimling sind Kotyledonen und Primärnadeln, somit alle Nadeln des ersten Jahres fein gezähnt. Die Ansprüche an das Klima ergeben sich für alle Fichten aus der Zonenbildung. Sie erscheinen bereits im Fagetum, erreichen kurz nach dem Übergang in das Picetum ihr Optimum und erstrecken sich aufwärts und nordwärts bis zur Waldgrenze. Ihr Heimatgebiet ist der luftfeuchteste und kühlste Waldgürtel in allen Weltteilen. An den Meeresküsten streichen sie deshalb weiter nach Süden als im Binnenland, wenn dieses nicht durch Gebirge ebenfalls Picetumklima aufweist. Trotz ihres nördlichen Vorkommens, ihres Auftretens in Gebieten mit tiefen Wintertemperaturen sind alle Fichten durch verspätete Fröste im Frühjahr gefährdet, und zwar auf freien Lagen, Kahlflächen, in Frostlöchern. Die eben neu ergrünende Fichte ist wie die Tanne in diesem Augenblick so zart wie eine tropische Pflanze. Bezüglich der Methode der Aufzucht zur Vermeidung der Gefahren muß auf später verwiesen werden; Ungleichheiten in Frosthärte erklären sich durch ungleichen Vegetationsbeginn; für einige besteht auch Gefahr durch sonnige Winter (Nadelbräune, Chlorophylltod, Erfrieren der Gipfelknospe und selbst des Gipfeltriebes).

Die Fichten sind im Freistand ziemlich raschwüchsig, nachdem das jugendliche Alter von etwa 5—10 Jahren zurückgelegt ist; bis dahin und noch darüber hinaus ertragen sie den Entzug des Lichtes ohne zugrunde zu gehen. Alle Fichten sind deshalb Schattenholzarten. Alle Fichten verlangen guten und frischen Boden, begnügen sich aber wegen ihrer seichten Bewurzelung mit geringer Bodentiefe.

Durch ihre auch auf tiefgründigem Boden seichte Bewurzelung sind sie gefährdet durch Sturm, insbesonders wenn sie in größeren Massen zusammen aufwachsen. Von Jugend auf isoliert stehend sind sie ganz sturmfest; länger anhaltende Dürre wird besonders im jugendlichen Alter auf seichten Böden gefährlich; im Bestande aufgewachsen wird durch plötzliche Freistellung des Stammes außer Sturm auch noch Rindenbrand verderblich; in der Jugend bedroht die eng geschlossenen Fichten Schneedruck, im Alter, besonders in Zapfenjahren, Schneebruch. Als Schattenholzarten erhalten sich die Fichten bis in hohes Alter mit geschlossenen Kronen, woraus vollendet astreine, vollholzige Schäfte hervorgehen.

Unter den Feinden der Insektenwelt sind solche, welche Massenvermehrung erfahren und Massentod der Fichten verursachen, wie Nonne, Borkenkäfer, Rüsselkäfer, Blattwespen; von Hirschen, Rehen und Eichhörnchen werden die Triebspitzen abgebissen; da der Trieb mehrere Knospen zwischen zwei Quirlen trägt, ist der Verlust geringer als bei den Tannen; die Rinde wird von den Hirschen geschält, und außer zahlreichen, holzbewohnenden Pilzen (Rotfäule z. T.) sind es vor allem die beiden Wurzelkrebse Agaricus melleus und Polyporus annosus, welche von der Jugend bis in das höchste Alter die Stämme im Bestande dezimieren. Häufig ist Rotfäule im höheren Alter, frühzeitig auf Ackerböden, Viehweiden, feuchten Böden, im wärmeren Klima, in mit Zugtieren befahrenen Waldungen. Das Holz der Fichten entspricht den modernen Ansprüchen am besten: zweischnürige Stämme, leicht, weich, elastisch, astrein; Dauer fehlt; Splint und Kern in Farbe völlig gleich, d. h. Kern ohne Farbe und daher auch ohne Dauer; die Zweige geben Einstreumaterial, die Rinde ist an Gerbstoff reich; aus dem Holze wird Harz gewonnen.

Picea alba (*Lk.*), **Weißfichte, White spruce. Ostamerika.**

Nadeln kurz, stumpf, kaum stechend, mit weißlichem Schimmer. Fertige Triebe rosafärbig, von oben her bereift. Beim Zerreiben der Nadeln und dünnen Triebe wird neben dem Harzgeruch ein Beigeruch frei, der den Tieren widerlich ist und die Pflanze vor dem Verbisse durch Hirsche und Rehe schützt. Sie erreicht in der Heimat bis 50 m Höhe, bleibt aber auf ihrer Wärmegrenze (Vereinigte Staaten) in sumpfigen Örtlichkeiten ein Baum II. Klasse. In allzu warmen Örtlichkeiten wurde sie auch bisher in Europa angebaut und bleibt daher ebenfalls ein kleiner, forstlich wertloser Baum.

Picea ajanensis (*Fisch.*), ajanische Fichte, Kuroesomatzu. Ostsibirien und Hokkaido.

Nadeln flach, auf einer Seite weißliche Streifen; fertige Triebe strohgelb. Schon auf Eso (so wird das in den Atlanten und Geographien bis zur Unkenntlichkeit entstellte Wort Yezzo gesprochen und somit auch geschrieben) erscheint diese Fichte in reinen Beständen mit bis 60 m Höhe; nach den Kurileninseln hin nimmt sie zu, auf Sachalin und in Ostsibirien wird sie einstens der wertvollste forstliche Nutzbaum sein, der ganz nach dem Muster der europäischen Fichte behandelt werden kann.

Picea bicolor (*Mayr*), Buntfichte, Iramomi. Zentraljapan.

Diese der europäischen Fichte am nächsten stehende japanische Art besitzt vierkantige, oberseits weißliche Nadeln, kräftigere Längs- und kräftigere Seitentriebe, dicht rosafarbig bis rostfarbig behaart. Sie wird fortgesetzt mit der Hondo-Fichte verwechselt. Im Fagetum und Picetum des hohen, gebirgigen Zentraljapans ist diese Fichte die höchste (bis 40 m) und forstlich die wichtigste. Ihre auffallend späte Ergrünung sichert sie gegen Spätfröste besser als die europäische Fichte.

Picea Engelmannii (*Engelm.*), Engelmannsfichte, White spruce. Felsengebirge.

Vierkantige Nadeln, ziemlich scharf stechend, am Triebe nach vorn gerichtet, junge Triebe schwach rosa bereift, behaart; mit einem Beigeruch der alba, daher ebenfalls vom Wilde nicht verbissen. Schuppen an den Knospen anliegend. Sehr hoher Gerbstoffgehalt der Rinde mit 16 %.

Picea excelsa (*Lk.*), europäische Fichte. Europa.

In der äußeren Erscheinung sehr variabel, nur braune Farbe der Triebe und Knospen ist konstant. In Europa fehlt sie ursprünglich auf allen Standorten, welche dem wärmeren Fagetum und dem Castanetum im Klima angehören. Im Süden, natürlich bei entsprechender Elevation, erscheint sie in den östlichen Pyrenäen, in den Alpen und von da nordwärts über Erz- und Riesengebirge, Ostpreußen, Westrußland bis nach Schweden, Norwegen und Lappland; die Linie Basel—Königsberg bildet die europäische Westgrenze, die Linie Kasan—Kola die Ostgrenze. Von da an ostwärts herrscht die sibirische Fichte. Sie fehlt in ganz Großbritannien. Durch künstlichen Anbau ist die Fichte weit über ihren Heimatbezirk hinausgeraten, soweit das Klima der Heimat gleich oder milder war, mit gutem, soweit sehr warm (wärmstes Fagetum und Castanetum) mit schlechtem Erfolge.

Picea Morinda (*Lk.*), Morindafichte. Westl. Himalaja.

Eine prächtige, sehr langnadelige Fichte, welche ebenfalls bis 50 m Höhe erreicht; gegen Winterfrost empfindlich.

Picea nigra (*Lk.*), Schwarzfichte, Black spruce. Ostamerika.

Nadeln kurz, vierkantig, Triebe rotbraun, behaart. Von der alba durch die dunkle Farbe der Nadeln und das Fehlen des Beigeruches unterschieden. Der forstliche Wert ist geringer als jener der alba, nur für Papierstoff scheint sie besser zu sein.

Picea obovata (*Ant.*), die sibirische Fichte. Ural, Sibirien.

Durch längere, schmälere Nadeln, dünnere Triebe mit rosafarbigem Reif von der europäischen Fichte — von Blüten und Zapfen abgesehen — verschieden. Sie erreicht dieselbe Dimension und verlangt natürlich auch die gleiche Behandlung wie die westliche Schwester.

Picea Omorika (*Panč.*), Omorikafichte. Balkan.

Nadeln flach gedrückt mit weißen Streifen auf einer Seite. Nadeln dem Längstriebe hart angedrückt; eine mächtige Fichte im Gebiete des Balkans.

Picea orientalis (*Lk. et Carr.*), Kaukasus- oder Sapindusfichte. Kaukasus und Kleinasien.

Nadeln auffallend kurz, stumpf, glänzend, Triebe sehr dünn, behaart. Anfangs langsam-, später raschwüchsig, vertritt sie die europäische Fichte im kleinasiatischen Orient; in der Heimat bis 50 m, kultiviert in wärmeren Klimaten nur bis 20 m hoch.

Picea pungens (*Engelm.*), Strichfichte, Blue or white spruce. Südliches Felsengebirge.

Nadeln sehr stark stechend, fast rechtwinklig vom Triebe abstehend, Knospenschuppen an der Basis der Knospen abstehend. Nadeln und Triebe mit demselben unangenehmen Beigeruche wie Picea alba; aus diesem Grunde wird die Fichte von Rehen und Hirschen nicht verbissen. Das späte Austreiben sichert gegen die Spätfrostgefahr, selbst auf sumpfigen, kalten Örtlichkeiten. Sie wird in der Heimat bis 50 m hoch.

Picea sitkaënsis (*Carr.*), Sitkafichte, Tideland spruce. Westamerika.

Junge Pflanzen mit scharfstechenden, etwas abgeplatteten, zwei weiße Streifen tragenden Nadeln. In wärmerem Klima (Eichen) auf anmoorigem, feuchtem Boden, in kühlerem Klima in normalem Boden wächst diese Fichte sehr rasch, doch ist sie empfindlicher gegen Spätfröste und vor allem gegen Winterfröste und Gipfelknospentod als die europäische Fichte; von der kühlen Küste Kaliforniens bis nach Alaska zusammen mit der Douglasie bildet sie nur in ihrem Optimum reine

Bestände, wobei eine Höhe von 60 m und darüber normale Erscheinungen sind. Entgegen marktschreierischer Anpreisung sei betont, daß auch diese Fichte nur ein Fichtenholz produzieren kann. Die stechenden Nadeln schützen nicht genügend gegen das Verbeißen durch das Wild, da ihnen der lästige Beigeruch der Alba- und Pungensfichten fehlt.

Gattung oder besser Sammelgattung Pinus, die Föhren, die Kiefern, Pines, Pins.

Schon 1890 versuchte der Verfasser eine Trennung der Sammelgattung Pinus in natürliche Sektionen unter Benützung der äußeren Merkmale der, damals fast noch ganz unbekannten Anatomie des Holzes und der ebenfalls unbekannten, biologischen Eigenschaften der Föhren, wobei er hinwies, daß die natürlichen Sektionen sich genau wie die Gattungen verhielten. Behufs Charakterisierung der Föhren zwecks forstlicher Behandlung ist die Aufteilung der Gattung Pinus in Sektionen naturwissenschaftlich und praktisch ein Ding der Notwendigkeit.

Alle Föhren haben gemeinsam, daß die Kotyledonen des Keimlings· ohne Zähne, die Erstlingsnadeln, welche einfach sind, mit Zähnen versehen sind, daß ferner der Zapfen nicht im Jahre der Blüte, sondern in dem diesem folgenden Jahre reift und daß alle Föhren ein schwach rötlich gefärbtes, dauerhaftes, harzreiches Kernholz besitzen. Sie zählen durch ihre Produkte und durch ihre waldbaulichen Eigenschaften, Standorte zu bevölkern, welche von anderen Holzarten nicht mehr bewohnt werden (Sandböden), zu den forstlich wertvollsten Nutzbäumen. Alle dringen mit kräftiger Pfahlwurzel in die Tiefe.

10. Sektion, besser Gattung Pinaster: Pinasterföhren oder Pinasterkiefern.

Zweinadelig; neue Zapfen an der Spitze des Triebes an Stelle von Quirlknospen, reife Zapfen somit an der Stelle eines Quirltriebes. Der Same wird vom Flügel wie von einer Zange gefaßt. Die Föhren dieser Sektion gehören teils dem Castanetum, teils dem Fagetum und teils dem Picetum an; auf gutem Boden stehen sie einzeln zwischen anderen Holzarten; bei Abnahme der Bodengüte scheiden allmählich die anspruchsvollen Holzarten aus, und die Föhren bleiben als alleinherrschend zurück. Die Pinasterföhren vermögen mit den geringsten sandigen, kiesigen, trockenen, heißen wie auch versumpften und sauren Böden noch fürlieb zu nehmen; darin liegt ihre große, waldbauliche Bedeutung. Daß ihre Höhenentwicklung parallel der Bodengüte und dem Klima geht, ist selbstverständlich. Je lehm- und humusreicher der Boden, um so breiter wird der Splint und kernärmer das Holz. Die Pfahlwurzel ist kräftig und dringt bis 2 m Tiefe in den Boden ein; auf seichtem Boden seichtwurzelnd mit geringer Widerstandskraft gegen

Wind und mit ungünstiger Schaftform; wegen des spröden Astholzes dem Schneebruche ausgesetzt. Alle Pinasterföhren sind Lichtholzarten, welche von Jugend an schnellwüchsig sind; im heimatlichen Klima sind sie frosthart. Eine Castanetumföhre in das Fagetum oder gar Picetum verbracht, ist ein unnatürlicher Versuch, der zu negativem Ergebnis führen muß. Insekten leben viele auf den Pinasterföhren. Einige, wie Föhrenspanner, Föhrenspinner, Eulen usw. können sehr schädlich auftreten; auch von Pilzen werden die Föhren häufig angefallen, z. B. das Kernholz der Föhren von Trametes Pini, junge Pflanzen und alte Bäume von Agaricus melleus, Polyporus annosus. Keimlinge und wenigjährige Pflanzen sterben nach Millionen durch den Schüttepilz dahin; doch sind hierin die Arten verschieden. Das Holz der Pinasterföhren steht in Härte dem Fichtenholz nach, übertrifft aber dieses in Dauer und Harzgehalt. Unter sich bastardieren die Pinasterföhren ziemlich leicht.

Pinus (Pinaster) aleppensis (*Mill.*), Aleppoföhre. Mediterrangebiet ostwärts von der Adria.

Diese langnadelige Föhre wird ein mächtiger Baum, der neben Holz auch Harz und in der Innenrinde Gerbmaterial liefert.

Pinus (Pinaster) austriaca (*Höss.*), österreichische Schwarzföhre. Ost- und Südostalpen, Balkan.

Nadeln lang, dunkelgrün, starr, stechend. Rinde am Baume bis in die Spitzen von gleichmäßigen Schuppen und grauer Farbe. Dieselbe wird nur ausnahmsweise 30 m hoch; ihre forstliche Bedeutung liegt in der Besiedelung von trocken-heißen, kalkreichen Hängen, bei mäßig raschem Wuchs, im reichlichen Nadelabfall, in der Frosthärte, im Harzreichtum und in der Holzgüte; ihre Empfindlichkeit gegen Schneedruck ist groß.

Pinus (Pinaster) densiflora (*Sieb. et Zucc.*), japanische Rotföhre, Akamatza, Mematza. Japan, Korea.

Nadeln länger und weicher als bei der mitteleuropäischen Art, Triebe schwach bereift, junge Stämme und damit auch der obere Teil der alten Stämme mit rötlicher, dünner Schuppenborke versehen. Knospen rot mit zurückgerollten Schuppen. Dem Castanetum und Fagetum angehörend, ein Baum bis 40 m Höhe. Sehr raschwüchsig, frosthart und sehr empfindlich gegen Schneedruck.

Pinus (Pinaster) lapponica (*Mayr*), hochnordische Föhre. Europa.

Auf keinem Punkte Mitteleuropas tritt diese Föhre auf. Die Föhren von Norwegen, Nordschweden und Finnland gehören in ihren Formenkreis; Schaft geradwüchsig, bis jetzt (20 Jahre) auch in wärmerem

Klima; Wuchs träger als bei der mitteleuropäischen Art; weniger empfindlich gegen Schütte.

Pinus (Pinaster) Laricio (*Poir*), korsikanische Schwarz- föhre. Korsika.

Nadeln lang, kräftig, hellgrün; bilden unter den verwandten Schwarz- föhren die höchsten und schönsten Schäfte; sie ist forstlich wichtiger als andere Schwarzföhren. Frost- und schneehart werden sie auch von Kaninchen und Rehen nicht befressen; sie ist von allen Schwarzföhren für Deutschland die wichtigste; leider wurde zumeist die österreichische angebaut. L. Pardé[1]) nennt P. calabrica die beachtenswerteste Schwarzföhre.

Pinus (Pinaster) leucodermis (*Ant.*), weißrindige Föhre. Bosnien.

Der österreichischen Föhre nahestehend, mit weißlich bereiftem, einjährigem Triebe.

Pinus (Pinaster) Mughus (*Scop.*), Sumpfföhre. Mittleres und nördliches Alpenvorland.

Sie bewohnt als niederliegender Strauch die sumpfigen Standorte.

Pinus (Pinaster) Pallasiana (*Lamb.*), taurische Schwarz- föhre. Krimm und Kleinasien.

Wegen der schlechten, ästigen und geteilten Schaftbildung auf allen Standorten ein forstlich minderwertiger Baum.

Pinus (Pinaster) Pinaster (*Sob.*) oder maritima (*Poir.*), Strand- föhre, Sternföhre. Westliches Mediterrangebiet.

Nadeln sehr lang und kräftig. Im Castanetum zur Aufforstung von dürftigem Sandboden; zur Holz- und Harzproduktion von größtem Werte.

Pinus (Pinaster) Pumilio (*Henk.*), Krummholzföhre, Kriech- föhre, Latsche. Mittleres Europa und höchste Lagen von Südeuropa mit Ausnahme der Pyrenäen.

Ein alpiner Strauch, der auch im wärmeren Klima ein Strauch bleibt; im Alpinetum als Schutzpflanze wichtig.

Pinus (Pinaster) resinosa (*Ait.*), amerikanische Rotföhre, Red fir. Nordstaaten von Ostamerika.

Nadeln länger und dünner als bei der europäischen Föhre, frischeres Grün. Fertige Triebe rotbraun. Geradschaftigkeit und Astreinheit machen diese Föhre in Kanada und den Nordstaaten der Union zum wichtigsten Nutzbaum, nachdem die Vorräte an Weymoutsföhrenholz so ziemlich erschöpft sind.

---

[1]) L. Pardé, Emploi des Essences forestières. 1905.

Pinus (Pinaster) silvestris (*L.*), **mitteleuropäische Rotföhre, Kiefer. Mittleres Europa und westlicher Teil von Asien.**

Nadeln ziemlich kurz, Knospen hellockerfarbig, mit oder ohne Harzüberzug. Da nach Auffassung des Verfassers die nordische Föhre (Norwegen, Nordschweden, Finnland, Nordrußland) eine von der mitteleuropäischen Föhre äußerlich und biologisch und sicherlich auch forstlich wohl unterscheidbare und nach den Mitteilungen Dr. Denglers[1] auch eine in ihren Eigenschaften konstante Art ist, muß als Verbreitungsgebiet Mitteleuropa bezeichnet werden. Auch dort ist die Föhre für die meisten Standorte nicht ursprünglich, sondern eingeführt, z. B. in ganz Nordfrankreich, Belgien, Holland und Westdeutschland. Jüngere Bäume und das obere Stück alter Bäume sind mit dünner, roter Schuppenborke versehen. Forstlich kann diese als die wichtigste Föhre Mitteleuropas bezeichnet werden. Ihr klimatisches Optimum liegt augenscheinlich im Fagetum; Ostpreußen, Polen, Kurland, Livland bilden das Zentrum des Optimums; dort erwächst die Föhre in bester Schaftform und Höhe; Holz der Urwaldstämme außerordentlich gleichmäßig und feinringig, Holz der Kulturwaldstämme dagegen grobfaserig mit rasch wechselnder Ringbreite. Stämme mit 35 m Höhe und darüber sind keine Seltenheit. Die russischen Forscher berichten, daß die Föhre auch Sibirien und Kaukasien und die Berglandschaft bis nach Persien hin betritt; in England fehlt sie, in Schottland erscheint sie wiederum.

Pinus (Pinaster) sinensis (*Lamb.*), **chinesische Rotföhre. China.**

Nadeln weich, dünn, lang. Vom Castanetum bis zum Picetum in China verbreitet. China besitzt nur mehr lockere Haine, da das Beste, das von dieser Föhre in Küstenwaldungen vorhanden war, längst ausgerottet wurde. Zur Aufforstung in Kiautschau neuerdings neben der japanischen Schwarzföhre verwendet.

Pinus (Pinaster) Thunbergii (*Parl.*), **japanische Schwarzföhre, Kuromatra, Omatza. Japan.**

Nadeln sehr starr, stechend, Knospen weißlich; eine Schwarzföhre mit dunklerer Rinde bis in die Kronenregion; vorzugsweise Küstenbewohnerin, auch zur Dünenaufforstung benützt. In geschützter Lage geradschaftig bis 40 m Höhe.

Pinus (Pinaster) uncinnata (*Ramd.*), **Hakenföhre, Spirke. Mitteleuropa und Südeuropa.**

Diese Föhre mit kurzen Nadeln und grauer, kleinschuppiger Borke

---

[1] Dr. Dengler, Das Wachstum von Kiefern aus einheimischem und nordischem Saatgut. Zeitschr. f. Forst- u. Jagdwesen 1908.

wächst stets aufrecht; anfänglich deckt sie den trockenen wie nassen, moorigen Boden mit mangelhaftem Gipfel- und lebhafterem Seitenwachstum; je mehr aber der Boden durch Zweigschutz sich verbessert, desto mehr erhebt sich der Gipfel; auf Hartland und in den Pyrenäen als alpine Grenzvegetation überall mit tadellos geradem Schafte wachsend; auf Hartland im klimatischen Optimum, im Picetum ein Baum bis 25 m Höhe. In seiner forstlichen Bedeutung noch ungenügend erkannter Baum; sein außerordentlich hoher Wert für Dünenaufforstung jedoch ist an der Ostsee und in Dänemark festgestellt.

Das Saatgut dieser Föhre kommt als „südfranzösische" Föhre oder Kiefer vielfach in den Handel.

Pinus (Pinaster) uncinnato × silvestris mihi. Die Bastardföhre der Auvergne, südfranzösische Föhre.

Verfasser hat an anderen Orten bereits betont, daß Pinus uncinnata und Pinus silvestris an ihren zahlreichen Berührungspunkten entlang den Alpen von Oberösterreich bis nach Frankreich sehr leicht Bastarde bilden, welche bald mehr der einen, bald der anderen Art in Erscheinung und Biologie sich nähern. Untersuchungen in der Auvergne haben den Verfasser überzeugt, daß in dieser „südfranzösischen" Föhre obiger Bastard durch Kunst und Natur eine herrschende Verbreitung auf größeren Flächen hin gefunden hat. Das anfänglich niedere und langsame Wachstum stammt von uncinnata, die Schütteempfindlichkeit von silvestris. Zapfen und Benadelung stehen in der Mitte zwischen beiden; der Schaft ist silvestris mit allen Fehlern und Vorzügen.

11. Sektion (Gattung): Murraya, Murrayaföhren.

Teils nur zweinadelig, teils nur dreinadelig, teils zwei- und dreinadelig gleichzeitig bilden die Föhren dieser Sektion; sie bilden alljährlich am Längstriebe zwischen dem Quirltrieb und der abschließenden Knospe, je nach Üppigkeit des Wuchses, ein oder zwei, selbst drei Scheinquirle, an welchen auch in der Regel die Zapfen erscheinen. Fast alle Pflanzenzüchter fallen in den Irrtum, die Scheinquirle für echte, das Längenwachstum begrenzende Quirle zu halten und berichten deshalb, die Pinus Banksiana mache in einem Jahre zwei, selbst drei Triebe. Wächst eine solche Föhre schwach, fallen die Scheinquirle aus; wächst sie kräftig, so bildet sie die Anlage zu den Scheinquirlen bereits in der abschließenden Knospe aus; wird somit eine solche Föhre verpflanzt, muß sie in diesem ärgsten Leidensjahre Scheinquirle bilden, die sicher nicht infolge von Üppigkeit sich erst bilden, sondern schon vorhanden sind als Zeichen der vorausgehenden Ernährung; eine weitere Folge ist, daß schon sehr jugendliche Individuen Zapfen tragen; es wird dies als ein schlechtes

Zeichen für Nadelbäume betrachtet, und es bekundet diese Erscheinung in ihrer Art zumeist einen leidenden Zustand, sei er durch trockene Witterung, sei er durch die Verpflanzung herbeigeführt; bei den Murrayaföhren ist das Zapfenerträgnis das Zeichen des besten Wohlbefindens, des besten Wachstums. Die Pflanze zeigt ihr Leiden dadurch an, daß sie keine Scheinquirle und deshalb auch keine Zapfen bildet. Das Samenkorn liegt in einer löffelartigen Verbreiterung des Flügels, welche mit einem Spalt versehen ist.

Die Murrayaföhren sind ausgesprochene Lichtpflanzen, die raschwüchsigsten unter allen Föhrenarten; sie gedeihen noch auf trockenstem, magerstem, verhärtetem und vergrastem Sand- und Geröllboden, wie auch auf feuchten, sumpfigen Standorten; sie eignen sich für verkarstete Gebiete und sind die besten Pioniere für Ödlandsaufforstungen. Sie neigen bei isoliertem Stand anfänglich zur buschigen Verbreiterung und haben so die Legende hervorgerufen, daß sie überhaupt keine nutzbaren Bäume würden. Auf lockerem, trockenem Boden zwingt sie Wassermangel zu anfänglicher Verbreiterung der Krone, wie auch andere Holzarten in gleicher Lage zu tun gezwungen sind. Im engen Schluß sind sie normale Schäftebilder.

Sie sind, soweit auf südliche Standorte angewiesen, frostempfindlich, so weit dem Fagetum oder Picetum zugehörig, gegen tiefe Temperaturen unempfindlich. Da sie auch vom Schüttepilz nicht befallen werden, ist ihr forstlicher und waldbaulicher Wert hoch anzuschlagen. Daß ihr Holz geringwertiger sei als das der Pinasterföhre, ist nicht bewiesen.

Pinus (Murraya) Banksiana (*Lamb.*), Banksföhre, Jack Pine. Nördliches Ostamerika.

Nadeln der jungen Pflanze lang, der älteren kurz; sie ist daher schneedruckfester als sämtliche Pinasterföhren; stets zweinadelig; Knospen hell, mit Harz übergossen, bucklig bei Anlage der Scheinquirle. Selbst noch auf Unionsgebiet erreicht die Föhre nach Messungen des Verfassers 22 m; in ihrem Optimum, im kühleren Fagetum und Picetum von Kanada ist sie mit 35 m gefunden worden. Wegen ihres Vorkommens in Amerika auf trockenen, sandigen Höhen mit äußerst geringer Bodenkrume schien sie dem Verfasser 1885 eine auch für Europa wünschenswerte Einführung zu sein. Die Urteile, welche von seiten der Praxis nunmehr reichlich einlaufen, stimmen alle in ihrem Lobe überein. Daß Krankheiten und Insekten noch an ihr auftreten werden, ist mit Sicherheit zu erwarten, sind doch die einheimischen Föhren ein wahrer Leckerbissen für Insekten und andere Tiere.

Pinus (Murraya) inops (*Ait.*), Jerseyföhre, Jerseypine.
Mittlere Staaten von Ostamerika.

Was man in Dänemark und Ostpreußen zur Dünenaufforstung verwendet und Pinus inops nennt, ist keine inops, keine Amerikanerin, sondern eine gute Europäerin die Pinasterföhre Pinus uncinnata. Die Jerseyföhre hat zwei und drei Nadeln in einem Kurztrieb; die einjährigen Triebe sind dünn und weißblau bereift. Auch sie wird auf gutem Boden ein hoher Baum. Ihr Wert liegt in ihrer Ausnützung des geringwertigsten Bodens des Castanetums.

Pinus (Murraya) insignis (*Dougl.*), Montereyföhre,
Montereypine. Kalifornische Küste.

Drei lange Nadeln in einem Kurztrieb, mit großen Zapfen. Diese Art wird zur Aufforstung der Dünen Kaliforniens benützt; ihr Optimum ist im kühleren Lauretum und wärmeren Castanetum.

Pinus (Murraya) mitis (*Michx.*) (echinata), kurznadelige
Föhre, Karolinaföhre, Shortleafpine. Südliche und
mittlere Staaten von Ostamerika.

Fertige Triebe ebenfalls bereift. Der Baum tritt in Ostamerika allmählich an die Stelle der wegen ihres Holzes und Harzes verfolgten und mißhandelten Pitchpineföhre (Pinus palustris). Sie schlägt gut am Stamme und an den Aststummeln aus, ist aber so wenig wie andere Föhren mit gleichen Eigentümlichkeiten zu Niederwald geeignet. Beläßt man einige Äste bei der Stümmelung, so eignen sich sämtliche Föhren zu einem derartigen Krüppelwaldbetrieb; dem Castanetum angehörig.

Pinus (Murraya) Murrayana (*Bay.*), Murraysföhre, Lodgepolepine. Sierra und Felsengebirge von Nordamerika.

Nadeln zu zweien, anfangs lang, später kurz; der Banksföhre biologisch nahestehend; Verfasser hat sie wegen ihres Vorkommens auf den kalten, sumpfigen Standorten 1890 zur Aufforstung von Moorboden sowie in Schneedrucklagen empfohlen; sinkt in solchen Standorten die Winterkälte bis 25° C und tiefer herab, leidet sie durch Blattgrüntod und färbt sich leuchtend rot. Ihr Optimum ist das Picetum; sie wird bis 30 m hoch.

Pinus (Murraya) pyrenaica (*Lapeyr.*), Brutia oder Pyrenäenföhre, Paroliniföhre. Pyrenäen.

Die einzige europäische Föhre dieser Sektion. Sie hat sich im Karst auf den trockenen, heißen, windigen Felsenköpfen und Höhen als Pionier der Neu- und Wiederbewaldung bewährt, d. h. sie ist dem allgemeinen Charakter der Murrayaföhren treu.

Pinus (Murraya) rigida (*Mill.*), Pechföhre, Pitchpine der Amerikaner, nicht der Europäer. Küstenstaaten von Ostamerika.

Dreinadelig, mit hellbraunen, glänzenden Trieben. In den ersten Jahren sehr raschwüchsig; später erlahmt ihre Wuchskraft; Nadeln lang, starr, dem Schneedruck von allen Murrayaföhren am meisten ausgesetzt. Ihre Ausschlagfähigkeit am Stamme und an den Aststummeln hat so wenig praktischen Wert wie dieselbe Erscheinung bei der mitis; von den Ausschlägen gehen in den folgenden Jahren um so mehr zugrunde, je kühler das Klima.

Pinus (Murraya) Taeda (*L.*), Taedaföhre, Loblollypine. Südstaaten von Ostamerika.

Dreinadelig; Nadeln lang und dünn. Dem Castanetum angehörig. Mit mitis nimmt sie allmählich den Platz der Pinus palustris ein.

12. Sektion (Gattung): Jeffreya, Jeffreyaföhren.

Zu dieser Sektion oder Gattung gehören dreinadelige Föhren, welche die Zapfen an Stelle von Quirlknospen, somit nach ähnlichen Vorgängen wie die Pinasterföhren zur Ausbildung bringen. Der Same wird vom Flügel zangenförmig gehalten. Einige sind rasch, einige sehr langsamwüchsig, wenigstens in ihrer Jugend; einige liefern ein sehr hartes, hoch wertvolles (südl. Arten), einige ein weiches Holz, wie die Pinasterföhren; einige sind ganz frosthart, andere außerordentlich empfindlich. Sie verlangen einen besseren (lehmigen Sand) Boden als die Pinasterföhren; sie leiden sehr unter dem Schüttepilz. Einige werden zu wahren Riesen des Waldes. Infolge ihrer langen Benadelung schadet ihnen Schneedruck im Stangenholzalter. Sie sind Lichtholzarten, welche in ihrer Mehrzahl den wärmeren Klimalagen, dem Castanetum angehören; diese können zur Harznutzung herangezogen werden; das Ergebnis ist bei der südlichsten aller Arten das beste.

Pinus (Jeffreya) Jeffreyi (*Murr.*), Jeffreys Föhre, Jeffreypine. Pazifische Küste Nordamerikas.

Sehr lange Nadeln, rechtwinklig vom Trieb abstehend; fertiger Trieb kräftig rosa bis weißblau bereift. In einem Klima, das dem Fagetum zugerechnet werden muß, erreicht der Baum eine Höhe von 60 m. Das Holz mit schön rosafarbigem Kern ist besonders wertvoll.

Pinus (Jeffreya) palustris (*Mill.*), Parkett- oder Pitchpine der Europäer, Longleavedpine der Amerikaner. Südstaaten von Ostamerika.

Mit sehr langen Nadeln ausgestattet; Wuchs dieser Föhre in den ersten fünf Jahren sehr langsam, so daß sie kaum über dem Boden sich erhebt; während dieser Zeit ist sie überaus empfindlich gegen tiefe Wintertemperaturen. Da sie das eigentliche Pitchpineholz liefert, geht sie in den Südstaaten der Erschöpfung entgegen; dazu tragen noch die Harznutzung bei, die sehr ergiebig ist, sowie die empfindlichen Beschädigungen durch Bodenfeuer.

Pinus (Jeffreya) ponderosa (*Dougl.*), Gelbföhre, Yellowpine. Westamerika.

Lange Nadeln, sehr große, dicke, braune Knospen, Triebe glänzend braungrün, ohne Reif. Junge Pflanzen vom fünften Jahre an ziemlich raschwüchsig, mit sehr dicker Stammbasis beginnend. Als wichtigste Föhre Westamerikas erreicht sie bis 80 m Höhe bei sehr hohem Alter. Dem Schneedruck und dem Verbiß durch Eichhörnchen ausgesetzt.

Pinus (Jeffreya) scopulorum (*Lem.*), Felsenföhre, Rock Pine. Felsengebirge bis Dakota.

Nadeln kürzer; in den schwarzen Bergen von Dakota; für Europa vielleicht wertvoller als die Gelbföhre.

13. Sektion (Gattung): Strobus, Weymouthsföhren, Stroben.

Fünf weiche Nadeln in einem Kurztriebe. Same mit dem Flügel innig verwachsen und flugfähig. Alle Stroben sind Halbschattenhölzer, die durch die Ungunst des Bodens oder des Klimas zu Lichthölzern werden. Die Angehörigen dieser Sektion sind alle rasch bis sehr rasch wachsende Baumarten, verlangen guten Boden bis herab zu Föhrenboden dritter Bonität; frischer bis etwas feuchter Boden sagt ihnen am besten zu, aber auch im erlenfeuchten Boden werden sie noch forstlich nutzbar. Die Stroben erreichen alle bedeutende Dimensionen; 50 m Höhe sind keine Ausnahmen. Ihr Holzkörper hat Eigenschaften, welche den besonders hohen Gebrauchswert als Großnutzholz rechtfertigen, das ist Dauerhaftigkeit, Leichtigkeit, Tragfestigkeit und sehr leichte Bearbeitungsfähigkeit. Alle Weymouthsföhrenhölzer sind spröder als andere Föhrenhölzer; sie gleichen dem Holze der Cembraarten. Zahlreich sind die Feinde der Stroben, vor allem der Wurzelkrebs Agaricus melleus, verursacht starke Abgänge; in der Jugend ist Blasenrost lästig; der Wildbeschädigung sehr ausgesetzt. Schneebruch tritt nur selten auf. Ihre Frosthärte ist besonders bemerkenswert.

Pinus (Strobus) excelsa (*Wall.*), Himalajastrobe, Himalajaweymouthsföhre. Mittlerer und nordwestlicher Himalaja.

Von allen Stroben mit den längsten Nadeln versehen und deshalb am häufigsten von allen Stroben durch Schnee beschädigt. Das Optimum liegt im Castanetum.

Pinus (Strobus) Lambertiana (*Dougl.*), Zuckerföhre.
Westamerika.

Die langsamwüchsigste von allen Stroben; Nadeln kurz, etwas steif, stechend. Ein hochwertiger Baum der Sierra, wo er 90 m Höhe und darüber erreicht. Das Optimum gehört dem Fagetum an.

Pinus (Strobus) Peuke (*Gries.*), griechische Strobe.
Südosteuropa.

Besonders an der bulgarisch-rumelischen Grenze, im Rilo- und Dospod-Dagh verbreitet; ist fast so schnellwüchsig und ebenso frosthart wie die ostamerikanische Strobe, der sie auch an Holzgüte gleich ist. Auch sie erreicht 40 m Höhe und darüber.

Pinus (Strobus) Strobus (*L.*), ostamerikanische Strobe, Weymouthsföhre, White Pine. Ostamerika.

Wohl die einzige fremdländische Holzart, die in Mitteleuropa das Bürgerrecht erlangt hat ob ihrer Raschwüchsigkeit, ihrer Frosthärte, nicht aber wegen ihrer Ansprüche an den Boden, die bereits bei der Sektion erwähnt wurden. Es genügt zur Anbauwürdigkeit einer fremden Art, daß ihr Holz andere Eigenschaften als das der einheimischen Arten besitzt, und diese Forderung ist erfüllt, nachdem in ganz Mitteleuropa keine Föhre der Sektion (Gattung) Strobus vorhanden ist. Auch diese Strobe erreicht bedeutende Dimensionen bis zu 50 m Höhe. Im Fagetum liegt ihr Optimum.

14. Sektion (Gattung): Cembra, Zirben, Zürbeln.

Fünf, meist steife Nadeln zusammenstehend; Same nur mit Flügelstummeln oder ohne Flügel. Die Verbreitung der Holzarten ist auf Tiere angewiesen; Samen eßbar; einjähriger Trieb kräftig braun behaart. Alle Zürbeln sind ziemlich langsamwüchsige Holzarten, welche guten, frischen Boden beanspruchen. Am besten und höchsten gedeihen sie in den Ebenen auf Eschenböden. Auf nacktem Fels wächst kein Baum, auch die Zürbel nicht, obwohl solches in den Büchern steht. Im Picetum, sowohl der Hochgebirge als der Ebene (Norden), heimisch. ·Halbschattenholzarten von auffallender Frosthärte. Das Holz ist dem der Stroben völlig gleich; natürlich darf man nicht junges, weitringiges Strobenholz mit ganz altem und des-. halb sehr engringigem Zirbenholz vergleichen. Ganz alte Stroben haben dasselbe weiche, etwas spröde, eng gefügte und dauerhafte Holz wie die Zürbeln.

Pinus (Cembra) Cembra (*L.*), Alpenzürbel oder Zirbe, Arve.
Alpen, Europa.

Eine langsamwüchsige Zirbe, welche gelegentlich· in wind- und wettergeschützten Lagen bis zu 30 m emporwächst. Ihr Optimum ist das Picetum. Ihr wegen des Freistandes sehr astig erwachsenes Holz ist wegen seiner Schönheit bei Vertäfelungen, Schränken besonders hochgeschätzt. Ihre waldbauliche Bedeutung liegt darin, daß sie für Wiederbewaldung der höchsten Regionen wie in Sümpfen der Ebene sich sehr vorteilhaft bewährt hat.

Pinus (Cembra) koreensis (*Sieb. et Zucc.*), Koreazürbel. Ostasien.

Lange Nadeln von dunkelgrüner Außen- und hellbläulicher Innenseite; anfangs langsam-, später aber sehr raschwüchsig. Das Optimum liegt im Fagetum. Sie erreicht 32 m Höhe, und ihre Nüsse sind in Korea Volksspeise.

Pinus (Cembra) sibirica (*Mayr*), sibirische Zürbel. Sibirien.

Vor der Alpenzürbel durch rascheres Wachstum, dunklere Farbe usw. ausgezeichnet, ist sie für feuchtere Standorte der Ebene eine willkommene Bereicherung der forstlichen Kulturgewächse. Sie wird bis 40 m hoch; ihr Optimum ist das Picetum.

15. Gattung: Pseudotsuga, Douglasien.

Die Angehörigen dieser Gattung sind weder Tannen noch Fichten noch Tsugen. Die Verquickung des Namens Douglas mit Fichte oder Tanne führt daher zu irrigen Vorstellungen und ist besser zu vermeiden. Nadeln flach bei mehr rhombischem Querschnitt; Knospen groß; Same mit dem Flügel auf einer Seite verwachsen wie bei Tannen, flugfähig. Von den Forstwirten, Gärtnern und Samenhandlungen wird nur eine einzige Art genannt; die Folge ist, daß diese Art als etwas ganz Wunderbares in ihrer Verbreitung und in ihrer Biologie erscheint. Aber all das Wunderbare und das Widerspruchsvolle ihrer Biologie verschwindet, sobald man auf Grund der äußerlichen Erscheinung, der Biologie und der geographischen Verbreitung zwei Arten bildet. Auch die Praxis hat das Bedürfnis hierzu längst herausgefühlt, nur den Mut und die Erfahrung nicht gehabt. Die Douglasien sind schwache Beschattung ertragende Holzarten; einige wachsen sehr rasch, andere anfänglich langsam. Gegen verspätete Fröste sind sie alle gleich empfindlich; tiefer Winterfrost schadet nur einigen Arten durch Nadelbräune und Nadelverlust im darauffolgenden Frühjahr; bei länger dauerndem, klarem Winterfrostwetter gehen mit den Nadeln auch die Knospen und ein Teil des letzten Triebes verloren. Verfrühter oder Herbstfrost schadet den raschwüchsigen Arten, wenn diese ihre Endknospen im Juli oder August noch einmal zu einem kleinen Sproß austreiben, der bis zu den ersten Frösten in seiner Vegetation innerlich nicht abschließt. Daß die Douglasien frosthart oder gar absolut frosthart seien, ist ein Irrtum. Große Luftfeuchtigkeit ist wichtig; alle Douglasien passen sich leicht dem gegebenen Boden an; auf seichtem Boden werden sie flachstreichend, auf lockerem Boden entwickeln sie eine kräftige Pfahlwurzel, welche später von kräftigen Herzwurzeln ersetzt wird. Eine Anzahl von Wurzeln verläuft flach. Nassen, tonigen Boden meiden sie; Sandböden geringerer als dritter Bonität sind ungenügend. Sie sind keine Holzarten zur Aufforstung mageren Bodens. Unter den Feinden sind bis jetzt die äsenden Tiere des Waldes sehr lästig geworden, weniger durch Verbeißen als vorzüglich durch Verfegen seitens des Rehbockes; Mäuse fressen an der glatten Rinde besonders in dichten Jungwüchsen, Rüsselkäfer nehmen alle Nadelhölzer an; der Wurzelkrebs ist nicht häufiger als an einheimischen Baumarten. Vorzüglich muß ihr Holz mit hell- und dunkelrotem Kern genannt werden. Das ziemlich schwere Holz besitzt eine hohe Dauer und wird in Westamerika neben den zahlreichen Föhren, Lärchen und Fichten als das wertvollste Bau- und Sägeholz geschätzt. Das Holz dürfte im Werte nach den Untersuchungen des Verfassers[1]) (1884) zwischen Lärchen- und Föhrenholz stehen. Dazu kommt ein hoher Gehalt der Rinde an Gerbstoff.

Pseudotsuga Douglasii (*Carr.*), Küstendouglasie, grüne Douglasie, Douglas fir, red fir. Pazifische Küstenregion von Nordamerika.

Nadeln lang, weich, an unterdrückten Pflanzen und Zweigen gekämmt wie bei den Tannen, an kräftigen Trieben allseits abstehend wie bei den Fichten. Farbe der Nadeln saft- bis dunkelgrün. Knospen groß, glänzendbraun, glatt, ohne Harz. Das Optimum gehört klimatisch zum Castanetum (kühlere Hälfte) und Fagetum. Das Picetum betritt sie in der Sierra ebenfalls. Große Luftfeuchtigkeit erklärt das häufige Gedeihen in höheren und kühleren, Mangel an Luftfeuchtigkeit das Nichtgedeihen außerhalb des Waldes in tieferen, wärmeren Lagen. Der nordwestliche Teil von Mitteleuropa kommt dem Optimum am nächsten. Die Raschwüchsigkeit ist ganz auffallend; von allen Seiten laufen jetzt Berichte über die Wuchsleistungen ein, welche die europäischen Holzarten übertreffen; die Sorge, daß infolgedessen ein frühzeitiger Wuchsrückgang eintreten werde, ist bis jetzt (nach 30 Jahren) unbegründet geblieben; ganz beseitigt ist sie jedoch noch nicht. In ihrer Heimat erwächst sie im Optimum mit 80 Jahren bis zu 40 m Höhe. Eine sehr alte Douglasie mit 300 Jahren und darüber kann 90 m hoch werden.

Pseudotsuga glauca (*Mayr*), Kolorado-Douglasie, blaue Douglasie, Colorado Douglas fir. Felsengebirge von Nordamerika.

Durch die Abtrennung dieser „blauen Douglasie" als einer eigenen Art sind alle Widersprüche in der Biologie der Douglasien gelöst.

---

[1]) Siehe ausführlichere Angaben bei H. Mayr, Fremdländische Wald- u Parkbäume für Europa. Berlin, P. Parey, 1906. S. 393.

Diese Art hat kürzere Nadeln, steif, am Trieb nach vorne gerichtet. Farbe vorwiegend hell- bis dunkelbläulich. Knospen mit Harz überzogen. Auffallend durch ihre Langsamwüchsigkeit während des ersten Lebensjahrzehntes, ist sie von da an raschwüchsig. Völlig frosthart gegen Blattgrüntod, Nadelbräune, Nadelabfall und Gipfelverlust bei tiefer Wintertemperatur; frosthart gegen verfrühte Fröste, da die Nachtriebe im Spätsommer unterbleiben. Sie ist als Baum des **kontinentalen Klimas** zu bezeichnen. Ihre Holzgüte, Ansprüche an den Boden sind der grünen Art gleich. Sie erreicht nicht die Höhe der Küstendouglasie, doch dürfte die vom Verfasser im Felsengebirge gemessene Maximalhöhe von 45 m für forstliche Zwecke genügen.

Pseudotsuga japonica (*Shiras.*), **japanische Douglasie. Japan.**

Erreicht nicht die gewaltigen Höhen der vorigen Arten.

Pseudotsuga macrocarpa (*Mayr.*), **großfrüchtige Douglasie. Kalifornien.**

Längere und breitere Nadeln als die vorigen Arten; doppelt so große Sämereien. Nur im Castanetum heimisch, im Fagetum nicht mehr kultivierbar.

16. Gattung und Art: Sciatopitys verticillata (*Sieb. et Zucc.*), japanische Schirmtanne, Koyamaki. Japan.

Grasgrüne, dicke, lange, quirlständige, aus der Verwachsung von zwei Nadeln hervorgegangene Nadeln, unterseits mit einem weißlichen Streifen. **Jeder Nadelquirl entspricht einem Jahrestriebe.** Forstlich ein hochwertiger Baum durch sein vorzügliches, weißes, fein gebautes Holz, durch seine waldbaulichen Vorzüge, das sind Frosthärte und starkes Schattenerträgnis. Nachteilig ist der sehr langsame Wuchs während der ersten 15 Jahre; das Optimum liegt im Castanetum, sie betritt aber auch das Fagetum; sie ist kein Halbbaum, sondern vom Verfasser mit 32 m Höhe und 1,37 m Durchmesser gemessen.

17. Gattung: Sequoia, Sequoien, Wellingtonien, Bigtrees.

Immergrüne Bäume mit teils flachen, scharf zugespitzten, teils pfriemenförmigen Nadeln; Same klein, flach, dünnrandig; junge Pflanze nach einigen Jahren sehr raschwüchsig und mit dicker Stammbasis emporsteigend. Lichtholzarten, hohe Luftfeuchtigkeit und frischen, guten Boden verlangend; auch aus Stecklingen vermehrbar. Große Stockausschlagfähigkeit des Stammes. Im insularen Klima oder im feuchten Waldklima der Berge, soweit diese Standorte noch dem Fagetum angehören, ziemlich frosthart. Besonders tiefe Wintertemperatur (unter 25 ⁰ C) bleibt stets gefährlich und schädlich durch Zweig- oder

Gipfeltod (Nadel- und Triebbräune). Das rote Kernholz ist hochwertig durch seine Feinheit, Leichtigkeit, leichte Bearbeitungsfähigkeit, Tragkraft und Dauer.

Sequoia gigantea (*Decs.*), Riesensequoie, Bigtree. Sierra Nevada von Kalifornien.

Nadeln durchwegs pfriemenförmig; anfangs langsamwüchsig, später, besonders auf gutem Boden, andauernd sehr rasch; erreicht bei außerordentlichem Alter auch außerordentliche Höhen, nach des Verfassers eigenen Messungen über 100 m Höhe und 7 m Durchmesser in 2 m Höhe über dem Boden. Das Holz ist in mehrtausendjährigen Stämmen außerordentlich gleichmäßig, aber von geringem Wert wegen der ungefügigen Größe der Bäume.

Sequoia sempervirens (*Endl.*), Küstensequoie, Red wood. Kalifornien.

Junge Pflanze mit flachen Nadeln und zwei weißlichen Streifen unterseits, an blühenden Zweigen pfriemenförmig. Dem Lauretum und Castanetum mit hoher Luftfeuchtigkeit zugehörig; im Fagetum nicht mehr emporzubringen. Wird nach des Verfassers eigenen Messungen ebenfalls 100 m hoch mit entsprechendem Durchmesser und Alter.

18. Gattung und Art: Taxodium (*Rich.*), Sumpftaxodie, Bald Cypress. Südstaaten von Ostamerika.

Die Seitentriebe mit gekämmt stehenden Nadeln färben sich im Herbst braunrot und fallen ab, daher winterkahl; Längstriebe mit zerstreut stehenden Nadeln, welche ebenfalls abfallen; das Optimum liegt im wärmeren Castanetum; sie verlangen feuchten, nassen Boden, aber nicht versäuerte Feuchtigkeit. Der nasse Boden im Fagetum ist ihnen zu kalt und frostreich, der wärmere, bessere Boden ist ihnen zu trocken. Raschwüchsige Holzart; Höhen von 50 m sind bekannt; ihr Holz mit bräunlichem Kern ist weich, leicht und sehr dauerhaft; sie ist durch die Erschöpfung an P. palustris-Holz wertvoll geworden.

19. Gattung: Taxus, Eibenarten, Yews, Ifs.

Immergrüne Bäume mit flachen, zugespitzten, unterseits hellen Nadeln. Alle Eiben haben ein außerordentlich wertvolles, hartes, schön rot gefärbtes Kernholz mit schmalem Splint. Die Bildung nutzbarer Stämme aber verlangt lange Zeiträume; denn alle Eiben sind langsamwüchsig. Das allein ist der Grund, warum sie im forstlichen Betrieb so wenig berücksichtigt werden; freilich hat auch der Kahlschlagbetrieb die Eiben verdrängt; denn auf Kahlflächen erfrieren die Eiben während eines strengen Winters durch Blattgrüntod der Nadeln und Triebe. Die Eiben verlangen guten Boden und den Schutz des licht sich stellenden Laubholzes; sie ertragen starke Beschattung, neigen aber zu Vielgipfeligkeit und Verteilung des Schaftes, so daß nutzbare Stämme nicht häufig sind. Sie besitzen Stockausschlagsfähigkeit und können durch Stecklinge vermehrt werden. Sie gehören alle dem Fagetum an; im Picetum seltener. Luftfeuchtes Klima und zwar die Küsten von Westeuropa, das Innere großer Waldungen, sagt ihnen am besten zu. Die Eiben Großbritanniens sind aus diesem Grunde hochberühmt. Über 25 m scheint keine emporzuwachsen.

Taxus baccata (*L.*), europäische Eibe. Europa.

Nach den Studien von Professor Comventz ist die Eibe in ganz Europa verbreitet gewesen, in ganz Europa nahezu ausgerottet; sie verdient Beachtung und Anbau von seiten der Forstwirte.

Taxus cuspidata (*Sieb. et Zucc.*), die japanische Eibe, Araragi. Japan.

Scheint rascher wüchsig als die europäische zu sein, mit der sie alle übrigen Eigenschaften teilt. Verfasser maß Bäume mit 22 m Höhe.

20. Gattung: Thuja, Thujen, Lebensbäume, Arbores vitae.

Zweigquerschnitt durch die flachgedrückten Schuppenblätter ebenfalls flach, Ober- und Unterseite vorhanden; Leittrieb auch beim raschesten Wuchse der Pflanze aufrechtstehend; mäßig- bis schnellwüchsige Arten, Schatten ertragend. Sie verlangen guten, frischen, selbst feuchten Boden. Hohe Luftfeuchtigkeit ist ihnen besonders günstig. Im Picetum erlischt ihr forstlicher Wert, der im Fagetum am größten ist. Das weiche, leichte Holz mit bräunlichem Kern ist sehr dauerhaft. Außer Mäusen und Rehen ist unter den Feinden eine Pilzkrankheit an Zweigen (Pestalozzia funerea)[1]) in Verbindung mit Zweigtod durch Frost zu nennen.

Thuja gigantea (*Nutt.*), Riesenthuje, Red Ceder. Pazifische Region von Nordamerika.

Ohne sichtbare Harzdrüsen an der Oberseite der Zweige, unterseits hell'; hervorragender Wohlgeruch der Rinde dürrer Zweige. Diese Art ist die schnellwüchsigste der Gattung, vorausgesetzt, daß sie von der Pestalozzia verschont bleibt; sie erreicht auch die stärksten Dimensionen; Verfasser maß 54 m Höhe. Der Schaft ist abfällig, auffallend neiloidartig. Das Holz wird als sehr dauerhaftes Bauholz verwendet zu Brückenbauten, Eisenbahnschwellen, Zaunpfosten, Fässern usw.

Thuja japonica (*Max.*), japanische Thuje, Netzuko. Japan.

Die japanische Art wächst langsamer als die vorige, zeigt aber in ihrem Schaft nicht die ungünstige Neiloidform.

---

[1]) Böhm, Zeitschr. f. Forst- u. Jagdw. 1894.

**Thuja occidentalis (*L.*), ostamerikanische Thuje, Lebens-
baum, Arbor vitae, White Ceder. Ostamerika.**

Harzdrüsen im Rücken der Schuppen deutlich; oberseits mattgrün,
unterseits etwas hellgrün. Langsamwüchsiger als die vorige Art.
Wegen außerordentlicher Frosthärte selbst in Sümpfen des Fagetums
noch verwendbar, auf Hartboden auch noch im Picetum, am besten
auf frischem, etwas feuchtem (nicht versäuerte Feuchtigkeit) Boden
des Castanetums; in solchen Örtlichkeiten maß Verfasser Stämme mit
30 m Höhe. Überall in Europa bekannt, verdient der Baum forstlich
Beachtung.

21. Gattung und Art: Thuyopsis dolabrata (*Sieb. et Zucc.*), Hiba, Asunaro. Japan.

Die großen Schuppenblätter an der Unterseite mit einem großen,
weißen Fleck; Leittrieb sehr kräftig, aufrecht, der erste Seitentrieb im
rechten Winkel abstechend. Die Hiba ist eine sehr langsamwüchsige
Holzart, auch in ihren besten Standorten, im luftfeuchtesten Gebiet
des Castanetums. Sie ist auch im Fagetum noch ganz frosthart, erträgt starke Beschattung, bildet sehr leicht Absenker und wird leicht
durch Stecklinge vermehrt, verlangt aber guten Boden bis zu Föhrenboden dritter Bonität. Sie wird ein hoher Baum; Verfasser maß 30 m
Höhe. Sie würde auch für Amerika und Europa eine wertvolle Bereicherung der Waldflora darstellen; denn ihr eigenartig riechendes
Holz ist sehr fein und sehr dauerhaft; sie bildet in ihrer Heimat sehr
dichtgeschlossene Bestände, welche sich sehr leicht auf natürlichem
Wege wieder verjüngen.

22. Gattung: Tsuga, Tsugen, Hemlocks.

Nadeln flach, tannenartig; unterseits zwei helle Streifen. Die Nadel
endet in ein Stielchen, das auf einer schwachen Erhöhung der Rinde
aufsitzt. Der kleine, mit dem Flügel verwachsene Same ist dem
Lärchensamen am ähnlichsten. Die Tsugen sind raschwüchsige Holzarten, welche in ihrem Schattenerträgnis sich den Fichten nähern. Sie
verlangen aber guten, frischen, tiefgründigen Boden etwa wie die Tanne;
ihre Zugehörigkeit zum Castanetum bzw. Fagetum kennzeichnet ihr
Wärmebedürfnis. Ihr normales Gedeihen äußert sich in einem überhängenden oder schief gestellten Leittrieb, der im folgenden Jahre sich
gerade richtet. Sie neigen frühzeitig zu Entwicklung mehrerer Gipfel,
welche beseitigt werden müssen, um den Haupttrieb zu fördern. Das
Holz ist nicht dem der Tanne gleich, wie es meistens behauptet wird,
sondern übertrifft dieses Holz, da es große Dauer in seinem graubraunen Kern besitzt. Die Rinde aller Tsugen ist reich an Gerbstoff.
Unter den Feinden sind Tiere und Pilze beobachtet worden, doch
nirgends in auffällig schädigenderweise.

Tsuga canadensis (*Carr.*), **kanadische Tsuga, Hemlock.
Ostamerika.**

Nadel ohne Kerbe, obere Hälfte mit feinen Sägezähnchen versehen;
Triebe kurzflaumig behaart. Die kanadische Tsuga neigt am meisten
zur Vielgipfeligkeit, wird aber im engen Schluß eine sehr schlanke,
astreine Stange. Sie wird bis 30 m hoch; das Optimum liegt im
Fagetum; sie betritt aber auch das Picetum.

Tsuga diversifolia (*Maxim.*), **japanische Tsuga, Kometsuga.
Japan.**

Nadeln sehr kurz, unterseits weißer als bei Siebolds Tsuga; Trieb
rotbraun; langsamwüchsig; im Fagetum heimisch.

Tsuga heterophylla (*Sarg.*) (**Mertensiana**) (*Carr.*), **westamerikanische Tsuga. Western, Hemlock. Pazifische
Region.**

Ganze Nadel gezähnt. Trieb mit langer, lockiger Behaarung versehen, welche bald verschwindet; diese Tsuga ist die schnellwüchsigste
von allen und bildet die schönsten Schäfte mit geringster Neigung zur
Vielgipfeligkeit. Die Douglasien, die Strobe und diese Tsuga sind die
wichtigsten Nadelholzarten, um welche Europa Amerika beneiden kann.
Das Optimum liegt im Castanetum und Fagetum; sie betritt auch das
Picetum, ist dort aber anfänglich etwas durch Frühfroste gefährdet.

Tsuga Sieboldii (*Carr.*), **Siebolds Tsuga, Tsuga. Japan und
China.**

Nadeln ohne Sägezähnchen, Trieb ohne Haare. Eine raschwüchsige
Art, die ihr Optimum im Castanetum besitzt, aber auch das Fagetum
noch betritt.

B. Laubbäume[1]).

Trotz des Überwiegens der Laubbaumgattungen und -arten auf der
nördlichen Halbkugel sind es doch nur wenige Arten, welche den
modernen Ansprüchen an eine forstliche Kulturpflanze entsprechen. Nur
solche, welche ein sehr hochwertiges Holz, oder solche, welche Holz
in großer Menge in kurzer Zeit bilden, haben Aussicht zur Massen-
aufzucht im forstlichen Betriebe. Es führt dieser Satz, wie die Erfahrung lehrt, zu einer allmählichen Verdrängung der Laubbäume aus

---

[1]) Wegen der botanischen und forstlichen Würdigung der im nachfolgenden
besprochenen, forstlich wichtigeren Laubbäume muß Verfasser auf seine Arbeit:
Fremdländische Wald- und Parkbäume für Europa (Berlin, Paul Parey, 1906) sowie
bezüglich der europäischen Arten auf G. Hempel und Dr. K. Wilhelm, Die
Bäume und Sträucher des Waldes in botanischer und forstwirtschaftlicher Hinsicht,
hinweisen.

dem Walde, wie das in den Ländern mit der ältesten Forstkultur, in Deutschland und Frankreich, am auffälligsten in die Erscheinung tritt.

Bei der heute schon bemerkbaren Zunahme der Wertschätzung aller Holzarten, auch jener, die bisher im Wald als unwillkommen oder gar als schädlich bezeichnet wurden, wird eine weitschauende Forstwirtschaft nicht umhin können, viel mehr als bisher auch die sogenannten Nebenholzarten zu beachten und einen gewissen Vorrat hierin für kommende Geschlechter heranzuziehen. Vor 50 Jahren ahnten nur wenige, daß die vielgeschmähte Fichte, welche aus den Beständen, in welchen sie natürlich erschien, absichtlich hinausgeworfen wurde, schon nach wenigen Dezennien zu einer der wichtigsten Holzarten Europas werden konnte. Freilich ein Mangel wird den Laubholzarten immer ankleben: sie sind anspruchsvoller an den Boden, langsamer wüchsig, und ihre Anzucht und Aufzucht auf kahler Fläche ist weniger leicht und sicher als bei den Nadelbäumen.

23. Gattung: Acer, Ahorn, Maples, Erables.

Same geflügelt, doch immerhin ziemlich schwer und nur bei heftigem Winde auf große Entfernung getragen. Wird der Same bald nach der Reife in den Boden gebracht, keimt er im nächsten Jahre; trocknet er über Winter aus und wird er im Frühjahr zur Aussaat gebracht, so keimt er erst im darauffolgenden Frühjahr. In den unberührten Waldungen der nördlichen, gemäßigten Halbkugel sind die Ahornarten reichlich verbreitet; wo sich die ursprüngliche Verteilung der Holzarten noch erhalten hat, verleihen sie dem Laubwald, insbesondere zur Zeit der Herbstfärbung, sein besonderes Gepräge. In Europa weist nur im südlichen Rußland der Laubwald noch Bestände von Ahornen auf, so wie heute noch der Zuckerahorn in Nordamerika, der Spitzahorn (Acer pictum) in Ostasien. Die wichtigsten Baumahorne zeichnen sich dadurch aus, daß ihre Blätter fünf- oder handnervig sind; der als eigene Gattung ausgeschiedene Negundo hat fiedernervige Blätter. Die eigentlichen Ahorne sind fast alle raschwüchsig, Halbschattenhölzer, die bei Ungunst von Boden oder Klima zu Lichtholzarten werden. Der ihnen am besten zusagende Boden ist frisch und humuskräftig, dem Boden der Rotbuche am meisten genähert. Sie finden ihr Optimum im warmen Teil des Fagetums; sie betreten auch das Picetum. Ihre Ausschlagsfähigkeit vom Stock ist nicht sehr groß und von kurzer Dauer. Ihr Holz ist hoch geschätzt durch seine Gleichmäßigkeit und seine weiße Farbe bei entsprechender Härte, aber ohne Dauer. Der höchste Preis, der für Holzrohware überhaupt erzielt wird, wird für Maseranschwellungen, sogenannte Vogelaugenmaser, welche man an allen Ahornen findet, geboten. Am höchsten im Preis steht gegenwärtig die Vogelaugenmaser des Zuckerahorns. Alle Ahorne führen sodann im Saft des Holzkörpers Zucker, der im Spätwinter den Bäumen abgezapft, einen vorzüglichen Syrup und Zucker gibt; auch hierin steht der Zuckerahorn an erster Stelle. Die Blätter dienen zu Futterlaub. Alle unten aufgeführten Ahorne erreichen für forstliche Zwecke genügende Dimensionen; am seltensten wird ein Baum zweiter Größe

Acer campestre (*L.*), Feldahorn, Maßholder. Europa.

Blätter 3—5lappig, Triebe mit Korkleisten; zwei Früchte mit den Flügeln horizontal; liefert auch Wurzelbrut; Holz für Drechslerwaren gesucht.

Acer Negundo (*L.*), Eschenblättriger Ahorn, Box Edler. Ostamerika.

Dieser, vielfach unter dem Namen Negundo aceroides als eigene Gattung aufgefaßte Ahorn ist einer der wertlosesten, auf den aber hingewiesen werden muß, weil er in Europa am häufigsten kultiviert wird und zwar in der Varietät; Acer Negundo pruinosum oder violaceum, eine Form mit bereiftem Trieb, welche sehr rasch wächst, wenig Widerstandskraft gegen Wind besitzt und sehr schlechtes Holz liefert und von den Gärtnern fälschlich als Acer californicum in den Handel gebracht wird.

Acer nigrum (*Mich.*), schwarzer Ahorn, Black maple. Ostamerika.

Vom Zuckerahorn, der weiter unten beschrieben, nur durch die behaarte Unterseite des Blattes unterschieden; besitzt ähnlichen forstlichen Wert wie der Zuckerahorn.

Acer pictum (*Thunb.*), Itaya-Ahorn, Itaya-Kaede. Japan und China.

Dieser Spitzahorn ist in Ostasien am weitesten verbreitet und von den vielen Ahornen Ostasiens forstlich der wichtigste.

Acer platanoides (*L.*), Spitzahorn. Europa.

Blätter fünfnervig, in feine Spitzen ausgezogen, beiderseits gleich grün, Blattstiel mit Milchsaft, Knospen rot; Früchte platt gedrückt, Rinde eine fest anliegende Borke, vorzüglich der nördlichen Hälfte Europas angehörig. Der Spitzahorn wird ein stattlicher Baum, doch gilt sein Holz im allgemeinen etwas weniger gut (weiß) als das des Bergahorns. Das Optimum liegt im wärmeren Fagetum.

Acer Pseudoplatanus (*L.*), Bergahorn. Europa.

Blätter fünfrippig, nicht zugespitzt, ohne Milchsaft, Knospen grün, Same dick, Blätter unterseits weißlich, Rinde in dünnen Schuppen sich lösend. Das Fagetum der Bergwaldregion sagt diesem Ahorn, der in Europa von allen der wertvollste ist, ganz besonders zu. Die Buchenzone der Ebene meidet er; er fehlt in Europa vom Harz an nordwärts.

A c e r r u b r u m (*L.*), R o t a h o r n , R e d m a p l e . O s t a m e r i k a .

Blätter vorwiegend dreirippig, mehr durch seine Herbstfärbung als durch Wuchs und Holz bemerkenswert.

A c e r s a c c h a r u m (*March.*), Z u c k e r a h o r n , S u g a r m a p l e . O s t - a m e r i k a .

Von allen Ahornen wohl der wertvollste; dem europäischen Spitz- ahorn im Blatt ähnlich, von diesem aber leicht durch den Mangel an Milchsaft in Blättern und Trieben unterscheidbar; Knospen lang zuge- spitzt. Er liefert das meiste Maserholz und in Amerika fast die Hälfte der konsumierten Süßstoffe.

24. Gattung: Alnus, die Erlenarten, Alders, Aunes.

Die Erlen sind wohlbekannte Halbbäume und Bäume mit gestielten Knospen, kleinen, zapfenförmigen Fruchtständen, welche bei trockener Witterung sich öffnen und den etwas flugfähigen Samen entlassen. Sie haben sich dadurch einen Platz in der Forstwirtschaft gerettet, daß sie auf Standorten noch gedeihen, auf welchen andere Holzarten versagen; dieser Standort ist der nasse, moorige, sogar versäuerte und mit Carex- arten bewohnte Bruchboden; ihre beste Entfaltung erlangen sie aber in sehr frischem, neutral reagierendem, lockerem, humusreichem Boden (Flußauen); von diesem Optimalboden hinweg gehen sie auch auf trocknere Standorte über, ja siedeln sich auf diesen als die ersten Holzarten mit den Birken an (Weißerlen); dafür muß größere Luft- feuchtigkeit geboten werden. Die Erlen sind zu den Halbschattenholz- arten zu rechnen, welche als Zwischenpflanzen zwischen anderen Holz- arten, besonders Nadelhölzern auf diese einen zuwachsfördernden Einfluß ausüben; infolge der Eigenschaft der Wurzelknöllchen, Stickstoff aus der Luft direkt aufnehmen zu können, raschwüchsig, von sehr großer Stockausschlagfähigkeit, leiden sie in den ihnen überlassenen kahlen, nassen Standorten zuweilen durch Sommerfröste. Das Holz ist weich, leicht und wird bei Berührung mit der Luft meist rot; das Holz der Weißerlen ist minderwertig. Dafür sind diese für Ödlandsaufforstungen wiederum zumal wegen ihrer größeren Bescheidenheit und Wurzel- brutbildung wertvoller.

A l n u s g l u t i n o s a (*Gaertn.*), R o t - o d e r S c h w a r z e r l e . E u r o p a .

Knospen gestielt, junge Triebe kahl, klebrig, Stämme mit schwarz- brauner Borke. Auf günstigen Standorten wird die Schwarzerle bis 35 m hoch; je nasser und je trockener der Standort, um so früher er- lischt die Lebensdauer. Sie gehört dem Fagetum an und reicht bis ins Picetum, je nach der Bodenausformung in reinem Bestande oder in reinen Gruppen; mit anderen Holzarten in Flußauen.

Alnus incana (*Willd.*), Weißerle. Europa.

Blätter unterseits heller als oberseits, mit einer Spitze versehen. Stämme mit glatter, graugrüner Rinde, vorwiegend im nördlichen Europa; in Baumgröße und Holzgüte der Schwarzerle nachstehend; bildet Wurzelbrut.

Alnus rubra (*Bong.*), amerikanische Roterle, Adler. Pazifische Küste.

Ein mächtiger Baum von der Wichtigkeit und Bedeutung der Schwarzerle in Europa.

Die zahlreichen, japanischen Erlen sind von Biologie der europäischen Baumarten nicht verschieden.

25. Gattung: Betula, die Birkenarten, Birches, Bouleaux.

Den Birkenarten kommt eine große forstliche Bedeutung zu; für jene Landschaften, welche dem Picetum angehören, sohin insbesondere im Norden der Alten und Neuen Welt müssen die Hölzer der Birken das harte und weiche Holz der in wärmerem Klima wachsenden Laubbäume ersetzen; das Holz hat jedoch keine Dauer, ist mittelhart, aber gut spaltbar. Die Birken sind ausgesprochene Lichtholzarten, welche mit den Erlen die heterogenen Standorte teilen; man findet sie auf nassem, selbst versäuertem Boden oft alleinherrschend, wie dies auch bei den Erlen der Fall ist, von da an gehen sie auch auf trocknere Gebiete über und schließlich, als letzte der Laubbäume auf dem abgemagerten Föhrenboden wachsen noch die Birken, besonders in der Nähe des Meeres wegen der großen Luftfeuchtigkeit. Ihre Frosthärte ist so hervorragend, daß sie als Schutzholzarten in kalten, sumpfigen Frostlöchern gelten. Sie streichen vom Castanetum bis zur Waldgrenze nach oben und nach Norden. Auf waldentblößtem Boden erscheinen zuerst Birken, da deren Sämereien außerordentlich leicht sind und weit vom Winde getragen werden können; nackten, vom Regen erhärteten Boden besiedeln sie am liebsten; auf bearbeitetem, oberflächlich aufgelockertem Boden geht das keimende Korn an Wassermangel zugrunde. Der Zapfen, in welchem der Samen gebildet wird, öffnet sich durch Zerfall des Zapfens, so daß die Zapfenspindel aufrecht (Gelb- oder Hainbirke) oder abwärts gerichtet (Weißbirke) übrig bleibt. Alle Birken mit weichen, dünnen, hängenden Ästen können leicht vom Winde hin und her bewegt werden; dadurch sind diese Birken unduldsam gegen Nachbarn oder darunterstehende Pflanzen. Ihre Bewurzelung ist seicht, weit ausgreifend. In warmen Klimaten kurzlebige Bäume, welche selten über 80 Jahre alt werden; im kühlen Klima zählebig. Blätter als Viehfutter verwendet; getrocknet für die Schafzucht im Norden wichtig. Rinde zu Gefäßen, zur Bedachung gebraucht. Teer des Holzes zur Lederbereitung (Juchtenleder).

Betula lutea (*Michx.*), Hainbirke, Redbirch. Ostamerika.

Ein grob-doppelgezähntes Blatt, eine gelbliche, lockere Papier-borke und ein braunes Kernholz charakterisieren diese hainbuchen-blättrige Birke. Sie erreicht eine Höhe von 30 m. Sie ist nicht ein Baum der sumpfigen oder trockenen Standorte, liebt vielmehr frischen, guten Boden wie die Rotbuche.

Betula occidentalis (*Hook.*), westamerikanische Birke, Black birch. Pazifische Region von Nordamerika.

Vertritt die Weißbirke in Westamerika; die biologischen und all-gemeinen äußeren Erscheinungen sind von der Weißbirke nicht ver-schieden.

Betula papyrifera (*Marsh.*), Papierbirke, Canoe birch, Paper birch. Ostamerika.

Vertritt in Ostamerika die europäische Birke, mit der sie die gleiche Bedeutung und forstliche Behandlung teilt.

Betula pubescens (*Ehr.*), flaumhaarige Birke. Europa, Asien.

Junge Triebe flaumhaarig, Blätter etwas größer, Zweige weniger abwärtshängend; von den Alpen an nordwärts und ostwärts bis zum Stillen Ozean an der ostasiatischen Küste.

Betula verrucosa (*Ehr.*), Warzenbirke. Europa, Asien.

Junge Triebe kahl, warzig, klebrig; Zweige im hohen Alter hängend; auf gutem Boden, besonders im Norden, im Picetum wird sie ein Baum bis zu 30 m mit vollendetem Schafte.

26. Gattung: Buxus, Buxarten, Boxes, Buis.

Immergrüne Holzarten, welche im Lauretum zu nutzbaren Halb-bäumen bis zu 25 m Höhe erwachsen; alle sind anspruchsvoll, langsamwüchsig, gegen tiefe Wintertemperatur unter gleichzeitiger Be-sonnung (Chlorophylltod, Blattbräune) empfindliche Holzarten; im Casta-netum erlischt ihre forstliche Brauchbarkeit, im Fagetum werden sie zu Ziersträuchern. Je größer die Luftfeuchtigkeit, desto besser; nur auf gutem Boden wachsend; sie verjüngen sich leicht durch Steck-linge; Schattenholzarten. Das Holz ist sehr schwer, hart, gleich-mäßig, gelb, das beste Material für Holzschnitte; es wird nach dem Gewichte verkauft.

Buxus microphylla (*Sieb. et Zucc.*), japanischer Buchs, Tsuge. Japan.

Auf den südlichen Inseln an den dem feuchten Südmonsun voll ausgesetzten Gebirgshängen des Lauretums.

Buxus sempervirens (*L.*), Buchs. Europäischer Orient, Kleinasien.

Kommt in kleineren, reinen Beständen vor.

27. Gattung: Carpinus, Hainbuchen, Hornbeams, Charmes.

Nur im wärmeren Fagetum, auf frischem und gutem Boden werden die Hainbuchen Nutzbäume erster Größe. Auf geringem, besonders steinigem, kiesigem Boden der Kalkformationen bleiben die Hainbuchen vielfach unter Baumgröße oder erheben sich nur zu Halbbäumen; dort aber sind sie wertvoll, weil andere Holzarten kaum imstande sind, dergleichen Standorte zu bewalden. Es bedarf für die Technik auch nicht starker Bäume, schon schwächere sind wegen ihres außerordentlich harten und festen, brennkräftigen Holzes sehr gesucht. Die Hainbuchen sind sehr raschwüchsige Halbschattenholzarten, welche in den Jahresringen des Holzkörpers und im ganzen Baume statt des annähernd kreisförmigen einen welligen Verlauf zeigen (spannrückiges Holz); dem Holze fehlt der gefärbte Kern und damit auch die Dauer. Allen Hainbuchen kommt eine außerordentlich große Stockausschlagfähigkeit und eine auffallend große Frosthärte zu. Die Blätter sind wertvolles Viehfutter. Das Blatt buchenähnlich, aber mehr gezähnt, die Blattfläche wellig, Knospen am Triebe anliegend. Die Frucht eine harte, gerippte, flachgedrückte Nuß in einer dreiteiligen Fruchthülse; Samen dadurch in beschränktem Grade flugfähig; wenn frisch im Herbste ausgesät, keimt er im nächsten Frühjahr; wenn er austrocknet, liegt er ein ganzes Jahr im Boden, ehe er keimt.

Carpinus americana, amerikanische Hainbuche, Hornbeam. Ostamerika.

Wie es scheint, in allen Eigenschaften, mit Ausnahme der systematischen, der europäischen Art gleich.

Carpinus Betulus (*L.*), Hainbuche, Hornbaum, Weißbuche. Europa.

Über ganz Europa, soweit Castanetum und Fagetum; ein kurzlebiger Baum, der zumeist in den modernen, geschlossenen Hochwaldungen mit langem Antrieb nicht geduldet wird, weil er durch ein allzufrühes Absterben den Bestand durchlöchert; daß die Bäume sich nicht nach der Wirtschaftsform, sondern umgekehrt diese sich nach den Bäumen zu richten hat, soll später gezeigt werden; der Hornbaum vertritt stellenweise die Buche.

Carpinus laxiflora, edoënsis, cordata

sind japanische Hainbuchen mit der gleichen Biologie der ganzen Gattung.

28. Gattung: Carya (Hicoria), Hickoryarten, Hickories.

Fiederblättrige Bäume, zur Familie der Walnußarten (Juglans) gehörig und deshalb in Katalogen noch vielfach unter dem Namen Juglans zum Verkaufe angeboten; von den Walnußarten durch eine solide, nicht gefächerte Markröhre sofort unterscheidbar. Die Nüsse liegen über, wenn sie erst im Frühjahr in die Erde gebracht werden. Die wertvollsten Hickorys sind alle bis zum zehnten Jahre langsamwüchsig, ertragen mäßige Beschattung, verlangen sie aber nicht, soweit geneigtes Gelände im Castanetum in Frage kommt. Auf ebenen Flächen und vor allem im Fagetum ist ein lockerer Schutz von Lichtholzarten gegen Früh- und Winterfröste erwünscht. Vom Fagetum können nur die wärmeren Standorte den Hickories entsprechen. Nur auf dem besten Boden, der dem Walde zur Verfügung steht, ist rasches Aufwachsen zu Baumdimensionen zu erwarten; ihre starke Stockausschlagfähigkeit ermöglicht einen Ausschlagbetrieb, in dem das Material zu Reifen, Griffen usw. gewonnen werden kann. Das Holz ist das beste aller Laubhölzer der gemäßigten Zone, wenn von der Dauer abgesehen wird. An Elastizität wird es von keiner winterkahlen Baumgattung übertroffen.

Carya alba (*Nutt.*), (Hicoria ovata [*Britt.*]), Weiße Hickory, Shellbark Hickory. Ostamerika.

Die weiße Hickory ist weitaus die wichtigste von allen Arten; Fünf Fiederblättchen bilden das Blatt; die drei obersten Blättchen sind die größten; beiderseits kahl; Blattzähne behaart. Sie wird über 30 m hoch, bei der Verwendung zu Wagnerholz bleibt der spät auftretende, braune Kern außer Beachtung. Nuß mit 4—6 Kanten, Frucht in der grünen Schale apfelförmig.

Carya porcina (*Nutt.*), (Hicoria glabra [*Britt.*]), Pignut-hickory. Ostamerika.

5—7 Fiederblättchen. Frucht mit vier Rippen; wenn von der grünen Hülle umgeben, birnenförmig. Diese Art ist minderwertiger als die vorige, wird auch auf etwas weniger gutem, doch immerhin noch gutem Boden gefunden; wie die vorige auch noch im wärmeren Fagetum kultivierbar.

Carya sulcata (*Nutt.*), Großhickory, Big shell-bark Hickory. Ostamerika.

Mit 7—9 Fiederblättchen; eine sehr raschwüchsige Art, welche nur für das Castanetum als Nutzbaum in Frage kommt.

29. Gattung: Castanea, Edelkastanie, Chesnuts, Châtaigniers.

Große, grobgezähnte Blätter, die Früchte in einer stacheligen Hülle eingeschlossen. Die Edelkastanien stehen sich systematisch sehr nahe, so daß lange der Streit bestand, ob die amerikanischen, europäischen und asiatischen Edelkastanien nicht identische Arten seien. Die Edelkastanien sind durch ihr Vorkommen in einer ganz bestimmten Klimalage die besten Wegweiser für das betreffende Klima selbst; sie reichen bis an das Lauretum, und wo die Buche aufzutreten beginnt, verschwinden sie wiederum, weil es ihnen zu kalt ist. Das zwischen diesen beiden Grenzen liegende Gebiet umfaßt die ganze wärmere Hälfte des Laubwaldes der nördlichen Halbkugel, das deshalb auch nach der Edelkastanie das Castanetum genannt wurde; nach der kühleren Seite hin schließt sich das Fagetum an. Das klimatische Optimum der Edelkastanie ist selbstredend im Castanetum selbst. Alle Edelkastanien lieben frischen, tiefgründigen, lockeren Boden; kieselsäurereicher Boden wird dem kalkreichen vorgezogen. Sie ertragen auch trockenen Boden, wie sie auch neben Gebieten mit hoher Luftfeuchtigkeit solche mit raschwechselnder Luftfeuchtigkeit bewohnen; sie sind ziemlich raschwüchsige Holzarten, in ihren besten Wuchsgebieten Halbschattenholzarten, die im kühleren Teile ihres Verbreitungsgebietes und vor allem außerhalb desselben, im wärmeren Fagetum angepflanzt, zu ausgesprochenen Lichtpflanzen werden. Mit tiefen Herzwurzeln in den Boden dringend, sind sie sturmfest; eine sehr hohe Stockausschlagfähigkeit befähigt die Kastanie zu einem Niederwaldbetriebe. Außerhalb ihrer Heimat bleibt die Kastanie eine vom verfrühten Froste und von tiefer Wintertemperatur gefährdete Holzart. Ihre Kultur gilt nicht bloß den eßbaren Früchten, sondern auch dem Holze, das in seiner braunen Farbe und seinen sonstigen Eigentümlichkeiten, in Dauer, Härte und Verwendung dem Eichenholz sehr nahe kommt. Auch das Laubwerk wird verwendet als Futter. Die nicht veredelten, wildwachsenden, typischen Edelkastanien haben wenig Feinde; nur der Mensch verstümmelt sie der Früchte halber auf die grausamste Weise.

Castanea crenata (*Sieb. et Zucc.*), japanische Edelkastanie, Kuri. Japan, China.

Blattstiel anfangs starkfilzig behaart, Blatt unterseits etwas heller als oberseits. In Japan und China vielfach sogar dem Eichenholze vorgezogen.

Castanea dentata (*Borkh.*), amerikanische Edelkastanie, Chesnut. Ostamerika.

Blätter mit starken Zähnen, Blattstiel stets kahl. In allen Beziehungen mit den übrigen Edelkastanien auf das nächste verwandt.

Castanea vesca (*Gaertn.*), europäische Edelkastanie. Südeuropa.

In der Schweiz hat Engler nachgewiesen, daß diese Art an einigen Stellen die Hauptkette der Alpen nach Norden hin auf natürlichem

Wege überschritten hat; Gleiches ist in Frankreich der Fall; im Walde selbst ist die Edelkastanie ein seltener Baum geworden; auf künstlichem Wege ist die Edelkastanie in die wärmsten Gebiete nördlich der Alpen eingeführt worden; dies ist der Fall in Mittel- und Westfrankreich, in England, in der Rhein- und Mainebene und an anderen Orten.

30. Gattung: Catalpa, Trompetenbaum.

Alle dieser Gattung Angehörigen sind etwas schattenertragende, frischen, guten bis mittelguten Boden beanspruchende, sehr raschwachsende Holzarten, welche ganz dem Castanetum angehören. Werden sie außerhalb desselben kultiviert, sehen wir sie wegen späten Vegetationsabschlusses durch verfrühte Fröste oder durch Winterfröste zurückgesetzt; die Trompetenbäume haben ein dunkelgrau gefärbtes, ziemlich leichtes Kernholz, das eine außerordentliche Dauer besitzt und eine vielfache Verwendung im Boden findet; dabei ist mit Ausnahme des letzten Jahresringes der ganze Holzkörper Kernholz; die wichtigste Art scheint

Catalpa speciosa (*Ward.*), westlicher Trompetenbaum,
Western Catalpa. Ostamerika

zu sein. Das große Blatt läuft in drei Spitzen aus. Auf dem frischen Boden der Flußauen bis 45 m hoch. Vielfach wird der Baum wegen seines hohen Wertes in Amerika angebaut, aber wegen der starken Neigung zur Astbildung in engen Schluß gebracht.

31. Gattung und Art: Cercidiphyllum japonicum (*Sieb. et Zucc.*), Kuchenbaum, Kadsura. China, Japan.

Blätter des einjährigen Triebes länglich, des zwei- und mehrjährigen mehr kreisrund, gekerbt mit rotem Stiele; Kurztriebe der zwei- und mehrjährigen Zweige ebenfalls nur ein Blatt tragend; der Kuchenbaum ist eine raschwüchsige, lichtbedürftige Holzart, welche guten und frischen, besonders Flußauenboden verlangt. Er wird bis 30 m hoch und liefert ein zu Schachteln, Kuchenblättern sehr gut verwendbares, leicht zu bearbeitendes, dabei auch dauerhaftes Holz; der Baum besitzt große Stockausschlagfähigkeit, gehört aber dem Castanetum an, so daß er im wärmsten Tale des Fagetums bereits mehrfach durch verfrühte oder Winterfröste zurückgesetzt wird; mit 2 m Höhe ist die schlimmste Gefahr vorüber.

32. Gattung und Art: Cinnamomum Camphora (*Nees.*), Kampferbaum, Kusu, Kuß. Japan.

Dieser Baum gehört ganz dem Lauretum an. Eine raschwüchsige, schattenertragende Holzart auf gutem Boden; ihr höchster

Wert besteht in einem kampferreichen und dabei sehr dauerhaften Holze.

33. Gattung und Art: Cladrastis amurensis (*Rup.*), Maackie, Inu-enshu. China, Japan.

Die unpaarig gefiederten Blätter unterseits schwach behaart, junge Blätter silberweiß behaart. Ein Baum des Castanetums und Fagetums. Das Optimum liegt auf dem Übergangsgebiete der beiden Zonen. Der Baum ist auch auf geringem Boden heimisch, doch verlangt er Frische; das sehr wertvolle, braune Kernholz ist von großer Dauer und Schönheit; der Splint sehr schmal.

34. Gattung: Fagus, die Buchenarten, Beeches, Hêtres.

Die Gattung enthält nur wenige Arten; die einzelnen Arten aber verdrängen durch ihr intensives Schattenerträgnis und dementsprechend auch Beschattungsvermögen alle anderen Holzarten und bilden deshalb weitausgedehnte, reine Bestände in Amerika, Asien und Europa; in allen drei Weltteilen herrschen sie in der kühleren Hälfte des blattabwerfenden Laubwaldes; sie erscheinen mit dem Verschwinden der Edelkastanien und verschwinden mit dem Erscheinen der Fichten bzw. Tannen; dadurch werden sie zur typischen Holzart einer bestimmten Klima- oder Waldzone, welche nach den Buchen „Fagetum" genannt wurde. Alle Buchen verlangen guten, frischen, tiefgründigen, kalkreichen Boden zur vollendeten Entfaltung; sie ertragen noch humosen Sandboden mit Grundwasserbefeuchtung sowie seichten Kalkboden (Kalkplatten); da die Buchen allen Unkrautwuchs erdrücken, so zeigt der Boden im Buchenwalde die günstigste Verfassung: frisch, krümelig, humos, selten unreife Humusmassen. Hierin liegt der hohe waldbauliche Wert aller Buchen. Auf kahlen Flächen, insbesondere in Mulden, sind sie von verspäteten Frösten belästigt; unter Schirm fällt Frost im Frühjahre weg, dafür sind aber die Buchen dann langsamwüchsig; freigestellt hebt sich ihr Wuchs sehr rasch, so daß sie allen beigemischten Baumarten gefährlich werden können. Den waldbaulichen Vorzügen bezüglich des Bodens stehen forstlich-technische Nachteile gegenüber; das harte, schwere Holz mit seinen feinen Gefäßen (Poren) ist zwar vorzüglich als Brennholz, ist aber als Nutzholz nur in geringer Menge und nur in den besten Qualitäten gut verwertbar. Es fehlt der Rotbuche die normale Kernfarbe, daher fehlt auch die Dauer; mit dem Auftreten des roten oder falschen Kerns vom rund hundertsten Jahre an wird der Gebrauchswert des Holzes beeinträchtigt. Die Buchen besitzen geringe Stockausschlagfähigkeit; ihr Laub ist als Waldstreu von Bedeutung. Alle Buchen erreichen bei entsprechendem Alter 40 m Höhe und darüber. Unter den Feinden sind Hasen, Rehe, Hirsche, Weidevieh zu nennen; auch einige Schmetterlingsraupen sind schädlich geworden; sehr empfindlich sind die glattrindigen Buchen gegen die Besonnung (Rindenbrand), insbesondere wenn bisher im Schlusse stehende Stämme plötzlich der vollen Sonne preisgegeben werden; auf seichtgründigem Boden mit kiesiger Unterlage, auf Felsplatten, auf einer Grundwasserschicht vermögen die in die Tiefe suchenden Herzwurzeln die Buchen nicht gegen Sturm zu sichern; Schnee kann verderblich werden, da viele der jüngeren Buchen während des Winters ihre dürren Blätter behalten.

Fagus ferruginea (*Ait.*), amerikanische Buche, Beech. Ostamerika.

Blätter in eine längere Spitze ausgezogen als wie bei der europäischen Art, kräftig gezähnt; Rinde frühzeitig eine schuppige Borke.

Fagus japonica (*Max.*), japanische Buche, Inubuna. Japan.

Nur in der oberen Hälfte ist das Blatt schwach gezähnt, Früchte langgestielt.

Fagus Sieboldii (*Endl.*), Siebolds Buche, Buna. Japan.

Das Blatt am Rande weit gekerbt, lange Zeit die kräftige, seidenglänzende Behaarung festhaltend. Auffallend ist, daß in Japan jener Teil des Holzes als wertvoll gilt, der in Europa als der wertloseste angesehen wird, das ist der rote, falsche Kern. Ihm wird große Dauer und Beständigkeit gegenüber den Einflüssen wechselnder Luftfeuchtigkeit und Temperatur zugeschrieben, so daß er absichtlich, künstlich, durch jahrelanges Einlegen in Wasser hervorgerufen wird.

Fagus silvatica (*L.*), europäische Buche. Europa.

Blätter ganzrandig, zuweilen in der oberen Hälfte gezähnt. Über ganz Europa, im Süden bei entsprechender Erhebung, verbreitet, soweit das Fagetum selbst im Klima vorliegt. Demnach fehlt die Buche im mittleren Schweden, Norwegen, Finnland sowie bei hoher Elevation, wo Fichten auftreten.

35. Gattung: Fraxinus, Eschenarten, Ashes, Frênes.

Blätter gefiedert; Same plattgedrückt mit Flügelrand, nur bei stärkerem Winde auf größere Entfernungen wie die Ahorn- und Lindensamen flugfähig. Wenn sofort nach der Reife ausgesät, keimt der Same im nächsten Frühjahre; in andern Fall liegt er über. Die Eschenarten gehören sowohl dem Castanetum als dem Fagetum an; gerade die wichtigsten, die Weißeschen, besitzen ihr Optimum auf dem Übergangsgebiet vom Castanetum zum Fagetum, sie dringen sogar bis in das wärmere Picetum vor. Bei tiefen Winterfrösten platzen ihre Stämme auf; bei sehr verspäteten Frösten, besonders auf den nassen

Böden, leiden sie im Frühjahr wie im Herbst und Winter; selbst Sommerfröste schaden im Jahresringe. Insbesondere ist hierin das Verpflanzjahr, wie bei allen Holzarten, gefährlich. Die Eschen lieben sehr guten, frischen bis feuchten Boden mit rascher Erneuerung des Wassers, sei es durch oberirdische Zufuhr, sei es unterirdisch durch Infiltration von benachbarten Flußläufen (Aueboden); bei stagnierender Nässe noch gut, wenn keine Versäuerung des Bodens eintritt, wenn Torfbildung unterbleibt (Erlenbruchboden); die Eschen sind schnellwüchsige Halbschattenholzarten, welche neben zahlreichen Herzwurzeln in die Tiefe eine Unmenge von feinen Wurzeln flach und weitausgreifend in der ganzen Umgegend umhersenden; sie erschöpfen anliegende Gelände ähnlich wie die Pappelarten; hohe Stockausschlagfähigkeit; Bäume bis 40 m Höhe und darüber, vom Wilde und von Mäusen stark verbissen. Das Eschenholz ist durch seine hervorragende Elastizität nur mit dem Hickoryholze vergleichbar, mit dem es auch den Nachteil, nämlich den Mangel an Dauer, teilt. Splint breit, Kern bräunlich; bei der Verwendung zu Wagnerholz ist der Splint durch seine helle Farbe wertvoller als der Kern; kleine Mengen von Eschenhölzern sind sehr hoch im Preis; aber die Nachfrage nach Eschenhölzern wird schon mit geringer Menge befriedigt; große Mengen sind nur ein wertvolles Brennholz; die Blätter sind als Futter verwertbar.

**Fraxinus americana (*L.*), Weißesche, White Ash.
Ostamerika.**

7 Fiederblättchen, das Endblatt ist das größte von allen, Blätter unterseits hell; Knospen rost-, Rinde frühzeitig ockerfarbig. In Spätfrostlagen wird diese Esche, weil sie später in Vegetation tritt, mit Vorteil angebaut.

Fraxinus cinerea (*Bosc.*), Grauesche
ist entweder alba oder pubescens.

Fraxinus excelsior (*L.*), europäische Esche. Europa.

Knospen schwarz, Triebe graugrün, Fiederblättchen ober- und unterseits gleichmäßig grün; über den größten Teil Europas und den Kaukasus verbreitet.

**Fraxinus mandshurica (*Rup.*), mandschurische Esche,
Yachidamo, Shioji. China, Japan.**

Blättchen unsymmetrisch, Knospen mattviolett bis schwarzgrün. Ein mächtiger Nutzbaum mit sehr raschem Wuchse.

**Fraxinus Oregona (*Nutt.*), Oregonesche, Oregon Ash.
Westamerika.**

Diese westamerikanische Vertreterin dieser Gattung gleicht mit mehr ovalen Fiederblättern etwas der Blumenesche Europas; Fiederblättchen schwach gekerbt oder ganzrandig. Knospen gelbrot, sehr raschwüchsig.

Fraxinus pubescens (Lamb.), Rotesche, Red Ash.
Ostamerika.

Junge Triebe, fertige Blattstiele und Blätter unterseits weich behaart; Knospen hellbraun; ein mittelhoher Baum, der auch auf geringerem Boden in Amerika noch aufwächst.

36. Gattung: Gleditschia, Gleditschien, Christusdorn.

Die Christusdornen zählen zu den Papilionaceen; sie sind in Europa gar nicht, in Amerika in einigen, in Ostasien (besonders China) in großer Zahl von Arten vertreten; der Nutzwert des Holzes dieser Bäume, obwohl hart und schwer und wegen des rötlichen Kerns von ziemlicher Dauer, ist nirgends hervorragend. Neuerdings nimmt ihre Wertschätzung zu, da die wertvolleren Hölzer seltener werden. Sie gehören ausschließlich dem Castanetum an; je weiter man beim Anbau in das Fagetum vordringt, desto größer wird die Gefahr durch verfrühte oder durch Winterfröste, welche einen Teil des unfertigen Triebes alljährlich töten. Wo diese Gefahr gering ist oder ganz wegfällt, wachsen die Gleditschien sehr rasch; sie verlangen volles Licht, können aber als schmetterlingsblütige Gewächse noch auf geringerem Boden kultiviert werden; das Blatt zierlich, doppelt gefiedert, starke Äste und der Stamm selbst mit großen Dornen bewehrt.

Gleditschia japonica (Miqu.), japanischer Christusdorn,
Saikachi. Japan.

Junge Blätter werden gegessen.

Gleditschia Triacanthus (L.), amerikanischer Christus-
dorn, Honey-Locust. Ostamerika.

Erreicht in Flußauen bis 40 m Höhe.

37. Gattung und Art: Gymnocladus dioica, amerikanischer Schusserbaum, Kentucky Coffee-tree.

Doppelt gefiederte Blätter, einjährige Triebe weißbereift mit zahlreichen, korkigen Lentizellen versehen; raschwüchsige Lichtholzart, welche auch auf geringerem Boden vorkommt, aber wohl nur im Castanetum forstlichen Wert erreicht. Da sie frosthärter als die Gleditschien sind, wäre der Anbau auf geringeren Böden im Fagetum vielleicht noch lohnend, denn das Holz hat einen braunen, harten, dauerhaften Kern.

38. Gattung und Art: Hovenia dulcis (Thunb.), Quaffbirne, Hovenie, Kenponashi. China, Japan.

Das breitlanzettliche Blatt ist fein gesägt; im Blattgrunde bilden Seitenrippen die Begrenzung desselben; der Baum wächst im Castanetum auf gutem Boden, verlangt Licht und gibt ein vorzügliches, schönes, rotes Kernholz.

39. Gattung: Juglans, Walnußarten, Walnuts, Noyers.

Fiederblättrige Bäume mit aromatischem Öle in den Blättern und Schalen der Früchte; Markröhre der Zweige gefächert. Alle Nußarten geben ein hochwertiges Nutzholz, das durch leichte Bearbeitungsfähigkeit, gleichmäßigen Aufbau und schöne Farbe des Kernes ausgezeichnet ist. Maserbildungen stehen sehr hoch im Preise. Das Optimum aller Nußarten liegt im Castanetum auf gutem Boden, wo die Nußarten auch reine Bestände bilden; im Boden muß Kalk sein. Sie wachsen rasch, mit einer Pfahlwurzel in die Tiefe dringend. Am besten gedeihen sie im vollen Lichte, wenn nicht zum Schutz gegen Früh- und Winterfröste in der Jugend etwas Schirm gegeben werden muß. Auch im Eichenklima des Fagetums wächst die Walnuß noch zum wertvollen Nutzbaume heran.

Juglans cinerea (L.), graue Walnuß, Butternut.
Ostamerika.

Blättchen oberseits wollig, unterseits auch drüsig behaart. Man rühmt der Graunuß eine größere Bescheidenheit und Frosthärte nach; allein ihr Holz ist wegen geringer Farbgüte dem Holze der übrigen Walnußarten unterlegen.

Juglans mandshurica (Max.), Mandschureiwalnuß.
Japan und China.

Mit sehr großen Blättern und rotgrauem Kernholze.

Juglans nigra (L.), schwarze Walnuß, Black Walnut.
Ostamerika.

Fiederblätter nur unterseits schwach behaart. Früchte mehr kugelig. Rinde frühzeitig eine fast schwarze, kleinschuppige Borke. Kern braun bis violett.

Juglans regia (L.), europäische Walnuß. Südosteuropa
bis China.

Jede Behaarung fehlt, das Endblättchen des Fiederblattes am größten. Kernholz unregelmäßig geflammt, hellbraun bis violett; im Kaukasus in reinen Beständen von größter Ausdehnung vorhanden.

Juglans Sieboldiana (Max.), Siebolds Walnuß, Oni-gurumi.
Japan.

Diese Art besitzt die längsten Blätter und größten Blättchen von allen bekannten Walnußarten; sie übertrifft deshalb im Zierwerte alle anderen; Blättchen beiderseits weich, wollig behaart; Knospen groß,

13*

hellockerfarbig.   Übertrifft an Raschwüchsigkeit und Frosthärte die amerikanischen Walnüsse.

40. Gattung und Art: Liquidambar styraciflua (*L.*), Sweet gum. Ostamerika.

Blätter dem Ahorn ähnlich, fünflappig mit scharfer Spitze und Sägezähnchen; junge Triebe mit Korkwarzen und Korkleisten. Der raschwüchsige, lichtliebende Baum erreicht sein Optimum auf den nassen, nicht versäuerten Böden des Castanetums und Lauretums; nur im wärmsten Teile des Fagetums kann der Baum auf frischen, nicht nassen Böden noch Fuß fassen; das Holz ist sehr wertvoll und kommt in großen Mengen unter dem Namen Satinholz nach Europa; wenn die prächtige Herbstfärbung nicht rechtzeitig eintritt, droht die Gefahr einer Beschädigung durch Herbst- oder Winterfröste.

41. Gattung und Art: Liriodendron tulipiferum (*L.*), Tulpenbaum, Tulip-tree, Yellow Poplar.   Ostamerika.

Das vorne fast gerade abgeschnittene Blatt ist so auffallend, daß eine Verwechselung mit anderen Baumgattungen fast ausgeschlossen ist; Endknospen von zwei großen Nebenblättern bedeckt. Der lichtverlangende Baum wächst nur auf gutem und frischem Boden, vor allem in Flußauen, engen Tälern und frischen Talsohlen, wo ja sämtliche Laubhölzer die günstigsten Wuchsbedingungen genießen; auf sonnigen, warmen Hängen versagt er oft, weil der Boden, mag er mineralisch noch so kräftig sein, ungenügend frisch erhalten wird. Verpflanzt man den Baum in nasse Standorte, verlangt er ein wärmeres Klima, d. h. Annäherung an sein Optimum, das im Castanetum liegt; dort wird der Baum bis 60 m hoch mit pfeilgeradem Schafte; er hält aber im Eichengebiete des Fagetums noch sehr wohl aus, wenn auch sehr üppige Pflanzen hier und da ihre Spitzen im Winter verlieren. Der schönschaftige und schönlaubige Baum ist forstlich ziemlich wertvoll durch sein fein gefügtes, ziemlich leichtes und weiches Holz, das dem der Magnolien am nächsten kommt und mit diesem die Ständigkeit, das geringe Werfen und Schwinden teilt. Es kommt als „amerikanisches Pappelholz" in Blöcken und Brettern nach Europa.

42. Gattung: Magnolia.   Magnolien.

Selbstverständlich ist diese Gattung nicht aufgeführt wegen des allbekannten Zierwertes, den sie für Garten- und Parkanlagen besitzt — denn die allgemein kultivierten Ziermagnolien sind forstlich wertlos —, sondern wegen ihrer forstlichen Wichtigkeit und zwar in der natürlichen, wildwachsenden Form; sie erzeugen ein Holz von schwacholivenfarbigem Kern, mittelhart, leicht, unter dem Einflusse wechselnder Luftfeuchtigkeit sehr stetig und deshalb zu Möbelunterlagen, Lackwaren, Zeichenbrettern, Schwertscheiden gleich vorzüglich geeignet. Ein solches Holz fehlt dem europäischen Walde vollständig. Die Magnolien beanspruchen guten Boden, volles Licht und größere Bodenfrische (Buchenboden, Eschenboden); auf geringerem oder trockenem Boden, z. B. Südhängen, ist ihr Wuchs träge, auf zusagendem Boden und passendem Klima wachsen sie rasch; ihr Optimum ist das Castanetum, einige, gerade die forstlich wichtigsten, betreten auch noch das wärmere Fagetum, wo sie, auf eine absolut kahle Fläche ausgepflanzt, durch Zurückfrieren leiden. Ihre Stockausschlagfähigkeit ermöglicht einen Niederwaldbetrieb und die Heranzucht von neuen Pflanzen, wovon bei der künstlichen Verjüngung die Rede sein wird.

Magnolia hypoleuca *(Sieb et Zucc.),* Homagnolie, Ho.
China, Japan.

Diese Art ist die forstlich wertvollste von allen Magnolien, kommt somit für den Waldbau allein in Frage; die mit rotem Fruchtfleische bedeckten Samen in zapfenartigen Fruchtständen. Um die Keimfähigkeit zu erhalten, empfiehlt es sich, die Samen in den Zapfen, und diese in Kohlenpulver verpackt, zu versenden. Das Blatt ist das größte (bis 0,6 m lang), welches ein Baum der gemäßigten, blattwechselnden Gewächszone bildet; ganzrandig, oben mattgrün, unterseits weißlich. Knospen langgestreckt, violett. Nur im Verpflanzjahr ist ein Zurückfrieren zu fürchten; es empfiehlt sich, in diesem Jahre einen besonderen, in den übrigen Jahren nur einen mäßigen Schutz zu geben, den man anderen Holzarten, wie den Eichen, auch zuteil werden läßt. Die Homagnolie wird ein Baum von 30 m und darüber mit heller, glatter Rinde, buchenähnlichem Schafte und bei geeignetem Schlusse mit vollkommener Astreinheit.

43. Gattung: Ostrya. Hopfenbuchen.

Blätter hainbuchenartig; Fruchthülle das Samenkorn blasenförmig umgebend; dem Castanetum und Fagetum angehöriger Baum von geringer forstlicher Bedeutung. Nur Ostrya japonica *(Sarg.),* die japanische Hopfenbuche, Nanakamado, wird nach den Untersuchungen des Verfassers im Fagetum noch ein hoher Baum mit einem Holze, das dem der Pyrusarten in allen Eigenschaften gleicht; die Art verlangt guten und frischen Boden; die europäische Hopfenbuche Ostrya carpinifolia *(Scop.)* ist nur ein Halbbaum.

44. Gattung: Pasania. Immergrüne Kastanieneichen. Pasanien.

Früher wurden diese Bäume immer Quercus genannt, obwohl die Anatomie des Holzes und der Frucht sie von dieser Gattung trennen muß. Immergrüne Bäume des Lauretums mit hartem, schwerem, elastischem, dauerlosem Holze; Früchte meist genießbar; schattenertragende Bäume, auf gutem Boden ziemlich raschwüchsig, für welche in Europa nur die Heimat der Quercus Ilex und die warmen Gebiete am Atlantischen Ozean in Frage kommen können.

Pasania cuspidata (*Oerst.*), Pilzpasanie, Shii. Japan.

Als Niederwaldbaum in Japan zur Gewinnung von Prügelholz für die Pilzkultur (Agaricus Shitake) behandelt.

Pasania densiflora (*Oerst.*), Gerber-Pasanie, Tanbarkoak. Kalifornien.

Ebenfalls nur dem Lauretum zugehörig, immergrüner Baum mit borstigen Fruchtbechern und hohem Gerbstoffgehalt der Rinde (17 %).

45. Gattung und Art: Paulownia imperialis (*Sieb. et Zucc.*), Paulownie, Kiri. Japan und China.

Wegen großer, herzförmiger Blätter mit ungleich großen Zähnen und weicher Behaarung, wegen der violett gefärbten, glockenförmigen Blüten ist der Baum als Zierde längst nach Europa gebracht; er ist auch forstlich von Bedeutung wegen seiner außerordentlichen Schnellwüchsigkeit und seines außerordentlich leichten Holzes; der Gedanke, daß bloß schweres und hartes Holz wertvoll ist, ist ja nicht richtig. Gerade durch seine Leichtigkeit, die es für eine Reihe von Gebrauchszwecken passend erscheinen läßt, ist es so wertvoll. Im Stockausschlagbetriebe ist der Baum mit zehn Jahren ein Nutzbaum, der Brettware gibt. Seine Heimat ist das Castanetum, der gute, frische Boden; nur in den wärmsten Lagen des Fagetums noch von forstlicher Bedeutung.

46. Gattung und Art: Phellodendron japonicum (*Max.*), japanischer Korkbaum, Kiwada. Japan.

Das Blatt gefiedert, am Rande mit Öldrüsen, die auch am Blattstiele und jungen Triebe sitzen und einen unangenehmen Geruch beim Zerdrücken von sich geben. Den Baum kennzeichnet eine überaus weiche, dicke, hellgraue Korkbildung; aus diesem Grunde empfiehlt der Verfasser den Baum seit 15 Jahren für Europa zum forstlichen Anbau. Wieweit der Kork benutzt werden kann, und ob er nach der an den Korkeichen üblichen Methode gewonnen werden kann, müssen natürlich Versuche feststellen. Aber selbst wenn die Korkgewinnung versagen sollte, wäre der Baum als forstlicher Nutzbaum zu bezeichnen durch sein Holz, das dem der Edelkastanien (Castanea) in Anatomie, Kernbildung, in Wert und Verwendung gleicht. Der Baum gehört dem Castanetum an und betritt noch das Fagetum, ist lichtbedürftig und raschwüchsig. In der Heimat wird der Baum bis 30 m hoch.

47. Gattung: Pirus und 48. Gattung: Sorbus. Birn-, Apfel- und Vogelbeerbäume.

Bei der geringen forstlichen Bedeutung dieser Bäume und ihrer großen Ähnlichkeit in Holz und waldbaulichem Verhalten können beide

Gattungen zusammen besprochen werden. Alle Angehörigen der beiden Gattungen sind Bäume mit den gleichen Anforderungen an Klima und Boden wie die Buche. Sie finden noch·im wärmeren Fagetum ihr Optimum. Alle sind Halbschattenholzarten; ihr Wert in waldbaulicher Hinsicht, z. B.! der Sorbusarten im Picetum, ist größer als jener, den die Bäume durch ihr Holz geben, das nur den Vorzug geringen Werfens und Schwindens besitzt.

Pirus communis, die wilde Birne. Europa.

Nebenzweige in scharfe Dornen endigend; Blätter meist kahl, ebenso Triebe und Knospen; Holz mit rötlichem Kern.

Pirus Malus (*L.*), der wilde Apfel. Europa.

Nebenzweige in dünne, eine Knospe tragende Spitzen endigend. Triebe, Blätter und Knospen behaart. Holz mit violettrotem Kern.

Pirus ussuriensis (*Maxim.*), (sinensis), chinesische Birne.
Ostasien.

Ein sehr stark wachsender Birnbaum mit großen, sehr spitzig zulaufenden Blättern; als Waldbaum anscheinend besser als der europäische.

Sorbus aucuparia (*L.*), Vogelbeere. Europa.

Blätter gefiedert, Früchte in Dolden, scharlachrot; forstlich wertvoll als Schutzpflanze des kühleren Picetums; die amerikanische Vogelbeere ist Sorbus sambucifolia.

Sorbus domestica (*L.*), Sperberbaum, Speierling.
Südeuropa.

Blätter der vorigen Art ähnlich, Früchte größer, genießbar; dem Castanetum und wärmsten Fagetum angehörig; als Oberholz im Mittelwalde brauchbar.

Sorbus Myabei (*Mayr*)

tritt im Fagetum Nordjapans besonders auf Eso in regelrechten, reinen, den Buchen sehr ähnlichen Beständen auf.

49. Gattung: Platanus, Platanen, Plane-trees.

Die Platanen sind nicht bloß allbekannte Zierbäume, sie verdienen auch durch ihr waldbauliches Verhalten und ihr Holz eine forstliche Beachtung. Das Holz, von zahlreichen, kräftigen Markstrahlen durchsetzt, besitzt zwar keine Dauer, gibt aber auf Schnitten eine schöne Textur; das Holz wirft sich stark. Die Platanen gehören dem Castanetum an; in kiesigen Flußauen stellen sie sich als erste Holzart nach Überschwemmungen oder auf Neulandbildungen ein, Lichtholzarten, die sehr rasch wachsen und keine Feinde unter den Tieren zu besitzen scheinen.

**Platanus occidentalis (*L.*), amerikanische Platane,
Plane-tree, Sycomore.   Ostamerika.**

**Platanus orientalis (*L.*), orientalische Platane im europäischen
Orient.**

50. Gattung: Populus, Pappelarten, Poplars, Peuples.

Als frostharte Lichtholzarten von schnellstem Wuchse finden und
verdienen die Pappeln auch forstliche Beachtung.   Der Markt für die
Aufnahme des sehr leichten, weichen, zähen Holzes ist in Zunahme begriffen.   Der Boden jedoch muß gut und ganz besonders frisch sein;
er darf auch feucht sein, wenn die Feuchtigkeit sich rasch erneuert
(Flußauen); die Pappeln sind in ihrem Schafte von einem schlimmen
Feinde, der Raupe von Cossus ligniperda, bedroht, welche die Stämme
so durchlöchert, daß sie absterben; allen ist eine außerordentliche
Stockausschlagfähigkeit und Wurzelbrutbildung eigen; durch letztere
ist auch die Vermehrung leichter als durch Sämereien; auch Stecklings-
vermehrung ist möglich.   Sie gehören dem Castanetum und Fagetum
an.   Bastarde zwischen verschiedenen Arten sind häufig.

Populus alba (*L.*), Silberpappel.   Europa.

Blätter vorwiegend dreiteilig, fast schneeweiß-wollig unterseits.
Gehört mehr dem südlichen und mittleren Europa, besonders dem östlichen Teile an; ein mächtiger Baum bis 40 m Höhe.

**Populus deltoidea (*Marsh.*), kanadische Pappel, und Popu-
lus monilifera (*Ait.*),**

ebenfalls amerikanische Pappeln, gehören zu den Balsampappeln
oder jenen, deren junge Blätter und Triebe mit gelbem, klebrigem,
wohlriechendem Harze versehen sind.   Sie wachsen ganz außerordentlich rasch, wie verschiedene Beobachtungen in Deutschland ergeben;
es sind Messungen[1]) vorhanden, nach denen Balsampappeln mit
31 Jahren 2,9 Festmeter Holz bildeten.

Populus nigra (*L.*), Schwarzpappel.   Europa.

Dreieckiges Blatt; besonders in den Flußauen von Süd- und Mitteleuropa; die italienische Pappel ist eine Varietät (lusus) dieser Art; sie
hat keine forstliche Bedeutung.

**Populus suaveolens (*Loud.*), japanische Balsampappel.
Ostsibirien und Japan.**

Eine Balsampappel, welche der amerikanischen in Wuchskraft nicht
nachsteht und prüfenswert erscheint.

---

[1]) **Dr. Hausrath**, Über Wachstumsleistungen der kanadischen Pappel. Forstwissenschaftliches Zentralblatt 1896.

Populus tremula (*L.*), Zitterpappel. Europa.

Blätter vorwiegend kreisförmig, unregelmäßig, grob gekerbt; diese Pappel erträgt auch noch stagnierende Nässe' und kommt auch auf trockenem, selbst schwerem Tonboden vor. Sie ist einer der ersten Bäume auf kahlen Flächen und bildet dort wohltätigen Schutz; ihre forstliche Wichtigkeit ist in Zunahme begriffen; ihr Optimum liegt im Fagetum; sie wird kein mächtiger Baum, und in wärmeren Regionen erlischt ihre Wuchskraft sehr bald; ihre außerordentlich reiche Wurzelbrut nach Fällung des Stammes ist eher schädlich als nützlich.

Populus trichocarpa (*Torr. et Gray.*), Pazifische Balsampappel, Black Colton wood. Westamerika.

Außerordentlich raschwachsend, erreicht eine Höhe bis 80 m, mit 40 m langem, astreinem Schafte.

51. Gattung und Art: Prosopis juliflora (*D. C.*), Mesquit, Honey Locust. Trockenstes Gebiet von Nordamerika.

Diese zu den schmetterlingsblütigen Bäumen gehörige Art erreicht zwar nur 15 m Höhe, allein sie hat sich außerordentlich wertvoll zur Beholzung von Steppen, ja fast vegetationslosem, alkalischem Boden erwiesen, so daß ihre Verbreitung in warmen bis heißen, trockenen, kahlen Gebieten die volle, forstliche Aufmerksamkeit verdient; der Durchmesser geht bis zu 1 m, und das Kernholz ist dabei dunkelrot, schwer, hart, sehr dauerhaft; vorzügliches Brenn- und Nutzholz. ,

52. Gattung: Prunus, Kirschen- und Pflaumenarten. Cherry-tree, Plum-tree, Cerisiers, Pruniers.

So wertvoll das Holz aller Prunusarten für die Möbelindustrie ist, so sind sie doch in Europa nicht Gegenstand forstlicher Kultur, da der Bedarf durch die Obstbäume dieser Gattung gedeckt wird. Trotzdem verdienen einige Arten auch forstliche Beachtung. Alle Prunusarten lieben frischen, guten Boden, wie er der Rotbuche am besten zusagt; sie sind raschwüchsig, Lichtholzarten mit großer Stockausschlagfähigkeit und Wurzelbrutbildung. Dem rotbraunen oder gelbbraunen Kernholz kommt große Dauer und Schönheit zu; nur solche Bäume sind hier aufgeführt, welche mindestens 25 m Höhe erreichen.

Prunus avium (*L.*), Vogelkirsche. Europa.

Besonders an Waldrändern, Bachufern im Gebiete des Castanetums und noch des Fagetums häufig, aber selten mit schöner, walzenförmiger Schaftbildung.

Prunus pseudocerasus, japanische Kirsche, Sakura. Japan.

Vertritt die Vogelkirsche Europas in Japan.

**Prunus serotina (*Ehrh.*), Traubenkirsche, Wild black cherry.
Ostamerika.**

Blätter langgestreckt, lanzettlich, hart, fast lorbeerartig; im Fagetum wohl nur auf gutem Boden und in wärmsten Lagen bis zum Nutzbaum heranwachsend. Auf geringerem Boden bleibt diese Kirsche ein Halbbaum; sie verdient aber wegen ihres wertvollen Holzes den guten Boden.

**Prunus Shiuri (*Fr. Schmidt*); Schiurikirsche, Shiuri. Japan,
Mandschurei.**

Von allen Traubenkirschen durch das große Blatt, das am Rande abwechselnd einen langen, pfriemenartigen und einen ebensolchen kurzen Zahn trägt, unterschieden; der vollendet gerade, tadellos astreine Schaft, das Vorkommen bis in das Picetum, machen diesen Baum forstlich beachtenswert.

53. Gattung: Pterocarya, Flügelnüsse.

Die fiederblättrige Pflanze erinnert an eine Walnuß, ist aber von dieser dadurch unterschieden, daß über jedem Blatt zwei Knospen sitzen, von denen die obere gestielt ist; Markröhre ebenfalls gefächert. Die Flügelnüsse lieben guten, sehr frischen Boden; sie stehen im Flußschotter und Flußsand, wenn dieser nicht mehr von den Wassern hin und her bewegt wird; sie ertragen längere Überschwemmungen, im Castanetum liegt das Optimum. Nur in den wärmsten Lagen des Fagetums werden sie zu Bäumen, die sich forstlich durch ihre Biologie und ihr weiches, leichtes Holz empfehlen.

**Pterocarya fraxinifolia (*Spach.*), kaukasische Flügelnuß.
Kaukasus.**

Knospen offen, scheint nur im engen Schluß zur Einschaftigkeit gezwungen werden zu können.

**Pterocarya rhoifolia (*Sieb. et Zucc.*), japanische Flügelnuß,
Kawagurumi. Japan und China.**

Mit schönem, geradem Schafte emporwachsend; ein hoher Baum. Fünf weitere Flügelnußarten sind bis jetzt in China gefunden worden.

Sammelgattung Quercus. Eichenarten, Oaks, Chênes.

Die Eichen zählen forstlich und floristisch in Europa, Amerika und Asien zu den wichtigsten Gliedern des Laubwaldes; reine Bestände größerer Ausdehnung bilden nur solche Arten, welche auch mit minder gutem Boden vorlieb nehmen, wie die Roteiche in Nordamerika, die Kaisereiche in Japan und die immergrünen Eichen, welche wegen ihrer intensiven Beschattung andere Baumarten vom Mitbewerbe ausschließen. Überblickt man die große Schar von Eichen, so findet man, daß so verschiedene Arten darunter sich befinden, daß das Bedürfnis zur Sektionsbildung, um nicht zu sagen zur Aufteilung der Gattung Quercus in mehrere Gattungen, sich von selbst aufdrängt. Nach der Auffassung des Verfassers haben nur jene Sektionen Berechtigung, welche neben äußeren Erscheinungen, Fruchtbildung, anatomischen Merkmalen auch biologe Eigentümlichkeiten berücksichtigen; für die vorliegende Schrift, welche waldbauliche Zwecke befolgt, genügen drei Sektionen; auch den Sektionen der Gattung Quercus kommen Gattungsmerkmale wie den Kiefernsektionen in systematischer, biologischer und anatomischer Hinsicht zu, so daß die Sammelgattung Quercus wie die Sammelgattung Pinus nicht in Untergattungen, sondern in wirkliche Gattungen aufgelöst werden sollte.

54. Gattung resp. Sektion: Quercus, Weißeichen (albae).

Diese Sektion umfaßt die forstlich wichtigsten Baumeichen; Blätter nur gelappt oder gekerbt, winterkahle Bäume; die Früchte reifen im Blütenjahr. Das klimatische Optimum liegt im kühleren Castanetum und wärmsten Fagetum; mit Annäherung an das Picetum einerseits und das Lauretum andererseits nimmt ihr wirtschaftlicher Wert ab; auf feuchten, unnatürlichen Standorten, auf kahlen Flächen leiden sie durch verspätete Fröste; eine Behandlungsweise, welche die Vegetation hinauszögert, vermag auch Beschädigungen durch verfrühte Fröste herbeizuführen; in einem sehr strengen Winter können in den tiefsten Lagen die Stämme durch Klüfte (Frostrisse) geschädigt werden. Die Eichen sind ziemlich schnellwüchsige Holzarten, wenn ihnen die nötigen Bedingungen in Klima, Boden und Erziehungsweise dargeboten werden; werden sie genügend alt, erreichen sie auch Höhen bis 40 m und im freien Standorte eine Dicke, die stets bewundert wird. Alle Weißeichen verlangen guten bis besten Boden; tiefgründig wegen der starken Pfahlwurzelbildung; auf Sandböden nur bei erster und zweiter Bonität; sie verlangen Licht und lichten sich in ihren Kronen schon frühzeitig. Alle Eichen zeigen hohe Stockausschlagfähigkeit und eignen sich zu Niederwaldbetrieb. Plötzliche Veränderungen im Boden, sei es durch Grundwassersenkungen oder -stauungen oder durch plötzliche Eingriffe in das Verhältnis des Kronenschlusses, welche eine Änderung der Bodenverfassung bedingen, gefährden die Eichen, indem sie Wasserreiser und Zopftrocknis hervorrufen (Gipfeldürre). Alle Eichen sind dem Verbeißen durch Wild stark ausgesetzt; zahlreiche Insekten leben an den Blättern und selbst im Holze; auffallend viele, Holz zerstörende Pilze sind an den Weißeichen speziell in Europa bekannt geworden, weil auch kein Baum mehr verwundet wird durch Astbrüche und Aufästung als die Eiche. Das Holz der Weißeiche gilt als das beste Nutzholz, das Laubbäume überhaupt bilden; schmaler Splint deckt einen bräunlichen Kern von sehr hoher Dauer, welcher der mannigfachsten Verwendung unterliegt. Weder anatomisch noch in der Farbe ist ein Unterschied in den Hölzern aller Weißeichen zu finden. Das harte, schwere und spaltbare Holz wird vom Markte in solchen Mengen gesucht, daß Europa längst nicht mehr den Bedarf decken kann, Amerika der Erschöpfung am besten Material sich nähert und nur die unberührten Waldungen von Nordjapan noch als gewaltige Reserven an Weißeichen sich darstellen; in Deutschland ist die Aufzucht der Eichen in fortwährender Zunahme begriffen; in Frankreich wird der vorhandene Bestand nicht weiter verringert; England, das vorzüglich für Eichenzucht sich eignet, beginnt erst systematischen Anbau; in Amerika ist das herrliche Urwaldprodukt aufgebraucht, somit bereits minderwertiges Second growth an der Reihe, oder den Weißeichen verlangenden Europäern wird an Stelle des Weißeichenholzes minderwertiges Roteichenholz geliefert. Die Weißeiche führt hohen Gerbstoffgehalt in der Rinde. Alles beweist, daß unter den Eichen die Weißeichen die meiste waldbauliche Fürsorge verdienen.

Quercus alba (*L.*), amerikanische Weißeiche, White oak. Ostamerika.

Diese wichtigste aller amerikanischen Eichen in Ostamerika hat ein tiefgelapptes Blatt, das der ungarischen Zerreiche nicht unähnlich ist; Früchte und Rinde der Traubeneiche ähnlich; das Optimum liegt tief im Castanetum.

Quercus bicolor (*Willd.*), weiße Sumpfeiche, swamp White oak. Ostamerika.

Das Blatt wie bei der amerikanischen Traubeneiche, jedoch unterseits weißlich, in den bodenfrischen Niederungen die vorgenannte Weißeiche ersetzend; das Optimum liegt näher dem Fagetum.

Quercus conferta (*Kit.*), ungarische Eiche. Südosteuropa.

Tiefgelappte, behaarte Blätter. Das klimatische Optimum liegt im Castanetum.

Quercus crispula (*Bl.*), Krauseiche, Onara. Japan.

Blätter grob gesägt, beiderseits kahl; im hohen Alter eine weißliche, in dünnen Schichten sich ablösende Borke. Das Optimum liegt dem Fagetum näher. Sie ist die wertvollste Weißeiche Japans, soweit Nutzholzproduktion im europäischen Sinne in Frage kommt.

Quercus dentata (*Thunb.*), Kaisereiche, Kashiwa. Japan, China.

Diese Eiche bildet weitaus die größten Blätter unter den Eichen; Blätter und Triebe dicht behaart; sie ist besonders auf vulkanischem

Sande, selbst geringer Güte, als niederer Baum verbreitet, selbst als Dünenpflanze an den Küsten von Nordjapan und Eso zu finden; sie ist die wertvollste Gerbstoffeiche Ostasiens. Ihr Optimum liegt im Übergangsgebiete vom Castanetum zum Fagetum.

Quercus Garryana (*Hook.*), **Garryseiche, White oak. Ostamerika.**

Diese Weißeiche vertritt die Sektion in Westamerika; ihr Blatt ist ausgezeichnet durch zwei tiefe Buchten im oberen Drittel des Blattes und eine Borke, welche der Krauseiche ähnlich ist.

Quercus glandulifera (*Bl.*), **japanische Stieleiche, Konara. Japan.**

Blatt nur grob gesägt, lanzettlich, unterseits heller als oberseits. Ihr Optimum ist das Castanetum; selbst noch im Lauretum als Niederwald behandelt zur Gewinnung von Kohlenholz.

Quercus macrocarpa (*Fisch. et Meyer.*), **Großfruchteiche, Bur oak. Ostamerika.**

Blatt breit, die beiden tiefsten Buchten in der Mitte des Blattes. Blätter unterseits wollig behaart; als Weißeiche ebenfalls mit wertvollem Holze.

Quercus pedunculata (*Ehrh.*), **Stieleiche. Europa.**

Blätter mit ungleich großen Lappen; Blattbasis zurückgeschlagen, kurz gestielt. Früchte an langem Stiele. Ihre Heimat ist der größte Teil von Europa, von Kleinasien und dem Kaukasus, mit Ausnahme jener Gebiete, die dem kühleren Fagetum und dem Picetum zufallen, und jener Gebiete, welche dem Lauretum angehören; das Optimum liegt im Castanetum und wärmeren Fagetum; in das Optimum fallen somit England, Irland, ganz Frankreich, Belgien, Holland, von Deutschland nur die wärmsten und tiefsten Lagen, Norditalien, die Tiefenländer von Österreich-Ungarn: Kroatien, Kärnten, Slavoien usw. Die vertikale Erhebung ergibt sich von selbst aus der Zonenbildung; sehr dicke und, wie Laien stets vermuten, deshalb sehr alte Bäume dieser Art sind bekannt. Die eigentliche Heimat sind Flußtäler, während die Traubeneiche mehr dem Hügellande angehört. Die weiteren biologischen Unterschiede zwischen Stiel- und Traubeneiche sollen bei letzterer angegeben werden.

Quercus Prinos (*L.*), **Gerbereiche, Chesnut oak. Ostamerika.**

Blatt breit, aber nur grob gesägt, nicht gelappt; gilt als die beste Gerbstoffeiche von Ostamerika.

Quercus pubescens (*Willd.*), flaumhaarige Eiche. Europa, Nordafrika.

Knospen, junge Triebe und Blätter unterseits mit Flaumhaaren bedeckt; die Eiche gehört dem Castanetum an, fehlt daher in Deutschland fast ganz; nur im westlichen Teile (Elsaß-Lothringen) ist sie heimisch; im Süden von Europa ist sie hochwertig; das Holz war schon zur Römerzeit für Schiffe und wegen der Dauer gesucht.

Quercus sessiliflora (*Sm.*), Traubeneiche. Europa.

Lappen des Blattes gleich groß; Blätter länger gestielt als bei der Stieleiche, Früchte traubenförmig sitzend angehäuft. Verbreitungsgebiet und Optimum decken sich mit der Stieleiche, doch nimmt sie mehr das Hügelland ein, wo sie ursprünglich reine Bestände in größerer Ausdehnung bildete. Der Stieleiche gegenüber zeigt sie etwas geringere Ansprüche an die Bodengüte und an die Wärme des Klimas; ebenso ist ihre Schaftform, Geradschaftigkeit, Vollholzigkeit günstiger, die Schäfte sind astreiner als jene der Stieleiche; auch erträgt sie etwas besser den Lichtentzug; ebenso muß das Ausformungs- und Ausladungsvermögen der Stangenhölzer der Traubeneiche als günstiger bezeichnet werden.

55. Gattung bzw. Sektion: Quercus, Schwarzeichen, Roteichen, Nigrae, Rubrae.

Diese Sektion enthält winterkahle Eichen, deren Blattlappen in feine Spitzen ausgezogen oder deren Blätter gezähnt sind; der Same (Eichel) reift im zweiten Jahre; ihre Schäfte sind im allgemeinen in Rinde und Borke dunkler als die der Weißeichen; ihre Rinde ist sehr arm an Gerbstoffen; sie erheben geringere Ansprüche an den Boden als die Weißeichen; sind etwas schnellwüchsiger, etwas mehr Schatten ertragend, stehen aber in der Hauptsache in ihrem Holze den Weißeichen bedeutend nach. Wo Weiß- und Schwarz- oder Roteichen zusammen wachsen, geben die Weißeichen das Nutzholz, die Schwarzeichen das Brennholz; wo Weißeichen fehlen oder durch Raubbau bereits erschöpft sind, liefern die Schwarzeichen Nutz- und Brennholz. Es ist eine allgemeine Klage in Europa, daß nach der Erschöpfung Nordamerikas an wertvollem Weißeichenholze gegenwärtig minderwertiges Schwarz- oder Roteichenholz nach Europa verfrachtet wird; bei frisch gefällten Bäumen ist die Unterscheidung von Weiß- und Roteichenholz nicht schwierig, denn das Holz der Roteichen hat einen ausgesprochenen rötlichen Kern gegenüber dem dunklen, graubraunen Kern der Weißeichenhölzer; der rote Farbstoff kann auch noch im getrockneten Holze als Anhaltspunkt, aber nicht als allein entscheidender benutzt werden. Mit dem geringeren Farbstoff kommt dem Schwarzeichenholze auch eine geringere Dauer zu; außerdem ist es durch breitere Porenkreise im Frühjahr auffallend. Nach den Untersuchungen des Verfassers beträgt der Porenkreis des Frühholzes bei den Weißeichen 12—15%, bei den Schwarzeichen 30—40% der Jahresringbreite; als Faßhölzer mit alkoholischem Inhalte sind die Roteichen fast wertlos.

Quercus Aegilops (*L.*), Valoneaeiche. Südosteuropa und Kleinasien.

Durch den hohen Gerbstoffgehalt der Fruchtbecher (35%) eine für Südeuropa forstlich wichtige Art.

Quercus californica (*Coop.*), (Kelloggii), Kalifornische Roteiche. Westamerika.

Vertritt die Roteiche des Ostens (rubra) an der pazifischen Küste.

Quercus Cerris (*L.*), Ziereiche. Südosteuropa und Orient.

Blätter regelmäßig tief gelappt, Knospen mit langen, schmalen, vertrockneten Pfriemenblättern. Diese Art gehört allein dem Castanetum an. Bezüglich ihres Holzwertes gelten obige Ausführungen.

Quercus palustris (*Münch.*), Spießeiche, Pin oak. Ostamerika.

Die tief eingeschnittenen Blätter sind die kleinsten der Roteichengruppe; Lappen vielfach auf ungleicher Höhe. Von allen Rot- und Schwarzeichen durch einen vollendet geraden Schaft ausgezeichnet, der wie bei den Nadelbäumen bis in die Spitze verfolgbar ist; Krone durchsichtig, Seitenäste sehr dünn; nur in sehr frischem, warmem, nicht sumpfigem und kaltem Boden, wie der Name palustris nahe legt, erreicht diese Eiche ihre beste Entwicklung.

Quercus rubra (*L.*), Roteiche, Red oak. Ostamerika.

In dem großen Blatte reichen die Buchten bis zur Hälfte der Blattbreite. Diese Eiche ist die wichtigste der großen Rubragruppe in Ostamerika. Sie ist sehr raschwüchsig und noch im ganzen Fagetum ein voller Baum, der in der Heimat ausgedehnte, reine Bestände bildet. Bezüglich seines Holzes sei auf die allgemeinen Ausführungen ausdrücklich hingewiesen.

Quercus tardissima (*mihi*), Späteiche. Europa.

.Die Späteiche ist eine Holzart, deren Eigenschaften konstant in allen Klima- und Bodenlagen erblich sind; aus diesem Grunde ist sie eine Art; durch ihre späte Begrünung verdient sie forstliche Beachtung.

Qercus serrata (*Thunb.*), japanische Kohleiche, Kunugi. Japan, China.

Das langgestreckte Blatt gezähnt, dem der Edelkastanie sehr ähnlich; der Baum wird seines harten und schweren Holzes wegen als

Niederwald zur Kohlholzgewinnung bewirtschaftet. Er gehört ausschließlich dem Castanetum an, als Niederwald auch noch im Lauretum.

Quercus variabilis (Bl.), asiatische Korkeiche, Natakunugi, Abemaki. Japan, Korea, China.

Blätter der vorigen Art sehr ähnlich, aber unterseits weißlich behaart. Sie bildet wie die immergrüne Korkeiche Korklagen und hat wegen dieser Eigenschaft in Japan bereits forstliche Beachtung gefunden. Sie kann nur im Castanetum kultiviert werden; das wärmere Fagetum ist bereits die Kältegrenze. Die Korkbildung scheint jedoch langsamer als bei der Korkeiche nach Entfernung der ersten groben Korkschicht sich wieder zu ersetzen.

56. Gattung bzw. Sektion: Quercus, immergrüne Eichen, Lebenseichen, Sempervirentes.

Die immergrünen Eichen sind sämtlich Schatten ertragende Holzarten, welche wegen dieser Eigenschaft zur Bildung von reinen Beständen neigen; sie gehören dem Lauretum an, wo sie guten, frischen Boden verlangen; nur der warme, insulare Westen von Europa ermöglicht ihr Gedeihen in Gebieten, die nach der Durchschnittstemperatur des Sommers dem Castanetum zugezählt werden müssen. Ihre größte Gefahr sind tiefe Wintertemperaturen. Im Holze überragen sie alle Eichen an Härte und Schwere und damit auch an Brennwert, sind aber allen Weißeichen an Nutzwert unterlegen; da dem Korn der kräftige Farbstoff fehlt, ist er auch zumeist von geringer Dauer; die Rinde hat keinen brauchbaren Gerbstoff.

Quercus acuta (Thunb.), rote Lebenseiche, Akagashi. Japan.

Wo milde Winter herrschen, kann dieser Baum ebenfalls noch im Castanetum erwachsen.

Quercus agrifolia (Née.), kalifornische Lebenseiche, California live oak. Kalifornien.

Die häufigste, immergrüne Eiche der Westküste von Nordamerika.

Quercus Ilex (L.), europäische Lebenseiche. Südeuropa.
Quercus occidentalis, westliche Korkeiche.
Südwesteuropa.

Diese Eiche wird vorzugsweise an der atlantischen Küste von Südfrankreich, Spanien und Portugal auf Kork genutzt.

Quercus Suber (L.), südliche Korkeiche. Südeuropa.

Diese Eiche gibt in Nordafrika (Algier, Marokko) Kork, und zwar der besten Qualität.

Quercus virens (*Ait.*), Florida Lebenseiche, Live oak.
Ostamerika.

Dieser Baum ist die immergrüne Eiche des Lauretums von Florida und den anderen Südstaaten von Ostamerika.

57. Gattung und Art: Rhus vernicifera (*D. C.*), Lackbaum, Urushi. Japan.

Ein fiederblättriger, winterkahler Waldbaum des Castanetums, der guten Boden und freies Licht verlangt; sein Wert besteht nicht im gelbgefärbten, dauerhaften Holze, sondern im Milchsafte der Rinde, aus dem Lack gewonnen wird.

58. Gattung und Art: Robinia Pseudoacacia (*L.*), Robinie, Locust. Ostamerika.

Die Robinie ist eines der glänzendsten Beispiele, daß Anbauversuche mit nichtheimischen Holzarten eine volle Berechtigung besitzen; ja, der erfolgreiche Anbau der Robinie beweist sogar, daß im eigenen Heimatlande. im Urwald, seltene und unscheinbare Holzarten für die Kulturzwecke des Menschen von hervorragendem Werte sein können. Aus der Heimat in den südlichen Alleghanies wurde die Robinie, empfohlen als einfacher Blütenbaum, über Ostamerika, ganz Mittel- und Südeuropa, Westamerika, Japan und Australien verbracht; es ist keinem Zweifel unterlegen, daß eine ähnliche Laufbahn noch mancher anderen Holzart, besonders schmetterlingsblütigen zuteil werden kann. Die Robinie besitzt ein gefiedertes Blatt, Dornen als Nebenblätter; zwischen denselben liegt die Knospe in der Rinde des Triebes eingebettet. Der Baum erreicht seine Vollkommenheit im Castanetum; im wärmeren Fagetum wird er noch ein Nutzbaum; je kühler das Klima, desto größer die Trieblänge, die alljährlich von den Früh- und Winterfrösten abgefroren wird. Sie gedeiht noch auf geringem, sandigem, kiesigem Boden, hat sich zur Aufforstung der Steppen besonders geeignet erwiesen (Ungarn), verlangt aber auf solchen Standorten volles Licht; die Robinien wachsen sehr rasch, haben eine sehr starke Reproduktionskraft aus dem Stocke und entsenden auch Wurzelbrut nach oben. Der Anbau lohnt sich durch das vortreffliche Holz, das grüngelben Kern besitzt und technisch der Eiche am nächsten kommt; Blätter als Futter, Blüten für die Bienenzucht. Die Robinie ist überaus gefährdet durch die Nagetiere, besonders Hasen und Kaninchen.

59. Gattung: Salix, Weidenarten, Willows, Saules.

Die sehr leichtsamigen Holzgewächse sind als Bäume von geringer, als Sträucher von großer forstlicher Bedeutung; alle sind außerordentlich raschwüchsige Lichtholzarten, welche frischen, ja nassen Boden lieben, vorausgesetzt, daß er nicht versäuert ist; sie erscheinen auf den

Kahlschlägen zuerst, wo sie zumeist als wohltätige Schutzpflanzen zu betrachten sind, bis sie in schädliche Bedränger übergehen. Die Weiden gehören teils dem Castanetum, teils dem Fagetum und als strauch- und krautartige Pflanzen selbst der alpinen oder polaren Waldgrenzvegetation an. Sie sind zumeist frosthart. Ihre außerordentliche Stockausschlagfähigkeit ermöglicht einen Niederwaldbetrieb zur Gewinnung von zähem Flechtmaterial, worin der Hauptwert der Weiden beruht. Das Holz ist weich, leicht, zäh, ohne besonderen Vorzug; wertvoller ist oft das Strauchwerk zu Faschinenbauten.

Salix alba (L.), weiße Weide. Europa.

Junge Blätter beiderseits, ältere nur unterseits weiß, seidenglänzend behaart. Die Weißweide ist die vollkommenste Vertreterin der Baumweiden, die sich fast an allen Flüssen Europas findet.

Salix purpurea (L.)

mit einem Blatte, dessen größte Breite im oberen Drittel, dessen oberer Rand gezähnt ist.

Salix viminalis (L.)

mit mattgrüner, runzeliger Blattoberfläche und silberglänzender Blattunterfläche.

Salix amygdalina (L.),

die Mandelweide mit Nebenblättern zu beiden Seiten des Blattstieles.

Salix daphnoides (L.)

mit weißer Bereiftheit der in das zweite Jahr gehenden Triebe; auch zahlreiche Bastarde zwischen den genannten Arten bilden die wichtigsten Kulturweiden für Niederwaldbetrieb in Weidenhegern.

60. Gattung und Art: Sassafras officinale (Nees.), Sassafras. Ostamerika.

Dieser zu den Lorbeergewächsen gehörige, winterkahle Baum fällt auf durch sein veränderliches Blatt, das bald ganzrandig, bald zwei-, bald dreilappig ist; Holz in seinem Charakter und seiner Güte dem der Edelkastanien nahestehend. Der raschwüchsige, lichtliebende Baum gehört dem Castanetum an, wo er auf gutem, sehr frischem Boden ein mächtiger Baum wird.

61. Gattung: Sophora, Sophoren.

Schmetterlingsblütige Bäume, welche auf geringerem Boden des Castanetums gedeihen und auf Standorten geprüft werden sollten, wo die Robinie sich bereits bewährt hat. Im wärmeren Fagetum werden sie von Früh- und Winterfrösten bedroht; raschwüchsige Lichtbäume mit vorzüglichem Holze nach dem Typus der Robinien, Kernfarbe braun.

Sophora japonica (*L.*), Sophore, Enshu. China, Japan.

Diese im wärmeren Europa bereits allbekannte, japanische Holzart mit grüner Rinde an den einjährigen Trieben formt braunes Kernholz bei einem 6—7 mm breiten Splinte.

Sophora platycarpa (*Max.*), Fujisophore, Fujiki. Japan.

Die Art scheint forstlich härter zu sein als die vorige.

Gattung Sorbus (46) siehe Pirus (45).

62. Gattung: Tilia, Lindenarten, Linden, Tilleul.

Dadurch, daß das Nüßchen an einem häutigen Deckblatte mit dem langen Stiele angewachsen ist, wird der Same auf geringe Entfernungen hin flugfähig. Der Same liegt über, wenn er nicht von der Reife an im Boden liegt oder in feuchtem Zustande überwintert wird. Die Linden gehören dem Fagetum an; raschwüchsige Halbschattenholzarten, welche den Boden der Rotbuche bevorzugen; in manchen Waldgebieten, z. B. südöstlichen Rußland, vertreten sie die Buchen. Ihre große Stockausschlagfähigkeit macht sie zu Niederwaldungen geeignet. Das Holz findet trotz seiner Leichtigkeit und Weichheit eine vielseitige Verwendung und steht, in kleineren Mengen angeboten, im Werte ziemlich hoch. Der Hartbast der Rinde liefert ein vorzügliches Bindematerial.

Tilia americana (*Du Roi*), amerikanische Linde, Basswood. Ostamerika.

Blätter groß und gröber gesägt als bei den europäischen Arten.

Tilia grandifolia (*Ehrh.*), Sommerlinde. Europa.

Blätter ober- und unterseits gleich grün gefärbt, glänzend; im südlichen und westlichen Europa am meisten verbreitet; die Nordlinie geht durch das mittlere Deutschland.

• Tilia japonica (*Mayr.*), japanische Linde, Shinanoki. Japan.

Blätter mit längeren Spitzen. Vertritt diese Gattung in Japan.

Tilia parvifolia (*Ehrh.*), Winterlinde. Europa.

Blätter durchschnittlich etwas kleiner als bei der Sommerlinde, von dieser aber dadurch unterschieden, daß die Unterseite des Blattes stets heller ist als die Oberseite; erreicht bei genügend hohem Alter sehr starke Dimensionen.

63. Gattung: Ulmus, die Rüster- oder Ulmenarten, Elms, Ormes.

Blätter grob gesägt, rauhaarig, zweizeilig, letzter Trieb schief abstehend; der Same mit dünnem Flügelrande, auf ziemlich weite Entfernungen vom Winde getragen. Schnellwüchsige Halbschattenholzarten, welche überall gedeihen können, wo Ahorne oder Eschen ihr Fortkommen finden; ihre Heimat sind Castanetum und Fagetum. Auffallend ist ihre Frosthärte im Frühjahre; nur im Winter leiden ihre Schäfte bei sehr tiefer Wintertemperatur durch Aufplatzen; hohe Stockausschlagfähigkeit und Wurzelbrut sind den Ulmen eigen; das Holz der meisten, schönschaftigen Ulmen hat einen braunen Kern, der dem Holze Dauer verleiht und seinen Wert als Möbelholz usw. bedingt; es ist gering spaltbar und hart; immerhin verdienen die Ulmen eine größere, forstliche Aufmerksamkeit, als ihnen während der letzten Dezennien zuteil wurde. Die Ulmen erreichen 30 m Höhe und darüber und ein sehr hohes Alter; ihre Rinde enthält einen nutzbaren Bast.

**Ulmus americana (*L.*), amerikanische Ulme, White Elm.
Ostamerika.**

Blattspitzen länger als bei der europäischen Art.

Ulmus effusa (*Willd.*), die Flatterulme. Europa.

Rinde des Baumes in flachen, dünnen Stücken sich ablösend.

Ulmus laciniata (*Mayr*), Gewebeulme. Ohio. Japan.

Eine sehr großblättrige Ulme; Blätter in drei auch vier Spitzen auslaufend, doppelt und grob gesägt. Der Bast zu Fäden, Stricken und Kleidern verarbeitet.

Ulmus montana (*Smith*), Bergulme. Europa.

Rinde eine längsrissige Borke; die häufigste und stärkste aller Ulmen Europas. Das Holz gilt als das wertvollste aller Ulmen.

**Ulmus parvifolia (*Jacq.*), chinesische Ulme, Akinire.
Japan, Korea, China.**

Die Blätter kleiner als bei allen andern Ulmen; junge Zweige mit Korkleisten, Früchte reifen im Herbste.

Ulmus suberosa (*campestris L.*), Korkulme. Europa.   •

Junge Zweige zuweilen mit Korkleisten. Rinde des Baumes eine tiefrissige Borke.

64. Gattung und Art: Umbellularia californica (*Nutt.*), Kalifornischer Lorbeer, Myrtle-tree. Kalifornien.

Dieser immergrüne Lorbeerbaum gehört ausschließlich dem Lauretum an; ein Baum bis 30 m Höhe mit vorzüglichem Holze, das an der pazifischen Küste das Walnuß- und das Eichenholz zugleich ersetzt.

65. Gattung: Zelkowa, Keakibäume.

Zur Familie der Ulmen gehörige Bäume mit grobgesägten, rauhhaarigen Blättern, schiefer Stellung der Endtriebe. Sie teilen vollkommen die Naturgeschichte der Ulmen, verlangen aber vorzugsweise ein Castanetumklima; nur im wärmsten Fagetum noch kultivierbar. Sie übertreffen die Ulmen an Raschwüchsigkeit und in der Güte des Holzes, das sie bilden. Das Holz nähert sich im anatomischen Charakter dem Ulmenholze, hat rotbraunen Kern und hohe Dauer.

Zelkowa crenata (*Spach.*), kaukasische Keaki. Kaukasus.

Blattspitzen stumpf endend. Diese Art scheint gegen verfrühte und Winterfröste empfindlicher zu sein als die folgende.

Zelkowa Keaki (*Sieb.*), Keaki. Japan, Korea.

Blatt in eine lange Spitze ausgezogen; sehr raschwüchsig auf sehr gutem und frischem Boden; sie bildet im Schlusse sehr hohe, walzenförmige Schäfte von 30 m Länge und darüber. Ihr Holz gilt als das schönste, das ein Laubbaum bildet. Ihr Renomée ist aber japanisch. Das geringe Schwinden und Werfen des Holzes macht es zu den verschiedensten Gebrauchsgegenständen geeignet.

C. Halbbäume und Sträucher.

Raumersparnis erfordert eine Beschränkung auf Halbbäume und Sträucher des europäischen Waldes; zu den Halbbäumen werden solche Arten gezählt, welche regelmäßig 1 m Höhe überschreiten und nur bis 8 m Höhe erreichen; daß gelegentlich auch größere Dimensionen vorkommen, ist zwar beachtenswert, aber forstwirtschaftlich nicht ausnützbar; ausführlichere Angaben enthalten: G. Hempel und K. Wilhelm, Die Bäume und Sträucher des Waldes.

Alnus viridis (*D. C.*), Grünerle, Bergerle.

Sitzende Knospe; kleine, rundliche Blätter, dem Picetum und Alpinetum bzw. Polaretum angehörig; ihr forstlicher Wert liegt in der Festigung des Bodens gegen Schnee und Geröllabrutschung.

Berberis vulgaris (*L.*), Sauerdorn, Berberize.

Auf sonnigen Hängen, besonders auf Kalkboden beruht sein forstlicher Wert in der Besiedelung von Kahlflächen; Holz als Drechslerware geschätzt.

Betula humilis (*Schr.*) und nana (*L.*), Strauch- oder Zwergbirken.

Zwei niedere Sträucher, welche den Torfmooren Europas typisch sind.

Clematis Vitalba (*L.*), Waldrebe.

Die Triebe dieser kletternden Pflanze sind zwar als Bindematerial nützlich, ihr Schaden aber durch Überlagern und Überwuchern von

Nutzholzstämmchen, besonders im Nieder- und Mittelwald und in Verjüngungen der Auwaldungen von Mittel- und Nordeuropa ist größer als ihr Nutzen.

Cornus mas (*L.*), Kornelkirsche, und Cornus sanguinea (*L.*), Hartriegel.

Erstere Art vorzugsweise in Mittel- und Südeuropa, letztere in ganz Europa heimisch, können als wohltätige Besiedler der Kahlflächen bezeichnet werden, welche die Aufforstungsarbeit zwar etwas beeinträchtigen mögen, dafür aber durch Schutz der Kultur deren Aufwachsen fördern; auch ihr Holz gibt vorzügliche Drechslerarbeiten, besonders Spazierstöcke, Schirmgriffe.

Corylus Avellana (*L.*), die Haselnuß, und Corylus Colurna (*L.*), Baumhasel, türkische Hasel.

Erstere Art zeigt immer guten Boden an, wirkt, da Halbschattenholzart, als Unterholz unter Lichtholzarten wie Unterbau auf den Boden günstig ein; vermehrt sich stark durch freiwillige Stockausschläge und Wurzelbrut. Das Holz, besonders aus schlanken Ausschlägen, vielfach benutzt. Die Baumhasel dem südöstlichen Europa angehörig, wird ein Baum bis zu 12 m und darüber. Das Holz als feines Schnitz- und Möbelholz gesucht.

Crataegus Oxyacantha (*L.*) und Cr. monogyna (*Jacq.*), Weißdorn.

Die forstliche Bedeutung liegt in der Verwendung zu lebenden Zäunen und Hecken; das Holz sehr hart, zur Herstellung kleinerer Gegenstände verwendet; ihre Anzucht empfiehlt sich zum Schutz der nützlichen Vögel gegen ihre Feinde.

Evonymus europaea (*L.*), Spindelbaum.

Das Holz von weißer Farbe von großem Wert für Drechsler; der ästhetische Wert der Pflanze, besonders im Herbst, läßt es erwünscht erscheinen, daß sie bei der Verjüngung nicht deshalb beseitigt wird, weil sie im Wege steht; sie schützt auf der Kahlfläche und ist im Mittelwalde und an Waldrändern ein harmloser Strauch- oder Halbbaum.

Fraxinus Ornus (*L.*), Blumen- oder Mannaesche.

Ein Halbbaum der trockenen, kalkigen Böden von Südeuropa; dort durch das Holz und den bei Einschnitt in die Rinde ausfließenden Saft (Manna) forstlich beachtenswert.

Hippophaë rhamnoides (*L.*), Sanddorn.

Der graue Ton der Blätter und die dicht angehäuften Scheinbeeren verleihen dem Strauch großen Zierwert. Er dient zur Bindung von

Flugsand, wächst noch auf Schotterboden mit reichlicher Durchfeuchtung. Seine Vermehrung kann neben der aus Samen auch durch Stecklinge erfolgen.

Ilex Aquifolium (*L.*), Hülsen, Stechpalme.

Dieser immergrüne Strauch oder Halbbaum bewohnt vorzugsweise die Küsten von West-, Nordwest- und Südeuropa; in den klimaverwandten, waldreichen Mittelgebirgen der Vogesen, des Schwarzwaldes und der Alpen ist er ebenfalls zu finden, dann am Niederrhein und in Westfalen. Er sucht im Innern der Kontinente Schutz anderer Holzarten, sogar der Tanne; in hohem Maße Schatten ertragend ist der Hülsen langsamwüchsig; es wäre zu prüfen, ob er nicht als Bodenschutzholz in den genannten Gebieten verwendet werden könnte.

Laurus nobilis (*L.*), der Lorbeerbaum.

Ein immergrüner und deshalb stark schattenertragender Halbbaum, der im südlichsten Europa bis zur Baumgröße emporwächst. Sein Auftreten als Halbbaum kennzeichnet die nach diesem aromatischen Baume und seinen Verwandten benannte Klimazone, das Lauretum. Er vermehrt sich leicht durch Wurzelausschläge und hat im Süden einige forstliche Bedeutung.

Ligustrum vulgare (*L.*), Rainweide.

Allbekannter, nahezu immergrüner Strauch, der freiwillig Absenker in größter Menge gibt; Schatten ertragend. Sein Auftreten kennzeichnet einen guten Boden, sein Holz ist sehr hart.

Lonicera Xylosteum (*L.*), Beinweide.

Dieser Strauch liebt wie seine Verwandten kalkreiche Böden, ist äußerst genügsam, gibt ein sehr hartes, zu manchen Zwecken, wie Peitschenstielen, gesuchtes Holz.

Lonicera Caprifolium (*L.*), Geißblatt.

Ist ein in den warmen Laubwaldungen zuweilen als schädlicher Würger auftretender Schlingstrauch.

Prunus Mahaleb (*L.*), Felsenkirsche, türkische Weichsel.

Besonders im südlichen und östlichen Europa auf kalkigem, felsigem Boden heimisch, sehr lichtbedürftig. Die schlanken, glattrindigen Ausschläge als Pfeifenrohre mit starkem Cumaringeruch sehr gesucht.

Prunus Padus (*L.*), Traubenkirsche.

Am häufigsten findet man diesen Halbbaum im Nieder- und Mittelwaldbetriebe vorzugsweise wegen seines hohen Ausschlagsvermögens; ein Halbschattenbaum, der auch zum Unterbau unter Lichtholzarten sich eignet.

Prunus spinosa (*L.*), Schlehdorn.

Wäre auf geröllreichen Hängen zur Bindung zu verwenden, da er weitausgreifende Wurzeln und Wurzelbrut gibt; ebenso wie Weißdorn ist er zum Schutze der nützlichen Vögel zu schonen.

Rhamnus cathartica (*L.*), Kreuzdorn, Elsbeer.

Wegen seines schön geflammten, roten Drechslerholzes an Waldrändern zu dulden.

Rhamnus Frangula (*L.*), Faulbaum.

Als Schutzholz wie alle Sträucher umsomehr willkommen als eingepflanzte Edelhölzer, insbesondere Nadelbäume, ohne sonderliche Beihilfe ihrem Schutze entwachsen, ihn erdrücken und als Dünger dem Boden einverleiben; Holz früher für Pulverkohle gesucht.

Salix caprea (*L.*), Salweide, Solweide.

Allbekannter Großstrauch, der als Wohltäter auf den Kahlflächen erscheint und, wenn er lästig wird, wieder beseitigt wird.

Viburnum Lantana (*L.*), Hundszunge.

junge Triebe zu Bindwieden.

Viburnum Opulus (*L.*), Schneeball,

mit hartem Holze; dekorativ auch seine roten Beeren.

Sechster Abschnitt.

Waldbaulich-biologische Eigenschaften der Baumvereinigungen (Bestandesbiologie).

a. Soziologische Verhältnisse.

In der Vereinigung mehrerer Pflanzen zu einem größeren Verbande, zu einer Genossenschaft, müssen wir ein Mittel erblicken, durch welches die einzelne Pflanze besser ausgerüstet ist zum Kampfe gegen ungünstige Verhältnisse in Boden und Klima, gegen die in Mitbewerb tretenden, fremden Pflanzen, gegen Insekten und größere Feinde; Vereinigungen der Bäume schaffen günstige Bedingungen zum Keimen und Aufwachsen, zur Erhaltung der Art; die Holzarten vereinigen sich zu Genossenschaften zum Schutze des Ganzen auf Kosten des einzelnen Baumes; denn das einzelne Individuum verliert an Licht, Luft, Raum, Wärme, Wasser, Boden und Fortpflanzungsmöglichkeit, wie die folgenden Zeilen zeigen werden.

Je nach der Größe der Vereinigungen unterscheidet man: Trupp, wenn nur eine kleine Zahl von Baumindividuen, bis zu etwa zehn Stück, zusammensteht; Gruppe oder Horst wird eine größere, annähernd runde Vereinigung von Holzarten[1]) bis zu einer Flächenausdehnung von 0,3 ha genannt; Band ist eine streifen- oder kulissenartige Anordnung einer Holzart; Kleinbestand muß die Vereinigung genannt werden, wenn sie mehr als 0,3 ha bis etwa 3 ha aufweist; Bestand ist eine Wirtschaftsfigur der Forsteinrichtung von beliebiger Größe, einheitlich in Holzart, Alter und Behandlungsweise. Ein größerer Wald kann aus Beständen oder auch aus Kleinbeständen, aus Bändern, aus Gruppen und Trupps sowie aus isoliert stehenden Individuen zusammengesetzt sein.

Besteht eine Baumvereinigung aus einer einzigen Holzart, so heißt sie rein; rein kann somit sein ein Trupp, ein Band, eine Gruppe, ein Kleinbestand, ein Bestand und schließlich auch ein Waldkomplex.

---

[1]) Dr. K. Gayer, Der Waldbau (4. Aufl. 1898), nennt Horst die größere, Gruppe die kleinere Vereinigung ohne Größenabgrenzung.

Sind aber zwei oder mehrere Holzarten beigemischt, so unterscheidet man einen gemischten Trupp, eine gemischte Gruppe, ein gemischtes Band, einen gemischten Kleinbestand, einen gemischten Bestand und einen gemischten Wald; stammweise (femelartig), truppweise, bandweise, gruppenweise, kleinbestandsweise, bestandsweise gemischten Wald, wenn jede der genannten Vereinigungen aus einer von der Nachbarschaft verschiedenen Holzart besteht oder in sich gemischt erscheint. Beträgt die Beimischung einer anderen Holzart weniger als 5 %, so heißt die Vereinigung rein mit einzelnen anderen Holzarten.

Nur bei Kronenmischung spricht man von gemischter Vereinigung; sind die Kronen einer Holzart unter den Kronen einer anderen Holzart, so ist dies ein reiner Bestand, Kleinbestand usw., mit Zwischen- oder Unterstande.

Die vorherrschende Holzart wird bei der Bezeichnung einer Mischung vorangestellt, z. B.: ein Fichtenbestand mit Tannen stammweise, gruppenweise, bandweise gemischt bedeutet die Vorherrschaft der Fichte; Tanne mit Fichte bedeutet die Vorherrschaft der Tanne.

Die Zwecke und Vorteile der Mischung sind in erster Linie waldbaulicher Natur, wie sie in den folgenden Zeilen näher beschrieben werden müssen. Die gegenseitige Einwirkung der Bäume aufeinander ist die intensivste, und der Zweck der Mischung wird am vollkommensten erfüllt in der stammweisen oder Einzelmischung, bei der jeder Baum mit dem Nachbarbaum einer anderen Art in Kronenberührung tritt oder doch treten kann; im Trupp ist die Berührung der Bäume mit solchen der eigenen Art häufiger und vollends in der Gruppe, im Bande; im Kleinbestande beschränkt sich die Berührung mit anderen Arten auf die Peripherie; das Innere trägt bereits mehr oder weniger den Charakter des reinen Bestandes; es steht aber das Zentrum der Gruppe, des Bandes und des größten Teiles des Kleinbestandes noch unter dem Einfluß der Vorder- und Hinterbelichtung der Nachbarn, es besteht noch Streumischung, Sturmsicherung usw. durch die umgebende Baumart. Aber zweifellos hört jegliche Einwirkung auf das Innere einer Baumvereinigung von seiten der Umgebung auf, wenn erstere 0,3 ha in der Größe überschreitet. Es widerstrebt schon dem allgemein üblichen Begriffe, eine Baumvereinigung, die größer ist als ein Tagewerk, noch als Gruppe oder Horst zu bezeichnen; solche Flächen tragen bereits den Charakter der reinen Bestände und werden auch als solche waldbaulich behandelt. Zum Unterschied gegenüber den großen Beständen der Forsteinrichtung dürfte diese waldbauliche Einheit, etwa bis 3 ha sich erstreckend, zweckentsprechend „Kleinbestand" genannt werden.

Über das Auftreten der reinen und gemischten Bestände und über die Zahl der in Mischung tretenden Holzarten entscheiden folgende Naturgesetze:

1. In den wärmeren Vegetationszonen (Tropen und Subtropen) überwiegen die Holzartenmischungen, die Mischbestände; an der Mischung des Waldes beteiligt sich die größte Zahl der Baumarten; die Mischung selbst ist die innigste, vorwiegend stammweise; je kühler das Klima der Vegetationszonen, sei es nach Norden oder nach oben hin, desto mehr nimmt die Zahl der Holzarten und der Mischbestände selbst ab; an der obersten Waldgrenze herrschen Reinbestände auf größeren Flächen hin vor (Fichte, Föhre, Birke, Lärche u. a.).

2. Alle Holzarten neigen im Optimum ihres natürlichen Verbreitungsbezirkes zu reinen Beständen, weil sie dort anderen Holzarten gegenüber mit besseren Waffen für den Kampf um das Dasein ausgerüstet sind; vom Optimum hinweg nach der Kälte und Wärmegrenze ihrer Vegetationszone hin löst sich der reine Bestand in isoliert zwischen anderen Holzarten stehende Individuen auf.

3. Wird eine Holzart künstlich außerhalb ihres natürlichen Verbreitungsbezirkes gebracht, muß sie in größeren reinen Gruppen oder in reinen Kleinbeständen oder reinen Beständen angebaut werden, um sie gegen die anderen Mitbewerber zu sichern und den Aufwand an Kosten und Fürsorge für ihre Erhaltung möglichst zu verringern.

4. Alle Holzarten können Reinbestände bilden; zu gemischten Beständen können aber nur jene Holzarten sich vereinigen, welche annähernd gleiche Ansprüche an Klima und Boden erheben. Die Zahl der Variationen solcher Mischbestände ist eine sehr große.

5. Je besser, mineralreicher und physikalisch vollkommener ein Boden ist, desto mehr treten die Reinbestände natürlichen Ursprungs zurück und Mischbestände an ihre Stelle; je vorzüglicher der Boden, um so mehr Holzarten beteiligen sich in dem Mischbestande. Im besseren Boden findet nicht bloß eine größere Zahl von Holzarten mit verschiedenen Ansprüchen an Bodengüte ihre Befriedigung; es kommt noch hinzu, daß der bessere Boden die Unterschiede und Ansprüche an das Licht und an die Wärme auszugleichen vermag, wodurch eine größere Zahl von Holzarten für den gleichen Standort mitbewerbend auftreten kann.

6. Je mehr ein chemischer oder physikalischer Faktor im Boden überwiegt, z. B. Feuchtigkeit, Lockerheit, Sand usw., um so mehr nehmen die beigemischten Holzarten an Zahl ab und reine Baumvereinigungen treten an die Stelle. Auf Boden, der durch mißbräuchliche Benutzung, z. B. kahlschlagweisen Betrieb mit maßlosem Streuentzug, rasch verarmt und schließlich zu fast reinem Sand herabsinkt, kann oft nur noch die bescheidenste aller Holzarten, die Föhre, in reiner Form ihr Gedeihen finden.

7. Alle Schattenholzarten neigen mehr zur reinen Bestandsbildung als die Lichtholzarten; wegen ihres Lichtbedürfnisses entziehen sie mit

ihrer dicht gebauten Krone das Licht anderen lichtbedürftigeren Holzarten.

8. Schattenholzarten mit schwerem Samen (wie Buchen, Tannen) neigen mehr zu reinem Bestand als solche mit leichten Sämereien.

9. Lichtholzarten mit schwerem Samen (z. B. Eichen) neigen zu reinen Baumvereinigungen in höherem Maße als Lichtholzarten mit leichten Sämereien; wenn man trotzdem viele leichtsamige Lichtholzarten (Birken, Weiden, Pappeln) auf ausgedehnten Flächen alleinherrschend findet, so ist es entweder ein einziger Faktor des Klimas (Kältegrenze des Waldes) oder ein solcher im Boden (Sumpf, Moorboden, Kiesgeröllboden usw.), welcher nach Punkt 6 dem reinen Bestande Vorschub leistet.

10. Besitzt eine Baumgattung zwei oder mehr Arten, so bilden diese nahen Verwandten keine Mischbestände, sie sind vielmehr wegen ihrer Unverträglichkeit, ihrer divergenten Biologie, räumlich in der Hauptmasse voneinander getrennt, so daß nur der Rand ihrer Verbreitungsbezirke Mischbestände und Bastarde aufweisen kann; so sind z. B. für die Stieleiche die Flußniederungen, für die Traubeneiche das anschließende Hügelland die ursprüngliche Heimat; erst durch die Tätigkeit des Menschen ist die weniger wertvolle Stieleiche vielfach an die Stelle und in die Gesellschaft der Traubeneiche gekommen.

11. Zwei oder mehrere Baumarten mischen sich um so leichter, je näher ihre Verwandtschaft in waldbaulichen Eigenschaften, je weiter ihre systematische, morphologisch-anatomische Verwandtschaft; z. B. die Schattenhölzer Fagus und Abies; Quercus mit Föhren, Pinaster und Murrayaföhren oder einer anderen Lichtholzart, die Halbschattenholzgattungen Tilia mit Acer oder Ulmus, die immergrünen Eichen mit immergrünen Laurusarten u. drgl.

12. Die im Waldbau gebräuchliche Methode der Verjüngung übt insofern einen Einfluß auf das Auftreten bestimmter Bestandsarten aus, als z. B. der Kahlschlag mit darauffolgender künstlicher Verjüngung fast stets reinen Bestand ergibt, während der langsame, natürliche Verjüngungsgang am besten die Erhaltung vorhandener Baumartmischungen gewährleistet.

Folgende biologisch-waldbauliche Gesetzmäßigkeiten und wirtschaftliche Vor- und Nachteile sind in den reinen Baumvereinigungen am stärksten ausgeprägt, sind im reinen Bestand mit einzelnen anderen Holzarten bereits etwas abgeschwächt und verlieren sich allmählich, je mehr andere Holzarten einzeln oder gruppenweise oder bandweise beigemengt sind, d. h. je mehr der reine Bestand in einen Mischbestand übergeht.

1. Bestände einer Lichtholzart sind nur während des jüngeren Stangenholzalters geschlossen, später lockert sich das Kronendach, die Ästereinigung wird von diesem Zeitpunkte an unterbrochen; die

Schäfte bleiben kurz; es erscheinen Gräser bei weniger gutem, etwas trockenem Boden, Kräuter und holzige Stauden bei frischem und besserem Boden; Sträucher auf geringem, trockenem Boden bilden Rohhumus.

2. Diese Bodenverwilderung zehrt am Nährkapital des Bodens, verringert den Nähr- und Wurzelraum, nimmt Niederschläge vorweg, verschließt die Luftzirkulation, bis schließlich die Holzarten selbst geschädigt werden; für die Wiederverjüngung bestehen die ungünstigsten Verhältnisse.

3. Bestände einer Halbschattenholzart halten sich über das Stangenholzalter hinaus geschlossen, die Schäfte der Stämme werden vollkommener und höher hinauf von den Ästen gesäubert, und bis zu diesem Zeitpunkt bleibt auch der Boden unkrautfrei; die abfallenden Stoffe zersetzen sich bis dahin normal. Von da an stellt sich die Verunkrautung ein wie bei den Lichtholzarten, zu denen die Halbschattenholzarten während der zweiten Hälfte ihres Lebens zu rechnen sind, während sie in der ersten Hälfte den Schattenholzarten sich nähern.

4. Bestände einer Schattenholzart bleiben bis in das hohe Baumalter geschlossen; die Folge ist vollkommene Ästereinigung, Vollholzigkeit, Schafthöhe; bei Nadelholzarten zeigt sich jedoch im Boden eine Anhäufung ungenügend zersetzter Streu (Rohhumus), welcher dem Boden Feuchtigkeit, Wärme und Luft vorenthält; für die Naturbesamung liegt die Aussicht ungünstig; bei Laubhölzern, welche im Winter kahl sind und deshalb Licht und Feuchtigkeit ungehindert zum Boden gelangen lassen, unterbleibt die Anhäufung von Rohhumus fast ganz; es entsteht Mull- oder Normalboden; die immergrünen Laubholzarten nähern sich in ihrem Verhalten den immergrünen Nadel-Schattenholzarten; Rohhumus fehlt aber wegen größerer Wärme und Feuchtigkeit.

5. Reinen Beständen kommt eine geringere Widerstandskraft gegen Ereignisse der unbelebten Natur zu, wie gegen Sturm, Schneemassen, Hochwasser, Lawinen, Abrutschungen.

6. Reine Bestände erliegen am häufigsten und gründlichsten den Massenvermehrungen ihrer Feinde aus der belebten Welt, das sind vor allem Insekten; reine Bestände begünstigen die Massenvermehrungen dieser schädlichen Tiere.

7. Alle Nachteile verringern sich, aber auch alle Vorzüge vermindern sich, je größer innerhalb eines reinen Bestandes die Altersunterschiede der einzelnen Individuen sind.

8. So wenig waldbauliche Vorzüge die reinen Bestände bieten, so zahlreich sind dieselben in betriebstechnisch-forstlicher Hinsicht, als da sind Leichtigkeit der Regelung des ganzen Betriebes, der Kontrolle, Verbilligung des Holztransportes, Vereinfachung des Verkaufes, Leichtigkeit der Verjüngung, Leichtigkeit der Erziehung, größere Nutzholzmassen, höhere Rentabilität, geringere Anforderungen an körperliche und geistige Leistungsfähigkeit des Per-

sonals. Verfasser ist geneigt, diesen letzten Punkt als einen Nachteil der reinen Bestände zu betrachten. Da der Kahlschlag durchaus kein notwendiges Attribut der reinen Baumvereinigungen ist, so ist der Vorwurf der allmählichen Bodenverschlechterung nicht gegen den reinen Bestand an sich, vielmehr gegen die vorherrschende, wirtschaftliche Behandlung des reinen Bestandes zu erheben. Der den reinen Beständen zugeschriebene Vorteil der größten Holzmassen- und Wertserträge darf diesen auch wohl nicht bestritten werden; zweifelhaft aber bleibt es einstweilen noch, ob dieses Ziel am vollkommensten in der Kahlschlagswirtschaft erreicht wird.

Man könnte geradezu den Satz aufstellen, alles, was die reinen Bestände an Nachteilen zeigen, ist ein Vorzug der gemischten Bestände; alle Vorteile der reinen Bestände verkehren sich bei den gemischten Beständen in deren Nachteil. Gleichfalls behufs stärkerer Betonung der Vor- und Nachteile der gemischten Bestände seien die waldbaulich-biologischen Eigenschaften der gemischten Bestände hier den reinen Beständen gegenüber gestellt; es liegt auf der Hand, daß Vor- und Nachteile am meisten den stammweise, weniger den gruppenweise und bandweise, am wenigsten den kleinflächenweise gemischten Beständen zukommen.

1. Die nachteilige, waldbauliche Wirkung, welche reinen Lichtholzbeständen vorherrschend in bezug auf Schaftform und Bodenverfassung zugeschrieben werden mußte, wird abgeschwächt, wenn dieser eine Halbschattenholzart, und wird ganz aufgehoben, wenn ihr eine Schattenholzart beigemengt wird; was jedoch hierbei die Lichtholzart an forstlicher Brauchbarkeit gewinnt, verliert die Halbschatten- und ganz besonders die Schattenholzart (Schaftverkürzung, Astigkeit).

2. Der nachteiligen Wirkung der Verlichtung der reinen Halbschattenholzarten während ihrer zweiten Lebenshälfte kann vorgebeugt werden durch Beimengung einer Schattenholzart; es bleibt aber die nachteilige Nutzholzausbildung der Schattenholzart.

3. Die nachteilige Wirkung der reinen Schattenholzarten in bezug auf den Boden wird aufgehoben durch Eingriffe in das Kronenschlußverhältnis oder durch Beimischung einer anderen Schattenholzart, besser einer Halbschatten- und besonders durch Beimischung einer Lichtholzart; dabei wird jedoch stets an Masse und Nutzholzgüte bei den Schattenholzarten verloren; der Verlust an Masse kann willkommen sein (Buche), um an ihre Stelle die geringere, aber wertvollere Masse einer Lichtholzart (Eiche, Föhre, Lärche) zu setzen.

4. Selbst bei Schattenholzarten, z. B. Fichte und Buche, ist Kronenmischung ungünstig durch Verlust an Masse, an Nutzholzgüte, so daß der reine Schattenholzbestand mit Unterbau einer anderen Holzart als das Ideal einer konservierenden und rentierenden Wirt-

schaft erscheint. Treten zwei oder mehrere Holzarten mit verschieden tiefgehender Bewurzelung in einem Bestand in Vereinigung, so gewinnt dadurch die Sturm- und Schneefestigkeit des Bestandes; doch gibt es Wege, um dies auch für den reinen Bestand zu erreichen.

5. Treten zwei oder mehrere Holzarten mit verschiedenen Ansprüchen an den Nährgehalt im Boden in Mischung, so wird derselbe besser ausgenützt; die Art der Mischung: gruppen- oder kleinflächenweise, soll ein naturgetreues Abbild der gruppen- oder kleinflächenweisen Verschiedenheiten im Boden selbst sein.

6. Gemischte Bestände leiden weniger durch Insekten, durch Pilze, durch Feuer, als der reine Bestand der Licht- wie auch der Schattenholzarten.

7. Zu den waldbaulichen Vorzügen kommen noch forsttechnische, wie Vielseitigkeit der Produkte, geringere Schwankungen in der Rentabilität, billigere, weil vorwiegend natürliche Wiederverjüngung, welche jedoch auch im reinen Bestande erzielbar; die Verjüngung der gemischten Bestände ist jedoch sehr viel schwieriger. sehr viel langsamer und erfordert ein höheres Maß körperlicher und geistiger Arbeit von seiten des Wirtschafters.

8. Alle obigen Vorzüge der gemischten Bestände vermindern sich, je größer, und alle ihre Nachteile erhöhen sich, je geringer die Alters- bzw. Höhenunterschiede der einzelnen Individuen eines Mischbestandes sind.

9. Mischungen von Lichtholzarten unter sich müssen größere Vorzüge in bezug auf den Boden, aber größere Nachteile in bezug auf den Bestand (Masse, Ästereinheit, Schaftform) zugesprochen werden, als den reinen Beständen einer Lichtholzart.

10. Mischungen von Halbschattenholzarten unter sich verhalten sich in bezug auf den Boden günstiger, in bezug auf Nutzholzmasse des Bestandes ungünstiger als ein reiner Bestand einer Halbschattenholzart.

11. Mischungen von Schattenholzarten (z. B. Picea und Abies, Picea und Fagus usw.) üben wohltätigen Einfluß auf den Bodenzustand, dagegen ist sicher, daß reine Bestände höhere Erträge in Masse und Güte ergeben als gemischte.

Stellt man aus der Ertragstafel, wie sie der Neumeister-Retzlaffsche Forst- und Jagdkalender[1]) bringt, die Leistungen von reinen Beständen auf zweiter Bodenbonität in 100 Jahren bei der üblichen Behandlung und Erziehung im Kahlschlagbetrieb nach Licht- und Schattenholzarten zusammen, so ergibt sich als Hauptbestandsholzmasse an Derbholz pro Hektar in Festmeter: Laubholz: Lichtholzart: Eiche 310, Schattenholzart: Buche 520; Nadelhölzer: Licht-

---

[1]) Für das Jahr 1908; nach den Untersuchungen von Schwappach, Lorey, Grundner und anderen.

holzart: Föhre 500, Schattenholzart: Fichte 600, Tannen 800. Man darf aus diesen Zahlen den Schluß ziehen, daß alle Laubholzarten, wenn sie nach der in Deutschland üblichen Hochwaldwirtschaftsmethode und in einem dem deutschen ähnlichen Klima behandelt werden, auf gutem Boden zweiter Bonität mit 100 Jahren Derbholzerträge abwerfen werden, welche zwischen 300 fm und 500 fm pro Hektar liegen müssen, daß alle Nadelhölzer unter den gleichen Voraussetzungen zwischen 500 und 800 fm ergeben werden. Was bis jetzt im In- und Auslande an Wuchsleistungen fremder, forstlicher Baumarten bekannt geworden ist, übertrifft obige Leistungen nur bezüglich der Holzarten, deren Gattungen im europäischen Walde nicht vertreten und in Westamerika beheimatet sind.

Konservative Vorsicht ist es, welche nach möglichster Erhaltung der ungeschwächten Bodenkraft strebt und dieses durch den Mischwald zu erreichen hofft; die einschmeichelnde Berechnung höchster Gewinne ist es, welche auf die reinen Bestände hinweist.

Damit einer Wirtschaft die Zukunft gehöre, muß sie sichere Gewähr bieten, daß bei ihr die Bodenkraft nicht abnimmt, und darf sie die Erwartung einer möglichst hohen Rente nicht schmälern; im Verlaufe dieser Schrift werden Wirtschaftsformen zu nennen sein, welche darauf abzielen.

b. Klimatische Verhältnisse der Baumvereinigungen (Bestandesklimatologie).

Dem einzelnen Waldesteile (Gruppe oder Bestand) kommt natürlich jenes allgemeine Klima zu, das der Elevation und dem Breitengrade, somit der gesamten Klima- oder Waldzone entspricht; seine Lage zur Meeresnähe bestimmt den insularen oder kontinentalen Charakter des betreffenden Waldortes; aber jeder Bestand hat, wenn auch im verkleinerten Maße, wieder sein eigenes Klima je nach Holzart (Licht- oder Schattenholzarten), je nach der Mischung beider; dazu kommt noch der Einfluß, den Boden und Behandlung auf das Klima ausüben. Die Klimatologie der einzelnen Bestandsarten ist noch sehr ungenügend erforscht, selbst die Gegensätze zwischen Wald und Waldblöße oder Feld sind durch die Beobachtungen und ihre Berechnungen mehr verhüllt als aufgedeckt. Forschung und Berechnung haben ergeben, daß zwischen Wald und Feld oder Blöße nur ein ganz geringfügiger Unterschied besteht. Dieser zahlenmäßig geringfügige Unterschied ist aber ein künstlicher, durch Berechnung von Durchschnittswerten erzielt; er braucht somit in der Natur gar nicht zu existieren, jedenfalls trifft er in den entscheidenden, extremen Zeiten des Hochsommers und Hoch-

winters nicht zu; aber schon geringe Klimaunterschiede können zu
Beginn der Vegetation für die Entwicklungsgeschichte des Waldes von
einschneidender Bedeutung sein, wie folgender, sehr häufiger Vorgang
im Walde beweist. Unter dem lockeren Schirme des alten Holzes
wurde eine Verjüngung, z. B. von Fichten oder Tannen oder Buchen,
begründet; in einer klaren Nacht Mitte Mai lagert sich über der bereits
in Vegetation getretenen Jugend eine Luftschicht von 0°. Eine unmittelbar anschließende, kahle Fläche, mit der Jugend der gleichen Holzarten
bestellt, weist —0,5° auf. Die beschirmte Jugend geht völlig intakt aus
der Frostgefahr hervor, die unbeschirmte büßt ihre sämtlichen Triebspitzen ein; bei den Nadelhölzern ist der volle Höhenzuwachs
eines ganzen Jahres, bei den Laubhölzern ein Teil desselben verloren durch die Geringfügigkeit von nur einem halben Grad Wärme-
unterschied! Das Beispiel wurde einer Beobachtungsreihe des Verfassers entnommen; es treten aber Differenzen bis zu 5°, bei der
tiefsten Wintertemperatur bis zu 10°, ja im vollen Sonnenlichte in der
Bodennähe Differenzen bis zu 20° Wärme an der nicht bewaldeten
und an der bewaldeten Fläche auf. Alle diese für das Pflanzenleben
so einschneidenden Extreme aber werden mit der Durchschnittsberechnung des Klimas der kahlen Fläche und des Waldes weg-
nivelliert.

Die durchschnittliche Temperatur gibt die Wärme an, welche eine
Pflanze überhaupt zum Leben braucht; die Extreme bestimmen die
Wechselfälle in ihrem Leben.

Welche extreme Temperaturen im Walde und auf dem waldlosen
Boden herrschen, zeigt folgende Darstellung, welche Verfasser nach
eigenen, sechsjährigen Beobachtungen und, soweit höhere Luft- und
tiefere Bodenschichten in Frage kommen, nach den Angaben der
Literatur für 570 m über dem Meere gefertigt hat. Es wurden die
beiden Extreme Mittsommer und Mittwinter gewählt, da an Extremen
die Gesetzmäßigkeiten am ausgeprägtesten sind; rote Kreise
bedeuten eine Temperatur über 0°, blaue eine solche unter 0°, den
größeren roten Kreisen entspricht die höhere, den größeren blauen die
niedere Temperatur. (Tafel I und II.)

Im Hochsommer zur Mittagszeit, somit zur Zeit der größten
Erwärmung, wird vom Kronendache des Waldes wie von einer grünen
Fläche der größte Teil der zugestrahlten Wärme zurückgeworfen, ein
kleinerer Teil erwärmt das Dach, das durch Leitung und Strahlung
wiederum den größten Teil der Wärme an die Luft abgibt; 5 m über
dem Kronendache ist diese Wärmezufuhr nicht mehr nachweisbar, d. h.
die Luft ist 5 m über dem Walde mit den benachbarten Luftschichten
der kahlen Flächen von gleicher Temperatur. Innerhalb der Kronen
ist nur ganz geringe Wärmeanhäufung durch die Besonnung der Äste
der Kronen nachweisbar, da die Blätter oder Nadeln nie vollkommen

die Belichtung abschließen; die Luftsäule zwischen Krone und Boden zeigt nur geringe Differenzen; eine schwache Zunahme an Wärme besteht in der Bodennähe, da der Boden, wenn auch in kleinen, wandernden Fleckchen, von der Sonne getroffen wird. Die Temperatur des Bodens selbst ist bereits auf Seite 115 besprochen worden. Gegen Sonnenuntergang hin nimmt die Temperatur rasch ab, die Abkühlung setzt sich während der Nacht hindurch fort, um etwa $^1/_4$ Stunde vor Sonnenaufgang ihren tiefsten Stand zu erreichen; der Beginn der Dämmerung, das Auftreten von diffusem Licht bedingt bereits eine, wenn auch schwache Erwärmung der Erdoberfläche und damit auch der Luft.

Auf den waldlosen, den verunkrauteten Kahlschlägen, den kahlen Löchern der Verjüngungshiebe liegt zur Mittagszeit die größte Hitze unmittelbar über dem Unkrautwuchs; von da nimmt die Temperatur auf- und abwärts ab. Schon bei Sonnenuntergang ist dort die Temperatur niederer als in geringer Höhe über dem Boden; Taubildung beginnt. Eine Stunde vor Sonnenaufgang liegt auf der Unkrautdecke die tiefste Temperatur; der Unterschied zwischen höchster und tiefster Temperatur innerhalb zwölf Stunden kann bis auf 35° steigen; Verfasser konnte im Juli und im August in seinem Versuchswalde, 570 m über dem Meere, auf einer begrasten Stelle mehrmals in der Mittagszeit 35° und am frühen Morgen (im Hochsommer!) 0° beobachten. Durch Aufstellen eines mit Wasser gefüllten Tellers gelang es, eine Eisschicht von 1—2 mm zu erzielen, die freilich bei Sonnenaufgang morgens 4 Uhr rasch dahinschmolz.

In den Erlenbrüchern sind Frostbeschädigungen mitten im Jahresringe, ja Absterben von Erlen, Eschen durch Frost während des Hochsommers durchaus keine seltenen Erscheinungen. Daß begraste Mulden und Ebenen im Frühjahre und Herbst von Frost ganz besonders heimgesuchte Örtlichkeiten sind, ist längst bekannt. Der völlig nackte Boden, wie er im Walde auf kahlen Flächen, in kahlen Löcherhieben zum Zwecke der natürlichen oder künstlichen Ansaat zubereitet wird, weist die stärkste Erhitzung in seiner obersten Schichte auf; es wurde bereits erwähnt, daß Temperaturen bis zu 68° beobachtet werden; diese Schichte ist das Keimbett der Sämereien. Von da an nimmt die Temperatur nach oben und nach unten ab; kurze Zeit vor Sonnenaufgang liegt die kälteste Lufschicht bei etwa 1 m Höhe über dem Boden, da aus dem Boden Wärme aufsteigt, welche bei begrastem und bewaldetem Boden abgeschlossen ist; diese aufsteigende Wärme vermindert auf völlig nacktem Boden die Frostgefahr im Frühjahr und Herbst.

Eine klare Nacht und ein darauffolgender klarer Tag im Mittwinter schafft folgende Verschiebungen in der Temperatur einer bewaldeten und beschneiten, einer kahlen, aber beschneiten und einer anderen schneefreien Fläche. Vor Sonnenaufgang liegt das Minimum an Temperatur von allen drei Flächen unmittelbar auf der Schneedeke der waldfreien Fläche. Verfasser fand auf seinen Versuchsflächen in einer Mulde zu Grafrath bei München als Minimum während der letzten 15 Jahre — 38° C; 50 cm höher betrug die Lufttemperatur nur mehr — 25°! Es besteht kein Zweifel, daß noch viel tiefere Temperaturen in Mitteleuropa sich einstellen können. Diese Beobachtung genügt vollständig zur Erklärung des Absterbens oder der Nadelröte, besonders fremdländischer Pflanzen; unmittelbar über der Schneedecke sind sie einfach erfroren, während der Teil, der in dem wärmeren Schnee eingebettet war, lebend und grün blieb. Aus diesem Grunde ist die mittel- und südeuropäische Tanne in Rußland auf freier Lage nicht empor zu bringen. Es bedarf zur Erklärung der Rötung der Nadeln und des Abfrierens der über den Schnee hervorstehenden Pflanzen nicht eigener Vertrocknungstheorien mit Windbeteiligung, die vielleicht für die zentralasiatischen oder polaren, somit für die W a l d - g r e n z g e b i e t e zutreffen mögen, für das Innere der großen Waldregionen aber sicher falsch sind. Die Schneedecke hält zur Zeit des Sonnenaufganges pro 1 cm Schichtendicke 1° C zurück, so daß eine Schneedecke von 20 cm genügt um — 20° vorübergehend von der Erdoberfläche vollständig abzuhalten, d. h. an der Bodenoberfläche beträgt die Temperatur 0°.

Im Walde liegt die tiefste Temperatur auf der Schneedecke der Baumkronen. Von dieser an aufwärts ist es wärmer; ein Teil dieser kalten Luft an der Außenfläche der Krone sinkt auch in den Innenraum der Krone ein und fällt zu Boden; die zwischenliegende Luft ist insbesondere durch Leitung von den Baumschäften her wärmer.

Man kann den Wald in seinem Einfluß auf sein eigenes Klima mit einem Haus vergleichen, dessen Binnenwärme und Binnenluft verschieden sind von jenen der äußeren Umgebung; ihr besonderes Klima haben auch die Außenwände des Hauses, die B e s t a n d s r ä n d e r d e s W a l d e s. Gleich den West- und Südwänden eines Hauses sind auch die West- und Südränder eines Bestandes warm und trocken; die entgegengesetzten Ränder Nord und Ost sind kühler und feuchter. Der Südrand bedeutet in der Temperatur und Luftfeuchtigkeit eine Verschiebung in ein wärmeres Klima, der Nordrand eine Verschiebung in ein kälteres; am Südrande werden die wärmebedürftigen Baumarten trotz geringerer Boden- und Luftfeuchtigkeit gedeihen, während sie im Klima des Nordrandes versagen, wo wieder die Holzarten des kühleren Klimas ihr Optimum finden werden.

Wird daher im erwachsenen Walde zum Zwecke der Verjüngung ein saumförmiger Angriff geführt, so rückt der bisherige Waldrand mit einem Male tiefer in den Bestand vor. Erfolgt der erste Saumhieb am Nord- oder Ostrand des Bestandes, so kommen erhöhte Bodenfrische und Luftfeuchtigkeit der aufkommenden oder nachrückenden Verjüngung zugute. Auf diese Erscheinung fußt C. Wagners Forderung der Verjüngung im „Blendersaumschlage", der am Nordrande anhebt und nach Süden vorrückt. Wird der saumweise Hieb mitten durch den Bestand gelegt als sogenannter Durchgriff, oder durchsetzen mehrere solcher Hiebe einen größeren Bestand (Kulissenhieb) von W. nach O. oder N. nach S., so entstehen neue West- bzw. Südwände im Innern des Bestandes, welche ob ihrer größeren Wärme, Lufttrocknis und Austrocknung des Bodens natürliche wie künstliche Waldbegründung, insbesondere Saat erschweren und meistens zur Pflanzung zwingen. Am ungünstigsten liegt der Fall bei kahlen Löchern oder auch bei gruppenweiser Bestandsverjüngung, sobald eine solche Durchbrechung im Durchmesser die Baumhöhe überschreitet; es entsteht eine Vielheit von Wänden mit einer Vielheit von wohltuenden bzw. schädigenden, klimatischen Einflüssen auf die Verjüngung.

Feuchtigkeit. Die Regenmenge, die dem Boden zuteil wird, ist im Walde stets geringer als auf einer kahlen Fläche und auch auf einer Waldblöße; immerbegrünte Holzarten, wie Fichten, Tannen, Föhren, immergrüne Laubbäume fangen jederzeit einen beträchtlichen Teil der fallenden Niederschläge ab; winterkahle Bäume lassen während der Vegetationsruhe fast den ganzen Betrag an Niederschlägen in den Boden gelangen; während des ganzen Jahres dringen in den Boden ein: nach Prof. Ebermayer 78 % bei Buche, bei 73 % Fichte, 66 % bei Föhre, nach den schweizerischen Untersuchungen 90 % für die Buche und 77 % für die Fichte; Prof. Bühler fand, daß 20jährige Buchen nur 2 %, 50jährige 27 %, 60jährige 23 % und 90jährige 17 % der pro Jahr gefallenen Niederschläge abfangen. Nur bei lang andauerndem Regen wird alles durchtränkt, und gelangt von den Bäumen herabtropfend und am Schafte herabfließend der größte Teil der fallenden Regenmenge auch in das Bereich der Wurzeln, wobei die durch das Dickenwachstum der älteren Wurzeln immer enger werdenden Kapillaren zwischen Wurzel und Bodenumgebung für das rasche und tiefe Eintreten des Wassers in das Wurzelbereich Sorge tragen. Im Sommer fangen auch die Laubhölzer größere Mengen des fallenden Regens ab; bei der Buche ist sogar ein höherer Betrag nachgewiesen als bei den Fichten und Tannen. Unter den Buchen bleibt sehr oft, wenn nicht ganz außerordentlich starke Gewitterregen niederstürzen, der Boden während des ganzen Sommers ohne Niederschläge. Aber auch die in den Kronen hängenbleibende Feuchtigkeit ist für die Bäume nicht verloren; der Baum nimmt mit seinen Blättern und Ästen Wasser auf und ergänzt damit den Wasservorrat seines Schaftes; so daß er mit der geringeren Wasseraufnahme durch den Boden sich begnügen kann. Das in den Kronen verdunstete Wasser erzeugt sodann in und unter den Kronen eine größere Luftfeuchtigkeit, welche wiederum die

Verdunstung des Wassers aus dem Waldboden selbst und seiner lebenden und toten Decke beschränkt. Das Kronendach an und für sich schafft schon einen luftfeuchten Zustand der Waldluft durch Verdunstung aus den Blättern, so daß die Waldluft bei Windstille unter dem Dache der Kronen eine um 10—15 % größere, relative Feuchtigkeit aufweist gegenüber den Kahlflächen im Walde, gegenüber dem Felde; die Differenz wird um so geringer sein müssen, je mehr Luftbewegung herrscht. Daß diese erhöhte Luftfeuchtigkeit im Waldesinnern ebenso wie größere Luftfeuchtigkeit im Gesamtklima für das Gedeihen der Baumjugend und den Erfolg aller Saaten und Pflanzungen von einschneidender Bedeutung sind, wurde vom Verfasser vor 20 Jahren zuerst und auch in dieser Schrift bereits mehrmals betont. Auch an der Verhinderung der verspäteten oder verfrühten Fröste im Walde fällt nicht der durch das Kronendach der Althölzer ermäßigten Ausstrahlung von seiten der kleinen Pflanzen das alleinige Verdienst zu; es trägt hierzu auch die erhöhte Luftfeuchtigkeit bei, welche zur Zeit der Frostgefahr (Windstille) gerade im Walde am größten ist.

Schnee wird von den begrünten Bäumen in noch größerer Menge vom Boden zurückgehalten als Regen; in geschlossener Fichtenjugend kommt kaum $^1/_{10}$ der bei Windstille fallenden Schneemenge zu Boden; erst wenn die Schneemassen so schwer werden, daß sie teilweise zwischen den Kronen hindurchbrechen, erhält der Boden größere Mengen; ein erwachsener Fichtenbestand, gut geschlossen, läßt nur 25 % des fallenden Schnees hindurch; es verändert sich natürlich diese Zahl, wenn der Schnee bei einigen Graden unter 0, somit in feinen Kristallen fällt, in welchem Falle größere Mengen durch die Kronen der Bäume hindurchrieseln; der bei Plusgraden in großen Flocken fallende Schnee wird am meisten von den Bäumen abgefangen. Das Übermaß von Schnee führt dann zu Kalamitäten (Gipfel und Ästebruch), oder zum flächenweisen Niedersinken der Bestockung, besonders im mittleren Alter. Wird Schnee durch kräftigen Wind herangetrieben, so ist die Gefahr der Beschädigung durch Überlastung ausgeschlossen; es gelangen dann auch größere Schneemengen an den Boden des Bestandes; in Bestandeslöchern, an Osträndern fällt aber der Schnee bei geringem Winde, selbst bei Windstille in größerer Menge und schadet.

Hagel fällt auch im Bestand ganz zu Boden; ob er auch am Bestand selbst Schaden verursacht, hängt von der Korngröße des Hagels und dem Alter und der Art der Bäume und der Jahreszeit ab; nur wenn Wind mit Hagel auftritt, wird die Rinde der vertikalen Schäfte und Gipfeltriebe, welche für die forstlichen Gewächse die wichtigsten Teile der Pflanzen sind, getroffen. Bei vertikal fallendem Hagel leiden nur Seitentriebe; der Wind aber ist fast aufgehoben im Windschatten der Schlagwand beim Saumschlag, in Löcherhieben oder auch im Bestande selbst. Dort ist somit die Hagelbeschädigung geringer als auf Kahlflächen, in welchen der Wind die Hagelkörner schief gegen die Baumvegetation wirft.

Wind erhöht somit die Hagelbeschädigung, mäßigt oder hindert die Schneebeschädigung, mäßigt oder hindert die Frostbeschädigung. Erreichen die Löcher im Bestande eine bestimmte Größe, die nach Höhe des Bestandes und Lage der Örtlichkeit verschieden sein muß, so tritt gerade bei diesen windgeschützten, kahlen Bestandslöchern der Spät- oder Frühfrost besonders häufig und schädlich auf. Wächst ein Bestand mit isoliert stehenden Individuen in den letzten Jahrzehnten seines Lebens seiner Haubarkeit entgegen, so ist er am besten gegen Wind gesichert; seine Abnutzung kann sich mehr dem Zwecke der Verjüngung als der Furcht vor dem Winde anpassen. Wird aber der Bestand bis dahin absichtlich gegen die Absichten der Natur geschlossen gehalten, und beginnt nun mit einem Male die natürliche Verjüngung mit Lockerung des Bestandsschlusses, dann ist es zumeist der Sturm, der die so schön ausgedachten Verjüngungspläne des Wirtschafters über den Haufen wirft. Wind begünstigt die Besamung einer Fläche, indem er die flugfähigsten Sämereien darüber streut. Bei allen Holzarten mit fliegenden Sämereien sind es nur die trockenen, meist schwachen Winde, welche Sämereien bringen; denn nur bei trockener Witterung öffnen sich die Zapfen und Früchte oder lösen sich die Sämereien.

In Mitteleuropa sind die Ost-, seltener die Südwinde trocken; die starken Winde kommen aus dem Westen und Nordwesten und sind feucht; es ergeben sich daraus Folgerungen für die Naturverjüngung der Bestände, welche an der zugehörigen Stelle Erwähnung finden müssen.

c. Die Lichtverhältnisse der Baumvereinigungen, der Kronenschluß.

Der Laie, welcher eine Waldneuanlage betritt, rügt stets den engen Verband, in dem Saat oder Pflanzung ausgeführt wurden; er ist geneigt, sie als unfreiwilliges oder verschwenderisches Produkt der forstlichen Tätigkeit zu betrachten. Es ist jedoch damit beabsichtigt, daß keine Pflanze den ästhetisch-schönen, tief herab und stark beästeten Freistandshabitus annehmen soll, daß vielmehr die Äste sich berühren, ineinander wachsen, sich gegenseitig Licht entziehen und töten sollen, daß möglichst bald die schneller wüchsigen Pflanzen jene mit langsamer Wuchskraft übergipfeln und zum Untertauchen unter das gemeinsame Kronendach der Voraneilenden zwingen sollen. Schließlich sollen auf einer Fläche, die bei der Begründung viele Tausende von Pflanzen trug, nur noch einige Hunderte erwachsene Bäume bei der Ernte übrig sein. Die naturgesetzliche Erklärung für dieses Streben nach Übergipfelung wird in einem reinen Bestand in der verschiedenen, individuellen Veranlagung zur Schnellwüchsigkeit zu suchen sein, worüber in einem früheren Abschnitte ausführlich berichtet wurde; dazu werden auch noch äußere Zufälligkeiten, wie ober- oder unterirdische Verletzungen, unpassende Behandlung, Beeinträchtigung in der Ausbreitung und Vertiefung der Wurzeln, beitragen. Es mag auch sein, daß ein individuelles, stärkeres Wasserbedürfnis, ein stärkeres Lichtbedürfnis, ein etwas höherer Anspruch an Bodengüte einzelne Pflanzen zum Zurückbleiben gegenüber ihren für den betreffenden Standort etwas günstiger individuell veranlagten Nachbarn der gleichen Baumart zwingt. Es muß aber abgelehnt werden jene bequemere, aber deshalb nicht wahrscheinlichere Erklärung, daß die langsam wüchsigen Individuen von langsam wüchsigen Eltern abstammten. Damit müßte zugleich behauptet werden, daß diese Langsamwüchsigen von schlechterem Boden oder kühlerem Klima kämen; denn im günstigen Klima und Boden kommen Langsamwüchsige nur im Ur- und Femelwald zur Fruktifikation und Vererbung eines Teiles ihrer Individualität; es ist wohl ebensowenig zulässig, die Ausscheidung dem eintretenden Wassermangel im Wurzelbereich durch den Wasserentzug der Voranwachsenden zuzuschreiben; denn die Ausscheidung und das Absterben der Ausgeschiedenen findet auch statt in Böden, welche jederzeit Wasserüberschuß in die Tiefe sickern lassen. Die Vorwüchsigkeit liegt in individueller Anlage, das Kümmern und Absterben der Zurückbleibenden ist die natürliche Folge des Lichtentzuges; es ist ein Verhungern wegen mangelnder Assimilation, selbst dann, wenn im Boden Wasser und Nährstoffe in Fülle vorhanden sind.

In einer stammweise gemischten Baumvereinigung entscheidet natürlich die Wuchsgeschwindigkeit der in Mischung getretenen Arten sowie deren Lichtbedürfnis bzw. Schattenerträgnis, welche Holzart ohne Eingriff des Menschen schließlich zur Siegerin wird.

Zweck und Bedeutung des Kronenschlusses findet in der forstlichen Literatur eine sehr verschiedene Beurteilung. Früher erschöpfte sich die Kunst des Forstmannes in der ängstlichen Erhaltung des Kronenschlusses bis zur Haubarkeit. Davon ist die neuere Zeit abgekommen, und täglich mehren sich auch unter den Praktikern die Anhänger für freiere Erziehung in der zweiten Lebenshälfte in der Erkenntnis, daß von einem bestimmten Alter an der volle Kronenschluß nicht bloß überflüssig, ja für Boden und Zuwachs sogar schädlich sei. In neuester Zeit sind sogar Stimmen laut geworden, welche auch den Kronenschluß in der Jugend als etwas Überflüssiges, ja sogar Schädliches bezeichnen. Sie wünschen möglichst lange den Eintritt des Kronenschlusses hinauszuzögern, während die Forstleute, insbesondere die Kahlschlägler, bisher mit sehnsüchtigem Herzen auf den Eintritt des Kronenschlusses ihrer Pflanzungen als das Ende aller

Nachbesserungen, aller Gefahren, aller Sorgen für die neue Jugend warteten. Manche Saat wird deshalb so dicht, manche Pflanzung deshalb so eng ausgeführt, um den Eintritt des Kronenschlusses möglichst zu beschleunigen; es wurde bisher begrüßt, daß schnellwüchsige Holzarten so rasch sich schließen, daß auf gutem Boden früher als auf schlechtem dieses erwünschte Ereignis eintritt.

Die Dichtigkeit des Kronenschlusses wird beeinflußt:

1. von der Begründungsweise des Bestandes; natürliche oder künstliche Ansaaten liefern die am dichtesten geschlossene Jugend; enge Pflanzungen schließen sich an, weitständige Pflanzungen geben den lockersten Schluß.

2. Auf gutem Boden ist der Kronenschluß vollkommener und länger andauernd als auf minder gutem Boden, obwohl letzterer eine größere Zahl von Pflanzen trägt, da die Ausscheidung im Übergipfelungskampf auf minder gutem Boden langsamer geführt wird als auf kräftigerem.

3. Sind zwei Standorte in Luft- und Bodenfeuchtigkeit gleich, so trägt der wärmere einen dichter in seinen Baumkronen geschlossenen Wald; in der kühlsten Waldregion löst sich der Kronenschluß völlig auf. Sind zwei Standorte in Temperatur gleich, so ist der trockenere von Bäumen mit dichter aneinander gerückten Kronen bewohnt, als der luft- oder bodenfeuchtere.

4. Die Holzart selbst entscheidet über die Dichtigkeit des Kronenschlusses. Lichtholzarten stellen sich, wie bereits erwähnt, immer licht, d. h. ihr Kronenschluß ist ein lockerer; Halbschattenholzarten erhalten eine Kronenspannung längere Zeit als Lichtholzarten, aber im höheren Alter löst sich diese ebenfalls auf; Schattenholzarten wohnt die Fähigkeit inne, bis in das Alter eine Kronenberührung festzuhalten.

5. Im Hauptlängenwachstum, im Stangenholz- oder Mittelalter ist die gegenseitige Bedrängung stets die dichteste.

6. Es ist selbstverständlich, daß jeglicher Lockerungsgrad durch die Eingriffe bei der Erziehung eines Bestandes künstlich durch den Wirtschafter hergestellt werden kann, und in dieser Kunst zeigt sich der Meister der Wirtschaft. Vielfach hat man versucht, für den Schlußgrad eines Bestandes einen zahlenmäßigen Ausdruck und damit ein bequemes Mittel zur Erklärung und Kontrollierung des Schlußgrades je nach Holzart, nach Standort, nach Wunsch und Ziel und jeweiliger Anschauung des Wirtschafters zu finden. Kein passender Maßstab konnte gefunden werden, und keiner wird gefunden werden. Verfasser ist geneigt, sich über diese Mißerfolge zu freuen; denn eine solche Schablone müßte zur Verflachung der waldbaulichen Beobachtung und zu den größten Mißgriffen führen, da in einer Baumvereinigung,

in einem reinen Bestande nicht eine., sondern viele, in einem gemischten Bestande ungezählte Kronenschlußverhältnisse notwendig sein werden.

Zu den Angaben der Stammzahl pro Hektar bei gegebenem Alter, gegebener Holzart, gegebener Bodengüte und beabsichtigtem Zweck, zur Ermittlung der Grundflächensumme der vorhandenen Stämme, zur Ermittlung des Durchschnittstandraumes eines Baumes in Quadratmeter, zur Abstandszahl ist in neuerer Zeit eine Methode getreten, die eher dem Ziele sich nähert: die photometrische mittels lichtempfindlichen Papieres, zu welcher bereits Th. Hartig die Anregung gegeben, welche Wiesner vervollkommt und Dr. Cieslar bereits für forstliche Zwecke in Anwendung gebracht hat. Bis heute hat keine von diesen Methoden Eingang in die Praxis gefunden, die sich bei der großen Menge von Wirtschaftsobjekten und den großen Verschiedenheiten in einer Baumvereinigung mit der Einschätzung des Kronschlusses und der Anwendung technischer Bezeichnungen, wenn diese auch wenig zutreffend gewählt sind, begnügt. Zur Erklärung der bildlichen Darstellung auf der folgenden Seite sei erwähnt, daß die Kreise die auf den Boden projizierten Baumkronen bedeuten.

Dicht- oder gedrängt geschlossen heißt die Baumvereinigung, wenn ihre Kronen tief ineinander und übereinander greifen; von diesem Schluß geben Schattenholzarten im Hauptausscheidungsalter, im Dickungsschluß, wie er vor Einlegung der ersten Durchforstung zu bestehen pflegt, ein naturgetreues Bild.

Vollkommen geschlossen heißt die Baumvereinigung, wenn ihre Kronen schwach ineinander greifen; das ist der dichteste Schluß für die Lichtholzarten, der Dickungsschluß, wie ihn ein gedrängtes Gestänge von Eichen, Lärchen, zwei- und dreinadeligen Föhren aufweist; Schattenholzarten nähern sich mit diesem Schluß bereits der Mannbarkeit.

Geschlossen ist jenes Kronendach, bei dem die Zweigspitzen sich berühren; Schattenholzarten zeigen diesen Grad des Schlusses im haubaren Alter; bei den Lichtholzarten ist dieser Zustand längere Zeit auf gutem Boden nur im Stangenholzalter als Übergang zur Verlichtung vorhanden.

Locker oder licht heißt der Schluß, wenn sich die Kronen voneinander entfernen, jedoch nicht so weit, daß noch ein Baumindividuum mit normaler Krone dazwischen Platz fände; in diese Verfassung treten alle Lichtholzarten im haubaren Alter, während bei den Schattenholzarten dieser Zustand erst durch einen künstlichen Eingriff, welcher ihre Verjüngung beabsichtigt (Verbreitungshieb), geschaffen wird.

Durchlöchert, räumig oder lückig heißt eine Baumvereinigung, wenn größere Löcher in ihr vorhanden sind, auf welchen ein und selbst mehrere Bäume mit normaler Kronenbildung Raum und

Licht finden würden; wenn Lichtholzarten auf natürlichem Wege verjüngt werden sollen, ist ein derartiges Kronenverhältnis zur Besamung ausreichend; bei Schattenholzarten muß Verjüngung bereits Fuß gefaßt haben, wo und wenn ihr Kronenschluß derartig durchlöchert ist.

Mittelwaldschluß ist der isolierte Stand der Kronen der alten Bäume (Oberholz) in Einwirkung auf den nach obigen Graden wechselnden Schluß des Unterholzes.

Abb. 11. Darstellung der verschiedenen Schlußgrade (7) der Baumvereinigungen.

Urwaldartiger oder Femelschluß, eigentlich der normale, weil natürliche Schluß für alle Holzarten, ist jene Lagerung der Baumkronen, bei der kein horizontales, gemeinsames Dach gebildet wird, bei der vielmehr die Kronen in allen Ebenen zwischen Boden und höchsten Baumkronen angeordnet liegen.

Die Bedeutung des Kronenschlusses und seine Einwirkung auf die Biologie der Baumvereinigungen.

1. **Ausnützung des Standraumes, größere Stammzahl auf gegebener Fläche**; über diesen Punkt bedarf es bei Vergleich einer dichtgeschlossenen und einer durchlöcherten Baumvereinigung keiner weiteren Erörterung. Es ist aber noch zweifelhaft, ob Femelschluß nicht eine größere Zahl von Individuen auf einer Fläche beherbergt als ein Kronenverhältnis, das man für vollkommen geschlossen erklärt. Im Plenterschlusse fußen auf dem Boden sicher mehr Pflanzen als beim lichten oder durchlöcherten Schlusse gleichalteriger Baumvereinigungen, obwohl im Femel- und Urwalde ein Schluß nach üblicher Auffassung in den Kronen überhaupt nicht eintritt.

2. Der enge Standraum engt den Durchmesser der Kronen ein und verpeitscht dieselben. Taucht ein Individuum unter das Kronendach, so verflachen sich die Kronen; nimmt die Überschirmung in Dichte zu, so kümmert die Krone und stirbt ab.

3. **Verkürzung der Kronen beginnt mit der Reinigung des Schaftes von den Ästen**; in dem Maße, in dem die Krone nach oben wächst, nimmt sie den tiefer stehenden Ästen das Licht; es stirbt somit die Krone an der nach unten gekehrten Seite ab.

Im vollen Freistand zeigen Licht- wie Schattenholzarten dieselbe Verbreiterung der Krone mit Erhaltung der Äste bis zur Basis herab; die unteren Äste weichen durch ihr Längenwachstum der Überschirmung durch höher stehende Äste aus. Bei engem Verbande ist das Ausweichen unmöglich, die Äste begegnen sich und töten sich durch Lichtentzug. Diese Astreinigung ist am vollkommensten, wenn Schattenhölzer im reinen Bestand auftreten, ist am ungünstigsten in Lichtholzmischungen. **In reinen, gleichalterigen Beständen ist der Kampf um Licht und Raum am intensivsten**, weil alle Individuen **einer** Art mit annähernd gleichen Waffen ausgerüstet sind; als Verschiedenheiten bestehen nur individuelle und solche im Boden; der Kampf dauert am längsten zugunsten der Astreinigung. **Im gemischten, gleichalterigen Bestande** (der ungleichalterige gibt stets mäßigen Schluß und mäßige Astreinheit) ist der Kampf ein solcher mit ungleichen Waffen; zu den Verschiedenheiten der Individuen und des Bodens kommt noch jene der Arten; das Schicksal ist schneller entschieden, der Schwächere unterliegt früher und in die entstehende Lücke wächst der Sieger mit seinen Ästen hinein als minderwertiger, astreicher Stamm. Werden Licht- und Schattenhölzer stammweise gemischt, so wird die Lichtholzart astrein, die Schattenholzart dagegen astiger als im reinen, weniger astig als im vollen Freistand. Mit dem Eintritt der natürlichen (Lichtholzart) oder künstlichen Verlichtung (Durchlichtungshiebe) hört die Astreinigung des Schaftes zwar nicht auf, sie ist aber eine Funktion so langer Zeiträume geworden, daß sie außerhalb der forstlichen Brauchbarkeit liegt.

4. **Formverbesserung der Schäfte. Vollholzigkeit.** Bei jedem Baume erfolgt an zwei Stammquerschnitten ein Stärkezuwachs, der größer ist als an den übrigen Querschnitten. Die eine Zone kann man die **mechanische Zuwachszone**, die andere die **physiologische Zuwachszone** nennen. Die mechanische Zuwachszone ist jene Stelle, an welcher der Baum eine erhöhte Beanspruchung auf Beugung erfährt durch Verschiebung der Gleichgewichtslage, sei es infolge ungleicher Ausbildung der Kronen oder infolge Druckes von stärkeren, vorwiegend von einer Seite kommenden Winden. Bei allen Bäumen liegt diese mechanische Zone möglichst tief am Schafte, wo dieser aus der Erde hervorbricht, im Wurzelhalse, im Drehungspunkt des Hebels. Die Ausbuchtung des Schaftes, die Bildung von Druckholz in stark verdickten Zellwandungen, die Ausformung starker Stützwurzeln an dieser Stelle sind die Folgen dieser Zuwachssteigerung. Die physiologische Zone erhöhten Zuwachses liegt an jener Stelle, an welcher die von den Blättern oder Nadeln der Seitenäste erzeugten Bildungsstoffe bei der Abwärtswanderung zusammenfließen, das ist die Zone, in der die untersten lebenden Äste in den Schaft einmünden. Im freistehenden Baum nun fällt die mechanische mit der physiologischen Zuwachszone zusammen, und beide bedingen eine abholzige, dem Neiloid sich nähernde, minderwertige Schaftform. Durch den Kronenschluß wird zwar die Menge an Bildungsstoffen überhaupt verringert, aber die Zone physiologisch erhöhten Stärkezuwachses rückt mit dem Absterben der Kronen von unten nach oben allmählich nach oben, so daß der Reihe nach alle Querschnitte des Schaftes für einige Zeit erhöhten Zuwachs genießen. Daraus muß sich eine Schaftform ergeben, welche sich mehr oder weniger dem Zylinder oder dem ausgebauchten Kegel nähert (Vollholzigkeit).

5. **Das Längenwachstum** erfährt eine Steigerung durch eine mäßige Beseitigung der Seitenäste infolge des Kronenschlusses; daß im gleichen Sinne das Einstutzen oder Abschneiden der Seitenäste wirkt, weiß jeder Gärtner. Es ist zu erwarten, daß die Einengung der Kronen durch den Kronenschluß im gleichen Sinne wirken muß. Jener pathologische Fall, bei dem infolge allzu gedrängten Standes alle Pflanzen im Wachstum sich stören, ist kein Beweis gegen die Beschleunigung des Höhenwuchses durch Kronenschluß; in jeder Baumgruppe sind nicht die Randbäume, trotz des größeren Nährbodens und Lichtraumes die höchsten Individuen, sondern jene des Zentrums der Gruppe; auf magerem Boden wird jede Bedrängung zur Zuwachsschädigung.

6. **Stärke- und gesamter Holzmassenzuwachs des einzelnen Baumes** erfahren durch den Kronenschluß zweifelsohne eine Verminderung gegenüber den Leistungen des freistehenden Baumes;

ist aber die ganze Baumvereinigung- (Gruppe, Band, Kleinbestand, Bestand) in ihren Leistungen betrachtet, so stehen zwar um so mehr Bäume auf der Fläche, je dichter der Schluß; aber ihre Gesamtleistung ist nicht größer als jene von einer geringeren Zahl von Bäumen bei lichterem Schlusse.

7. Die Holzqualität erfährt eine Steigerung in Ästereinheit, Verschmälerung der Jahrringbreite und in Gleichmäßigkeit des Aufbaues der Jahresringe, je dichter der Schluß. Diese Gleichmäßigkeit der Ringbreite nimmt mit dem Alter zu; sie ist in erster Linie dem durch den Kronenschluß nivellierten Klima zuzuschreiben.

8. Vom Klima wird der Faktor Wärme infolge der beschränkten Einwirkung der Sonne herabgemindert, im Winter wird die allzu starke Abkühlung und Temperaturerniedrigung verhindert; die Feuchtigkeit der Luft erfährt unter dem Kronendach eine Steigerung, die Niederschlagsmenge eine Abnahme; das Licht wird in seiner Einwirkung auf die einzelnen Baumkronen beeinträchtigt; geringere Holzmassen entstehen, und Tausende von Stämmen sterben ab, nachdem sie längere Zeit gegen den Hungertod gekämpft haben.

9. Durch Kronenschluß und ungleiches Wachstum wird der Nebenbestand von den voranwachsenden Baumvereinigungen ausgeschieden. Diese Ausscheidung ist bei Lichtholzarten am schnellsten; bei den Schattenhölzern häufen sich die unterdrückten Stämme in größerer Zahl an; die Ausscheidung selbst geht am raschesten zur Zeit des Hauptlängenwachstums vor sich.

10. Es wurde bereits erwähnt, daß durch den Kronenschluß der Eintritt des Samenerträgnisses um 20—30 Jahre gegenüber dem Freistande hinausgeschoben werden kann; im geschlossenen Bestand verlängern sich auch die Ruhepausen zwischen zwei Samenjahren.

11. Die Erhaltung der Bodenkraft sichert nicht der dichteste Kronenschluß der Schattenhölzer, denn unter ihm häuft sich Rohhumus an, der Boden wird gegen Luft, Wärme und Wasser abgeschlossen; auch der lückige Schluß der Baumvereinigungen kann nicht als jener Grad bezeichnet werden, bei dem wegen völliger Aufzehrung der Abfall- oder Streustoffe durch das Bodenunkraut der Boden in der günstigsten Verfassung sich befindet. Die vollkommenste Zersetzung der Abfallstoffe der aufwachsenden Baumvereinigungen findet bei lichtem Schluß statt. Zersetzung und Anhäufung der Zersetzungsprodukte in für die Pflanzen sofort neuerdings aufnehmbarer Form geht aber nur im Urwalde vor sich; der Femelschluß ahmt in seinen Lichtverhältnissen dem Urwald nach, erreicht ihn aber sicher nicht in der Anhäufung des Nährkapitals im Boden; der Kronenschluß des reinen Bestandes ist dem Boden stets weniger günstig als jener von gemischten Beständen.

Der Wurzelschluß, auch Wurzelkonkurrenz genannt. Wie die oberirdischen, begegnen sich im Laufe des Wachstums einer Baumvereinigung auch die unterirdischen Organe, die Wurzeln, und bilden ein Schlußverhältnis ähnlich wie die Äste. Man nimmt an, daß auch die Wurzeln sich hierbei bekämpfen und Nahrung und Wasser sich gegenseitig zu entreißen suchen, daß somit der Wurzelschluß eine ungünstige Erscheinung ist. Um so heftiger wird dieser Kampf von den Wurzeln gefochten werden müssen, je mehr sie in ein und demselben Niveau des Bodens sich auszubreiten suchen. Die reinen, gleichalterigen Baumvereinigungen werden hierin am ungünstigsten, ungleichalterige oder mit mehreren Holzarten gemischte Vereinigungen am günstigsten bestellt sein. Bei Böden, welche arm an Nährstoffen, mag durch Wurzelkonkurrenz ein Mangel an Nährstoffen eintreten; bei Böden, die in regenarmen Gebieten liegen, mag durch den Wurzelschluß Mangel an Wasser sich einstellen; aber alle diese Probleme harren noch der genaueren Untersuchung und der Lösung, wozu Fricke und Mathes die Anregung gegeben haben. Einstweilen aber ist es verfrüht, in jedem Wurzelschlußverhältnis Wassermangel zu vermuten und im Wassermangel allein die Ursache des kümmerlichen Wachstums zu vermuten in allen Fällen, für welche die forstliche Wissenschaft und Praxis bisher den Lichtmangel verantwortlich machen zu müssen glaubte.

Die Wiederverjüngung, Regeneration. Eine Baumvereinigung, sei es Gruppe oder Kleinbestand oder Bestand, verjüngt sich nur dann von selbst, d. h. auf natürliche Weise ohne Zutun des Menschen, wenn gleichzeitig drei Faktoren, nämlich Licht für die öftere und regelmäßige Samenproduktion der alten Bäume, Bodenempfänglichkeit für die Aufnahme und Keimung der Sämereien, Boden- und Lichtraum für das Aufwachsen der jungen Pflanzen, gegeben sind. Diese Forderung ist nur im Urwalde erfüllt; er ist deshalb auch stets verjüngungsbereit; in ihm stürzen alljährlich überalte Baumriesen zu Boden, und junges Leben ersteht an ihrer Stelle. Von den Kulturwaldformen, wie sie unter der Einwirkung der verschiedenen Wirtschaftsmethoden entstehen, kommt nur der Femelwald dem Urwalde hierin nahe; bei den übrigen Waldformen fehlt meist das Licht und die Erlaubnis zu lichten, wenn der Boden am empfänglichsten wäre; wenn das Licht günstig wird, fehlt die Bodenempfänglichkeit, und wenn bei einer Generalmast alles fruktifiziert und Tausende von Keimen im Boden entstehen, dann fehlt Boden- und Lichtraum, um diesen Keimen das Dasein zu erhalten; der zweite Teil dieser Schrift wird zeigen, wie die forstliche Praxis einerseits sich abmüht, unter solchen unnatürlichen Verhältnissen eine natürliche Verjüngung zu erzielen, andererseits von vornherein auf jede Mitwirkung von seiten der Natur an der Verjüngung verzichtet, ja, alles kahl niederschlägt und die Wiederbestellung der Fläche selbst in die Hand nimmt.

Das Ausladungs- und Ausformungsvermögen der Baumvereinigungen.

Wird eine Gruppe, ein Band, ein Klein- oder Großbestand nach seiner Begründung sich selbst überlassen, so drängt sich im Dickicht- und Stangenholzalter eine nach Holzart, Bodengüte und Klima verschieden große Zahl von Individuen zur Herrschaft, um später die hiebreife Gruppe oder das hiebreife Band, den reifen Kleinbestand oder Großbestand zu bilden. Hauch[1]) und Oppermann haben zuerst auf diese wichtige Erscheinung der Bestandsbiologie aufmerksam gemacht und sie „Verbreitungsvermögen" genannt. Um die Zweideutigkeit, die in dieser Bezeichnung liegt, zu beseitigen, hat Augst[2]) vorgeschlagen, statt „Verbreitungsvermögen" „Ausladungsvermögen" zu wählen. Diese Bezeichnung deckt sich mit der Zahl der vordringenden Individuen, läßt aber unentschieden, welcher Form, welcher Güteklasse die vordrängenden Stämme angehören. Da auch diese Eigenschaft nach Holzart, Klima und Boden verschieden ist und mit dem Ausladungsvermögen nicht parallel geht, so muß neben dem Ausladungs- noch ein „Ausformungsvermögen" unterschieden werden. Hauch und Oppermann sagen, das Ausladungsvermögen sei größer bei der Buche, Eiche und Föhre, geringer bei Fichte und Esche; für Fichte genügt daher eine Pflanzenzahl von 8000 Stück pro Hektar, für die Buche sind auf gleicher Fläche 2—3 Millionen Pflänzchen nötig. Holzarten mit großem Ausladungsvermögen seien schwierig, solche mit geringem leicht zu verpflanzen. Dabei wird den schlechtgeformten Bäumen die Abstammung von schlechtgeformten Mutterbäumen vorgeworfen.

Petračić[3]) hat 1908 eine Untersuchung über das Ausformungsvermögen vorgenommen; aus ihr kann entnommen werden, daß im Durchschnitte seiner Versuchsflächen bei der Stieleiche die vorherrschenden Stämme mit 40 % den best- und besser geformten Stämmen, mit 60 % den minder gut bis ganz schlecht geformten angehören; bei der Traubeneiche kehrt sich das Verhältnis um, indem 70 % der herrschenden den best- und besser geformten, 30 % den minder guten bis schlechten Stämmen angehören; bei der Buche ist das Verhältnis der vorherrschenden Stämme wie 40 % (gut- und bestgeformte) zu 60 % (gut- und schlechtgeformte); bei der Föhre (silvestris) sind von den vorherrschenden 60 % gut und sehr gut, 40 % gering und schlecht

[1]) Hauch, Das Verbreitungsvermögen unserer Holzarten. Allgem. Forst- u. Jagdzeitung 1905.

[2]) Augst an demselben Orte 1905.

[3]) Petračić, Untersuchungen über die selbständige Bestandesausscheidung von Eichen, Buchen und Föhren in Stärke- und Nutzholzgüteklassen. Dissert. 1908.

geformt. Die allerstärksten unter den vorherrschenden Stämmen
sind bei allen Holzarten minderer Güte als die schwächeren
unter den vorherrschenden Stämmen; je kühler das Klima oder je
geringer der Boden, um so langsamer die Ausscheidung des Bestandes,
d. h. um so größer die Zahl der herrschenden Stämme, um so geringer
ihre Stärke und Höhen- und Formunterschiede gegenüber den beherrschten Stämmen.

Abb. 12. Berührungsrand einer gruppenweisen Mischung von Buche (links) und Föhre (rechts)
(fünfzigjährig, aus den Versuchsflächen zu Grafrath).

Der Einfluß des Klimas und des Bodens auf das Ausformungsvermögen kann daran erkannt werden, daß bei den Laubhölzern
in wärmerem Klima die vorherrschenden Stämme besser
geformt sind, bei den Nadelhölzern dagegen schlechter als in
kühlerem; in gleichem Sinne wirkt besserer Boden. Daß bei den
Schatten ertragenden Nadelbäumen das Ausladungsvermögen geringer
ist, hat Hauch bereits angegeben; das Vordrängen besonders starker,
besonders hoher Individuen ist viel seltener als bei allen Laubhölzern;

bei den vordrängenden bleibt zwar immer der Schaft gerade, aber die Ästigkeit nimmt zu. Die Halbschattenholzarten wie Weymouthsföhre, Tsuga, Chamaecyparis und andere verhalten sich bereits weniger günstig als die Schattenholzarten; die Lichtholzarten unter den Nadelbäumen nähern sich den Laubhölzern noch mehr. In den Föhrenbeständen, welche Petračić untersuchte, waren 60 % der vorherrschenden Stämme den bestgeformten. 40 % den schlechter geformten angehörig; besonders interessant ist das Ergebnis von einem seichtgründigen, kiesigen Standorte in der Nähe von München. Das Verhältnis zwischen gut- und

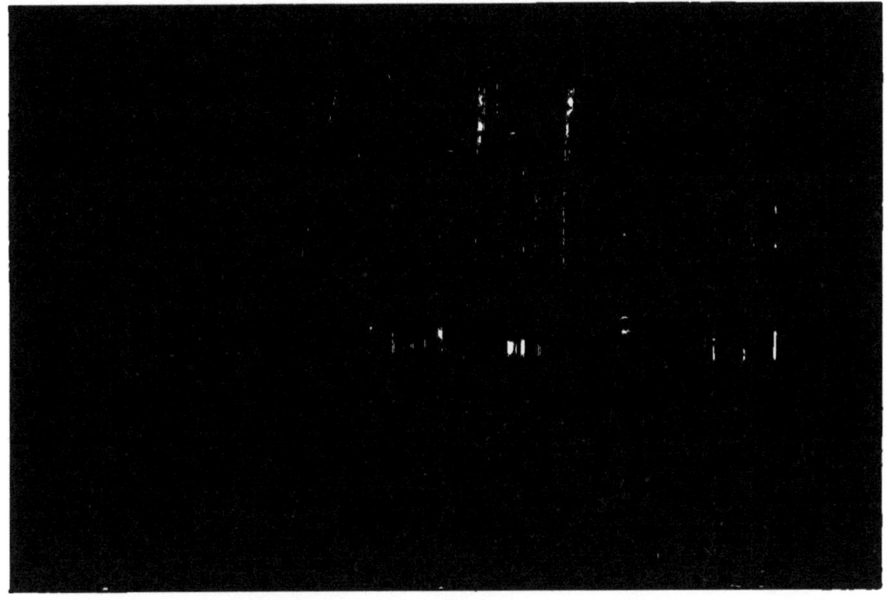

Abb. 12. Berührungsrand einer gruppenweisen Mischung von Buchen und Fichten
(fünfzigjährig).

schlechtgeformten Stämmen unter den Herrschenden kehrte sich vollständig um. 60 % waren schlecht- und nur 40 % gutgeformt, und gerade zu den schlechtesten mußten die allerstärksten Stämme gezählt werden. Eine solche Jugend sich selbst überlassen oder nur schwach durchforstet, wie dies bei den Schattenholzarten üblich ist, würde einen ganz minderwertigen Altbestand liefern müssen; daß bei Föhre und Lärche in einem wärmeren, trockeneren Klima die Ausformung sich verschlechtert, beweist die abnehmende Schaftbildung der Lärche von der Höhe nach dem Tieflande, der Föhre von Nordosten nach Südwesten. Soweit die Beobachtungen des Verfassers reichen, dürfte die europäische Lärche noch ein etwas besseres Ausformungsvermögen besitzen wie die Föhre in wärmerem Klima; etwa 70 % gute zu 30 % schlechtgeformten Stämmen. Noch schlechter ist die Ausformuung der japanischen Lärche gegenüber der europäischen. Es wäre hoch erwünscht, wenn über diese Frage noch umfassendere Studien vorgenommen würden; die vom Verfasser im internationalen Verbande der forstlichen Versuchsanstalten angeregten Versuche über die Schaftformbildung der Föhre und Lärche bei verschiedener Provenienz und auf verschiedenem Standorte dürften in den ersten zwei Jahrzehnten bereits die Beweise für die Abhängigkeit der Schaftform von Individualität, vom Klima und Boden, sowie die Nichterblichkeit dieser Erscheinung bringen für den, dem die mehr als zwanzigjährigen Versuche noch nicht genügen. Was krumm werden will, krümmt sich bei Zeiten.

Die Folgerungen, welche die Begründung und Erziehung der Bestände aus dem Ausladungs- und Ausformungsvermögen der Holzart zu ziehen hat, sind dem dritten Teile dieser Schrift einverleibt.

Siebenter Abschnitt.

Allgemeine Veränderungen im Waldzustande und in seinen naturgesetzlichen Grundlagen durch Eingriffe des Menschen.

Der atlantische Wald der Alten Welt, der europäische Wald. Wenn man behauptet, dieser Wald bedeckte ursprünglich ganz Europa von seiner Südspitze bis zum Polarkreis, vom atlantischen Meer bis zum Ural, so bedarf das Wort „ursprünglich" einer bestimmten Umgrenzung. Es gilt die Behauptung zweifellos für das geschichtliche Europa; für das nachglaziale wird auf Grundlage von Boden- und selbst Vegetationsresten das Vorhandensein waldloser Gebiete, von Steppen in Landschaften angenommen, die heute Wald tragen oder doch tragen würden, wenn der Mensch ihn nicht beseitigt hätte. Verfasser hat auf Grund seiner vergleichenden Studien an Waldgrenzgebieten in Westamerika 1890 den Satz aufgestellt, daß in Europa die Landschaft nördlich der Alpen bis zum Einfluß der Nordsee hin eine Prärie sein müßte, wenn Europa in seinen Feuchtigkeitsverhältnissen allein auf das Mittelländische Meer angewiesen wäre;. erst das häufige Einbrechen des Westwindes vom Ozean her sichert dem mittleren Europa heute seinen Wald. Wird daher angenommen, daß es eine Zeit gab, in der Mitteleuropa Steppe war, so kann damals der warme Golfstrom, der Erreger der großen Temperaturdifferenzen in der Luft, der Urheber der barometrischen Minima und ihrer Wanderungen nach Europa, der Vater der Westwinde in Europa nicht bestanden haben. Daß er in der Tertiärzeit fehlte oder nur ganz abgeschwächt floß, liegt nahe, weil damals die warme subtropische Zone bis zu den Küsten der Nord- und Ostsee sich erstreckte. Damals konnte Mitteleuropa prärialen Charakter getragen haben. Aber nach der Eiszeit, welche für Europa eine beträchtliche Abkühlung zurückließ, war der Golfstrom sehr kräftig, ja, wahrscheinlich kräftiger wie heute; dann aber war auch alles in Europa Wald, und Prärie aus Mangel an Niederschlägen unmöglich. Es liegt viel näher, solche Steppenrelikten nach der Eiszeit als Reste einer

Vegetation zu betrachten, welche zwar auch steppenartigen Charakter, aber grundverschiedenen Ursprung besitzt. Damals schloß sich an den Saum der Gletscher, welche von Norden her nach Süden und von den Alpen her nach Norden vordrangen, so wie heute das Lichenetum mit seinem Flechtenwuchs auf den Felsen und seinen Grasmatten auf Ebenen und schwach geneigten Geländen an; an diese Zonen reihte sich beiderseits das Polaretum bzw. das Alpinetum, ebenfalls mit ausgedehnten Grasflächen, mit seinen Sträuchern und letzten Baumresten; zwischen diesen nördlichen und südlichen Steppenländern blieb in Mitteleuropa nur noch Raum für das Picetum und in den tieferen, westlichen Lagen für das kühlere Fagetum. Seit der Wiedererwärmung der nördlichen Halbkugel auf den heutigen Höhepunkt ist eine Steppe in Mitteleuropa naturgesetzlich unmöglich, und was trotz genügender Temperatur und genügender Feuchtigkeit Steppe ist, ist Menschenwerk.

Die Entwaldung in der Ebene hat keine Abwaschung des fruchtbaren Bodens im Gefolge gehabt, wohl aber wurde er durch Winde aufgegriffen und flüchtig. War er durch lehmige, tonige Bestandteile gebunden, begraste er sich, die Humusmassen erhielten sich und häuften sich an, wie in Ungarn und im mittleren Rußland. Im bergigen Gelände erfolgte Abwaschung um so schneller, je steiler die Hänge, je wärmer das Klima. Es sammelte sich fruchtbarer Boden in Vertiefungen, auf flacherem Gelände, wc Gras mit Strauchwerk sich mengte. Das sind jene zahllosen, öden Mittelgebirge, die Karste von Spanien, Südfrankreich, Italien, Tirol, Griechenland; hierher zählen jene ertragsarmen Weiden der Mittelgebirge, die Heideflächen von Deutschland und Dänemark. Die Entwaldung im Hochgebirge endlich entführte alles bis zum nackten Fels. In der Ebene braucht es zur Wiederbewaldung keine Sicherung gegen Abwaschung, es genügt die Aufforstung; im Hügelland erheischt die Bindung des Bodens wenig, die Aufforstung am meisten Opfer. Im Hochgebirge sind die Bindung des Bodens und die Aufforstung gleich schwierig und kostspielig.

Man darf die Zerstörung des Waldes und aller seiner Wohltaten für das Tiefland im südlichen Europa nicht ausschließlich den Eigenheiten der romanischen Völker, wie es geschehen ist, aufbürden. Ein Zug der Abneigung gegen Bäume und Tiere, eine Neigung zur Mißhandlung, Stümmelung und Zerstörung der pflanzlichen und tierischen Lebewesen liegt in den südlichen Nationen, aber doch nicht mehr, als in den nordischen Nationen Vorliebe, Schonung und Pflege für Pflanzen und Tiere gelegen sind. Zur Zeit des Waldüberflusses war die Waldbehandlung im Süden und Norden, Osten und Westen von Europa nur wenig verschieden; verschieden aber waren die Folgen der Entwaldungen wegen der Verschiedenheit der naturgesetzlichen Grundlagen in den verschiedenen Himmelsgegenden Europas. Im Süden von Europa stand und steht noch heute der Wald mit seiner erhöhten Verdunstung, verminderten Feuchtigkeit an der Grenze seiner Daseinsmöglichkeit; ein Eingriff von seiten des Menschen, eine Auflösung des Waldes muß eine Verminderung der Feuchtigkeit in seinem Bereich erzeugen, und entwaldete Flächen bleiben waldlos, bis sie die Kultur wiederum in Wald verwandelt. Den günstigen, klimatischen Bedingungen, den häufigen, stets Feuchtigkeit bringenden Westwinden, dieser heilenden und wiederverjüngenden Kraft verdankt der Wald im mittleren Europa und ganz besonders im Norden seine Erhaltung und sein ungeschwächtes Streben, alles Land zurück zu erobern, das die Menschen ihm entzogen haben.

Das Fehlen der Feuchtigkeit im Süden Europas erklärt die rasche Abnahme der Bodengüte bei unpfleglicher Behandlung, erklärt es, weshalb in Mitteleuropa trotz schwerster Eingriffe in die Bodensubstanz die Bodengüte nicht rascher dahinschwand; die feuchten Westwinde, welche meist zur rechten Zeit über den kontinentalen Ostwind siegen, mäßigen die Unbilden der kahlen Flächen unserer, nach heutiger Auffassung geregelten Waldbetriebe und verhindern, daß unsere künstlichen Kulturen nicht noch schlimmer von Frost und Hitze und der Geißel der Steppe, von Feuer, heimgesucht sind. Der heutige Wald von Mitteleuropa, in erster Linie der deutsche Wald, ist ein hundertjähriges Experiment, bei dem er aus einem urwaldartigen, offenkronigen, artenreichen, gemischten, rentenarmen Zustande in einen artenarmen[1]), gleichaltrigen, von einem geschlossenen Kronendach bedeckten, von Sturm, Feuer, Insekten und Pilzen gefährdeten, aber rentenreichen Wald übergeleitet wurde; nur der höchsten Kunst des Waldbaues, der Waldpflege und der Waldeinrichtung ist es bis heute gelungen, mit den feindlichen Gewalten einen erträglichen Frieden zu schließen; allen Hoffnungen zum Trotze nimmt im Kulturwalde die Bodengüte stets ab, die Schwierigkeit der Waldbegründung stets zu. Es war zuerst Karl Gayer, der die Rückkehr zur Natur als das alleroberste Prinzip zur Erhaltung der Bodengüte, als die Grundlage der Nachhaltwirtschaft festlegte; er verlangt Stetigkeit der Bodenbedeckung durch Wald mittels Naturverjüngung und Mischung der Holzarten; er hofft das Ziel zu erreichen durch seinen Femelschlag oder den gruppenweisen Schirmschlag. C. Wagner in Tübingen will Naturverjüngung in saumweisem Schirmschlag, er nennt sie Blender-Saumschläge; er will gemischten Wald und erklärt den Nordrand des Bestandes als die beste Örtlichkeit für eine langsame Verjüngung, welche an zahlreichen Punkten des Waldes gleichzeitig einsetzt. Der Verfasser vorliegender Schrift sucht auf einer dritten Fährte, den Rückweg zur Natur; er teilt den ganzen Wald in kleine Flächen; einer jeden Fläche wird die nach Klima, Boden und Wirtschaftsbedürfnis passende Holz-

---

[1]) Man vergleiche: H. Hausrath, Der deutsche Wald. 1907.

art zugewiesen; eine geeignete Erziehungsweise sichert jede beliebige ökonomische Ordnung und Nutzung. Die Stetigkeit der Bodenbeschirmung wird erreicht durch eine für alle Holzarten, alle Bestandsformen und Bestandsgrößen, für alle Forsteinrichtungswünsche brauchbare Naturverjüngung in der denkbar raschesten Verbindung von Schirmschlag und Kahlschlag. Ob dieser Vermittelungsvorschlag zwischen Naturkräften und Menschenziel den goldenen Mittelweg bezeichnet, auf dem das natürliche, naturgesetzliche Prinzip im Walde einerseits, das ökonomische im Menschen gelegene, zerstörende und gewinnsuchende, anderseits zu einer rationellen und wahrhaft nachhaltigen Waldwirtschaft sich vereinigen können, ob damit die Hemmnisse und Nachteile beseitigt oder doch bis zur Unschädlichkeit abgeschwächt werden, welche die Eingriffe des Menschen in die naturgesetzlichen Grundlagen des Waldes herbeiführen müssen, mag der Zukunft überlassen sein.

Der nordamerikanische Wald. Verfasser hatte das Glück, vor 23 Jahren im Auftrage und mit Unterstützung der königl. bayerischen Regierung, ein zweites Mal vor 20 Jahren und ein drittes Mal vor 5 Jahren die wichtigsten Waldungen von Nordamerika zu bereisen. Als Frucht der beiden ersten Reisen erschien ein Buch: Die Waldungen von Nordamerika 1890. Weil diese Originalarbeit die erste Schrift war, welche über die waldbaulichen Eigenschaften und Bedürfnisse der amerikanischen Holzarten, die klimatischen und pedologischen Verhältnisse der amerikanischen Waldungen Aufschluß gab und somit die naturgesetzliche Grundlage für einen späteren Waldbau dort und den Anbau der amerikanischen Holzarten in Europa schuf, hat das Buch auf seinem Schicksalswege sehr viele, warme Freunde, aber auch Neider in Amerika wie in Europa gefunden. Inzwischen sind recht viele der ewigen und unwandelbaren Naturgesetze von späteren Forschern in Amerika wie in Europa neu entdeckt worden; die Anbauergebnisse in Europa haben die damals gegebenen Vorschläge glänzend gerechtfertigt, und was auf Grund von naturwissenschaftlichen Vergleichen vorhergesagt werden konnte, ist bis ins Kleinste eingetroffen. Von der Originalquelle, aus der so viele und so ergiebig dies- und jenseits der Atlantik geschöpft haben, spricht und schreibt heute niemand mehr. Das ist das Schicksal aller Bücher. Aber ein Faktum, eine geschichtliche Erinnerung, verdient festgehalten zu werden. Angesichts der beginnenden Verödung der Berge, der steigenden Hochwasser schrieb der Verfasser auf Seite 21:

„In allen Gebirgen und auf allen mageren Böden, die keine andauernde, landwirtschaftliche Benutzung ertragen, an allen Flußufern, solange nicht eine künstliche Regelung derselben eingetreten ist, ist die Erhaltung des Waldes ein Gebot der Natur zum Schutze des Tieflandes. Infolge des ungeheueren Reichtums des Landes und der Arbeitskraft des unternehmenden amerikanischen Volkes hat der Staat stets große Überschüsse in seinem Haushalt. So lächerlich es vielleicht in Amerika klingen mag, nach meiner Meinung gibt es keine passendere Rückgabe eines Teiles des Geldes an die Nation, als die Waldungen in den Bergen und auf absoluten Waldböden, mit einem Wort, die Schutzwaldungen, die in den Händen der Privaten mit dem abhängigen Tieflande dem Untergange geweiht sind, aufzukaufen, durch Maßregeln einfacher Art, etwa nach dem in Indien gebräuchlichen System, gegen Waldbrand zu schützen, durch Beamte zu verwalten und durch eine ordentliche Zahl von Schutzleuten gegen Diebe, Jäger und gebildete Ausflügler zu sichern."

Damals, vor 23 Jahren, haben die maßgebenden Persönlichkeiten in Amerika über diese Vorschläge des „deutschen Schwärmers" ihr Zwerchfell erschüttert und heute? Nicht weniger als 30 Millionen Hektar Gebirgswaldungen hat die Unionsregierung bereits aufgekauft, und hoffentlich gelingt es, die herrliche Waldregion der Appalachen, über deren Sein und Nichtsein gegenwärtig gekämpft wird, ebenfalls der Nation zu erhalten. In der Freude über diese Erfolge kann der Verfasser die damalige Behandlung vergessen, und auch in Amerika hat man vergessen, daß man vor 23 Jahren die Gebirgswaldungen um einen Bruchteil des heutigen Preises hätte kaufen können, wenn eben damals der Gedanke des Ankaufes nicht gar so lächerlich gewesen wäre.

Noch vieles andere, was als Folge der Entwaldungen für die nächsten Jahrzehnte vorausgesehen werden konnte, ist eingetroffen. Im Süden haben sich die Treibsandflächen, im Norden die Sümpfe vergrößert und die Überschwemmungen, die Dammbrüche der großen Stauwerke, durch welche man den Wald als Wasserregulator überflüssig machen wollte, haben an Zahl und Furchtbarkeit zugenommen; die Erschöpfung an edlen Nutzholzarten, die vom Verfasser vor 25 Jahren in den ostamerikanischen Waldungen für die nächsten 50 Jahre bereits angekündet wurde, wird gegenwärtig von den Schriften amerikanischen und europäischen Ursprungs — auf die nächsten 25 Jahre verlegt.

Im atlantischen Waldgebiet schreitet die Entwaldung zwar weiter; sie scheint aber bald der Wiederaufforstung, sowohl der absichtlichen durch den Menschen als der unabsichtlichen durch die Natur, die Wage zu halten; gewaltig aber vergrößern sich die Waldbegründungen in den sogenannten Präriestaaten. Das Endergebnis wird eine Ausgleichung der klimatischen und ökonomischen Verhältnisse zwischen Ost und West sein; die Präriestaaten werden sich den Waldstaaten abseits von der Küste und diese den Präriestaaten nähern; beide zusammen werden schließlich in Wald und Waldwirtschaft Europa so ähnlich sein, daß alles, was in Europa beobachtet und als waldbaulicher Fortschritt erwiesen wird, auch für Amerika und umgekehrt Geltung hat.

Was in Ostamerika in der Beeinflussung der Bodendecke durch die menschliche Tätigkeit auf großen Flächen nach der Horizontalen hin sich abspielt, geschieht in Westamerika auf kleinen Flächen nach der vertikalen Richtung hin. Das Gebirge, soweit es noch nicht in Staatsbesitz übergegangen ist, wird entwaldet, die Ebenen, die ursprünglichen Prärien, werden bewaldet; nur in jenen gesegneten Gebieten, in welchen die Ebenen in Felder, Gärten und Wald umgewandelt, der Wald der Gebirge als natürlicher, durch kein Stauwerk zu ersetzender Wasserbehälter für das Tietland erhalten wurden, ist jene Harmonie zwischen Klima, Boden, Bodendecke und menschlicher Tätigkeit geschaffen, die wir mit dem Worte „Kalifornien" zusammenfassen und ersehnen.

Im ostasiatischen, chinesischen Walde ist die Umgestaltung der Bodendecke der Verlust des Waldes durch die Eingriffe des Menschen seit mehr als tausend Jahren bereits vor sich gegangen; der Gedanke, in diesen ungeheuren Ländereien im Norden Chinas durch Wiederbewaldung das natürliche Gleichgewicht zwischen Wald und Tiefland durch Regelung der Wasserversorgung herzustellen, ist dort ein Problem vielleicht der kommenden Jahrhunderte. Von selbst kann dort der Wald nicht zurückkehren, teils weil dort die Mutterbäume fehlen, teils weil die Schattenlosigkeit während regenloser Zeiten alle zarten Keime wieder vernichtet. Günstiger liegen die Waldlandschaften und Ebenen von Indien, Korea und Japan. Häufige Regengüsse auch in der trockenen Winterzeit haben die völlige Schutzlosigkeit der Berge durch Entwaldung und die Preisgabe des Tietlandes an die Wassermassen verhindert; denn wo der Mensch nicht alljährlich alles absichelt, säet der Wald erfolgreich seine Keime. Aber unheilvoll für den Wald war und ist noch heute jedes Feuer, das Löcher in den Wald frißt, ebenso wie die Axt, die unbedacht geführt, den Wald beseitigt, ehe eine neue Waldgeneration bereits vom Boden Besitz genommen hat. Wo dieser oberste Grundsatz aller Waldwirtschaft im Bereiche des ostasiatischen Monsungebietes' versäumt wurde, erscheint der alles verschließende Bambus, gegen welchen eine europäische oder nordamerikanische Begrasung der Kahlfläche als eine Wohltat bezeichnet werden muß.

Zweiter Teil.
Die Waldbegründung.

Achter Abschnitt.
Die Wirtschafts- und Verjüngungsformen.

Nachdem die moderne Forstwirtschaft soweit vorgeschritten ist, daß jede Nutzung im Walde zugleich einen waldbaulichen Zweck erfüllt, sind Nutzungs-, Wirtschafts- oder Betriebsformen des Waldes zugleich bestimmte Verjüngungsformen geworden. Der daraus hervorgehende, neue Wald trägt ein den speziellen Wirtschaftsformen zukommendes, spezielles Gepräge. Entsteht hierbei der neue Wald aus Samen und soll die neue Generation bis zur Samenertragsfähigkeit wieder heranwachsen, so heißt er Hochwald. Entsteht der Wald aus Ausschlägen und Trieben, welche aus schlafenden oder aus Überwallungsknospen nach vorheriger Stümmelung des Stammes hervorbrechen, so heißt der Wald Ausschlagswald. Wird der Baum durch Abkappen der Gipfel, bzw. ihrer Ersatzgipfel verkrüppelt, so entsteht der Krüppel- oder Astwald; erfolgt die Verjüngung alljährlich freiwillig durch Triebe aus unterirdischen Trieben (Rhizomen), so kann man einen derartigen Wald Rhizomwald nennen. Entsteht der neue Wald aus Samen und Stockausschlägen zugleich, wobei einzelne Stämme ein vielfaches Alter der auf den Stock gesetzten Stämme erreichen, so nennt man einen derartigen Wald Mittelwald. Im Rahmen dieser fünf Wirtschafts- oder Betriebsklassen werden nachstehende Betriebs- oder Verjüngungsformen unterschieden

A. Hochwald.

Die Vorteile des Hochwaldes gegenüber dem Ausschlags-, Krüppel- und Mittelwalde seien in folgende Punkte zusammengefaßt:
1. Bei geeigneter Kronenschlußregelung geben Hochwaldungen die beste

Aussicht der Erhaltung der ursprünglichen Bodenkraft, bzw. geht unter geeigneter Wirtschaftsführung bei ihnen die Erschöpfung des Bodens am langsamsten vor sich; 2. Beseitigung aller Wuchsfehler durch geeignete Erziehungshiebe während des langen Lebens der Baumvereinigungen; für die Anhänger der unbewiesenen Vererbung von Wuchstugenden und Wuchsfehlern liegt darin auch die Möglichkeit der ständigen Baumformenverbesserung durch den Samen der durch die geeignete Erziehung geschaffenen Elitebestände; 3. Erziehung der stärksten und schwächsten, wertvollsten Nutzholz- und Brennholzsortimente zugleich in größter Menge, in bester Form und innerer Güte (Gleichmäßigkeit des Gefüges, Astreinheit); 4. Möglichkeit der Gewinnung von Streu; 5. im Laubholzhochwald leichter Übergang zu den anderen Betriebsklassen, Niederwald und Mittelwald; 6. die Hochwaldungen gewähren reichlichen Arbeitsverdienst; 7. der Hochwald setzt naturwissenschaftliche Kenntnisse voraus, regt an und verlangt eine ständige Beobachtung im Walde; er arbeitet damit an der naturwissenschaftlichen Fortbildung seiner Wirtschafter mehr als die übrigen Betriebsklassen. Zu den Nachteilen des Hochwaldes sind zu zählen: 1. Bei ungeeigneter Wirtschaftsform und -führung wird der Boden rascher der Erschöpfung nahe gebracht als bei den Nieder- und Mittelwaldbetriebsklassen; 2. da Hochwald aus Samen entsteht, so besteht Abhängigkeit vom Eintritt des Samenjahrs bzw. Abhängigkeit von den vorhandenen Vorräten an Sämereien im Handel; Unsicherheit der Verjüngung und hohe Kosten gegenüber dem Ausschlagsbetriebe; 3. die Hochwaldungen erfordern lange Zeiträume und geben bei der herrschenden Erziehungsmethode nur geringe Erträge zwischen zwei, weit auseinanderliegenden Enderten; 4. Es ist kaum zweifelhaft, daß Ausschlags- und Mittelwald den Hochwald an Gesamtholzmasse innerhalb derselben Zeiträume übertreffen; 5. die Hochwaldungen sind am meisten gefährdet durch Sturm, Schnee, Feuer, Insekten; 6. sie verlangen kostspielige und schwierige Betriebe, höhere Anforderungen an die naturwissenschaftliche Vorbildung des Personals; 7. Schwierigkeit der Fällungen mit Rücksicht auf den Nachwuchs und die persönliche Sicherheit der Arbeiter; 8. starke Beschädigung durch Beschattung an anliegenden, landwirtschaftlichen Grundstücken; 9. es besteht die Gefahr, daß aus waldästhetischen Rücksichten, aus allzu großer Ängstlichkeit bezüglich der Nachhaltigkeit auf Grund ungenügender Ermittelung der Zuwachsverhältnisse die Umtriebszeit zu hoch angesetzt wird, wodurch Verluste an Holz durch Fäulnisprozesse herbeigeführt werden.

Die Wirtschafts- oder Betriebsformen des Hochwaldes.

Während des größten Teiles des vorigen Jahrhunderts bis zu den Achtzigerjahren war das Streben der führenden Geister und Meister der Forstwirtschaft zumeist auf eine möglichst großzügige Regelung der Benützung des Waldes, auf eine möglichst kleinzügige, d. h. möglichst einfache Schablone der Wiederverjüngung des Waldes gerichtet. Aus diesem Streben ging die Einteilung des Waldes in möglichst große Flächen — Bestände — hervor, welche der waldbaulichen Tätigkeit zur möglichst raschen und vollkommenen Verjüngung im Jahre der Haubarkeit zugewiesen wurde. Die Lösung dieser Aufgabe war der Prüfstein für das forstliche Können im Walde. Diese großen Flächen, Abteilungen genannt, bildeten die Wirtschaftsfigur, die Wirtschaftseinheit, den Bestand, coup, stand; die Wirtschaft selbst kann man als eine Großbestandswirtschaft bezeichnen; G. L. Hartig stellte als höchstes, erreichbares Ziel der waldbaulichen Kunstfertigkeit die Begründung eines möglichst gleichalterigen, möglichst einförmigen, d. h. reinen Bestandes hin; das Holzarten- und Baumaltersdetail, das der Wald bei der ersten Einrichtung noch aus seiner Urzeit oder aus seinem Femeldasein besaß, das als Unterabteilung ausgeschieden wurde, sollte im Laufe der Umtriebszeit zugunsten der Einheit Abteilung verschwinden. Die Durchführung dieses Programms ist freilich vielfach am Widerspruch der Natur gegen diese Gleichförmigkeit gescheitert, die Ungleichartig- und -altrigkeit innerhalb des Bestandes wird jetzt als willkommene Wohltat empfunden, die Unterabteilungen sind bleibende Bestandesfiguren geworden, — Bestandeswirtschaft der neuzeitlichen Richtung, — sind aber immer noch von einer Größe, welche bestimmend ist für die Art und Geschwindigkeit der Verjüngung. Soll den Anforderungen der Forsteinrichtung entsprochen werden, führen diese beiden Bestandswirtschaften oder Großflächenwirtschaften zum Kahlschlag mit künstlicher Verjüngung. Jeder Bestand kann dabei aus einer Holzart bestehen, reiner Bestand oder ein aus mehreren gemischter Bestand sein, kann auf natürlichem oder auf künstlichem oder auf beiden Wegen zugleich entstanden sein, kann aus Kahlschlags- oder Schirmschlagsstellung hervorgegangen sein; die Feststellung der zu wählenden Holzart, des zu wählenden Verjüngungszeitraumes und damit auch des zu wählenden Verfahrens beansprucht die Forsteinrichtung, welche auf diese Übergriffe in den Waldbau auch nicht verzichten kann, ohne ihre Großflächeneinteilung des Waldes selbst, die Grundlage der ganzen heutigen Forsteinrichtung, zu erschüttern. Auf dieser Grundlage sind heute nicht bloß fast sämtliche Waldungen Deutschlands, sondern, unter Führung Deutschlands, auch jene der Nachbarländer, ja selbst jene der außereuropäischen Waldungen eingerichtet und bewirtschaftet.

Die Tatsache, daß erstens Abteilungen bzw. Unterabteilungen —, Bestände — immer noch so große Flächen sind — stets größer als 3 ha —, daß sie bei Naturverjüngung nicht rasch genug, bei künstlicher Verjüngung nur mit sehr großen Kosten wieder bestockt werden können, daß zweitens die Bestandswirtschaft zu reinen Beständen großer Ausdehnung führt, welche die Natur zu Katastrophen herausfordern, gegen welche wieder im Walde Vorsichtsmaßregeln getroffen werden müssen, welche der Verjüngung hinderlich sind (Hiebsfolge); daß drittens nach allen bisherigen Erfahrungen der Großbestand mit der durch die Größe notwendigen, künstlichen Verjüngung im Kahlschlagsbetriebe nicht imstande ist, die gegebene Bodengüte zu erhalten, vielmehr langsam, aber sicher dessen Verminderung herbeiführt; daß viertens eine in die weite Zukunft blickende Forstwirtschaft nicht ausschließlich den gegenwärtig rentabelsten Holzarten ihren Wald ausliefern, vielmehr in demselben nicht nur sämtliche einheimischen Holzarten in angemessenen Verhältnissen, sondern auch von den fremdländischen die aussichtsvollsten neben einzelnen wichtigen Halbbäumen und Sträuchern aufzunehmen und zu erhalten hat: dürfte eine andere Ordnung im Walde den naturgesetzlichen Grundlagen des Waldes und den gegenwärtigen und kommenden Bedürfnissen der Menschen besser entsprechen, das wäre die Aufteilung des Waldes in Kleinbestände, Kleinflächen. Unter Kleinbeständen versteht Verfasser, wie bereits angedeutet, eine Fläche von 0,3—3,0 ha. Diese Flächengröße bildet die Wirtschaftseinheit, den Kleinbestand. Jeder Kleinbestand ist ein Wirtschaftsobjekt für sich; die Anordnung im Walde ist schachbrettartig; unter sich sind die Kleinbestände in Holzart oder doch in Alter verschieden.

Sinkt die Einheitsfläche für die wirtschaftliche Behandlung des Waldes unter den Betrag von 0,3 ha (etwa ein Tagwerk, Joch, Morgen), ist sie aber größer als etwa 1 a, den Standraum eines Trupps, so nennt man eine derartige Einheit Gruppe. Man denkt sich den ganzen Wald aus Gruppen von obiger Größe zusammengesetzt, die Gruppen unter sich in Alter und Holzart verschieden und jede für sich ein eigenes Wirtschaftsobjekt. Die Anordnung ist eine schachbrettartige. Die bildliche, kartographische Darstellung, welche schon bei einer Kleinbestandswirtschaft mechanischen, großen Schwierigkeiten begegnen wird, was selbstredend keinen Einfluß auf ihre Einführung und Durchführung ausüben kann, ist bei der Gruppenwirtschaft nach bisheriger Methode eine Unmöglichkeit. Der waldbaulichen Tätigkeit bleibt es ganz überlassen, wie, wo und wann eine Gruppe zur Nutzung und zur Verjüngung, wie und wo somit der Etat zur Erfüllung kommt. Die Auswahl der Holzart bei der Neubegründung, welche eine natürliche oder künstliche sein kann, erfolgt ganz im Anhalt an Boden, Klima und Rentabilität.

Sinkt endlich die Einheit der Flächengröße und -behandlung bis zum Trupp- und Einzelindividuum, dann hat der Wald äußerlich den Charakter des Urwaldes angenommen; er wird Plenter- oder Femelwald genannt; die Forsteinrichtung haßt ihn, weil er den rechnerischen Kalkülen und der räumlich-ordnenden Gleichmäßigkeit die größten Schwierigkeiten in den Weg legt.

In jeder Wirtschaftsform sind die Bestandsränder oder die Berührungsstreifen zwischen den Wirtschaftsfiguren die waldbaulich und forstlich ungünstigste Stelle im Walde; nur soweit der Berührungsstreifen zwischen einem höheren Lichtholz- und einem niederen Schattenholzbestande bzw. -gruppe verläuft, wirkt er günstig auf das Lichtholz ein. In der Großflächen- oder Großbestandswirtschaft ist das Verhältnis der Summe der Berührungsstreifen zur Gesamtfläche am vorteilhaftesten; die Berührungen sind überdies zu Schneusen oder zu Wegen umgebaut. Bei der Bestands- und Kleinbestandswirtschaft wächst die gesamte Länge der Berührungsstreifen beträchtlich, doch nicht über jenes Maß hinaus, das nicht mehr für Wege und Bringungszwecke ausgenützt werden könnte; bei der Gruppenwirtschaft verlängert sich die Summe der schädlichen Berührungsstreifen ins unmeßbare. Der ganze Wald endlich löst sich in Verhältnisse auf, wie sie auf den Berührungsstreifen bestehen, bei einem stammweisen Wirtschaftsbetriebe oder auch Stammwaldwirtschaft oder Femelwaldwirtschaft oder Plenterwaldwirtschaft. Diese Wirtschaft ist die älteste von allen; sie nähert sich dem Urwalde am meisten, sie ist die intensivste, die waldbaulich feinste, aber auch die schwierigste Wirtschaft, weil sie jeden einzelnen Baum bzw. einen jeden Trupp von Bäumen für sich nach den jeweiligen Anforderungen an Boden, Licht und Wert behandelt. Sie ist die Wirtschaft, welche den Naturgesetzen des Waldes am vollkommensten entspricht. Jegliche flächenweise Ausscheidung, jede Kartierung, jede Hiebsfläche fällt hinweg; der jährliche Zuwachs ist die Formel für die Regelung der Nachhaltigkeit im Femelwaldbetriebe; er genießt und gewährt im vollen Maße die Vorzüge des Urwaldes, verzichtet aber auch ganz auf die Vorzüge in Masse und Güte der Produkte der Bestands- oder Flächenwaldwirtschaften.

Obige fünf Waldwirtschafts- oder Waldeinrichtungsformen, Großbestands- oder Großflächenwirtschaft, Bestands- bzw. Kleinbestands- oder Kleinflächenwirtschaft, Gruppenwirtschaft, Stammwirtschaft finden ihre Unterscheidung in der Flächengröße, welche gleichzeitig oder doch in kurzem Zeitraume genützt werden soll; die Art und Weise der Nützung und Verjüngung, das heißt die gleichzeitige Beseitigung aller Stämme oder eines Teiles derselben, die künstliche oder natürliche Neubegründung in Verbindung mit den Wirtschaftsformen gebracht, gibt Anlaß zu weiteren technischen Bezeichnungen, die folgender Art sind: Kahlschlagsverjüngung in der Großbestandswirtschaft, Kahlschlagsverjüngung in der Kleinbestandswirtschaft, Kahlschlagsverjüngung in der Gruppenwirtschaft; eine Kahlschlagsverjüngung in der Stammwirtschaft kann nur die Beseitigung eines einzigen Stammes oder eines ganzen Trupps von Bäumen bedeuten; sie kommt daher begrifflich und praktisch gleich einer Schirmschlagsverjüngung; Schirmschlagsverjüngung in der Gruppenwirtschaft, in der Kleinbestands- und in der Großbestandswirtschaft sind weitere Verjüngungsarten, welche zusammen ebenfalls eine Gruppe bilden.

Die Hauptverjüngungsarten.

a) Kahlhiebs- oder Kahlschlagsverjüngung.

Werden auf der Wirtschaftseinheit — Großbestand, Bestand, Kleinbestand, Gruppe — alle Stämme mit einem Nutzungshiebe beseitigt, so entsteht eine Kahlfläche von der Größe des Bestandes (größer als 3 ha), des Kleinbestandes von 0,3—3 ha, einer Gruppe von 0,3 ha bis 1 a; die Größe eines Großbestandes oder Kleinbestandes kann Veranlassung geben, daß nicht alle Stämme auf der ganzen Fläche, sondern nur auf Teilen der Flächen geschlagen werden, deren Größe sich nach waldbaulichen Bedürfnissen oder auch nach Forsteinrichtungserwägungen (Verjüngungszeiträumen) richtet. So wird der Großbestand zum Zwecke der leichteren Verjüngung in Kleinbestände oder in Gruppen, Kleinbestände in Gruppen, Gruppen in Einzelnstämme aufgelöst. Beim Kahlschlage ist zu erwägen: Je größer die Kahlfläche,

1. desto unvollkommener die Verjüngung, wenn diese allein der Natur überlassen bleibt;

2. desto größer bei geregelten Wirtschaften der Aufwand an Kulturkosten;

3. desto mehr treten wegen der künstlichen Begründung die Mischbestände und mit diesen die Vorteile, aber auch die Nachteile der Mischbestände zurück; es entstehen vorwiegend Reinbestände; die Nachteile der Reinbestände kleben vorzugsweise den Kahlschlagsmethoden an;

4. desto schwieriger wird die Ausnützung der Verschiedenheiten des Bodens mit der passendsten Holzart;

5. desto größer bei gleichen Bedingungen des Gedeihens und Erkrankens die Gefahr durch Fröste, Insekten, Pilze;

6. desto rascher verschwindet die Empfänglichkeit des Bodens, er verwildert auf Kosten der Nutzbäume; es steigern sich die Gefahren, welche Unkräuter und Gräser auf einer Kahlfläche im Gefolge haben, das sind Wild- und Mäuseverbiß, Verdämmung, Fröste, Feuer, Schnee;

7. desto mehr werden Humus und Feinerdebestandteile vom geneigten Boden durch Regen oder Schneewasser abgeschwemmt;

8. desto mehr kann der Wind mit seinen austrocknenden Eigenschaften einwirken; im extremen Falle werden Humus oder andere lockere Bodenbestandteile in Bewegung gesetzt;

9. desto mehr schwankt im Boden und über demselben der Feuchtigkeitsgehalt; es nimmt die Feuchtigkeit der Luft und des Bodens während der Trockenheit gegenüber dem Walde ab; es steigert sich die Frostgefahr, so daß die Schwierigkeiten für die

Kulturmethode und die Gefahren für die neubegründete Jugend wachsen;

10. desto ungehinderter können Licht und Wärme auf die, im vollen oberen und reichlichen, vorderen Lichte stehenden Pflanzen einwirken und ein von den jeweiligen Witterungsverhältnissen ganz abhängiges, grobfaseriges, ungleichbreitringiges Holz erzeugen;

11. desto gleichartiger und gleichmäßiger wird bei der Haupternte das zu erwartende Nutzholz in seiner Ausformung gering oder stark, je nach dem Alter der Bestände.

Die bisher aufgeführten Punkte sind Nachteile, welche den Kahlhiebsflächen je nach der Flächengröße innewohnen; von den Vorteilen seien folgende hervorgehoben: Je größer die Kahlfläche,

1. desto leichter die ganze Technik und Mechanik der Wirtschaftsgebarung, Einrichtung und Kontrolle der Wirtschaft;

2. desto leichter das Fällungs- und Sortierungsgeschäft; Unabhängigkeit von der Geschicklichkeit der Arbeiter; Entbehrlichkeit ständiger Holzarbeiterschaften, welche unter den gegenwärtigen Zeitverhältnissen immer schwieriger zu beschaffen sind;

3. um so geringer die Auslagen für Transport des Materials;

4. um so leichter die Kulturmanipulation, welche zumeist auf künstliche Verjüngung abzielt; Aufstellung von Kostenvoranschlägen, Ausführung der Arbeiten, Anwendung von Maschinen;

5. um so einfacher Kontrolle und Ersatz der Pflanzenabgänge; Unabhängigkeit der Verjüngung vom Eintritt ins Samenjahr;

6. um so aussichtsvoller die Bekämpfung der stockbewohnenden schädlichen Insekten und Pilze;

7. um so enger wegen der Gleichalterigkeit und Gleichartigkeit der aufwachsenden Bestände der Kronenschluß, um so massenreicher die Bestände, um so vollholziger die Schäfte, um so geradschaftiger und um so astreiner die Bestände, weil sie reine sind.

8. desto einfacher alle waldbaulichen Maßregeln, desto geringere Ansprüche an die leiblichen und geistigen Leistungen des Wirtschafters, desto größer können die Verwaltungsbezirke genommen werden, desto geringer die Zahl der Wirtschafter im Walde.

1. Die kahle Fläche ist naturgemäß am größten bei dem Großflächen- oder Großbestandskahlschlag; sie wird kleiner bei der Bestands-, noch kleiner bei dem Kleinbestandskahlschlag (in maximo 3 ha), am kleinsten bei der Gruppenwirtschaft oder dem Löcherhiebe (in maximo 0,3 ha) oder bei dem Femelhiebe (in maximo 1 a). Die Verjüngung auf der Kahlfläche kann eine natürliche oder künstliche oder eine aus beiden Methoden gemischte Verjüngung sein. Der aufwachsende Wald zeigt auf der Verjüngungsfläche die geringsten Altersunterschiede, tritt frühzeitig in Kronenschluß und

bleibt entweder im haubaren Alter mit allen Vor- und Nachteilen dieser Lichtverhältnisse geschlossen (Schattenholzart) oder verlichtet mit allen Nachteilen dieses Zustandes (Lichtholzart).

Um den Nachteilen der Großflächenwirtschaft tunlichst entgegenzuarbeiten, ohne auf die Vorteile verzichten zu müssen, ist man schon frühzeitig auf eine Einschränkung der Kahlflächengröße bedacht gewesen.

2. Der kahle Saumschlag oder saumweise Kahlschlag. Die Saumbreite beträgt ½—4 m Baumhöhen. Bei langem Saume kann derselbe in mehrere Teile zerlegt werden, welche voneinander unabhängig gegen die Hauptwindrichtung fortschreiten, d. h. eine verschiedene Hiebsfolge in der Zeit ihrer Ausführung aufweisen; stoßen die Saumstücke in Winkeln aneinander, so spricht man auch von gebrochenen Saumschlägen. Je schmäler der Saum, um so geringer die Nachteile der dadurch entstehenden Kahlflächen, um so größer die Altersdifferenzen der entstehenden Jugend. Der kahle Saumhieb mit natürlicher oder künstlicher Verjüngung ist heutzutage die Regel bei der Bewirtschaftung von Fichten und zweinadeligen Föhren.

3. Kulissenkahlschlag entsteht, wenn mehrere parallele Saumhiebe in einem Bestande angelegt werden, so daß zwischen zwei Kahlhiebsstreifen ein breiter Bestandsstreifen verbleibt. Die-Kahlflächengefahr wird geringer, aber die Windgefahr für den bleibenden Bestand wächst; für Bestände von zweinadeligen Föhren in Anwendung; die entstehende Verjüngung wird ungleichaltriger, unregelmäßiger abgestuft als beim kahlen Saumschlage.

4. Der ringförmige Kahlschlag beginnt als Kahlhieb auf einer annähernd kreisförmigen Fläche (kahler Löcherhieb); durch peripherisch sich erweiternde, also ringförmige, kahle Saumschläge schreitet die Nutzung und Verjüngung bis zu den Bestandsrändern fort; die Verjüngung ist eine natürliche oder künstliche; die Gefahren für die aufwachsende Jugend sind beträchtlich gemindert, jene für den bleibenden Bestand besonders von seiten des Windes durch die fortschreitende Verjüngung erhöht. Um dieser zu begegnen ist:

5. eine Verbindung des kahlen Saumschlages mit dem kahlen Löcherhiebe zulässig. Hat der ringförmige Kahlschlag eine solche Bestandesdurchbrechung herbeigeführt, daß Windgefahr zu drohen beginnt, werden die peripherischen oder Ringhiebe ausgesetzt, bis die Saumhiebe an das Verjüngungsergebnis auf den kahlen Löchern heranrücken und dieses in ihre Verjüngung mit einschließen. Sowohl der saumweise als der ringförmige Kahlschlag als auch die Verbindung beider könen in der Großbestands- wie in der Kleinbestandswirtschaft zur Anwendung kommen. Die Verjüngung kann eine natürliche und eine künstliche sein. In der Gruppenwirtschaft ist wohl nur der Kahlschlag, kaum mehr der kahle Saumhieb anwendbar; es entstehen dadurch

ebenfalls kahle Löcher, welche aber nicht peripherisch erweitert werden können, weil die Nachbargruppen aus anderen Holzarten oder aus anderen Altersklassen bestehen.

b) Schirmhiebs- oder Schirmschlagsverjüngungen[1]).

Werden auf der Wirtschaftseinheit, Großbestand, Bestand, Kleinbestand, Gruppe, Trupp nicht alle Stämme auf einmal, wird nur ein Teil derselben beseitigt, so entsteht durch die bleibenden Stämme ein lockerer Schirm, welcher bestimmt ist:

1. Anflug der Sämereien von allen Seiten zu ermöglichen und für Bedeckung des Samens zu sorgen;

2. die aufwachsende Jugend gegen jegliche schädlichen, äußeren Einflüsse der Natur, wie Frost, Hitze, Hagelschlag, Wind, zu schützen;

3. den Unkrautwuchs möglichst zurückzuhalten;

4. mit der natürlichen Verjüngung die Ersparnis an Kulturkosten und alle übrigen Vorzüge dieser Methoden der Naturverjüngungen zu sichern;

5. die Gewinnung eines Lichtstandswuchses an den Schirmbäumen zu erzielen;

6. den neuen Bestand zu gleichmäßigerem Holzgefüge durch Entzug von Licht und Wärme zu zwingen;

7. die Schirmbäume allmählich in den Freistand, einige von ihnen in den Überhaltsbetrieb überzuführen;

8. einen ungleichaltrigen neuen Bestand zum Schutze gegen Insekten, Wind, Schnee hervorzurufen.

Diese Vorteile werden zwar erreicht, jedoch müssen dann auch folgende Nachteile des Schirmbestandes in den Kauf genommen werden:

a. die Langsamkeit des Verjüngungsganges, Verzögerung der Wirtschaftsführung und damit Erschwerung des von der Forsteinrichtung vorgeschriebenen Tempos der Bestandsverjüngung;

b. Zuwachsverlust an den jungen Pflanzen infolge der Überschirmung, des Entzuges von Wärme, Licht und Wasser;

c. Erschwerung der Fällung, Bringung, Sortierung und Verwertung des anfallenden Materials;

d. Erhöhung der Gefahr für den gelichteten Schirmstand durch Wind, bei glattrindigen Bäumen durch Rindenbrand;

e. Vergrößerung der Arbeitslast für den Wirtschafter sowohl in leiblicher wie in geistiger Hinsicht.

---

[1]) Leider werden die Schirmschlagwirtschaften bzw. -verjüngungen auch Femeloder Plenterverjüngungen genannt, wodurch Konfusionen wie zwischen Femelhieb und Femelschlag (Heyers Femelschlag ist z. B. = Dunkelschlag!) ohne Ende entstehen.

Schirmstandsformen der Verjüngungen sind folgende:

6. In der herrschenden Großflächen- oder Groß-bestandswirtschaft hat die Schirmschlagverjüngung seit mehr als hundert Jahren eine besondere Ausbildung erfahren unter dem Namen Dunkelschlagverjüngung. Sie erstreckt sich in der Groß-bestandswirtschaft entweder über den ganzen Bestand auf einmal oder über große Teile desselben, in gleicher Weise setzt sie im Bestands- und Kleinbestandswalde ein; im Gruppenwalde umfaßt sie die ganze Gruppe. Der Angriff des Bestandes erfolgt an einer oder an wenigen Stellen des Bestandes. Die Dunkelschlagverjüngung besteht aus folgenden, zeitlich voneinander getrennten Hieben, welche alle die natürliche Wiederverjüngung der Wirtschaftsfigur bezwecken.

Ausgehend vom geschlossenen Schattenholzbestande, in dem die ganze Erziehungskunst bisher dahin abzielt, daß das unterdrückte Stammaterial beseitigt, der Bestandsschluß aber ängstlich erhalten wird, sind die ersten Hiebe bestimmt, die Nachteile dieser Erziehungsmethode für die kommende Verjüngung wieder langsam zu beseitigen. Die letzte Durchforstung wird als starke Durchforstung ausgeführt, d. h. wird stärker gegriffen als alle vorherigen Durchforstungen; es wird nämlich nicht nur sämtliches unterdrückte, sondern auch das der Unterdrückung nahe Material hinweggenommen als für die Zwecke der Naturbesamung hinderlich; diese Hiebe hat man Vorhiebe genannt.

Er ist kein Angriff, kein Verjüngungshieb im eigentlichen Sinn, denn im Falle weitere Hiebe nicht folgen, tritt keine Verjüngung, vielmehr wieder Bestandesschluß ein.

Der erste Verjüngungshieb ist der Vorbereitungshieb. Seine Aufgabe ist, den Kronenschluß der Althölzer durch Herausnehmen von sehr starken und schwachen Bäumen, etwa der Hälfte des ganzen Bestandes, so zu durchbrechen, daß eine möglichst gleichmäßige Verteilung der Schirmständer zum Zwecke einer möglichst gleichmäßigen Besamung erzielt wird. Diese Gleichmäßigkeit herbeizuführen, ist bei der Mannigfaltigkeit der inneren Natur eines Bestandes und bei den Störungen des Kronenschlusses im Laufe des Bestandslebens in der Tat eine Kunst, aber doch nur eine brotlose; denn die gleichmäßige Schirmstellung über große Flächen hinweg ist eine naturwidrige, für die besten Aussichten einer Verjüngung ungünstige. Die Schirmdichte hat vielmehr mit der Bodengüte, mit dem Zustand der Bodendecke, in bergigen Geländen mit diesen und mit der Exposition, d. h. mit dem Klima zu wechseln. Der Hieb heißt Vorbereitungshieb, um durch den größeren Lichtzufluß die Schirmbäume zum Samenerträgnis und den infolge des Bestandesschlusses unempfänglichen Boden zur Aufnahme der Sämereien vorzubereiten. Kurz vor einem Samenjahr oder während desselben oder unmittelbar nach demselben wird ein zweiter Hieb in

den schirmenden Bestand eingelegt, d e r B e s a m u n g s h i e b; er ent-
nimmt so viel Stämme, daß genügend Licht für die Entwicklung der
erwarteten Jugend während der ersten Jahre geboten wird. Es folgen
nun weitere Hiebe, welche alle als L i c h t u n g s - o d e r L i c h t h i e b e
zusammengefaßt werden und alle die gleiche Tendenz verfolgen, den
Wasser- und Lichtgenuß der jungen Generation zu steigern und die
Gefahr des Freistandes (Frost, Unkraut usw.) abzuwenden; die letzten
Bäume des völlig aufgelösten Schirmstandes fallen dem N a c h h i e b e
bzw. Endhiebe zum Opfer, womit wenigstens in der Theorie, seltener
in der Praxis die Verjüngung abschließt.

Der daraus hervorgehende, junge Bestand zeigt, da er im wesentlichen aus e i n e r Besamung entspringt, nur geringe Altersdifferenzen
und besteht, wenn der alte Bestand gemischt war, in der Regel ebenfalls aus mehreren Holzarten, welche stamm-, trupp- oder gruppenweise gemischt stehen. Ob die stammweise Mischung hierbei. sich in
der Zukunft erhalten kann, hängt von den naturgesetzlichen Grundlagen aller Mischungen ab, welche im ersten Teile näher besprochen
wurden.

Um den Verjüngungsgang zu beschleunigen und endlich der Jugend
Ruhe zu geben, wird vielfach vom Dunkelschlag zum Kahlschlag oder
kahlen Saumschlag übergegangen, womit die künstliche Verjüngung
einsetzt. In neuerer Zeit hat man den Dunkelschlag abgekürzt, indem
man Vorhieb und Vorbereitungshieb mit dem Besamungshieb vereinigt, „ins Volle" greift, den Boden künstlich verwundet und in
wenigen Lichthieben die Verjüngung, welche im regulären Dunkelschlag
bis zu 40 Jahren umfaßt (Schwarzwald), beschleunigt (Dänemark).

Um der schweren Gefahr des Windes bei diesen Verjüngungsformen
zu begegnen, legt man 7. den s a u m w e i s e n D u n k e l s c h l a g ein.
Die Verjüngung in dieser Form umfaßt nur Streifen des Bestandes, meist
von einer Breite von 2—4 Bestandshöhen; an der dem Wind entgegengesetzten Seite wird dieser saumweise Schirmschlag begonnen; auf
jedem Streifen erfolgen der Zeit nach obige vier Hiebe, während
gleichzeitig auch die Hiebe nach dem Bestande hin in Säumen fortschreiten; theoretisch sollte auf dem ersten Streifen der Besamungshieb
zur Ausführung kommen, wenn ein neuer Streifen mit dem Vorbereitungshieb bedacht wird; auf dem ersten Streifen sollte der Lichthieb folgen, wenn auf dem vorausliegenden Streifen der Besamungshieb
einsetzt und ein Vorbereitungshieb einen neuen Streifen in Angriff
nimmt, und so fort bis zur Vollendung der Verjüngung des Bestandes.
Wie alle saumweisen Hiebe, ist auch dieser für die Verjüngung selbst
ein sehr günstiger, er verzögert aber die Vollendung der Verjüngung
außerordentlich, ein Nachteil, der um so größer ist, je größere Bestände
die Forsteinrichtung ausgeschieden hat. Durch Aufteilung der Säume
in kürzere Stücke, Brechung der Säume können zahlreiche Angriffs-

punkte geschaffen werden, wodurch etwas das Tempo der Verjüngung sich beschleunigt; je schmäler die Säume, um so kräftiger können die einzelnen Hiebe geführt, um so mehr in ihrer Zahl reduziert werden. Professor Engler[1]) empfiehlt den saumweisen Dunkelschlag mit dem saumweisen Gruppenhieb für Fichte, Föhre und Lärche im Hochgebirge. C. Wagners[2]) „Blendersaum" ist ebenfalls eine schirmständige Saumverjüngung mit Annäherung an Dunkelschlag und Gruppenhieb.

8. Auch in der Kleinbestands- oder Kleinflächenwirtschaft kann der Dunkelschlag auf der ganzen Fläche oder 9. in Säumen zur Durchführung gelangen, wie eben für die Großbestandswirtschaft geschildert. Es liegt aber auf der Hand, daß die größte Gefahr der Großflächenwirtschaft, welche von seiten des Windes droht, bei der Kleinbestandswirtschaft bereits auf ein unschädliches Maß zurückgeführt wird.

10. In der Gruppenwaldwirtschaft ist der Dunkelschlag auf einer Gruppe mit allen vier Hieben oder mit einer Abkürzung des Verfahrens sicher eine sehr zuverlässige, aber langsame Verjüngungsmethode, welche auch auf der Maximalgröße der Gruppe von 0,3 ha ohne Rücksichtnahme auf den Wind ausgeführt werden kann.

11. Als ringförmiger Dunkelschlag oder ringförmige Schirmschlagverjüngung muß jene Methode bezeichnet werden, bei der an zahlreichen Punkten im Bestande, auf kleinen Flächen, annähernd Kreisen, der Vorbereitungshieb des Dunkelschlags einsetzt; während auf diesen ersten Flächen der Besamungshieb durchgeführt wird, schließt sich ringförmig ein neuer Saum mit dem Vorbereitungshiebe an; so schreiten die Hiebe sukzessive und peripherisch in ringförmigen Säumen von der Breite 2—4 Baumhöhen nach außen fort. Wird hierbei weniger auf die genaue Einhaltung der vier Hiebe, weniger auf die Stärke der Hiebe und Breite der Säume angesichts der Bestandsumgebung, seines erhöhten Schutzes und seiner günstigen Samenstreuung Bedacht genommen, als der eigentliche Dunkelschlag auf den größeren Flächen beansprucht, so entsteht eine Verjüngungsform, welche in Süddeutschland als 12. Gruppenweise oder auch als „horst- und gruppenweise" Verjüngung, viele Anhänger gefunden hat. Geheimrat Gayer[3]) wünscht letztere Bezeichnung, nicht das irreführende Wort Femelschlagverjüngung, das er früher anwandte. Das Verfahren könnte man auch schirmständige Löcherwirtschaft nennen. In ihr erblickt er die vorteilhafteste Verjüngungsform für den Wald. Die aus dieser Verjüngung hervorgehende Jugend

---

[1]) Prof. A. Engler, Schweizer Forstverein 1900.
[2]) Prof. C. Wagner, Die räumliche Ordnung im Walde. 1907.
[3]) Geh. Rat Dr. K. Gayer, Der gemischte Wald. 1886.

zeigt ein mit langgezogenen Höckern versehenes Niveau der Kronen-
flächen, entsprechend den Anfangspunkten und dem Alter der Verjüngung; die Altersunterschiede jedoch, die wegen der Anforderungen
der Großbestandsforsteinrichtungen an den Verjüngungszeitraum nicht
groß sein können, verwischen sich schon mit dem Eintritt ins Stangenholzalter. Der Bestand verhält sich von diesem Zeitpunkte an wie ein
aus dem Kahlschlagbetriebe hervorgegangener Bestand.

Auch in der Kleinbestandswirtschaft läßt sich der regelrechte, ringförmige Dunkelschlag mit breiten, schirmständigen Säumen durchführen; ebenso paßt für die Kleinbestandswirtschaft die abgekürzte
Gayersche Form mit verschmälerten Säumen und verstärkten, in Zahl
verminderten Hieben.

Je größer die Fläche ist, über welche eine Schirmschlagverjüngung
sich erstreckt, je weiter die Verjüngung und Auslichtung des Schirmstandes fortschreitet, um so größer werden die Nachteile dieser
Verjüngungsmethoden, vor allem die Langsamkeit der Verjüngung,
die Ungleichmäßigkeit der erzielten Bestockung, die Sturmgefahr für den
Schirmbestand. Um diesen Nachteilen vorzubeugen, wird die Verjüngung
vielfach 13. zwar in der Dunkelschlagform begonnen, jedoch im
Kahlschlag oder kahlen Saumschlag mit künstlicher Verjüngung
zu Ende gebracht. Da die gleichmäßige Dunkelschlagstellung zum
Zwecke der Besamung nur bei einer Vollmast aller Bäume auch eine
gleichmäßige Verjüngung bringt, in allen übrigen Fällen aber nur ein
lückenhafter, junger Wuchs entsteht, so werden die bestgelungenen
Stellen als Verjüngungszentren (Gruppen im Sinne Gayers)
ausgewählt und ihre Erweiterung und Abrundung mittels schmaler,
ringförmiger Kahlschläge (Umsäumungen) oder ringförmiger Schirmschläge (Rändelhiebe) zu erzielen gesucht, worauf wieder kahle Absäumung folgt oder auch durch jahrzehntelanges Zuwarten auf Naturbesamung gehofft wird (14.); im ersteren Falle folgen drei Verjüngungsformen nacheinander auf einer Fläche. Man kann als 15., als bayerisches
oder von Hubersches Verfahren jenes bezeichnen, das im Innern
eines Groß- oder Kleinbestandes mit gruppenweiser Verjüngung im Sinne
von Gayers Femelschlag beginnt, während gleichzeitig an wind-
entgegengesetzten Seiten ein kahler Saumschlag eingelegt wird. Dieser
Kahlschlag beabsichtigt eine Beschleunigung der Verjüngung, ermöglicht
die Erfüllung der jährlich gleichen Abtriebssätze, indem das Holz-
quantum aus den Fällungen über den Gruppenverjüngungen, dessen
Höhe vom Gange der Verjüngung abhängig ist, durch die Fällungen
auf dem Kahlsaumschlage bis zu seiner normalen Etathöhe ergänzt wird.
Diese von v. Huber „Kombiniertes Verfahren" genannte Verjüngungsart hat in Bayern weitgehende Verbreitung gefunden. Fast alle Naturverjüngung vollzieht sich nach dieser Gayer-Huberschen oder
bayerischen Methode.

Bei den bisher betrachteten Verjüngungsformen trifft der erste, die Verjüngung einleitende Hieb die Baumvereinigung völlig unvorbereitet; wo der Boden für die Aufnahme der Sämereien empfänglich ist, hat es der Zufall, ganz gegen den Willen des Wirtschafters so gefügt. Dank der heute noch fast allgemein üblichen Erhaltung des Bestandsschlusses (Schattenholzarten) sind kostbare Jahre der Verjüngung nötig, um die Folgen dieses Mißstandes, welche in Unempfänglichkeit des Bodens gipfeln, zu beseitigen (Vorbereitungshieb!); andererseits ist bei Licht- und Halbschattenholzarten die beste Empfänglichkeit des Bodens längst vorüber (Verunkrautung); die Bestände müssen auf künstlichem Wege verjüngt werden. Soll eine Baumvereinigung im Augenblicke der Nutzung auch auf natürlichem Wege verjüngbar sein, so muß sie hierzu erzogen sein. Man kann eine solche Verjüngung oder Wirtschaft, welche eine Verbindung zwischen Verjüngung und Erziehung darstellt, 16. die Erziehungsverjüngung oder Erziehungswirtschaft nennen und auf Großbestands-, Bestands- und Kleinbestandseinteilung des Waldes anwenden. Ihr Hauptzweck ist, wie später ausgeführt werden muß, schnelle, sichere und leichte Naturverjüngung in reinem Bestande für alle Holzarten.

17. Die Schirmschlagsverjüngung auf der kleinsten Fläche, Maximalgröße = Trupp, Minimalgröße ist Einzelstamm, die stammweise oder truppweise Verjüngung ist das Charakteristikum der Femelwaldwirtschaft, der Plenterwaldwirtschaft, der Schleichwirtschaft. Diese Verjüngungsform kann auf den gesamten Wirtschaftswald sich erstrecken, sie kann aber auch nur einzelne Großbestände, selbst Kleinbestände umfassen, wie zumeist in den höchsten Regionen des Waldes, in Auwaldungen oder in Schutzwaldgebieten; dabei ist gleichgültig, ob der ganze Wald aus einer Holzart oder aus einer großbestandsweisen oder kleinbestandsweisen oder gruppenweisen oder stammweisen Holzartenmischung besteht. Theoretisch sind auf einer Fläche von etwa 10 a bereits alle Altersklassen vertreten; die Verjüngung stellt sich fortgesetzt ein, da fortgesetzt alte, hiebreife Bäume geschlagen werden; Kronenschluß fehlt ganz oder erstreckt sich nur auf Baumansammlungen von der Größe eines Trupps (1 a). Da allen Individuen Licht zufließt, ist das Wachstum derart begünstigt, daß Biolley und Prof. Engler[1]) den Femelwald als jene Waldform bezeichnen, in welcher im Hochgebirge die größte Holzmasse erzeugt werde.

Bewegt sich diese Femelverjüngung der Reihe nach in bestimmten über- oder nebeneinander liegenden Zonen des Waldes, so nennt man ein derartiges Verhältnis auch wohl den (18.) zonenweisen Femelbetrieb oder die zonenweise Femelverjüngung.

Theoretisch soll der Femelhieb über den ganzen Waldkomplex,

---

[1]) Schweiz. Forstverein 1901.

welcher dem Betrieb unterstellt ist, alljährlich hinweggehen. Allein vielfach wird für bestimmte Waldesteile eine Anzahl von Jahren festgelegt, nach welchen der Femelbetrieb in diese Teile zurückkehrt; sie sind somit **19.** einem umlaufenden oder aus-

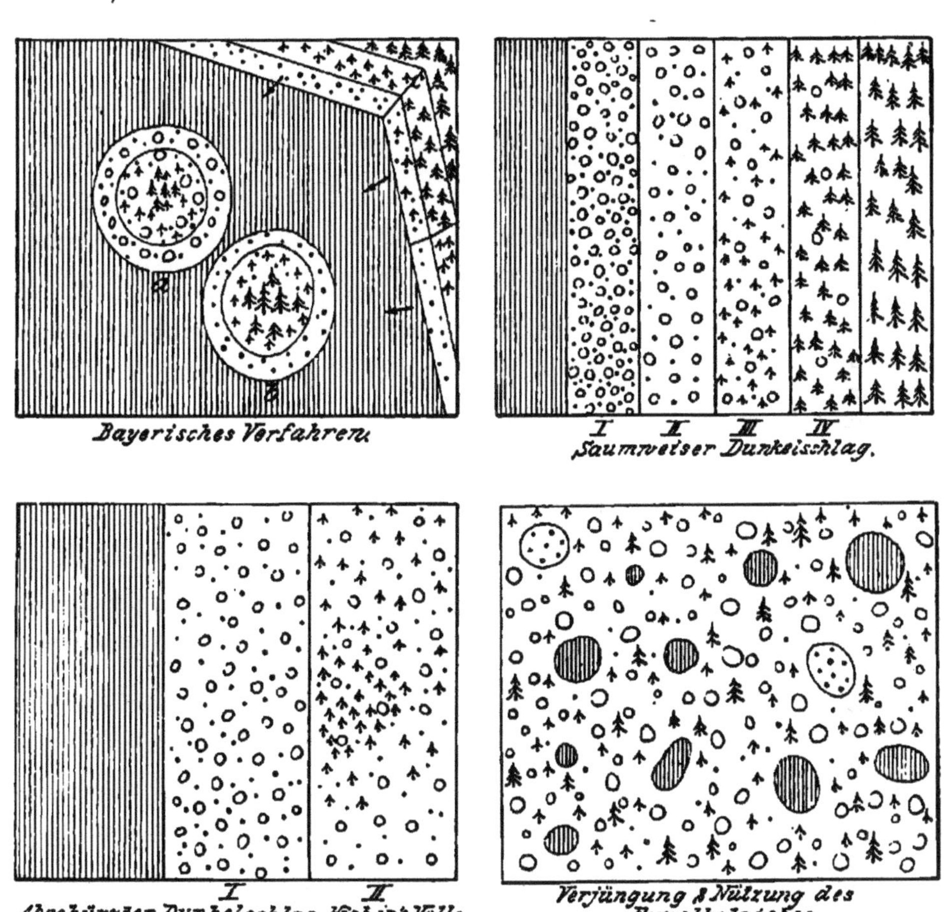

Abb. 14. Schematische Darstellung verschiedener Verjüngungs- bzw. Betriebsformen.

setzenden Femelbetriebe bzw. einer solchen Verjüngung unterworfen. Wächst die Periode zu mehreren Dezennien an, und nimmt der Femelhieb alle erwachsenen Stämme bis zu einer Minimalstärke im Durchmessser, z. B. bis 25 cm herab, hinweg, so kann man eine derartige Wirtschaft **20.** den periodischen Femelbetrieb nennen, wie er in weit ausgedehnten Urwaldungen vielfach als die erste und beste Nutzung und Verjüngung erscheint.

Bei den vorgenannten Femelverjüngungen stehen die Altersklassen stammweise oder truppweise regellos durcheinander. Neben einem ganz jungen Baum oder Trupp kann ein alter Baum oder Trupp zu stehen kommen. Diese unregelmäßige, schachbrettartige Anordnung der Altersklassen birgt Übelstände in sich, wie Beschädigung des jungen Wuchses durch die Fällung und Bringung des alten Holzes, mangelhafte und überlangsame Entwicklung der Jugend durch allzu starke Seitenbeschirmung u. a. Um diese Mißstände zu vermeiden, hat Oberforstmeister **Ney 21.** den Saumfemelbetrieb bzw. diese Verjüngung vorgeschlagen. Er denkt sich zunächst den Wald in große Bestände aufgeteilt, jede Verjüngung als eine kleinste Gruppe (Trupp nach obiger Abgrenzung) und diese Kleingruppen wiederum in einem Saum angeordnet. Wenn nun die natürliche Verjüngung im Osten am haubaren Saum mit schmalen, schirmständigen Saumhieben beginnt, so muß der Westrand des Bestandes ein Jahr alt sein. Ist die Verjüngung am Westrand angelangt, muß der Ostrand wiederum so alt sein, wie die festgestellte Umtriebszeit beträgt. In dieser Form kommt der ältere Neysche Femelsaumschlag dem „Blendersaum" C. Wagners sehr nahe. Es erscheint jedoch nicht notwendig, den Beginn der Verjüngung auf den Bestandsrand zu verlegen; man kann nach **Ney** auch im Zentrum eines Bestandes beginnen mit ringförmigen Schirmhieben (alljährlich oder nach wenigen Jahren) und die Verjüngung gegen den Bestandsrand hin fortsetzen. Ist der Saumhieb im Bestandsrand angelangt, muß das Zentrum wiederum haubar sein. **Ney** nennt diese Form des Femelhiebes **22.** den Ringfemelbetrieb. Um die nötige Zahl von Saumhieben einlegen zu können, ist die Aufteilung des Waldes in große Bestände nötig. Die Anordnung der jungen Wüchse nach Altersabstufungen ergibt sich direkt aus den neben gegebenen Bildern der Naturverjüngungen.

23. Der Urwald nähert sich in seiner Verjüngung dem Femel- oder Plenterwalde; es unterbleibt jedoch jegliche Nutzung von seiten des Menschen. In den Waldungen der Fürsten Schwarzenberg in Böhmen, deren Munifizenz die Erhaltung eines Stückes unberührten Urwaldes in Mitteleuropa an der böhmisch-bayerischen Grenze zu danken ist, gibt es auch einen Urwald, der in Wirtschaftsbetrieb genommen ist: **24.** der bewirtschaftete oder geregelte Urwald, bei welchem nur jene Bäume beseitigt werden, welche absterben oder von Naturereignissen zu Boden geworfen werden.

Jene, welche glauben, ein Urwald entstehe wieder dadurch, daß man mit einem Male in einem Kulturwalde jegliche Fällung unterläßt, täuschen sich. Gerade das urwüchsig Erscheinende, wie dicke, knorrige Eichen, ist nichts Urwaldartiges; es wird sofort zerstört, wenn man die angesiedelte Jugend von Schattenholzarten, z. B. Buchen oder Fichten oder Tannen, in die Kronen der niederen, dicken Bäume hineinwachsen läßt. Um das Kraftvolle, aber doch nicht Urwaldartige im Kulturwalde zu erhalten, müssen Fällungen stattfinden, um die nachdrängenden Zerstörer des Urwüchsigen zu beseitigen (Oldenburg).

25. Der Überhalt. Er ist keine selbständige Wirtschaftsform, kann aber mit sämtlichen vorhin genannten Wirtschaftsformen, mit

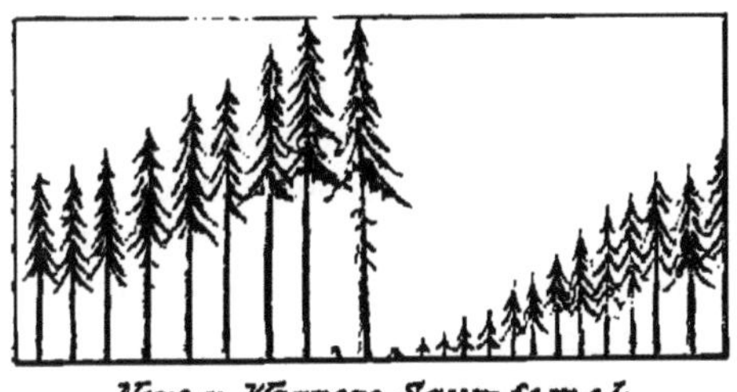

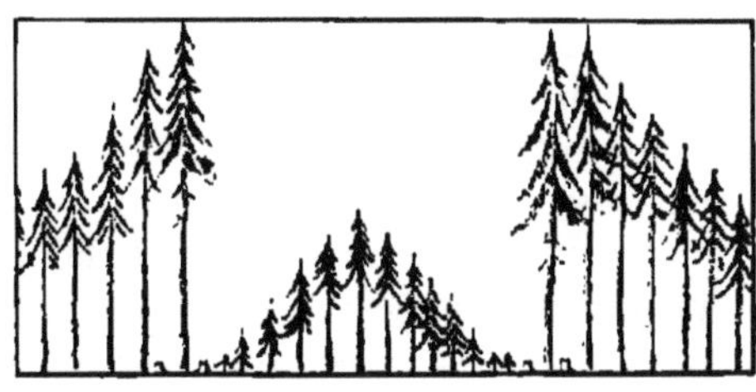

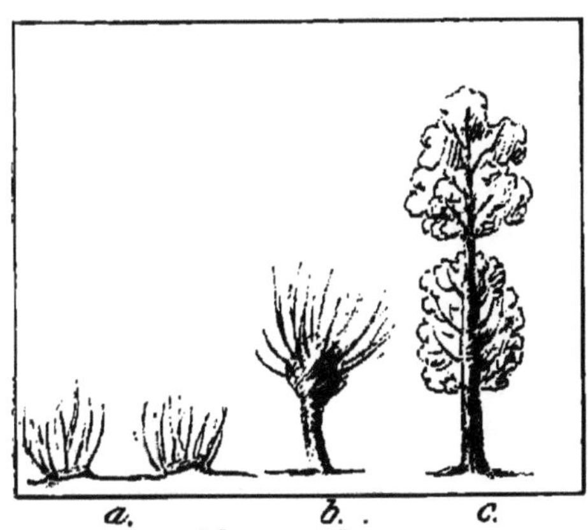

Abb. 15. Schematische Darstellung verschiedener Verjüngungs- bzw. Betriebsformen. *a.* Stockausschlag; *b.* Kopfausschlag; *c.* Kropfausschlag.

Ausnahme von 23 und 24, welche ohnedies keine Altersbeschränkung in ihren Individuen kennen, verknüpft werden. Der Überhalt besteht darin, daß bei der allgemeinen Nutzung im Haubarkeitsalter einzelne Bäume oder Baumvereinigungen gelassen werden, um das doppelte, selbst dreifache Alter der Umtriebszeit zu erreichen. Der Überhalt kann in drei Formen auftreten: a) Einzelnüberhalt; möglichst schönschaftige, normalkronige Bäume werden in geringer Zahl, etwa 25—30 pro Hektar, möglichst gleichmäßig auf der ganzen Fläche verteilt, zum Überhalt bestimmt; b) Baumvereinigungen, möglichst gut in Schaft und

Krone, in der Größe von 1 a bis 0,3 ha, somit Gruppen werden behufs Überhaltes vom Hiebe verschont, **gruppenweiser Überhalt**; auf größeren Flächen kann auch eine Verbindung beider, nämlich einzeln- und gruppenweiser Überhalt, Platz finden; c) **Kulissen oder streifen- oder bandweiser Überhalt**. Die Überhaltstämme werden in Streifen oder Bändern parallel der Hauptwindrichtung übergehalten (russischer Überhalt): oder endlich, d) es werden Kleinbestände von 0,3—3 ha oder Großbestände über 3 ha aus Forsteinrichtungsgründen nicht im Jahre ihrer Haubarkeit genutzt (**Überhaltbestand, Reservebestand, bestandsweiser Überhalt**). Die Vorteile, welche der Überhalt bietet, sind: 1. Erziehung von sehr starkem Nutzholz, von bester technischer und physikalischer Qualität, da die Freistellung erst nach der Astreinigung und nach der Jugendperiode mit der schwankenden Jahresringbreite erfolgt; 2. Erleichterung der Besamung der zu verjüngenden Fläche; 3. Ausgleich für Jahre mit geringerer Nutzungsquote als Holz- bzw. Kapitalreserve. Dagegen sind als schwere Nachteile zu erwähnen: 1. Sturmgefahr der Überhälter, insbesondere bei plötzlichen Überführungen in den Freistand, Entstehung von peripherischen Rissen im Holzkörper des unteren Schaftteiles, erhöhte Blitzgefahr; 2. bei Laubhölzern Entstehung von Wasserreisern, Gipfeldürre, Rindenbrand, insbesondere bei plötzlicher Freistellung; 3. Beschädigung des Jungwuchses durch eine frühzeitig notwendig gewordene Fällung, durch das Herausschaffen der schweren Stämme; 4. Wertverlust, im Falle der Stamm zum Schutze der Verjüngung zu weniger wertvollen Sortimenten aufgeschnitten werden muß, Beeinträchtigung des Unterstandes durch die Baumkronen der Überhälter; verminderter Zuwachs des jungen Wuchses unter den Kronen. Die Nachteile sind am größten beim Einzelnüberhalt, der aber auch die Vorteile der Holzmassenproduktion des Lichtstandes am besten ausnützt; geringer müssen die Nachteile, aber auch die Vorteile beim gruppenweisen Überhalt, am geringsten beim bestandsweisen Überhalt sein; Unterbau und Durchlichtung erhöhen die Vorteile; Überhaltbetrieb ist nur an **Eichen, Walnüssen, Föhren, Lärchen** und, wie zu erwarten ist, auch an den **Douglasien** ein rentabler Betrieb, da nur bei diesen Holzarten mit der Zunahme der Stärke der Wert steigt.

26. **Der doppeltaltrige Hochwald oder Kompositionsbetrieb, Elsässer zweihiebiger Hochwald, Spessartwirtschaft.** Das Wesen dieser Wirtschaftsformen, die nur in Holzart und Alter des Grundbestandes verschieden sind, ist folgendes: Eine größere Zahl von Bäumen, etwa 100 pro Hektar, wird übergehalten (Lichtholzart, besonders Eichen); der Grundbestand, aus einer Schattenholzart (Buchen) bestehend, wird in dem abgekürzten Umtrieb von 60—80 Jahren mit doppeltem Alter des Überhaltes (Elsässerform), von 80—100 Jahren mit dreifachem Alter des Überhaltes (Spessartform) bewirtschaftet. Der

Schwerpunkt liegt im Überhalte, der zu ganz besonders schönschaftigem, feinfaserigem, hochwertigem Nutzholz heranreift.

27. Homburgs Nutzholzwirtschaft in geregeltem Hochwaldüberhaltbetrieb ist eigentlich nur eine Verbindung des Überhaltbetriebes von Nutzholzgruppen mit Buchenhochwald. Es wird der Buchengrundbestand im Dunkelschlag verjüngt; vor dieser Verjüngung aber werden in Löchern des Grundbestandes einzeln und in Gruppen Eichen, Eschen, Ahorne, Ulmen, Tannen durch Stückrillensaat vorgebaut. Vor der Fällung des Buchengrundbestandes werden die vorgebauten Nutzhölzer freigehauen, um sie zum Überhaltfreistande vorzubereiten. Der Überhalt umfaßt zwei, selbst drei Buchengenerationen. Der Zweck ist Gewinnung besonders starker Nutzhölzer verschiedener Baumarten, ohne auf die zu Homburgs Zeit wichtigste Wirtschaft, die Buchenbrennholzwirtschaft, verzichten zu müssen.

28. von Seebachs Lichtwuchsbetrieb oder modifizierter Buchenhochwald. Auch diese Form geht von dem damals wichtigsten Hochwalde, dem Buchenbrennholzwalde, aus; sie will ihn schon 30—40 Jahre vor Erreichung der Haubarkeit im Dunkelschlagverfahren verjüngen; jedoch sollen von den Schirmbäumen so viele belassen werden, daß in 30—40 Jahren diese wiederum einen Kronenschluß bilden. Die erste Verjüngung hat nur den Zweck des Bodenschutzes. Erst die nun einsetzende zweite Verjüngung gibt den zukünftigen Bestand. Vorzeitige Nutzung zur Befriedigung von Berechtigungsansprüchen war die Veranlassung für von Seebach zu dieser Wirtschaftsform.

Zu den Lichtwuchsbetrieben zählen sodann noch folgende Formen: 29. Der zweihiebige Hochwald ist eigentlich keine Verjüngung, sondern nur eine Bestandserziehungsform, mag aber der Vollständigkeit wegen hier Platz finden. Schattenhölzer werden nach Ablauf der halben Umtriebszeit stark durchlichtet und unterbaut; Lichtholzarten werden zur Zeit der natürlichen Verlichtung mit Unterbau versehen; es besteht dabei die Hoffnung, daß dieser Unterbau, unterstützt durch Hiebe im älteren Bestande, zu brauchbarem Nutzholz bis zur Haubarkeit des älteren Bestandes heranwachsen wird.

30. Die Lichtungsbetriebe sind ebenfalls Erziehungsformen; sie unterscheiden sich vom zweihiebigen Hochwalde nur dadurch, daß der Unterbau erst nach Ablauf des größten Teiles der Umtriebszeit (etwa $^3/_4$ u) ausgeführt wird. Ausnutzung des Lichtungszuwachses ohne Nachteile durch Freistellung für den Boden sind Zwecke dieser Wirtschaftsformen.

31. Wageners Lichtwuchsbetrieb beabsichtigt eine große Ernte von Vorerträgen und Ausnutzung des Lichtungszuwachses. Er denkt sich den Bestand weitständig begründet; zwischen 25 und 30 Lebensjahren erfolgt der erste Kronenfreihieb der wuchskräftigsten

Stangen in gegenseitigen Abständen von 4—5 m. Der Zwischenstand wird bei Lichtholzarten unterbaut, bei Schattenholzarten stark durchforstet. Nach zehn Jahren wird der Kronenfreihieb wiederholt; der Unterbau wird auf der ganzen Fläche mit Buchen und Hainbuchen betätigt. Nach Nutzung des Hauptbestandes soll der Unterbau zum Hauptbestand heranwachsen. Um seine Nutzholztüchtigkeit zu erhöhen, ist von Wagener die Einpflanzung von Nutzhölzern, wie Fichten und Lärchen, auf Lücken in den Buchen beabsichtigt. Fehlen die Lücken, werden in dem ehemaligen Unterbau kahle Gassen geschlagen, in welche die beiden Nutzholzarten eingepflanzt werden. Diese Art der Begründung eines Mischwaldes ist der schwächste Punkt in Wageners Wirtschafts- und Verjüngungssystem. Geht das Bodenschutzholz verloren, so erfolgt Neubegründung des Bestandes wiederum durch weitständige Pflanzung, von welcher bei Beschreibung des Systems ausgegangen wurde.

32. Borgmanns horstweiser Lichtwuchsbetrieb für die Fichte ist, wie der Name sagt, ein Lichtwuchsbetrieb, der auf zahlreichen Gruppen (bis zu 10 a Größe) im Fichtenbestand sich erstreckt; die Gesamtsumme aller Horste oder Gruppen soll zwei Drittel der ganzen Fläche einnehmen. Im Zentrum der ausgewählten Horste beginnt mit dem 50. Lebensjahr des Bestandes ein Kronenfreihieb der bestgeformten Stämme in etwa 3—6 m Abstand. Das Unterständige verbleibt im Lichtwuchshorste; alle fünf Jahre wird der Freihieb wiederholt, so daß mit 70 Lebensjahren des Bestandes die Freihiebe an den Rändern der Lichtwuchshorste angelangt sind. Im 75. Jahre beginnt die Verjüngung dieses Horstes vom Zentrum ausgehend in Kahlschlägen mit Pflanzung, im 85. Jahre kann die Verjüngung aller Horste beendet sein, worauf die Kahlschlagsverjüngung des zwischenliegenden Bestandes sich anschließt. Auch dieser zwischenliegende Bestand wird stärker als bisher, unter Kronenhilfe für bestgeformte Stämme durchforstet. Größere Vorerträge, Erzielung der Lichtwuchsvorteile für die sturmschwache Fichte, Sicherung des Aufwuchses durch die gruppenweise, künstliche Verjüngung sind die Hauptzwecke der Wirtschaft.

Das gleiche Ziel erreicht im Fichtenwald auch **33.** Urichs Lichtwuchskulissenbetrieb. Es erfolgt der Freihieb der bestgeformten Stämme in breiten Streifen (Kulissen), welche durch geschlossen bleibende Bestandsteile voneinander getrennt sind.

34. Borggreves Reformwald. In dem bis zum 60. Jahre in der bisher üblichen, (d. h. mit ängstlicher Erhaltung des Bestandsschlusses), durchforsteten Bestände werden von da an alle zehn Jahre die vorherrschend stärksten Stämme herausgenommen, bis zu 20 % der Gesamtmasse. Borggreve nimmt an, daß die vorherrschenden Stämme (Protzen) die fehlerhaftesten Glieder des Bestandes seien, was angesichts der mangelhaften Jungwuchspflege und der unpassenden Durchforstungsmethoden in zahlreichen Fällen auch richtig ist. Die verbleibenden, bisher von den Protzen beherrschten Stämme sollen sich wieder erholen (Erholungswirtschaft auch genannt), wofür diesen ein verlängerter Umtrieb bis zu 140 Jahren geboten wird.

35. Preßlers Hochwaldideal, idealer Hochwald; die Stämme sind hiebreif, sobald ihr Weiserprozent unter den geforderten wirtschaftlichen Zinsfuß herabsinkt. Natürliche, auch künstliche Verjüngung begründet den Neubestand.

In Waldungen, in welchen nicht das erzeugte Holz, sondern ein anderes Produkt des Baumes oder ein anderes Produkt des Bodens oder nur ideelle Genüsse das Endziel der wirtschaftlichen Tätigkeit bilden, richtet sich auch die Form der Wirtschaft und der Verjüngung nach diesem Ziele.

Hierher zählt 36. der Harzwaldbetrieb, wie er vorzüglich bei zweinadeligen Schwarzföhren, auch bei einigen drei- oder fünfnadeligen Föhren, selten bei Angehörigen der Gattungen Picea, Abies, Larix, Tsuga, Pseudotsuga angetroffen, wird bzw. eingerichtet werden kann.

37. Korkwaldwirtschaft. Vorzugsweise sind es zwei immergrüne Eichen Quercus Suber und Quercus occidentalis, welche in den Subtropen Nordafrikas und im benachbarten Castanetum des westlichen Europa zum Zwecke der Korkgewinnung in aufgelöstem Kronenschlusse erzogen werden. Im Castanetum Japans hat man in neuerer Zeit auch eine winterkahle Eiche, Quercus variabilis mit Erfolg für die Korkgewinnung herangezogen.

38. In der Waldweidewirtschaft im Flachlande und hügeligen Gelände ist die Gewinnung der Gräsereien durch den Weidegang der Tiere aus rechtlichen Gründen zu dulden. Zur Befriedigung dieser Servituten ist Kahlschlagbetrieb nötig, um die verunkrauteten Flächen bis zu ihrer Verjüngung wie auch die haubaren Bestände der Viehweide zu eröffnen.

39. Alpenweidewirtschaft scheidet bereits für einen Umtrieb ständige Weideflächen im Wirtschaftswalde aus; auch alle übrigen Bestände sind der Weide geöffnet mit Ausnahme jener, welche in Verjüngung stehen. Ist endlich die Weide der wichtigste und ständige Ertrag einer Fläche, ist der Wald aufgelöst in weiträumig gestellten Nutzbäumen, welche in einem Femelhiebe genutzt und in einer Femelpflanzung wiederum verjüngt werden, so wird diese Wirtschaftsform 40. Hutweidewirtschaft genannt; hierher zählen die Weideflächen mit Eichen oder Föhren, im Hochgebirge mit Lärchen (Lärchenwiesen).

41. Wildparkwirtschaft. Je nach der Tiergattung, welche gehegt werden soll, sind Holzart und Wirtschaftsform zu wählen; fruchttragende Laubbäume und Sträucher, schützende Nadelhölzer, vergraste Flächen, Fruchtfelder sind nötig, so daß Kahlschlag, Femel-

wald, Mittelwald und landwirtschaftlicher Betrieb im Wildpark sich vereinigen können.

42. Lustparkwirtschaft; sie verfolgt ästhetische Ziele: Schönheit des Aufbaues des Waldes in Baumhöhe, Kronenform, in Freistand und Vereinigungen, Erhaltung der Naturschönheit, des landschaftlichen Bildes, der Tiere, besonders der Vogelwelt, Umrahmung von Baulichkeiten und anderes sind die Ziele, denen der Lustpark zur Freude seines Besitzers und seiner Besucher dienen soll. Alle Bäume und Sträucher, einheimische wie fremdländische, alle Wirtschaftsformen, insbesondere der Femelwaldbetrieb, der Mittelwald, am wenigsten der Kahlschlag im Hoch- und Niederwald, können diesen Zwecken dienen.

In allen Örtlichkeiten, in welchen die Erhaltung einer Baumvereinigung zum Schutze des Bodens gegen Abschwemmung, Überschwemmung, Lawinenbildung, Flugsandbildung, Bergabrutschung u. dgl. wichtiger erscheint als die Holzproduktion, ist 43. die Schutzwaldwirtschaft am Platze. Großbestands- und Kleinbestandswirtschaft sind so weit zulässig, als sie in einer Form verjüngen, die nicht auf einmal größere, kahle Flächen schafft; das sind vor allem Schirmbestandsverjüngungen, insbesondere der Femelbetrieb. Im Hochwalde, der nur aus Gruppen besteht, wäre auch der Kahlschlag zulässig. Sehr steiles, felsiges Gehänge, welches nur mit Schwierigkeit betreten werden kann und nur einen minimalen Gewinn abwirft, sollte überhaupt unberührt als Urwald zum ästhetischen Genusse erhalten bleiben.

Als neuzeitliche Wirtschaft mag 44. die Schmuckbaumzucht, der Schmuckbaumbetrieb Erwähnung finden, der in der Nähe der größeren Städte immer mehr notwendig und rentabel wird. Nadelhölzer werden auf mittelguten Böden (nicht auf schlechten wegen Langsamwüchsigkeit, nicht auf sehr guten wegen allzu raschen Wachstums) angepflanzt, um Weihnachtsbäume, Dekorationsbäume, Deckreisig usw. zu liefern. In Nadelholzgebieten werden auch Laubhölzer gewünscht.

Neue Wirtschafts- und Verjüngungsformen entstehen sodann, wenn der Hochwald mit Landwirtschaftsbetrieb verbunden wird, womit eine doppelte Ausnützung der Fläche beabsichtigt, aber auch eine beschleunigte Erschöpfung des Bodens herbeigeführt wird. Die gründliche Bodenlockerung der landwirtschaftlichen Benutzung erleichtert die Wiederbegründung der neuen Waldgeneration, schädigt sie aber durch Erregung der Wurzelfäule.

45. Die Waldfeldwirtschaft. Der Hochwald wird durch Kahlschlag beseitigt. Die künstliche Begründung der Pflanzung geschieht gleichzeitig mit dem Fruchtbau. Der Boden wird von Unkrautwuchs und Wurzeln gereinigt und in Reihen werden in einem Abstand von 1,2—2 m Lichtholzarten gepflanzt. Zwischen den Reihen werden Kartoffeln eingelegt oder in wärmeren Lagen Mais gebaut; seltener

werden zwei Ernten gewonnen; es kann aber auch die Fläche gleichzeitig mit landwirtschaftlichen und forstlichen Sämereien bestellt werden (z. B. Haferschutzsaaten).

46. Röderwaldbetrieb. Die künstliche Neubegründung des Bestandes erfolgt nach der landwirtschaftlichen Ernte durch Saat oder Pflanzung; um etwas die Bodengüte zu heben, wird der Schlagabraum mit Graspolstern, Stauden und sonstigem Unkrautwuchs in einem kleinen Meiler verbrannt, die gewonnene Asche über die ganze Fläche ausgebreitet, worauf die landwirtschaftliche Benutzung bis zur Erschöpfung des Bodens anhebt.

47. Die Reutberg- oder Birkbergwirtschaft gleicht ganz dem Röderwalde, ist aber auf sehr leichtsamige Holzarten beschränkt. Solche Bestände werden gerodet, der Boden landwirtschaftlich bis zur Ertragslosigkeit ausgenützt. Darauf wird die Verjüngung der Natur überlassen, die reichlich die leichtsamigen Holzarten, darunter auch Fichten, Föhren, selbst Tannen, wo davon ältere Bäume in der Umgegend sich finden, vor allem aber Birken, Weiden, Pappeln, Erlen, ansät; mit Nadelhölzern mischt sich der neue Bestand vorzugsweise im Bayerischen Wald; mit weichen Holzarten bestockt sich der Birkenberg in Baden; werden aber auf der kahlen Fläche einzelne Birken verschont, so daß sie den doppelten Umtrieb erreichen und die Besamung der Fläche außerordentlich erleichtern, so entsteht 48. der Birkbergüberhaltbetrieb, wie er in den Ardennen im Gebrauche ist und in Finland als Kaski Sved bekannt ist.

49. Die Alpenbrandwirtschaft ist eine auf Nadelhölzer, insbesondere Fichten, beschränkte Wirtschaftsform. Etwa im 30. Lebensjahr werden die Stangen bis oben geschneitelt (entästet) zum Zwecke der Streugewinnung; sodann werden die Stangen gefällt und zu Brenn- und Papierholz verwendet. Der Schlagabraum wird ausgebreitet und zu Asche verbrannt; es folgt landwirtschaftliche Benutzung für drei bis vier Jahre, worauf die Fläche der Selbstbesamung und dem Weidegange der Haustiere überlassen wird.

50. Des historischen Interesses wegen sei noch Cottas Baumfeldwirtschaft erwähnt. Cotta teilt den Gesamtwald in 30 bis 80 Schläge; alljährlich soll ein Schlag gerodet und einige Jahre mit landwirtschaftlichen Gewächsen benützt werden; darauf folgt Pflanzung in einem Abstand von 4—17 m und die Fortsetzung des landwirtschaftlichen Betriebes bis zum Kronenschluß. Nun wird die Hälfte der Bäume herausgenommen, die andere Hälfte soll die Haubarkeit erreichen. Cotta erwartete höhere Holzerträge wegen erhöhter Bodenfruchtbarkeit, wegen Abwechslung in der Aufzücht der Gewächse (Fruchtwechsel).

B. Ausschlagwald.

Zu den Ausschlagwaldungen werden alle jene Waldungen gerechnet, deren Verjüngung auf Ausschlägen, auf Trieben aus schlafend gebliebenen oder neugebildeten Überwallungsknospen beruht. Bei dieser Verjüngung wird jedoch der Baum selbst, der gestümmelt werden muß, um Ausschlag zu entwickeln, immer älter und erreicht sein physisches Ende um so früher, je öfter die Verstümmelung war. An Laub- und Nadelbäumen sind diese Stümmelungs- und Ausschlagbetriebe bekannt; vorwiegend aber werden Laubhölzer in den wärmeren Klimazonen auf diese Weise bewirtschaftet.

Die Ausschlagwaldungen und -betriebe weisen folgende Vorzüge auf: 1. Größere Holzmassen als beim Hochwaldbetrieb innerhalb gleicher Zeiträume. 2. Gewinnung der größten Menge von wertvollen Kleinnutzhölzern. 3. Einfachheit und Leichtigkeit der Wiederverjüngung. 4. Einfachheit des ganzen Betriebes, geringe Anforderung an die naturwissenschaftliche Vorbildung des forstlichen Verwaltungspersonals. 5. Öftere Wiederkehr größerer Einnahmen. 6. Geringste Gefahr durch Sturm und Schnee. 7. Geringe Nachteile für anliegende, landwirtschaftliche Besitze. 8. Gefahrlosigkeit der Holzgewinnung, ausgenommen den Schneitelbetrieb.

Den Vorteilen stehen folgende Nachteile gegenüber: 1. Einseitigkeit der Nutzung; meist nur ein wertvolleres Produkt ist das Ergebnis des Betriebes, daher 2. Abhängigkeit der Rentabilität der Wirtschaft von dem jeweiligen Preise dieses Produktes. 3. Stärkere Ausnützung des Bodens und raschere Verarmung desselben. 4. Höhere Ansprüche an das Klima gegenüber dem Hochwalde. 5. Große Gefahr für den Lohnarbeiter beim Schneitelbetriebe.

Je nach dem Stammteile, der gestümmelt wird und an welchem Ausschläge erfolgen, je nach dem Zwecke der Wirtschaft unterscheidet man folgende Ausschlagformen und Wirtschaften:

1. Die Stockausschlagformen, Niederwaldwirtschaften. Bei allen Niederwaldwirtschaften werden die Stämme unmittelbar über dem Boden abgeschnitten; da eine größere Zahl von Stämmen gleichzeitig so behandelt wird, wird ein Kahlhieb geführt. Für die Ausschläge des ersten Jahres besteht somit eine erhöhte Spät- und Frühfrostgefahr, die mit jedem Jahre sich mindert; denn die neue Generation erwächst sehr rasch, kommt frühzeitig in Kronenschluß und gibt astreines Stangenholz. Je nach dem Zweck der Wirtschaft, der Umtriebszeit, der Holzart, werden teilweise nach Hamms Ausschlagwald[1] folgende Wirtschaftsformen des Niederwaldes unterschieden:

---

[1] Hamm, Der Ausschlagwald. 1896.

51. Der Stangenwald, ein Niederwald mit 10—40 jährigem Umtriebe, vorwiegend mit Laubhölzern. Das erzielte Produkt ist entweder Brennholz oder Kleinnutzholz, Drechslerware, Wagnerholz, Faßreifen oder Nadelholzstangen; letztere erzeugt in großen Mengen der Niederwald der Cryptomeria japonica in Japan (Kitayama-maruta).

52. Der Schälwaldbetrieb; behufs Gewinnung der Gerbrinde werden vorzugsweise Eichen aus der Gruppe der Weißeichen (albae) im Niederwaldbetriebe bewirtschaftet, wobei, wie später ausgeführt werden muß, die Güte des Produktes von der Holzart, von Klima, Boden und Behandlung abhängig ist; die Umtriebszeit bewegt sich zwischen 15 und 30 Jahren.

Strauchholzbetrieb besitzt eine Umtriebszeit von 1—4 Jahren; je nach dem Zwecke und der Holzart spricht man **53. von Weidehegern**, wenn die ganze Bestockung aus Weiden für die Korbindustrie besteht; von **54. Papierhegern**, wenn die Ausschläge von Rindenbastpapier gebenden Holzarten, wie Broussonetia, Edgewörthia, Wickströmia u. a., alljährlich abgeschnitten werden;

55. Gründüngungsbetrieb, wenn das Material unmittelbar nach der Begrünung abgesichelt und zur Düngung der Felder, besonders der Reis- und Simsenfelder, verwendet wird; auch **56. Futterlaubniederwald** ist bekannt; die alle 2—3 Jahre nach voller Begrünung abgeschnittenen Zweige werden teils grün, teils getrocknet verfüttert.

Der Buschwald entsteht bei einem Umtriebe von 5—15 Jahren; Weiden, Pappeln, Erlen und andere Weichhölzer bilden **57. den Faschinenwald**, dessen Material für Wasserbauten, Gradierwerke Verwendung findet.

Werden im Niederwaldbetrieb einzelne Bäume vom Hiebe verschont, so daß sie die doppelte Umtriebszeit alt werden, so ergibt sich **58. der Niederwaldüberhaltbetrieb**, der beabsichtigt, starkes Nutzholz auf der gleichen Fläche mit dem Niederwalde zu erzeugen.

Niederwaldungen können auch mit **landwirtschaftlichen Betrieben** vereinigt werden. So findet man in Schälwaldungen von Eichen unmittelbar nach der Fällung der Stämme eine Düngung der Fläche mit Rasen- und Schlagabraumasche, ein Behacken des Bodens und eine Ansaat von Roggen, seltener Anbau von Kartoffeln; wegen der noch in demselben Jahre aufkommenden Stockausschläge ist nur eine Fruchternte möglich; vielfach reiht sich aber noch Viehweide an, wodurch die Verschlechterung des Bodens und des Holzbestandes beschleunigt wird. Dieses Wirtschaftssystem ist im Bereiche des Schälwaldes vielfach verbreitet und heißt **59. Hauberg- oder Hackwaldwirtschaft, Rotheckenbetrieb, Lohheckenbetrieb.**

2. **Kopfausschlagformen** (Abb. 15 *b*) entstehen dadurch, daß die Stämme nicht am Boden, sondern erst in 1—4 m Höhe über dem Boden geköpft werden, damit an der Stümmelungsstelle Ausschläge mit verstärktem Längenwachstum hervorbrechen. Die Stümmelung erfolgt alljährlich oder alle 2—4 Jahre, wodurch das Stammende immer mehr anschwillt. Je nach dem Zwecke und den Holzarten unterscheidet man **60. Kopfholzkorbweidenbetrieb.** Die einzelnen Stämme stehen isoliert meist entlang den Entwässerungsgräben, Bach- und Flußläufen in wechselnden Abständen. Dazwischen findet auf dem frischen, guten Boden der Flußauen meistens landwirtschaftliche Grasnutzung statt; eine ähnliche Verbindung mit Landwirtschaft, so daß forstliche und landwirtschaftliche Benutzung des Bodens gleichzeitig und dauernd nebeneinander ausgeführt werden, besteht beim **61. Kopfholzfutterlaubbetrieb,** der im Castanetum von Süd- und Westeuropa gefunden wird und mit Erzeugung von Futterlaub für Haustiere sich befaßt. **62. Kopfholz für Brennholzzucht** an Eichen, Ulmen, Baumweiden, Linden, Pappeln u. a. locker über Wiesflächen gestellt, ist in wärmeren Lagen, besonders Frankreich und Spanien, häufig. Werden im Niederwaldbetrieb einzelne Bäume statt über dem Boden in größerer Höhe abgeschnitten, so erfolgt der Ausschlag der neuen Generation in zwei Etagen, am Boden und in 2—4 m Höhe; Heyer hat diesen Betrieb **63. den doppelten Ausschlagwald** genannt.

3. **Kropfholzzucht, Schneitelbetriebe** (Abb. 15 *c*). Seitenäste der Bäume, selten auch die Gipfel werden gestümmelt; die neuen Ausschläge erfolgen an den Stümmelungsstellen und den Überwallungswülsten, wodurch diese kropfartig anschwellen; jeder Baum trägt somit für kurze Zeit eine doppelte Krone, die kugelförmige des Gipfels und die säulenförmige der Kröpfe. Kropfholzzucht ist in den wärmeren, besonders in den von romanischen Rassen bewohnten Ländern Süd- und Westeuropas sehr beliebt; zwischen den Kropfholzbäumen dient die Fläche landwirtschaftlichen Betrieben.

64. Der Schneitelbrennholzbetrieb an Pappelarten ist überaus häufig in Frankreich; ja, er gibt den Landschaften Frankreichs ein ganz eigenartiges Gepräge. Zwischen den weitständig gepflanzten Pappeln findet Grasnutzung statt. **65. Schneitelfutterlaubbetrieb** zur Fütterung der Haustiere, besonders der Ziege in Südeuropa mit dem Zürgelbaume als Hauptholzart, zur Fütterung der Schafe im Norden Europas mit der Birke. An stehenden Nadelhölzern, besonders Fichten und Tannen, ist endlich **66. der Schneitelstreubetrieb** behufs Gewinnung von immergrünem Streumaterial in an Feldfrucht armen Gebirgsgegenden zu finden.

C. Mittelwaldungen..

Der Mittelwald ist eine Verbindung des Niederwaldes mit dem femelartig genützten, ohne Kronenschluß aufwachsenden Hochwalde und entsteht derart, daß im Niederwaldkahlschlag die besten Ausschlagsstangen oder auch Kernwüchse von Nutzholzarten vom Hiebe verschont werden (Laßreitel) in der Absicht, daß sie als Oberholz ein Alter erreichen, welches ein mehrfaches der Umtriebszeit des Niederwaldes (Unterholz) beträgt; die Oberhölzer unter sich sind daher stets um die Umtriebszeit des Unterholzes im Alter verschieden. Diese Waldform ist sehr alt, hat einige Zeit so ziemlich das ganze Laubwaldgebiet von Mitteleuropa inne gehabt und ist noch heute der vorherrschende Wirtschaftswald in Frankreich.

Die Vorzüge des Mittelwaldes lassen sich in folgende Punkte zusammenfassen: 1. Größere Gesamtholzmassen in den gleichen Zeiträumen als beim Hochwald- und beim Niederwaldbetriebe. 2. Aufzucht von geringer Menge sehr starken Nutzholzes neben großer Menge Brennholzes oder Kleinnutzholzes in kürzester Zeit; Nutzung eines jeden Oberholzstammes zur Zeit seiner größten Brauchbarkeit. 3. Öftere Wiederkehr der Einnahme aus dem Walde gegenüber dem Hochwalde. 4. Bodenpfleglichere Betriebsarten gegenüber dem Niederwalde; Ausnützung von Bodenverschiedenheiten durch verschiedene Zusammensetzung des Unterholzes und dichtere oder dünnere Stellung des Oberholzes. 5. Leichtigkeit und Billigkeit der Verjüngung; im Unterholz als Ausschlagwald, im Oberholz wegen der reichlichen Samenbildung infolge des Freistandes. 6. Geringere Nachteile der Kahlfläche beim Hiebe des Unterholzes wegen der Schutzstellung durch das Oberholz. 7. Für den Kleinbesitz besser geeignet als der Hochwald.

Als Nachteile des Mittelwaldes sind folgende Punkte aufzuführen: 1. Geringerer Holzzuwachs im Niederwalde infolge der Überschirmung durch das Oberholz. 2. Geringere Stockausschlagfähigkeit infolge des Lichtentzuges. 3. Ungünstige Form des Holzes, Schaftkürze, Neigung zu Wasserreisern, Abholzigkeit des Schaftes, Ungleichheit im Holzgefüge, Grobfaserigkeit. 4. Beschränkung in der Auswahl des Ober- und des Unterholzes; nur wenn ersteres eine Lichtholzart ist, kann das Unterholz, eine Halbschatten- oder Schattenholzart, gedeihen. 5. Erhöhte Sturm- und Blitzgefahr besteht für das Oberholz, das durch den Freistand zur Klebeästebildung neigt; für glattrindige Oberholzbäume besteht die Gefahr des Rindbrandes. 6. Beschädigung des Unterholzes bei vorzeitig notwendig werdender Fällung des Holzes (Auszugshauung). 7. Bei Eichenschälwaldungen wird das Erzeugnis an Rinde in Masse und Gerbstoffgehalt durch den Lichtentzug des Oberholzes geschädigt. 8. Rasche Bodenerschöpfung wegen großer Reisigmengen.

Der Mittelwald wird in folgende Wirtschaftsformen eingeteilt:

67. Niederwaldartiger Mittelwald. Oberholz in gleichmäßiger Verteilung und in geringer Zahl; das Schwergewicht der Wirtschaft liegt im Unterholze, welches in der Regel der Gerbstoffgewinnung oder der Brennholzzucht dient.

68. Werden die Oberhölzer gleichzeitig geschneitelt, so entsteht eine Wirtschaft, welcher der Name **Schneitelmittelwald** gegeben werden kann; sie ist in Frankreich vielfach verbreitet. Der Kropfausschlag schädigt zwar den Nutzwert des geschneitelten Stammes, allein mit dieser horizontalen und vertikalen Holzzucht wird die **größte Holzmasse erzeugt**, welche dem Standorte überhaupt abgerungen werden kann.

69. Im **trupp- und gruppenständigen Mittelwalde** ist das Oberholz trupp- und gruppenweise angeordnet; in ihm ist die Gerbstoffproduktion teils eine gute, teils eine ganz schlechte (unter den Überhaltgruppen); die Nutzholzzucht ist begünstigt.

70. Hochwaldartiger Mittelwald. Diese Form entsteht, wenn das Oberholz einzeln und gruppenständig vorhanden ist. Der Schwerpunkt liegt im **Oberholze**; diese Form bildet meist nur den Übergang zum Hochwalde.

D. Astwaldungen.

Astwaldungen müssen als eine eigene Betriebsklasse ausgeschieden werden, da sie weder durch Samen noch durch Ausschläge sich erneuern; sie sind vielmehr das Ergebnis eines Verkrüppelungs-

Abb. 16. Verkrüppelte Föhre aus den Astwaldungen der Auvergne (Frankreich).

betriebes, bei dem fortgesetzt der Gipfeltrieb gestümmelt wird, worauf
Seitenäste zu Gipfeln werden, welche wiederum der Stümmelung an-
heimfallen, worauf neue Seitenäste sich erheben. Der ganze aufgelöste,
verkrüppelte Waldbestand besteht somit aus Astwerk, das teilweise zu
Gipfeln emporzustreben sucht; daher mögen die Bezeichnungen: Astwald oder Verästelungsbetrieb oder Astwaldbetrieb
passend sein. Sie sind bis heute nur bei den Nadelhölzern bekannt geworden, und zwar in zwei Formen:

71. Flächenweiser Astwaldbetrieb; bei ihm erstreckt sich
der Entgipfelungshieb über größere Flächenteile. Er ist in Japan,
Korea und China an zweinadeligen Föhren bekannt und ausgeübt.

72. Astwaldfemelbetrieb ist eine Wirtschaftsform, welche
Verfasser in der französischen Auvergne an der Bastardföhre und
ebenso in Ostasien kennen lernte und die wahrscheinlich in allen
Ländern mit kleinparzelliertem Besitze in Ausübung ist.

E. Rhizomwaldungen.

Rhizomwaldungen entstehen aus alljährlich freiwillig sich er-
hebenden Trieben oder Schößlingen, welche von unterirdisch wachsenden
Stengelteilen (Rhizomen) abzweigen, und welche mit den Schößlingen
der vorausgegangenen Jahre 8—25 m hohe Waldungen bilden. Alle
Bambuswaldungen sind Rhizomwaldungen. Von den Vegetationszonen,
die in dieser Schrift Berücksichtigung finden, tragen nur das wärmere
Castanetum und das Lauretum Baumbambus in Rhizomwaldungen.
Die Triebe oder Schösse schießen in einer Vegetationszeit zur normalen
Dicke nnd Höhe empor; der Wald ist der dichteste Bestand, der bekannt ist (vgl. Abb. 15). Die einzige Wirtschaft, die in diesen Waldungen durchgeführt werden kann, ist 73. der Femelrhizom-
betrieb, welcher einzelne Schößlinge, zumeist die ältesten aus dem
dichten Bestande, zur Ausnützung heranzieht.

F. Übergangswaldungen.

Die Übergangsbetriebe können keine selbständigen Wirtschafts-
oder Verjüngungsformen, vielmehr nur vergängliche Notbehelfe sein,
um möglichst rasch und ohne allzu großen Verlust an Nutzung und
Einkommen von einer Wirtschaftsform zu einer anderen zu gelangen.
Mannigfach können die Gründe sein, die zum Verlassen der bisherigen
Wirtschaftsform und zum Übergang zu einer neuen Veranlassung geben
können. Ein Wechsel in der Wirtschaft wird angezeigt sein beim
Wechsel in der Holzart. Günstigere, finanzielle Erwartungen
können zwingen, die bisherige Holzart zu verlassen und eine andere
Holzart, für welche auch eine andere Wirtschaftsform nötig sein kann,
anzubauen, während a) die Bodengüte selbst keine Veränderung

erfahren und deshalb auch keinen Anlaß zu einer Veränderung in der Bestockung gegeben hat, z. B. Übergang von Buche zu Fichte, von Eichenniederwald (Schälwald) zu Eichenhochwald. Dagegen wird ein Übergang zu einer anderen Holzart und Wirtschaftsform stets nötig sein, wenn b) die Bodenvermagerung zugenommen und von einer anspruchsvolleren Holzart, z. B. von Eiche auf Sandböden, welche mit Streurechten belastet sind, zu einer wenig anspruchsvollen, z. B. Föhre, übergegangen werden muß. Durch Senkung des Grundwasserspiegels ermattete Laubholzvereinigungen (Mittelwaldungen) werden Fichten und Föhren den Platz überlassen müssen und andere. Seltener dürfte der Fall sein, daß c) Bodenverbesserung eingetreten ist, so daß von einer weniger anspruchsvollen zu einer anspruchsvolleren Holzart übergegangen werden kann, z. B. von Föhren zu Eichen.

Ohne Wechsel in der Holzart können den Übergang von einer Wirtschaftsform zu einer anderen wünschenswert erscheinen lassen: Mißerfolge in der bisherigen Wirtschaft; Sturmschäden in Dunkelschlagwaldungen zwingen oft zum Kahlschlag; allzu häufige Frostschäden auf den Kahlflächen zwingen zum Schirmschlag u. dgl. Endlich können Naturereignisse, Feuer, Sturm, Insektenfraß, welche den Wald so sehr in seiner Substanz schädigen, daß für die Durchführung der bisherigen Wirtschaftsform das nötige Stammaterial fehlt, zu einer anderen Wirtschaftsform nötigen.

Unmöglich kann für alle Wirtschaftsformen die Art des Übergangs von einer zur anderen hier beschrieben werden; für die meisten ergibt sich der Weg von selbst aus dem Wesen der alten und neuen Form. Nur in allgemeinen Andeutungen können diese Vorgänge hier berührt werden. Soll aus einer Kahlschlagform mit künstlicher Verjüngung zu einer Schirmschlagform mit Naturverjüngung übergegangen werden, so ist zu bedenken, daß die Naturverjüngung stets langsamer zum Ziele führt als die künstliche, daß somit eine größere Zahl von Verjüngungsobjekten, von Angriffspunkten für die Verjüngung zur Verfügung stehen muß; wird der umgekehrte Weg beliebt, kann eine Reduktion der Angriffspunkte eintreten. Geschieht der Übergang mit Holzartenwechsel, so vergeht eine volle Umtriebszeit, ehe der Übergang vollendet ist. Bis zur Vollendung sind in einem solchen Übergangswalde beide Wirtschaftsformen nebeneinander vorhanden, wie aus späteren Beispielen entnommen werden kann.

Soll vom Niederwalde zum Hochwald übergegangen werden, so genügt es nicht, daß man die Stockausschläge einfach wachsen läßt, daß man also die Umtriebszeit des Niederwaldes erhöht bis zur beabsichtigten Umtriebszeit für den Hochwaldbetrieb; denn die Stockausschläge werden nicht dieses Alter erreichen, da sie mit faulenden, alten Stöcken im Zusammenhang stehen. Dr. Kahl[1]) empfiehlt Fort-

---

[1]) Dr. Kahl, Elsaß-Lothring. Forstverein. 1896.

führung des Niederwaldes unter Einbringung von Nadelholzgruppen als Vorbereitung für die Umwandlung. Adjunkt Flury[1]) ist für verstärkte Durchforstungen und Durchlichtungen zur Deckung des Etats. Der erste Hochwaldumtrieb wird kürzer sein müssen als der folgende, dessen Bäume aus Sämereien hervorgehen werden. Um den immerhin noch lang andauernden und empfindlichen Verlust an Ernte einzuschränken, kann ein Teil des Niederwaldes als oberholzreicher Mittelwald ausgeformt werden, von dem ausgehend der Übergang zum Hochwald leichter sich vollzieht als der direkte Übergang vom Niederwald zum Hochwald oder auch vom oberholzarmen Mittelwald zum Hochwald. Derartige Waldbilder haben in der Praxis die Bezeichnung „Übergangswald" erhalten. Mangler[2]) will holzarme Mittelwaldungen durchlichten, unterbauen und die Schirmständer allmählich aufnutzen. Ney[3]) verlangt beim Übergang vom Mittelwald zum Hochwald Pflege der gutgeformten, noch zuwachsenden Oberholzstämme sowie der Kernwüchse bzw. der Ausschläge aus jungen Stöcken; diese werden regelmäßig frei gehauen. Die Verjüngungen erfolgen unter Schirm; Nadelhölzer sollen in größeren Horsten (Kleinbestände nach dieser Schrift), Laubhölzer ungleichaltrig auf kleinsten Flächen (Gruppen nach dieser Schrift) begründet werden. Verfasser ist der Ansicht, daß bei der Umwandlung von Mittel- in Hochwald, ebenso wie bei Umwandlung der Aueplenterwaldungen, der Kleinbestand mit Unterbau und Naturverjüngung in sich rein, aber jeder aus einer anderen Holzart den waldbaulichen und ökonomischen Forderungen am besten entspricht. Wäre der Übergang vom Niederwald zum Nadelholzhochwald beabsichtigt, so müßten auf jeder Fläche, auf der der Niederwaldkahlhieb geführt wurde, die Laubholzstöcke gerodet werden, damit das Nadelholz begründet werden kann. Auch diese erste Nadelholzgeneration müßte mit Rücksicht auf den Ertragsentgang in kürzerer Zeit genützt werden. Soll vom Kahlschlag zum Femelbetrieb übergegangen werden, so werden der Reihe nach alle haubar gewordenen Bestände dem Femelhiebe unterstellt, so daß eine volle Umtriebszeit des Hochwaldes abläuft, bis der Übergang erreicht ist. Auch der Übergang von einer Einteilungsform des Waldes in eine andere, wie der Forsteinrichtung als Aufgabe zukommt, kann keine· unüberwindlichen, technischen Schwierigkeiten bieten, wenn es gelingt, geschichtliche Erinnerungen, Vorliebe und Vorurteile zu besiegen.

---

[1]) Flury, Mitteilungen der schweiz. forstl. Versuchsanst. 1903.
[2]) Mangler, Badischer Forstverein. 1899.
[3]) Oberforstm. Ney, Deutscher Forstverein. 1907. Lehre vom Waldbau. 1885.

Neunter Abschnitt.

Wahl der Wirtschafts- und Verjüngungsformen.

———

Unter Voranstellung der naturgesetzlichen Gründe, welche zur Wahl einer bestimmten Waldeinteilung und deren Wirtschaft und Verjüngung Veranlassung geben können, sei

1. das Klima

besprochen.

Hochwald. Weder die größte noch die geringste Wärmemenge, welche dem Walde geboten ist, verlangt Einteilung des Hochwaldes in Wirtschaftseinheiten von einer bestimmten Größe als der Grundlage für die Wirtschaftsführung und für die Verjüngung; Wärmeverhältnisse hindern aber auch nicht, daß nicht jede Waldeinteilung durchgeführt werden könnte. Großbestandsweise, kleinbestandsweise, gruppenweise, band-, streifen- oder stammweise Einteilung des Waldes ist in allen Klimalagen des Waldes möglich, vorausgesetzt, daß die übrigen Faktoren hierzu günstige sind. Der Großbestandswald mit dem am häufigsten in seinem Gefolge schreitenden Kahlschlag ist in der kühlsten Waldregion, z. B. in Nordeuropa, nicht mehr durch Spät- und Winterfröste gefährdet als derselbe in den wärmsten Lagen von Mitteleuropa; die Spätfrostgefahr ist im hohen Norden sogar geringer, weil dort das schädliche, lange Frühjahr in Wegfall kommt. Wenn wir den Stammwald (Femelwald) vorwiegend im kühlsten Elevationsklima der Waldungen antreffen, so ist dafür nicht das Klima, sondern die Ausformung des Geländes verantwortlich; wenn in den kühlsten Klimalagen Naturverjüngung bevorzugt wird, so ist die Ursache nicht in der Temperatur, sondern in technischen Schwierigkeiten zu suchen, welche den Wirtschafter zwingen, die sich überall aufdrängende Naturverjüngung auch zu benützen.

Sind Luftfeuchtigkeit und Niederschlagsmenge in dem Walde günstiger Menge gegeben, wie insbesondere in insularen Klimaten, so kann jede Waldeinteilung, jede Wirtschaft Platz greifen, im Falle die übrigen Bedingungen hierfür vorhanden sind. Je mehr aber durch Abnahme der Luftfeuchtigkeit und der Niederschläge der Wald an die Grenze seiner Existenzfähigkeit gerückt wird, um so wichtiger wird die durch die Baumvereinigung bewirkte Erhöhung der Luftfeuchtigkeit und Minderung der Verdunstung für das Dasein des Waldes, seine Wirtschaft und seine Verjüngungsform. Je kontinentaler das Klima, um so mehr müssen Formen vorherrschen, welche eine Bodenentblößung auf größere Flächen tunlichst vermeiden. Wird der Wald in Großbestände oder in Kleinbestände zerlegt, so sollten diese auf natürlichem Wege verjüngt werden, ist dieses unmöglich oder zu teuer, so muß eine andere Waldeinteilung gewählt werden, z. B. die gruppenweise oder streifenweise oder stammweise Aufteilung des Waldes; die einfache Nachahmung von Einrichtungs- und Wirtschaftssystemen, welche sich bewährt haben in Ländern mit klimatisch günstigerer Lage, kann zur Verwüstung eines klimatisch ungünstig gelegenen Waldes führen. Gegen Stürme sichert am besten der stammweise oder gruppenweise oder streifenweise eingeteilte Wald; soll aber Großbestands- oder Kleinbestandswald gewählt werden, so empfiehlt sich entweder die Holzartenmischung statt reiner Bestände oder besser eine andere Erziehung der letzteren als jene Methoden, die gegenwärtig in der Praxis vorherrschend sind. In Schneedrucklage sind es dieselben Formen und Erwägungen, die der Sturmgefahr zu begegnen suchen. Ausschlagwaldungen, zu welchen auch das Unterholz im Mittelwald zu rechnen ist, verlangen größere Wärme und zur Zeit der Verjüngung volles Licht; sie sind daher auf wärmere Klimate und Kahlschläge angewiesen.

Die Astwaldwirtschaft an Laub- und Nadelhölzern ist an kein Klima gebunden, wenn es auch selbstverständlich ist, daß sie in wärmerem Klima rentabler sein wird als in kühlerem.

Rhizomwaldungen sind an jene Klimalagen gebunden, in welchen die baumartigen Bambus heimisch sind.

Ausführlich muß der Einfluß auf die Verjüngungsart selbst, ob natürliche oder künstliche, in den folgenden Abschnitten behandelt werden.

2. Der Boden.

Wenn die klimatischen Verhältnisse für die Durchführung verschiedener Waldwirtschaften günstig sind, so besteht die Einwirkung der Bodengüte auf die Wahl der Wirtschaftsform in folgendem:

a) Je besser der Boden, um so leichter jegliche Waldeinteilung und innerhalb dieses Rahmens die Einführung und die Durchführung jeder Wirtschaftsform. Ist der Boden bis zu den geringsten Bonitäten herabgebracht, so sind meistens nur Kahlschlagformen mit künstlicher Verjüngung im Gebrauch, weil die Naturverjüngung auf der großen Fläche, an welcher auf solchen Standorten immer noch festgehalten wird, undurchführbar ist. Die wachsenden Schwierigkeiten der Naturverjüngung sind nicht bloß im wachsenden Mangel an Geduld und Zeit, sondern auch in der zunehmenden Bodenvermagerung zu suchen. Auf solchen geringen Böden kann die weitere Abminderung in Güte nur eine Wirtschaftsform aufhalten bzw. verzögern, welche zu keiner Bloßstellung des Bodens zwingt: Einteilung des Waldes in Kleinbestände, in Gruppen- oder Streifen- oder in stammweisen Wald (Femelwald) dürfte zum Ziele führen.

b) Je besser der Boden, um so eher können bodenerschöpfende Betriebe, wie Ausschlagwald, Mittelwald, Astwald, Hochwald mit Großbestands- und Kahlschlagswirtschaft, Fuß fassen, um so eher können auch landwirtschaftliche Betriebe mit den forstlichen verknüpft werden.

c) Auf flachgründigem Boden sollte Stammwald oder Gruppenwald stehen; wird Klein- oder Großbestandswald. gewählt, so müßten sie zur natürlichen Verjüngung erzogen werden; bei der herrschenden Erziehung sind jedoch Kahlschlagsformen unentbehrlich.

d) Auf Böden, welche übermäßig feucht sind und hierin nicht verbessert werden können, sind bei Laubholzbestockung Ausschlagformen oder stammweiser Hochwald, bei Nadelholzbestockung nur letzterer (Femelwald) empfehlenswert.

Bodenneigung. Auf ebenem oder sanft welligem Gelände sind alle Wirtschaften, wenn Klima und Bodengüte günstig sind, durchführbar; je steiler dagegen das Gelände, um so schwieriger sind Großbestands- und Kleinbestandswirtschaft, um so mehr müssen Kahlschlagsformen zurücktreten und die Aufteilung des Waldes in einen gruppen- oder stammweisen an die Stelle treten.

Man kann dementsprechend folgende Abhängigkeitsverhältnisse der Bodenneigung und der Betriebsklassen und Wirtschaften festlegen:

Felsabsturz. — Urwald.

Bodenneigung über 40%. Stammweise Waldeinteilung (Femelwald), Verjüngungsflächen möglichst klein, Schirmverjüngung.

Bodenneigung 25—40%. Stammwald, Gruppenwald. Verjüngungsfläche klein, Schirmverjüngung und Kahlschlag auf der Gruppe.

Bodenneigung 10 - 25%. Stammwald, Gruppenwald, Kleinbestandswald; Schirmverjüngungen oder Kahlschlag auf der Gruppe und Saumschlag der Kleinbestände.

Bodenneigung 0—10%. Alle Betriebsklassen, alle Wirtschaftsformen in den nach Bodengüte, Klima, Holzart und anderen Erwägungen zu wählenden Verjüngungsformen.

Exposition. Alle südlichen Expositionen sind als wärmere, lufttrocknere, alle nördlichen als kühlere und feuchtere Lagen zu betrachten und in ihrem Einfluß auf Wald sowie Wirtschaftsform nach klimatischen Gesichtspunkten zu beurteilen.

Die ausführlicheren Angaben über Einwirkung des Bodens auf natürliche oder künstliche Verjüngung muß den folgenden Abschnitten überlassen werden.

3. Die Holzarten.

Alle Nadelholzbäume können in Hochwaldform bewirtschaftet werden; Stockausschlagwaldungen sind nur bei wenigen Nadelbaumarten zulässig; die Stammausschlag- oder Schneitelformen dagegen sowie der Astwald passen wiederum für alle Arten; die Laubholzarten können sämtlich in Hochwald bewirtschaftet werden; bei jenen, welche eine geringe Ausschlagfähigkeit besitzen (man vergleiche den zehnten Abschnitt), sind die Ausschlagsformen in der Regel ausgeschlossen. Astwaldwirtschaft ist bei allen Laubholzarten möglich, Rhizomwaldungen sind auf Bambusarten beschränkt

4. Zwecke des Waldbesitzers.

a) Rentabilität. Größte Holzmasse, geringere Holzgüte, beschränkte Verwertbarkeit: Es dürfte obenan stehen der Schneitelmittelwald von weichen Holzarten unter den Laubbäumen, voran die Pappelarten; etwas geringere Mengen liefern Niederwaldungen oder Hochwaldungen mit kurzer Umtriebszeit der weichen Laubholzarten, voran die Pappelarten. Daran schließen sich die übrigen Ausschlag- und Mittelwaldungen, dann die Hochwaldungen. Steigt die Produktion bei den Ausschlag-, Mittel- und Hochwaldungen mit weichen Holzarten über eine bestimmte Menge im Angebote, so sinkt sofort der Wert des Produktes und damit die Rentabilität der Betriebe.

Größte Holzmasse, höchste Güte von überproduktionsfreier Verwertbarkeit. Obenan steht: Hochwald von Nadelschattenholzarten (Picea, Abies, Pseudotsuga, Thuja, Tsuga und andere); Hochwald von Nadelhalbschattenholzarten, (Föhren Sektion Strobus, Cembra, Chamaecyparis, Cryptomeria und anderen); Hochwald von Laubschattenholzarten (Fagus, Aesculus; größte Masse aber von geringer Verwertbarkeit); Hochwald von Lichtholzarten der Nadelbäume, Larix, Taxodium, zwei- und dreinadeligen Föhren; Hochwald von Laublichtholzarten (Juglans, Quercus, Robinia, Carya; geringere Masse aber größte Verwertbarkeit); von Laubholzhalbschattenarten (Fraxinus, Ulmus, Acer, Carpinus, Alnus; zwar größere Massen aber geringere Verwertbarkeit).

Was die Waldeinteilung, die Wirtschaftseinheiten des Hochwaldes anlangt, so dürften als die rentabelsten Formen die Großbestands- und die Kleinbestandseinteilung des Waldes gelten; weniger günstig stehen Gruppenwald und der Stammwald. Es gibt Stimmen, welche, vielleicht mit Recht, dem Stamm- oder Femelwald die höchste Massenproduktion unter den Hochwaldformen zuerkennen; seine Nutzholzgüteproduktion innerhalb vernünftiger Umtriebszeiten steht wegen Mangels an Bestandesschluß den geschlossenen Hochwaldformen sicher nach.

Was die Art der Zusammensetzung nach Holzarten der Wirtschaftseinheiten betrifft, so erweisen die reinen Baumvereinigungen in Großbestand, Bestand, Kleinbestand, Gruppe, der reine Stammwald sich in Masse und Güte günstiger als die gemischten Bestände.

Was die Betriebs- oder Verjüngungsart anlangt, so dürfte die Erziehungsverjüngungsform (natürliche Verjüngung) die finanziell günstigsten Ergebnisse zeigen; sollen hierbei auch noch die waldbaulichen Vorzüge der Mischwaldungen möglichst ausgenützt, soll dem jetzigen und dem kommenden Bedürfnisse an Holz am vollkommensten Rechnung getragen werden, so wäre dies möglich durch einen Hochwald, der in Kleinbestände aufgeteilt ist; jeder Kleinbestand besteht aus einer einzigen Holzart; jede Holzart, nach ihrem gegenwärtigen und kommenden Wert beurteilt und nach Boden und Klima in einem Kleinbestandswalde verteilt, soll in allen von fünf zu fünf Jahren abgestuften Altersklassen im Walde vertreten sein; wird der kleinbestandsweise gemischte Wald nicht gewählt, mag die gegenwärtige Waldeinteilung in große Bestände, wenn diese aus verschiedenen Holzarten in verschiedenen Altersklassen bestehen (der bestandsweise gemischte Wald), sich anschließen, wenn dieser Wald in der Erziehungsverjüngung behandelt wird. Wird aber die gegenwärtige Erziehungs- und Verjüngungsmethode beibehalten, so stehen immer noch die reinen, geschlossenen Bestände im Kahlschlag und künstlichen Verjüngungsbetrieb, in Rentabilität wenigstens, den mit natürlicher Verjüngung arbeitenden Betrieben, insbesondere in Mischbeständen voran.

b) Die Staatsforstwirtschaft, der konservativ-volkswirtschaftliche Betrieb, sucht eine Vereinigung der finanziellen und volkswirtschaftlichen Interessen derart, daß sie Rentabilität, Nachhaltigkeit in Nutzung, Erhaltung der Holzarten und der Bodengüte anstrebt. Der ökonomisch-finanzielle Zweck steht den naturgesetzlichen Grundlagen mit Nachhaltigkeit entgegen. Ein Interesse beeinträchtigt das andere. Die Rentabilität strebt nach Formen, wie sie oben beschrieben wurden; das Nachhaltigkeitsprinzip für die Bodengüte ist am besten im gruppenweisen oder stamm- und truppweise aufgeteilten Wald mit Erhaltung aller Holzarten (Bäume, Halbbäume, selbst Sträucher und Kräuter im Femelbetriebe) gewährleistet. Eine Vereinigung dieser Prinzipien ist im Kleinbestandswalde mit Erziehungsverjüngung angestrebt.

c) Sollen Maximalerzeugungen bestimmter Produkte angestrebt werden, so würden das Maximum an größerem Nutzholz und größerem Brennholz die Hochwaldungen in der obigen Reihenfolge der Rentabilität mit hohen Umtriebszeiten ergeben. Kleinnutzholz,

Kleinbrennholz in größten Mengen ergeben. Ausschlags- und Astwaldungen; sie erschöpfen den Boden rascher als Hochwaldungen.

Die Nebenprodukte der Bäume, wie Gerbstoff, Harz und andere, erzielt man in den nach diesen Produkten früher aufgeführten Betrieben.

Sollen die Nebenprodukte des Waldbodens, wie Weide, Beeren, Wild, das Hauptziel der Wirtschaft sein, so müssen die nach diesen Produkten genannten Betriebe gewählt werden.

Ist landwirtschaftliche Zwischennutzung beabsichtigt, sind ebenfalls die bereits genannten Betriebe zu wählen. Am vollkommensten wird den landwirtschaftlichen Ansprüchen Cottas Feldwaldwirtschaft entsprechen. Daran schließen sich jene Betriebe, welche eine landwirtschaftliche Benutzung bis zur Erschöpfung des Bodens kennen. Im Röderwalde und Hackwald ist das landwirtschaftliche Ergebnis am geringsten; Wiesenbau mit Ausschlagformen oder Hutweiden (Eichen, Lärchen, Birken).

Die größte Sicherheit des Waldbesitzes gegen Feuer, Sturm gewähren Ausschlagwaldungen oder Hochwaldungen mit gruppenweiser, band- oder stamm- und truppweiser Einteilung und Mischung der Holzart in femelartigen Betrieben; geeignete Erziehung festigt jeden Bestand.

Für kleineren Waldbesitz eignen sich am besten die Ausschlagwaldungen oder auch der Femelhochwald insbesonder der schattenertragenden Nadelhölzer, Hoch- und Niederwald mit landwirtschaftlicher Bei- oder Zwischennutzung.

Für größeren Waldbesitz mögen die Wirtschaftsformen des Hochwaldes in der höchsten Rentabilität entsprechen, voran jene Betriebsformen, welche den Wald in kleine Bestände verschiedener Holzarten teilen und diese zur höchsten Nutzholzmasse und zur natürlichen Verjüngung erziehen.

Berechtigungsverhältnisse können zu ganz bestimmten Betrieben zwingen, um die Berechtigten zu befriedigen.

Für Wirtschaftspersonal, ungenügend in Zahl oder Ausbildung, eignet sich der einfachste Betrieb am besten, das ist Ausschlagwald, Hochwald mit periodischem Femelbetrieb, Hochwald in Kahlschlagformen.

Schutzwaldungen. Gruppenweiser oder streifenweiser oder stammweiser eingeteilter Wald, in letzterem reiner Femelbetrieb.

Parkwaldungen, bei welchen der ästhetische Zweck voransteht, kleinbestands- oder gruppen- oder stammweise eingeteilter Wald; in allen Fällen mit Schirmstandsverjüngung zulässig; Mittelwald; geringe ästhetische Wirkungen wohnen im Kahlschlaghochwalde und die geringsten im Kahlschlagniederwalde.

Zehnter Abschnitt.
Die natürliche Wiederverjüngung.

———

Die natürliche Wiederverjüngung ist die Besamung einer
Fläche durch den vom benachbarten Mutterbaume stammenden Samen,
der entweder durch seine Schwere oder durch Wind oder durch Wassser
oder durch Tiere an eine empfängliche Bodenstelle gelangt und dort
keimt und eine neue Waldgeneration bildet. Die natürliche Wiederverjüngung setzt das Vorhandensein von Bäumen in samenertragsfähigem
Alter, die Empfänglichkeit des Bodens für Aufnahme und Keimung und
die Möglichkeit des Emporwachsens der neuen Waldgeneration voraus.
Jede Holzart kann auf natürlichem Wege verjüngt werden.
Wenn es heutzutage Örtlichkeiten und Bestandsverfassungen gibt, unter
denen die natürliche Wiederverjüngung der heimischen Holzarten ganz
versagt oder nicht mehr genügend reichlich erzielt werden kann, oder
unrentabler, weil langwieriger erscheint als die künstliche, so kann dies
ein Fehler der waldbaulichen oder der technischen Einrichtungstätig-
keit des Wirtschafters sein oder in der Benützung des Waldes seine
Begründung finden, wodurch entweder Boden oder Baumvereinigungen
in eine naturwidrige Verfassung geraten sind. In der Forstwirtschaft
hat sich während der letzten Dezennien immer mehr die Ansicht
festgewurzelt, daß mit einer rationellen Wirtschaft die natürliche
Wiederverjüngung nicht vereinbar sei und damit die waldbauliche
Tätigkeit des Forstmannes zu dem Zwecke der Wiederverjüngung des
Waldes im wesentlichen auf das einfache Pflanzengeschäft sich beschränken könne, wobei heutzutage auch noch die Arbeit der Pflanzen-
aufzucht dem Forstmanne durch die großen Massenzüchtungen der
Pflanzenhändler abgenommen werde. Angesichts des Zustandes der
haubaren Bestände kann man diesen Gedankengang, der den Forstmann dem Walde entfremden und den vereinfachten und nebensächlich
gewordenen Waldbau den untergebenen Organen ausliefern muß, eine
gewisse Berechtigung nicht absprechen. In erster Linie fällt hierfür
die Verantwortung der Forsteinrichtung zur Last, welche den Wald

ohne Rücksicht auf naturgesetzliche Grundlagen, einteilt und bindende Vorschriften bezüglich der Wahl der Holzart, Methode der Verjüngung, Zeit und Geschwindigkeit der Verjüngung geben zu können glaubt. Die Überhebung der Forsteinrichtung und ihre nachteiligen Folgen müssen sich noch steigern, sobald solche Arbeiten jüngeren, unreifen Beamten oder einer Behörde übertragen werden, welche ihr Leben lang sich nicht mit Waldbau, sondern nur mit Forsteinrichtung beschäftigte. Sie verbannt die ohnedies allzu großen Bestände und ihre Schiebfächer, bis sie den Zeitpunkt gekommen erachtet, um in Bestand dem Wirtschafter im Walde zur Verjüngung zu übergeben. Die einen Bestände sind bereits über den Zeitpunkt des verjüngungsfähigsten Alters, der Bodenempfänglichkeit, hinaus (Lichtholzarten), die anderen sind künstlich durch das Verbot des Eingriffes in den herrschenden Bestand (Bestimmung des Zwischennutzungsetats durch die Forsteinrichtung!) in einen Zustand geraten, der erst nach vielen Jahren wieder zur Empfänglichkeit einer Verjüngung übergeführt werden kann.

Wenn es eine Einteilung und Methode gibt, welche gestattet die Vorteile des Mischwuchses zu genießen und den Wald nicht bloß für den Nutzungs-, sondern gleichzeitig auch für den Verjüngungszweck zu erziehen, so daß die natürliche Verjüngung des Waldes so schnell und so erfolgreich wie eine künstliche vor sich geht, dann müßte ein derartig eingerichteter und behandelter Wald das Ideal aller finanzpolitischen und waldbaulichen Wünsche im Walde sein. Denn unter solchen Umständen ist die natürliche Wiederverjüngung des Waldes voll von Nutzen und ohne Nachteile. Ob der Kleinbestandswald und seine Erziehungsverjüngung diesen Wünschen entsprechen, mögen jene beurteilen, welche den vorliegenden Waldbau lesen und den Mut haben, seine Lehren in die Praxis zu übertragen; wer aber an den großen Beständen der heutigen Waldeinteilung und der herrschenden Erziehung festhält, der wird immer den Vorzügen der Naturverjüngung schwerwiegende Nachteile gegenüberstellen, und bei der Entscheidung wird in der Regel das Urteil zugunsten der schnelleren, leichteren und sichereren künstlichen Verjüngung ausfallen.

Als Vorzüge der natürlichen Wiederverjüngung wird folgendes geltend gemacht:

1. Lösung der Frage der Provenienz des Saatgutes in dem nach der herrschenden Auffassung günstigsten Sinne der Abstammung des Saatgutes von den Mutterbäumen des betreffenden Waldkomplexes; aber nur die Erziehung zur Verjüngung gewährt dabei die Sicherheit, daß das Saatgut wirklich von Elitebäumen abstammt.

2. Verhinderung der Verhärtung des Bodens durch den fallenden Regen, der Verkohlung des Humus durch Überhitzung und Austrocknung; wenn auch unter Baumschirm geringere Regen- und Schneemengen zur Erde gelangen als auf freier Fläche, so verdunsten infolge

Beschattung, mangelhafter Luftbewegung und erhöhter Luftfeuchtigkeit diese geringeren Mengen unter Schirm weniger rasch als auf freier Fläche; somit **größere Bodenfeuchtigkeit in der Boden-oberfläche**, Erhaltung der ununterbrochenen Bodenverwitterung und der Tätigkeit der Bodenorganismen.

3. **Erhöhte Luftfeuchtigkeit** durch Verminderung der Bestrahlung und des Windes; dadurch aber ist die **Keimung** auch der weniger günstig in den Boden eingebetteten Sämeren begünstigt.

4. **Verhinderung der Verunkrautung** des Bodens durch Licht liebende Pflanzen und **Verlängerung der Empfänglichkeit** des Bodens für Sämereien von Schatten ertragenden Holzarten; diese Vorteile werden bei der Erziehung zur Verjüngung am vollkommensten ausgenützt.

5. **Erleichterung des Anfluges** der Saat bei leichtsamigen Holzarten, welcher von allen Seiten bei jedem Wind geschehen kann; bei schwersamigen Holzarten bietet Schirmverjüngung die einzige Möglichkeit einer genügenden Naturbesamung.

6. **Beste Art der Bedeckung** und des Schutzes der Saat durch den natürlichen Laub- oder Nadelabfall.

7. **Schutz der aufkeimenden und aufkommenden Jugend** gegen extreme Temperaturen, vor allem gegen Nachtfröste zu den gefährlichen Jahreszeiten. im Frühjahr nach Beginn der Vegetation (Spätfröste) und im Herbst vor Abschluß derselben (Frühfröste); Schutz gegen Winterfröste ist gleichfalls wichtig, insbesondere für die unter Schirm erwachsenden immergrünen, Pflanzen, welche empfindlicher gegen tiefe Wintertemperatur sind als die auf Kahlflächen stockenden Pflanzen; gleichzeitig hindert die Beschirmung die allzu starke Belastung durch Schnee, mäßigt die Heftigkeit der Hagelschläge, bricht den Wind, der auf Kahlflächen im ersten Jahr der Pflanzung lästig werden kann.

8. Die natürliche Wiederverjüngung gewährt **Schutz gegen jene Insekten**, welche größere Kahlflächen zum Hochzeitsflug benützen, wie der Maikäfer, oder gegen die Grapholitha, welche vorwiegend die durch Spätfröste (Kahlflächen) kümmernden Pflanzen aufsucht; auch gegen **Pilze**, welche auf ein Zusammenwirken mit Insekten angewiesen sind, wie z. B. Grapholitha und Nectria an Fichten, gewähren natürliche Wiederverjüngungsmethoden Schutz; die Ungleichalterigkeit der Jugend ist das beste Mittel gegen die epidemisch auftretenden Pilzkrankheiten wie Agaricus melleus, Polyp. annosus, Phytophora und andere.

9. Die aus natürlicher Verjüngung hervorgegangene, somit ungleichalterige Jugend ist auch in späteren Jahren zum **Widerstand gegen Schnee und Wind** wegen ungleich hoher Krone und ungleich tiefer Bewurzelung besser ausgerüstet als die auf Kahlflächen gleichzeitig entstandene, somit gleichalterige Jugend; je langsamer die Natur-

verjüngung fortschreitet, um so größere Unterschiede im Alter, um so bessere Widerstandskraft der Stämme im kritischen Stangenholz- und Baumalter.

10. Gewinn an Zeit und Zuwachs bei der neuen Generation, wenn die natürliche Verjüngung nach vorheriger entsprechender Erziehung des alten Bestandes schon vor dem Hauptabtriebsalter durchgeführt wurde.

11. Es dürfte sich als eine allgemeine Erscheinung erweisen, daß die Erhaltung der im alten Bestande in Mischung vorhandenen Holzarten durch die natürliche Wiedervereinigung desselben besser gewährleistet ist als durch die künstliche. Die künstliche Begründung eines Mischbestandes auf kahler Fläche ist eines der schwierigsten Probleme des Waldbaues, und die zahlreichen Mißerfolge solcher Versuche beweisen die Richtigkeit des Satzes. Dazu kommt, daß bei entsprechender Wahl der Schirmstellung im neuen Bestand ein beliebiges Mischungsverhältnis sich erzielen läßt, wenn überhaupt am gemischten Bestande festgehalten werden will.

12. Gewinnung des Lichtstandszuwachses an den Schirmbäumen, der sich bei geeigneter Auswahl der überschirmenden Althölzer, an den bestgeformten Stämmen der Nutzhölzer und an dem wertvollsten, ästefreien Teil des Schaftes anlegen wird. Daß dieser Vorzug ganz besonders den Beständen zugute kommen muß, welche zur Verjüngung erzogen sind, somit nur aus Elitebäumen bestehen, liegt nahe.

13. Allmähliche Überführung der zum Überhalt bestimmten Bäume in den freien Stand. Am günstigsten hierin muß sich die Erziehung zur natürlichen Verjüngung erweisen, weil bei ihr die Stämme schon vom frühesten Alter an (nach der Ästereinigung) durch den Freistand gegen Wind, Rindenbrand, Wasserreiserbildung in noch bildungsfähigem Alter gefestigt werden.

14. Geringe Ausgaben für Kulturen, im günstigsten Falle völlige Ersparnis an Kulturkosten.

15. Die Vorteile der natürlichen Wiederverjüngung kommen im vollsten Maße den Schirmverjüngungen zugute; sie entgehen fast ganz den natürlichen Verjüngungen auf Kahlflächen (Seitenbeschirmung und -besamung).

16. Nötig erscheint die natürliche Wiederverjüngung auf steilen, unzugänglichen Hängen; unter allen Umständen willkommen ist sie, auch wenn sie minder gute Bestände liefert, in sumpfigen, kalten Örtlichkeiten, in Hochmooren, in den höchsten oder nördlichsten Lagen des Waldes, somit an seiner Kältegrenze; in Schutzwaldungen vollends, welche ständig Hochwald bleiben sollen, bildet die Naturverjüngung die Regel.

17. Der verfeinerte Fällungs- und Verjüngungsbetrieb, wie ihn schon die Erziehung zur natürlichen Verjüngung und diese selbst voraussetzt, verlangt ein erhöhtes Maß von körperlicher und geistiger Tätigkeit. Wer diese Mehrleistung, die erzieherisch auf den Forstmann einwirken muß, beklagt, wird nicht zustimmen, wenn dieses Moment als ein Vorteil gegenüber dem Kahlschlag und der darauffolgenden künstlichen Verjüngung aufgezählt wird.

Dieser stattlichen Zahl von Vorzügen, welche die natürliche Verjüngung gegenüber der künstlichen aufweist, stehen jedoch zahlreiche, schwerwiegende Nachteile gegenüber. Was als Nachteil bei der natürlichen Verjüngung beklagt werden muß, vermeidet die künstliche Verjüngung; es sind dies die Vorzüge derselben. Die Nachteile der natürlichen Verjüngung sind:

1. Langsamer Verjüngungsgang, da dieser vom Eintritt der Samenjahre abhängig ist. Dieser Vorwurf kommt bei der Naturverjüngung mit vorheriger Erziehung hierzu in Wegfall, denn bei diesem Verfahren können große und kleine Baumvereinigungen durch ein einziges Samenjahr verjüngt werden.

2. Zuwachsverlust an der Verjüngung infolge der Überschirmung. Durch den Freistand der schirmenden Bestandesglieder wird der Zuwachsverlust wieder teilweise ausgeglichen.

3. Gefahr der Erdrückung der lichtbedürftigen Holzarten durch die weniger empfindlichen Schattenholzarten.

4. Erhaltung der Brutstätten für schädliche Tiere, besonders Mäuse, Begünstigung der wurzelbewohnenden Insekten, besonders Rüsselkäfer, der stockbewohnenden Pilzparasiten, besonders Agaricus melleus und Polyporus annosus.

5. Erschwerung und Zersplitterung der Fällung, Verteuerung des Fällungs- und Transportbetriebes, Beeinträchtigung der Sortierung des Holzanfalles durch Mangel an Vergleichsobjekten.

6. Verlust der Übersichtlichkeit der ganzen Wirtschaftsführung, Erschwerung der Kontrolle und der Handhabung des Forstschutzes.

7. Beschädigung der Verjüngung und der Schirmständer durch die Fällung und Bringung, Abhängigkeit von der Geschicklichkeit der Arbeiter, ein Nachteil, der sich mit der ständigen Abnahme der eigentlichen Waldarbeiter immer mehr vergrößert.

8. Rindenbrandgefahr an den Schirmbäumen bei dünnrindigen Holzarten, besonders Rotbuchen, Hainbuchen, Fichten, Tannen.

9. Es liegt nahe, daß der Nachteil der Naturverjüngung am schwersten in die Erscheinung treten muß bei den Wirtschaftsformen, welche auf der kleinsten Fläche eine Verjüngung erstreben (Femelbetrieb).

10. **Undurchführbar ist die Naturverjüngung** bei Ödländereien, verlassenen, landwirtschaftlichen Geländen, bei gewünschtem Holzartenwechsel, bei Betrieben, welche vor dem Samenerträgnis der Bestände diese zu Fällung bringen (Alpenbrandwirtschaft, Zellulosebetrieb, Christbaumbetrieb); endlich wird man zur künstlichen Verjüngung greifen, wenn die natürliche von vornherein im hiebsfähigen Alter der Bestände als schwierig oder gar als unwahrscheinlich und aussichtslos erscheint, worüber in den folgenden Ausführungen das Nötige enthalten ist.

Bei allen Beständen, welche hiebsreif geworden sind, ohne vorher zur Verjüngung erzogen worden zu sein, ist die Entscheidung, ob eine natürliche Verjüngung überhaupt und in angemessener Zeit durchführbar oder doch wahrscheinlich ist oder nicht, die allerwichtigste. Aber auch für Baumvereinigungen, welche zur Verjüngung erzogen wurden, ist ein richtiges Urteil über Leichtigkeit und Gang der Verjüngung wesentlich. Dem Urteile und der Entscheidung kann nicht durch allgemeine Vorschriften zur natürlichen oder künstlichen Verjüngung präjudiziert werden. Sie müssen frei sein, um von Fall zu Fall an jedem einzelnen Objekte das Richtige zu treffen; aber folgende allgemeine Betrachtungen und Gesichtspunkte dürften das Urteil über die Wahrscheinlichkeit und den Gang der natürlichen Wiederverjüngung überhaupt erleichtern.

a) Klima.

Es ist eine allgemeine, vom Verfasser seit 18 Jahren bereits betonte Erscheinung, daß die Wiederverjüngung des Waldes um so leichter aus freien Stücken sich vollzieht wie auch unter der Hand des Menschen gelingt, je luftfeuchter und regenreicher das Klima; demgemäß ist die natürliche Verjüngung der Waldungen wie die künstliche in den Tropen und im Picetum leichter als in den Subtropen und im Fagetum, während das zwischenliegende Castanetum der Verjüngung des Waldes nach den Absichten des Wirtschafters am meisten Schwierigkeiten bieten wird. Nur in den zentralen Gebieten Mitteleuropas mit geringster Luftfeuchtigkeit und Regenmenge (Castanetum und wärmeres Fagetum) konnte sich die Legende bilden, daß die Kiefer oder Föhre auf natürlichem Wege überhaupt nicht zu verjüngen sei. Schon in dem luftfeuchteren Ostpreußen, vor allem in den baltischen und angrenzenden Provinzen Rußlands, dann in dem luftfeuchten Schottland, in Südschweden, Dänemark drängt sich die Naturverjüngung so massenhaft freiwillig auf, daß man oft fragen muß, warum zuerst diese Naturgabe herausgerissen wird, um nach dem Muster des trockeneren Mitteleuropa dem Walde eine künstliche Föhrenverjüngung aufzunötigen; auch im wärmeren Mitteleuropa spendet die Föhre bei luftfeuchteren, kühleren Elevationen so willig Samen und geradschaftige Jugend wie in ihren nördlichen Standorten. Waldungen im Innern größerer Waldgebiete, welche einen erhöhten Gehalt an Luftfeuchtigkeit gegenüber dem zerstückelten, von Blößen und Feldern durchsetzten Walde aufweisen, Waldungen in Gebieten, welche unter dem Einflusse feuchter Winde stehen, wie an Meeresküsten, in der Nähe von Seen, selbst an Flußufern, sodann Wälder in engen Tälern und Schluchten mit gehindertem Luftzutritte, mit einem Worte, alle Waldungen mit erhöhter Luftfeuchtigkeit sind leichter zu verjüngen als Wälder in Örtlichkeiten mit einem in Luftfeuchtigkeit extremeren Klima.

Jeder Holzart kommt in Temperatur ein Optimalklima zu. In diesem Optimum ist jegliche Verjüngung, natürliche wie künstliche, leichter durchführbar als in den Gebieten, welche außerhalb dieses Optimums, also kühler oder wärmer als dieses, gelagert sind; wegen der größeren Luftfeuchtigkeit ist im kühleren Verbreitungsgebiet die Verjüngung wiederum leichter als im wärmeren Teile des Verbreitungsbezirkes.

Eine entscheidende Rolle bei der Erwägung über die Möglichkeit der Naturverjüngung fällt der Sturmgefahr zu; im Innern größerer Gebirgswaldgebiete, in denen sich die Kraft der Stürme bricht, ist eine Naturverjüngung mit überschirmenden Mutterbäumen leichter durchführbar als in Beständen, welche gegen Felder, Wiesen, Sümpfe, Wasser u. dgl. Ebenen angrenzen und dem vollen Anprall des Windes ausgesetzt sind; Hochplateaux, ausgedehnte Ebenen gestatten meist nur eine teilweise Durchführung einer Naturverjüngung; jene Methoden, welche den bislang aufrecht erhaltenen Bestandsschluß mit einem Male auf größere Flächen des Bestandes hin durchbrechen (Dunkelschlag), sind unter solchen Verhältnissen die unsichersten und gefährlichsten. Kommt dazu noch, daß der Boden durch seine Seichtgründigkeit eine flache Ausbildung des Wurzelsystems der Mutterbäume bedingt, dann ist die Windgefahr so groß, daß man der Kunst den Hauptanteil an der Verjüngung zuweisen muß, so wünschenswert es für die kommenden Waldgenerationen wäre, auf solchen Böden eine möglichst ungleichalterige und ungleichhohe Bestockung zu erzielen. Alle diese Gefahren kommen bei einer Erziehung der Baumvereinigungen zur Verjüngung in Wegfall.

b) Boden.

Die beste Empfänglichkeit des Bodens für Aufnahme und Keimung der Sämereien beginnt mit der Auflösung des Bestandsschlusses, sei es, daß dieser auf natürlichem Wege sich einstellt (Lichtholzarten) oder künstlich erzielt wird (Durchlichtungen), wie bei Schattenholzarten. Diese Empfänglichkeit dauert jedoch nur eine kurze Zeit an; bei den Lichtholzarten verliert sich die Empfänglichkeit durch zunehmende Verunkrautung bzw. Bestockung mit Holzgewächsen; bei den Schattenholzarten verliert sich dieselbe durch zunehmende Beschattung, d. h. Wiedereintritt des Bestandsschlusses bei Aussetzung der Durchlichtung und Verunkrautung des Bodens bei Fortsetzung dieser. Je besser der Boden, um so günstiger die Aussicht für eine Naturverjüngung. Je mehr der Boden in seiner Oberfläche durch Streuentnahme verarmt ist, um so schwieriger die Naturverjüngung; auf schwachem Boden vermagert der Boden durch den Kahlschlagbetrieb immer mehr; dieser selbst aber wird in diesem Circulus viciosus immer unentbehrlicher wegen der fortgesetzten Verschlechterung des Bodens.

c) Holzarten und Alter.

Schon früher wurde ausgeführt, in welch inniger Wechselbeziehung Bodenoberfläche und Holzart stehen; für alle Holzarten gilt der Satz, daß der Boden um so reiner an Pflanzen irgendwelcher Art ist, je dichter der Bestandsschluß; der Bestandsschluß ist aber nach Schatten-, Halbschatten- und Lichtholzarten verschieden; bei den Lichtholzarten wird mit dem Alter der Bodenzustand für die Naturverjüngung vom Stangenholzalter, dem Zeitpunkte des dichtesten Schlusses hinweg immer ungünstiger; bei den Halbschattenholzarten tritt die Verlichtung im mannbaren Alter, bei den Schattenholzarten im Hauptalter, zumeist durch Naturereignisse verursacht, am leichtesten ein. Man kann daher ganz allgemein den Satz aufstellen, daß ein Bestand um so leichter auf natürlichem Wege verjüngt werden kann, je näher er dem Eintritte seiner vollen Mannbarkeit im Samenertrágnis steht, das ist stets die dem wirtschaftlichen Alter, dem Abtriebsalter vorausgehende Altersklasse. Halbschatten- und Schattenholzarten vermögen sich in der Regel bis zum Verjüngungszeitpunkte genügend geschlossen zu halten; für Lichtholzarten und für jene Baumvereinigungen, welche zur Verjüngung erzogen werden, ist zum Zweck der Erhaltung der Empfänglichkeit des Bodens bis zu Haubarkeit Unterbau mit einer Halbschatten- oder Schattenholzart unerläßlich.

d) Wirtschaftsmethode.

Bei der gegenwärtig allgemein üblichen Einteilung des Waldes in Wirtschaftseinheiten größeren Umfanges (Bestände) und bei dem Zwange, den die Forsteinrichtung auf den Waldbau mit dem Verjüngungszeitraum ausübt, ist die Naturverjüngung teils Glücksache, teils nur für kleine Teile eines solchen Bestandes ausführbar. Wo aber zu einem Walde mit kleineren Einheiten übergegangen wird, z. B. Kleinbestand oder Gruppe, oder zum Femelwalde, da gilt allgemein das Gesetz: je kleiner die Fläche, um so zuverlässiger, aber auch um so langsamer die natürliche Verjüngung.

e) Die Verfassung der Baumvereinigungen,

wie sie unter dem gegenwärtigen System der Großbestände und der geschlossenen Erziehung dem Wirtschafter zum Hiebe und zur Verjüngung übergeben werden, ist nur ausnahmsweise eine derartige, daß eine Naturverjüngung „kunstgerecht", d. h. genau im Sinne der Systeme oder Vorschriften, für Schirmschlagverjüngungen durchgeführt werden könnte; in der Regel sind die Bestände durch Naturereignisse im Schlusse gelockert worden, was als ein Nachteil aufgefaßt wird, in Wirklichkeit aber als ein Vorteil, als Segen für Wald und Wirtschafter sich erweist; denn auf solchen Schlußdurchbrechungen hat die Natur in der Regel bereits für diesen Bestand die Entscheidung getroffen, ob er überhaupt auf natürlichem Wege verjüngt werden kann oder nicht. Diese Fingerzeige der Natur zu verstehen und für die Entscheidung über die Verjüngungsart des Bestandes zu benutzen, wird die erste und wichtigste Tätigkeit des Forstwirtes sein, wenn er zur Verjüngung nicht erzogene Bestände vor sich hat. Für diese allein, welchen heute noch fast alle haubaren und haubar werdenden Bestände angehören, gelten die folgenden Ausführungen.

Musterung der Schlußdurchbrechungen.

Unter dem Einfluß der Schlußdurchbrechung zeigt der darunter liegende Boden entweder:

1. eine Verunkrautung oder eine Verunholzung;

2. eine Besiedelung mit den Holzarten des Mutterbestandes (Vorwuchs, bei leichtsamigen Holzarten auch Anflug, bei schwersamigen auch Aufschlag genannt);

3. eine Mischung der Bodenvegetation von 1 und 2;

4. einzelne Schlußdurchbrechungen sind mit Nutzholzarten, andere mit Unhölzern und Unkräutern bestellt;

5. die Bodendecke ist ohne Veränderung wie im benachbarten, geschlossenen Bestande geblieben.

Zu 1. Hat die Schlußdurchbrechung die für Klima, Boden und Holzart entsprechend erscheinende Maximalgröße nicht überschritten, so muß unser Urteil lauten, daß für den betreffenden Bestand die Naturverjüngung unwahrscheinlich ist; was aber unwahrscheinlich ist, wird besser unterlassen zugunsten des sicheren; ist dagegen die Schlußdurchbrechung zu groß, so müßte die Frage der natürlichen Verjüngungsmöglichkeit unentschieden bleiben.

Zu 2. Hat sich der Boden unter den Schlußdurchbrechungen mit Anflug oder Aufschlag der Holzart des Mutterbestandes bedeckt, so ist der Erweis erbracht, daß der Bestand in einem ähnlichen Grade der Schlußdurchbrechung auf natürlichem Wege verjüngt werden kann.

Zu 3. Haben Unhölzer und Unkräuter mit den Nutzholzarten auf ein und derselben Schlußdurchbrechung sich angesiedelt, so ist darin ein Zeichen zu erblicken, daß Naturverjüngung möglich ist, daß aber die Schlußdurchbrechung kleiner, die Schirmstellung also eine dunklere sein muß, als der Zufall sie ausführte.

Zu 4. Einzelne Schlußdurchbrechungen verunkrautet, andere mit Anflug oder Aufschlag versehen; dann ist die Naturverjüngung möglich, und zwar in jener Schirmstellung oder Schlußdurchbrechung, bei der der Vorwuchs sich einstellen konnte. Die Naturverjüngung wird in diesem Falle der künstlichen Beihilfe nicht entbehren können, um die verwilderten Schlußdurchbrechungen mit Nutzholz zu bestocken.

Zu 5. Sind weder Unhölzer und Unkräuter noch Baumjugend erschienen, dann ist die Möglichkeit der Naturverjüngung unentschieden; jedenfalls aber ist so viel zu lernen, daß die Schirmstellung eine lichtere sein muß, als sie von seiten der Natur geboten war.

Diese Musterung der Schlußdurchbrechungen als allererste Aufgabe, ehe noch an irgendeine, auch Kahlschlagsverjüngung, herangetreten werden sollte, erscheint so wichtig, daß es künftighin bei Beibehaltung des gegenwärtigen Großbestands- und Erziehungsystems sich empfehlen dürfte, in sämtlichen Beständen schon 20—25 Jahre vor dem ersten Angriffshiebe zum Zwecke der Verjüngung einzelne, verschieden geformte Schlußdurchbrechungen — vielleicht als „Vorgriffshiebe" zu bezeichnen — von verschiedenen Größen absichtlich einzulegen, so daß dann bei Beginn der Verjüngung nicht nur über die Möglichkeit der Naturverjüngung, sondern auch über den Grad der Lichtstellung Anhaltspunkte aus dem vorliegenden Experimente direkt abgelesen werden können.

Ergab die Musterung der Schlußdurchbrechungen eine für die Naturverjüngung günstige Prognose, so schließt sich sofort, ehe noch Verjüngungshiebe, Kahl- oder Schirmhiebe erfolgen, als erste Tätigkeit an die

Behandlung der Schlußdurchbrechungen.

Diese erstreckt sich auf Erweiterung bzw. auf Lichterstellung jener Öffnungen, welche, weil zu klein oder zu dunkel, keine Verjüngung erzielten, sowie auf Behandlung der bereits verwilderten Schlußdurchbrechungen. Im letzteren Falle ist Entfernen des Unkrautwuchses und Warten auf neue Naturbesamung ebenso unrichtig als etwa die künstliche Ansaat solcher Stellen. Die Natur hat bereits gezeigt, daß Saat nicht schnell genug gegenüber dem Unkraute emporkeimt; verunkrautete Stellen sollen nicht von Unkraut gereinigt, sondern, wie sie sind, sofort ausgepflanzt werden. Als dritte Tätigkeit schließt sich an die

Musterung der Vorwüchse.

Die Vorwuchsmusterung hat sich auf das Alter, die Kronenbildung, die Bewurzelung, auf Höhe und Ausdehnung des Vorwuchses und auf das überschirmende Altholz zu erstrecken.

1. Was das Alter des Vorwuchses betrifft, so ist die Feststellung desselben durch die Zahl der Quirle und der Knospenschuppenringe bei Laub- und Nadelbäumen nur an jungem Vorwuchs durchführbar; ist der Vorwuchs älter als zehn Jahre, so muß man an möglichst tief geführten Querschnitten der Stämmchen die Jahresringe (meist mit der Lupe oder selbst dem Mikroskop) zählen oder zur Abzählung der Jahresbildungen an dem am tiefsten sitzenden und am besten entwickelten Seitentriebe schreiten oder eine Abschätzung des Alters vornehmen, welche in der Regel auch für die waldbaulichen Bedürfnisse genügt, da die Brauchbarkeit des Vorwuchses mit der Feststellung der folgenden Punkte sich erledigen läßt. Im allgemeinen kann als Regel gelten, daß Vorwuchs von Lichtholzarten, welcher über zehn Jahre alt ist, und Vorwuchs von Schattenholzarten über 20 Jahre für Verjüngungszwecke zu alt, somit unbrauchbar ist; es wächst mit dem Alter und dem Grade der Unterdrückung der Zeitraum, der zur Erholung und Umbildung des Vorwuchses für die neugeschaffenen Licht-, Wärme- und Feuchtigkeitsverhältnisse beansprucht wird.

2. Die Kronenbildung ist bei allen Verwüchsen, seien sie aus Licht- oder aus Schattenholzarten bestehend, die gleiche; je stärker der Lichtentzug, um so flacher entwickelt sich die Krone zur Ausnutzung des Lichtes; die unter den Kronen geschlossener Föhren stehenden Eichen werden ebenso flachkronig wie Fichten- oder Tannenvorwüchse unter Fichte oder Tanne. Solche tellerförmige Kronen zeigen zugleich einen minimalen Höhenwuchs an, die untersten Äste der Stämmchen sind bereits abgestorben; solcher verbutteter Vorwuchs ist in der Regel sehr viel älter, als er geschätzt wird. Bei starker Beschattung können Schatten ertragende Holzarten 50 Jahre und darüber alt sein und erst 1 cm Durchmesser und 1 m Höhe aufweisen. Solcher Vorwuchs ist unbrauchbar wegen allzu langer Dauer der Erholung und wegen erhöhter Gefahr des Absterbens bei plötzlicher Freistellung. Brauchbarer Vorwuchs muß bis zum Boden beästet sein und Gipfeltriebe aufweisen, an welchen das Alter noch gezählt werden kann. Die brauchbare Kronenform nähert sich der Pyramide.

3. Die Bewurzelung des brauchbaren Vorwuchses muß innerhalb des mineralischen Bodens sich verbreiten; vielfach aber sind unter Schattenhölzern oder unter verunkrauteten Lichthölzern solche Massen von Rohhumus angehäuft, daß die Wurzeln in diesem verlaufen oder noch seichter in den abgestorbenen Mooslagern sich verzweigen. Wird solcher Vorwuchs freigestellt, so kränkelt er auf Jahre hinaus, bis die Wurzeln allmählich, durch die Abtrocknung von oben gezwungen, in

tiefere Bodenschichten hineinwachsen. - Solcher Vorwuchs kann aber durch die Beseitigung des schirmenden Altholzes und durch das Betreten von seiten der Menschen und Tiere zum Zweck der Fällung und Bringung durch das Absprengen der flachen Wurzeln nicht bloß leiden, sondern selbst absterben. Es ist bei weit heraufdringendem Grundwasserstände auch der Fall zu beobachten, daß der Vorwuchs durch die Beseitigung des Altholzes ersäuft wird durch die reichlicheren Niederschläge (Wasserbewegung von oben nach unten) und das Ansteigen des Grundwassers (infolge Zunehmens der Wassermenge und Abnehmens der Drainage durch die Althölzer).

4. In Krone, Wurzel und Alter brauchbarer Vorwuchs kann unbrauchbar sein, wenn er allzusehr im Höhenwuchs vorangeeilt und noch reichlich von starken Althölzern überschirmt ist, welche bei ihrer Nutzung den Vorwuchs allzusehr beschädigen; der brauchbare Vorwuchs soll 2 m Höhe bei Beginn der Freistellung nicht überschreiten; je niederer, desto besser.

5. Allen bisher betrachteten Anforderungen genügender Vorwuchs kann dennoch unbrauchbar sein, wenn die einzelnen Pflanzen so isoliert stehen, daß Gefahr besteht, daß sie nach der Freistellung zu breitkronigen Wölfen sich auswachsen würden; durch Einpflanzung kann jedoch solcher Vorwuchs brauchbar gemacht werden.

6. Brauchbare Vorwuchsgruppen sollen allmählich gegen die Ränder hin in ihrer Höhe sich abstufen, damit sie an spätere Verjüngungen in ihrem Umkreis sich harmonisch anschließen können. Ist das nicht der Fall, d. h. besitzen solche, etwas ältere Horste nach ihrer Freistellung und Abrundung steile Ränder, so können sie bei größeren Horsten durch Umpflanzung anschlußfähig gemacht werden; Vorwuchsgruppen dagegen von geringerer Ausdehnung als etwa 50 qm werden besser beseitigt, weil die Ränder solcher Horste trotz fortgesetzter Aufästungshiebe später dennoch zu ästigen Bäumen sich entwickeln; je älter der Vorwuchs, desto größer muß die Fläche sein, die er bedeckt.

7. Brauchbarer Vorwuchs soll wenigstens 50 qm Fläche schon bei seiner Entstehung bedecken; kleinere Flächen können nur dann berücksichtigt werden, wenn die Möglichkeit besteht, sie in kurzer Zeit durch anschließende Hauungen zu vergrößern.

8. Minder guter, weniger gut geschlossener, etwas zu alter Vorwuchs kann auf guten Böden sich noch zu einem brauchbaren Vorwuchs entwickeln; auf geringeren Böden dagegen muß der Vorwuchs möglichst vollkommen sein.

9. Auf steinigen, mit Trümmern überlagerten, steilen Hängen, in versumpften Örtlichkeiten, welche der künstlichen Wiederverjüngung große Schwierigkeiten entgegenstellen, dann in der höchsten oder nördlichsten Waldregion ist jeder Vorwuchs brauchbar.

10. Vorwuchs aus Stockausschlägen ist unbrauchbar.

Vorwuchs kann aus einer Holzart bestehen, **reiner Vorwuchs** sein, oder aus mehreren zusammengesetzt sein, **gemischter Vorwuchs**. In letzterem Falle kommt zu den obigen Punkten noch hinzu:

11. Gemischter Vorwuchs, welcher nur Schattenholzarten oder nur Lichtholzarten enthält, ist brauchbar, wenn alle Holzarten annähernd gleich hoch sind und auch im entscheidenden Stangenalter annähernd gleich schnell emporwachsen. Ist dies nicht der Fall, so wird die schnellwüchsige Holzart entfernt, wenn sie weniger wertvoll ist als die bedrückte; im entgegengesetzten Fall ist keine Hilfe notwendig.

12. Sind Licht- und Schattenholzarten im Vorwuchs gemischt, und wächst die Lichtholzart mit Sicherheit auch während der Stangenperiode voraus, so ist solcher Vorwuchs brauchbar.

13. Die Beurteilung der Brauchbarkeit des gemischten Vorwuchses kann der Kenntnis der Naturgesetze und ihres Einflusses auf die Wuchsgeschwindigkeit der Holzart, wie sie in dem ersten Teile des Waldbaues niedergelegt sind, nicht entbehren. Die Mischung ist brauchbar, wenn **die Holzarten im Wuchse bis zum Baumalter Schritt halten.**

14. Finden sich in einer Jungwuchsgruppe (gleichviel, ob auf natürlichem oder künstlichem Weg entstanden) zwei Schattenholzarten in Mischung, so verläuft die beiderseitige Wuchsgeschwindigkeit nach dem Typus der beiden Arten (Seite 132); die voranwachsende siegt über die zurückbleibende; jene Holzart, welche zuerst Kronenschluß erreicht, erdrückt die andere (Buche und Fichte, Fichte und Tanne).

15. Findet sich in einer solchen, annähernd gleichalterigen Mischung von Schattenholzarten unter sich oder von Licht- und Schattenholzarten eine Holzart in ihrem Optimum, während für die andere der betreffende Standort ein Klima kühler oder wärmer als ihr Optimum aufweist, z. B. Fichte und Buche im Picetum, Eiche und Buche im Fagetum, Lärche mit Fichte oder Buche im Fagetum, so ist die Holzart, welche außerhalb ihres Optimums ist, stets **bei natürlicher, bei künstlicher und in Vorwuchsmischung** zumeist verloren, wenn ihr nicht fortgesetzt im Kampfe gegen die Optimumsholzart geholfen wird.

16. Der Boden kann eine oder die andere Holzart in einer gleichalterigen Mischung begünstigen oder schädigen; dadurch wird das naturgesetzliche Verhalten sich ändern müssen, bei Begünstigung der Optimumsholzart wird der Sieg letzterer beschleunigt; bei Begünstigung der schwächeren Art kann diese sogar mit der Optimumsholzart Schritt halten (Eiche und Buche auf kalkarmen Böden im Fagetum).

17. Eine raschwüchsige und durch den Boden in ihrer Wuchsgeschwindigkeit der beigemischten Holzart gegenüber noch geförderte Holzart (z. B. Fichten, Tannen oder Buchen mit Föhre auf geringeren Sandböden) kann zu einem gleichen Wuchstempo mit den beigemischten gezwungen werden, wenn diese Mischung in einem Klima kühler als

das Optimum der schnellwüchsigen Art liegt; dort ist ein derartiger Vorwuchs bzw. eine derartige Verjüngung zulässig. Auf besserem Boden besteht bereits die Gefahr, daß die anfangs schnellerwüchsige von den Holzarten, welche im kühleren Klima ihr Optimum finden, überwachsen wird.

Behandlung der Vorwüchse.

1. Soll älterer Vorwuchs von genügender Flächenausdehnung, aber mit steilem Rande beibehalten werden, so ist er durch Umpflanzen mit starken Pflanzen abzustufen; wenn möglich, sind schnellerwüchsige Holzarten, aber von ähnlichem Lichtbedürfnis wie die Vorwuchsholzart, zu wählen. Unter den fremdländischen Baumarten hat sich die Küstendouglasie für diese Zwecke bereits bewährt.

2. Isoliert stehender, aber im übrigen brauchbarer Vorwuchs soll durch Einpflanzung kräftiger Pflanzen derselben Art verdichtet werden; Einpflanzung von Lichtholzart zwischen Schattenhölzern ist fast stets ein Mißgriff (Eiche in Buche, Lärche in Buche oder Fichte).

3. Allzu dicht stehender Vorwuchs, welcher deshalb im Wuchs auch nach der Freistellung kümmert, ist zu durchschneiden; hilft das nicht mehr, ist er zu beseitigen und die Stelle in weiterem Verbande mit einer anderen Holzart auszupflanzen.

4. Findet sich unter oder zwischen altem, verbuttetem Vorwuchse jüngerer, brauchbarer Anflug oder Aufschlag, so werden zunächst alle Althölzer, welche noch darüberstehen, beseitigt, von dem verbutteten Vorwuchs aber wird alles herausgeschnitten, was zur Beschützung des brauchbaren Vorwuchses nicht notwendig erscheint. Solche Vorwüchshorste werden behandelt wie haubare Bestände in Schirmverjüngung en miniature.

5. Findet sich unter verbuttetem Vorwuchse kein brauchbarer, so werden die Althölzer belassen, die unbrauchbaren Vorwüchse werden mit möglichster Bodenverwundung herausgerissen. Ist neue Besamung nicht zu erwarten, erfolgt Fällung der Althölzer und künstliche Ansaat oder Pflanzung der Stelle.

6. Über brauchbarem Vorwuchse werden die zu einer lichten bzw. einer freien Stellung nötigen Hiebe im Altholze vorgenommen; da der Übergang zum Freistande um so langsamer erfolgen muß, je stärker und langandauernder die vorhergehende Überschirmung sich erwies, so kann, besonders bei tiefbeästeten Bäumen, die erste Maßnahme sich nur auf Bezeichnung jener Stämme beschränken, welche zugunsten des Vorwuchses aufgeästet werden müssen; je nach Bedarf können sodann Lichthiebe oder Endhiebe einsetzen.

7. Sollen brauchbare Vorwuchsgruppen als Anfangspunkte für eine peripherisch fortschreitende Verjüngung (ringförmiger Dunkelschlag oder Gayers Femelschlag) gelten, so ist durch ringförmigen Schirmschlag

(Rändelhieb) oder auch durch ringförmigen Kahlschlag (Umsäumungshieb) für Erhaltung von anschlußfähigen Verlaufsrändern des Vorwuchses zu sorgen.

8. Besteht ein gemischter Vorwuchs nur aus Schattenholzarten oder nur aus Lichtholzarten, welche zwar anfänglich, im Jungwuchsalter, nicht aber im entscheidenden Stangenalter gleich rasch emporwachsen, so werden die schnellerwüchsigen Arten beseitigt, wenn die gefährdete Art die wertvollere ist; ist dies nicht der Fall, bedarf es keines Eingriffes.

9. Ist in einem aus Licht- und Schattenholzart gemischten Vorwuchs die Vorwüchsigkeit der Lichtholzarten im Stangenalter zweifelhaft, so müssen die Schattenholzarten gestümmelt oder ganz beseitigt werden, wenn keine Aussicht besteht, daß die Schattenholzart durch Naturereignisse (Frost, Wildverbiß u. dgl.) künstlich niedergehalten wird, so daß die Lichtholzarten einen genügenden Vorsprung erhalten, ehe sie ins Stangenalter eintreten. Viele im Prinzip falsch angelegte, künstlich gemischte Horste von Fichte und Lärche, Buche und Lärche sind durch solche Ereignisse vom Ausscheiden der Lärche gerettet worden. Werden die Schattenholzarten ganz beseitigt, erfolgt in einem späteren Alter ein erneuter Unterbau der Lichtholzarten.

10. Ist in einem aus Licht- und Schattenholzarten gemischten Vorwuchse die Vorwüchsigkeit der Lichtholzart zweifelhaft, die Schattenholzart aber ebenso wertvoll oder wertvoller als die Lichtholzart, wird am besten die Lichtholzart beseitigt, um einer Vermehrung von Insekten und Pilzen, welche die kränkelnden Individuen bevorzugen, vorzubeugen.

11. Jede Vorwuchsgruppe muß als ein Verjüngungsobjekt für sich betrachtet und behandelt werden.

12. Behufs Schonung der Vorwüchse sind alle Fällungen im Altholze bei Schneelage und so auszuführen, daß die stürzenden Stämme aus der Vorwuchsgruppe wenigstens mit der Krone hinausfallen.

13. Ist dies nicht möglich, so können die alten Stämme vorher entästet oder zu Brennhölzern aufgeschnitten werden, um den Transport zu erleichtern. Diese letztere Maßnahme darf nur ein seltener Ausnahmefall sein; brauchbarer Vorwuchs heilt leicht, Vorwuchs nach Punkt 4 (S. 297) wird besser erschlagen als benützt.

Die Schnelligkeit der Verjüngung.

Die Schnelligkeit, mit der eine Waldfläche auf natürlichem Wege verjüngt werden kann oder werden soll, hängt von einer ganzen Reihe von Faktoren ab und ist für das Gelingen des Werkes von größter Bedeutung. Im allgemeinen kann behauptet werden, daß „langsam, aber sicher" die Devise der Naturverjüngung ist. Rücksichtnahme auf Ruhe und Pflege der Jungwüchse, auf die Forderungen der Forsteinrichtung und der Rentabilitätsrechnung lassen es aber wünschenswert erscheinen, jede Verjüngung, die natürliche wie die künstliche, tunlichst zu beschleunigen; mit dem schnelleren Tempo aber wächst für die natürliche Verjüngung das Risiko bezüglich des Gelingens; denn die Beschleunigung muß naturgemäß den Erfolg auf wenige, vielleicht auf eine einzige gute Karte, auf ein einziges Samenjahr setzen und auf eine ergänzende Besamung der Flächen durch spätere Samenjahre verzichten.

Entscheidend für die Schnelligkeit der Verjüngung ist zunächst a) die Erziehungsweise des Bestandes. Wird der Bestand irgendeiner Größe, irgendeiner Form, irgendeiner Holzart mittels Durchforstungen und daran sich anschließende Durchlichtungen so erzogen, daß die einzelnen Bäume mit ihren Kronen im Haubarkeitsalter völlig isoliert stehen, und daß den Boden ein Schutzbestand einer Halbschatten- oder Schattenholzart deckt, so besteht ständige Bereitheit für die Verjüngung, und es ist im höchsten Grade wahrscheinlich, daß in einem solchen Bestande mittels eines einzigen Samenjahres die Baumvereinigung auf natürlichem Wege unter Schirm (Erziehungsverjüngung genannt) in wenigen Jahren verjüngt werden kann.

Ist aber der Bestand für die Verjüngung nicht erzogen, d. h. ist er, soweit aus einer Schattenholzart bestehend, noch im Haubarkeitsalter geschlossen gehalten, soweit aus einer Lichtholzart bestehend, zurzeit der Verjüngung verunkrautet, dann ist eine schnelle Verjüngung in der Regel unmöglich; denn die Vorbereitung der Bäume zum Samenerträgnis und des Bodens zur Empfänglichkeit nehmen bereits Jahre in Anspruch.

Wird z. B. für einen solchen, zur Verjüngung nicht erzogenen Bestand, die Dunkelschlagverjüngung gewählt, so wird die Verjüngung auf großen Teilen oder dem ganzen Bestand auf einmal eingeleitet; sie wird nur dann in kurzer Zeit sich abspielen, wenn zur Geschicklichkeit der Ausführung auch noch das entsprechende Glück eines vollen Samenjahres zu günstigster Zeit sich gesellt. Bleibt aber letzteres aus, so ist die Fläche für natürliche Verjüngungen zumeist unbrauchbar geworden. Je kleiner die Flächenteile sind, welche man zur Naturverjüngung auswählt (bis herab zur Löcherschirmvereinigung), um so sicherer zwar das Ergebnis, da mehrere Samenjahre benutzt werden können, um so langsamer aber auch kommt die Verjüngung des Bestandes zum Abschluß; neben derartigen Erwägungen sind es aber auch natürliche Verhältnisse, welche das Tempo des Verjüngungsganges beeinflussen.

b) Das Klima. Je kühler die Lage, sei es durch höhere Breitengrade oder Elevation oder Exposition, um so langsamer ist die Entwicklung der Jugend und dementsprechend langsam ist die Auflichtung der Schirmstellung über dieser. In Ländergebieten mit hoher

Luftfeuchtigkeit und genügender Regenmenge während der Vegetationszeit, somit in Gebieten, in denen andauernde Sommerregen zu den Ausnahmen, Gewitterregen zur Regel gehören, wie z. B. Mittel- und Nordeuropa, ist eine Lichterstellung und eine raschere Beseitigung der schirmenden Althölzer wünschenswert, um den aufkommenden Pflanzen die wohltätige Wirkung der Gewitterregen zukommen zu lassen; in den kontinentalen Gebieten aber, in denen der Ausfall aller Sommerregen die Regel, Gewitterregen seltene Ausnahmen sind, ist die stärker beschirmte Fläche in ihrer oberen Schicht immer noch feuchter, somit für die Jugend günstiger als die stärker aufgelichteten oder sogar kahlen Flächen. Im Bereiche der sommerlichen Regen und der winterlichen Trockenheit (Monsungebiet von Ostasien) empfiehlt sich stärkere Beschirmung der Verjüngungsflächen, um die zarten, einjährigen Pflanzen über die gefährliche Zeit der Winteraustrocknung und den vordringlicheren Graswuchs hinwegzubringen.

Lagen, welche des Windschutzes entbehren, verlangen eine raschere Lichtung und Beseitigung der Beschirmung, um die drohende Sturmgefahr möglichst abzukürzen; es wird zu erwägen ein, ob in solchen Örtlichkeiten überhaupt die Naturverjüngung in größeren Flächen durchgeführt werden soll; werden aber kleine Verjüngungsflächen gewählt, so ist der Gang der Verjüngung schon dadurch verzögert. Nur eine Erziehung zur Naturverjüngung braucht auf Wind keine Rücksicht zu nehmen.

Eingesenkte, muldenförmige Lagen, Hochplateaux können durch den Kahlschlag zu Frostlöchern schlimmster Art werden; schon im Castanetum beginnt diese Gefahr, die nach der Kältegrenze des Waldes hin sich steigert; für solche Lagen ist eine dichtere und länger aufrecht erhaltene Überschirmung und damit eine Verzögerung des Verjüngungsganges unerläßlich.

c) Holzarten, welche in kurzen Zwischenräumen und reichlich Samen bilden, lassen sich rascher verjüngen als solche, welche nur in längeren Zwischenpausen fruktifizieren. Holzarten, welche in der ersten Jugend bereits lichtbedürftig sind, müssen in beschleunigter, abgekürzter Schirmhiebsführung verjüngt werden, wie z. B. Föhren gegenüber Fichten, Eichen gegenüber Buchen; je empfindlicher eine Holzart gegen verspätete Fröste, um so dichter die Schirmstellung, um so länger die Erhaltung derselben.

d) Der Boden übt seinen Einfluß nicht in der zunächst erwarteten Richtung, nämlich, daß auf gutem Boden die Verjüngung rascher sich abwickeln könne als auf minder gutem. Je besser der Boden, um so größer die Unkrautgefahr. Um dieser vorzubeugen, ist eine stärkere Überschirmung wenigstens für die schattenertragenden Arten angezeigt; auf geringerem Boden ist ein rascher Gang schon deshalb nötig, weil

alle Holzarten auf solchen geringeren Böden empfindlicher gegen Überschirmung sind als auf besseren Böden. Frische bis nasse Böden
sind zumeist ausgesprochene Frostlöcher, sie verlangen vorsichtige
Lichtung, dazu kommt ihre außerordentliche Neigung zum Graswuchse;
je stärker die Bodenbearbeitung, desto lichter kann die Stellung,
desto kürzer die Funktion der Schirmbäume sein.

e) Je größer das in einer Hand vereinigte Waldareal, um so
langsamer kann auf einer in Angriff genommenen Fläche die Verjüngung fortschreiten; wo aber nur wenige Objekte zur Verjüngung
bestimmt werden können, da muß rascher geschlagen werden, um den
Etat zu erfüllen.

f) Beschleunigend wirken wirtschaftliche Umstände, wie z. B.
Absatzverhältnisse. Zur Verbilligung des Transportes kann es
wünschenswert erscheinen, auf einer Stelle größere Holzmengen durch
stärkere Schirmschläge zur Fällung zu bringen; wo reichliche Kultur-
mittel zur Verfügung stehen, kann ebenfalls rascher vorwärts gegangen
werden, wobei allenfalsige Fehlstellen nachträglich durch Saat oder
Pflanzung ergänzt werden.

g) Je schneller die Lichthiebe geführt werden und der Endhieb folgt,
desto rascher erwächst die neue Generation, desto mehr steigert sich
aber auch die Gefahr durch Unkraut und Frost, durch Wildverbiß,
desto geringer aber sind die Beschädigungen der jungen Generation
durch die Fällung und Bringung der Althölzer. Hierin das rechte
Tempo zu treffen, kann nur auf Grund der Naturgesetze des Bodens,
des Klimas und der Holzarten sowie lokal gesammelter Erfahrungen
gelernt werden. Allgemein mag indes der Satz als recht gelten, so
schnell als möglich mit den Schirmständern zu räumen, denn für die
Jungwüchse im Walde gilt derselbe Grundsatz wie für ihre größten
Feinde, das Wild: Ruh' nimmt zu!

h) Bei keiner Verjüngungsweise prägt sich der Einfluß des
Temperaments des Wirtschafters auf den Gang der Verjüngung so
sehr aus, als bei der natürlichen Verjüngung. Der Vorsichtige, Über-
ängstliche wird den Verjüngungsgang verzögern, der Wagende, Un-
geduldige wird ihn in beschleunigtem Tempo zu Ende zu führen suchen.
Karl Gayer[1]) sagt hierüber sehr zutreffend:

„Unter den vielen Tugenden, welche den Wirtschaftsbeamten zieren
müssen, sind für das waldbauliche Vorgehen die Geduld und das Be-
wußtsein, daß Zweck und Ziel der Arbeit in der fernen Zukunft, nicht
in der Gegenwart liegen, mit die wichtigsten."

In der natürlichen Anlage des Wirtschafters kann ein günstiges
oder ungünstiges Moment für den Erfolg einer Naturverjüngung liegen;
aber die Qualität des Wirtschafters in erster Linie nach dem Gelingen

---

[1]) K. Gayer, Aus dem Walde (1891), Nr. 27.

oder Mißlingen einer Naturverjüngung beurteilen zu wollen, wäre ebenso
unrecht, wie das Gelingen einer künstlichen Saat oder Pflanzung als
Prüfstein für den Wirtschafter zu betrachten; bei allen Verjüngungen
im Walde sind viel mächtigere, außerhalb der Kraft des Wirtschafters
liegende Faktoren im Spiele, welchen in erster Linie das Gelingen
oder Mißlingen zugeschrieben werden muß, daß sind die Launen der
Witterung.

Der Verjüngungszeitraum.

Der Zeitraum, während dessen die Verjüngung auf einer bestimmten
Fläche sich abspielt, heißt spezieller Verjüngungszeitraum;
hierbei ist es gleichgültig, ob diese Fläche einen ganzen Bestand, einen
Teil desselben, einen Kleinbestand, eine Baumgruppe oder einen Trupp
umfaßt; es ist die Zeit, welche vom ersten bis zum letzten Verjüngungshiebe verstreicht. Die Bezeichnung allgemeiner Verjüngungszeitraum trifft nur bei Groß- und Kleinbeständen zu, wenn diese in
mehreren Teilen nacheinander verjüngt werden. Der allgemeine
Verjüngungszeitraum ist somit die Summe der speziellen Zeiträume.
Der spezielle Zeitraum ist der natürliche, naturnotwendige; er ergibt sich aus der Eigenart der Holzart, des Bodens, des Standortes,
mit einem Wort, aus dem natürlichen Gang der Verjüngung; der allgemeine Verjüngungszeitraum wird von der Forsteinrichtung bestimmt,
die nur dann eine zeit- und naturgemäße ist, wenn sie dem Wirtschafter
in der Wahl des Beginnes der Verjüngung und der Dauer derselben
völlig freie Hand läßt. Wählt sie die Bestände zu groß, den allgemeinen
Verjüngungszeitraum zu klein, dann wird die Verjüngung auf natürlichem Wege ebenfalls auf große Flächen sich erstrecken und schnell
sein müssen, obwohl die Bestände hierfür nicht erzogen sind; für
manche Holzart, für manche Bestände wird dadurch die Durchführung
einer Naturverjüngung erschwert, ja, geradezu zur Unmöglichkeit. So
liegt eine schwerwiegende Veranlassung zum Kahlschlage mit künstlicher Verjüngung in dem Systeme der herrschenden Großflächenforst-
einrichtung und Bestandeserziehung.

Die natürliche Wiederverjüngung bei den Kahlschlagwirtschaften, die natürliche Nachverjüngung.

Reinbestände.

Wie aus dem achten Abschnitte entnommen werden kann, gibt es
Kahlschlagbetriebe, wie Birkenbergwirtschaft, Alpenbrandwirtschaft, bei
denen die Wiederverjüngung stets der Natur überlassen bleibt; bei
kahlen Saumschlägen, besonders im Gebirge und bei vielen Kahlschlägen im bäuerlichen Waldbesitze, ist es zumeist der Natur überlassen, wie und wann die Kahlfläche mit einer Holzart der Umgebung
sich bestockt. Diesen Betrieben stehen solche gegenüber, bei denen

prinzipiell alles, was auf einer Fläche erwachsen ist, Altholz und Jungwuchs, ebenso Unhölzer beseitigt, tabula rasa gemacht wird; auf ihr
entsteht ein neuer Wald allein durch menschliche Kunst und nach
menschlichen Gedanken. Die ersteren Methoden blicken allzu ver-
trauend, die letzteren allzu mißachtend auf die Tätigkeit und Mithilfe
der Natur; die einen wollen gar nichts zur Naturgabe hinzufügen, die
anderen lassen jegliche, auch die beste Gabe der Natur zuerst herausreißen, um mit großem Aufwand an Fleiß, Zeit und Geld die neue
Generation nach dem bewährten Rezepte anzupflanzen. Eine Wirtschaft, welche Anspruch auf die größte Rentabilität im Walde erhebt
und zugleich an Nachhaltigkeit des Bodens denkt, muß alles tun, um
den Nachteilen der plötzlichen Kahlstellung des Bodens entgegenzuwirken; muß auf möglichste Einsparung an den Kosten, auf möglichste Sicherheit der aufwachsenden Jugend (Ersparung der Nachbesserungen) bedacht sein. Sie kann dies nur, wenn sie den goldenen
Mittelweg zwischen den heutigen Kahlschlagformen mit künstlichem
Anbau und den Schirmschlagformen mit Naturbesamung beschreitet
und zum obersten Grundsatz erhebt: Auch im Kahlschlag muß
jeder brauchbare Vorwuchs erhalten und zum Ausgangspunkt der anschließenden, künstlichen Verjüngung gemacht werden; auch im Kahlschlagbetriebe muß die Begründung von brauchbarem, natürlichem Vorwuchse als
das Ziel der Verjüngungstätigkeit des Wirtschafters gelten;
die Kunst soll nur ergänzen, was auf natürlichem Wege
sich nicht erreichen ließ.

In wenige Worte zusammengefaßt sind die Vor- und Nachteile
einer Naturverjüngung auf einer Kahlfläche folgende:

Als größter Vorzug der natürlichen Verjüngung auf der Kahlfläche
muß die Ersparnis an Kulturkosten bezeichnet werden; die
Erleichterung der künstlichen Verjüngung durch den Anschluß derselben an einen bereits vorhandenen Jungwuchs ist eine
augenfällige und allbekannte; die Verhinderung der Verunkrautung
und Verwilderung solcher Stellen ist eine Wohltat für den Boden;
die übrigen Vorzüge kommen den Kahlschlagflächen als solchen zu.
Als Nachteil muß man geltend machen: Unvollkommene Bestockung,
im Falle die Verjüngung allein der Natur überlassen bleibt; Beimischung
von forstlich gleichgültigen oder sogar schädlichen Holzarten; der
Schaden tritt aber erst dann ein, wenn solche Unhölzer nicht rechtzeitig, d. h. vor Bedrückung der Edelhölzer beseitigt werden; bis dahin
sind sie nützlich. Die übrigen Nachteile kommen den Kahlschlagflächen
als solchen zu. Man könnte noch hinzufügen: Die Erschwerung der
Fällung bei der Rücksichtnahme auf vorhandenen Jungwuchs. Dieser
letztere Punkt wird schwer wiegen in den Augen vieler Praktiker.
Vielleicht sind einige der weiter unten angegebenen Kahlschlagformen

geeignet, diese Bedenken gegen eine Naturverjüngung beim Flächenkahlschlag zu beheben.

Als erste Tätigkeit beim Kahlschlag muß die Musterung der Vorwüchse in dem zur Fällung bestimmten Bestande oder Bestandsteile bezeichnet werden; an das Ergebnis dieser Untersuchung, welche im Sinne von S. 296 ff. auszuführen ist, schließt sich sofort der Kahlschlag an, da eine Erweiterung der Vorwüchse nicht im Programm des Kahlschlags gelegen ist; es kann aber bei der Fällung über dem Vorwuchs selbst auf möglichste Schonung dieses ohne Verzögerung oder Erschwerung der Fällung Rücksicht genommen werden. Die klimatischen Bedingungen größerer Kahlflächen wurden bereits früher besprochen; die Ungunst im Klima (Spätfrostgefahr, Trocknis) wächst mit der Größe der kahlen Fläche; am ungünstigsten werden daher die kahlen Flächen sein müssen, welche im Großbestandswalde entstehen; daran reihen sich Bestände (Unterabteilungen) und Kleinbestände. Im saumweisen Kahlhiebe, sowie ringförmigen Kahlhiebe oder kahlen Löcherhiebe bei allen bestandsweisen Waldeinteilungen sind kahle Flächen besser geschützt; am kleinsten wird die kahle Fläche sein beim Kahlhieb, der einer Waldeinteilung zugrunde liegenden Gruppe, oder des einzelnen Stammes und des Trupps im Femelwald; solche kahle Flächen kommen in ihrem Klima jenen unter dem Dach des Waldes am nächsten; ihre Verjüngung ist eigentlich unter Schirm.

Böden. Unter Schattenholzarten, welche soweit als möglich bis zur Haubarkeit geschlossen erhalten werden, trägt der Boden bei a) Laubhölzern nur eine dünne Laubdecke, seltener Rohhumus, darunter liegt vortrefflicher Verjüngungsboden; bei der plötzlichen Freistellung entfernt der Wind die Laubdecke, von Einsenkungen und Gruben abgesehen, und es liegt ein Boden von bester Empfänglichkeit zutage. Aber gerade deshalb erscheint auch, wenn nicht der Same der Nutzholzart hingebracht wird, in kürzester Zeit der Unkrautwuchs; da die Schattenholzlaubbäume (Buchen, immergrüne Eichen, Lorbeerbaum, Kastanien und viele andere) schwere Samen tragen, müssen derartige kahle Flächen in kürzester Zeit mit Unhölzern und Unkräutern verwildern; meist ist ungenügend, was an solchen Sämereien durch Vögel auf die kahle Fläche gebracht wird.

b) Unter Schatten ertragenden Nadelhölzern (wie die Gattung Picea, Abies, Pseudotsuga, Tsuga, Thuja, Taxus, Thujopsis und andere) liegt im haubaren Alter meist eine Moos- oder Farnkrautdecke mit Rohhumusschichten, welche eine geringe Empfänglichkeit für Aufnahme und Keimung der Sämereien besitzen; durch plötzliche Freistellung verschlechtert sich der Boden noch weiter; nur bei reichlicher Bodenverwundung und Durchwühlung entstehen empfängliche Stellen, die sich mit den leichtsamigen Schattenholzarten auch leicht besiedeln.

Unter Halbschattenholzarten, Laub- wie Nadelbäumen (s. S. 221), ist der Boden beim Kahlschlag selten noch empfänglich; er trägt bereits Unkraut- und Unholzwuchs oder bereits Jugend von der gleichen Art wie der alte Bestand. Ist dieser Vorwuchs unbrauchbar, wird er gleich Unhölzern beim Kahlhieb beseitigt, um neuem Anflug Platz zu machen. Wird gepflanzt, können Unhölzer und unbrauchbare Vorwüchse als vollkommener Schutz auf der sonst kahlen Fläche benutzt werden.

Unter den Lichtholzarten der Laub- und Nadelbäume ist die Verwilderung des Bodens oder die Verjüngung zur Zeit der Haubarkeit am weitesten vorgeschritten; auf natürlichen Anflug kann nur gerechnet werden, wenn der Kahlschlag alles beseitigt und den Boden neu verwundet.

Der Anflug der Sämereien auf der kahlen Fläche hängt von der Windrichtung und Hiebsrichtung der kahlen Fläche sowie von den Witterungsverhältnissen ab. Nur bei trockener Witterung oder bei Wind findet die Ablösung der Sämereien von den Bäumen statt. Es gilt dies insbesondere von solchen, welche in holzige Dauerfrüchte eingeschlossen sind wie die Sämereien der meisten Nadelbäume. Erst mehrtägige Trockenperiode oder intensive Besonnung zwingt die Früchte zum Aufplatzen und Klaffen ihrer Schuppen. Bei der Gattung Larix stehen die Zapfen aufrecht, so daß die Sämereien nicht durch ihr Gewicht, sondern nur bei heftigem Wind aus den Schuppen geschleudert werden. Bei den Gattungen Cedrus, Abies und einigen Föhren zerfällt der Zapfen, wodurch die Früchte auch bei Windstille frei werden. Trockene Witterung aber stellt sich in Europa zumeist bei Windstille oder Ostluft ein; bei westlichen Winden nur in Gegenden mit Föhn. Die vorherrschenden, häufigen Winde aus West sind feucht und bringen Regen; bei ihnen öffnen sich die Früchte nicht. Da nun in Europa der kahle Saumhieb gegen die gefährliche Windrichtung, nämlich Westen, geführt wird, folgt naturgemäß, daß die meisten Sämereien der Schlagwand nicht auf die kahle Fläche nach Osten, sondern in den haubaren Bestand hinein nach Westen getrieben werden, wo sie aus Mangel an Licht oder Wasser verkümmern müssen. Nur bei Kulissenschlägen, Löcherhieben und den unten angegebenen Kahlschlagformen bringt jeder Wind auch Sämereien der Umgebung auf die kahle Fläche. Heftige Stürme entführen die Sämereien über die kahle Fläche hinweg, wie dies besonders bei der Lärche bekannt ist, welche am liebsten ihre Jugend nicht da begründet, wo es am nächsten und am günstigsten erscheint; man sagt, sie erzieht ihre Kinder bei den Nachbarn.

Über die Verbreitung der Holzartensämereien über eine kahle Fläche hin bieten das Gewicht der Sämereien und ihre Ausrüstung für Rotation und Schwebe die nötigen Anhaltspunkte. Schwerer Same ohne Fallschirm und Flügel, wie z. B. die

Sämereien der Gattung Quercus, Fagus, Castanea, Aesculus, aller Lauraceen, dann von Zelkowa, Magnolia, Cembra und vielen andern, welche der speziellen Beschreibung der Holzarten entnommen werden mögen, vermögen sich nur auf geneigtem Gelände von ihrem Mutterbaum weiter als 10 m zu entfernen. Bis zu 30 m schweben vom Winde getragen vom Mutterbaum hinweg die Sämereien der Gattung Tilia, Carpinus, Fraxinus, Acer, Abies, Liriodendron, die schwersamigen Pinusarten der Sektion Strobus; bei 50 m Abstand dürfte die Grenze für die leichtsamigen Nadelbäume, nämlich Picea, Larix, die meisten zwei- und dreinadeligen Föhren, Alnus, Ulmus und andere Holzarten, liegen; von 50 m bis zu einer fast unbestimmbaren Grenze dürfte die Flugfähigkeit der Gattung Betula, Populus, Salix, Paulownia und andere sich erstrecken.

Die Dichtigkeit des Anfluges oder Aufschlages ist nicht, wie man erwartet, am Stamm der Mutterbäume anschließend am vollkommensten; es bleibt das Tropfenbereich der Mutterbäume bei den leichteren Sämereien von Jungwuchs frei, weil die Sämereien durch schwere Regentropfen herausgeschlagen werden oder vertrocknen; nur bei schweren Sämereien liegt die Zone der größten Aufschlagsdichte dem Stamme am nächsten. Bei den Sämereien, die bis zu 30 m sich verbreiten, ist die Zone zwischen 10 und 20 m am besten besamt, bei jenen, welche bis zu 50 m fliegen, liegt die Zone des besten Ergebnisses zwischen 10 und 40 m.

Die Samenbedeckung und Keimung. Die Eindeckung der Saat durch den Blattabfall bleibt auf den kahlen Flächen stets spärlich oder fehlt ganz. Nur jene Holzarten sind bevorzugt, welche die schwächste Deckung, ja nur ein Festdrücken auf der Erde und Umerdung durch den Regen verlangen; das sind wiederum die leichtsamigsten unter den Baumarten, Birken, Pappeln, Weiden, Erlen und andere. Bei größeren Sämereien und den größten mangelt jede Bedeckung und mit dieser jeglicher Schutz gegen Tiere. Im Herbste abfallende größere Sämereien keimen vielfach infolge der starken Besonnung und Erwärmung und erfrieren dann durch die ersten Frühfröste aus Mangel an Bedeckung. Jegliche Betretung der kahlen Fläche durch Mensch und Tier, jegliche Bodenverwundung vor der Keimung der Sämereien muß der natürlichen Besamung sowohl auf kahler Fläche wie unter Schirm zuträglich sein.

Führung der Kahlschläge zur Förderung der natürlichen Verjüngung.

Wohl überall ist an Stelle der großen Kahlflächen von unregelmäßiger Form und Lagerung eine Anordnung in Säumen getreten. Der Verlauf des Saumrandes, die Saumrichtung und die Breite der Säume wechseln; alle drei sind in ihrer Ausformung für den natürlichen Anflug von Sämereien von Wichtigkeit; je länger der Zeitraum, der zwischen zwei Saumhieben an derselben Stelle verstreicht, um so wertvoller und ergiebiger an Naturverjüngungen und Beiträgen für die künstliche werden die unten gegebenen Saumhiebsformen sein müssen.

Was zunächst den Verlauf der Grenzlinie zwischen Saum und Bestand, den Saumrand anlangt, so ist dieser stets eine gerade Linie. Es unterliegt aber wohl keinem Zweifel, daß Ausbuchtungen in dieser Linie dem Erscheinen von jungem Wuchse mehr Aussicht bieten als die grade Linie mit ihrer exzessiven Erwärmung und Wärmereflexion, ihrem Wassermangel und Tropfenwirkung bei Beregnung. Man kann einen derartigen Saumhieb vielleicht zellenförmigen, kahlen Saumschlag (Abb. 17 a) nennen, wenn die Ausbuchtungen rechteckig oder quadratisch sind. In diesen Ausbuchtungen siedeln

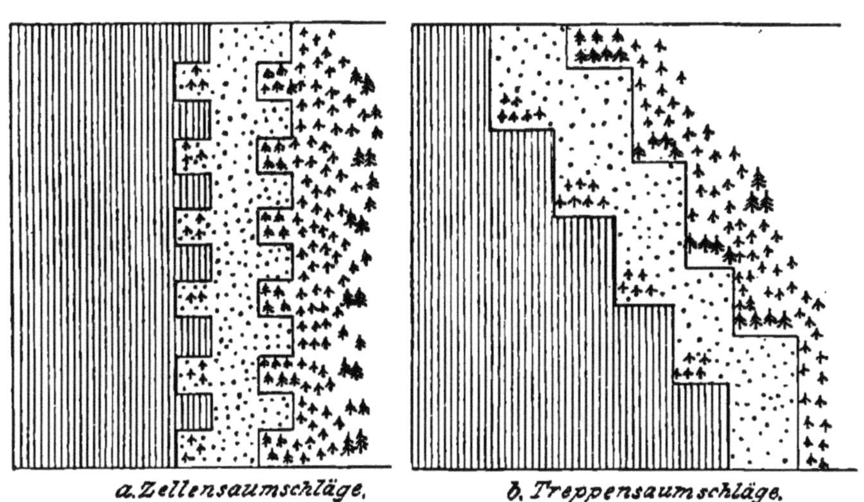

Abb. 17 a, b, c, d, e, f (S. 309, 310, 311). Schematische Darstellung von Saumhiebsformen, Kahlschlägen von O nach W zur Erzielung natürlichen Anfluges.

sich innerhalb 2—5 Jahren sicher junge Pflanzen an, welche beim folgenden Kahlschlag willkommen sind, und weil sehr klein, am Leben bleiben werden, auch wenn die schwere Prüfung der Fällung, Sortierung, Bringung und Abfuhr des Holzes über sie hinweggegangen ist. Gegen die Rüsselkäfer schützt Entrindung der Stücke, der Maikäfer wird die Zellen meiden.

Eine andere Form könnte der Treppenkahlschlag genannt werden (Abb. 17 b). Auch er ist der Besamung förderlicher als eine geradlinige Wand; denn es entstehen Nordränder, welche der natürlichen Ansamung günstig sind. Buchtensäume entstehen, sobald der ungleich fortschreitenden, natürlichen Verjüngung durch Ausbuchtungen der Saumgrenze Rechnung getragen wird (Abb. 17 c). Eine

andere Form der Saumhiebe, welche vielleicht noch besseres Ergebnis
bringt, wäre in Abb. 17 *d* gekennzeichnet. Es wird, wenn ein Streifen
z. B. von 60 m Breite beabsichtigt ist, derselbe in drei Längsteile
à 20 m breit zerlegt; der mittlere (II) bleibt Altholz, I und III werden
beseitigt. Beim nächsten Saumhieb fällt der Streifen II und neue kahle
Streifen I und III werden angelegt. Man kann diese Form den
kahlen Saumschlag mit Zwischensaum (II) nennen; auf I
wird sich Anflug einstellen müssen, auf III wird er so mangelhaft wie
bisher sein. Eine andere Form endlich bietet Abb. 17 *e*. Diese Form
ist im Hochgebirge bereits bekannt; dort wird 10—15 Jahre vor dem
Abhieb des Saumes dieser kräftig durchhauen, so daß bei der Lichtstellung der Bäume eine Naturverjüngung eintreten kann. Der kahle

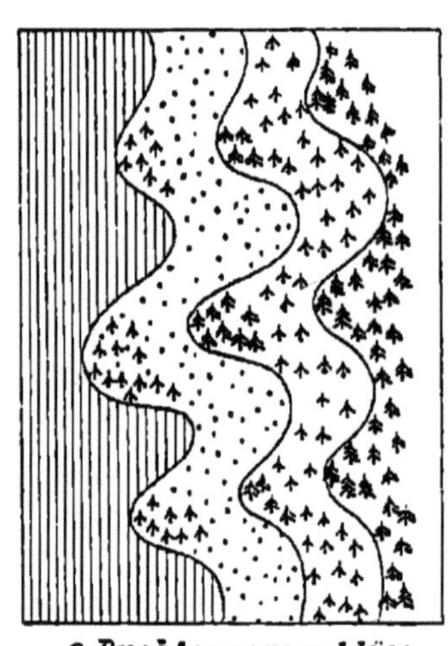

c. Buchtensaumschläge.

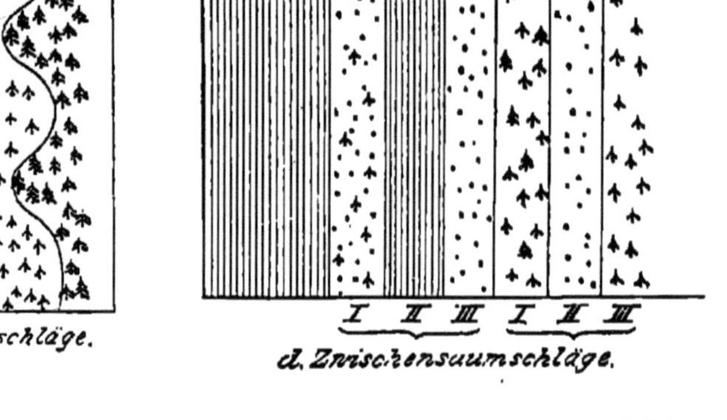

d. Zwischensaumschläge.

Saumhieb beseitigt dann den Schirmsaum und legt einen neuen Schirmsaum an: kahler Saumschlag mit Vorlichtung.

Auch diese Verjüngung muß zu den Kahlschlägen gerechnet werden,
da der Hieb ausgeführt wird, auch wenn keine Naturbesamung eingetreten ist. Alle obigen Formen werden keine genügende, aber doch
eine willkommene Verjüngung liefern, welche die Kunst nur zu ergänzen braucht. Wird ein Saum der Quere nach aufgeteilt und jeder
Teil als selbständiger Hiebszug weiter geführt, so entsteht der geteilte Saumschlag (Abb. 17 *f*); stoßen die Teile (Abb. 18) in
Winkeln aneinander, hat man von gebrochenen Saumhieben
(Neuessinger Wirtschaftsregeln) gesprochen.

Die Zeit, in der solche Saumschläge ausgeführt werden, ist nicht
gleichgültig. Es empfiehlt sich, wegen der Bodenverwundung die Fällungen

unmittelbar vor Samenabfall (Nadelhölzer) oder nach demselben (Laubhölzer und Tannen) vorzunehmen und, wenn möglich, damit eine weitgehende Bodenverwundung zu verbinden.

Die Richtung der Saumhiebe ist verschieden und hat im
Gebirge mit der Exposition zu wechseln. In der Ebene entscheidet
allein die Hauptwindrichtung, gegen welche die Säume vordringen.

Im Gebirge sind für die Richtung der Saumschläge folgende
Gesichtspunkte zu beachten: 1. die Bringung des Materials,
welche stets bergabwärts und nie durch eine Verjüngung hindurch geführt werden darf, somit immer entweder auf der Kahlfläche oder im
geschlossenen Altbestande sich zu bewegen hat. Im letzteren Falle ist
es besser, kahle Gassen zu hauen, um den Transport auf einer Bahn zu

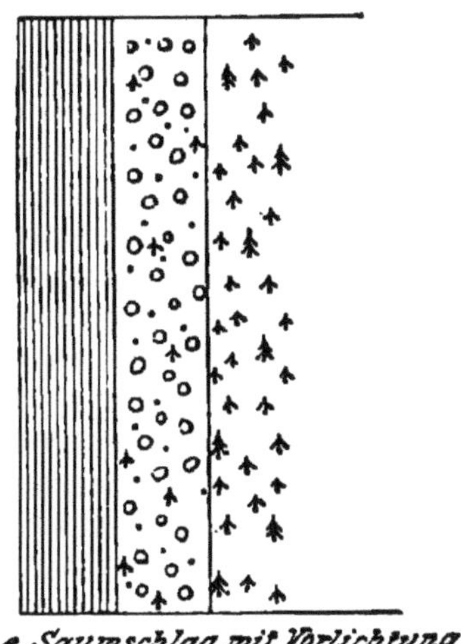

e. Saumschlag mit Vorlichtung.

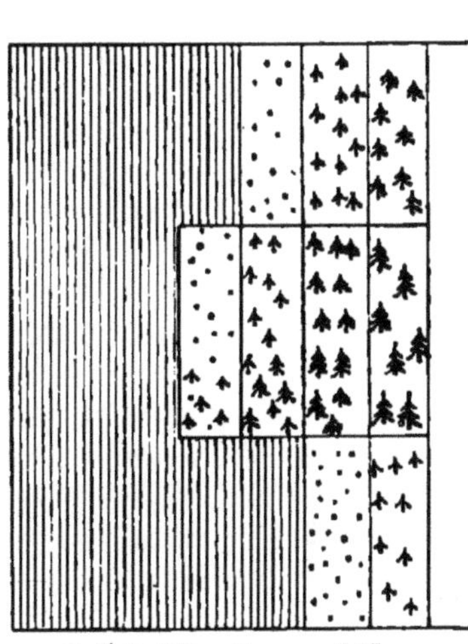

f. Geteilte Saumschläge.

vereinigen. 2. Die Sturmgefahr besteht auch im Gebirge und zwar
auf den dem Winde zugekehrten Bergseiten in verstärktem Maße;
auf der abgewendeten Seite aber, wo Überfallswind von der entgegengesetzten Seite weht, ist diese die gefährliche Windrichtung; in
Europa ist somit auf den Westhängen der Westwind, auf den Ost-
hängen der Ostwind der gefährlichste. Der Verlauf der Gebirgszüge
und Täler lenkt die Westwinde vielfach in NW—SW-Winde, die O-Winde
in NO—SO-Winde ab. 3. Die Sonnenwirkung ist dann allzu stark
in Licht und Wärme, wenn die Sonnenstrahlen von einer Schlagwand
des stehenden Bestandes zurückgeworfen werden. Dort herrschen die
heißesten und trockensten Verhältnisse, ähnlich wie bei einer Wand
aus Holz oder Stein, welche beim Obstbau für Spalierzwecke ausgenützt
wird; Keimung und Emporkommen von Jungwuchs ist dort wegen

der herrschenden Trocknis am schwierigsten; man nennt dies Übersonnung, vielleicht besser Rücksonnung.

Die Richtung der Saumhiebe und deren Fortschreiten (Hiebszug) veranschaulicht nachstehende Abb. 18, welche einer ausführlichen Beschreibung nicht bedarf. Eine Linie, welche von NW nach SO verläuft, teilt den Berg in zwei Hälften, eine nordöstliche und eine südwestliche; auf der nordöstlichen Hälfte werden die Saumhiebe senkrecht gegen die Horizontalkurven, also im Gefälle abwärts von einer Nordlinie an nach Osten und nach Westen in mit den Horizontalkurven parallelen Hiebszügen weiter geführt; auf der südwestlichen Hälfte laufen die Saumhiebe den horizontalen Kurven annähernd parallel schief über das Gehänge. Der Hiebszug ist annähernd senkrecht auf

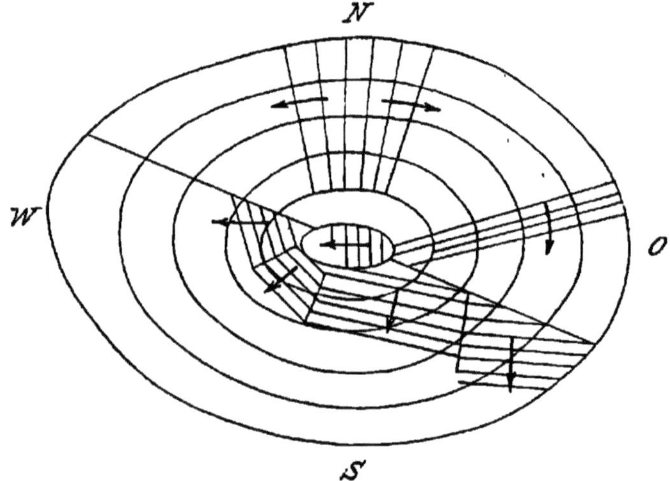

Abb. 18. Richtung der Saumhiebe im Gebirge.

die Horizontalkurven gerichtet. Die Verjüngung beginnt im Plateau, am höchsten Punkt des Berges, nicht an der Talsohle.

Die Breite der Saumhiebe. Ist die Frage der Breite der Saumhiebe von der Holzmenge abhängig, welche geschlagen werden soll, um den Etat zu erfüllen, so hat die Entscheidung ein waldbauliches Interesse nur insofern, als mit der Entfernung von der Schlagwand die Naturverjüngung immer ungenügender, die künstliche immer schwieriger werden muß. Soll aber die Saumbreite so' eingerichtet werden, daß vom natürlichen Anflug möglicht viel gewonnen wird, so entscheidet über die Breite die bereits behandelte Verbreitungsfähigkeit der Holzart. Die Saumbreite soll die Zone des dichtesten Anfluges in sich schließen. Wählt man für schwersamige Holzarten die Kahlschlagsaumverjüngung, so dürfte die Saumbreite 10 m nicht überschreiten; bei den Holzarten, welche bis zu 30 m durchschnittlich zu schweben imstande sind, wäre die Saumbreite mit etwa 25 m zu begrenzen. Für solche Bäume, welche bis zu 50 m ihre Sämereien aussenden — hierzu gehören die Mehrzahl der Fichten, die kleinsamigen Föhren, die Lärchen, die Douglasien, Tsugen und viele andere Nadel- und Laubbäume —, so dürfte mit der Saumbreite bis zu zwei Baumhöhen gegangen werden. Jene leichtsamigen Bäume endlich, wie Populus, Betula und andere würden auch noch auf Säumen von einer Breite gleich drei Baumhöhen sich einfinden können. Es liegt nahe, daß innerhalb eines Waldgebietes, in dem eine bestimmte Holzart mit leichten Sämereien das Übergewicht besitzt, die Säume auch breiter gemacht werden dürfen, wegen der Allgegenwart der Sämereien dieser Holzart. Zur Bekämpfung von Insekten, zum Beispiel des Rüsselkäfers, kann es wünschenswert erscheinen, eine unüberbrückbare, pflanzenlose Zone von größerer Breite zwischen Bestand und Verjüngung einzuschalten. Doch führt auch das Entrinden der Stöcke zum Ziele.

Bei einer geregelten Saumhiebswirtschaft sollte ein neuer Saumhieb erst geführt werden, wenn der vorhergehende bestockt ist; wo die natürliche Verjüngung ungenügend erscheint, hat die künstliche ergänzend einzugreifen.

Der kahle Löcherhieb, ringförmiger, kahler Saumschlag.

Nur bei einer Waldeinteilung in größere Bestandseinheiten kann dieser Hieb eingelegt werden; bei einem Wald, der in Gruppen, Bändern oder Trupps und Einzelstämme, Femelwald aufgeteilt ist, kann der Löcherhieb, welcher ringförmige Erweiterung verlangt, überhaupt nicht durchgeführt werden. Es können die Gruppen, Bänder oder Trupps zwar kahl geschlagen, aber nicht vergrößert werden. Der Löcherhieb schafft Bedingungen, unter welchen der Anflug von Sämereien von allen Seiten, somit am vollkommensten erfolgen muß; aus ihm geht eine Verjüngung des Bestandes in Gruppen von verschiedenem Alter und Höhenwuchs hervor, welche allmählich durch den ringförmigen Saumhieb zusammenfließen soll. Was die Anlage der Löcher und Ausführung der Saumhiebe anlangt, so wäre folgendes festzustellen. Die Anlage der Löcher erfolgt, nachdem die bei allen Hieben vorausgehenden Musterungen der Schlußdurchbrechungen und der Vorwüchse sowie ihre Behandlung erledigt sind: 1. Unter Benutzung vorhandener Schlußdurchbrechungen; sind solche Stellen verunkrautet, so werden sie entweder überhaupt nicht benutzt oder entsprechend ausgeformt und sofort ausgepflanzt. 2. Wo natürliche Durchbrechungen fehlen, werden solche geschaffen durch herausfemeln von sehr starken oder anbrüchigen oder sehr breitkronigen Stämmen und entsprechende Abrundung und Erweiterung der Öffnungen. 3. Die Anlage der Löcher beschränkt sich auf das Innere der Bestände, vor allem sind die Sturmränder zu schonen. 4. Die Löcher sind so zu gruppieren, daß sie besonders in ihren Erweiterungen den Holztransport nicht beeinträchtigen. 5. Der Durchmesser solcher kahler Löcher sowie die Breite der folgenden Säume wechselt mit der Holzart; für Schatten ertragende und Schutz verlangende Arten müssen die Durchmesser kleiner sein als für Licht verlangende und Schutz abweisende Holzarten, wie aus den später zu berührenden Beispielen ersehen werden möge. 6. Beseitigung der lockeren Bodendecke, Streu, Moos und andere Arten von Bodenverwundungen fördern die Ansiedelung von Jungwuchs. 7. Die kahlen Umsäumungshiebe werden erst geführt, wenn das Zentrum bzw. der vorhergehende Saumhieb mit Jugend bedeckt ist. 8. Nur bei einer sturmfesten Holzart oder in einer sturmgesicherten Lage oder nach vorheriger Erziehung eines Bestandes zur Verjüngung und Sturmfestigkeit ist es möglich, einen Großbestand oder auch einen Kleinbestand durch ringförmige Kahlhiebe so weit zu verjüngen, daß die letzten Ringsaumhiebe die Bestandsränder treffen, welche künstlich in Bestand gebracht werden müssen. Wo diese Voraussetzungen nicht gegeben sind, wird vom Löcherhieb zum saumweisen Kahlschlag übergegangen werden müssen. 9. Die am stärksten besonnten Binnenränder der Löcher, die Nord- und Nordostränder bleiben, da wasserärmer, in der Besamung und im Wachstum der Jungwüchse gegenüber den im Schatten liegenden, feuchteren und günstigeren Süd- und Westrändern zurück. Dadurch nimmt die ursprüngliche Kreisform des kahlen Löcherhiebes allmählich bei den weiteren, kahlen Ringsaumhieben eine eiförmige, schließlich sackförmige Gestalt an; es ist wesentlich, das Streben der Natur nach Ausdehnung der Besamung in einer bestimmten Richtung möglichst durch Ausformung der Kahlsaumschläge zu unterstützen; wie die klimatischen Unterschiede der Binnenränder des Löcherhiebes können auch Bodenverhältnisse das ungleiche Fortschreiten der Naturverjüngung in Buchten nach verschiedener Richtung hin veranlassen.

Mischbestände.

Soll ein aus zwei oder mehreren Holzarten gemischter Bestand im Kahlschlag auf natürlichem Wege verjüngt werden, so ist zu beachten, daß jede Holzart verschieden ausgerüstet ist für die Zwecke der passendsten Ansiedelung auf einer Kahlfläche. Es wurde bereits früher bei den naturgesetzlichen Grundlagen erwähnt, daß für die Ausbreitung einer Holzart ihr Samenerträgnis in Menge und Häufigkeit, die Schwebefähigkeit der Sämereien, die Gefahren bei der Keimung, ihr Schattenerträgnis, Schutzbedürfnis, Ansprüche an Boden, Klima, Wuchsgeschwindigkeit und andere während der ersten und der späteren Jahre entscheidend sind, daß alle diese Dinge dem Wirtschafter bekannt sein müssen, wenn er im voraus entscheiden will, welche Holzart in einer Mischung der anderen gegenüber im Vorteile ist; es wird sich ergeben, daß für den betreffenden Standort eine Holzart **waldbauschwach**, eine andere **waldbaustark** ist; daß aber mit dem Standortwechsel ein Wechsel in diesem gegenseitigen Verhältnis eintreten kann. Der oberste Grundsatz aller Verjüngungstätigkeit im Mischbestande mit der Absicht der Erhaltung der Mischung wird daher sein müssen: die **möglichste Unterstützung der waldbauschwachen** Holzarten durch die Wahl der Wirtschaftsmethode sowohl bei den Kahlschlägen als auch bei den Schirmschlagformen. Als waldbauschwächere Holzart ist in einer Mischung von Schattenholzarten unter sich oder von Lichtholzarten unter sich jene Art anzusprechen, welche in der Jugend am empfindlichsten gegen verspätete Fröste, somit am schutzbedürftigsten ist, jene, welche in der Jugend langsamer wächst, welche höheren Anspruch an die Bodengüte erhebt, welche zahlreicheren Feinden bei der Keimung und weiteren Entwicklung ausgesetzt ist. So haben sich z. B. alle Tannenarten (Gattung Abies) waldbauschwächer erwiesen als die Angehörigen der Gattung Picea, der Fichtenarten; bei einer Mischung von Pseudotsuga und Picea wird im luftfeuchten, wärmeren Tiefland (warmes Fagetum) Picea die schwächere, Pseudotsuga, weil im Optimum, die stärkere sein; bei einer Mischung derselben Arten im Picetum selbst wird die Pseudotsuga die schwächere, Picea, weil im Optimum, die stärkere sein; bei einer Mischung Taxus mit einer anderen Schattenholzart werden die Eiben stets die schwächeren sein; bei Lichtholzartenmischungen werden die schwersamigeren die schwachen sein, z. B. die winterkahlen Eichen gegenüber den zwei- oder dreinadeligen Föhren; die Gattung Lärche wird schwächer sein als die Föhre, die Föhre schwächer als die Birke.

Werden nun gemischte Bestände im Großflächenkahlschlag angegriffen, so erscheinen auf der Kahlfläche von den Holzarten des angrenzenden Außenrandes des Mischholzbestandes in der ersten Generation noch fast alle, jedoch in einem anderen Verhältnis, als sie im Mutterbestand vorhanden waren; in der zweiten Kahlschlagsgeneration aus Naturverjüngung hervorgegangen, ist in der Regel der **reine Bestand der waldbaulich stärksten Holzart** an die Stelle des Mischwuchses getreten; auch der Kleinbestand im Kahlschlag mit Naturbesamung nähert sich mit denselben ungünstigen Ergebnissen der großen Kahlfläche. Nur auf der minimalen Fläche des Kleinbestandes von 0,3 ha liegen die Aussichten für eine Erhaltung der Mischung günstiger.

Bei den kahlen Saumhieben mit natürlicher Seitenbesamung stehen dem Wirtschafter bereits Mittel zur Verfügung, das Verhältnis der Artmischung im Jungwuchse zu erhalten, indem die Breite der Saumschläge und ihre Fortsetzung sich nach der waldbaulich schwächeren Holzart richten; dazu kommt zur Unterstützung der schwächeren Holzart die Schädigung der stärkeren durch vorherige Fällungen im Bestande. Im kahlen Löcherhieb, der ja überhaupt zur möglichsten Ausnützung der natürlichen Ansiedelung der Holzarten geführt wird, ist in dem Durchmesser der geführten Kahlhiebsfläche und in der Breite der darauffolgenden Kahlsäume ein Mittel gelegen, um der waldbaulich schwächeren Holzart die Erreichung des ihr zugebilligten Standraumes auf der Kahlfläche zu sichern.

Die natürliche Verjüngung bei den Schirmschlagwirtschaften, Naturverjüngung unter Schirm, natürliche Verjüngung im engeren Sinne.

Reinbestände.

Zu den wichtigsten Gründen für die künstliche Wiederverjüngung zählt die unleugbare Tatsache, daß sie für die weitaus größte Zahl der Kulturwaldungen und ihrer Bestände nicht nur schneller, sondern auch sicherer und leichter als die natürliche ist. Es muß oberster Leitsatz einer jeden Wirtschaft sein, jene Verjüngungsform zu wählen, welche am leichtesten, schnellsten und sichersten zum Ziele führt, wenn der Wirtschafter Beständen gegenübergestellt wird, welche ihre beste Verjüngungszeit überschritten, zu alt geworden, welche zu lange im Schluß gestanden und ihren mineralischen Boden mit einer Auflagerung von Rohhumus verdeckt haben, oder welche längst durchlöchert und in diesen Stellen durch Unkrautwuchs verwildert sind. Für solche Bestände kann der Forderung: schnell, sicher und leicht, nur auf dem Wege einer künstlichen Verjüngung Genüge geleistet werden. Wenn es aber dem Wirtschafter möglich ist, Bestände so zu erziehen, daß die natürliche Wiederverjüngung des betreffenden Objektes ebenso leicht, ebenso sicher, ebenso schnell durchzuführen ist wie die künstliche, dann ist die natürliche Wiederverjüngung allein die berechtigte, wegen der zahlreichen Wohltaten, die diese Verjüngung dem Boden und der Jugend gewährt, wegen der Kostenersparnis.

Daß die natürliche Verjüngung auf der Kahlfläche die schlimmsten Nachteile der kahlen Fläche der Freilage nicht zu umgehen vermag, wurde vorhin gezeigt. Ausschließlich der Naturverjüngung unter Schirm kommen alle Vorzüge, aber auch alle Nachteile der Naturverjüngung zu. Über die Ausnützung dieser Vorzüge aber entscheiden bei dieser eigentlichen Naturverjüngung drei Faktoren: 1. Die Verfassung des Bestandes und seines Bodenzustandes; 2. die Gunst des Klimas überhaupt und der Witterung während der Verjüngungsperiode, 3. die Geschicklichkeit des Wirtschafters.

Was den ersten Punkt, die Verfassung des Bestandes und den Boden, anlangt, so trägt diese in ihrer Ungunst in den Kulturwaldungen Mitteleuropas in erster Linie die Schuld, wenn eine Naturverjüngung mißlingt, ja wenn sie von Anfang an als unbrauchbar und unrentabel betrachtet werden muß weil es in der Tat unmöglich ist, solche Bestände, wie sie gegenwärtig ·erzogen werden, bis sie das Schiebfach des Forsteinrichters verlassen und in Verjüngung mit festgelegter Zeit eintreten dürfen, entweder überhaupt natürlich zu verjüngen oder die Naturverjüngung so durchzuführen, daß sie „schnell, sicher, leicht“ ist. Die gegenwärtig erwachsenen und erwachsenden Bestände sind in der erdrückenden Mehrheit nach dem Grundsatze der Erhaltung des Bestandsschlusses erzogen; die Durchforstungen und Durchlichtungen, entsprechend der fortgeschrittenen Erkenntnis der Naturgesetze im Walde, stehen heute noch zumeist auf dem Papier oder werden als praktische Versuche eines theoretischen Gedankens vereinzelt geduldet. Man beklagt es seit einem Jahrhundert, daß die Natur der Lichtholzarten das Prinzip der Erhaltung des Bestandschlusses schon im Stangenalter durchkreuzt, und lobt die Schattenholzarten, die dieser Behandlung sich fügen, soweit nicht die Natur durch Ereignisse, Unglücksfälle genannt, zum Protest gegen die unnatürliche Behandlung auch hier dazwischen fährt und die Bestände auflockert. Nach diesem Grundsatz erhält der Wirtschafter Bestände zur Verjüngung überwiesen, welche entweder noch voll geschlossen mit hinderlichen Rohhumusmassen bedeckt, oder von der Natur nach ihrem Gutdünken durchlöchert, bald verwildert, bald mit unbrauchbarem Vorwuchs versehen und nur selten in einer Verfassung sind, welche die Durchführung einer Naturverjüngung und dann nur auf langem Wege gewährleistet. Soll daher hierin von Grund aus geholfen werden, dann muß das bisherige Prinzip der Erziehung der Bestände verlassen werden; die Erziehung muß den Zweck der Nutzholzzucht wie jenem der Verjüngung gleich dienstbar sein; nur auf solchem Wege gelangen die Bestände in eine Verfassung, welche ihre Naturverjüngung nach dem Grundsatze: „schnell, leicht und sicher“ gewährleistet und überdies gestattet, die Umtriebszeit, die vielfach noch zu hoch erscheint, ohne Schaden, ja zum Gewinn für die Bäume, für Boden und Rente herabzusetzen.

Der zweite Punkt, die Abhängigkeit der Naturverjüngung von der Gunst des Klimas und der Witterung während des Verjüngungszeitraumes, ist bereits so ausführlich früher behandelt worden, daß hier der Hinweis genügt, daß die Witterung während der Verjüngungsperiode durchaus nicht nach dem Durchschnitt des Klimas, wie er für die betreffende Landschaft nach den Beobachtungen berechnet ist, sich abspielt. Die Zusammenrechnung von Perioden mit trockenem, heißem Sommer und solchen mit feuchtem, kühlem Sommer zu einem milden, mittleren Durchschnitt ergibt ein Klima, das sehr oft in der Natur gar nicht besteht. Fällt eine Verjüngung in eine feuchte Periode, ist alles erleichtert und gelingt alles überraschend; fällt sie in eine Trockenperiode, die oft zwei, ja dreimal sich wiederholen kann, verunglückt die Verjüngung trotz aller Geschicklichkeit und

Bemühung des Wirtschafters. Dieser letztere Punkt, die Geschicklichkeit des Wirtschafters, ist fürs Gelingen oder Mißlingen
einer Naturverjüngung mit entscheidend, aber doch nur selten allein
entscheidend, wenn sie gelingt, und allein entscheidend, wenn sie mißlingt. Viel häufiger ist die Weigerung des Wirtschafters, überhaupt
eine Naturverjüngung zu versuchen. Wie sehr diese Weigerung berechtigt ist und durch die unnatürliche Verfassung der zur Verjüngung
kommenden Bestände gestützt wird, wurde oben und früher bereits
ausgeführt. Es sei anderen die Entscheidung darüber überlassen, ob
es Praktiker gibt, welche aus Bequemlichkeit oder aus Unkenntnis oder
aus Vorurteil oder aus Angst, es könnte das Mißlingen allein ihnen
auf das Konto geschrieben werden, jede Naturverjüngung prinzipiell
ablehnen. Wer auf Naturverjüngung nur deshalb verzichtet, weil sie
umständlicher, schwieriger, für den Wirtschafter zeitraubender ist, der
handelt nur folgerichtig, wenn er die leichtere und einfachere, künstliche Verjüngung seinen Untergebenen überläßt, welche in kürzester
Zeit nach den Wünschen des Wirtschafters gedrillt werden können.
Wer aber so handelt, der gibt die schönste, seiner Vorbildung würdigste
Aufgabe seines Berufes im Walde, die Beobachtung der ewigen Naturgesetze und ihre Vereinigung mit seiner Geistesarbeit zur Begründung
und Erziehung des Waldes hinweg in die Hand der Untergebenen, wo
die freie Handlung nach Naturgesetzen ·und eigenen Gedanken, zur
einfachen Maschine wird; so bleibt allerdings dem Forstmann viel Zeit
zu anderen Dingen, die seine Eigenschaft als Beamter und als Jäger
beanspruchen auf Kosten des Wirtschafters, entgegen dem Ideal des
forstlichen Berufs, welcher in diesen drei Beschäftigungen den Wirtschafter an die Spitze stellt.

Die Erziehungsverjüngung.

Verfasser hat unter den Wirtschaftsmethoden diese Form aufgeführt, weil sie eine grundlegende Umgestaltung des Waldes in seiner
Verjüngung und seiner Erziehung bedeutet; sie erscheint für jede
Bestandesgröße, jede Bestandesart, in jedem Klima anwendbar und
empfehlenswert. Die Erziehungsgrundzüge, über welche im dritten
Teile ausführlicher gesprochen werden muß, lauten: Intensivere Schlag-
und Dickungspflege; Ruhe für den Bestand während des Kronenschlusses und der Abstoßung der Seitenäste; Durchforstung und allmähliche Durchlichtung der Licht- und Schattenholzbestände unter
prinzipieller Beseitigung alles Unterdrückten; Unterbau mit einer Laub-
holzschattenart bzw. Halbschattenart. Mit der Annäherung an das
Baumalter und die Haubarkeit verstärken sich die Durchlichtungen,
so daß schließlich nur die besten Nutzholzstämme zum vollen Genuß
des Freistandes und der Samenbildung gelangen, während der Unterstand für Bodenschutz sorgt. Bei der nun folgenden Naturverjüngung

unter Schirm, einem Dunkelschlag ins Volle mit nur zwei Hieben, werden Schatten- und Lichtholzarten gleich behandelt. Es erfolgt im Jahre der Samenbildung der Schirmbäume unmittelbar vor, besser nach Abfall des Samens je nach Art die volle oder teilweise Beseitigung des Unterbaues unter gleichzeitiger Beseitigung etwa der Hälfte der Schirmbäume; eine intensive Bodenverwundung durch Unterbaurodung oder auch durch Instrumente bereitet den Boden für die Aufnahme der Sämereien vor, bzw. bringt die gefallenen Sämereien unter. Nach 3—4 Jahren fällt, wenn möglich bei Schneelage, der Rest des Schirmbestandes in einem oder zwei Hieben, gleichgültig, ob die Verjüngung ganz oder nur teilweise oder gar nicht gelungen ist. Das Fehlende wird auf künstlichem Wege durch Pflanzung ergänzt und zwar mit starken Pflanzen nach den später gegebenen Andeutungen. Wenn der verschonte, schützende Teil des Unterbaues entbehrlich geworden ist, wird er beseitigt. Diese Naturverjüngungsform dürfte den Forderungen schnell, leicht und sicher voll entsprechen; sie ist schnell, denn sie vollzieht sich in wenigen Jahren; sie ist leicht, denn die Hauptarbeit der Verjüngung fällt hier der Erziehung zu, welche zugleich den Nutzzwecken gerecht wird; sie ist sicher vor allem deshalb, weil eine halbe Umtriebszeit hindurch die Mutter- und Nutzbäume an den Freistand gewöhnt wurden. Eine besondere Rücksichtnahme auf die Windrichtung ist entbehrlich.

Daß diese Verjüngung für alle jetzt haubaren oder innerhalb der nächsten 30 Jahre haubar werdenden Bestände unmöglich ist, liegt in der bisherigen Erziehung dieser Bestände begründet.

Für alle gegenwärtig haubaren Bestände und solche, welche in den nächsten Jahrzehnten zum Hiebe kommen, bleibt die Naturverjüngung unter Schirm überhaupt ein Versuch, der rasch, sicher und leicht zum Ziele führen kann; es gibt viele Beispiele, welche die Richtigkeit dieser Behauptung bestätigen; noch mehr Beispiele aber bezeugen die Schwierigkeit und Langsamkeit der Naturverjüngung, und die meisten beweisen, daß sie besser unterblieben wäre. Es wäre aber irrig, auf Grund dieser Statistik auf eine Naturverjüngung unserer heutigen Bestände überhaupt verzichten zu wollen. Die folgenden Darstellungen beabsichtigen, die Zahl der Versuche der ersten Art zu vermehren, jene der zweiten Art durch Beschleunigung und Erleichterung der Verjüngung zu verbessern und jene der dritten Art ganz aus dem Walde zu schaffen.

Der Dunkelschlag.

Der Dunkelschlag [1]) hat schon vor mehr als hundert Jahren auf größeren Flächen Anwendung gefunden und bei der damals herrschenden

---

[1]) Leider wird die Dunkelschlagverjüngung auch Plenterverjüngung genannt, obwohl sie von der Verjüngung des Plenterwaldes grundverschieden ist.

Ansicht, daß die Buche als wichtigste Brennholzart den größten Anteil an der Zusammensetzung des Waldes zugewiesen erhalten müsse, hat der Dunkelschlag an ihr eine Verfeinerung erfahren, wie sie heute noch vorbildlich ist. Im Laufe des vergangenen Jahrhunderts fand dann die Dunkelschlagwirtschaft auch auf andere Schatten-, selbst auf Lichtholzarten teils naturgemäße, teils naturwidrige Anwendung. Der Dunkelschlag kann entweder auf die ganze Bestandsfläche zugleich sich erstrecken, oder bei großen Beständen nur auf Teile desselben, oder er schreitet saumweise fort, oder er beginnt von zahlreichen Zentren aus und erweitert sich mit ringförmigen Schirmschlägen; danach unterscheidet man wiederum bestands- oder flächenweisen Dunkelschlag, sodann saumweisen Dunkelschlag oder saumweisen Schirmschlag, und endlich ringförmigen Dunkelschlag, auch Gruppenschirmschlag im Sinne Gayers, auch Femelschlag genannt.

Dunkelschlag auf größeren Flächen.

Zu der bereits auf Seite 258 gegebenen allgemeinen Charakteristik dieser Wirtschaftsform bedarf es hier nur weniger Ergänzungen.

Der Vorhieb. Die Bestände, welche bis zur Annäherung an die Nutzungen nach dem herrschenden Durchforstungsprinzip mit ängstlicher Erhaltung des Bestandsschlusses erzogen wurden, beherbergen noch eine Menge Material, das, obwohl hauptständig, in seiner verpeitschten Krone für die Verjüngung keinen Wert besitzt. Der Vorhieb, der 10—15 Jahre vor dem ersten eigentlichen Angriffshiebe eingelegt werden soll, nimmt nur solches Material hinweg, das eigentlich längst den Erziehungshieben hätte zum Opfer fallen sollen; er beseitigt unterdrückte, mit den Kronen eingeklemmte Stämme, setzt aber dann 10—15 Jahre aus, damit der Bestand sich wieder schließt.

Wie der Vorhieb, ist auch der Vorbereitungshieb bestimmt, die Folgen einer langen, fehlerhaften Erziehung in Stamm und Boden auf langem Wege wieder gut zu machen und den Bestand, wenn möglich, noch in eine Verfassung zu bringen, daß er auf natürlichem Wege verjüngt werden kann.

Der Vorbereitungshieb ist so gedacht, daß seine Wirkung 5—10 Jahre dauert, ehe der eigentliche Verjüngungshieb für die Besamung einsetzt; er heißt Vorbereitungshieb, da die Vorbereitung des Bestandes und des Bodens für die Naturbesamung beabsichtigt ist. Der Vorbereitungshieb durchbricht zu diesem Ende das Kronendach endgültig, in dem er ein Drittel bis zur Hälfte der stehenden Stämme hinwegnimmt, in erster Linie schwach bekronte, oder sehr starke, sehr breitkronige, kranke Stämme. Dieser Freihieb der best bekronten Bäume regt sie zum Samenerträgnis an, und das einfallende Licht mit der durch Erwärmung und Abkühlung erzeugten Luftbewegung und

Sauerstofferneuerung, mit erhöhter Oberflächenbefeuchtung beschleunigt die Verwitterung der angehäuften Laub- und Nadelabfälle; der entsäuerte und verwitternde Rohhumus zerstört den Moosüberzug, bis sich jene Bodengare einstellt, bei welcher die ersten Spuren einer Verunkrautung erscheinen. Dieser Zustand gilt in der Praxis als jener der besten Empfänglichkeit für Sämereien. Um dieses Ziel zu erreichen, stellt der Dunkelhieb die Aufgabe, den Vorbereitungshieb so zu führen, daß die bleibenden Stämme eine gleichmäßige Schirmstellung über die ganze Fläche hin bilden. Diese Forderung wird noch besonders erschwert durch den Zusatz, daß die Schirmstellung möglichst aus den bestbekronten Stämmen, welche voraussichtlich den reichlichsten Samen hervorbringen werden, gebildet sein müssen.

Dadurch wurde und wird noch heute der Vorbereitungshieb zu einer schwierigen Aufgabe des Dunkelschlags; denn wie früher fast alle, sind noch heute viele der haubaren Bestände aus der ungleichmäßigsten aller Wirtschaftsformen, dem Femelhieb, und zwar in seiner willkürlichsten Ausführung, hervorgegangen; überdies strebt die Natur, die Gleichmäßigkeit bei der Entwicklung eines Bestandes möglichst zu durchkreuzen; rechnet man hierzu die zahlreichen Unfälle, welche den Bestand in seinem hohen Alter bereits durchlöchert haben, so ist die gleichmäßige Schirmstellung des Vorbereitungshiebes zum Zweck der Erzielung einer gleichmäßigen Verjüngung eine kaum durchführbare, weil naturwidrige. Gerade bei Ausdehnung des Hiebes über größere Flächen hin ist durch die Forderung der Gleichmäßigkeit den überall vorhandenen Ungleichmäßigkeiten im Bestand und Boden keine Rechnung getragen. Soll aber die Verjüngung eine gleichmäßige sein, so kann dies somit nur durch eine ungleichmäßige Schirmstellung geschehen. Die Verjüngungsergebnisse der gleichmäßigen Schirmstellung sind daher auch meist eine ungleichmäßige Besamung; nur eine Vollmast gleicht alle Fehler aus.

Der Besamungshieb. Der programmäßige Eintritt dieses Hiebes soll 5—10 Jahre nach dem Vorbereitungshieb erfolgen; ist aber die Natur nicht folgsam gewesen, d. h. hat sie schon nach 5 Jahren oder erst nach 10 Jahren den Bestand mit einem ergiebigen Samenjahr bedacht, so ist die Zeit der besten Aussichten in dem einen Fall noch nicht gekommen, d. h. der Boden ist noch nicht genügend empfänglich; im zweiten Falle beginnt bereits die Verunkrautung. Kommt aber das Samenjahr zur gewünschten Zeit, so muß es überdies sehr reichlich Samen bringen, damit die ganze Fläche bestellt wird; mit Sprengsaat ist nur wenig gedient, denn aus ihr geht eo ipso eine ungleichmäßige, unvollkommene Bestockung der ganzen Fläche hervor. Fällt aber eine Vollsaat zur rechten Zeit ein, dann ist es nötig, den Besamungshieb zu führen.

Dieser Hieb kann nun vor oder nach Eintritt des Samenjahres zum Vollzug kommen; die Durchführung vor der Besamung setzt die Sicherheit des Eintrittes der vollen Besamung voraus. Soll der Hieb noch vor der Blüte der Bäume zur Ausführung gelangen, so muß der Wirtschafter es verstehen, die Kennzeichen für das kommende Samenjahr zu deuten. Er findet aber nur die Anzeichen für das kommende Blütenjahr in den dickeren Knospen; ob aber aus den Blüten auch Früchte und Sämereien werden, das kann er nicht wissen, denn dies hängt von der kommenden Witterung ab; die Witterung aber für mehrere Monate vorauszusagen, ist heutzutage noch ein Ding der Unmöglichkeit. Ist aber der Besamungshieb geführt, und fällt der Same mangelhaft oder ganz aus, so ist es um die natürliche Verjüngung des Bestandes meistens geschehen. Die beste Zeit der Führung des Besamungshiebes ist daher unmittelbar die Zeit nach der Reife des Samens, vor Abfall, am besten zur Zeit des Abfalles oder nach Abfall bis zur Keimung. Dieser Hieb beseitigt 50—75 % der ursprünglichen Stammzahl, wobei vorzugsweise auf die stärksten Stämme gegriffen wird. Der Grad der hierbei geforderten, gleichmäßigen Überschirmung richtet sich nach dem Lichtbedürfnis der zu erwartenden Pflanzen während der ersten Jahre ihres jungen Lebens.

Unter dem Namen „Lichthiebe" wird eine Gruppe von Hieben zusammengefaßt, welche dem jeweiligen Lichtbedürfnis der aufwachsenden Jugend dienen. Wie viele solcher Lichthiebe bis zum letzten Hieb, dem Endhieb, nötig sind, hängt von den verschiedensten Umständen ab. Das Wichtigste hierüber ist unter dem Teil „Gang der natürlichen Wiederverjüngung" bereits erörtert.

Die vor dem Endhieb liegende Gruppe von Hieben hat man noch einmal eigens zusammengefaßt als sogenannte „Nachhiebe". Waldbaulich haben diese Bezeichnungen kein Interesse. Die Hiebe sind alle nichts anderes als Lichthiebe bis zum Endhieb; die Bezeichnung ist von der Forsteinrichtung gegeben. Aber aus diesem Bedürfnis nach Bezeichnungen kann geschlossen werden, wie überaus schleppend die Verjüngung geführt wurde und noch heute wird, bis endlich die fortgesetzte Belästigung der Jugend mit dem „Endhiebe" endet.

Schon aus dem Wesen dieser Wirtschaftsform ergibt sich, daß der ganze Erfolg von dem rechtzeitigen Eintritt eines ergiebigen Samenjahres abhängt. Trifft dieses zu, so kann die Saat dennoch mißlingen, wenn die Schirmstellung zu licht oder zu dunkel war, wenn der Boden nicht gleichmäßig gut, wenn der alte Bestand künstlich in einer Örtlichkeit angelegt wurde, welche klimatisch allzu weit von dem Klima der Heimat der Holzart sich entfernt. Dazu kommen die Jugend zerstörende oder schädigende klimatische, tierische und pflanzliche Einflüsse. Dieses alles erklärt, warum aus dem Dunkelhieb ganz vorzügliche, aber auch ganz mangelhafte Verjüngungen hervorgegangen sind und noch hervorgehen. Nur allzu häufig war und ist noch heute in der Praxis in Übung, durch Korrekturen der Schirmstellung für eine neue Besamung günstigere Verhältnisse zu schaffen; aber fast alle diese Versuche enden mit der Verwilderung der Bodenoberfläche; Windbrüche durchlöchern die Stellung, Frost- und Unkrautwuchs nehmen überhand. Man hilft sich schließlich mit der Ausformung etwa vorhandener oder geschlossener Partien oder Gruppen; auf der übrigen Fläche aber gibt man nach vielen Jahren schwerer Verluste die Naturverjüngung für verloren und geht über zum kahlen Saumhiebe mit darauf folgender Pflanzung. Es muß hinzugefügt werden, daß es vielfach beim Dunkelschlag, besonders bei Fichten, nicht bis zum Besamungshiebe gekommen ist, weil Sturm die gleichmäßige Vorbereitungsstellung gleichmäßig niederlegte. Eine solche Verjüngung kann somit nur für sturmfeste Holzarten oder für sturmschwache nur in sturmgesicherten Lagen, wie sie besonders Gebirge bieten, gewählt werden. Es darf auch nicht verhehlt werden, daß gewisse Insekten, besonders Stöcke bewohnende Rüßler, durch diese zerstreuten Fällungen, bei denen die Stöcke nicht gerodet werden können, fortgesetzt Brutstätten finden; durch möglichst tiefgehendes Entrinden kann freilich diese Gefahr etwas gemindert werden.

Der saumweise Dunkelschlag.

Um der Sturmgefahr entgegenzuarbeiten, werden die Hiebe des Dunkelschlags in Säumen geführt, welche im O oder NO des Bestandes mit einer von NW nach SO oder von N nach S verlaufenden Wand einsetzen. Dieses gilt für solche Örtlichkeiten (z. B. Mitteleuropa), in welchen Westwinde die herrschenden sind. Schematisch könnte man sich das Verfahren derart denken, daß ein neuer Vorbereitungssaum (I) eingelegt wird, wenn der vorausgehende Saum aus dem Vorbereitungsstadium in das Besamungsstadium (II) eintritt; der nächste Vorbereitungssaumhieb würde sich anschließen, wenn der vorhergehende zum Besamungshiebe, der diesem vorhergehende zum Lichthiebe wird usw. (Fig. 14). In der Natur wird sich der Verjüngungsgang mit einer solchen Regelmäßigkeit schon deshalb nicht abspielen können, weil die einzelnen Hiebe nicht durch gleiche Zeiträume voneinander getrennt sind, sondern vielmehr nach Bodenzustand, Samenerträgnis und Licht- und Schutzbedürfnis der Holzart fortschreiten müssen. Es wird wünschenswert sein, solche Säume so viel als möglich aufzuteilen oder zu brechen und jeden Teil für sich in Betrieb zu nehmen. Hierauf sowie bezüglich der Richtung der Saumschläge in der Ebene, ihre Drehung im Gebirge, bezüglich der Ausgestaltung und Fortführung der Saumwände wird auf die Ausführungen beim kahlen Saumschlag verwiesen werden können (S. 309).

Die Vorteile der saumweisen Dunkelschläge sind erkauft mit dem Nachteile des langsameren Verjüngungsganges. Bei großen Beständen wird sich empfehlen, mehrere solche Saumschläge kulissenartig einzulegen. Auch hier gilt die Weisung, die Lichtungshiebe möglichst schonend (bei Schneelage) zu führen und in ihrer Zahl einzuschränken, um der Verjüngung die so wohltätige Ruhe zu geben. Man kann auch über den ganzen Bestand den Vorhieb führen, unmittelbar darauf die Aufteilung des Bestandes in vier Säume von gleicher Breite vornehmen und mit dem Vorbereitungshieb auf dem ersten Saum im Osten beginnen; alle fünf Jahre wenigstens wird ein neuer Saum vom Vorbereitungshieb getroffen; über dem Saume selbst spielt sich die Verjüngung nach dem Bedürfnis von Klima, Boden und Holzart ab; es würde somit nach 15 Jahren der Westsaum in Vorbereitungsstellung gebracht; man darf erwarten, daß inzwischen der erste Saum am Ostrand bereits verjüngt ist. Ist die Windgefahr groß, mag der Saum am Westrand ganz unberührt bleiben, bis die ganze nach Osten anliegende Fläche verjüngt ist.

Schirmverjüngung mit Hieb ins Volle sowohl auf größeren Flächenteilen eines Bestandes als in Säumen; im letzteren Falle ist die saumweise Schirmverjüngung mit Hieb ins Volle auch als abgekürzter, saumweiser Dunkelschlag zu bezeichnen.

Diese Formen dienen zur Beschleunigung der Naturverjüngung unter Schirm derart, daß statt Vorbereitungs- und Besamungshieb nur letzterer geführt wird, daß die Lichthiebe sich auf wenige beschränken, um möglichst bald den Endhieb folgen zu lassen; sie setzen Bestände voraus, welche bereits mit einer Lichtstellung der Kronen den Beginn der Verunkrautung, somit die beste Empfänglichkeit für die Sämereien verraten; sie setzen weiter voraus, daß durch vorliegende Berge oder den vorliegenden Bestand oder die Holzart selbst die Sturmgefahr abgeschwächt ist. In saumweiser Anordnung verzögert sich zwar die natürliche Erneuerung eines Bestandes, sie rückt aber mit größerer Stetigkeit und Sicherheit vor. Wird mit der Saumbreite unter einer Baumhöhe verblieben, so erleichtert sich die Verjüngung dadurch, daß das seitlich in den noch nicht angegriffenen Bestand einströmende Licht vorbereitend für die Empfänglichkeit des Bodens einwirkt, so daß dem Hiebe ins Volle eine sofortige Besiedelung mit natürlichem Anwuchse folgt. Trotzdem schreitet diese Verjüngung so langsam vor, daß sie nur als Ergänzung oder in Verbindung mit anderen Wirtschaftsformen sich rechtfertigen läßt, wie beim bayerischen oder von Huber'schen Verfahren in Verbindung mit dem Gruppenhiebe.

Der ringförmige Dunkelschlag, Gayers Gruppenschlag, Femelschlag[1]).

Auch für diese Schirmschlagform gilt der allgemeine Grundsatz, daß bei jeder Art von Verjüngung eines Bestandes, sei sie eine künstliche oder natürliche, als erste Tätigkeit des Wirtschafters die Musterung und Behandlung der Schlußdurchbrechungen, die Musterung und Behandlung der Vorwüchse (S. 294 ff.) zu gelten hat. Ist diese Aufgabe erfüllt, so kann, wenn die Zeichen für eine Naturverjüngung überhaupt günstig gedeutet werden können, zur Anlage mehrerer, 100—500 qm großer, annähernd kreisförmiger Schirmflächen geschritten werden. Die günstige Lage sowohl dieser ersten Verjüngungsstellen als ihrer ringförmigen Erweiterungen mitten im geschlossenen Bestande wird es gestatten, daß die Zahl der Dunkelhiebe vermindert, die einzelnen Hiebe selbst durch Beseitigung der starken Stämme verstärkt werden. So wird auf der Anfangsstelle der Vorhieb mit dem Vorbereitungs- und Besamungshieb vereinigt werden können. An diesen Hieb schließt sich ein Lichthieb an, dem der Endhieb folgt. Bei den ringförmigen Erweiterungen wird die Zahl der Hiebe weiter sich verringern lassen auf die beiden Hiebe: Besamungshieb, in diesem Falle „Rändelhieb" genannt, und Endhieb; ja, es wird selbst der Fall eintreten können, daß statt eines ringförmigen Schirmhiebes ein ebensolcher Kahlhieb (in diesem Falle Umsäumungshieb genannt) sich anschließt.

Die erste Anlage der Verjüngungsgruppe und ihre Verbreiterung sind keine willkürlichen; sie werden bei allen Holzarten unter Beachtung nachfolgender Gesichtspunkte zu geschehen haben:

1. Zahl und Größe der anzulegenden Gruppen richten sich nach der Größe des Bestandes, nach dem allgemeinen Verjüngungszeitraum, in dem es wünschenswert erscheint, die Verjüngung des Bestandes zum Abschluß zu bringen, ferner nach Holzart und Bodenverfassung. Holzarten, welche eines langsameren Verjüngungsganges bedürfen wie die Schattenholzarten, verlangen eine größere Zahl von Gruppen; für Halbschattenholzarten genügt eine geringere Zahl, für die Lichtholzarten kann eine kleine Zahl von Gruppen größerer Flächenausdehnung, welche rascher in der Verbreiterung fortschreiten, in Aussicht genommen werden.

2. Die Südwest-, West- und Nordwestränder eines Bestandes bleiben von der Anlage verschont, so verführerisch gerade an den westlichen Rändern der Bestände die Verjüngungsbedürftigkeit und -fähigkeit sich zeigen sollten.

3. Bei der Anlage ist Rücksicht auf die Holzabfuhr zu nehmen, so daß diese nicht erschwert wird und die erzielten Jungwüchse nicht belästigt werden.

---

[1]) Es ist beklagenswert, daß auch diese Verjüngungsform vielfach, wie alle Schirmverjüngungen, einfach „Plenterverjüngung" genannt wird.

4. Als Anfangspunkte der Gruppennaturverjüngung werden Bestandspartien mit bester Bodenverfassung (Bodengüte und Bodenoberfläche) oder schon durch Naturereignisse im Bestand vorhandene Löcher mit brauchbarer Naturverjüngung (Verwuchsmusterung und -behandlung nötig) benutzt. Sind mit Unkraut bedeckte Stellen vorhanden, so werden diese sofort ausgepflanzt und ebenfalls als Anfangspunkte der natürlichen Verjüngung mit anschließenden Besamungsringen verwertet.

5. Bezüglich der Größe der ersten Gruppenanlage und ihrer Schirmstellung gilt als Regel: Für Schatten- und Halbschattenholzarten soll bei kleineren Gruppenanlagen (Durchmesser unter Bestandshöhe) eine lichtere Stellung der Althölzer, bei größeren Anlagen (Durchmesser über Bestandshöhe) eine dichtere Stellung derselben, für Lichtholzarten stets eine größere Gruppe (zwei Bestandshöhen und darüber) mit lichterer Stellung der Schirmständer gegeben werden.

6. Bei Schatten- und Halbschattenholzarten soll der Unter- oder Zwischenstand so weit bei dem Besamungshieb verschont werden, daß dadurch eine gleichmäßige, lockere Überschirmung der Flächen erzielt wird; diese gestattet dann eine lockere Stellung der auf der Gruppe stehenden Stämme, und erlaubt, daß nach der Besamung die Althölzer völlig beseitigt werden können und nur noch geringes Gestänge, mag es noch so vom Wind und Schnee hin und her gebogen und häßlich sein, auf der Fläche schützend verbleibt. Dieses aber wird ohne Beschädigung für die jungen Pflanzen entfernt, sobald letztere des Schutzes entbehren können.

7. Jede Gruppe ist für sich nach ihrem speziellen Bedürfnis zu behandeln.

8. Bei allen Hieben sind, wenn irgend möglich, immer zuerst die stärksten Stämme aus der Gruppe hinauszufällen.

9. Es ist selbstverständlich, daß auch bei der gruppenweisen Naturverjüngung alle Hiebe möglichst bei Schnee und milder Winterwitterung ausgeführt werden.

10. Ist die Verjüngung in dem zuerst begonnenen Kreis zum Abschluß gelangt, so wird sich zeigen, daß der der vollen Besamung ausgesetzte, wasserärmere Nord- und Nordostrand sich weniger vollständig verjüngt hat als der im Schatten liegende Süd- und Westrand. Die Natur zeigt damit die Richtung, nach der die folgenden Ringhiebe ausgebaucht werden sollen.

11. Allgemeine Regel ist, daß ein Ringhieb erst geführt wird, wenn die vorausgehende Fläche verjüngt ist.

12. Je nach Sturmfestigkeit kommt die Erweiterung der Verjüngungsgruppen früher oder später zum Stillstand, worauf zumeist Saumschlag folgt.

13. Beginnen Gruppenhiebe und Saumschläge (kahle oder schirmständige) gleichzeitig, und schreiten beide in raschem Tempo fort, so ist dieses das bayerische oder von Huber sche Verfahren, das eine sichere und vielfach auch eine schnelle Verjüngung erzielt.

Wenn auch der Gang der Gruppenverjüngung im allgemeinen ein langsamer ist und mit der Vergrößerung der Gruppe die Gefahr wächst, daß die zwischenliegenden Bestandsreste dem Winde erliegen, so fehlt es dennoch nicht an Beispielen, daß in dieser Form ganze Bestände völlig kostenlos verjüngt wurden. Dem Dunkelschlag gegenüber besitzt der Gruppenschirmschlag mehrfache Vorzüge; so die Auswahl der bestgeeigneten Örtlichkeit im Bestande für die Verjüngung, die bessere Schonung der Jungwuchsgruppen bei der Fällung der schirmenden Althölzer, größere Sicherheit für den unberührt bleibenden Zwischenbestand. Nachteilig ist vor allem, daß in die dichten Gruppen schädliche Tiere, besonders Mäuse, sich flüchten, die Fällungen auf zahlreiche Punkte des Bestandes verteilt werden mit allen ungünstigen Begleiterscheinungen eines derartig verzettelten Betriebes.

Es sei noch angefügt, daß dieser Gruppenschirmschlag auch aus dem Dunkelschlag auf großen Flächen hervorgehen kann, wenn aus den ungleichmäßigen Verjüngungen die bestgelungenen Partien herausgewählt, abgerundet und ringförmig erweitert werden.

Schirmschlag auf der kleinsten Fläche, Femelhieb, Femelwald, Schleichwirtschaft (Plenterwirtschaft), Plenterverjüngung, Verjüngung des Plenterwaldes.

Jener Plenter- oder Femelhieb, der als Kind der Not in Schutzwaldungen besteht, damit der Boden nicht entblößt, seine Erde nicht abgewaschen, Bergrutschungen, Lawinen u. dgl. Unfällen vorgebeugt wird, jener Femelhieb, der zu den ältesten Zeiten als erste Art der Benutzung und Naturverjüngung der Wälder bestanden hat, gehört wie der periodische Femelhieb kaum noch zum Waldbau; seine Ausführung ist auch eine solche, daß waldbauliche Kenntnisse nicht beansprucht sind. Jene verfeinerte Form dagegen, welche nicht bloß jeden Stamm zur Zeit seiner höchsten Brauchbarkeit nützt, sondern auch für die Erhaltung des Waldzustandes, seiner Mischung, seiner Altersklassen- und Holzartenverteilung und den raschen, natürlichen Ersatz der Abgänge im Bestande sorgt, nur diese verfeinerte Wirtschaft soll hier mit einigen Worten kurz besprochen werden.

Ein Bestand im Femelbetriebe enthält theoretisch alle Altersklassen in annähernd gleichen Stammzahlen und gleichmäßiger Verteilung; in der Natur wird sich eine solche schachbrettartige Verteilung der verschieden alten Stämme nur selten finden. Sie trachtet nach truppweiser Anordnung der Altersklassen als das Ergebnis einer truppweisen Ansaat (Kronenbereich der Samen tragenden Bäume) und eines platzweisen Wechsels in der Bodenverfassung. Solche Trupps werden auch im Femelwald als Einheit betrachtet, gleich ·dem einzelnen Stamm. Ein Trupp wird, wenn n o c h   n i c h t   h a u b a r, bei der Erziehung   n i c h t   aufgelöst, und wenn haubar, in allen seinen Stämmen zur Fällung gebracht.

Die Fällungen im Femelwald ergreifen in erster Linie alle rückgängigen, schadhaften Stämme, die schlecht geformten Stämme jüngeren Alters, wenn Aussicht besteht, daß benachbarte, bessere Stämme dadurch gewinnen. Weitere Fällungsobjekte sind sodann die nicht erwünschten Holzarten und von den Nutzholzarten die besten, stärksten, haubaren Glieder des Bestandes, endlich solche Stämme, gute oder schlechte, welche eine jüngere Baumgruppe oder Jungwuchstrupps allzusehr überschirmen und im Wachstum hemmen. Ob statt der Fällung eine Aufästung am Platze ist, wird von Fall zu Fall zu entscheiden sein. Auf diese Weise wird der Femelhieb zu einer verfeinerten Arbeit voll von waldbaulichen Problemen, insbesondere, wenn der Betrieb sich in einem aus mehreren Holzarten gemischten Bestande und auf ebenem Gelände bewegt, wo der Ausführung keine Schwierigkeiten entgegenstehen. Daß aber diesem Femelbetrieb schwere Bedenken bezüglich der Nutzholzausformung, bezüglich der Fällungs- und Transportschwierigkeiten, eine gewaltige Häufung der Arbeitsleistung und andere Nachteile gegenüberstehen, ist bereits in früheren Andeutungen enthalten, ebenso wie die Wahrscheinlichkeit, daß der Femelwald wegen der gründlichsten Ausnützung von Licht, Wärme, Wasser und Boden die größte Holzmasse, aber nicht bester Güte, in gegebener Zeit innerhalb der Hochwaldungen erzeugt.

Denkt man sich für den ganzen Femelwald die gleich alten Bäume oder Trupps so aneinander gereiht, daß die älteste Reihe im Ostrand haubar ist, wenn am Westrand die jüngste Altersklasse liegt, so könnte man einen derartigen Bestand auch saumweise nützen und verjüngen, wie es N e y s Saumfemel und Ringfemel verlangen. Voraussichtlich ginge aber dabei die Naturverjüngung verloren; da die Säume von gleicher Breite wie die Trupps wären, müßte die natürliche Verjüngung gerade an der Stelle (Schlagwand der Reihe) erfolgen, welche nach den früheren Ausführungen die ungünstigste Aussicht für eine Naturverjüngung eröffnet. Denkt man sich die Säume breiter (eine halbe Baumhöhe bis zu zwei Baumhöhen, auf dem Saume eine schirmständige Naturverjüngung), so entsteht W a g n e r s   B l e n d e r s a u m h i e b.

Mischbestände in schirmständiger Naturverjüngung.

Es muß zugegeben werden, daß die in einem Bestande vorhandene Holzartenmischung am ehesten bei der Verjüngung wieder gewonnen wird, wenn diese unter Schirm erfolgt; es darf aber bezweifelt werden, ob diese Verjüngung eine leichte ist; jedenfalls aber ist die künstliche Begründung von Mischbeständen noch schwieriger als die natürliche.

Als allgemeine Gesetze für die Naturverjüngung der Mischbestände unter Schirm mögen folgende Punkte Beachtung finden:

1. Bezüglich der Beurteilung und Behandlung etwa vorhandenen, gemischten Verwuchses gelten die bereits früher auf Seite 298 gegebenen Ausführungen.

2. Finden sich mehrere Holzarten stammweise gemischt, und soll dieselbe Mischung wiederum erzielt werden, so wird, wenn wir die Bäume fragen, wie sie begründet worden waren, die Antwort wohl lauten, in einer gleich alten, stammweisen Verjüngung. Eine solche Begründung würde aber voraussetzen, daß alle Holzarten gleichzeitig Samen tragen, und daß die in der Jugend stammweise gemischten Holzarten auch·im kritischen Alter, in der Stangenperiode, zwischen dem 15. und 40. Lebensjahr gleiche Wuchsgeschwindigkeit beibehalten. Das gleichzeitige Samenerträgnis ist aber ein äußerst seltener Ausnahmefall, und die Gleichwüchsigkeit richtet sich nach den bereits früher erwähnten klimatischen und pedologischen (bodenkundlichen) Verhältnissen. Da die gleichzeitige Verjüngung unmöglich ist, wird eine Trennung der Verjüngung nach der Zeit eintreten müssen, indem eine Holzart zuerst, eine zweite hierauf und so weiter zur Verjüngung gebracht wird.

3. Eine stammweise Mischung im alten Bestand ist sodann erzielbar, wenn die Verjüngung eine kleingruppen- oder truppweise Mischung darstellt; aus den Trupps in der Jugend werden später nur einzelne Stämme sich erhalten. Dieser Verjüngung liegt eine Trennung der Verjüngung nach der Fläche zugrunde, indem jede Holzart eine eigene Fläche zugewiesen erhält, wobei geringe Unterschiede im Alter (Differenz der Samenjahre der verschiedenen Holzarten) benachbarter Gruppen bestehen.

4. Am sichersten wird sich die Mischung erhalten lassen, wenn die Verjüngung der Holzarten nach Zeit und Ort voneinander getrennt vor sich geht; das ist eine Gruppenverjüngung mit größeren Altersdifferenzen zwischen den Gruppen.

5. Bei der Trennung der Holzarten nach der Fläche wird die Ausformung des Bodens zu beachten sein, derart, daß jede Holzart der Mischung auf den ihr am besten behagenden Boden gerät (Anlage der ersten Kleinflächen für den Gruppenschirmschlag).

6. Bei der Trennung der Verjüngung der Holzarten nach der Zeit gilt als Regel, daß jene Holzart zuerst verjüngt, somit einen Vorsprung an Zeit erhalten soll, welche als die waldbaulich schwächste der Mischung bezeichnet werden muß.

7. Bei einer Holzartenmischung, welche Licht- und Schattenholzarten, Licht- und Halbschatten-, Halbschatten- und Schattenholz umfaßt, ist die waldbaulich schwächste jene, welche am meisten Schatten erträgt

und am stärksten Schutz verlangt. Es ordnet sich somit die Reihenfolge der Verjüngung im Schirmschlag nach der Reihe des Schattenerträgnisses; es beginnt somit die Verjüngung mit den Schattenarten, wie Eibe oder Abies usw., wie die Biologie der Holzarten Seite 103 vorschreibt.

8. Bei annähernd gleichem Schattenerträgnis oder Lichtbedürfnis wird jene Holzart als die waldbaulich schwächere zuerst verjüngt, welche den schweroren Samen trägt, seltener fruktifiziert (Eichen und Föhren).

9. Wird eine Lichtholzart durch eine Schattenholzart im kritischen Alter des Hauptlängswuchses gefährdet, so ist die Lichtholzart die waldbaulich schwächere und muß zuerst begründet werden (Fichten und Lärchen). Die richtige Behandlung einer Mischung in der Schirmschlagverjüngung setzt somit auch die Kenntnis des gegenseitigen Wuchsverhältnisses und des Einflusses hierauf durch Boden- und Klimalage (Optimum) voraus (Seite 146).

10. Eine Holzart wird zuerst verjüngt, wenn ihr eine Schirmstellung gegeben werden kann, bei der keine andere Holzart, wenigstens nicht in demselben Maße, sich ansamen kann. Dieses ist im Dunkelschlag nur möglich, wenn die am stärksten Schatten ertragende zugleich die waldbaulich schwächste ist; ist eine Lichtholzart waldbaulich schwächer als eine Schattenholzart, z. B. Fichten und Lärchen im Optimum der Fichten, Eichen im Optimum der Buchen, so kann eine aussichtsvolle Naturverjüngung durch den Dunkelschlag überhaupt nicht gewonnen werden.

11. Der Besamungshieb für die am meisten Schatten ertragende Holzart soll Verbreitungshieb für die weniger Schatten duldende Holzart sein; der Lichthieb für erstere soll Besamungshieb für die zweite Holzart sein; gesellt sich hierzu noch eine Lichtholzart, so soll diese im Lichthiebe über der ersten Holzart ihre Besamung erlangen.

12. Sicherer und leichter führt eine Mischungsverjüngung zum Ziele bei der flächenweisen Trennung der Holzarten, bei dem Gruppenschirmschlag oder Gayers Femelschlag, welche den Verjüngungsgang auf den einzelnen Gruppen ganz nach dem Bedürfnis der zu erzielenden Holzart regeln kann.

13. Eine Begünstigung der waldbaulich schwächeren Holzart wird sodann dadurch geboten, daß alle Hiebe vorzugsweise Stämme der stärkeren Holzart treffen; bei dem Gruppenschirmschlag tritt noch die Auswahl des der schwächsten Holzart passendsten Bodens hinzu.

14. Durch Beibehaltung der für die betreffende Holzart entsprechendsten Schirmstellung vermehrt sich die Zahl der jungen Pflanzen dieser Art; durch Erweiterung der Gruppe mit ringförmigen Hieben, welche einer Holzart besonders zusagen, vergrößert sich der Flächenanteil dieser Holzart, so daß es auch in der Naturverjüngung

möglich wird, ein vorher festgesetztes Mischungsverhältnis annähernd
zu erreichen.

15. Mißlingt bei der ersten Hiebsführung die Verjüngung der waldbaulich schwächsten Holzart, so muß entweder auf Beimischung dieser
verzichtet werden oder sie muß künstlich und zwar sofort durch
Pflanzung, nicht durch Saat eingebracht werden.

Beispiele für die natürliche Verjüngung in reinen und gemischten Beständen.

Es ist unnötig und überdies unmöglich, an dieser Stelle die Lebens-
geschichte·einer jeden Holzart in reinen oder gemischten Baumvereinigungen zu wiederholen; unnötig, weil in der Baumbiologie des fünften
Abschnittes und in der Bestandesbiologie des sechsten Abschnittes alles
niedergelegt ist, was zur Charakteristik der Holzarten allein oder in
Verbindung mit anderen dient; unmöglich, weil es auf der nördlichen
Halbkugel sehr viele Holzarten gibt, welche rein oder in Mischung
zu Verbänden sich vereinigen. Der Waldbau auf naturgesetzlicher
Grundlage kann nur in allgemeinen Zügen eine Beschreibung der Verjüngungsmethode geben; ihre Anwendung und Abänderung für die
einzelnen Holzarten, für verschiedene standörtliche Verhältnisse und
die verschiedenen Zwecke muß Sache des beobachtenden Wirtschafters
sein. Im nachfolgenden sollen einige Beispiele erwähnt werden, an
welchen gezeigt wird, wie natürliche Verjüngung unter Anlehnung an
die naturgesetzlichen Eigenschaften der einzelnen Holzarten durchgeführt werden kann.

A. Schattenholzarten.

A. Die Schirmverjüngung bei den Schattenholzarten.

In mehr oder weniger gleichalterig erwachsenen Beständen erhält
sich der Bestandsschluß bis zur Haubarkeit. Die Bodendecke ist von
Moosen oder Farnen und anderen Schattenpflanzen, von Rohhumus oder
Laubdecke gebildet; nur in Klimaten wärmer als das Castanetum können
unter den immergrünen Schattenhölzern auch noch Schatten ertragende
Sträucher vegetieren; alle diese Hemmnisse für die Natursaat müssen
verschwinden. Der Vorbereitungshieb zur allmählichen Zersetzung der
Bodenoberfläche ist unentbehrlich; beschleunigt wird die notwendige
Vorbereitung des Bodens durch Beseitigung des Unterstandes an
Sträuchern und Kräutern, durch Streurechen, durch Befahren, Betreten,
Eintreiben von weidenden und wühlenden Tieren und vor allem durch
Unterhacken und Unterwühlen des ungenügend zersetzten Humus und
der Baumabfallstoffe mittels eigener Bodenbearbeitungsgeräte. Schatten-
hölzer ermöglichen am vollkommensten die Herstellung einer regel-
mäßigen Schirmstellung und eines gewünschten Belichtungsgrades des

Bodens; selbst die ·Korrektur einer zu stark gewählten Auslichtung
ist möglich, da Schattenholzarten durch Erweiterung ihrer Kronen sich
wiederum schließen und sogar entstandenes Unkraut wieder zum
Verschwinden bringen.   Unter Schattenholzarten ist eine
Naturbesamung am leichtesten herbeizuführen, aber am
schwierigsten zu erziehen.   Schattenhölzer bedrücken die auf-
kommende Jugend am meisten wegen ihres dunkleren Schirmes; beseitigt man eine größere Zahl von Schirmstandsholz, so wird die Zahl
allzu stark überschirmender Kronen zwar kleiner, dafür aber vergrößert
sich die Fläche der zu wenig überschirmten Bodenfläche.   Schattenhölzer
entziehen der Jugend zu ihren Füßen am meisten Wärme und Licht und
vor allem die für die seicht wurzelnden Keimpflanzen so nötigen
Niederschläge.   Unter Schattenhölzern wächst die Jugend langsamer,
sie paßt sich der verminderten Verdunstung und Belichtung an, so daß
Wuchsstörungen an den Pflanzen auftreten, sobald allzu schnell die
Dichte der Beschattung aufgehoben wird; mit anderen Worten, die
Überführung der Anwüchse und Vorwüchse in den Freistand ist viel
schwieriger als bei Halbschatten- und bei Lichtholzarten.

Die reinen Bestände der Gattung Picea, reine Fichtenbestände.

Die natürliche Verjüngung auf der kahlen Fläche
kann bei den Fichten gute Ergebnisse zeigen, wenn die Kahlfläche
gleichsam eine Insel im Fichtenmeere darstellt, wie dies in der eigentlichen Heimat der Fichten vielfach der Fall ist.   Die Frostgefahr auf
der Kahlfläche wird von den meisten Wirtschaftern überschätzt; jedenfalls
kann jede geneigte Kahlfläche in Mittel- und Nordeuropa mit Fichten
natürlich oder künstlich ohne Schutz bestockt werden; auch ebene
Flächen werden noch am vorteilhaftesten ohne Schutzholz besamt oder
bepflanzt; erst Einsenkungen bedürfen des Vorwaldes.   Wegen der geringen Schwebefähigkeit des Fichtensamens kann bei dem kahlen
Saumschlag die Saumbreite nur 1—2 Baumhöhen betragen; die Drehung
der Saumrichtung im Gebirge, Vorlichtung, Ausbuchtungen usw. der
Saumlinie werden sich stets vorteilhaft erweisen.   Wird eine partielle
Verjüngung im kahlen Löcherhieb gewünscht, so hat die erste Schlußdurchbrechung eine halbe Baumhöhe im Durchmesser zu betragen,
wenn man das Tropfbereich der Bäume bei der Messung außer acht
läßt; ebenso dürften die anschließenden kahlen Ringe in Breite eine
Baumhöhe wohl nicht überschreiten.   Mit 1—3 solchen ringförmigen
Kahlschlägen dürfte jede Verjüngungsgruppe ihre Maximalgröße erreicht
haben, da der Wind für den bleibenden Bestand immer drohender wird.
Es muß sodann zum kahlen Saumschlag übergegangen werden.

Es fehlen Beispiele, daß ein Fichtengroß- oder kleinbestand so erzogen worden wäre, daß er rasch und gegen Sturmgefahr gesichert auf
natürlichem Wege unter Schirm von alten Hölzern verjüngt

werden kann, wie es die Erziehungsverjüngung dieser Schrift verlangt. In einem solchen Walde gibt es zwar nur Schlußdurchbrechungen aber keinen natürlichen Anflug, da alle Bestände Unterbau mit zumeist Buche tragen. Der Borgmannsche Lichtwuchsbetrieb sieht eine derartige Erziehung nur in Gruppen, aber nicht eine natürliche Verjüngung voraus. Urichs Kulissenlichtwuchsbetrieb nähert sich ebenfalls der Erziehungsverjüngungsform dieser Schrift. Wie weit aber diese beiden Methoden in die Praxis übergeführt wurden, entzieht sich der Kenntnis des Verfassers.

Eine Verjüngung der Fichten unter Schirm durch den natürlichen Abfall der Samen würde gewiß sich überall durchführen lassen, wenn man die Fichten für diesen Zweck erziehen würde; wenn aber die Schirmstellung plötzlich als ein Übergang vom Bestandsschlusse auftritt, so ist jede Schirmverjüngung Stückwerk oder Glückssache.

Der Dunkelhieb.

Das in allgemeinen Zügen bereits gekennzeichnete Hiebsverfahren kann mit allen Vor- und Nachteilen direkt Anwendung finden für Fichtenbestände der nördlichen Hemisphäre, denn die Grundzüge der Lebensgeschichte aller Fichten sind ein und dieselben. Auch in einem ohne Erziehung zum Zweck der Verjüngung erwachsenen, alten Fichtenbestande finden sich Schlußdurchbrechungen, die zuerst gemustert und behandelt werden müssen. Sind Verwüchse vorhanden, so werden diese auf ihre Brauchbarkeit geprüft und entsprechend behandelt. Hinsichtlich der Brauchbarkeit des Verwuchses sei neben den allgemeinen Regeln Seite 296 noch folgendes hervorgehoben: Fichtenvorwuchs, der längere Zeit im Druck gestanden, kann bei plötzlicher Freistellung sowohl durch Winterkälte und Besonnung (an Blattgrünbräune), wenn die Freistellung im Herbst oder Vorwinter erfolgte, oder an Chlorophyll- oder Blattgrünbleiche erkranken (Sonnenbestrahlung), wenn die plötzliche Freistellung im Spätwinter oder Frühjahre erfolgte.

Es wurde bereits ausgeführt, daß die Angewöhnung an ein stärkeres Licht für die bereits gebildeten Nadeln unmöglich ist; daß Anpassung gleichbedeutend ist mit Neubildung von Nadeln, welche bei der Fichte sehr langsam vor sich geht. Erst wenn eine größere Menge neuer Triebe und Nadeln vorhanden ist, beginnt lebhafterer Höhenwuchs. Wichtig ist bei der Fichte auch die Untersuchung, ob der Vorwuchs mit seinen Wurzeln ganz im Moospolster oder auch noch im mineralischen Boden stockt. Im ersteren Falle ist der Vorwuchs äußerst vorsichtig freizustellen. Junge Pflanzen zeigen Lichtmangel an, wenn sie dünne Nadeln bilden, wenn die Seitentriebe ganz ausfallen oder spärlich sind; ältere Pflanzen zeigen Lichtmangel durch Neigung zur Kronenverflachung.

Vorwuchs, der weniger gedrängt steht, z. B. Pflanzenentfernungen bis zu 2 m zeigt, ist bei den Fichten dennoch brauchbar, da die Fichten mit einheitlichem Schafte erwachsen und 2 m Abstand auch bei der Pflanzung noch als ein zulässiger Abstand erachtet werden muß. Vorwuchs, der das 15. Lebensjahr überschritten, aber 1 m Höhe nicht erreicht hat, verdient keine Berücksichtigung.

Hat die Musterung der Schlußdurchbrechungen ein für die Naturverjüngung günstiges Ergebnis gehabt, so beginnt die Verjüngung des Bestandes am besten mit einem Hiebe auf unbrauchbares und sehr starkes, vorherrschendes Material, so daß die Schirmstellung und die Besamung mit den herrschenden Stämmen zu betätigen ist. Zum Vorbereitungshieb genügt es, wenn die Hälfte der ursprünglich vorhandenen Stämme verwendet wird; es ist darauf zu achten, daß auf besseren Bodenpartien zum Schutze gegen Unkraut, in frischer Einsenkung, welche kahl gehauen zu den sogenannten Frostlöchern der Praxis werden müssen, eine dunklere Überschirmung erwünscht ist.

Volles Samenerträgnis, eine Disposition, welche alle Fichtenpflanzen, junge wie alte, geschlossene wie offene Bestände zum Zapfenerträgnis treibt, z. B. 1906, ist häufiger als bei der Buche, die Benutzung mehrerer Samenjahre jedoch meist unmöglich wegen der Sturmgefahr für das Altholz. Das kommende Blütejahr ist bei allen Nadelbäumen schwieriger zu erkennen als bei den Laubbäumen; die Blütenknospen sind nur wenig dicker als die Triebknospen. Das Herabfallen zahlreicher Triebspitzen während des Spätherbstes und Winters, welche, wie die einfachsten Beobachtungen der abgeworfenen Spitzen lehren, Abbisse, von den Eichhörnchen zum Zweck des Knospengenusses verursacht, nie aber freiwillige Abstoßungen der Fichten sind, ist nur ein Zeichen dafür, daß es viele Eichhörnchen gibt, nicht aber ein Anhaltspunkt für ein kommendes Samenjahr. Die Abbisse sind n a c h einem Samenjahr viel häufiger, weil das Samenjahr Ursache zur Massenvermehrung dieser Nagetiere ist. Am besten wird daher der Besamungshieb zwischen Zapfenreife im Herbst und Samenabfall im Spätwinter bis Frühjahr geführt. Neu angeflogene Fichten sind sehr empfindlich gegen Sommerdürre, da die jungen Pflanzen nicht tief genug wurzeln, insbesondere bei nicht völliger Zerstörung des Rohhumus; dazu kommt, daß die Fichtenbeschirmung im ungünstigsten Falle, unmittelbar unter der Kronenprojektion, bis zu zwei Drittel der Niederschläge abfängt. Ein anderer, der größte Teil der Fichtenkeimlinge, welcher in Rohhumus gerät, stirbt durch Wurzelfäulnis, wenn nasse Witterung anhält. Die Bodenverwundung kann daher nur bei genügender Zersetzung des Rohhumus unterbleiben oder beschränkt sich auf die Entfernung der Moosdecke. Das Betreten des Schlages durch Menschen und Tiere steigert die Empfänglichkeit des Bodens. Verunkrautete Stellen werden am besten sofort ausgepflanzt. Alle späteren Lichtungshiebe zugunsten des Fichtenanfluges sind wo möglich bei Schnee oder gelindem Frost oder Tauwetter vorzunehmen, doch sind gefrorene Fichtenstämmchen weniger spröde und brüchig als die saftigen Buchenaufschläge. Schon der Vorbereitungshieb, ganz besonders aber der Besamungshieb und der Lichthieb sind bedroht von der schlimmsten Gefahr für alle Fichten, vom Sturm. Wegen ihrer stets seichten Bewurzelung ist es in ebenem Gelände, auf Hochplateaus, im sanften Hügelland mehr Zufall und Glück als Berechnung gewesen, wenn eine Dunkelhiebsverjüngung voll gelungen ist. Vor 40 Jahren noch wurde das Experiment des Dunkelhiebs auf ebenem, seichtgründigem Boden gewagt; die Ergebnisse waren zumeist ungenügend oder blieben ganz aus; nur an schattenseitigen Hängen im Hochgebirge ist, wie die Beispiele im Salzkammergute zeigen, die Windgefahr so abgeschwächt, daß der Dunkelhieb mit seiner langsamen Arbeit schöne Verjüngungen zurückläßt. Mittelst des Dunkelhiebs eine die ganze Fläche gleichmäßig überziehende Bestockung zu erzielen, ist noch selten gelungen; einzelne Stellen pflegen sich gut und rasch zu besamen, andere bleiben zurück; an ihnen wird zunächst die Schirmstellung unter Hoffen auf Natursaat und Bangen vor dem Wind korrigiert; endlich wird künstlich angesät, und nach jahrelangem Verlust an Zuwachs und Nutzholz an den Schirmbäumen, durch Rindenbrand und Beschädigungen wird endlich der Dunkelhieb verlassen und zum kahlen Saumschlag mit darauffolgender Pflanzung übergegangen, was man 10 und 20 Jahre früher auch hätte tun können.

Für die erste Durchbrechung im ringförmigen Dunkelschlag, Gruppenschirmschlag oder Gayerschen Femelschlag mag erwähnt werden, daß die überschirmte Anhiebsfläche im Durchmesser die halbe Baumhöhe des Nachbarstandes nicht zu überschreiten braucht, die ganze Baumhöhe nicht überschreiten soll; auch die anschließenden, schirmständigen (Rändelhiebe) oder kahlen Ringhiebe (Umsäumungshiebe) sollen in der Breite zwischen einem halben und einem Baumdurchmesser sich bewegen. Ausbuchtungen und Einsenkungen im Sinne der von der Natur gewollten Ungleichheit der vordrängenden Verjüngung sind besonders wichtig. Da die Vollendung der Verjüngung in dieser Form für die Fichte wegen Windgefahr unmöglich ist, muß zu kahlen Saumschlägen mit künstlicher Verjüngung übergegangen werden.

Wird ein Bestand in seinem Innern mit den eben erwähnten Gruppenschlägen bedacht, und werden gleichzeitig an der sturmgesicherten Seite des Bestandes kahle oder schirmständige Saumschläge geführt (bayerisches oder von Hubers Verfahren, vom Begründer auch „kombiniertes Verfahren" genannt), so gestattet diese Methode größere Beweglichkeit gegenüber der Erfüllung des jährlichen Etats und genauerer Durchführung einer naturgerechten Verjüngung der Fichte in einzelnen Gruppen, welche die herannahende, künstliche Verjüngung dann in sich aufnimmt.

Die reinen Fichtenbestände im Femelwald liefern den Beweis, daß die Fichte zur Sturmfestigkeit erzogen werden kann und sich in dieser Form leicht, aber sehr langsam verjüngt.

Die Reinbestände der Gattung Abies, reine Tannenbestände.

In der Baum- und Bestandsbiologie stehen die Tannen den Fichten nahe; verschieden sind sie aber in folgendem: größere Gefahr von Seite der verspäteten Fröste, dem Wildverbiß sehr stark ausgesetzt; stärkeres Schattenerträgnis, empfindlicher gegen plötzlichen Wechsel in der Belichtung; geringere Gefahr durch Insekten, weniger Rotfäule, weniger Gefahr durch Wind, schlechtere Schwebefähigkeit des Samens; Vollmasten sind seltener, Sprengmasten häufiger. Als tiefer wurzelnde Holzarten sind alle Tannen anspruchsvoller an Bodentiefe. Für die Vorwuchsmusterung ist zu beachten, daß Tannenvorwüchse bis zu 20 Jahren brauchbar sein können. Die jugendliche Pflanze verrät in der dünnen Benadelung, im Ausbleiben des ersten Seitentriebes im dritten Lebensjahre (Sporn), daß sie Mangel an Licht leidet.

Die Tannenbestände Mitteleuropas entstehen aus Naturverjüngung unter Schirm; viel seltener ist eine künstliche Begründung durch Saat oder Pflanzung unter Schirm; am seltensten ist Pflanzung auf kahler, geneigter Fläche. Die künstlichen Begründungsweisen liefern nur dann brauchbare Jungwüchse, wenn sie nicht den Rehen und Hirschen zum Abfressen überlassen werden. Die europäische Tanne hat ihren ursprünglichen Besitzstand gewahrt; sehr wenig ist durch künstlichen Anbau außerhalb der Heimat der Tanne entstanden, wie in Ostfriesland (Waldungen des Fürsten zu Knyphausen) und Dänemark.

Auf großen Kahlflächen erscheint die Tanne nur in geringer Zahl; kahle Saumschläge geben mehr, aber noch immer ungenügenden Tannenanflug; im kahlen Löcherhieb kann die Tanne sehr wohl verjüngt werden.

Erste Schlußdurchbrechung im Durchmesser von ein Drittel der Baumhöhe, anschließende, kahle Saumhiebe von einer Breite gleich der halben Höhe des Bestandes; Verjüngung bis zum Zusammenfließen der Gruppen durchführbar, wenigstens in weniger exponierter Lage. Für die Erziehungsverjüngung fehlt es einstweilen noch an entsprechend erzogenen Objekten.

Im Dunkelschlag kann Tanne vorteilhaft verjüngt werden; im allgemeinen werden alle Hiebe etwas dunkler gehalten, als für die Fichte paßt. Es verführt aber das starke Schattenerträgnis der Tanne zum schleppenden Verjüngungsgange, welcher nicht notwendig ist und nur Zuwachsverluste nach sich zieht; es ist durchaus keine seltene Erscheinung, daß über 30 jährigen Jungwüchsen noch Althölzer stehen! Der saumweise Dunkelschlag mit einer Saumbreite von 1/2 bis 1 Baumhöhe bedarf keiner weiteren Ausführungen; wichtig ist für die Tanne die Drehung der Saumrichtung im Gebirge wegen der Empfindlichkeit der Tanne gegen Übersonnung und Wassermangel. Am besten behagt allen Tannen der Gruppenschirmschlag (Gayers Femelschlag); es gibt schöne Beispiele, daß in dieser Form die Verjüngung leicht und ziemlich schnell erzielbar ist (Neuessing bei Kehlheim). Für die Tanne gilt als Durchmesser der ersten Schlußdurchbrechung ein Drittel der Baumhöhe; alle Hiebe verzögern, verschmälern und verdichten sich in der Schirmstellung. Die größte Gefahr für die Verjüngung ist die Verschleppung. Wo Sturmgefahr sehr groß ist, muß zum Kahlsaumschlag übergegangen werden, wodurch die Naturverjüngung der Tanne zum Stillstand kommt und zumeist eine andere Holzart eingeführt wird.

Im Femelwald sind die Tannen geradezu Unhölzer, welche allen anderen Holzarten Licht, Luft und Boden entziehen. Der Überhalt kann sehr wohl bei den Tannen wie bei den Fichten ausgeführt werdent wenn eine Vorbereitung für den Freistand durch rechtzeitigen Freihieb der Kronen (Erziehung) vorausgeht; lohnend ist er nicht.

Die reinen Bestände der Gattung Fagus, reine Buchenbestände.

Die reinen Buchenbestände, Mode während der ganzen ersten Hälfte des vergangenen Jahrhunderts in Mitteleuropa, haben gewaltig an Boden verloren; was sich erhalten hat, ist unter Schirm durch natürlichen Samenabfall entstanden; seltener unter Schirm gesäet oder gepflanzt; was davon dem Wildverbiß entgangen, ist zum Bestande erwachsen; Pflanzung auf kahler, geneigter Fläche, obwohl zulässig, ist seltener zur Anwendung gelangt.

Die Schwersamigkeit und die große Empfindlichkeit der Buche gegen verspätete Fröste schließen eine Naturverjüngung auf größeren Kahlflächen aus. Nur der kahle, schmale Saumschlag und· Löcherhieb vermögen noch einige brauchbare Buchenjunggruppen zu liefern.

Daß die Schirmverjüngung rasch, sicher und leicht im reinen Buchenbestand durchführbar ist, beweist die Buchenwirtschaft Dänemarks, welche der Erziehungsverjüngung nahe kommt; die Naturverjüngung ist dort erzielt durch eine entsprechende Erziehung der Buche, welche die Zunahme der Kronenschlußauflösung bis zur Haubarkeit und die Erhaltung des Unterdrückten zum Ziele hat. Es hat sich aber dort auch gezeigt, daß zur Lösung dieser Probleme für die Buche stets eine intensive Bodenverwundung vor Abfall des Samens unerläßlich ist. Trotz der großen Empfindlichkeit für verspätete Fröste kann die unter solchen Verhältnissen rasch emporwachsende Buchenjugend schon nach zwei bis drei Lichthieben in den Freistand übergehen. Die Erziehungsverjüngung verlangt die Kronenlichtung etwa vom 50. Jahre an; die unterdrückten Buchen sind dünnstämmig erwachsen, so daß sie sich bei beginnender Durchlichtung nur teilweise aufrecht halten können und die Rolle eines Schutzbestandes nur mangelhaft erfüllen, so daß besser künstlicher Unterbau von Buchen an die Stelle tritt, der für die weitere Erziehung und Verjüngung freie Hand gibt.

Der Dunkelschlag.

Die Buchen nehmen waldbaulich eine Sonderstellung ein; sie ertragen den stärksten Lichtentzug und beschatten am stärksten; keine Baumgattung unter den winterkahlen Bäumen kommt ihnen hierin gleich. Dies erklärt ihr Streben, stets alle anderen Holzarten von demselben Standorte auszuschließen und die Herstellung einer Mischung zu erschweren. Der Dunkelschlag hat an der Buche seine Ausbildung erfahren; es nähern sich ihnen hierin die immergrünen Laubbäume der Subtropen; doch in ihrem Gesamtverhalten zeigen die immergrünen Laubbäume mehr eine Annäherung an Fichten und Tannen des kühleren Klimas als an Buchen.

Bei der Musterung der Schlußdurchbrechungen, als der ersten Aufgabe, mit der die Verjüngung beginnt, wäre zu betonen, daß das Ausbleiben eines Aufschlages weniger in einem Fehler in der Kronendurchbrechung als in der mangelhaften Einbettung und Keimung der Bucheckern seine Erklärung findet, daß bei keiner Holzart die Bodenverwundung in Furchen oder das Behacken oder Überziehen des Bodens mit der Rollegge, mit eisernen Rechen, das Eintreiben von Schweinen so wohltätig wirkt als bei den Buchen. Bei der Musterung allenfalls vorhandenen Buchenaufschlages ist folgendes zu beachten: nur der allerbeste, geschlossene, aus geraden Samenstämmchen gebildete Vorwuchs ist gut genug. Bei keiner Holzart ist diese Forderung so streng durchzuführen als bei der Buche; bei keiner Laubholzart drängen im jugendlichen Alter die schlechtgeformten Stämmchen so sehr in den Vordergrund, um herrschend zu werden, als gerade bei der Buche. Unbrauchbar ist daher Vorwuchs von ungleich hohem Wuchs oder 3—5 m hoher Vorwuchs, der noch von Althölzern überstellt ist, da er in diesem Falle durch Fällung und Bringung der alten Buchen so mißhandelt wird, daß er unbrauchbar ist; Buchenvorwuchs mit zahlreichem Rindenkrebs (Nectria, insbesondere nach Hagelschlag) oder Vorwuchs, der aus Stockausschlägen hervorgegangen ist, ist stets unbrauchbar. Dagegen erholt sich der allzu lange im Druck gestandene Vorwuchs der Buchen viel schneller und leichter als der von schattenertragenden Nadelhölzern; die Umpflanzung steiler Ränder des Vorwuchses ist bei der Buche schwieriger als bei den Nadelhölzern. Soll unbrauchbarer Vorwuchs entfernt werden, damit neuer sich einstellt, so ist die Rodung desselben unerläßlich; nur auf steinigem, mit grobem Geröll überschütteten oder auf sehr flachgründigem (kalkigem) Boden muß man mit jedem Aufschlage vorlieb nehmen.

Vorstehendes mag zugleich als ein Beispiel der Vorwuchsmusterung für alle Laub-, Schatten- und Halbschattenholzarten gelten. In vielen Punkten mögen auch die immergrünen
Vorwüchse in den Subtropen mit den Beobachtungen bei den Buchen
übereinstimmen, in einigen anderen Punkten werden sie sich davon entfernen.

Die Verjüngung beginnt in der Regel mit dem Herausplentern der
zur Samenerzeugung unbrauchbar gewordenen, anbrüchigen oder auch
der allerstärksten Bäume, weil deren Fällung und Verbringung nach der
Besamung allzu viel Schaden verursachen würde.

Im Anhalt an diese Schlußdurchbrechungen versucht nun der
Vorbereitungshieb eine möglichst gleichmäßige Schirmstellung
mit Hilfe der bestbekronten Stämme herzustellen; auf den geringen
Bodenpartien wird die Stellung lichter, auf den besseren dunkler gehalten. Der Besamungshieb, der seinen Namen deshalb führt, weil er
vor oder nach Samenabfall geführt werden kann, richtet sich in seiner
Stellung nach dem Lichtbedürfnis der zu erwartenden Buchenjugend.
Ist Samen an den Bäumen in genügender Menge vorhanden, dann kann
der Hieb im Frühherbst, also vor, oder Spätherbst und Winter, also
nach Samenabfall geführt werden. Bodenverwundung ist am besten mit
der Unterbringung der Saat zu verbinden.

Tritt eine Vollmast ein, das heißt werden alle Buchen von dem
Bestreben, Samen zu tragen, ergriffen, so erstreckt sich die Besamung
auch auf alle übrigen, mannbaren Buchenbestände, auch wenn dieselben
gar nicht für Besamung eigens vorbereitet wurden. Die Vollsamen-
jahre liegen weit auseinander, oft 8—10 Jahre; inzwischen aber stellen
sich sogenannte Sprengmasten ein, mit deren Hilfe ebenfalls ein Voll-
bestand, aber nur sehr langsam und ungleichmäßig zu erzielen ist. Den
Besamungshieb schon im Herbst und Winter vor dem Blütejahr zu
führen, ist eine gewagte Sache; es ist zwar leicht das Herannahen
eines Blütejahres an den dickgeschwollenen Knospen vorauszusehen;
ob aber aus der Blüte eine Frucht wird, ob nicht ein verspäteter Frost
die ganze Blütenmenge vernichtet, weiß niemand; denn wo die Buche
zu Hause ist, sind Spätfröste Ende Mai keine allzu große Seltenheit.

Während der Lichthiebe zugunsten des Buchenaufschlages ist die
Sturmgefahr zwar gering, dagegen ist die glatte Rinde für den Freistand durch allmähliche Freistellung vorher nicht erzogener Buchen,
überaus empfindlich gegen Rindenbrand, der an Stämmen und Ästen,
welche von der nachmittägigen Sonne zwischen 1 und 3 Uhr beschienen,
werden, durch Absterben und Abfallen der Rinde sich äußert; Pilze
und Insekten beschleunigen die Zerstörung des besten Schaftstückes.
Stehen solche Bäume noch ein oder zwei Jahrzehnte, dann bricht sie
der Wind an der rindenbrandigen, inzwischen mürbe gewordenen
Stelle ab. In Frostlagen verzögert sich der letzte Lichthieb bis

zu 20 Jahren nach Beginn des Vorbereitungshiebes; in geschützter Lage kann in 6—8 Jahren die Verjüngung vollendet sein. Daß die Fällung möglichst schonend für den Aufschlag bei Schnee, milder Winterwitterung, an sturmfreien Tagen usw. gehandhabt, daß sie soviel als möglich zur Beruhigung der Pflanzen beschleunigt werden soll, bedarf kaum der Erwähnung. Es kommt hinzu, daß in manchen Gebieten an den Wunden der jungen Buchen ein Rindenparasit, Nectria ditissima, sich ansiedelt, welcher die Stämmchen verunstaltet und zu Nutzholz unbrauchbar macht. Trotz reichlicher Besamung sind im nächsten Frühjahr oft nur wenige Pflanzen gekeimt; denn die Bucheckern sind besonders den Nachstellungen von Tieren (Wildschweine, Rehe, Hirsche, Eichhörnchen, Mäuse, Eichelhäher) ausgesetzt; viele Buchen keimen noch im Herbste, wenn dieser mild ist, und erfrieren dann während des Winters, und nach R. Hartig wird auch ein Teil der Buchen durch Schimmelpilze im Winterlager getötet. Die Keimlinge selbst dezimiert ein Pilz (Phythophtora) gegen dessen Ausbreitung vielleicht Bespritzen mit Bordeauxbrühe schützt. Was die Pflege des Aufwuchses anlangt, so setzt diese im jugendlichen Alter ein; es gilt voll, was oben bezüglich der Pflege des Vorwuchses gesagt wurde: mangelhafter Pflege im jugendlichen Alter, d. i. Belassung der vorwachsenden, schlechtgeformten Buchen, ist es zuzuschreiben, daß in den uns von den Altvordern überlassenen Buchenbeständen so viel unbrauchbares, mißgestaltetes Stammaterial sich findet. Daß viele Stellen im Aufschlag künstlich ergänzt werden müssen, durch Saat oder Pflanzung, und daß trotz aller Sorgfalt die Verjüngung oft ganz lückenhaft bleibt, sogar vielfach nur eine Gruppenverjüngung sich ergibt, zeigt die Geschichte des Dunkelhiebes mit seinen teils vorzüglichen, teils ganz mangelhaften Resultaten.

Es wäre besser, wenn eine durch Sprengsaaten, Korrektur der Schirmstellung, durch Unkraut und Spätfrost lückig bleibende Buchenverjüngung ganz verunglücken würde, um der Ausformung von kleinen Gruppen, der Zwischenpflanzung von anderen Holzarten vorzubeugen, somit für die spätere Zeit die schweren Ausgaben der fortgesetzten Pflege und die trotz aller Mühen minderwertige Bestandesverfassung zu verhindern; eine wohlgeratene, künstliche Verjüngung, selbst mit einer anderen Holzart, ist einer halbgelungenen, natürlichen Buchenverjüngung stets vorzuziehen; mißlungen aber ist jede Buchenverjüngung, wenn sie nur Gruppen gibt, die kleiner als 0,3 ha sind.

Die heute noch auf großen Flächen vorhandenen, haubaren Buchenbestände Mitteleuropas verdanken dem Dunkelschlag ihren Ursprung, dem teils der glückliche Zufall einer Vollmast, teils eine endlose Geduld gegenüber dem Verjüngungszeitraum und der Rentabilität solcher Waldungen zur Seite stand.

Im Gruppenhiebe lehnt sich die Behandlung der Buchen jener der Tannen an; Sturmgefahr ist nicht zu befürchten; Rindenbrand an den Stämmen des Nordostrandes der Gruppen ist empfindlich schädlich. Auch bei dieser, heute so weit verbreiteten Methode ist es wieder eine Generalmast aller Bäume, welche die besten Ergebnisse bringt und die Ausformung von reinen Kleinbeständen von 0,3 ha und darüber gestattet. Sprengmasten führen zu kleinen Gruppen, deren Vergrößerung sehr langsam und unsicher ist. Da die Kleingruppe der Buchen, umgeben von anderen Holzarten, als durchaus ungünstig bezeichnet werden muß, wegen eigener schlechter Schaftbildung und Belästigung der Nachbarschaft, so hat der Dunkelschlag für die Buche höheren Wert als der Gruppenhieb; denn mißlingt der Dunkelschlag, erzielt man immer noch Gruppen; bei Vollmast aber, bei der alles gelingt, fällt die Verjüngungsfläche größer aus, was der Gruppenhieb durch seine Arbeit auf kleinen Flächenteilen systematisch verhindert.

Die Verjüngung des Femelwaldes der Buche, gesetzlich vorgeschrieben an steilen Flußufern, vollzieht sich im Einklang mit den allgemeinen Grundzügen dieser Wirtschaftsform.

Es ist kein naturgesetzlicher Grund zu finden, warum die natürliche Wiederverjüngung der Reinbestände der gleichen amerikanischen oder asiatischen Baumgattungen sowie auch aller übrigen Schattenholzgattungen der nördlichen Halbkugel (Pseudotsuga, Thuja, Thujopsis, Sciadopitys, immergrüne Eichen und alle übrigen immergrünen Laubbäume S. 103) durch die erwähnten Methoden mit allen ihren Vor- und Nachteilen sich nicht erzielen ließe. Vor allem ist nichts zu erkennen, was einer Erziehung solcher Bestände zum Zweck der Verjüngung und der darauffußenden Verjüngung selbst im Wege stände. Wenn man in Ostasien auf das sofortige Erscheinen von Bambus hinweist, als eine unausbleibliche Folge jeglicher Bestandsdurchlöcherung, so muß dem entgegengehalten werden, daß die heute haubaren Bestände nicht in der Erziehungsverjüngung behandelt werden können, weil sie für diese nicht erzogen wurden. Für solche Bestände muß die künstliche Verjüngung als notwendiges Übel gewählt werden, um dichte Stangenbestände zu erzielen. Wird nun bei Schatten- und Halbschatten- wie selbst bei Lichtholzarten nach Eintritt des Kronenschlusses von jedem Eingriff abgestanden, so muß jeglicher Unkrautwuchs in Europa und Amerika, auch das hartnäckigste Gras, in Asien der alles mordende Bambus aus Lichtmangel zugrunde gehen. Werden bei Eintritt der Durchlichtungen ebenso wie die Schattenholzarten die Halbschattenholzarten und Lichtholzarten mit einer Schatten- oder Halbschattenholzart unterbaut, so ist die Rückkehr der vertriebenen, lichtbedürftigeren Unkräuter unmöglich geworden. Die Nachahmung des Dunkelhiebes und des Gayerschen Gruppenhiebes im bambusreichen Ostasien ist freilich ein arger Mißgriff. Verfasser sieht nur in der Erziehungsverjüngung der

Bestände die einzige Möglichkeit, die Bambuskalamität in den Waldbeständen Asiens und Afrikas erfolgreich zu bekämpfen.

B. Halbschattenholzarten.

Die Schirmverjüngung der Halbschattenholzarten.

Den allgemeinen Bemerkungen über die natürliche Wiederverjüngung der Halbschattenholzarten, welche auf Seite 293 auf Grund des naturgesetzlichen Verhaltens der Holzarten niedergelegt wurden, ist nur soviel hinzuzufügen als durch die spezielle Biologie der einzelnen Gattungen (S. 146 u. f.) angezeigt erscheint. Regelrechte Verjüngungen in reinen Beständen sind überdies bis heute selten, da die Reinbestände größerer Ausdehnung fehlen; was aber auf kleiner Fläche (Gruppe) möglich ist, läßt sich auch in Klein- und Großbeständen erreichen.

Den Schlüssel für die Verjüngung der Halbschattenholzarten in reinen Beständen geben die früher erwähnten Naturgesetze, denen zufolge die Halbschattenholzarten auf gutem bis bestem Boden, in ihrem klimatischen Optimum oder selbst in wärmeren Lagen zu Schattenholzarten werden, daß sie auf geringerem Boden, in kühlerem Klima den Lichtholzarten sich nähern. Hierher zählen die reinen Bestände der Föhrensektionen Strobus und Cembra, die Angehörigen der Gattungen Chamaecyparis, Tsuga, Libocedrus, Cedrus, Sequoia u. a.; die Laubholzgattungen Acer, Fraxinus, Ulmus, Alnus, Carpinus, Tilia und andere, früher aufgezählte Gattungen (S. 146); auf guten Böden bilden sie bis in das Baumalter geschlossene Bestände; auf geringeren Böden oder in kühlerem Klima löst sich der Bestandsschluß beim Übergang in das Baumalter auf, sie verlichten, und der Boden verwildert wie bei den Lichtholzarten oder trägt den Vorwuchs der betreffenden Art. Bezüglich der Brauchbarkeit des Vorwuchses ist den allgemeinen Regeln wenig hinzuzufügen.

Vorwuchs der Halbschattenarten wächst auch, wenn er minder gut geschlossen ist, leichter zu brauchbarem Vorwuchs zusammen. Beschädigungen werden leichter verheilt; die Gefahren durch Insekten, Pilze, Wild- und Mausverbiß und besonders auch durch verspätete Fröste sind teils geringer, teils größer als bei der Buche; das Samenerträgnis ist öfter und reichlicher, der Same flugfähiger. Gedrängte Erziehung der Jugend ist notwendig zur Erzielung von Geradschaftigkeit.

Naturverjüngungen auf kahlen Flächen werden, je nach der Schwebefähigkeit der Sämereien (groß z. B. bei den Gattungen Chamaecyparis, Libocedrus, Ulmus), bessere oder schlechtere Resultate geben. Kahlsaumhieb mit ein- bis zweimal Baumhöhe als Breite, kahler Löcherhieb mit einem Durchmesser von einer halben bis einer ganzen Baumhöhe beginnend, wird langsam fortschreitend Nachwuchs liefern.

Die Erziehungsverjüngung unter Schirm hilft hinweg über die Verlegenheit bei der Entscheidung, ob auf einem konkreten Standorte die Holzarten wie Schatten- oder Lichtholzarten zu behandeln seien, da die Grundsätze der Erziehung in beiden Fällen, was Kronenschlußdurchbrechung, Unterbau und Auswahl der Stämme für die Verjüngung anlangt, die gleichen sind.

In Beständen der Halbschattenholzarten, welche für die Verjüngung nicht erzogen wurden, sich aber wegen des guten Standortes dennoch bis zur Haubarkeit geschlossen, den Boden unkrautfrei erhalten haben, mögen die bei den Schattenholzarten besprochenen Formen des Dunkelschlags und des saumweisen Dunkelschlags sinngemäße Anwendung bei ergiebiger Verwundung des Bodens finden.

Besonders passend wird sich der Gruppenschirmschlag oder Gayers Femelschlag erweisen, da er gestattet, die best geschlossenen Partien der Bestände für Anfangstellen der Verjüngung auszuwählen. Für die geringeren Standorte tritt die Verjüngungsweise der Lichtholzarten in Wirksamkeit. In der Regel wird man sich mit der Erhaltung einiger Gruppen (am besten einiger Kleinbestände von 0,3 ha Minimalgröße) dieser Holzart begnügen und den Rest der Fläche anderen Holzarten überlassen, wenn nicht die Halbschattenart selbst Hauptholzart ist oder der Standort selbst zu größerer Fläche zwingt (Erlenbrücher).

Für die Verjüngung im Femelwald bedarf es keiner weiteren Erklärungen; die Verjüngung ist für Schatten- wie Halbschattenarten die gleiche.

Die Reinbestände der Föhren (Pinus), Sektion Strobus, Weymouthsföhren und Sektion Cembra, Zürbeln.

Reinbestände dieser Holzarten sind in ihren heimatlichen Gebieten Europas und Amerikas durch Anflug oder Aufschlag auf Kahlflächen oder auch durch Pflanzung, in Europa zumeist durch Pflanzung, ausnahmsweise auch durch Naturverjüngung unter Schirm entstanden. Auf gutem und frischem Boden, der eigentlichen Heimat der fünfnadeligen Föhren, erhalten sich dieselben bei enger Begründung mit unkrautfreiem Boden bis in das haubare Alter geschlossen und bilden astreine Schäfte. Auf trockenem Boden verlichten sie frühzeitig und reinigen sich schwierig. Auf den ersteren Standorten können sie wie eine Fichte oder Tanne, auf den letzteren nur wie eine zweinadeligo Föhre, somit eine Lichtholzart verjüngt werden, wenn Naturverjüngung beabsichtigt ist; Gruppenschirmschlag bei der Strobe wurde auf besseren Böden in Deutschland mit Erfolg bereits versucht. Auf Kahlflächen siedeln sich die Weymouthsföhren von einer Schlagwand aus gerne an; die Zürbeln sind behufs größerer Verbreitung auf Tiere angewiesen.

Die Erziehungsverjüngung dürfte auch hier wiederum als die beste und schnellste Naturverjüngungsform sich erweisen, selbst auf weniger frischen Böden, da bei der Lichtung des Stangenbestandes zum Unterbau mit einer Schattenholzart, am besten mit Buche, zum Schutze des Bodens geschritten wird.

Wie vorstehende Nadelbäume lassen sich sicher auch die übrigen Halbschattennadelbäume verjüngen; ihr häufigeres Samenerträgnis, bessere Samenverbreitung, größere Frosthärte als die der Schattennadelbäume lassen, wie Beispiele in Amerika, Asien und Europa zeigen, eine rasche und reiche Ansiedelung von Jungwuchs erwarten.

Reinbestände der Gattung Castanea, Edelkastanien.

Nur im Castanetum sieht man reine und gut geschlossene Bestände dieser Holzarten; da die Feinde der Früchte im Walde auch ihre Freunde sind, ist natürlicher Aufschlag häufig. Eine regelrechte Schirmschlagverjüngung nach dem Vorbild der Erziehung zur Verjüngung wäre sicher durchführbar. Stets wird eine intensive Bodenbearbeitung nach Abfall der Früchte eintreten müssen.

Reinbestände der Gattung Alnus, die Erlen.

Nur soweit Erlen auf frischem, nicht versauertem Boden stehen, halten sie sich geschlossen und kann bei einer Durchlichtung der zu Boden fallende Samen auskeimen. Auf durch Stagnation nassem oder der Überschwemmung durch Niederschläge oder empordringende Grundwasser längere Zeit ausgesetztem Boden unterbleibt ein Anflug; die besseren Stellen sind vergrast, die bodenreinen Flecke sind bald unter Wasser, bald ausgedörrt. Dort ist man zur künstlichen Verjüngung gezwungen, wenn nicht die Ausschlagsverjüngung über alle Schwierigkeiten hinweghilft.

Reinbestände der Gattung Acer, die Ahornarten.

Wenig ist davon in Europa übrig geblieben, um so schönere Beispiele von reinen, bis in das haubare Alter geschlossenen Ahornbeständen weisen Amerika und Ostasien auf. Der unter der Laubdecke geradezu ideale Boden ist außerordentlich empfänglich für die Naturbesamung, wie sich bei einer Auslichtung solcher Bestände auch ohne Bodenverwundung ergibt. In solchen Standorten können sicher alle Schirmschlagsformen Anwendung finden, wie das massenhafte Erscheinen von Jugend unter alten Bäumen selbst auf verunkrautetem Boden erwarten läßt.

Reinbestände der Gattung Fraxinus, Eschenarten.

Auch die Reinbestände der Eschenarten bauen sich mit vollkommeneren Schaftformen auf als in Mischung mit irgendeiner anderen Holzart. Die Eschen halten sich, in engem Verbande zum Zwecke der

Geradschaftigkeit und Vermeidung der Vergabelung begründet, bis zum Baumalter hinreichend geschlossen und tragen von da an bis zur Haubarkeit ihre eigene Jugend als Bodenschutzholz in dichten Anflügen. Wo aber statt dessen Unkraut- und Unholzwuchs sich einstellt, da ist die Esche nicht auf ihrem besten Böden, oder sie wurde von Anfang an weitständig oder mit anderen Holzarten (Erlen) begründet, welche wegen Bedrückung der Eschen später herausgenommen werden mußten. In solchen Verhältnissen ist die Naturverjüngung nicht Berechnung, sondern Zufallsergebnis. Werden eng begründete Eschen bei Eintritt der Durchlichtungen unterbaut (Buchen, Erlen), kann weder Unkraut noch eigene Verjüngung sich einstellen, bis die Haubarkeit erreicht ist und die Erziehungsverjüngung einsetzt. In nicht unterbauten oder lückigen oder bodenschwachen (naß oder trocken) Beständen benutzt man das zufällig Gebotene und greift als Ergänzung zur Pflanzung.

Reinbestände der Gattung Carpinus, die Hainbuchenarten.

Die Hainbuchen stehen auf gutem, frischem Boden den Buchen (Fagus) an Schaftschönheit und Höhe wie auch in Schattenerträgnis kaum nach; dort mögen sie auch gleich Buchen verjüngt werden; auf mageren, steinigen Böden insbesondere mit südlicher Exposition sind die Hainbuchen niedere, krumme, schlecht geschlossene Lichtholzarten, die sich reichlich durch Samenbildung vermehren.

Reinbestände der Gattungen Ulmus, Zelkowa, Celtis u. a.

Auf guten, frischen Böden und in passendem Klima (Castanetum und wärmeres Fagetum) nähern sich enge begründete Reinbestände den Eschen, auf geringen, trockenen Böden, im kühleren Klima kommen sie den Hainbuchen auf solchen Standorten am nächsten; ihre waldbauliche Behandlung bei beabsichtigter Naturverjüngung läßt sich von jener der Vergleichsholzarten ableiten, wenn nicht Erziehungsverjüngung versucht werden sollte.

C. Lichtholzarten.

A. Verjüngung der Lichtholzarten in Schirmschlagformen.

Während für die Schattenholzarten in der gegenwärtigen Bestandsform eine langandauernde Vorbereitung zur Verjüngung die Mängel einer ungenügenden Erziehung beseitigt, könnten bei den haubaren Lichtholzarten, welche zur Zeit ihrer Verlichtung nicht systematisch unterbaut wurden und deshalb verunkrautet sind, die Mängel dieser Erziehung nur durch hohen Kostenaufwand ausgeglichen werden, wenn eine Verjüngung derselben auf natürlichem Wege unter Schirm beabsichtigt wäre. Unter solchen Umständen gilt freilich der Satz, daß die Lichtholzarten leichter, sicherer und schneller auf künstlichem Wege verjüngt werden können. Findet sich statt Unkraut Vorwuchs der Nutzholzarten, so erfolgt seine Musterung und Behandlung nach den früher gegebenen Andeutungen. Ist aber nur eine Unkrautdecke über den Boden gebreitet, und soll natürlich verjüngt werden, so muß dieser Bodenüberzug beseitigt und eine gründliche Bodenbearbeitung durch Roden der Stöcke, durch Unterhacken des Rohhumus, streifen- oder platzweise oder über den ganzen Bestand hin Platz greifen. Der hohen Kosten wegen greift man zur künstlichen Verjüngung; wenn aber bei dieser, der ein Kahlschlag vorhergeht, ebenfalls eine solche kostspielige Bodenbearbeitung mit darauffolgender Saat oder Pflanzung eintreten muß, so kann Verfasser nicht mehr erkennen, worin der Vorzug der künstlichen Verjüngung liegen könnte. Stellen sich die Kosten der ganzen Verjüngung mit allen Ergänzungen gleich hoch mit der natürlichen, so hat auch hier die natürliche Verjüngung den Vorzug und das Vorrecht vor der künstlichen wegen ihres Schutzes für die Jugend und ihrer Rücksicht-nahme auf den Boden. Es dürfte nicht schwierig sein, auch bei den Lichtholzarten die Erziehungsverjüngung, eine Naturverjüngung unter Schirm, sowohl in einem Groß- wie in dem vorzuziehenden Kleinbestande zur Durchführung zu bringen.

Für alle gegenwärtig haubaren und haubar werdenden Lichtholzbestände, welche keinen Unterbau zum Schutze des Bodens zum Zwecke ihrer Verjüngungsmöglichkeit unter Schirm erhalten haben, gelten folgende Regeln:

1. Auch bei den Lichtholzarten geht jeder weiteren Verjüngungstätigkeit die Musterung und Behandlung etwa vorhandener Vorwüchse voraus; nur dicht geschlossener Vorwuchs ist brauchbar; seine Freistellung kann rasch erfolgen.

2. Für Lichtholzarten kann der Dunkelschlag nur in einem abgekürzten Verfahren eine Naturverjüngung erzielen. Statt der vielen Hiebe des Dunkelschlages werden nur zwei bis drei notwendig erscheinen; nämlich Besamungshieb und Endhieb oder Besamungshieb, Lichthieb, Endhieb.

3. Der Besamungshieb beseitigt alle eingeklemmten, schwachkronigen, rückgängigen, sehr starkkronigen Stämme des alten Bestandes.

4. Diesem Hieb geht voraus oder folgt eine intensive Bodenbearbeitung durch streifweise oder platzweise oder völlige Beseitigung des Unholz- oder Unkrautwuchses, durch Vermengen des Rohhumus — nicht Hinwegschaffung desselben — mit der mineralischen Erde.

5. Bodenverwundungen und Besamungshieb werden nur in einem Samenjahr ausgeführt und zwar unmittelbar vor Abfall des Samens

(leichtsamige Holzarten) oder unmittelbar nach Abfall des Samens (schwersamige Holzarten).

6. Hat sich genügende Verjüngung ergeben so wird mit ein oder zwei Hieben die Schirmstellung beseitigt; ist jedoch, wie zu erwarten ist, die Verjüngung mangelhaft und lückig geblieben, so wird der ganze Schirmstand gefällt, jedoch so, daß das Brauchbare der Natursaat nicht zerstört wird; diese brauchbaren Teile werden durch Pflanzung, nicht durch Saat, miteinander verbunden. Unterbleibt die Naturbesamung, so folgt teils unter Schirm oder auch auf kahler Fläche am besten Pflanzung; die Saat ist zu vermeiden nach dem Grundsatz, keinen Versuch, der einmal mißlungen ist, zu wiederholen.

7. Beim saumweisen Schirmschlag können die Säume breiter, die Hiebe ebenfalls in der Zahl vermindert, in ihrer Ausführung verstärkt werden.

8. Bei Gruppenschirmschlag hat die erste Anlage eine Fläche von 1—10 Ar zu umfassen.

9. Wie beim Dunkelschlag vermindert sich auch beim Gruppenschirmschlag die Zahl der Hiebe über den einzelnen Ringen, die Ringe selbst verbreitern sich, und gelegentlich wird sich auch ein kahlerer Ring als wünschenswert für die Naturverjüngung der Lichtholzarten erweisen.

10. Naturverjüngung wird um so eher zum Ziele führen, je besser der Boden und je jünger der Lichtholzbestand.

B. Beispiele für Naturverjüngung unter Schirm von Reinbeständen der Lichtholzarten.

Reinbestände der Gattung Pinus (Sektion Pinaster, Murraya, Jeffreya), Reinbestände der zwei- und dreinadeligen Föhren oder Kiefern.

Reinbestände obiger Föhren verlichten und verunkrauten im höheren Alter; nur im Stangenalter, auf besserem Boden oder im kühleren, feuchteren Klima ist der Boden unkrautfrei oder doch nur so spärlich damit bedacht, daß eine Naturbesamung möglich ist. Vielfach aber verführt das Beispiel der norddeutschen Tiefebene prinzipiell die Naturverjüngung abzulehnen und jeden Vorwuchs, auch wenn er brauchbar wäre, zuvor herauszureißen, um bei der künstlichen Verjüngung nicht beengt zu werden. Will man das Endziel alles waldbaulichen Strebens, die schnelle, sichere und leichte Naturverjüngung auch bei den Föhren erreichen, müssen diese bei ihrer Verlichtung mit einer Schattenholzart, am besten einer Buchen- oder auch einer Halbschattenholzart unterbaut werden. Die Erziehung des Bestandes selbst hat nach den bereits gegebenen Andeutungen und im Anhalte an den dritten Teil dieser Schrift zu erfolgen. Wenn man entgegenhält, daß die Böden der Föhren vielfach keinen Unterbau mehr aufnehmen wollen, so liegt darin die dringendste Aufforderung behufs Unterbaues zu düngen und jene Böden, die noch nicht so weit heruntergekommen sind, durch Unterbau und durch die Naturverjüngung wieder zu heben. Übrigens ist der Nachweis, daß wirklich die Bodengüte und nicht das Wild daran schuld ist, weshalb ein Unterbau mit einer Schatten ertragenden Holzart als Bodenschutz nicht emporkommt, noch nicht mit unumstößlicher Sicherheit erbracht. Gerade auf den schwächsten Böden wäre der Unterbau mit Einzäunung der Fläche zu versuchen, da der Unterbau den Boden nicht noch mehr schwächt, sondern vielmehr die Auszehrung durch die anspruchsvolleren Unkräuter verhindert; in erster Linie kommen Laubbäume, Schatten- wie Halbschattenbäume, in Betracht. Nadelbäume sind weniger günstig, da sie die Niederschläge allzusehr zurückhalten und den Boden abschließen. Zur Verbesserung durch Beschattung kommt auch noch eine Nährstoffanhäufung hinzu, wenn eine Stickstoff sammelnde Pflanze (Robinia, Alnus) gewählt wird, worüber die künstliche Verjüngung nähere Ausführungen zu bringen hat.

Ohne Unterbau ist die Erziehungsverjüngung unter Schirm möglich, wenn alle Schäden der Bodenverwilderung des Bestandes mit schwerem Kostenaufwand behoben werden durch Beseitigung des Unkrautwuchses und Unterhacken und Vermischen des Rohhumus und der Bleichsandschichte, sowie des zertrümmerten Ortsteines mit dem Boden. Die Ausführung dürfte an den Kosten scheitern; der Entstehung eines solchen Zustandes vorzubeugen ist eines Forstmannes würdiger und für den Waldbesitzer rentabler; das Vorbeugungsmittel ist rechtzeitiger Unterbau. Wer glaubt, daß Unterbau wegen des Wildes keine Aussicht habe und das Wild die Hauptsache sei, wer glaubt, daß Kahlschläge, Bodenbearbeitung und Pflanzung billiger zu stehen kommen, wer glaubt, daß die jahrelange Kahlstellung des Bodens keinen Einfluß auf seine Güte ausübe, der wird an der einfacheren Methode der Verjüngung im Kahlschlag mit darauffolgender Saat oder Pflanzung festhalten.

Frühzeitig im Bestande entstandene Löcher durch Schneedruck, Insekten, Pilze pflegen sich meist gut mit brauchbarem Vorwuchs zu besiedeln; isolierte Pflanzen arten bei den Lichtholzarten in breitkronige Individuen aus; nur solcher Vorwuchs ist brauchbar, der bereits geschlossen ist oder doch in wenigen Jahren nach der Freistellung sich schließt. Die Behandlung des Vorwuchses ist immer eine völlige Freistellung und eine Beseitigung der schlecht geformten und vorwüchsigen Stämmchen. Naturverjüngung im kahlen Saumschlag mit einer Breite desselben von ein bis zwei Baumhöhen gibt gute Ergebnisse, wenn der Boden intensiv bearbeitet wird. Alle drei bis fünf Jahre ist ein Samenjahr zu erwarten. Im kahlen Löcherhieb wird die erste Durchbrechung von einem Durchmesser gleich der Baumhöhe genommen; ebenso breit sind die anschließenden kahlen Ringsäume. Da die Föhren ziemlich sturmfeste Holzarten sind, können sie in dieser Form auch ganz verjüngt werden; wird die Sturmgefahr allzu drohend, tritt Kahlsaumschlag ein. Der Überhaltbetrieb ohne Vorbereitung der Überhälter ist gefahrvoll, hilft aber die natürliche Besamung zu ergänzen.

Kulissen- oder Gassenschläge sind Saumschläge im Bestandesinnern von einer Breite von ein bis drei Baumhöhen; sie fördern zwar die Verjüngung in ihrem Tempo, erzeugen aber ungünstige Randwirkungen.

Für eine Naturbesamung im Dunkelschlagsverfahren wie auch im Gruppenschirmschlag für erwachsene Föhrenbestände, welche keinen Unterbau für den Boden erhalten haben, gelten folgende Regeln: die Verjüngung ist um so leichter, je besser der Boden, je kräftiger die Bodenverwundung, je luftfeuchter das Klima, je jünger der Bestand. Der erste Hieb im Dunkelschlag ist ein Besamungshieb, der in einem Samenjahr mit gleichzeitiger Bodenverwundung ausgeführt wird und die Hälfte bis zwei Drittel aller Bäume beseitigt. Der zweite Hieb nach drei Jahren kann ein Lichthieb, der dritte nach drei Jahren ein Endhieb sein. Die Sturmgefahr ist wegen der tiefen Bewurzelung weniger zu fürchten. Je schlechter der Boden, um so rascher muß die Verjüngung in den Freistand übergehen; es genügen dann Besamungshiebe und Endhiebe, damit die auf solchen kümmerlichen Standorten sehr lichtempfindlichen Pflanzen möglichst bald in den vollen Genuß von Licht und Niederschlägen gelangen.

Der Gruppenschirmschlag hat vor dem Dunkelschlag den Vorzug voraus, daß für Anlage von Naturverjüngungsgruppen die am besten geschlossenen Partien des Bestandes, die besseren Böden ausgesucht werden können. Die ersten Anlagen mit wenigen Schirmständern können einen Durchmesser von einer Baumhöhe erhalten; gleiches Maß gilt auch als Breite für die ringförmigen Saumhiebe; ohne Bodenverwundung bleibt das Ergebnis mangelhaft oder verführt zu allzu langem Zuwarten behufs Ergänzung der Verjüngung durch weitere Samenjahre. Bei geringerer Sturmgefahr ist die Durchführung einer solchen Verjüngung für einen größeren Bestand wohl denkbar, aber wegen der Verschleppung der Verjüngung meist nicht wünschenswert.

Reinbestände der Arten der Gattung Quercus (winterkahle Eichen), reine Eichenbestände.

Niemand wird behaupten, daß reine Eichenbestände im Zeitpunkt ihrer Verlichtung nicht mit einer Schatten- oder Halbschattenholzart unterbaut werden könnten; niemand wird bestreiten können, daß nach Beseitigung des Unterbaues (der inzwischen zwei- auch dreimal teils künstlich, teils durch Naturverjüngung [Spessart] erneuert sein kann) in einem Samenjahr der Eichen, nach kräftiger Bodenverwundung vor oder nach Abfall des Samens eine vollendet dichte Bestockung von Eichen durch natürlichen Aufschlag sich erzielen ließe. Auf dieses Ziel steuert die Verjüngungserziehung bei allen Holzarten systematisch hin und viele der heutigen Eichen- und Buchenmischungen stellen eine Verwirklichung dieses Gedankens dar. Wo Unterbau ganz unterblieb oder mangelhaft ausfiel, ist Verunkrautung am Boden der alten Eichen kein so schlimmes Hindernis der Besamung wie bei Föhren, da die schwere Eichel zwischen dem Unkrautwuchs hindurch zu Boden fällt und die Keimwurzel den Boden erreichen kann, wie Verjüngungen auf Boden mit Erica oder Vacciniumüberzug in Deutschland und Frankreich beweisen; freilich beseitigt man in Frankreich die Unhölzer unter den Alteichen, zu welchen in erster Linie die junge Buche gerechnet wird, gründlich; in Deutschland verschont man bereits angesiedelte Buchen als Schutzpflanzen, während sie doch nur Trutzpflanzen für die Eichen sind. Überall, wo alte Eichen sind, stellen sich Eichelhäher ein, welche die Eicheln in großen Mengen kunstgerecht in den Boden einstufen.

Eichenvorwuchs mit anschlußfähiger Abstufung ist brauchbar, wenn er dicht geschlossen ist. Die Musterung beschränkt sich auf die Beseitigung der schlecht geformten, vorwüchsigen Stämmchen.

Ein Dunkelschlag mit drei Hieben, Besamungshieb, Lichthieb, Endhieb, ist nur auf gleichmäßig gutem Boden mit leidlich geschlossenem Bestande möglich. Bodenverwundung durch Umhacken, Umpflügen, Schweineeintrieb und dergleichen vor oder nach Samenabfall ist unumgänglich. Besser eignet sich der Gruppenschirmschlag, bei dem es möglich ist, die besten Bodenpartien auszuwählen und auf dieser Fläche gründliche Bodenbearbeitung vorzunehmen.

Auch die anschließenden Ringhiebe werden sich besamen, soweit der Boden gut und die Bodenverwundung im Samenjahr eine gründliche ist. Wegen der unausbleiblichen, schweren Beschädigung der Naturverjüngung durch das Herausbringen der schweren, breitkronigen Nutzholzeichen begnügt man sich mit Erreichung guter Vorwuchsgruppen.

Die Reinbestände der Gattung Betula, die reinen Birkenbestände.

Für die Naturverjüngung der Birken passen Kahlschläge, besonders kahler Saumschlag von der Breite von zwei bis drei Baumhöhen besser als Schirmschlagformen. Die Birken verlangen nackten, aber durch Regen fest geschlagenen Boden; in frisch·gelockertem vertrocknet die äußerst zarte Keimpflanze.

Reinbestände der schmetterlingsblütigen Bäume.

Robinia, Gleditschia, Cladrastis, Gymnocladus und andere werden zumeist behufs Bodenverbesserung angebaut; auf solchen Standorten sind sie ausgesprochene Lichtholzarten und verlangen deren Behandlung; nur intensive Bodenbearbeitung vermag die schweren Sämereien behufs Keimung einzubetten.

C. Beispiele für die schirmständige Naturverjüngung von gemischten Beständen.

In dieser Schrift ist als moderner Idealwald der Kleinbestand als Reinbestand in der Erziehungsverjüngung hingestellt. An die Stelle der Einzel- oder Gruppenmischung der Holzarten innerhalb des Bestandes soll die Mischung der nach Holzarten verschiedenen Kleinbestände innerhalb des Waldkomplexes treten. Bereits ausführlicher behandelte Erwägungen über Güte und Massenproduktion, über Schwierigkeit und Kostspieligkeit der Erziehung, über Schwierigkeit, Langwierigkeit und damit wiederum Kostspieligkeit der Begründung solcher Mischbestände sind es, welche zwingen, auf das pedologische Ideal der Einzel- oder Gruppenmischung der Bestände zu verzichten und sich mit einer kleinbestandsweisen Mischung des Waldes zu begnügen, wodurch der schlimmste Nachteil der großen Reinbestände abgewendet wird. Kommt hierzu noch eine Naturverjüngung, welche gestattet, die Kleinbestände schnell, sicher und leicht zu verjüngen, so fallen auch die schweren und kostspieligen Nachteile der bisherigen Reinbestände, nämlich Kahlschlagwirtschaft und künstliche Verjüngung hinweg. Da Bestände, welche nur einen Bodenschutz oder einen nicht hauptständigen Zwischenstand einer anderen Holzart tragen, nicht als gemischte, sondern als reine Bestände aufgefaßt werden müssen, ist über ihre natürliche Wiederverjüngung das Notwendigste bereits mitgeteilt; aber auch dann wird wiederum ein Reinbestand begründet, worauf später der künstliche Unterbau folgt. Wird aber an der vorhandenen Bestandsbildung festgehalten und werden die jetzt und in den nächsten Jahren haubar werdenden mit ihrem Kronen gemischten Bestände als ideale Waldbilder nach jeder Richtung hin betrachtet und wird ihre natürliche Erneuerung wieder angestrebt, so ist zu bemerken, daß eine stammweise Mischung nur durch den Dunkelschlag annähernd gleichzeitig erzielt werden kann, wobei der erste Hieb sich nach der waldbaulich schwächsten Holzart richten muß.

Soll eine gruppenweise Mischung erzielt werden, so gibt der Gruppenschirmschlag hierzu das zuverlässigste Mittel. Soll einer Holzart auch noch ein zeitlicher Vorsprung gewährt werden, beginnt die Gruppenwirtschaft für eben diese Holzart zuerst.

Soll eine Mischung der Holzarten stamm-, trupp- und altersklassenweise erhalten werden, so kann allein der Femelhieb ein solches Waldbild schaffen und in seinem unveränderten Zustande erhalten.

Die Musterung der Schlußdurchbrechungen und ihre Behandlung, die Musterung der Vorwüchse, ob rein oder selbst gemischt, sowie ihre Behandlung hat im Anhalt an die früher gegebenen Grundsätze zu geschehen.

D. Gemischte Holzarten.

Bestände, gemischt aus Angehörigen der Gattungen Picea und Abies;
gemischte Bestände von Fichten und Tannen.

Das Streben der beiden Schattenholzgattungen, in der freien Natur
Reinbestände zu bilden, weist darauf hin, daß sie im Mischwuchs un-
verträglich sind; im wärmeren Klima, in der vorteilhaftesten Urwald-
bzw. Femelwaldverfassung schließt die Tanne jede Mitkonkurrenz der
Fichten aus; im kühleren, mehr den Fichten zusagenden Klima wird
die Tanne fern gehalten. Im aufgelockerten Schluß, in dem es keine
Bedrängung gibt, herrschen beide friedlich zusammen. Da die Tanne
als die waldbaulich schwächere Holzart durch ihre Langsamwüchsigkeit
in der Jugend betrachtet werden muß, wird eine natürliche Verjüngung
im Dunkelschlag, in den Vorbereitungs- und Besamungshieben
allein nach der Tanne bemessen, nicht bloß in der Stellung der
Belichtung, sondern vor allem auch im Freihieb schönkroniger Tannen
und in der Auswahl der besseren Bodenpartien für diese Maßnahmen.

Mit den ersten Lichthieben nimmt die Aussicht für die Tanne ab;
jene für die kommende Fichtengeneration zu; indem bei den folgenden
Lichthieben vorzugsweise Tannen hinweggenommen werden, wird der
zweite Teil der Verjüngung sich so abspielen, wie es die Fichten verlangen. Nur auf diesem Wege dürfte es möglich sein, eine annähernd
stammweise Mischung der Jugend herbeizuführen; es bleibt der Nachbesserung oder Beseitigung des Übermaßes einer Holzart die Korrektur
des Mischungsverhältnisses übrig.

Für den saumweisen Dunkelschlag bedarf es keiner weiteren
Beifügungen. Saumbreite und Schirmstellung richten sich wiederum
nach der Tanne.

Soll eine gruppenweise Mischung beider Holzarten im Bestande
vorherrschen, so ist keine Verjüngungsform besser geeignet, dieses zu
erreichen, als der Gruppenschirmschlag. Vollbekronte Tannen
werden frei gehauen in solcher Zahl, als dem beabsichtigten Mischungsverhältnis entspricht; da Fichte und Tanne in diesem Verfahren gruppen-
weis getrennt erscheinen, ist auch die gleichzeitige Freistellung von
schön bekronten Fichten behufs Erzielung von Fichtenanflug zulässig;
wird für die Tanne ein Vorsprung gewünscht, unterbleibt zunächst die
Freistellung der Fichten; die ringförmigen Erweiterungshiebe für die
Tannen gewinnen allmählich eine solche Lichtmenge, daß die Ansiedelung der Tanne zum Ende kommt und an Stelle der Tanne die
Fichte erscheinen wird, zumal von nun an die Gruppenhiebe allein auf
diese gerichtet sind. Daß Sturmgefahr zum Verlassen dieser Methode
und zum Übergang zum Kahlsaumschlag zwingen können, wurde des
öftern bereits angedeutet; mit dem kahlen Saumschlag endet die Naturverjüngung und beginnt die künstliche zugunsten der Fichte.

*Bestände gemischt aus den Angehörigen der Gattung Picea und Fagus,
gemischte Bestände von Fichten und Buchen.*

Zur Erhöhung der Rentabilität der reinen Buchenbestände ist diese
Mischung sehr beliebt. Je mehr Fichten in den Buchenbestand eintreten, um so wertvoller wird das Objekt, je mehr Buchen in den
Fichtenbestand eintreten, um so mehr sinkt der Wert. Wählt man statt
solcher Mischbestände mehrere Kleinbestände, welche aus reiner Fichte und
reiner Buche bestehen, würden sich die Nachteile einer solchen Mischung
auch mit Bezug auf die Stammausformung vermeiden lassen, ohne daß
dadurch auf die Vorteile der Buche für den Boden bei entsprechender
Erziehung der Fichten und Unterbau mit Buchen verzichtet wäre.

Bei stammweisem Auftreten der Mischung in jugendlichem
Alter als beabsichtigte Verjüngung wie als Vorwuchs siegt jene Holzart,
welche zuerst ein geschlossenes Kronendach erzeugt. Schließen sich
zuerst die Buchen, dann kommt keine Fichte mehr durch deren Kronendach hindurch; kommt die Fichte zuerst über die Buche hinweg, ist
die Buche als hauptständig verloren; aber nirgends läßt sich in der
Natur ein Beispiel finden, daß die Fichte imstande wäre, ein geschlossenes
Buchenkronendach zu durchstechen. Wo der Anschein erweckt ist,
als hätte die Fichte sich hindurchgearbeitet, ergibt genauere Beobachtung,
daß die Fichtengipfel nie ganz überschirmt waren. In exponierten
Lagen wird die Fichte im Durchstechen der jungen Buchenkronen
schon durch die peitschende Wirkung der Buchenzweige verhindert.
Es ist somit schwierig zu entscheiden, welche die waldbaulich schwächere
der beiden Holzarten ist; es ist deshalb auch schwierig, eine stammweise Mischung der beiden Arten zu begründen, ohne daß durch
Jungwuchspflege fortgesetzt bald zugunsten der einen, bald zugunsten
der andern mit Axt und Säge dazwischen getreten wird. Da bei der
stammweisen Mischung die Schaftentwicklung beider Holzarten geringwertiger ist als im reinen Fichten- bzw. reinen Buchenbestande, so ist
es besser auf stammweise Mischung zu verzichten.

Wer sie aber wünscht, wird unschwer dieselbe durch den Dunkelschlag, der sich nach der Buche richtet (man vergleiche den reinen
Buchenbestand) erreichen können. Für die Jungwuchspflege ist zu
beachten, daß in den wärmeren Lagen und im Optimum der Rotbuche
diese, in den kühleren Lagen der Buche die Fichte als die Siegerin
hervorgehen wird, wenn die Pflege unterlassen wird. Es ist sodann
zu bedenken, daß die unter die Buche geratenden Fichten
zugrunde gehen, daß die unter den Fichten stehenden
Buchen aber sich am Leben erhalten.

Nach einer Erhebung von Geheimrat Gayer[1]) gibt es in Bayern
fast 160000 ha solcher Mischbestände; das wäre keine günstige Er-

---

[1]) Die Bestockungsverhältnisse der bayer. Staatswaldungen v. Dr. F. Schneider.
Berlin 1906. Verlag von Paul Parey.

scheinung; zumal wenn das ausgerechnete Durchschnittsprozent der Mischung von 53 Fichten, 30 Buchen und 17 übrigen Holzarten auch in der Natur sich finden würde. Voraussichtlich handelt es sich bei der Durchschnittsberechnung um vorwiegend Fichten mit geringem Prozentsatz von Buchen und vorwiegend Buchen mit geringem Anteil an Fichten, so daß der Nachteil dieser Mischungen von Buchen und Fichten in Wirklichkeit beträchtlich geringer ist, als er infolge der Durchschnittsberechnung erscheint.

Nicht läßt sich aus dem statistischen Nachweis entnehmen, ob stammweise oder gruppenweise Mischung vorherrscht; das aber ist von Wichtigkeit, denn die stammweise Mischung ist das für den Boden günstigste, für die Nutzholzformung aber das ungünstigste Verhältnis beider. Wird bei der Verjüngung die gruppenweise Mischung beabsichtigt, so gibt der Gruppenschirmschlag hierzu die Mittel in die Hand. Durch Freihieb der best bekronten Buchen beginnt die Verjüngung; sie erweitert sich durch Ringhiebe, soweit Buchen gewünscht werden. Daß für diese Anfangsgruppe die beste Bodenpartie ausgewählt wird, Bodenverwundung u. dgl. eintritt, ist nach den vorausgehenden Bemerkungen selbstverständlich. Es kann gleichzeitig mit der Buche oder erst nach Sicherung der Buchenvorwuchsgruppe auf gleiche Weise die Erziehung von Fichtengruppen angestrebt werden. Ist Übergang zum kahlen Saumschlag notwendig, so vollendet die Verjüngung eine Ergänzung mit Fichten durch Pflanzung.

Für die Femelverjüngung bedarf es nur des Hinweises, daß die Buche zu begünstigen sein wird, wenn, wie voraussichtlich, solche Bestände in kühleren Regionen sich finden.

Tannen- und Buchenmischung; Mischungen der Gattungen Fagus und Abies.

Diese Mischung ist in ihrem Wert etwas günstiger zu beurteilen als Fichten und Buchen, so weit beiderseitige Astreinigung und Bedrängung in Frage kommen. Ihre natürliche Wiederverjüngung im Dunkelschlag oder Gruppenschirmschlag kann im Anhalt an die Andeutungen bei Fichten und Buchen geschehen; es ist aber zu beachten, daß die Tanne als die waldbaulich schwächere Holzart erscheint.

Mischungen von Angehörigen der drei Gattungen Picea, Abies und Fagus, Fichten-, Tannen- und Buchenmischbestände.

Da ein Mischbestand nicht um so besser wird, je mehr Holzarten in Mischung treten, sondern vielmehr in seiner Schaftausformung und Nutzholzmassenerzeugung noch mehr abnimmt, so wäre es besser, solche Mischbestände in einzelne, kleinere Reinbestände aufzulösen. Soll aber die Mischung erhalten und sogar eine stammweise Mischung angestrebt werden, so kann außer dem Femelhieb nur der Dunkelschlag das gewünschte Ergebnis zeitigen, wenn der Vorbereitungs-

und der Besamungshieb zugunsten der Tanne (nach den Angaben für den reinen Tannenbestand), die ersten Lichthiebe als Besamungshiebe für die Buche und das letzte Drittel der Hiebe unter Beseitigung der alten Buchen und alten Tannen mit Rücksicht auf die Verjüngung der Fichten ausgestaltet werden. Gemischter Vorwuchs ist wie gemischte Verjüngung stets gegen Vordringen der Fichte und Unterdrückung der Tanne zu sichern.

Am einfachsten löst die Aufgabe der natürlichen Wiederverjüngung wiederum der Gruppenschirmschlag, welcher alle drei Holzarten nebeneinander oder auch nebeneinander und hintereinander in der Reihenfolge Tanne, Buche, Fichte zu verjüngen gestattet.

Ähnliche Gesichtspunkte werden führen müssen, wenn die Aufgabe gestellt ist, andere Schatten ertragende Nadelbäume wie Pseudotsuga, Tsuga, Thuja, Thujopsis usw. mit den genannten Gattungen oder unter sich in Mischung durch Naturverjüngung zu erhalten oder neu zu begründen.

Mischung der Gattung Picea mit zwei- und dreinadeligen Föhren (Gattung Pinus, Sektion Pinaster, Murraya, Jeffreya).

Auf ausgesprochenem Fichtenboden, seichtgründig, aber nahrungskräftig, verhalten sich die beigemischten Föhren ungünstig in der Schaftform, Astreinheit, Kernbildung; auf ausgesprochenem Föhrenboden geringerer Bonität erlangt die Fichte nicht die Kronenhöhe der Föhre; die Föhre gilt dann als rein; nur auf Föhrenboden I. und II. Bonität (sandiger Lehm, lehmiger Sand, humoser, frischer Sand) kommt eine hauptständige Mischung von Fichten und Föhren zustande; von Jugend auf halten beide Holzarten nur im kühleren Klima der Föhre, das ist im Fichtengebiet, durch das gefährliche Stangenalter hindurch im Wachstume Schritt, dort erwächst auch die Föhre mit geradem Schafte.

Wird die Fichte von der Föhre überwachsen, so erhält sich erstere, durchsticht aber später die Föhrenkrone nur in ganz windgeschützten Örtlichkeiten. Wo Windschutz fehlt, wird die Fichte von den Föhrenästen verpeischt.

Die natürliche Wiederverjüngung richtet sich nach der Fichte, indem im Dunkelschlag die ersten Hiebe bis zur Erzielung einer Besamung den Bestand als reinen Fichtenbestand betrachten; die Lichtungshiebe, welche vorzugsweise Fichten beseitigen, schaffen Licht und Raum für die Föhre. Ganz besonders eignet sich wiederum zur Herstellung einer gruppenweisen Mischung unter Auswahl der besseren, frischeren Bodenpartien für die Fichte die Gruppenschirmschlagform. Die Angaben bei den Reinbeständen finden hierbei sinngemäße Anwendung.

23*

Die Gattung Picea mit Angehörigen der Gattung Larix, Fichten- und Lärchenmischbestände.

Alle Lärchen finden sich in ursprünglicher Mischung mit Fichten nur in der kühlsten Waldregion, sei es im Norden oder im Hochgebirge; was von solchen Mischungen in wärmeren Lagen sich findet, ist künstlich angelegt; nur im kühlsten Standort, wo der Schluß der Kronen fehlt, kann die in Kronenmischung auftretende stammweise Vereinigung beider Holzarten bestehen. Dort ist die Wirtschaft ein Femelbetrieb, in dem beide Holzarten sich wiederum annähernd stammweise gemischt einfinden. Im geschlossenen Fichtenbestande sind die Lärchen künstlich eingebracht; die natürliche Verjüngung ist so gut wie ausgeschlossen, so daß die Betrachtung dieser Mischung in das Gebiet der künstlichen Bestandesgründung gehört.

Die Gattung Betula (Birken) mit der Gattung Picea (Fichten).

Rauheres Klima oder Bodenungunst (nasser, sumpfiger Boden) führen die beiden Holzarten häufig zusammen. Im Norden und auf hohen Bergen im Süden, in der Nähe der Waldgrenze, im aufgelösten Kronenschluß sind beide Holzarten friedlich nebeneinander selbst in Einzelmischung. Je wärmer aber das Klima, um so unduldsamer werden die Birken durch ihr Voraneilen und ihre peitschende Einwirkung auf die zarten, nachwachsenden Gipfeltriebe der Fichte. In solchen Örtlichkeiten ist auch eine Trennung der Holzarten in Gruppen von reinen Fichten und reinen Birken anzustreben. Sie wird erzielt durch den Gruppenschirmschlag, der die Fichte begünstigt; für die Birken genügen einige ältere, freistehende Exemplare, um den Rest der Fläche bei Bodenbearbeitung und Wiedererhärtung desselben durch Regen oder Schneebelastung mit reichlichem Birkenanflug zu bestocken.

Die Gattung Abies mit der Gattung Quercus (Weifseichen), Tannen- und Eichenmischbestände.

Da die Tannen in Europa und Amerika etwas wärmere, in Ostasien die gleichen Gebiete bewohnen wie die Fichten, so ragt in Europa und Amerika der wärmste Teil, das natürliche Verbreitungsgebiet der Tannen, noch in das kühlere Verbreitungsgebiet der Eichen, so daß Mischbestände beider Arten vorhanden sind. Daß die Eiche aus solchen Beständen als minderwertig, als weniger dauerhaft gilt, dürfte seinen Grund in der mangelhaften Belichtung der Eichen finden, wodurch die Bildung des Kernfarbstoffes beeinträchtigt wird. Immer wird die Eiche in Gefahr sein, von der Tanne überwachsen zu werden. Aus gemischtem Vorwuchs sind daher die Tannen zu entfernen, wenn die Eichen genügen, um sich zu einem Jungwuchse in kurzer Zeit zusammenzuschließen.

Auch im Dunkelschlag wird auf eine flächenweise Trennung hingearbeitet durch die Freistellung schön bekronter Eichen und Vorbereitungsstellung, Besamungs-, Licht- und Endhieb für die Tannen. Im Samenjahre der Eichen ist ergiebige Bodenverwundung nötig. Durch Anflug der Tannen in die Eichengruppen und Einstufung von Eicheln in den Tannenjungwuchs durch den Eichelhäher wird immer wieder gemischter Jungwuchs entstehen, in dem die Eiche gefährdet ist.

Es empfiehlt sich daher, Eichen und Tannen von Anfang an örtlich zu trennen durch den Gruppenschirmschlag, wobei für die Eichengruppen die besten Bodenpartien und wärmsten Lagen ausgewählt werden. Daß diese Gruppenwirtschaft mit einem Freihieb normal bekronter Eichen und Tannen gleichzeitig oder nacheinander beginnt, Bodenverwundung im Samenjahre ausführt und jede Holzart nach ihrem Bedürfnis in den Ringhieben weiter behandelt, ergibt sich aus den früheren Betrachtungen; es ist aber auch diesen zu entnehmen, daß die Verjüngung nur Stückwerk sein kann.

Die Gattung Quercus (Weißeichen) mit der Gattung Fagus, Eichen- und Buchenmischbestände.

Eine umfangreiche Literatur beschäftigt sich mit dieser Mischung, welche zur Werterhöhung der reinen Buchenbestände im wärmeren Klima von Mitteleuropa als hochwillkommen begrüßt wird. Eine erdrückende Mehrheit von Berichten weist nach, daß eine stammweise, gleichzeitige Mischung der beiden Arten teilweise schon in der Jugend, insbesondere aber im Stangenalter zur Ausscheidung der Eichen führt, während einige Schriftsteller wiederum behaupten, daß die Eichen sich vorwüchsig oder wenigstens gleichschrittlich erhalten. Auch hier sind es Naturgesetze, die entscheiden. Je kühler im Verbreitungsgebiete der Buchen das Klima, um so sicherer wächst die Buche voran; je wärmer das Klima, um so mehr bessern sich die Aussichten für die Eiche. Im Optimum der Eiche, im Castanetum, hält sie mit der Buche im Jungwuchs öfters Schritt und überwächst sie im kritischen Stangenalter. Dort allein ist Einzelmischung der Kronen beider Holzarten zulässig. Die wärmsten Lagen von Deutschland, Mittel- und Nordfrankreich, Belgien nähern sich dem Castanetum. Wenn dort ein Standort für die Mischung ausgewählt wird, welcher in seiner Bodenungunst die Buche schädigt (Kalkmangel), in seiner Bodengunst (toniger Sand) die Eiche fördert, so besteht die Möglichkeit, daß Eiche und Buche Schritt halten; von dieser Ausnahme abgesehen, ist in ganz Deutschland die Eiche nur durch ständige, kostspielige Stümmelung der Buche in Mischung mit letzterer zu erhalten. Danach ist zu ermessen, daß gemischter Aufschlag oder Vorwuchs beider Holzarten fast stets zur Unterdrückung der Eiche führen muß; die Buche muß somit herausgenommen werden, wenn die Eichen an Zahl genügen, um sich bald zu schließen.

So wertvoll die Buche als Unter- und Zwischenstand, so schädlich ist die Kronenmischung, und es entspricht dem erhöhten Interesse für die wertvolleren Eichen besser, wenn die Buchen erst im Haubarkeits- alter der Eichen hauptständig werden. Dieses Ziel ist nur durch Begründung reiner Eichenbestände, welche mit Buchen später unterbaut werden, erreichbar. Die Lösung der Buchenfrage geschieht daher nicht durch Einzeleinbau der Eichen oder anderer Nutzhölzer in Buchen, sondern durch Beibehaltung der reinen Buchen, aber Verminderung dieser Bestände in Zahl und Ausdehnung.

Sollten aber Buchen und Eichen gleichzeitig verjüngt und eine kronenweise Mischung angebahnt werden, so verlangt der Dunkelschlag die Freistellung schön bekronter Eichen und Bodenbearbeitung im Samenjahre derselben; der zwischenbestehende Buchenbestand wird in Vorbereitungsstellung oder, wenn diese entbehrlich ist, in Besamungs- stellung gebracht und verjüngt wie ein reiner Bestand. Durch Tiere werden Bucheln in die Eichen und Eicheln in die Buchen eingebracht. Zweckentsprechend wird sich eine flächenweise Trennung der beiden Holzarten erweisen, wozu der Gruppenschirmschlag mit Freihieb einer Anzahl von Eichen und ebenso von Buchen am ·besten sich eignet. Dabei kann aber auch der Eichengruppe ein Vorsprung gegen- über den Buchengruppen an Zeit und Wachstum gegeben werden nach dem Grundsatze: der Vorsprung an Zeit muß um so größer sein, je kleiner die Gruppe. Ergibt die Fortsetzung der Erwei- terungen der Buchengruppen Fehlstellen, so sind die jungen Buchen entweder wiederum mit Buchen zu ergänzen oder die Buchen sind aus- zureißen und die Fehlstelle ist mit Eichen oder, wenn groß genug, mit einer anderen Holzart zu besiedeln; das Belassen einzelner Buchen führt stets zu Verlegenheiten.

Zwei- und dreinadelige Föhren und Buchen.

Für die Beurteilung des Wertes der Einmischung von Buchen in Föhren oder Föhren in Buchen gelten die bei der Mischung Fichte und Buche dargelegten Motive. Auch im Buchenwalde ist nicht, wie man erwartet, die Föhre besonders schönschaftig wegen der Bedeckung durch die Schattenholzart; der Umstand, daß auf Buchenboden erster und zweiter Bonität die Föhre zur Krummwüchsigkeit, Ästigkeit, Farbkernmangel neigt, wirkt der Absicht, welcher bei der Mischung leitete, entgegen. Anderseits kann die Buche in Föhrenbestände nur dann hauptständig eintreten, wenn diese auf erster und zweiter Boden- güte, somit auf lehmigen Sand und sandigen Lehm stocken. Die Föhre hält sich auf allen sandigen Böden vorwüchsig, auf sandarmen, schweren Buchenböden wird sie im kritischen Alter von der Buche eingeholt und auf windigen Lagen verpeitscht. Soll auf gutem Föhrenboden diese Mischung im Dunkelschlagverfahren verjüngt werden, so

richtet sich die ganze Verjüngung nach der Buche; bei den Lichthieben werden von den als Schirmständer übergehaltenen Föhren
reichlich noch Föhren sich einstellen. Besser wird sich der Gruppenschirmschlag eignen müssen, welcher für jede Holzart, Buchen
oder Föhren den passenden Boden auszuwählen gestattet. Bei der
Standfestigkeit beider Holzarten wäre auch eine volle Verjüngung in
dieser Form denkbar, wenn sie nicht, wie alle Gruppenschirmschläge,
allzu langsam zum Ziele führen würde.

Gattung Quercus (Weifseichen) mit zwei- und dreinadeligen Föhren,
Eichen- und Föhrenmischbestände.

Auch diese Mischung ist nur auf Föhrenboden erster und zweiter
Bonität im wärmeren Klima zulässig; beide Holzarten bringen sich
gegenseitig keinen Nutzen in der Ausbildung des Schaftes, wohl aber
gewinnt etwas der Boden, obwohl beide Holzarten nicht die Verunkrautung abwenden können. Die Verjüngung im Dunkelschlag kann
nur eine Freistellung schönkroniger Eichen und ebensolcher Föhren
sein; Bodenverwundung im Samenjahr der Eichen unerläßlich. In den
rasch folgenden Licht- und Endhieben werden die Föhren sich einstellen.

Die flächenweise Trennung, für welche schon die wechselnde
Bodengüte Anlaß gibt, wird erreicht durch den Gruppenschirmschlag, dessen Führung nach den vorausgehenden Beispielen nicht
mehr zweifelhaft sein kann.

Birken- und Föhrenmischbestände, die Gattung Betula mit den Sektionen
Pinaster, Murraya und Jeffreya.

Auf drei grundverschiedenen Standorten kommen solche Mischungen
auch in der Natur vor: auf sehr magerem, trockenem, sandigem Boden,
auf sehr feuchtem, sumpfigem Standorte und endlich auf normalem
Boden der kältesten Waldregionen der nördlichen Breiten. Bei allen
Naturverjüngungen unter Schirm wird die Föhre gegenüber der allmächtigen Birke zu begünstigen sein; auf sehr magerem Boden und
auf sumpfigem Boden wird die Naturverjüngung nur möglich sein,
wenn sie über sehr lange Zeiträume verfügt.

Die Eiche, Gattung Quercus, mit Halbschattenlaubhölzern,
wie Ulmus, Fraxinus, Carpinus, Acer, Alnus, findet sich regelmäßig in
Mischung in alten Flußauen des wärmeren Fagetums. Alle Holzarten
auch für die Zukunft zu sichern, ist möglich im Femelwalde; wird
ihm die Überführung solcher Auwaldungen in gleichalterigen Hochwald hier vorgezogen, so ist der reine Kleinbestand mit 0,3 ha als
Maximalflächengröße wohl am besten.

Die Laubholzgattungen Fraxinus, Acer, Ulmus, Betula in
Verbindung mit Nadelbäumen, wie Strobus, Picea, Abies, selbst Larix,
besiedeln die alten Flußauen des kühleren Fagetums; sie alle zu er

halten ist möglich im Femelwalde; doch sollte auch hier bei Umwandlung in gleichalterigen Hochwald der reine Kleinbestand angestrebt werden.

Für fremdländische Gattungen, wie Juglans, Carya, Zelkowa, wäre zu beachten, daß diese schwersamigen Lichtholzarten in der Behandlung zum Zwecke einer Naturverjüngung an die schwersamige Eiche (Quercus) sich anschließen müssen; für die Strobus, Chamaecyparis, Cupressus und andere gelten die für leichtsamige Halbschattenarten entwickelten Grundsätze. Zusammen mit schwersamigen Arten gelten die leichtsamigen als die waldbaulich starken, welche erst im letzten Akte der Naturverjüngung sich einstellen dürfen; bei Mischungen von Halbschatten- mit Schattenholzarten, wie Sektion Strobus oder Cembra mit Picea, Gattung Acer, Ulmus mit Fagus, Strobus mit Fagus nähert sich die Behandlung der Halbschattenholzart jener einer Lichtholzart, bei Mischung einer Halbschattenholzart, wie die Sektion Strobus, Cembra, Chamaecyparis, Tsuga mit einer Lichtholzart, z. B. der zwei- und dreinadeligen Föhren, mit Larix, wird die Behandlung der Halbschattenholzart jener einer Schattenholzart anzugleichen sein.

. · Die allgemeinen naturgesetzlichen Grundlagen für die Behandlung von Mischbeständen geben über die Behandlung aller in der Natur möglichen Mischungen zum Zwecke ihrer natürlichen Wiederverjüngung Anhaltspunkte; obige Beispiele mögen genügen, um die Detailarbeit bei einer solchen Verjüngung anzudeuten, ohne der praktischen Ausführung allzu bindende Vorschriften zu geben.

Einzelstehende Überhälter fördern zwar die natürliche Ansamung einer Fläche, schädigen aber die Ansiedelung und das Wachstum der Pflanzen unter ihrem Troptbereiche. Für die Besamung ist der Einzelüberhalt der beste; um jedoch der Windgefahr vorzubeugen, sollen die Überhälter allmählich in den Freistand übergeführt werden (Erziehungsverjüngung, Dunkelschlag, Gruppenhieb); bei Kahlschlag ist vorherige, allmähliche Umlichtung der Überhälter wünschenswert. Bei genügender Vorbereitung kann zwar jede Holzart übergehalten werden, aber nicht jede lohnt diese Behandlung; zu den lohnenden zählen nur jene, deren Gebrauchswert mit dem Durchmesser stetig steigt, das ist der Fall bei den Weißeichen, Föhren, Lärchen und wahrscheinlich auch bei vielen nichteuropäischen Baumarten, wie Juglans, Catalpa, Zelkowa und anderen.

Von Seebachs Buchennutzholzwirtschaft ist eine Naturverjüngung vor der vollen Haubarkeit; verschiedene Schriftsteller weisen auf sie als ein beachtenswertes Mittel zur Erziehung von Starkholz und kräftiger Vornutzung hin, was jedoch vollkommener durch einen geregelten Durchforstungs- und Durchlichtungsbetrieb sich erreichen läßt.

———

Elfter Abschnitt.
Die künstliche Wiederverjüngung.

Bei der gegenwärtig üblichen Waldeinteilung in Großbestände, der Forderung der Verjüngung in kürzer Zeit, der Erziehung der Bestände ohne Rücksicht auf den Bodenzustand ist die Kahlschlagwirtschaft mit darauf folgender künstlicher Verjüngung immer mehr in den Vordergrund getreten; das natürliche Verjüngungsverfahren wird nur für Buchen und Tannen in größerem Umfange ausgeführt, für die übrigen Holzarten wird es zwar versucht, aber seine Ergebnisse sind unzureichend, ja vielerorts nicht einmal als Beigaben für die künstliche Verjüngung willkommen, vielmehr als ein Hindernis für die gradlinige Pflanzung betrachtet.

In der Tat sind die Vorzüge, welche die künstliche Verjüngung bietet, große: Die Unabhängigkeit vom Eintritt des Samenjahres wurde erst durch den leichteren Güteraustausch während der letzten Dezennien ermöglicht. Da die meisten Holzarten sich über große Landstrecken zu verbreiten pflegen, so besteht Aussicht, daß sie nicht überall gleichzeitig fruktifizieren, so daß der Fall einer völligen Mißernte im Saatgute innerhalb des natürlichen Verbreitungsgebietes zu den Ausnahmen zählt. Je größer das Verbreitungsgebiet einer Holzart, um so unwahrscheinlicher die Gleichzeitigkeit des Samenerträgnisses. Fehlt somit an einer Örtlichkeit die Samenbildung, tritt sie an einer anderen ein; aus letzterer kann dann Saatgut bezogen werden. Auch die Verschiedenheiten im Klima innerhalb einer Vegetationszone, kältester und wärmster Standort, vielleicht auch im Boden geben Veranlassung zu Verschiedenheiten in der Zeit des Samenerträgnisses, da das wärmere Klima bzw. der schlechte Boden die Samenbildung begünstigen, das kühlere Klima und der bessere Boden verzögern. Für die meisten Pflanzenzüchter erweckt diese Vorstellung jedoch ernste Bedenken, weil damit Unkenntnis bezüglich der Herkunft des Samens besteht oder gerade, weil die Herkunft aus einem kühleren oder wärmeren Klima bekannt ist. Verfasser dieser Schrift hält an

dem Satze fest, daß jeder Standort der typischen Holzart ein Saatgut
liefert, in dem alle typischen, morphologischen und physiologischen
Eigenschaften der Holzart von ihrem wärmsten bis zu ihrem kältesten
Standorte enthalten sind; für jene aber, welche für jeden klima-
divergenten Standort eine physiologische Varietät oder Rasse zu erkennen glauben, ist jede Saat, die nicht vom eng heimischen Standorte
stammt, verwerflich. Damit wird aber die künstliche Verjüngung
wiederum völlig abhängig vom Eintritt des Samenjahres der betreffenden
Gegend; sie geht ihres größten Vorzuges verlustig, ohne einen entsprechenden Wert dafür einzutauschen; dann die mehrere Dezennien
hindurch geübte Praxis der Verwendung von Saatgut, von dessen Herkunft nichts bekannt war, als daß es irgendwo in Europa gewachsen
war, hat keine Bestände geliefert mit ungünstigen Merkmalen, die
als ein Einfluß der unbekannten Heimat des Saatgutes hingestellt
werden könnten. Erst der weiter ausgreifende Handel hat Sämereien
nicht erwünschter Arten oder von Artenvereinigungen (Bastarde)
angeboten, worüber bei Behandlung des Saatgutes einige Ergänzungen
gebracht werden sollen. Unter den heutigen Waldverhältnissen entsprechen die künstlichen Verjüngungen am vollkommensten der modernen
Anforderung an eine Verjüngung, nämlich schnell, sicher und
leicht. Wo Mittel reichlich zur Verfügung stehen, um Gefahren abzuwenden, kann auf eine Fällung sofort die völlige Verjüngung der
Fläche folgen; wird dabei statt Saat die Auspflanzung mit mehrjährigen
Pflanzen gewählt, so liegt darin noch ein Gewinn an Jahren und
Zuwachs. Daß die Verjüngung sicher ist, beweisen die zahllosen, wohl-
gelungenen Kulturen seit vielen Dezennien. Kann die Ballenpflanzung
Anwendung finden, dann sind Verluste fast ganz ausgeschlossen. Niemand
dürfte auch bestreiten, daß die künstliche Verjüngung eine sehr leichte
ist. Die nötigen Vorbereitungen und manuellen Fertigkeiten sind so einfach, daß sie jeder lernen kann, ja, daß für wichtige Arbeiten, wie Bodenverwundung, Säen, Verschulen, mechanische Vorrichtungen, Maschinen,
als Ersatz der Handarbeit bei Großbetrieben mit Vorteil Anwendung
finden können. Da die künstliche Verjüngung in der Regel mit Kahlschlag
in Verbindung tritt, so kommen zu den Vorteilen noch jene hinzu,
welche den Kahlschlagwirtschaften überhaupt zuerkannt werden müssen.

Notwendig ist die künstliche Verjüngung in folgenden Fällen:
bei Ödlandaufforstungen, ob diese Heideflächen oder Wiesenland,
sumpfige, durch Entwässerung in Waldboden umgewandelte Standorte
oder aus dem landwirtschaftlichen Betriebe ausgestoßene Gelände oder
entwaldete und verwilderte Berghänge (Karste) sind; bei beweglichem
Boden, wie bei Dünenaufforstungen, auf den geringsten Sandböden; in
Hochwaldungen, welche der Überschwemmungsgefahr ausgesetzt sind,
wie in den Flußauen; bei Holzartenwechsel im Betriebe; bei dem
Nutzholzvorbau und Bestandsschutzholzvorbau, bei Unterbau; bei allen

Ergänzungen in natürlichen Verjüngungen; bei Wirtschaften des Hochwaldbetriebes, bei welchen die Holzarten vor Erreichung ihrer Samenertragsfähigkeit genützt werden, wie Papierholzbetrieb, Christbaumzucht; bei allen Beständen, welche **künstlich außerhalb des natürlichen Verbreitungsgebietes** einer Holzart in einem vom heimatlichen verschiedenen Klima angelegt wurden, sei es, daß der neue Standort kühler oder wärmer als die Heimat ist; solche Bestände würden der Natur und dem Wettbewerbe mit anderen Holzarten wegen Mangels an natürlicher Wiederverjüngungsfähigkeit wieder verschwinden müssen; bei allen Beständen, welche verlichtet und verunkrautet sind; in allen Beständen, welche Anhäufung von Rohhumusmassen zeigen und in kurzer Zeit verjüngt werden sollen.

Nachteilig ist die künstliche Verjüngung wegen ihrer **Kostspieligkeit**, angefangen vom Einkauf des Saatgutes bis zum Abschluß der Freilandpflanzung, wegen der Unsicherheit der Abstammung des Saatgutes, wenigstens nach Ansicht jener, welche hierauf ohne Auswahl Gewicht legen zu müssen glauben; dazu kommen noch alle jene Nachteile, welche der kahlen Fläche, auf der die künstliche Verjüngung ausgeführt wird, überhaupt anhaften und von welchen früher berichtet wurde.

Die künstlichen Verjüngungen kann man nach dem Material, mit dem sie ausgeführt werden, in folgende Arten unterscheiden:

1. **Verjüngung durch Samen (Saat)**, dessen Pflanzen an der Stelle verbleiben, an welcher das Saatgut untergebracht wurde — **Freilandsaaten**;

2. **Verjüngung durch Pflanzen**, welche aus Saatgut hervorgegangen sind, das an einer Stelle ausgesät und zu Pflanzen erzogen wurde — **Pflanzung**;

3. **Verjüngung durch oberirdische Pflanzenteile, Zweigstücke**, welche **vor ihrer Bewurzelung** vom Mutterstamme abgetrennt wurden — **Stecklinge, Setzreiser, Setzstangen, Stecklingspflanzung**;

4. **Verjüngung durch oberirdische Pflanzenteile, Zweigstücke**, welche **nach ihrer Bewurzelung** vom Mutterstamme abgetrennt wurden — **Absenkerpflanzung**;

5. **Verjüngung durch Pflanzen**, welche sich aus Bewurzelung von Stockausschlägen der gestümmelten Mutterpflanze ergaben — **Ausschlagspflanzung**;

6. **Verjüngung durch unterirdische Triebe (Rhizome)**, welche mit Wurzeln und oberirdischen Trieben abgetrennt und verwendet werden — **Rhizompflanzung**;

7. **Verjüngung durch unterirdische Pflanzenteile**, welche den Wurzeln angehören und vor Neubewurzelung und Triebbildung verwendet werden — **Wurzelstecklinge, Wurzelpflanzung**;

8. Verjüngung durch unterirdische Pflanzenteile, Wurzeln, welche nach ihrer Triebbildung abgetrennt und verwendet werden — Wurzelausschläge, Wurzelbrutpflanzung;

9. Verjüngung durch Wurzelstöcke, welche ausgegraben und wie Pflanzen behandelt werden — Wurzelstockpflanzung, Stummelpflanzung.

1. Die Saat.

Das Überhandnehmen der Pflanzung an Stelle der Saat beweist, daß die Bedingungen, unter welchen die Saat den Vorzug verdient, immer seltener geworden sind. In der Tat wird manches, was man früher als einen besonderen Vorzug der Saat betrachtete, heutzutage weniger hoch eingewertet, so z. B. die Möglichkeit, durch eine dichte Saat dicht geschlossenen Jungwuchs zu erzielen, welcher einen reichlichen Ertrag kleinen Nutzholzes, eine Zwischennutzung liefert; wo ein vorteilhafter Absatz dieser Ware besteht, mag eine Saat angezeigt sein; es ist jedoch bekannt, daß allzu dichte Saaten ungünstig sich verhalten, indem sie im Wachstum stocken; Saat, welche auf gutem Boden engen Stand der Bäumchen ergibt, fördert die Geradschaftigkeit und Astreinheit des Bestandes; die Saat liefert, wenn sie gelingt, einen großen Vorrat an Pflanzenmaterial; sie ist billiger als die Pflanzung auf einem Gelände, das schon für die Aufnahme von Sämereien vorbereitet ist, wie bei verlassenen, landwirtschaftlichen Gründen oder bei landwirtschaftlichem Zwischenbau, wie Haferschutzsaat und Fichte, Maisschutzsaat und Eiche; die Saat ist notwendig auf Örtlichkeiten, die für Pflanzung schwer zugänglich erscheinen, wie sehr steiniger Boden, steile Hänge.

Man kann als Nachteile der Saat anführen, daß es schwierig ist, die richtige Saatdichte auszuführen, einmal weil die Sämereien und jungen Keimlinge zahlreichen Feinden ausgesetzt sind, sodann weil die Witterungsverhältnisse nach der Saat noch viel mehr über das Gelingen einer Kultur entscheidet, als dies bei der Pflanzung der Fall ist; fällt die Saat zu dünn aus, ist sie schwer zu ergänzen; kommt sie zu dicht, ist sie schwer zu verdünnen, ohne die bleibenden Pflänzchen zu schädigen; Saaten verführen immer zur Pflanzengewinnung durch Herausstechen im Übermaße; wie sehr aber dieses auch nachteilig wirken kann, soll bei den Schlagpflanzungen besprochen werden. Wo die Saat größere Bodenvorbereitungen verlangt, wird sie teuer und unsicher und unterbleibt besser zugunsten der Pflanzung.

Der Saat geht voraus:

A. Die Feststellung der Samengüte.

Die Bezeichnung gute Samenqualität umfaßt eine Reihe von Eigenschaften, in welchen ein Same gut sein kann. Als Zeichen der

Samengüte gelten a) innere gute Anlagen; b) Samengröße; c) Samenreinheit; d) Keimzahl, Keimprozente; e) Keimenergie; f) Gebrauchswert.

a) Innere gute Anlagen.

Die Frage nach der inneren Qualität, nach den guten Anlagen, die im Samenkorn schlummern, wird gelöst mit der Beantwortung der Frage: Was wird vom Mutterbaume auf die Nachkommenschaft im Samenkorn vererbt? Über diesen Punkt wurden in einem früheren Abschnitte ausführliche Angaben gebracht auf Grund von Untersuchungen, welche sowohl in Versuchsgärten und im Walde als von der Natur selbst in ihrer freien Sphäre ausgeführt wurden. Auf diesen Abschnitt und seine Schlußfolgerungen bezüglich der Provenienz insbesondere muß hier verwiesen werden.

Faßt man alles zusammen, was bis heute bewiesen ist und scheidet man alles aus, was zu vermuten zwar sehr nahe liegt, aber bis heute weder durch exakte Versuche noch durch Tatsachen in der freien Natur gestützt ist, so läßt sich das Gesetz der Vererbung und damit die Bedeutung der Provenienz des Saatgutes bei den Holzgewächsen folgendermaßen formulieren.

Erblich sind:

1. Die morpho- und physiologischen Merkmale der typischen Art; nicht erblich oder nur ungenügend erblich sind die Merkmale einer Variation (lusus) und der Individualität.

2. Nicht erblich sind die Eigenschaften und Eigentümlichkeiten, welche der Mutterbaum erst im Laufe seines Lebens durch Störungen von außen erworben hat, z. B. die Krümmungen und Krüppelungen durch Wind oder Schnee, Vergabelung, Kropfbildung, Doppelgipfeligkeit usw.

3. Nicht erblich sind die Vorzüge, welche ein besonders günstiger Standort in Boden und Klima dem Mutterbaume verleiht, wie Schnellwüchsigkeit, Langschaftigkeit, Geradschaftigkeit, Gesundheit, erhöhtes Schattenerträgnis und anderes.

4. Nicht erblich sind die Vor- und Nachteile, welche ein ungünstiger Standort in Boden und Klima dem Wachstum der Mutterpflanze aufprägt, z. B. Langsamwüchsigkeit (nach Cieslar und Engler sind die Langsamwüchsigkeit, der Bau der Wurzeln und die Tracht der Fichte infolge kühleren Klimas erblich); nach den Untersuchungen in Bayern wird bei Fichten aus Schweden die Langsamwüchsigkeit nach acht Jahren wieder verloren; bei Föhren aus kühlerem Gebiete liegt vielleicht eine andere Art vor, gerade weil ihre Eigentümlichkeiten konstant und erblich zu sein scheinen; Langsamwüchsigkeit infolge geringwertigen Bodens ist nicht erblich, ebensowenig wie andere Nachteile, z. B. zwerghafter Wuchs,

Krummwüchsigkeit, frühzeitiges Samenerträgnis, Ästigkeit, Kurzschaftigkeit, Drehwüchsigkeit, Seichtwurzeligkeit, Rotfäule; nicht erblich ist die Winterfrosthärte des kälteren, die Frostweichheit des wärmeren Standortes und dergleichen.

5. Nicht erblich sind die Nachteile oder Vorzüge, welche die Erziehungsform dem Mutterbaume bringt, das sind Spätfrostempfindlichkeit (Kahlflächenerziehung), Spätfrosthärte (Schirmerziehung), Sturmfestigkeit, Astreinheit, Langschaftigkeit und anderes.

6. Nicht erblich sind die Eigenschaften des Holzes, welche verschiedene Böden, verschiedenes Klima, verschiedene Erziehungsweisen hervorrufen müssen; z. B. die Härte und Engringigkeit des kühleren Klimas (Gebirgsholz) bei der Lärche gegenüber den breiten Ringen und der Schwammigkeit des Holzes der wärmeren Ebene; die hervorragende Holzgüte des kühlsten Klimas (Resonnanzholz); Feinfaserigkeit, Grobfaserigkeit, Gleichmäßigkeit im Jahresringbau, geringere oder stärkere Kernfarbeinlagerung und dergleichen.

7. Nicht erblich sind die Eigentümlichkeiten des Mutterbaumes, welche eine Folge seines Alters sind, z. B. der niedere Wuchs eines jungen Bäumchens, der hohe eines alten, die geringe Keimzahl der Sämereien eines jungen Bäumchens, die äußere Form eines jungen oder alten Baumes als bleibende Merkmale.

Damit ist eigentlich ausgedrückt, daß alles, was typisch ist, auch erblich ist; typisch ist der Charakter der Gattung und Spezies; typisch ist die Fähigkeit einer Holzart, sich mit solchen klimatischen Verhältnissen abzufinden, wie sie ihr natürlicher Verbreitungsbezirk vom kältesten bis zum wärmsten Standort bietet; die Fähigkeit, auf solchen Böden zu gedeihen, wie sie in ihrem natürlichen Verbreitungsbezirk bewohnt; die Fähigkeit immer dieselben Variationen zu bilden und mit nah verwandten Arten zu Bastarden sich zu verbinden, welche die Eigenschaften der Eltern vereinigen und weiter vererben; die Fähigkeit, dieselben Standorts- und Erziehungsformen ihres natürlichen Verbreitungsgebietes anzunehmen, wenn sie außerhalb ihres Verbreitungsbezirks in gleiches Klima oder auf gleichen Boden und unter gleiche Behandlung geraten.

b) Die Samengröße.

Auch bezüglich dieses Punktes muß auf die Ausführungen auf Seite 141 hingewiesen werden. Die Untersuchungen des Verfassers über diesen Punkt lassen keinen Zweifel, daß der Durchbruch des Individualitätscharakters der neuen Pflanze für das spätere Verhalten in Wuchskraft maßgebend ist, nicht die anfänglich bessere Ernährung durch den größeren Vorrat an Nahrung im Samenkorn; ein entscheidendes Gewicht bei der Auswahl des Saatgutes (Provenienz) ist somit der Korngröße nicht zuzuerkennen; wohl aber hängt nach den Beobachtungen von Badoux[1]) die Keimzahl insofern von der Korngröße ab, als die kleinen Körner eine geringere Keimzahl besitzen als die großen.

c) Samenreinheit.

Die Verunreinigungen des Saatgutes bestehen je nach der Herkunft aus kleinen mit dem Samenkorn in Größe annähernd gleichen Stückchen von Rinde, Zweigen, Zapfenschuppen, Harztropfen, Steinen und dergleichen. Je nach dem Reinigungsverfahren (Sieben, Werfen) wird die Verunreinigung bald größer, bald kleiner bleiben müssen. Je größer das Samenkorn, um so leichter sind Verunreinigungen zu beseitigen. Die kleinsten Sämereien enthalten oft nur eine ganz geringe Zahl wirklicher Samenkörner (Birke, Weide, Pappel). Die Gewinnungsweise des Lärchensamens erklärt dessen Verunreinigung. Die Reinheit des Saatgutes wird in Prozenten angegeben. Unter 100 als Samenkörner verkaufte und abgezählte Einheiten sind wirkliche Körner nach den langjährigen Erfahrungen der schweizerischen Samenkontrollstation zu Zürich, mitgeteilt von Flury[2]):

Buche .	99 %	Weymouthföhre .	92 %
Zürbel . .	98 %	Tanne .	87 %
Schwarzföhre . .	97 %	Lärche	85 %
Eiche	96 %	Erle	70 %
Fichte . .	96 %	Birke . .	28 %
Föhre .	93 %	Douglasie	89 %

d) Keimzahl, Keimprozente.

Die Bezeichnung Keimzahl empfiehlt sich an Stelle des Wortes Keimprozente; das übliche Wort „Keimkraft" bedeutet aber zwei Eigenschaften, nämlich Keimenergie in Kraft und Zeit (Keimgeschwindigkeit) und Keimzahl als Gegensatz zur Taubheit, zwei voneinander unabhängige Eigenschaften. Wenn daher von einem Saatgut nichts bekannt ist als die Keimzahl, kann man nicht von der Keimkraft desselben sprechen.

Die Keimzahl ist das Verhältnis der keimfähigen zu den tauben Körnern und wird auf 100 bezogen; eine Keimzahl von 70 bedeutet somit 70 keimfähige und 30 taube Körner. Die Taubheit des Kornes kann darin bestehen, daß 1. der Embryo (Keim) überhaupt fehlt, somit eine Befruchtung gar nicht stattgefunden hat, oder daß 2. der Keim vor der Aussaat abgestorben ist.

Das Ausbleiben der Befruchtung bei äußerlich normaler Ausbildung des Samenkorns ist wohl nur möglich bei Holzarten, welche holzige Früchte bilden, in welchen mehrere Sämereien eingeschlossen sind. Wird keine der Eizellen (Eichen) in einer Frucht befruchtet, kann auch die Frucht

---

[1]) Mitteilungen der schweiz. Zentrale f. forstl. Versuchswesen 1895.
[2]) Ebenda.

mit ihrer Anlage zu Sämereien sich nicht entwickeln. Es genügt aber die Befruchtung einer einzigen Eizelle, um die ganze Frucht und alle übrigen Samenanlagen zur Entwicklung zu bringen; keimfähig muß aber auch das befruchtete Samenkorn nicht sein; es kann der Embryo zugrunde gehen; den übrigen fehlt der Keim wegen Nichtbefruchtung; sie sind stets taub.

Alter und Gesundheitszustand des Mutterbaumes erweisen sich insofern ungünstig, als allzu junge Bäume und kränkelnde Individuen zumeist taube Körner bilden; sind sie aber keimfähig, so tragen sie, entgegen der allgemeinen Vermutung, die Anlage zu einer völlig normalen Pflanze. Ebenso haben Professor Schwappachs Untersuchungen mit Föhrensamen die so naheliegende Vermutung, daß ganz alte Bäume wiederum schlecht keimfähige, d. h. sehr viel taube Samen trügen, nicht bestätigt; es besteht augenscheinlich keine Altersgrenze bezüglich der Fruchtbarkeit und der Erzeugung keimfähiger Sämereien.

Trockene Winde im Vorsommer zur Zeit der Blüte und Bestäubung fördern außerordentlich den Insektenflug und die Bewegung des Pollens; naßkalte Witterung verhindert die Befruchtung ganz oder gestattet nur eine teilweise; ein warmer, trockener Herbst begünstigt die Bildung und Zufuhr von Reservematerial in die Sämereien, bedingt die Reife; unreife Körner können teilweise nachreifen, die Mehrzahl aber geht zugrunde, insbesondere bei trockener Aufbewahrung.

Treten samenbewohnende oder -benagende Insekten in großer Anzahl auf (selbst die Sämereien der Fichten und Föhren, nicht bloß die großsamige Eichel, Buchel und Kastanie bewohnen Insektenlarven), so muß sich dadurch abermals eine Mehrung der tauben Körner ergeben.

Die Zeit des Einsammelns ist ebenfalls von Belang; solche Sämereien, die unmittelbar nach der Reife abfallen oder vom Winde nach allen Richtungen zerstreut werden, müssen kurz vor und während ihrer Reife gesammelt werden. Ist dieser Zeitpunkt aber zu früh gewählt, so wird die Reife unterbrochen und um so mehr Sämereien bleiben keimunfähig, je früher die Ernte stattgefunden hat; auch bei großen, zu Boden fallenden Sämereien bringt ein langes Zuwarten ein Verschwinden der besseren Samenkörner durch die zahlreichen Feinde der Sämereien mit sich; um frühzeitig mit dem Ausklengen beginnen zu können, werden die Föhrenzapfen vielfach unreif gepflückt und der Nachreife überlassen, worin eine weitere Quelle für Taubheit des Saatgutes liegt. Die Art und Weise[1]), wie der Same eingesammelt wird, ist sicher von Belang für die Keimfähigkeit. Daß jene Sämereien, welche die ärgsten Mißhandlungen über sich ergehen lassen müssen,

---

[1]) Geh. Rat Dr. K. Gayer u. Prof. Dr. H. Mayr, Forstbenutzung, 9. Aufl., Berlin, Paul Parey, 1903.

um sie aus den Fruchthüllen freizumachen, wie Lärchen, Erlen, geringe Keimzahlen besitzen, darf nicht überraschen; wird bei dem Klengen zu hohe Temperatur angewendet, mindert sich die Keimzahl; manche vermuten, daß hierin auch die geringere Widerstandskraft der Keimlinge gegen die Schütte liege. Man darf füglich annehmen, daß das Herunterschlagen der Sämereien, das Dreschen und Schlagen der Sämereien behufs ihrer Reinigung, das Zerreißen oder Abschleifen der Zapfen Gewalttätigkeiten sind, welche die zarte Stelle, an der das Würzelchen hervorbrechen muß, verletzen und den Keim töten können.

Aufbewahrungszeit und Aufbewahrungsweise. Bei allen Sämereien ist die Keimzahl am höchsten unmittelbar nach der Reife. Von da an beginnt ein stetig fortschreitender Verlust, der in erster Linie der beginnenden Abtrocknung zuzuschreiben ist. Bei einigen Holzarten geht dieser Verlust rasch, so daß schon nach wenigen Tagen nur wenige Körner noch Keimkraft besitzen; dieses ist der Fall bei den kleinsten Sämereien der Pappeln und Weiden, ein kleiner Prozentsatz erhält sich jedoch selbst monatelang; bei anderen vergehen Wochen, bei anderen Monate, selbst Jahre, ehe sie ihre Keimfähigkeit ganz verlieren. Die größten und saftigsten Sämereien, wie die Sämereien der Gattungen Quercus, Fagus, Castanea und anderer, halten sich nur vom Herbste bis zum Frühjahr voll keimfähig, wenn sie vor Austrocknung geschützt werden, was durch Aufbewahrung in Kellern, in Gruben, in gedeckten Haufen, in der Erde, selbst [nach Cieslar[1])] in sich erneuerndem Wasser u. dgl. erzielt werden kann. Am besten dürften die Errungenschaften der Neuzeit, Kühlräume, Eisschränke und andere Kalträume sich bewähren. Die Sämereien der Gattungen Larix, Abies, Tsuga, Pseudotsuga, Thuja, Thujopsis, Chamaecyparis und andere verlieren durch Austrocknung bis zum Frühjahr zwar einen Teil ihrer Keimkraft; dieselbe genügt aber immer noch für praktische Zwecke. Die härtesten Sämereien, wie jene der schmetterlingsblütigen Bäume (Robinia, Gleditschia, Cladrastis und andere) halten sich mehrere Jahre keimfähig. Bei diesen und bei einer Reihe von anderen Holzarten geht durch die Austrocknung vom Herbste auf das Frühjahr zwar nicht die Keimfähigkeit verloren, wohl aber verlieren sie die Eigenschaft, daß sie im Frühjahr ausgesät, im Laufe des folgenden Sommers keimen; Wasseraufnahme und Durchbrechung der harten Schale geht so langsam vor sich, daß sie erst in dem auf die Saat folgenden zweiten Frühjahr zur Keimung gelangen. Man nennt solche Sämereien überliegend. Mit größtem Prozentsatz liegen über die Sämereien der Gattungen: Acer, Tilia, Carpinus, Fraxinus, Juglans, Carya, Zelkowa; Cembra u.; a. Ausnahmen in den Arten vorhanden; wird die Austrocknung durch Aufbewahrung in frischer Erde verhindert, keimen

---

[1]) Dr. Cieslar, Österreich. Forstzeitung 1897.

sie normal wie andere Sämereien; in einigen Prozenten besitzen auch alle früher genannten Gattungen zuweilen Überlieger.

Die Reinigungsmöglichkeit, die Fertigkeit, taube Körner von den keimfähigen zu trennen, entscheidet selbstredend ebenfalls über die Keimzahl; wo Verschiedenheit im Gewicht zwischen taub (leicht) und keimfähig (schwer) besteht, ist die Möglichkeit gegeben, durch Werfen, Schütteln u. dgl. gute und schlechte Körner zu trennen; große Samenkörner erleichtern schon durch äußere Merkmale eine Scheidung der guten und schlechten Körner; am schwierigsten sind derlei Maßregeln bei Sämereien, welche äußerlich ihre Unbrauchbarkeit nicht verraten und im Gewicht nicht verschieden sind wie die Mehrzahl der Sämereien der Holzgewächse.

Vorgenannte Momente bedingen die Keimzahl der Sämereien; es ist schwierig, den Einfluß jedes einzelnen dieser Faktoren festzustellen, noch schwieriger aber zu entscheiden, wieweit noch, gleichgünstige Behandlung für alle Sämereien vorausgesetzt, spezifische Keimzahlenunterschiede zwischen den einzelnen Baumarten, sodann wieweit noch individuelle Verschiedenheiten innerhalb der Art selbst mitspielen. Man ist nur zu leicht geneigt, anzunehmen, daß z. B. der Birkensamen immer schlecht sein muß, obwohl das, was wir als Birkensamen aussäen, in der Regel ebensoviele, ja vielfach mehr Schuppen der Zäpfchen als wirkliche Samen sind; man nimmt an, Lärchensamen müßte immer geringwertig sein, aber hier ist es allein die Behandlungsweise und die schlechte Reinigung, welche schuld ist; denn die Lärchensämereien, welche das Ausland, z. B. Japan, von seinen Lärchen liefert, und welche einen natürlichen Klengprozeß an der Sonne durchmachen, weisen oft sehr hohe Keimprozente auf.

Zahlreiche Untersuchungen über die Keimzahl wurden bereits ausgeführt, so daß man die in nachstehender Tabelle gegebenen Keimzahlen als solche betrachten kann, mit denen sich die Praxis begnügen mag, zum Vergleiche sind die von Badoux[1]) mitgeteilten Zahlen, welche sich auf die achtzehnjährigen Erfahrungen der schweizerischen Samenkontrollstation zu Zürich stützen, sowie die Zahlen von Johannes Rafn[2]) in Kopenhagen, der größten und verlässigsten Firma für fremdländische Sämereien, beigefügt; die Übereinstimmung kann natürlich nur eine ungefähre sein.

Die folgende Tabelle veranschaulicht die Keimfähigkeit der Saat in Prozenten, welche von den genannten Samenhandlungen garantiert werden.

---

1) Badoux, Mitteilungen der schweizerischen Zentrale für Forstwesen 1895.

2) Johannes Rafn, Mitteilungen der deutschen dendrologischen Gesellschaft 1907.

	Schulze & Pfeil, Appel, Stainer: %	Nach Badoux: %	Schott, H. Keller: %	R. Heß[1]: %
Picea excelsa .	75—80	68	70	70—75
Pinus silvestris.	70—75	65	70	66
„ austriaca	65—70	63	70	60—70
„ Strobus .	65—70	55	60	50—60
„ Cembra .	40—50	85	—	40—60
Larix europaea .	30—40	38	35	30—40
Abies pectinata . . .	40—55	27	45	35—45
Quercus pedunculata u. sessiliflora . .	55—65	69	80	55—75
Fagus silvatica . .	55—65	27	70	60—80
Acer, Tilia, Fraxinus	55—65	—	—	50—60
Carpinus . .	—	—	—	55—65
Ulmus . . .	40—50	26	—	bis 25 u. 30
Robinia .	—	—	—	40—60
Alnus . . .	30—40	38	—	20—35
Betula	20—30	25	—	10—20
Salix, Populus . . .	5—10	—	—	—

Für außereuropäische Holzarten stellt sich nach Rafn die Keimkraft pro 1907 gelieferter Sämereien vor der Aussaat in Europa bei

Larix sibirica auf 17—31 %.

Larix leptolepis aus Japan auf 19 %, die Keimprobe der im Versuchsgarten zu Grafrath vom Verfasser geernteten Sämereien betrug 80 %! Heß 30—40 %.

Chamaecyparis Lawsoniana (dänischer Herkunft) 55 %, Heß 40—50 %, gelegentlich 4—10 %.

Pinus Banksiana 87 %; Heß gibt nur bis zu 60 % an.

Picea Sitkaënsis nach Heß 40—80 %.

Pseudotsuga Douglasii 54 %; Heß 42 %.

Pseudotsuga glauca 77 %.

Quercus rubra (in Europa gesammelt) 80 %; es ist zweifellos, daß die außereuropäischen Sämereien auf dem langen Transportweg in der Keimzahl geschädigt werden.

e) Keimenergie.

Die Schnelligkeit, mit der Sämereien unter günstigen Bedingungen keimen, wird als Keimenergie bezeichnet. Im Gegensatz hierzu versteht Wagner unter Energie die Kraft, mit der keimende Körner die deckende Erdkruste emporheben; sicher kann durch Verhärtung der

---

[1] Dr. R. Heß, Die Eigenschaften und das forstliche Verhalten der wichtigeren, in Deutschland vorkommenden Holzarten. 3. Aufl. 1905.

Erdoberfläche, allzu tiefes Unterbringen die Keimzahl geschmälert werden. Hier ist die Energie gleich Keimschnelligkeit genommen. Sie ist als ein Zeichen besonderer Samengüte betrachtet, wenn auch damit nicht gesagt ist, daß die langsam und spät keimenden Körner nicht ebenso gute Pflanzen liefern könnten wie die zuerst erschienenen. Immerhin wird der energisch keimenden eine größere Lebens- und Wuchsenergie zugesprochen, so daß bei Berechnung des Gebrauchswertes dieser Faktor nicht außer acht gelassen werden sollte.

Über die Keimenergie sind Untersuchungen an Freilandsaaten bis heute nicht ausgeführt, so daß sich dieses Wort einstweilen nur auf Keimversuche im Laboratorium mit Keimplatten bezieht und jene Zahl von Körnern bedeutet, welche in den ersten sieben Tagen des Versuches gekeimt haben; Keimzahl ist dann die Summe aller keimenden bei Abschluß des Versuches.

Nobbe hat für die Fichte die Keimenergie auf 60,4%, für die Föhre auf 40,3% festgestellt. Rafn berechnet die Keimenergie für die ersten zehn Tage; er fand für Fichten verschiedener Herkunft eine Energie von 55—79%, für Föhren verschiedener Herkunft von 41—63%; es ergibt der Same aus voraussichtlich kühlerem Klima nach Rafns Untersuchungen eine bedeutend höhere Keimenergie, was somit auf eine Schnellwüchsigkeit gegenüber den langsamer keimenden Sämereien aus wärmeren Standorten schließen lassen würde. Fichtensamen aus dem Harz zeigt 68%, aus Tirol 55 und 62%, sogenannter alpiner Hochgebirgssame 79% Keimenergie. Der Föhrensame aus Schottland zeigt 41—63%, jener aus Westnorwegen (Pinus lapponica des Verfassers) wies 93% auf.

Es verdient die Frage der Keimenergie weiter verfolgt zu werden.

f) Gebrauchswert.

Nobbe bezeichnet als Gebrauchswert das Produkt aus Reinheitsprozent und Keimzahl, geteilt durch Hundert. Er läßt somit die Keimenergie ganz außer Betracht; es erscheint aber wichtig, auch diesen Faktor, wenigstens mit Rücksicht auf Freilandsaaten, mit in Rechnung zu ziehen. Nobbe führt folgende Beispiele an, welche sich auf eine zehnjährige Erfahrung stützen.

$$\text{Fichte:}$$

Reinheit % = 96,7.

Keimenergie (7 Tage) 60,4.

$$\text{Gebrauchswert} = \frac{\text{Reinheit} \times \text{Keimzahl}}{100} = 70,7\,\%.$$

Keimzahl = 72,9 %.

Wird in obige Formel noch die Keimenergie eingeführt, so wird die

$$\text{Formel:} \frac{\text{Reinheit} \times \text{Keimzahl} \times \text{Keimenergie}}{10\,000} = 42,5\,\%.$$

Föhre:

Reinheit % = 97,8.

Keimenergie (7 Tage) = 40,3 %.

$$\text{Gebrauchswert} = \frac{97,8 \times 61,2}{100} = 59,8\,\%.$$

Keimzahl = 61,2 %.

Wird auch hier die Keimenergie berücksichtigt, so ergibt sich aus $\frac{97,8 \times 61,2 \times 40,3}{10\,000}$ ein Gebrauchswert von **24,1** %.

Vielleicht erklärt dieser Gebrauchswert die auffallende Erscheinung, weshalb die Ergebnisse der Freilandsaaten oft soweit hinter den durch die Keimapparate erzielten Keimlingsmengen zurückbleiben. Professor Bühler[1]) nimmt bei Freilandsaaten für Fichte eine Keimzahl von 8—20 %, für Föhre von 5—11 % an; nach Haak[2]) liefert der raschkeimende Samen um 10 % mehr Pflanzen bei Freilandsaaten als der langsamkeimende. Die Untersuchungen über die Keimzahl der Sämereien kann man in mechanische Proben einteilen, welche die äußere und innere Beschaffenheit der Sämereien mit mechanischen Hilfsmitteln prüfen und in physiologische Proben, welche die Körner zur Keimung bringen, Keimproben.

Die Untersuchung nach äußeren Merkmalen kann nur wenig befriedigende Ergebnisse zeigen; nur an größeren Sämereien sind abnorme Färbungen sofort erkenntlich; manche Holzart, wie z. B. die europäische Föhre erschwert eine Untersuchung in dieser Richtung deshalb, weil die äußere Farbe der Samenhülle zwischen hellocker, gefleckt und tiefschwarz wechselt; alle Farben enthalten gute Körner; Professor Schwappach hat durch neuere Untersuchungen bestätigt, daß den schwarzen Körnern eine größere Keimzahl zukommt. Ein besseres Merkmal als die Farbe ist die Unverletztheit der Samenhülle, obwohl eine geplatzte Samenhülle bei den Eicheln nicht immer ein Zeichen verlorener Keimfähigkeit ist. Ist die Samenhülle runzelig, dann ist dies als ein Zeichen der allzu starken Austrocknung des Samens und als ziemlich sicherer Beweis der verlorenen Keimfähigkeit zu betrachten. Auch die Größe des Samenkornes läßt nicht immer einen sicheren Schluß auf die Keimfähigkeit zu; sehr große Körner bei den Eichen sind oft merkwürdige Mißgeburten; sehr kleine Samenkörner sind nicht immer von gleicher Keimfähigkeit wie die mittelgroßen. Die inneren Eigenschaften des Samenkornes werden durch die Schnittprobe aufgedeckt. Die normale Farbe des Sameneiweißes ist natürlich weiß; es gibt aber Sämereien, bei welchen die Samenlappen mit Sameneiweiß gelb sind, wie bei der Färbereiche, oder grün, wie bei den Ahornarten. Flecken im Endosperm, weiche,

---

[1]) Prof. Dr. A. Bühler, Aus dem Walde. 1898.
[2]) Haak, Zeitschr. f. Forst- u. Jagdw. 1906.

schmierige Konsistenz desselben, vom normalen abweichender Geruch sind ebenfalls Zeichen einer verlorenen Keimfähigkeit; vielfach ist das Sameneiweiß normal, dagegen der Keim selbst schwarz geworden; solche Körner sind nicht keimfähig; zuweilen ist der Keim grün (Zürbeln, Piniolen); solche Körner sind ebenfalls keimfähig. Die Schnittprobe leistet nur bei größeren Sämereien, wie Tannensame, Eicheln, Bucheln, Nüssen, Kastanien usw., gute Dienste.

Werden die Sämereien auf eine heiße Platte gebracht, so entwickelt sich im Innern der Samenhülle Dampf, der das Korn unter heftigem Knall zersprengt; zählt man unter 100 Körnern die Zahl der platzenden, so ergibt sich die Zahl jener Körner, welche wasserreicher sind; man hat angenommen, daß die platzenden Körner zugleich die frischen, die guten sind. So schnell diese Feuerprobe auch ein Ergebnis liefert, so ist sie doch unbrauchbar, da alter, keimfähiger Same jederzeit durch vorheriges Einlegen im Wasser zum Platzen auf heißer Platte gebracht werden kann.

Auch die Wasserprobe, welche die Zahl der sinkenden Körner nach deren 1—2tägigem Einweichen in Wasser feststellt, ist ganz unzuverlässig, da auch die nach diesem Zeitraume noch schwimmenden Körner oft sehr gute Keimzahlen besitzen.

Am zuverlässigsten muß immer die physiologische Probe sein, welche das Saatgut zum Keimen zwingt. Nur auf Grund von Keimproben, welche amtlich anerkannte Kontrollestationen ausführen, wie jene zu Tharandt, Zürich, Eberswalde, die agrikulturbotanische Anstalt zu München, können Streitigkeiten wegen ungenügender Keimzahl zum gerichtlichen Austrag gebracht werden; diese Anstalten bedürfen bei der Probe 400 Körner, nachdem vorher das Reinheitsprozent festgestellt wurde; ihre Apparate sind komplizierter Art zur Regulierung der Wärme- und Luftzirkulation; einen solchen Apparat hat Cieslar konstruiert. Die Samenprobe selbst wird ohne Auswahl einem Saatgute entnommen, das vorher durcheinander gemischt wird, um die durch den Transport bewirkte Schichtung von leichten und schweren Körnern wieder aufzuheben.

Bei allen Keimvorrichtungen müssen drei Bedingungen erfüllt sein: Wärme, welche möglichst gleichmäßig zwischen 20—30 ° C geboten werden soll; Feuchtigkeit, welche nicht in Tropfenform mit den Sämereien in Berührung kommen soll; Sauerstoff, der mit der Luft hinzugeführt wird, während Kohlensäure abfließen kann.

Es möchte scheinen, daß die besten Proben jene sein müßten, welche in dem Keimbett gewonnen werden, das den natürlichen Keimungsverhältnissen am meisten sich nähert, somit Proben in Walderde, Gartenerde. in Blumentöpfen (Topfproben genannt), in Kästen und anderen, insbesondere porösen Gefäßen. Gartenerde hat sich dabei als das ungünstigste Medium gezeigt, weil in ihr zahlreiche Pilze schlummern (besonders Phytophthora), welche über das hervorbrechende Würzelchen herfallen und die weitere Keimung hindern. Ausgeglühter Sand, Sägemehl leisten bessere Dienste.

Das Einlegen oder Einwickeln einer bestimmten Zahl meist 200—300 Körner in Flanell (Lappenproben), wobei gesorgt ist, daß ein Lappenstück aus einem mit Wasser gefüllten Gefäß kapillar Wasser den Sämereien zuführt, geben gute und schnelle Ergebnisse; bei der Flaschenprobe von Ohnesorge werden solche Lappen in Flaschen gebracht, deren Boden mit Wasser bedeckt ist; ein Stück des Flanelles endet im Wasser und saugt Wasser auf. Das Einlegen der feuchten Lappen in zwei ineinander greifende Blumenuntersätze (System Kienitz) ist ein eben so einfaches wie gutes Verfahren.

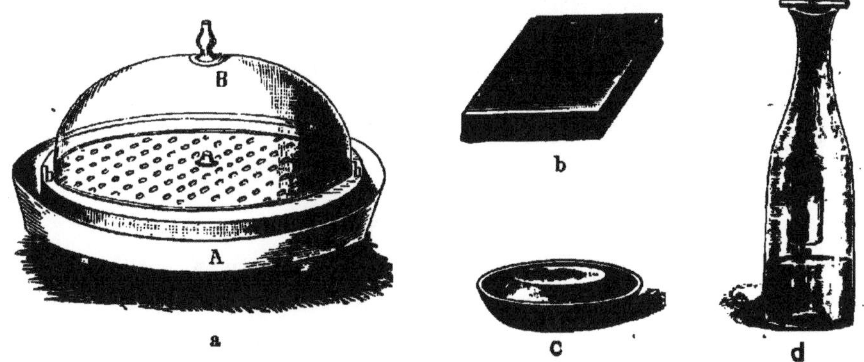

Abb. 19. Apparate für Keimproben: a Stainer; b Nobbe; c Kienitz; d Ohnesorge.

Eine Reihe von Apparaten besitzen Platten aus porösem Ton; die Oberseite nimmt die Sämereien auf; die Unterseite steht mit Wasser in Berührung (Stainer, Wiener-Neustadt, Entel, Hannemann) oder Wasser umgibt einen Körner tragenden Napf (Nobbe). Schlecht schließende Deckel oder durchbohrte Deckel verhindern eine allzu rasche Wasserabdünstung und ermöglichen den Luftzutritt.

Für den Gang der Untersuchung ist das Stadium, in dem ein Korn als gekeimt angesprochen wird, gegeben, wenn an dem hervorbrechenden Würzelchen das erste Lebenszeichen in der Krümmung der Wurzel erkennbar wird; diese Körner werden gezählt und aus dem Apparate beseitigt. Häufig ist die sogenannte Notkeimung, bei welcher zwar eine Radikula hervorgeschoben wird, welche aber sich nicht krümmt und nicht verlängert; solche Körner bleiben im Apparat und gelten als nicht keimfähig. Auch verpilzte Körner dürfen nicht beseitigt werden. Manche keimen noch trotz ihres oberflächlich sitzenden Pilzmantels. Zederbauer[1] hat gezeigt, daß man bei genügender

---

[1] Zederbauer, Zeitschr. f. d. ges. Forstw. 1906.

Wärme den Versuch schon mit 20 Tagen abschließen kann, um ein praktisch genügendes Ergebnis zu gewinnen. Dr. Hiltner und Kinzel[1]) sagen, daß eine Keimprobe von 14 Tagen genügt, wenn zu den gekeimten Körnern die durch Schnittprobe als gut erkannten, nicht gekeimten gezählt werden. Nach dem Gebrauche wird die Tonplatte ausgekocht.

B. Die Verkaufsmaße der Sämereien.

Es ist nicht möglich, durch das Verkaufsmaß, z. B. Gewicht, trockenen, alten Samen auszuschließen; das Gewicht kann durch vorheriges Anfeuchten der Sämereien jederzeit korrigiert werden; das Gewicht ist nicht besser als das Hohlmaß. Im allgemeinen besteht die Gepflogenheit, größere Sämereien nach Hohlmaßen, kleinere nach dem Gewicht zu verkaufen. Um einen vergleichenden Maßstab zwischen Gewicht und Hohlmaß zu besitzen, wurde nachstehende Tabelle aus älteren Angaben der Literatur und aus den neueren Arbeiten von Prof. Bühler zusammengestellt; die Angaben für die fremdländischen Holzarten sind den Untersuchungen von Rafu entnommen.

Ein Liter Samen der

Stieleiche .	wiegt 0,58 kg und enthält	190 Körner,
Buche	„ 0,48 „ „ „	225 000	„
Esche	„ 0,18 „ „ „	24 000	„
Erle	„ 0,34 „ „ „	171 000	„
Linde (parvifl.) .	„ 0,35 „ „ „	8 400 ·	„
Linde (grandifl.)	„ 0,36 „ „ „	3 600	„
Ulme (montana)	„ 0,05 „ „ „	60 000	„
Birke (verrucosa) .	„ 0,15 „ „ „	371 000	„
Fichte (excelsa)	„ 0,58 „ „ „	75 000	„
Föhre (silvestris) .	„ 0,52 „ „ „	86 000	„
„ (lapponica) .	„ — „ „ „	100 000	„
Tanne (pectinata) .	„ 0,33 „ „ „	72 000	„
Lärche (europaea).	„ 0,49 „ „ „	75 000	„
Zürbel (Cembra) . . .	„ 0,49 „ „ „	22 000	„
Schwarzföhre (austriaca) .	„ 0,56 „ „ „	29 000	„
Weymouthsföhre (Strobus)	„ 0,42 „ „ „	19 000	„
Chamaecyparis Lawsoniana	„ 0,23 „ „ „	220 000	„
Pseudotsuga Douglasii .	„ 0,39 „ „ „	35 000	„
Picea sitkaёnsis .	„ 0,38 „ „ „	200 000	„

---

[1]) Dr. Hiltner und Kinzel, Naturwissenschaftliche Zeitschrift für Land- und Forstwirtschaft. 1906.

Ein Kilogramm der nachstehenden Sämereien enthält nach Dr. R. Heß folgende Körnermengen:

Stieleiche	200—300	Körner,
Buche .	4 000—5 000	„
Esche .	13 500—14 500	„
Erle	400 000—500 000	„
Linde (parvifl.)	24 000—26 000	„
Linde (grandifl.) .	11 000—12 000	„
Ulme (camp.) . .	100 000—150 000	„
Birke (verrucosa) . . .	1 000 000—1 900 000	„
Chamaecyparis Lawsonia .	345 000	„
Pseudotsuga Douglasii .	85 000—95 000	„
Picea sitkaënsis .	360 000—440 000	„
Picea excelsa .	120 000—150 000	„
Pinus silvestris .	140 000—160 000	„
Tanne (pectinata)	20 000—24 000	„
Lärche (europaea)	160 000—180 000	„
Zürbel (Cembra) .	3 800—4 500	„
Pinus austriaca	46 000—55 000	„
Weymouthskiefer (Strobus)	45 000—60 000	„

C. Die Vorbereitung des Saatgutes für die Aussaat.

Die erste Voraussetzung für die Keimung ist Wasseraufnahme. Zum Zweck der Beschleunigung der Keimung werden daher Sämereien, welche den Winter hindurch abgetrocknet sind, mehrere Wochen vor der Aussaat in luftfeuchte Räume, Keller, Mieten verbracht, damit ihre Samenhülle hygroskopisch Wasser aufnehmen kann. Kellerräume zeigen in der Regel durchschnittlich 70 % relative Feuchtigkeit; bei diesem Feuchtigkeitsgrade erfolgt eine Wasseraufnahme, welche bis zu 70 % der Sättigung der Sämenreien mit Wasser führt. Durch Umschaufeln und Wenden der Sämereien wird eine allzu weitgehende Erhitzung verhindert. Rascher geht die Vorbereitung bei Einlegen der Sämereien in Wasser, Regenwasser, auch Kalkwasser, verdünnte Jauche, vor sich. Am schnellsten erfolgt die Aufweichung in lauwarmem Wasser; eine zu weit gehende Wasseraufnahme ist nach Dr. Möllers Untersuchungen (1883) schädlich. Das Verfahren hat den Nachteil, daß die darauf folgende Wiederabtrocknung der Sämereien behufs Aussaat schwierig ist; man verwendet meistens trockenen Sand hierzu und schließt die Aussaat unmittelbar an. Wird statt Wasser eine starke Säure, z. B. konzentrierte Schwefelsäure genommen, welche einige Minuten lang mit den Samenkörnern in Berührung gebracht und dann weggegossen und abgewaschen wird (Beizen), so werden dadurch äußerlich anhaftende Pilzsporen (Phytophthora) zum Absterben gebracht. Bei längerer Anwendung (16 bis

20 Stunden) bezweckt dieses Verfahren auch ein Abbeizen sehr harter, dicker Samenhüllen, wie z. B. der Walnüsse, Zürbelnüsse (Hiltner 1906); solche Sämereien keimen in kurzer Zeit (50 Tagen). Mit kochendem Wasser werden die Samen der Akazien, Gleditschien, Cladrastis u. a. abgebrüht, damit sie gleichmäßiger keimen. Am weitesten geht die Vorbereitung bei jenen großen Sämereien, welche in einem Warmbett, ähnlich den Treibkästen und Mistbeeten der Gärtner, zum Ankeimen gezwungen werden (Anmalzen). Das Aussäen solcher ausgekeimter Körner ist mehr eine Pflanzung als eine Saat zu nennen.

Obige Vorbereitungen dienen auch dem Schutze durch Vertilgung anhaftender Pilzkeime; gegen tierische Feinde dient die Vermengung der Nadelholzsämereien mit Mennig, wodurch Finken und andere lästige Tiere vom Abbeißen der Keimlinge abgehalten werden; zum Schutze der Eicheln gegen Mäuse empfiehlt Schneider[1]) das Übergießen mit Petroleum; Mortzfeld[2]) sagt, daß auch das Vermischen mit Mennig helfe.

D. Die Aussaat.

Die Zeit der Aussaat. Wollte man getreu der Natur folgen und aussäen zur gleichen Zeit, in der die Sämereien abfallen oder abschweben, so müßte man so ziemlich das ganze Jahr hindurch Saaten vornehmen. Richtet man sich nach der Reife und dem Grundsatz, daß die Aussaat der Sämereien unmittelbar nach der Reife die beste sein müsse, dann würde die Herbstsaat als die richtigste erscheinen, da die weitaus größte Mehrzahl der Sämereien im Herbst reift. Wenn dennoch als Regel die Frühjahrssaat gewählt wird, so findet dies im folgenden seine Begründung: 1. Es gelingt, die Sämereien durch den Winter ohne nennenswerte Verluste an Keimzahl, ja sogar besser hindurch zu bringen, als die Natur mit der Herbstsaat dies vermag. 2. Im Herbste ausgesäte Sämereien werden während des Winters ihrer besten Körner durch Mäuse, Vögel, Eichhörnchen, Hirsche, Rehe und schließlich auch durch Pilze beraubt. 3. Warme Herbstwitterung bringt größere Sämereien, besonders Eicheln, leicht zum Keimen; diese erfrieren dann während des Winters bei ungenügender Schneelage oder Laubbedeckung. 4. Besteht im Frühjahr noch die meiste Aussicht, die notwendige Arbeitskraft zu erlangen. Gegen die Frühjahrssaat spricht eigentlich nur der Umstand, daß Gefahr besteht, daß die Sämereien zu spät im Frühjahr (Ende Mai oder selbst Juni) vorgenommen werden, so daß die jungen Pflanzen schwach und unvorbereitet von den ersten Frühfrösten überrascht werden und leiden; dagegen spricht auch der

---

[1]) Schneider, Deutsche Forstzeitung 1897.
[2]) Mortzfeld, Zeitschr. f. Forst- u. Jagdw. 1896.

unausbleibliche Verlust an Keimkraft bei gewissen Sämereien durch die Aufbewahrung bis zum Frühjahr. Wo März und April noch zu den trockenen Monaten zählen, wie dies in allen Ländern mit Sommerregen (insbesondere im ostasiatischen Monsungebiet) der Fall ist, da müßte die Saat unmittelbar vor dem Einsetzen des Regens (Mai, Juni) ausgeführt werden. In Europa und Ostamerika, wo die Regelmäßigkeit der Monsune durch andere, kosmische Erscheinungen stets gestört wird, und eine längere Trockenperiode in jedem Monate des Jahres auftreten kann, ist die entsprechende feuchte Witterung nach der Saat im Frühjahr reine Glücksache. Im westlichen Nordamerika, an der frostfreien kalifornischen Küste beginnt der Regen November; dort ist Oktober die beste Saatzeit; nördlich hiervon das Frühjahr.

Sämereien, welche im Frühjahr ausgesät, erst im folgenden Frühjahre keimen, werden „überliegende“ genannt; hierher zählen, wie schon früher angedeutet, Nüsse, Eschen, Linden, Zürbeln u. a.; können sie anderweitig gegen Abtrocknung nicht geschützt werden, empfiehlt sich Herbstsaat; gleiches gilt für jene Sämereien, die ohne sorgfältiges Einmieten (S. 369) ihre Keimkraft ganz einbüßen wie Eicheln, Kastanien u. a. Für die im Vorsommer reifenden Pappel- und Ulmensämereien ist Aussaat nach der Reife die Regel.

Die Zubereitung des Keimbettes für Freilandsaaten (Kahlflächensaaten, Schirmsaaten).

Als allgemeine Regeln gelten: 1. Da das Würzelchen möglichst bald nach der Keimung den mineralischen Boden erreichen muß, so ist bei der Bodenvorbereitung alles zu entfernen, was dies verhindern könnte, Rohhumus, Moos, Laub, Unkrautdecke. 2. Dies kann geschehen durch Abrechen, Abkratzen, Abplaggen, Abpflügen oder durch Umkippen und Tieferlegen der Rohhumusschichten (Rajolen, Rigolen) oder durch Vermengung der Laub- und Rohhumusmassen als wertvoller Düngerstoffe mit dem mineralischen Boden; liegt Ortsteinbildung vor, so müssen Pflüge in Anwendung kommen, um den Ortstein zu durchbrechen und ebenfalls mit dem Boden zu vermengen, worauf er zerfällt und selbst düngend wirkt. 3. Je größer das Hindernis, um so kostspieliger wird die Saat. 4. Wenn der Zustand des Bodens nicht ermöglicht, durch einfache und billige Mittel eine gründliche Bodenvorbereitung herbeizuführen, dann unterbleibt besser die Saat und tritt Pflanzung an ihre Stelle. 5. Auf kleineren verunkrauteten Flächen, welche von Saatflächen eingeschlossen sind, wird nicht Bodenvorbereitung und Saat, sondern Pflanzung gewählt; noch weniger dürfen kleinere Flächen gereinigt und besäet werden, wenn sie bereits ringsum von Pflanzungen eingeschlossen sind. 6. Auch im Kahlschlagbetriebe (Saumschlag) mit darauffolgender Saat oder Pflanzung soll jede Schlußdurchbrechung des der Schlaglinie vorausliegenden, angegriffenen Bestandes, soweit sie noch nicht verwildert ist, noch vergrößert werden, um eine Saat ausführen zu können, welche bei Herannahen der Schlaglinie als ein hochwertiger Ausgangspunkt für die anschließende Verjüngung und gewinnbringender Vorsprung an Zeit sich erweisen wird. 7. Jede Saat gelingt unter lockerem Schirm besser als auf völlig kahler Fläche, welche für forstliche Kulturgewächse ein unnatürliches Keimbett darstellt. Die Belassung unterdrückten Materials bei den Durchlichtungen eines Bestandes (III. Teil dieser Schrift, wird sich erst bei der Verjüngung als Vorteil für den Boden durch Frischerhaltung und für die Verjüngung durch Schutz derselben erweisen; solches schützende Gestänge kann jederzeit nach Erfüllung seiner Aufgabe leicht beseitigt werden. Die Unnatürlichkeit einer Kahlfläche für die Bestandesbegründung durch Saat wie auch durch Pflanzung illustriert F r i c k e s Vorschlag, die kahle Fläche mit Reisig zu belegen, damit sie nicht mehr kahl ist.

Hinsichtlich der Geräte für die Bodenvorbereitung können hier nur allgemeine Gesichtspunkte gegeben werden. Wer aus dem Buche über Waldbau lernen will, ob für den ihm vorliegenden Fall ein hölzerner Rechen oder ein eiserner Pflug in Verwendung gebracht werden soll, wer erwartet, daß unter den vielen erfundenen Geräten eines als das absolut beste bezeichnet sein wird, wird von den vorliegenden Zeilen enttäuscht sein. Was den ersten Satz betrifft, so kann ihm jeder landwirtschaftliche Arbeiter Auskunft geben; was letzteren betrifft, so kann bei der Unerschöpflichkeit und Mannigfaltigkeit der Verunkrautungen und Bodenverfassung selbst jedes Instrument, das erfunden wurde, für eine gewisse Örtlichkeit das beste sein. Die Entscheidung muß dem praktischen Blick überlassen bleiben. Als allgemeine Anhaltspunkte möge Folgendes gelten: 1. Je stärker der Bodenüberzug und das Hindernis für die Keimung, desto größere und stärkere Instrumente müssen in Anwendung gebracht werden. 2. Das Beseitigen geschieht entweder durch hölzerne oder eiserne Rechen, durch die gewöhnliche Breithaue, welche als das am vielseitigsten verwendbare Gerät bezeichnet werden muß, durch Pflüge. 3. Das Vermischen mit dem mineralischen Boden beziehungsweise Untergrunde wird erzielt durch die eben genannte Haue oder Hacke, durch S p i t z e n b e r g s Wühlapparate [Wühlspaten, Wühlrechen, Wühlrad, die dänische Rollegge [1])] und andere. 4. Je schwerer der Boden, desto kräftiger das Geräte; Geräte, welche kontinuierlich arbeiten oder rotieren, wie Spitzenbergs Wühlrad, dänische Rollegge, fördern die Schnelligkeit der Arbeit, gegenüber jenen, welche entsprechend der Handbewegung nur in einer Richtung Arbeit leisten; dagegen erfordern letztere Instrumente

---

[1]) Dr. M e t z g e r , Dänische Geräte zur Bodenbearbeitung in Samenschlägen. Paul Parey, Berlin 1906.

geringeren Kraftaufwand und gestatten eine tiefere Durchmischung des Bodens. 5. In ebenem und schwach hügeligem Gelände mit größerer Ausdehnung der Saatfläche, auf der die Hindernisse durch Stöcke, Steine, Bäume fehlen oder nur ganz geringfügige sind, können größere Geräte mit Bespannung, wie Eggen, Pflüge, Platz greifen. 6. Um so seichter kann die Bodenbearbeitung ausfallen, je schwächer die Auflagerung von Laub oder Rohhumus, je mehr Gefahr besteht durch eine tiefere Bodenbearbeitung, unfruchtbaren Boden in das Wurzelbereich der

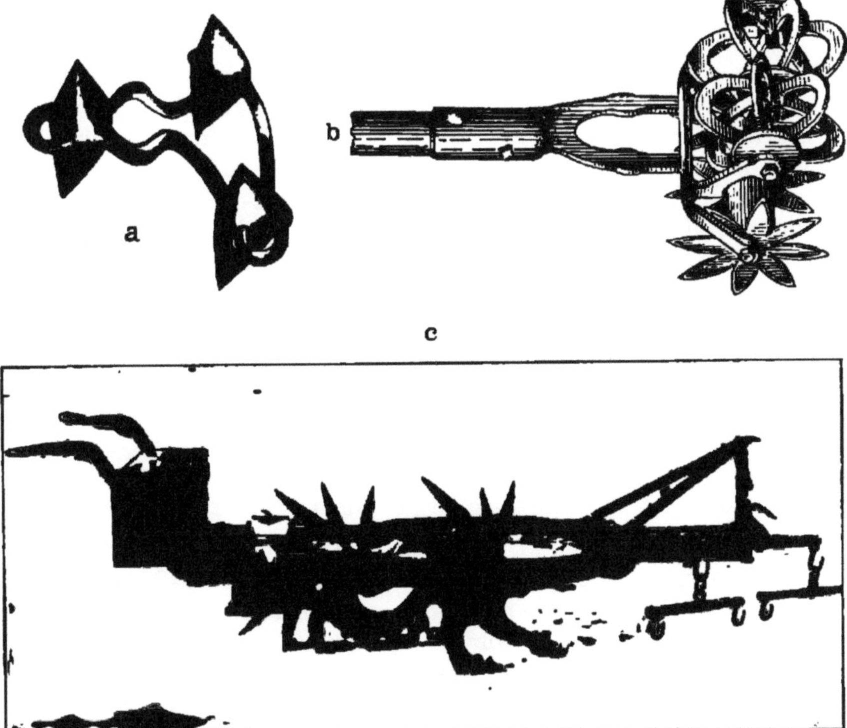

Abb. 20. Geräte für Bodenbearbeitung: *a* Glied einer Gliederegge, *b* Spitzenbergs Wühlrechen, *c* Webers Waldgrubber.

Keimlinge zu bringen. 7. Wird unmittelbar nach Beseitigung der Streudecke gesät, so empfiehlt es sich, etwas Rohhumusdecke zu belassen und diesen unterzuhacken; folgt die Saat nicht sofort, so stellt nach völliger Beseitigung der Humusdecke die Empfänglichkeit des Bodens für die Saat sich erst nach einigen Jahren ein. 8. Die einfachsten Geräte sind in der Regel die besten, weil sie nicht wertlos werden, wenn der Boden oder seine Oberflächenausformung wechseln, vielmehr noch zu anderen Dienstleistungen als denen der Bodenvorbereitung Verwendung finden können.

Als Geräte für Bodenvorbereitung dienen auf ebenen, hindernis-
freien Böden zum Beseitigen von Laub, Moos, Nadeln: hölzerne und
eiserne Rechen, ·Zweizack, Dreizack, Fünfzack, Spitzenbergs Wühlrechen u. a.; zur Beseitigung von holziger Bodenverwilderung Sense,
Plaggenhaue, Pflanzhaue, flachgehende Pflüge,· tiefgehende Pflüge; bei
Ortsteinbildung Untergrundspflüge.

Prof. Dr. Metzger erwähnt als dänische Geräte für Bodenbearbeitung außer der Rollegge den Laubrechen, Smiths Grabe-
kultivator, den Buchschen Samendecker, die Dreizahnegge, Buchs
Patentpflug, Godskesons Waldpflug. Freih. Schenk v. Schmitt-
burg[1]), Geh. Oberforstrat Thaler[2]) und Reiß[3]) wollen für Unkrautvertilgung einen flachstreichenden Schälpflug (verbesserten Eckert-
schen), auf den dann der Untergrundpflug folgt. Das preußische
Ministerium für Landwirtschaft, Domänen und Forsten empfiehlt (1907)
den Regierungen die Anschaffung des von Forstmeister Dr. Weber
konstruierten, von der Firma Hansel in Gießen um 500 Mk. in den
Handel gebrachten Waldgrubbers (Abb. ·19 c) als „geeignet zur
Bodenverwundung in Naturbesamungsschlägen und zur Herstellung und
Lockerung von Saatstreifen für Nadelholzkulturen".

Die beste Zeit für Bodenvorbereitung zum Zweck der
Frühjahrssaat ist der Herbst, da während des Winters eine Zer-
krümelung und Lockerung des Bodens, eine Auflösung der Nährstoff-
vorräte, eine Vertilgung von Insekten, Mäusen, eine oberflächliche
Wiedererhärtung bei allzu humosem Boden zu erwarten ist.

Die Samenmenge, Saatdichte.

Um 1 ha mit Pflanzen von 1 qm Standfläche zu versehen, sind
10 000 Pflanzen notwendig. Verwendet man bei Ausführung einer
Fichtensaat 1 kg Samen, so enthält er nach früheren Angaben mindestens
100 000 keimfähige Körner; würden alle keimfähigen auch keimen und
sich erhalten, müßten mit 1 kg Fichtensamen 10 ha Flächen voll besamt
werden können. In der Praxis aber nimmt man an, daß 6 kg Fichtensamen mit 600 000 keimfähigen Körnern notwendig sind, um 1 ha gut
bestocken zu können. Gayer schlägt in seinem Waldbau sogar 15 kg
pro Hektar vor, das wären nicht weniger als 1,5 Millionen keimfähige
Körner pro Hektar; daraus könnte man schließen, daß die forstlichen
Kultivatoren gegenüber den Gärtnern und Landwirten in der Behandlung
der Samen rückständig seien. Es steht jedoch zur Erwägung, daß die
Bodenvorbereitung ʼim Walde sehr viel weniger· sorgfältig vorgenommen wird und werden kann, als es im Garten und für land-

---

[1]) Allgem. Forst- u. Jagdztg. 1907.
[2]) Ebenda 1906.
[3]) Forstwirtsch. Zentralbl. 1907.

wirtschaftliche Nutzgewächse möglich ist, daß die Samenbedeckung
mangelhafter ist, die forstlichen Keimlinge z a r t e r und l a n g s a m e r
wüchsig sind als landwirtschaftliche Sämereien, daß die forstlichen
Pflanzen wegen ihrer lang dauernden Zartheit und Kleinheit einer
größeren Zahl von Feinden aus der Tier- und Pflanzenwelt lange Zeit
ausgesetzt bleiben; immerhin aber muß zugestanden werden, daß das
Ergebnis der forstlichen Freilandsaaten, insbesondere der Kahlflächen-
saaten, nicht im Verhältnis zum Aufwand steht, solange nicht der Boden
eine Bearbeitung erfährt, wie etwa bei Hafer- und Roggenschutzsaaten
oder in den Saatgärten Es liegt ja nahe, daß der Wirtschafter Früchte
seiner Arbeit sehen und nach oben hin nachweisen will. Würde die
Saat im Verhältnis zur aufgewendeten Samenmenge voll gelingen, wären
sämtliche Saaten viel zu dicht und eine Quelle größerer Verlegenheit
als zu dünne Saat sie verursacht; daß das gewünschte Dichtigkeits-
verhältnis sich einstellt, ist, da von der Laune der Witterung abhängig,
Glücksache.

Bei Annahme einer Vollsaat sind zur Bestellung eines Hektars
notwendig:

	C. Heyer:	K. Gayer:	Verfasser:	In der Mitte des 18. Jahrh.[1]) gebräuchl. Samenmenge:
Eichel .	6,5 hl	11 hl	10 hl	3,7 hl
Buche .	2,2 „	5,5 „	für Bestandessaat: 3 hl / für Unterbau: ¹/₂ hl	
Fichte .	12 kg	15 kg	4 kg	6,1 kg
Föhre .	8 „	8 „	10 „	11,2 „
Tanne .	42 „	70 „	5 „	7,3 „
·Lärche	15 „	20 „	10 „	6,1 „

In Dänemark werden 15 hl Eicheln pro Hektar als Vollsaat verwendet.

Aus obigen Saatmengen läßt sich berechnen, wieviel Samen notwendig ist, wenn an Stelle der Vollsaat auf 1 ha nur Streifensaat
oder Plätzesaat tritt, indem eben die Summe der Streifen oder Plätze
im Verhältnis zum Hektar gesetzt die Grundlage für die Berechnung
gibt. Als eine naturgesetzlich begründete Regel gilt: für Holzarten mit
schlechtem Ausformungsvermögen (VI. Abt.) dichtere Saat[2]), für solche
mit gutem dünnere, schüttere Saat.

---

[1]) Dr. H. Hausrath, Kleine Beiträge zur Geschichte der künstlichen Verjüngung. (Aus Pfälzer-Forstakten) Allgem. Forst- u. Jagdztg. 1908.

[2]) Geh. Oberforstrat Frey verlangt 10—12 kg pro ha für die Föhre, Forst-
wirtschaftliches Zentralbl. 1907.

Die Saatmittel.

Selten stehen der Saat so ausgedehnte, kahle Flächen zur Verfügung, um eine der vielen Saatmaschinen anwenden zu können; je größer die Kahlfläche, um so besser zwar für die Maschine, um so schlechter aber für die Keimlinge. Die meisten der größeren Säevorrichtungen für Freilandsaaten basieren auf dem Prinzip eines Schiebkarrens, der den Samenkasten trägt; durch Rotation des Rades wird die Ausflußmenge der Sämereien aus dem Behälter geregelt. Es mag sein, daß irgendwo solche Maschinen, wie sie Runde, Roch, Göhren, Rotter, Drewitz, Klaeß und andere konstruiert haben, noch in Gebrauch sind; Verfasser hat sie nur in den Sammlungen kennen gelernt. Einige von diesen verbinden auch die Lockerung des Bodens mit der Saat und sind dann für Bespannung eingerichtet. Die Voraussetzungen für gewinnbringende Anwendung sind nur selten erfüllt, denn nicht bloß die Bodenkonsistenz und seine Oberflächengröße und Formation, sondern vor allem auch die Witterung entscheidet über die praktische Anwendbarkeit solcher Maschinen. Bei Freiland-, Riefen- und Platzsaat kann ein einfaches Instrument wie das Säehorn, auch Forstrat Schulz' Saatflinte gute Dienste leisten; das beste Universal·mittel für die Saat ist immer die Hand. Daß eine Saat aus der Hand auch bei Vollsaat an Gleichmäßigkeit nichts zu wünschen übrig läßt, beweist die Saat mit landwirtschaftlichen Sämereien; um die kleinen forstlichen Sämereien leichter sichtbar zu machen, empfiehlt sich das Auswerfen einer Mischung von Saatgut und Sand oder Saatgut und grobem Sägmehl. Bei größeren Flächen wird die sogenannte Kreuzsaat ausgeführt; sie besteht darin, daß die Fläche zuerst durch Hin- und Hergang nach den zwei entgegengesetzten Himmelsrichtungen, zum Beispiel S—N besäet wird, worauf dann ein zweiter Säegang erfolgt, der nach den beiden anderen Himmelsrichtungen, W—O, hin und her sich bewegend die Dichtigkeit der Saat verbessert.

Eine ganz eigenartige Methode ist das Anschießen von mit Samen gefüllten Blechbüchsen an steilen, unzugänglichen Gebirgshängen, um auch Bäumen, die keinen flugfähigen Samen besitzen, die Möglichkeit der Ansiedelung zu bieten.

Größere Sämereien, wie Eicheln, Bucheln, Kastanien, Nüsse u. a., verlangen eine eigene Behandlungsweise. Für Eichelsaat (Stufen; Stufensaat, Setzsaat) gibt es eine Reihe von einfachen Instrumenten zur Anfertigung der Löcher behufs Aufnahme der Eicheln. Sie alle sind von folgenden Gesichtspunkten hinsichtlich ihres Wertes zu beurteilen: Das aus der Eichel hervorbrechende Würzelchen (radicula) ist geotropisch, d. h. wendet sich sofort in die Tiefe; die Plumula, das Federchen, ist entgegengesetzt veranlagt, d. h. richtet sich aufwärts. Bei allen Instrumenten, welche vertikale Löcher in den Boden drücken,

(Setzholz, Setzbrett, Setzstab, Setzpfahl, Saathammer) kommt die Eichel
ebenfalls vertikal in den Boden, bald mit Spitze, bald mit dem dicken
Ende nach abwärts. Liegt die Spitze nach abwärts, so kann das
Würzelchen sofort in die Tiefe, während das Federchen zuerst eine
Krümmung um die Eichel herum zurücklegen muß, um nach oben zu
gelangen; da hierbei die Samenschale klafft, fängt sich zuweilen das
Federchen, und nach mehrfachen Krümmungen, um wiederum aus der
Falle herauszukommen, verkümmert es. Liegt der dicke Teil der
Eichel nach unten, die Spitze nach oben, so kann das Federchen zwar
sofort geradeaus ins Freie wachsen, das Würzelchen aber ist zu einer
Krümmung gezwungen, bei der es sich häufig in der aufgeplatzten
Samenhülle fängt und nach einigen Windungen an Erschöpfung zugrunde geht. v. Schütz hat auf diese Erscheinung hingewiesen,
v. Fürst[1]) gibt nicht an, wie viele Eicheln bei seinen Versuchen ver-
unglückten, konnte aber nachweisen, daß, wenn die Eicheln empor-
wuchsen, sie keinen Unterschied in der Entwicklung zeigten. Jenen
Instrumenten dagegen, welche einen Spalt in die Erde stoßen [Saat-
schippchen, Eichelstufer, der hessische Eichelsetzer, die gewöhnliche,
schmale Haue, Spitzenbergs[2]) Rillendruckstücke], ist ein Vorzug
zuzuerkennen, weil bei ihnen die Eicheln in eine horizontale Stellung
geraten, welches die natürliche Keimstellung ist. Dazu kommt, daß
alle Instrumente, welche vertikale Löcher geben, die Wände und die
Lochbasis erhärten müssen, was keine günstige Wirkung auf die
Anfangsentwicklung üben kann.

In neuerer Zeit ist man von den oben genannten Geräten mehr
und mehr zurückgekommen; sie wurden früher vorzugsweise auf nicht
bearbeiteten, schwach verunkrauteten Böden angewendet. Neuerdings
wird der Boden für die Aufnahme von Eicheln, Nüssen, Kastanien
platz- oder riefenweise bearbeitet, und das Einlegen der Früchte erfolgt
ebenso wie im Saatgarten. Für Eicheln mit oder ohne sichtbare Keim-
wurzeln hat Spitzenberg (l. c.) ein eigenes Druckstück konstruiert,
über deren Brauchbarkeit die Meinungen verschieden sind. Je nach
der Größe und Begrenzung der zu besamenden Flächen unterscheidet
man folgende Saatformen: Bei größeren Flächen, welche durchaus
besät werden, spricht man von Vollsaat; ihr geht meistens die Bearbeitung der ganzen Bodenfläche voraus. Bei Streifen- oder
Riefensaat findet eine streifenweise Bodenbearbeitung und Aussaat
statt; Platzsaat oder Stockplattensaat entsteht durch Besäen
von mehr oder weniger kreisrunden, zumeist durch das Ausroden der
Stöcke gebildeten Bodenverwundungen; eine Stückriefensaat besät
Riefenstücke von ca. 0,5 m Breite und 2 m Länge; Rillensaaten

---

[1]) v. Fürst, Die Pflanzenzucht im Walde. 1907.
[2]) G. K. Spitzenberg, Die Sp. Kulturgeräte. 2. Aufl. Berlin, Paul Parey, 1898

sind sehr schmale Saatstreifen auf einer gartenbeetartig bearbeiteten Stelle; verlaufen die Rillen in Riefen, und zwar senkrecht zur Riefenseite, ähnlich wie die Sprossen an einer Leiter stehen, so heißt man derartige Saaten auch Leitersaaten; werden wegen allzu großer Bodenbefeuchtung Gräben ausgehoben und der Aushub zu Dämmen aufgeschüttet, welche besät werden, so spricht man von Dammsaat; wird die Grabensohle, der ausgehobene Damm und das benachbarte, im Niveau unveränderte Gelände besät, so nennt Cotta dies eine Graben-Muldensaat, welche die Aussicht gibt, daß, wie immer die Witterung des Jahres ausfallen möge, doch wenigstens eine der drei Niveauflächen sich bestocken werde.

Wird die Saat von nur einer Baumart zum Aussäen gebracht, so spricht man von einer Reinsaat; sind mehrere Sämereien gemischt (Mengesaat), so ist hierfür die Voraussetzung, daß die Sämereien annähernd gleiche Größe und Schwere haben.

Bei Föhren werden zuweilen die Zapfen mit noch eingeschlossenen Sämereien auf der Fläche ausgebreitet, mehrere Male bei sonniger Witterung mit dem Rechen hin und her gestoßen, so daß die Sämereien ausfallen und zugleich mit dem verwundeten Boden vermengt werden; man nennt eine solche Saat Zapfensaat.

Saatbedeckung.

Die natürlichen Grundlagen für die Saatbedeckung sind folgende: Je größer das Samenkorn, um so tiefer muß es im Boden zu liegen kommen, um so stärker somit die Bedeckung; je lockerer das Deckungsmittel, desto tiefer die Saatlage, desto leichter die Keimung, die Durchbrechung der Decke von seiten des Keimlings, je frischer der Boden, um so rascher die Keimung, um so höher die Keimzahl. Bei Herbstsaaten, welche längere Zeit den teils bewegenden, teils erhärtenden Einflüssen von Wind und Regen ausgesetzt sind, muß die Bedeckung der Saat eine höhere sein als im Frühjahr. Daraus ergeben sich folgende Maßnahmen: Die großfrüchtigsten Sämereien, wie Kastanien, Walnüsse, Hickorynüsse und andere verlangen ein 100 mm tiefes Einbringen in den Boden; Eicheln sind am günstigsten eingelegt, wenn sie nach den Untersuchungen von Bühler (l. c.) 50—60 mm, Bucheln, wenn sie 30—40 mm tief liegen. Für Tannen empfiehlt sich je nach Samenkorngröße 25—30 mm; die Sämereien der Gattung Picea verlangen je nach Korngröße 10—15 mm; gleich große Sämereien der Gattungen Pinus und Larix ebenfalls 10—15 mm; die Sämereien der Föhrensektion Cembra verlangen 30—40 mm; Betula 2—3 mm; für Populus, Salix, Paulownia und andere Sämereien mit zartester Beschaffenheit genügt ein Andrücken oder Angießen. Aus diesem Grunde wird auch Birkensamen vielfach auf Schnee ausgesäet (Schneesaat), damit die feinen Körner beim Auftauen des Schnees an den Boden sich anschmiegen und mit feiner Erde oberflächlich sich vermischen; je nach der Größe der Samenkörner können alle übrigen Sämereien hinsichtlich ihrer Bedeckungsdicke an obigen Angaben angeglichen werden.

Als Deckungsmittel empfehlen sich: die lockere Erde der Saatflächen selbst, Sand, Humus, zerfallene Torferde; Gartenerde verwirft Weise, da mit ihr die Sporen des Keimlingspilzes (Phytophthora) eingeschleppt werden. Sollen die Sämereien mit der Erde der Saatfläche selbst bedeckt werden, so werden ähnliche Hilfsmittel angewendet, wie sie im landwirtschaftlichen Betriebe üblich sind, nämlich das Walzen der Fläche, das Eggen und Walzen derselben, das Mischen von Sämereien und Erde mit Dornegge (Schleifbusch) und Walzen; das Hin- und Hertreiben von Schafherden hat sich gleichfalls bewährt. Kleinere Flächen oder Riefen werden mit dem hölzernen oder eisernen Rechen bearbeitet; für Riefen ist auch geeignet der Spitzenbergische Saatbedecker, der auch im Pflanzengartenbetrieb als vorteilhaft sich bewährt hat; auch der dänische Saatbedecker (Dr. Metzger) scheint empfehlenswert zu sein. Fällt eine mehrtägige Trockenperiode ein, so wäre am günstigsten fleißiges Begießen der Saat morgens oder abends; allein bei Freilandsaat ist dies nur ausnahmsweise durchführbar; man wird zu anderen Mitteln zur Erhaltung der Bodenfeuchtigkeit greifen müssen, das sind Festdrücken, Festschlagen oder Walzen der Bodenoberfläche, um sie dadurch von unten herauf feucht zu erhalten; bei Freiland-, Riefen- und Plätzesaaten kann auch Bedeckung mit Zweigen, Gittern die Besonnung und Austrocknung mildern.

Schutz der Sämereien und der Keimlinge.

Keimlinge von Freilandsaaten gegen die gefährlichsten Pilzparasiten, wie Phytophthora, Hysterium schützen zu wollen, ist aussichtslos; gegen den Schüttepilz der im ersten Jahre stehenden Föhren helfen die Kupfermittel nicht; erst bei zwei- und mehrjährigen Pflanzen wird das Bespritzen mit Bordelaiser oder auch Klebekalkbrühe bald als Radikalmittel, bald als wertlos hingestellt. Muß eine Freilandsaat gegen Unkrautwuchs verteidigt werden, so ist dies ein Zeichen dafür, daß die Saat überhaupt nicht am Platze war, daß an ihrer Stelle Pflanzung hätte gewählt werden sollen.

Zum Schutze der Freilandsaaten, insbesondere der großen Sämereien gegen Tiere, wie Eichhörnchen, Rehe, Hirsche, Wildschweine, Eichelhäher, sowie der kleinen Sämereien gegen das Auflesen der Körner und Abbeißen der Keimlinge durch Vögel, besonders Finkenarten, helfen gründlich die Saatgitter, Rahmen, welche mit hölzernen Stäben oder mit einem Drahtgeflecht überspannt sind; sie geben zugleich Schutz gegen Sonne und Erhitzung, gegen allzu starke, schwere Regentropfen gegen Vertrocknung; sie sind jedoch für Freilandsaaten meist zu kostspielig; ihre Verwendung beschränkt sich auf den Saatgarten. Gegen Rehe, Hirsche, Wildschweine sichert sodann gründlich eine sorgfältig ausgeführte Umzäunung, wie sie bei dem Pflanzgartenbetrieb näher beschrieben werden soll. Samen und Keimlinge werden gegen obige Tiere und Austrocknung geschützt durch Auflegen von lockerem Reisig, bei Riefensaat durch Schutzfaschinen, welche auf dem Boden befestigt werden. Derlei Deckungen sind aber zugleich ein Anlockungsmittel für Mäuse. Es wäre zu versuchen, ob die Sämereien nicht durch Einlegen in Wasser, das einen unschädlichen Bitterstoff enthält, wie Alaun, geschützt werden könnten. Der Vermengung der Nadelholzsämereien mit Mennig als eines Vorbeugungsmittels gegen das Abbeißen der Keimlinge, des Übergießens der Eicheln mit Petroleum und der Mennigbeimischung wurde bereits bei der Vorbereitung zur Aussaat gedacht. Der Schutz der Saat durch Abfangen der Schädlinge, wie der Mäuse, Werren, Tipulalarven, Maikäferlarven, ist meist auf den Saatgarten beschränkt; bei Freilandsaat muß man das Abfangen der Schädlinge meistens anderen Tieren, wie Raubvögeln, Mardern, Füchsen, Katzen, überlassen, deren Schonung freilich mit dem jagdlichen Gewissen des Forstmannes, mit den Forderungen des Vogelschutzes nicht vereinbar ist.

Die Keimzeit, Keimruhe der Sämereien steht im Verhältnis zur Samengröße und im Verhältnis zur vorausgegangenen Austrocknung der Sämereien; es wurde bereits erwähnt, daß die Austrocknung bei manchen Sämereien eine Verlängerung der Keimruhe vom Frühjahr der Aussaat bis zum folgenden Frühjahr bedingt; von hervorragendem Einfluß auf die Keimruhe ist sodann die Bodenwärme, somit die nach der Saat eintretende Witterung. Klare Tage mit Sonnenschein und trübe oder nebelige Nächte, welche die Abkühlung des Bodens verhindern, beschleunigen die Keimung am meisten; klare Nächte heben durch Abkühlung den Einfluß der Erwärmung durch die Besonnung wieder größtenteils auf; bei naßkalter Witterung verzögert sich die Keimung am meisten; gedeckte Sämereien keimen etwas später als nicht gedeckte, wenn trübe Witterung vorherrscht, etwas früher, wenn klare Witterung, insbesondere klare Nächte die Regel bilden.

Im allgemeinen keimen große Sämereien, wie Eicheln, Bucheln, Kastanien usw., in 5—6 Wochen; mittlere Sämereien in 4—5 Wochen; kleine Sämereien, wie Fichten, die meisten Föhren, Lärchen, in 3—4 Wochen; Birken in 2—3 Wochen; Pappeln in 2—4 Tagen und Weiden in 10—12 Stunden.

2. Die Pflanzung.

Trotz des Bestrebens der Gayerschen Schule, der natürlichen Wiederverjüngung wieder größere Geltung zu verschaffen, hat die künstliche immer mehr im Laufe der letzten Jahrzehnte zugenommen;

selbst die Saat, welche der Naturverjüngung noch am meisten sich
nähert, hat fortgesetzt an Boden verloren, und an ihre Stelle ist die
Pflanzung getreten. Es müssen große Vorteile mit der Pflanzung
verknüpft sein, weil sie, obwohl die kostspieligste Kulturmethode, bei
der gegenwärtigen Steigerung aller Arbeitslöhne dennoch als rentabel,
ja, wie manche behaupten, als allein rentabel erscheint. So viel steht
fest, daß die Pflanzung unter den gegenwärtigen Verhältnissen des haubaren Waldes als die schnellste, sicherste und leichteste Be-
stockungsmethode betrachtet werden muß. Insbesondere gilt dies
1. für versumpfte, verheidete, verunkrautete, vergraste Ödländereien,
welche in Wald umgewandelt werden sollen (Steppenaufforstung, Wiederbewaldung der Gebirge); 2. starke, mit Unkrautwuchs überzogene
Stellen im Walde, Blößen sowohl als auch unter Lichtholzarten verwilderte, verangerte Böden lohnen die Pflanzung; 3. bewegliche Böden,
wie Flugsand, Düne, von Wasser bedrohte Flächen, wie solche im
Überschwemmungsgebiete der Flüsse liegen (Flußauen), verlangen die
Pflanzung; 4. schwerer, an der Oberfläche erhärtender, im Winter auf-
frierender Boden oder sehr magerer, leicht austrocknender Sandboden,
anmoorige Böden sind durch Pflanzung leichter mit Bestand zu versehen; 5. die Festigungen des Geländes bei Aufforstungen im Gebirge
zum Schutz gegen Abrutschungen, Lawinen, Wasserrisse können rasch
und erfolgreich nur durch Pflanzung betätigt werden; 6. für alle Aus-
besserungen und Nachbesserungen in natürlichen und künstlichen Verjüngungen ist allein die Pflanzung rationell; 7. Pflanzung in sehr weiten
Verbänden ist notwendig, wenn zwischen den Pflanzenreihen noch landwirtschaftliche Zwischennutzung für einige Jahre stattfinden soll;
8. Pflanzung bietet im allgemeinen größere Sicherheit, und ermöglicht
9. die Herstellung einer beliebigen Bestockungsdichte.

Als Hauptnachteile der Pflanzung sind in erster Linie die
hohen Kosten, welche von der Aussaat des Samenkorns bis zur
Freilandpflanzung laufen, zu nennen; weiter ist nachteilig das Kränkeln
der Pflanzen während der ersten Jahre nach der Pflanzung; auch der
Umstand, daß mit der Größe des Pflanzenmaterials die Zahl der Leidensjahre nach der Pflanzung zunimmt, die Sicherheit des Erfolges abnimmt, die Höhe der Kosten wächst, verdient Erwähnung. Wird die
Pflanzung auf kahler Fläche vorgenommen, kommen noch alle Nachteile hinzu, welche den Kahlschlagformen anhaften. Solange es Ödländereien gibt, muß es Pflanzung geben. Aber es muß betont werden,
daß es nach Ansicht des Verfassers ein gutes Zeichen für den
Wald und für den Wirtschafter ist, wenn im Walde die
Flächen, welche eine Bepflanzung erfordern, immer mehr abnehmen und
die Saat- und Pflanzgärten immer weniger und kleiner werden. In der
Erziehungsverjüngung ist der Weg angedeutet, der zu diesem Ziele
führen kann. Die Furcht, daß damit manches Forstmannes Freude und

Hauptbetätigung im Walde beeinträchtigt würde, darf das Ziel einer fortschreitenden, naturgerechten Waldwirtschaft nicht verrücken.

Die Gewinnung des Pflanzenmaterials kann geschehen: 1. durch Ankauf (Ankaufpflanzen); 2. aus natürlichen Vorwüchsen (Vorwuchspflanzen); 3. aus dem Überschuß von Saaten auf Kahlschlägen (Schlagpflanzen); 4. aus besonderen, für die Aufzucht angelegten Forstgärten (Gartenpflanzen, Kamppflanzen).

A. Ankaufpflanzen.

Durch die Zunahme der Waldanlagen ist in den letzten Jahrzehnten der Bedarf an Waldpflanzen so sehr gestiegen, daß sich eine Privatindustrie der lohnenden Pflanzenzucht bemächtigte; in verschiedenen Teilen von Deutschland, wo ebener, lockerer Boden zur Verfügung stand, hat sie sich niedergelassen und ist imstande, unter Benützung von großen Betriebseinrichtungen und Maschinen die Pflanzen billiger zu liefern, als es im eigenen Betriebe, vor allem den kleinen Waldbesitzern, möglich ist. Begründete und unbegründete Bedenken werden gegen den Ankauf von Pflanzen aus solchen Pflanzenzuchtanstalten erhoben. Diese Einwände von naturwissenschaftlichen Gesichtspunkten aus zu prüfen, soll Zweck der nachfolgenden Zeilen sein.

Das Klima. Es liegt nahe, daß für eine rentable Pflanzenzucht nur günstiges Klima, somit wärmere Lagen mit milderem Winter gewählt werden; die großen Pflanzenzüchtereien von Deutschland, Frankreich, Österreich und anderen Ländern liegen in milden Klimastrichen. Es besteht nun unter den Forstwirten und Laien ein weit verbreitetes Bedenken, Pflanzen aus wärmeren Lagen in kühlerem Klima zu benützen. Man nimmt eine Verzärtelung der Pflanzen an und in der Tat ist ein Körnchen Wahrheit in dieser Vermutung gelegen. Jede Holzart, auch wenn sie ihre Heimat in kühlerem Klima besitzt, ist imstande, in wärmerem Klima durch Verlängerung der Vegetationszeit zu wachsen, solange für diese Holzart die thermische Konstante nicht überschritten wird. (Man vergl. Abschnitt III S. 59.) Diese Anschmiegung an die längere Vegetationszeit geht selbstverständlich schon in der ersten kürzeren Vegetationszeit eines neuen Standortes wieder verloren. Da aber der längeren Vegetationszeit ein milderer Winter, der kürzeren Vegetationszeit des kühleren Klimas ein strengerer Winter folgt, so ist mit der Anpassung an die längere Vegetationszeit eo ipso auch eine Vorbereitung für den kommenden, milderen Winter, mit der Anpassung an die kürzere Vegetationszeit eine Vorbereitung für den kommenden, strengeren Winter verknüpft. Daraus folgt somit: Wird eine Pflanze aus wärmeren Gegenden im Herbste bezogen und auf einem kühleren Standorte ausgepflanzt, so besteht die Gefahr, daß sie in dem strengeren Winter, für den sie nicht vorbereitet ist, zurückfriert. An einheimischen Laubhölzern und ganz besonders an fremdländischen Laub- und Nadelhölzern ist dies zu befürchten und darauf die Klage, daß vom Süden (resp. wärmeren Klima) bezogene Pflanzen im Winter erfroren seien, zurückzuführen. (Ungeeignete Zeit der Provenienz der Pflanzen). Wird aber die Pflanze im Frühjahr bezogen und auf einen kühleren Standort versetzt, so folgt auf die Pflanzung unmittelbar ein Sommer, der die Pflanze auf den kommenden Winter desselben Standortes vorbereitet. Der Bezug der Pflanzen aus wärmerem Klima im Frühjahr ist somit ohne alle Bedenken, der Bezug von Laub- und Nadelhölzern (insbesondere fremdländischen) im Herbste ist zu vermeiden.

Der Boden. Die Auffassung, man solle die Pflanzen in minderwertigem Boden aufziehen, damit sie in ihren Ansprüchen an den Boden bescheiden bleiben, ist schon deshalb irrig, weil in schlechterem Boden die Pflanzen mit weit ausgreifendem Wurzelsystem erwachsen und für eine Wiederverpflanzung ein möglichst eng begrenztes Wurzelwerk erwünscht ist. Mit vollem Recht wird guter Boden gewählt, und wo er nicht gut genug oder erschöpft ist, gedüngt. Je vollkommener die Bewurzelung, um so wertvoller ist die Pflanze.

Die Aufzucht. Die Pflanzenhandlungen erziehen ihre Pfleglinge, wie sie im forstlichen Pflanzgartenbetrieb gewonnen werden, durch Rillensaat mit und ohne darauffolgende Verschulung; die gewissenhafte Ausnutzung des Standraumes aber bedingt einen engen Saat- und Verschulverband. In diesem erwachsen die Pflanzen mit schwächeren Seitenästen aber längeren Gipfeltrieben; das Pflanzenkrönchen wird zylindrisch, während für die Verwendung eine kegelförmige Krone, stufiger Bau der Pflanzen am besten wäre, weil alle Pflanzen, welche isoliert auf nacktem Boden stehen, zuerst eine Deckung des Bodens durch Seitenäste zur Erhaltung der Bodenfeuchtigkeit erstreben; das mehr fadenförmige Material der Pflanzenhandlungen muß erst diese Kegelform im neuen Standort entwickeln, um sich heimisch zu fühlen. Mit dieser Kronenausbildung steht ein zweiter Nachteil in Zusammenhang: die Nadeln der immergrünen Holzarten haben sich in diesem seitlichen Halbschatten dünn und zart entwickelt, wie es dem seitlich mangelnden Lichte entspricht. Werden sie nun plötzlich in das volle Licht versetzt, so besteht Gefahr der Sonnenbleiche im Sommer oder des Erfrierens und Braunwerdens im Winter (Nadelbräune), da die fertiggebildete Nadel sich neuen Lichtverhältnissen nicht anpassen kann. Erst die neu entstehenden Nadeln bauen sich so auf, wie es dem neuen Lichtangebote entspricht. Während dieser Anpassung aber kümmert die Pflanze. Diese Hemmung dauert um so länger, je enger der Pflanzenverband war, je stärker die Pflanze durch den Dünger empor getrieben wurde.

Behandlung beim Versand. Alle vorhergehend geäußerten Bedenken stehen aber zurück gegenüber dem Tadel, den man aussprechen muß, wenn man die Behandlung der Pflanzen beim Ausheben, Aufbewahren und Verschicken verfolgt. Schon beim Ausheben ist eine Vertrocknungserscheinung nicht zu vermeiden. Es genügen wenige Minuten um an den zartesten Wurzeln die Wurzelhaare zu töten. Ein Ersatz aber ist nur möglich, wenn neue Wurzelspitzen sich bilden. Bei längerem Verweilen in der Sonne, in trockenen, gedeckten Räumen vertrocknen auch die Wurzelspitzen. Werden dann die Pflanzen in Bündel zusammengeschnürt, schichtenweise mit nackten Wurzeln in den Wagen aufeinandergelegt und tagelang auf große Entfernungen hin transportiert, dann darf es nicht wundernehmen, wenn die Wurzeln bis zu den Ansatzstellen am Schafte der Pflanze empor vertrocknen, die grünen Pflanzenteile und Triebe sich erhitzen und fahlgrün werden, welche Farbe in der Regel den Tod bedeutet, zumal wenn die Rinde der Stämmchen runzelig geworden ist. Wenn die Pflanzenhandlungen sich nicht entschließen können, ihre Pflanzen mit feuchtem Moos in den Eisenbahnwagen zu verpacken, wie es ja vielfach bei Verpackung in Körben bereits geschieht und von den modernen Einrichtungen der Eiskühlung bei der Aufbewahrung und beim Transport Gebrauch zu machen, werden sie immer mehr von ihrer Kundschaft verlieren. Es wäre dies tief zu beklagen, denn ihre Pflanzen sind gut und billig und haben der Waldkultur mächtig Vorschub geleistet.

Preis und Kaufbedingungen. Nur eine im großen arbeitende Industrie kann so niedrige Preise für ihre Ware stellen, wie es heute die Massenzuchtanstalten vermögen; der Kleinbetrieb der Forstgärten kann damit nicht wetteifern und der Vorzug einer allenfalsigen besseren Qualität wird durch die höheren Kosten ausgeglichen. Verfasser steht auf dem Standpunkt, daß jene Bezugsquelle die beste ist, welche die Pflanzen von gewünschter Qualität am billigsten liefert. Kann dies im eigenen Betrieb nicht erreicht werden, werden die Pflanzen angekauft. Die bisherigen Pflanzgärten für großen Betrieb einzurichten, wie schon E. Heyer 1866 verlangte, lohnt sich nur in solchen Örtlichkeiten, in welchen durch Wind oder Insektenkalamitäten große Kahlflächen für Wiederaufforstung entstanden sind.

Um Pflanzen von der gewünschten Qualität zu erhalten, muß die Bestellung Höhe, Alter und eine bestimmte Behandlungsweise (z. B. Verschulung) festsetzen; weitere Bedingungen beziehen sich auf die Verpackung und die eventuelle Zurückweisung der Sendung, wenn die immergrünen Pflanzen mit gelbgrünen, teilweise bereits abfallenden Nadeln und verschrumpften Wurzeln und Trieben anlangen.

Die Behandlung der eintreffenden Pflanzen. Sind die Nadeln der immergrünen Pflanzen noch normal grün, aber erscheinen Wurzeln und Triebe welk, eingetrocknet, so sind sämtliche Pflanzen sofort auf zwei bis drei Tage in Wasser untergetaucht zu halten; oder sie werden auf dem Boden aufeinandergeschichtet, und jede Schicht begossen

und mit nassem Moos von der nächsten Schicht getrennt; oder die
Pflanzen werden in Erde eingeschlagen, kräftigst in allen Teilen begossen und mit Stroh oder Deckreisig gegen Wind und Sonne so lange
abgeschlossen, bis sie verwendet werden können.

B. Vorwuchspflanzen.

Es ist selbstverständlich, daß nur solche Vorwuchspflanzen zur
Wiederverpflanzung sich eignen, welche ihrer Größe, ihrem Alter, ihrem
Habitus entsprechend als brauchbar bezeichnet werden können; über
diesen Punkt gelten die Ausführungen im Abschnitt X, Seite 296.
Außerdem ist folgendes zu beachten: daß Vorwuchspflanzen um so besser
sind, je jünger und kleiner sie sind; daß die Pflanzen mit Erde ausgehoben werden sollen als Ballenpflanzen; daß sie aber gering oder
ganz unverwendbar sind, wenn sie mit weit ausgreifenden Wurzeln
oberflächlich im Humus festsitzen, so daß sie beim Aushub nur von
lockerem Humus zwischen den starken, abgestochenen Wurzeln um-
füttert sind (Fichten, Birken, auch Tannen[1]); daß nur immer eine
Pflanze ausgestochen werden soll; Büschelpflanzen sind stets verwerflich; sind mehrere zusammenstehend sollen alle bis auf die beste
nicht weggerissen, sondern abgeschnitten werden; daß mehrere Pflanzen
zusammen nur bei Laubhölzern zulässig sind; daß die ausgehobenen
Pflanzen wenigstens in den ersten Jahren in ähnliche Lichtverhältnisse
geraten sollen, unter denen sie in den letzten Jahren gestanden haben;
daß die Pflanzen nur dann aus Vorwüchsen ausgestochen werden sollen,
wenn diese Vorwüchse nicht zur natürlichen Verjüngung des Bestandes
verwendet werden können. Als Geräte für das Ausheben der Vorwuchspflanzen kommen in Frage, je nach der Größe der Pflanzen,
schwere Stechspaten, das Solinger Eisen, Flachspaten, Zylinderspaten
mit nach der Schneide hin kleiner werdendem Durchmesser, Kegelspaten, Kegelbohrer. Von diesen unten abgebildeten Typen von Instrumenten eignet sich der Kegelspaten für alle Bedürfnisse; Zylinderspaten werden umso unpraktischer je größer sie sind; der Kegelbohrer
ist für kleinere, seichtwurzelnde Pflanzen sehr brauchbar; daß als
Grundsatz gelten muß, je kleiner die Pflanze um so kleiner kann das
Instrument sein, bedarf kaum der Erwähnung.
Sollen

C. Schlagpflanzen

gewonnen werden, so wird hierauf schon durch Ausführung einer
dichteren Vollsaat auf der Kahlfläche, oft in Verbindung mit Getreidebau (wie Hafer, Roggen), Bedacht genommen. Auch eine Verschulung
auf Kahlschlagflächen kann Pflanzen liefern. Dieselben Instrumente,

---

[1]) Kautsch, Beiträge zur Frage der Weißtannenwirtschaft (1895), verwirft
Tannenvorwuchspflanzen ganz.

welche vorhin beschrieben wurden, dienen auch zum Ausheben der
Schlagpflanzen mit Erde, welche somit Ballenpflanzen sind. Hierbei ist jedoch zu bedenken: daß jede Pflanze durch das Herausstechen aus dem Boden beschädigt wird, und daß auch jede Nachbar-
pflanze, welche verbleiben soll, eine ähnliche Beschädigung erleidet;
daß in der Regel eine Vielheit von Pflanzen in einem Erdballen
sich findet, welche bis auf die besten weggeschnitten werden sollten,
daß dies aber in der Regel nicht geschieht, so daß Schlagpflanzen-

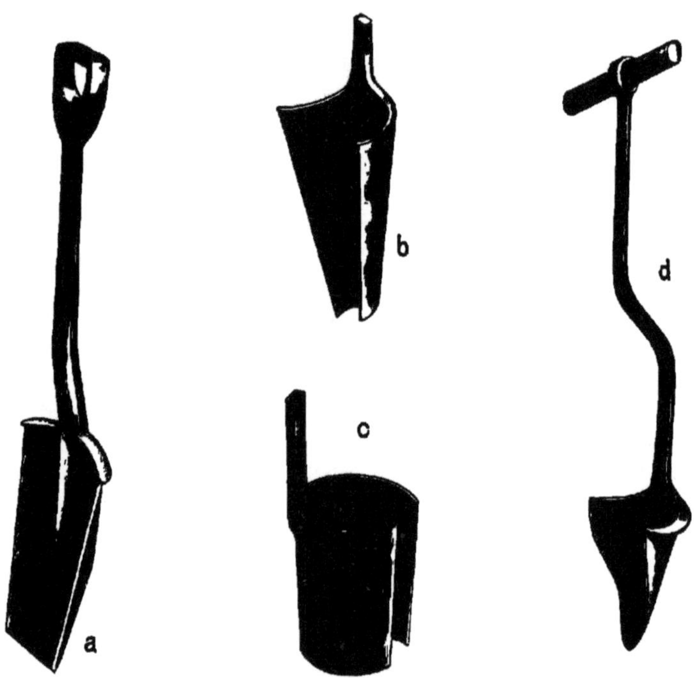

Abb. 21. Geräte zum Ausheben von Ballenpflanzen: *a* amerikanischer Stechspaten, *b* Kegelspaten,
c Hohl- oder Zylinderspaten, *d* E. Heyers Pflanzenbohrer.

gewinnung zur Büschelpflanzung führt, welche eine Summe von Verlegenheiten in späterem Alter des Bestandes bedeutet; daß bei besonders schwerem Boden sich Wasser in den Stichlöchern ansammelt;
daß bei lockerem Boden die bleibenden Pflanzen vertrocknen können;
daß die Gefahr einer allzu starken Ausnützung naheliegt, welche eine
ungenügende Pflanzenzahl oder zuviel an Schwächlingen zurückläßt, woraus nur mangelhafte Bestände werden; daß der Boden durch das Aus-
stechen der Ballen außerordentlich verschlechtert wird; daß somit
nur auf den besten Böden eine solche Pflanzenzucht getrieben
werden soll.

D. Gartenpflanzen, Kamppflanzen.

Über die Erziehung von Pflanzen in eigenen Forstgärten oder Kampen liegen umfangreiche Untersuchungen und ausführliche Schriften vor; es darf wohl als das beste Werk hierüber H. v. F ü r s t s „Pflanzenzucht im Walde" bezeichnet werden; auf jahrzehntelange eigene Erfahrungen aufgebaut, ist das Buch in der vierten Auflage auf 383 Seiten angewachsen. Auch hierin liegt ein Beweis von der Zunahme der künstlichen Verjüngung, von der Vereinfachung des forstlichen Gewerbes und von der Verlegung des Schwerpunktes der forstlichen Tätigkeit auf Kahlschlag und Pflanzenzucht.

Auswahl der Örtlichkeiten für Anlage des Gartens.

Hinsichtlich des Klimas kann auf die Ausführungen bei den Ankaufspflanzen verwiesen werden. Da man nicht für jede Pflanze einen ihrem Klima entsprechenden Garten wählen kann, so verlegt man mit vollem Rechte die Gärten stets in die günstigste Klimalage, welche ein Revierbezirk besitzt; da das Klima des Hügellandes von der Exposition abhängig ist, werden nördliche und östliche Abdachungen für Kühle und Luftfeuchtigkeit liebende Holzarten, südliche Expositionen für Wärme liebende und Lufttrocknis ertragende Holzarten gewählt; wo Vertrocknungsgefahr besteht, wie bei leichten, sandigen Böden, sind südliche Expositionen zu vermeiden. Um möglichst den Spät- und Frühfrösten zu entgehen, wird die Anlage mitten in einem größeren Waldgebiete, mitten in einem Hochwaldbestande angelegt, so daß auch im Saat- und Pflanzengarten möglichst jene Verhältnisse obwalten, unter welchen auch die freie Natur ihre Kinder aufzieht. Die Belichtung soll nur für eine halbe Tageszeit eine volle Besonnung sein. Am vollkommensten erfüllt diese Bedingungen ein Garten von 0,1—0,3 ha Größe, rechteckig, in einem der Haubarkeit sich nähernden Bestande einer Schattenholzart so untergebracht, daß die Nord- und Ostseiten des Gartens eine halbe, die West- und Südseiten eine viertel Baumlänge vom haubaren Bestand entfernt bleiben. Dadurch wird der schädliche Sonnenreflex an der Nord- und Ostseite eingeschränkt, der wohltuende Schatten auf der Süd- und Westseite ausgenützt, ohne daß damit der Garten in das Tropfbereich der Bäume gerät; auf einem Saumschlage soll der Garten nur dann untergebracht werden, wenn der Saumschlag so lange stille steht, bis der Garten ausgenützt und mit der Holzart der Umgebung wieder bestockt ist; an Kahlflächen, Blößen, Feldern, Wiesen soll der Garten wegen Unkrautgefahr nicht angrenzen. Bei der Bestellung des Gartens mag der nordöstliche Teil den Lichtholzarten, der übrige Teil den Schattenholzarten zugewiesen werden. Ein derartig gelegener Garten ist gegen Wind als lästige Erscheinung

---

¹) H. v. F ü r s t, Die Pflanzenzucht im Walde. 4. Aufl. Berlin 1907.

beim Säen und vor allem gegen Spät- und Frühfröste gesichert, eine Gefahr, welche alle Pflanzgärten in Mitteleuropa von mehr als 0,3 ha Größe bedroht. Muß dem Garten eine größere Ausdehnung gegeben werden, so empfiehlt sich schwach geneigtes Gelände, um der kalten Luft einen Abfluß zu bieten.

Mortzfeld[1]) wählt 10 a große Kreisflächen auf bestem Boden, er verbindet dabei den Pflanzgarten mit der Bestandsbegründung, indem der Garten nach 10jähriger Benützung in eine Laubholzgruppe übergeht. Nähere Angaben sind später bei Begründung der Eiche gebracht.

Bezüglich des Bodens ist den Ausführungen über Ankaufspflanzen auf Seite 391 nichts hinzuzufügen. Der beste Boden, wenn er locker und frisch ·ist, ist für den Pflanzgarten gerade gut genug; auch entwässerter und verbesserter Moorboden kleinerer Ausdehnung, · mitten im Walde gelegen, eignet sich. Der Pflanzgarten soll konzentrisch zwischen den Verbrauchsarten und in der Nähe eines Wasserbehälters gelegen sein.

Die Größe des Pflanzgartens wird nicht nach dem Bedarf an Pflanzenmaterial, sondern nach naturgesetzlichen Gesichtspunkten bestimmt. Die Maximalgröße ist jene, bei der die Bestandsdurchbrechung ein Frostloch zu werden beginnt; das beginnt durchschnittlich im wärmeren Mitteleuropa, wie oben angegeben, bei einer Größe von 0,3 ha, im kühleren Fagetum bei 10 a (Mortzfeld). Sind größere Flächen notwendig, so möge bedacht werden, daß mehrere kleine Gärten einem großen vorzuziehen sind. Um Zahlen über das Verhältnis zwischen Pflanzgärten und Schlagflächen zu geben, sei erwähnt, daß man 4—5 % der Kulturfläche für den Pflanzgarten rechnet, wenn verschultes, 2—3 % wenn nicht verschultes Material in Anwendung kommt.

Pflanzgartenwechsel. Fliegende Pflanzgärten, welche den Boden nicht bis zu seiner Erschöpfung ausnützen, sind den ständigen vorzuziehen. In neuerer Zeit wird betont, ständige Gärten für Ansaat, fliegende für Verschulungen zu wählen.

Umzäunung. Lebende Zäune, Heckenzäune aus Weißdorn, Schwarzdorn, Hainbuchen, Eiben, Tannen, Fichten, Thujen, Taxus, Tsuga und anderen Schatten ertragenden Holzarten können nie so dicht aufwachsen, daß nicht Tiere sich hindurchzwängen könnten. Sie bedürfen längerer Zeiträume, bis sie ihren Zweck annähernd erfüllen, da sie, wenn aus Nadelholz, einmal, wenn aus Laubholz zweimal im Jahre kräftig beschnitten werden müssen; wichtiger sind andere Zaunformen, welche sich zumeist nach der Tiergattung richten, welche ausgeschlossen werden soll. Danach unterscheidet man Stangenzäune, Flechtzäune,

---

[1]) Mortzfeld, Zeitschr. f. Forst- u. Jagdw. 1896.

Drahtzäune mit horizontal gespannten Drähten und Drahtgeflechtzäune oder Massenzäune. Neuerdings kommen immer mehr statt der vergänglichen Holzzäune die fast unvergänglichen Drahtzäune zur Anwendung. Der Draht, teils glatt, teils auch mit Blechspitzen oder Nägeln versehen (Stacheldraht), wird in einem Abstand von 10—15 cm horizontal auf Pfosten mit einem Hebelinstrumente aufgezogen und mit Krampen angenagelt; solche horizontale Drähte sind gut gegen größere, wertlos gegen kleinere Tiere (Reh, Hase), da sie sich über kurz oder lang doch lockern durch Einsteigen von Menschen, durch Versuche der Tiere, einzudringen. Besser ist daher die vertikale Verflechtung solcher Drahtzäune, mit geringwertigem Stauden- und Ästematerial.

Der beste aller Zäune ist das Drahtmaschengeflecht. Bei der Preisabnahme solcher verzinkter Drahtnetze, bei der Haltbarkeit derselben (ihre 25jährige Brauchbarkeit ist bereits festgestellt), bei der absoluten Sicherheit, die sie gewähren, sind sie auch als die billigsten zu bezeichnen. Nur ihre momentane Anschaffung ist vielleicht noch etwas höher als jene der vergänglichen Holzzäune. Je nach der Tiergattung sind Maschendurchmesser, Drahtstärke und Netzhöhe zu wählen. Es genügt übrigens zum Abhalten aller Tiere, welche nicht klettern können, eine Netzhöhe von 1 m und eine Überhöhung mit

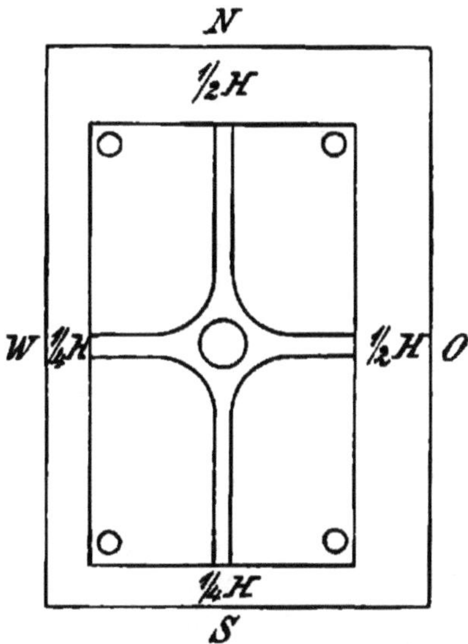

Abb. 22. Form und Lage des Pflanzgartens in einem haubaren Bestande; Erklärung im Texte.

ein oder zwei Sprungdrähten; der Abschluß am Boden ist am einfachsten durch Aufwerfen von Erde oder durch Versenken des Gitters oder eines Stacheldrahtes erreicht.

Sind die Drahtgeflechte auf hölzerne, imprägnierte Rahmen gespannt und geeignet an Pfosten geheftet, so können nach Auflassen des Gartens dieselben Rahmen zur Einfriedigung eines weiteren Gartens dienen. Ebenso kann aus solchen Rahmen eine beliebige Umzäunung für Freilandkulturen hergestellt werden. Zur Umzäunung gehören auch einander gegenüber liegende Türen bzw. Tore, im Falle der Garten mit bespannten Fuhrwerken befahren werden soll.

Arbeiten im Pflanzgarten.

Die Bodenbearbeitung beginnt bereits im Herbst mit der Fällung der Bäume, Rodung der Stöcke, Umhacken, seltener Umpflügen der Fläche bis zu einer Tiefe von 30—40 cm unter Beseitigung von Wurzeln und groben Steinen; Wurzeln und Unkrautwuchs werden auf Haufen zusammengebracht. Im nächsten Frühjahre werden Unkraut und Wurzeln zu Asche verbrannt, die Asche wird über die ganze Fläche verstreut und eine abermalige, seichtere, gartenmäßige Bodenbearbeitung sorgt für feine Verkrümelung und Ebnen der ganzen Fläche und Einteilung in Beete.

Die Breite der Beete soll zwischen 1—1,2 m liegen, damit die Handarbeiten in der Mitte des Beetes von den beiden Seiten her nicht erschwert werden; die trennenden Wege sollen nicht weiter sein, als eines Mannes Fuß lang ist. Damit die Wege rechtwinkelig sich schneiden, empfiehlt sich die Anwendung eines Winkelprismas. Ein Hauptweg der Länge nach und ein zweiter, welcher senkrecht auf dem ersten steht, womit der Garten in vier gleiche Teile zerlegt wird, bilden in der Regel die Grundlage für die Beeteinteilung. Die so entstehende Pflanzen- und Saatstelle verdient vom ästhetischen Gesichtspunkte aus den Namen Garten so wenig wie eine Stelle für Gemüse- oder Getreidezucht; es gibt aber doch Pflanzenzuchtanstalten, welche wenigstens versuchen, sich das Wort Garten zu verdienen, indem die toten Punkte im Garten wie auch ein mittleres Rondell für Anpflanzung einer solitären, selteneren Holzart reserviert bleiben. Verfasser kann in diesem Punkte dem Verfasser der „Pflanzenzucht im Walde", H. v. Fürst, nicht zustimmen; v. Fürst findet, daß solche Zierden als Luxus besser wegbleiben sollten, da gut gehaltene und gepflegte Pflanzbeete auch ohne solche überflüssige Zutaten das Auge des Sachverständigen erfreuen würden. Wir fügen hinzu, daß das Auge des Sachverständigen hier in der Regel das des Vorgesetzten ist, was es auch erklärlich erscheinen läßt, warum vielfach in der guten Erhaltung und Pflege ein Luxus getrieben wird, der überflüssig ist. Werden aber zur Zierde fremdländische, forstlich beachtenswerte Holzarten gewählt, so sind sie als Anfang einer Bestockung beim Verlassen des Pflanzgartens, das ohnedies nach zehn bis zwölf Jahren geschehen sollte, nur nützlich; bei ständigen Gärten mögen Solitärpflanzen mit den Jahren störend werden. Die Einteilung der Beete erfährt im Laufe der Benützung des Pflanzgartens Veränderungen; es sollte Regel sein, daß bei jeder neuen Bestellung der Beete mit der Beetrichtung und Beetbenutzung gewechselt würde; ein Beet, welches eine Saat trug, soll nunmehr eine Verschulung, ein Beet, welches eine Verschulung trug, soll nunmehr eine Saat aufzunehmen haben. Auch Wechsel in der Holzart ist angezeigt. Ehe Bodenerschöpfung eintritt, soll die Bodenverbesserung durch Düngung einsetzen, worüber am Schluß des Pflanzgartenbetriebes nähere Angaben gebracht werden. Ein notwendiges Attribut des Saat- und Pflanzgartens ist sodann eine Hütte oder Zelte, groß genug zur Unterbringung der Geräte und der Arbeiter zum Schutz gegen die Unbilden der Witterung.

Die Bestellung der Beete durch Sämereien. Eine über
die ganze Beetfläche hinweggehende Vollsaat heißt breitwürfige Saat.
Sie bringt zwar mehr Pflanzen pro Beetfläche, erschwert aber die
Reinhaltung der Beete von Unkrautwuchs, die Bekämpfung von Schäd-
lingen, so daß man allgemein zur Streifensaat übergegangen ist, welche
wegen ihrer Schmalheit Rillen- oder Rinnensaat genannt wird.

Für kleine Sämereien, wie sie Fichten, Lärchen, mehrere Föhren
und andere Holzarten besitzen, genügt eine Rille von etwa 2 cm Tiefe
und 3 cm Breite und ein Rillenabstand von 10 cm; größere Sämereien
verlangen größere Abstände in den Rillen, welche ihnen durch die
Steck- oder Stufensaat gegeben wird.

Die Anfertigung der Rille geschieht am raschesten durch rotierende
Instrumente; Walzen von der Breite der Saatbeete, denen in bestimmten Abständen Leisten aufgenagelt oder aufgelötet sind, drücken
die Rille in den Boden durch ihr Gewicht ein, wenn sie über die
Beete parallel mit deren Längsseite bewegt werden. Solche Walzen
wurden von Sauer[1]) erfunden; sie liefern stets die gleiche Rillenbreite
und -tiefe, sind daher nur für bestimmte Sämereien anwendbar. Leichter
handliche und für größere wie für kleine Sämereien brauchbarere Geräte von verschiedener Rillentiefe und -breite sind Spitzenbergs[2])
Rillenwalzen; durch stärkeres oder schwächeres Aufdrücken werden
die Rillen tiefer oder seichter. Eine Führervorrichtung gestattet den
Abstand der Rillen zu ändern und einen möglichst parallelen Verlauf
der Rillen einzuhalten; gelingt dies nicht vollständig, so ist dies zwar
kein Schaden für die Pflanzen, aber vielleicht nicht erfreulich für das
Auge des Sachverständigen.

Bezüglich der Schnelligkeit der Arbeit sind an zweiter Stelle zu
nennen die Saatbretter, welche eine Länge gleich der Beetbreite besitzen und im gewünschten Abstande aufgenagelte Leisten tragen,
welche wiederum einen Querschnitt von der gewünschten Rillenbreite
und -tiefe besitzen. Der Querschnitt ist schwalbenschwanzartig (Doppel-
rille), dreieckig oder viereckig; den dreieckigen dürfte der Vorzug zu
geben sein. Damit die Rillen parallel werden, wird über die Beete
der Länge nach eine Schnur gespannt, auf welche die Saatbretter so
gelegt werden, daß ein das Brett in der Quere halbierender Strich
genau mit der Schnur zusammenfällt. Auch die Bretter haben den
Nachteil, daß eine Veränderung in dem Verbande und der Größe der
Rillen unmöglich ist. Endlich wären noch Spitzenbergs Rillen-
drücker sowie löffel- oder pflugartige Geräte zu nennen, mit welchen
ebenfalls Saatfurchen von beliebiger Tiefe und Breite je nach der Belastung eingedrückt werden können. Für Saaten mit größeren Sämereien,

---

[1]) Revierförster Sauer, Forstwissenschaftliches Centralblatt 1904.
[2]) l. c.

z. B. Eicheln (Stecksaat, Stufensaat, Punktsaat), fertigen Bretter mit Zapfen oder Setzstäbe vertikale Löcher, oder das Einlegen erfolgt in tiefen Rillen, so daß die Sämereien horizontal liegen.

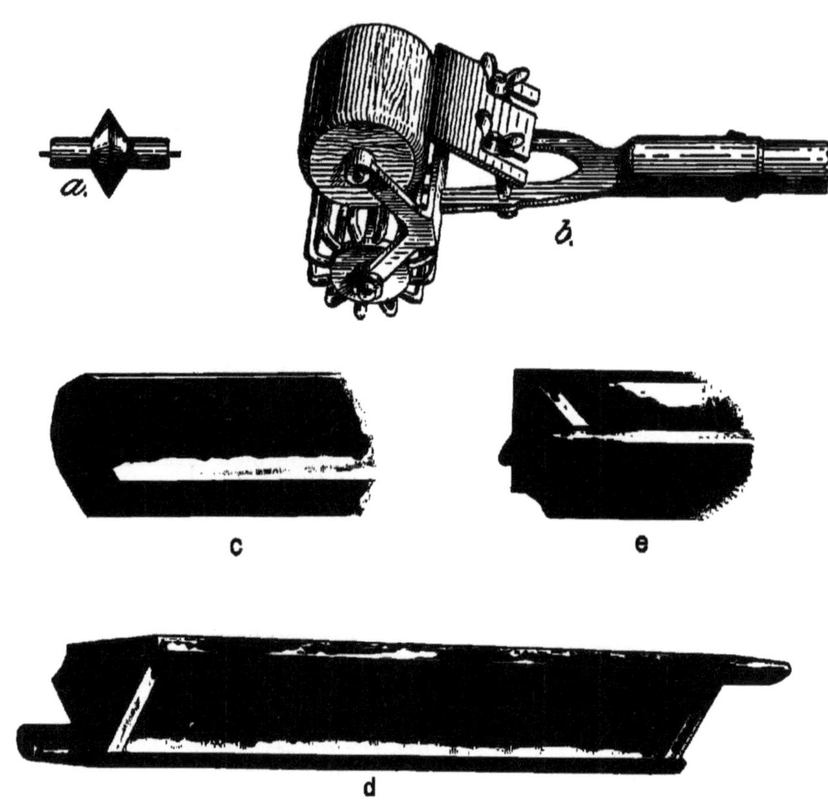

Abb. 28. Saatgeräte: *a* Spitzenbergs Rillenwalze, *b* desselben Gitterwalze und Saatbedecker, *c* Eßlingers Saatlatte. *d* und *e* Haffners Rillenbedecker.

Die mehrfach bereits zitierten Untersuchungen Professor Bühlers geben zuverlässige Anhaltspunkte über die Saatdichte. Nach Bühler erhält man die größte Pflanzenmenge, wenn von den Sämereien der europäischen

Fichten, Föhren, Schwarzföhren . .	10 g pro 1 m Rillenlänge,			
Lärche, Weymouthföhre, Buche, Erle .	30 „	„ 1 „		„
Tanne, Zirbel, Esche, Linde .	. 50 „	„ 1 „		„
Stieleiche und Birke .	. 150 „	„ 1 „		„

verwendet werden.

Die Dichtigkeit hängt sodann ab von dem Zweck, der mit der Saat verfolgt wird. Sollen die Pflanzen im Saatbeet bis zum Auspflanzen verbleiben, so ist dünne Saat notwendig, sollen aber die Pflanzen ein- oder zweijährig ausgehoben und wieder verpflanzt (verschult) werden, so sind dichte Saaten zulässig.

Die Ansaat der Rillen geschieht mit der Hand, wie besonders bei größeren oder geflügelten Sämereien; kleinere Sämereien, besonders jene der Fichten, Föhren und Lärchen, lassen sich vorteilhaft auch mit einfachen Vorrichtungen einbringen. Forstrat Eßlingers Saatlatte ist eines der am häufigsten gebrauchten und einfachsten Saatgeräte. Die beigegebene Abbildung macht eine Beschreibung überflüssig; sie hat die Beetbreite zur Länge und wird in einem ebenso langen Troge mit Sämereien gefüllt; durch eine geschickte Drehung oder mit dem Finger wird der Überschuß der Körner beseitigt; die Latte wird an die Rille angelegt und umgekippt. Fürst empfiehlt sodann Hörmanns[1]) Rillensäer als ein sehr einfaches Instrument; seine nähere Konstruktion möge aus der Originalschilderung entnommen werden. Forstmeister Hacker hat einen Säeapparat erfunden, der keine Rillenanfertigung verlangt; der in regulierbarer Menge ausfließende Samen wird von der am gleichen Instrument befestigten Walze festgedrückt, worauf die Bedeckung der Sämereien folgt.

Die Bedeckung der Sämereien. Was die Dichte der Bedeckung angeht, so ist sie durch die Rillentiefe gegeben; die Rillentiefe wird so gewählt, daß die Ausgleichung der Rille durch Eindecken mit der Beetfläche genau die richtige Bedeckungsdichte ergibt. Alle Angaben bezüglich der Freilandsaaten (Seite 386) haben auch für Gartensaat ihre Geltung; als Mittel zum Decken dienen gleichfalls dieselben Substrate; es mag hierzu kommen, daß Rillensaaten auch mit Düngererde gedeckt werden können, wie dies z. B. Forstrat Häffner in Forstenried mit einem überaus praktischen Instrument erreicht, dem Häffnerschen Saatbedecker. Dieser, einem breit gezogenen Trichter gleich, wird auf die Rille gestellt, die Düngererde wird mit der Hand hineingestreut, mit einer Seitenfläche wird die Bedeckung festgedrückt (Abb. 23 d u. e).

Auch die übrigen Instrumente, wie Rechen und ganz besonders Spitzenbergs Saatbedecker (Abb. 23 b) sind hier einschlägig.

Da jene Schutzmaßregeln die besten sind, welche das Erscheinen der Feinde der Sämereien verhindern, so sollen diese zuerst besprochen werden.

Um dem Unkrautwuchse vorzubeugen, empfiehlt sich das Belegen der Beetstreifen zwischen den Saatrillen mit Laub, Moos, Sägemehl, Torfmull, gespaltenen Stangen, Latten, Prügeln u. dgl. Damit ist zugleich ein vortreffliches Mittel gegen Austrocknung der Saat, eine außerordentliche Förderung durch die Feuchterhaltung des Bodens, ein

<hr>

[1]).Hörmann, Forstwissenschaftliches Centralblatt 1903.

Mittel gegen Auffrieren im Winter geboten; nützliche Laufkäfer finden ihre Deckung. Keimt Unkrautwuchs zuerst empor, vor der Edelsaat, wie das die Regel ist, so muß ersteres beseitigt werden, ehe es größer wird. Bei Sämereien, welche in einer Tiefe von 2 cm und darüber im Boden liegen, ist das kräftige Übergießen der Beete mit kochendem Wasser ohne oder mit großlöcheriger Brause, welche hart über den Boden hinweggeführt wird, ein vortreffliches und rasch wirkendes Unkraut- und Insektenvertilgungsmittel; bei Sämereien, welche bis zu 2 cm tief liegen, genügt Wasser von 80° C; dieses Begießen mit kochendem Wasser ist wohl das billigste und zugleich nützlichste Mittel der Unkrautvertilgung, das bis zur Keimung wiederholt werden kann. Es empfiehlt sich das zur Saat zubereitete Beet einige Tage ohne Saat zu belassen, damit das oberflächlich liegende Unkraut vor der Edelsaat einen Vorsprung erhält und dadurch gründlicher mit heißem Wasser vernichtet werden kann. Keimen Unkraut und Edelsaat gleichzeitig, so muß so früh als möglich das Unkraut mit der Hand, vielleicht unterstützt von einem spitzen Messer, beseitigt werden, wobei gelockerte Keimlinge mit den Fingern seitlich wieder festzudrücken sind. Zum Schutze gegen Auffrieren wird nach August nicht mehr ausgejätet. Für die letzte Unkrautbeseitigung im August, September genügt zwischen den Verschulungen das Abschneiden des Unkrautes, ehe dasselbe zur Samenbildung schreitet; die annuellen Unkräuter vernichtet dann der Winter, während ihre Wurzeln gegen das Auffrieren schützen. Das völlige Beseitigen noch im Herbst ist zwar schöner, aber auch dafür kostspieliger und weniger nützlich. Das Unkraut in den Rillen kann nur mit der Hand, jenes zwischen den Saatrillen auch mit zwei- oder dreizinkigen Gabeln, mit Miniaturpflügen (Jätepflügen), mit der Kratzbürste, welche Nägel trägt, mit Schüllermanns Lockerungsapparat[1]) und anderen beseitigt werden. Das Unkraut auf den Wegen wird mit schabenden, flach abschälenden Instrumenten entfernt.

Engerlinge sind in Gärten, welche in normaler Größe in einem haubaren Bestand angelegt werden, nicht zu befürchten; das Anbringen von Starenkästen an den Bäumen in der Umgebung der Gärten schützt gegen eine Menge von Insekten, insbesondere auch gegen den Maikäfer; auf größeren Flächen hat sich das Eindecken der Saat mit Reisig bewährt, das Einbringen von Schwefelkohlenstoff in den Boden ist nach v. Seelen gut, nach Weise wertlos. Die Werre vertilgt man durch Aufsuchen der vertikalen Gänge und Eingießen von reichlichem kochenden Wasser; auf der Oberfläche lebende Käfer, wie Haltica, auch solche mit hartem Panzer, wie Rüsselkäfer, bekämpft und tötet man am schnellsten durch kräftiges Übergießen der Beete mit heißem Wasser von 50° C. Diese Temperatur schadet auch den zartesten Pflanzen

---

[1]) Schüllermann, Forstwissenschaftliches Centralblatt 1903.

nicht, tötet aber jedes tierische Leben nach Untersuchungen des Verfassers. Gegen Mäuse helfen eingegrabene, glattwandige Töpfe, Mäusefallen, Vergiftungen mit Weizen oder Phosphorpillen. Der sehr lästige Maulwurf kann nur an einem Verbindungswege, den er regelmäßig benützt, durch Maulwurfszangen, welche nach beiden Seiten hin im Gange gestellt werden, abgefangen werden. Schutz gegen Vögel gewährt Vermischung mit Mennig, Bedeckung der Beete mit Reisig oder mit Saatgitter, welche aus Holzstäben oder Drahtgeflechten gefertigt sind. Gegen Rehe, Hasen, Hirsche, Schweine und andere große Tiere hilft der Zaun, gegen das Eichhörnchen helfen Saatgitter oder besser, angesichts der sonstigen großen Schädlichkeit dieser Tierchen das Abschießen. Die Feinde dieser Tiere, vor allem den Fuchs, den Marder, den Iltis, das Wiesel zu schonen, würde zwar dem Forstmann und seinen Pfleglingen nützen, aber dem Jäger und seinen Pfleglingen Schaden bringen; hier aber entscheidet der Jäger und wohl jeder stimmt ihm zu.

Gegen Vertrocknen der Saat, besonders der eben aufkeimenden, helfen außer den obigen Zwischenrillendeckungen auch Bestecken mit Zweigen, Hochdeckung auf Gestellen mit belaubtem oder benadeltem Reisig und im äußersten Notfalle das Begießen mit Wasser; von letzterem abgesehen, helfen die gleichen Mittel auch gegen Spätherbst bei sehr früher, gegen Frühfrost bei sehr später Aussaat oder bei fremdländischen aus wärmeren Regionen stammenden Holzarten.

Dünn ausgeführte Saaten gestatten das Belassen der Pflanzen in den Saatrillen bis zum Zeitpunkt ihrer Brauchbarkeit für Freilandspflanzungen ohne vorheriges Umpflanzen im Garten oder Verschulen. Für solche unverschulte Pflanzen ist es wichtig, einen möglichst gleichmäßigen Abstand zwischen den Pflanzen zu erzielen; durch die Saat selbst ist das in der Regel nicht erreichbar; sie wird immer stellenweise zu dicht, stellenweise zu dünn ausfallen; es hat somit im ersten oder im zweiten Jahre nach der Saat eine Ausdünnung der zu dichten Rillen einzutreten. Vielfach geschieht dies durch Herausschneiden des Überschusses mit einer Schere; das Herausreißen ist wenig empfehlenswert; besser erscheint das Herausheben mit einem schmalen, scharfschneidigen Instrumente, mit dem die Wurzeln der überschüssigen Pflanzen tief abgestochen und diese selbst ausgehoben werden. Durch Festdrücken der allenfalls gelockerten Umgebung ist die Arbeit vollendet. Solche ausgehobene Pflänzchen werden zur Bestockung allzu locker stehender Partien oder anderweitig verwendet. Ausgedünnte Pflanzen erreichen ein Jahr früher ihre Brauchbarkeit fürs Freie, ihr Wurzelsystem aber ist weniger kompakt, ihr Ausheben bedingt somit stärkere Verletzungen; immerhin ist die Pflanzung mit nicht verschultem Material sehr rentabel und sehr viel verbreitet.

Die den Pflanzen so wohltätige Bodenlockerung wird am besten mit der Beseitigung des Unkrautwuchses betätigt; als Instrumente kommen

Häufelpflüge, löffelartige Instrumente und mit größtem Vorteile das im Gemüsegarten allbekannte Gartenhäckchen in Anwendung. Sind die Saaten zwischen den Rillen eingedeckt, ist weder Bodenlockerung noch -häufelung notwendig. Werden die Erdstreifen zwischen den Saatrillen ausgejätet, gelockert und gehäufelt, so kann damit auch eine Zwischendüngung verbunden werden; man verwendet hierzu flüssigen Dünger, stark vergorene Jauche oder Düngererde von Komposthaufen, wie sie später beschrieben werden soll.

Das Vorschulen. Kräftige einjährige und zweijährige Pflanzen pflegt man zu verschulen; bei Zürbeln, Buchen, Hainbuchen, Linden werden auch Keimlinge mit dem kleinsten Hohlspaten ausgestochen und verschult; Föhrenpflanzen pflegt man in der Regel nicht zu verschulen, das heißt im Garten in einem weiteren Verbande umzusetzen, sondern mit einem oder zwei Jahren sogleich ins Freie zu bringen; nur wenn auf einer lehmreicheren Stelle Ballenpflanzen erzogen werden sollen, werden auch Föhren (zwei- und dreinadelige) verschult; für alle übrigen Holzarten dagegen ist Verschulen eine allgemein übliche Maßnahme, welche folgende Vorzüge besitzt:

1. Leichtere Ausführbarkeit der Saat, welche dichter und ohne besondere Vorsicht hinsichtlich ihrer Gleichmäßigkeit geschehen kann; 2. Gewinnung von Pflanzen mit enggepacktem Wurzelsystem; 3. von Pflanzen mit stufig, das heißt pyramidal geformten Kronen; 4. Möglichkeit einer Zwischendüngung; wünschenswert ist die Verschulung bei Erziehung von Ballenpflanzen. Als Nachteile stehen gegenüber: höhere Kosten, Verbrauch an größeren Gartenflächen und rasche Verschlechterung der Saat- und Pflanzgärten, insbesondere bei Ausheben von Ballenpflanzen. C. Wagner[1]) nennt das durch Verschulung bei der Fichte erzeugte Wurzelsystem ein unnatürliches und verlangt deshalb für die Fichte Rückkehr zur Naturverjüngung um jeden Preis. A. Fron[2]) sagt: „Nadelholzpflanzen soll man nicht verschulen, da, von den Kosten abgesehen, die unverschulten Pflanzen besser seien als die verschulten." Die Verschulung wird mit ein-, zwei- oder schwachentwickelten dreijährigen Pflanzen und in der Regel nur einmal vorgenommen; sollen Heisterpflanzen von 2 m Höhe und darüber gewonnen werden, empfiehlt sich ein zwei-, selbst mehrmaliges Verschulen mit immer größeren Abständen der Pflanzen.

Das Ausheben der Pflanzen erfolgt mit dem Stechspaten durch Öffnen eines Gräbchens parallel der ersten Saatreihe; durch einen Spatenstich zwischen der ersten und zweiten Saatrille werden dann die Pflanzen der ersten Rille in den Graben gedrückt; die zweite Rille legt sich auf diese Weise in das Gräbchen, das an Stelle der ersten

---

[1]) Die Grundlagen der räumlichen Ordnung im Walde. 1907.
[2]) Silviculture. 1903.

Rille getreten ist und so weiter. Mit dieser Methode wird zugleich das Sortieren der Pflänzchen nach ihrer Größe verknüpft, da es wünschenswert ist, Pflanzen von einer Größe auf ein Verschulbeet zu bringen, obwohl in kurzer Zeit von neuem im Wuchse divergente Individuen sich zeigen. Kann die Arbeit bei trüber, nebeliger oder gar schwach regnerischer Witterung vorgenommen werden, so ist sie vielleicht schwierig und langsam; diese Nachteile aber werden voll aufgewogen durch die Schonung der Pflanzen; ein paar Minuten Besonnung genügen zum Abtöten der Wurzelhaare und Wurzelspitzen. Muß diese Arbeit bei Sonnenschein und trockener Witterung geschehen, so empfiehlt sich möglichst rasches Einschlagen in die Erde, ganz untergetauchte Einlage in Wasser, nasses Moos und kräftiges Begießen nicht bloß der Wurzeln und der Erde, sondern auch der oberirdischen Teile und der Bedeckung. Das Einlegen in Wasser schadet deshalb nichts, weil nach des Verfassers Versuchen Pflanzen wochenlang in Wasser liegen können, ohne im geringsten zu leiden; es besteht sogar noch der Vorteil, daß Pflanzen unter Wasser nicht austreiben. Auch das Eintauchen in Lehmbrei ist viel besser als sein Ruf. Das Verbringen zum Verschulbeet und das Aufbewahren zum unmittelbaren Gebrauche geschieht am besten in nassen Tüchern (Rupf). Man kann auch Spitzenbergs Pflanzlade oder jedes andere seichte Kistchen benützen, dem ein Tuch als Deckel aufgenagelt ist, das fortwährend naß gehalten wird.

Das Verschulbeet wird etwas tiefer bearbeitet als das Saatbeet; lockerer, etwas abgetrockneter, aber nicht ausgetrockneter Boden ist für eine rasche Arbeit notwendig. Alle Verschulungen sind im Grunde genommen Klemmpflanzungen, ausgenommen sind jene Fälle, bei welchen die Pflanze mit beigegebener Düngererde in das Loch oder in den Spalt versenkt und dort festgedrückt wird. Das Verschulen der Pflanzen kann geschehen als Lochverschulung und als Furchenverschulung; für erstere werden mit einem Instrumente, seltener mit der Hand, Löcher gefertigt, die Pflanze wird eingesenkt und durch Beidrücken der Erde wird sie festgeklemmt; bei der Furchenverschulung werden mit einem Geräte Furchen gezogen, an deren senkrechte Wände die Pflanzen in bestimmten Abständen gelegt werden; durch Beiziehen oder Beidrücken des Furchenaushubes schließt sich das Gräbchen; die Pflanzen werden ebenfalls dadurch geklemmt.

Um für die Lochverschulung die gewünschte Regelmäßigkeit im Pflanzenabstande zu erzielen, gibt es Walzen oder Bretter mit Holznägeln oder Zapfen versehen, welche zuerst über das Beet geführt werden und die Stellen für die Verschulpflanzen markieren; Gleiches kann durch Pflanzbretter, quer über die Beete gelegt und mit Kerben für den gewählten Pflanzenabstand versehen, erreicht werden. Die einfachste Methode ist folgende: Eine Schnur wird der Mittellinie der Beetlänge parallel gespannt und dieser entlang wird verschult, wobei

ein Zeichen an der Schnur oder ebensogut ein Zeichen am Verschul-
gerät den Abstand der Pflanzen kennzeichnet. Schwankt dabei der
Abstand um ein paar Zentimeter hin und her, so ist dieser Mangel an
Exaktheit für die Pflanzen belanglos, für die Arbeitsschnelligkeit aber
wichtig; ist die Mittellinie verschult, schließen sich parallel hierzu die
anderen Pflanzenreihen an, wobei es vorteilhaft ist, daß die Pflanzen
in der zweiten Reihe zwischen jenen der ersten Reihe zu stehen
kommen.

Zur Lochverschulung dient das Setzholz, wie es im Blumen- und
Gemüsegarten allgemeine Verwendung findet; forstliche Pflanzen verlangen etwas stärkere Dimensionen. Forstrat Mantels Pflanzenblech,
das in das Loch eingehängt wird, erleichtert das Abwärtsgleiten der
Wurzeln der Pflanzen. Um diesen Vorteil auszunützen, hat der Vater
des Verfassers, weiland Forstmeister Cl. Mayr in Grafrath ein Gerät

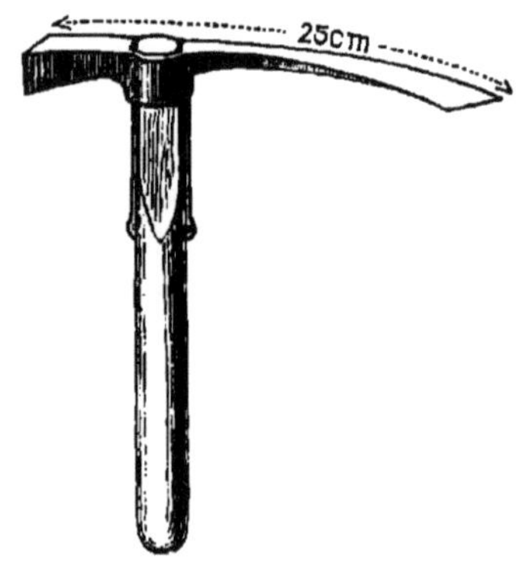

erdacht, das als Mayrs Pflanzhammer
jahrelang in Oberbayern vielfach im Gebrauche war. Später wurde es abgeändert,
die Schneiden wurden verbreitert, das
schwach gekrümmte Häckchen verkürzt
und gerade gestreckt, das ganze Gerät
wurde leichter gemacht; dadurch aber ist
es für die Verschulung minderwertig geworden, weil die Verschulspalten zu
seicht sind; ebenso ist es wirkungs-
schwächer geworden für die Verpflanzung,
weil es zu leicht geworden ist. Nebenstehende Abbildung bedarf keiner weiteren
Beschreibung. Durch Anlegen der Breit-
seite des Hammers an die Schnur, Ein-

Abb. 24. Forstmeister Mayrs Kulturhammer.

drücken des schneidenden Teiles in den Boden und Wegziehen desselben von der Schnur wird ein auch in der Tiefe erweiterter Spalt
hergestellt, in welchen die an dem glatten Eisen abgleitenden Wurzeln
eingesenkt werden; der Hammer wird herausgezogen, neuerdings in
dem Abstande von einer Pflanze eingedrückt und die Erde an die
Pflanzen angedrückt. Diese Bewegung ist eine einfache und natürliche, verglichen mit der drehenden Bewegung oder dem mehrfachen
Einstechen und Andrücken, welche das Setzholz verlangt.

Das Einsenken der Pflanzen geschieht zuerst so tief als möglich,
dann wird kurz vor dem Andrücken die Pflanze bis zu ihrer Normal-
höhe, gleich dem Stande im Saatbeete, emporgehoben. Bei einjährigen
Pflanzen wird der Keimling bis zu den Keimblättern (Kotyledonen) versenkt. Auch Düngererde kann vor dem Andrücken der Pflanzen beigegeben werden. Mangelhafte Lochtiefe nachlässiges Einführen der
Pflanzen gibt in den Wurzeln jene Verkrümmungen, welche auf allen

Verschulbeeten vorkommen und erst beim Ausheben der Pflanzen zum Zweck des Auspflanzens an das Tageslicht kommen.

Es ist noch zweifelhaft, ob Furchenverschulungen schneller arbeiten als eine Loch- oder Spaltverschulung mit Mayrs Pflanzhammer; jedenfalls haben sie gegenüber dem Setzholz und dem gewöhnlichen Pflanzhäckchen den großen Vorzug der Schnelligkeit und größeren Sicherheit. Furchen fertigen kleinere Handpflüge; ein furchenähnlicher Spalt entsteht durch Forstmeister Strehles Pflanzblech, Furchen ergeben Hackers Verschulrechen und Hackers Verschulmaschinen, Raths[1]) Verschulrahmen unter Anwendung eines Grabscheites oder einer großen Maurerkelle (Häffner). Strehles Pflanzblech hat als Länge die Breite des Beetes, als Breite die Tiefe der Furche; die in den Boden eindringende Längsseite ist schneidig, der entgegengesetzte Rücken verdickt und abgerundet. Zwei Arbeiter drücken das Blech so tief als möglich in den Boden und fertigen durch Hin- und Herbewegung einen Spalt, in welchen die Pflanzen, in einem Rahmen eingehängt, eingelegt werden; durch einen zweiten Stich mit dem Blech wird die Erde an die Wurzeln gedrückt. Der Rahmen selbst besteht aus zwei Teilen, ein Teil nimmt in Kerben von bestimmten Abständen die Pflanzen auf, der andere hält sie in dieser Lage auch bei Wind und unruhiger Bewegung fest. Hackers Verschulvorrichtung hat weiteste Verbreitung in neuerer Zeit gefunden. Seine einfachsten Formen sind zwei Rechen aus starkem Eisen mit senkrecht abstehenden, breiten Zähnen an schief zum Rechen stehenden Stielen; ein Arbeiter an der linken Seite des Beetes arbeitet mit dem anderen Arbeiter an der rechten Seite zusammen, indem sie gleichzeitig die Rechen ansetzen, so daß beide Rechen zusammen gerade die Beetbreite einnehmen; sie fertigen eine Furche, an welcher ein mit Pflanzen behängter Rahmen eingelegt wird. Durch Andrücken der Erde mit den Rechen sind die Pflanzen alle gleichzeitig eingesetzt; es erfolgt noch eine Nachbesserung mit der Hand zur Richtung der Pflanzen und zum Ebenen der Erde. Hackers Verschulmaschine ist ein zweirädriges Gestell, auf dem der Arbeiter sitzt und einen eisernen Rechen von der Breite der Beete in einem Gelenke bewegt. Die überallhin von Forstmeister Rudolf Hacker in Königgrätz (Böhmen) verbreiteten Prospekte und die durchwegs günstigen Urteile [Gareis[2])] erheben den Verfasser einer eingehenden Schilderung und Abbildung. Einer Verbesserung sind Hackers Verschulrahmen zum Einhängen der Pflanzen bedürftig, da ungeschickte Bewegungen und insbesondere Wind das Einhängen und den Transport der Rahmen sehr erschweren. An Strehles Rahmen worden durch

---

[1]) Rühl im Forstwissenschaftlichen Centralblatt 1906.

[2]) Forstmeister Gareis im Forstwissenschaftlichen Centralblatt 1903.

einen zweiten Rahmen, an R a t h s Rahmen durch eine Schnur die Pflanzen festgehalten.

Das B e s c h n e i d e n der Pflanzen hat sich auf ein Einstutzen der längsten Wurzelstränge zu beschränken; es ist um so mehr zulässig, ja wünschenswert, je sorgloser die Pflanzen beim Ausheben, Sortieren und Verbringen der Luft und der Sonne ausgesetzt wurden. Die neuen weißen Wurzelspitzen erscheinen ohnedies nicht als Fortsetzung der alten, sondern müssen sich aus den unbeschädigt gebliebenen, noch saftigen, dickeren Wurzeln erst neu bilden. Das Einkürzen der Pfahlwurzel der Eichen ist nach den Versuchen zu Groenendael[1]) ohne Bedenken; bei Quercus rubra ist es ungünstig, bei Castanea direkt schädlich. An den oberirdischen Pflanzenteilen werden nur bei Laubhölzern allzu starke, zu Gipfeln aufstrebende Seitenäste entfernt.

Fällt nach der Verschulung regnerisches Wetter für mehrere Wochen ein, dann gelingt alles, auch die sorgloseste Verschulung. Folgt aber eine Trockenperiode, so werden nur jene Pflanzen, die möglichst tief eingesenkte Wurzeln besitzen, sich durch die Prüfungszeit hindurch retten. Begießen nach der Verschulung wäre freilich das beste; in der Regel ist es jedoch nicht durchführbar, man muß sich begnügen, die Erde zwischen den Verschulreihen einzudecken, wie dieses bei den Rillsaaten bereits erwähnt wurde. Die Deckung hat von den bereits erwähnten Vorzügen noch jene, daß in der feuchter gehaltenen Erde die Wurzeln mehr an der Oberfläche sich ausbilden, während bei nicht gedeckten und austrocknenden Böden die Wurzeln nach der Tiefe zu streben.

Zur Verschulung von Keimlingen, von Nüssen, Eicheln, Bucheln genügt meistens die Anfertigung eines Loches mit der Hand oder einer seichten Öffnung mit dem Pflanzhammer, Kulturhäckchen, S p i t z e n - b e r g s Eicheldruckstücke u. dgl.

Als beste Z e i t für die Verschulung wird allgemein das Frühjahr angenommen; in Groenendael[1]) wurden bessere Erfolge mit der Herbst- verschulung erzielt.

Gegen verspätete Fröste schützt teilweise wenigstens eine späte Verschulung (Holzarten des kühleren Klimas); gegen verfrühte Fröste schützt möglichst frühe Verschulung (Holzarten aus wärmerem Klima); für fremdländische Arten, besonders Laubhölzer aus wärmerem Klima, wird immer eine Hochdeckung gegen Früh- und Winterfröste in dem ersten Jahre der Verschulung sich empfehlen; im zweiten Jahre kommt dann die Decke in Wegfall.

P f l a n z e n a b s t a n d. Über den A b s t a n d, in welchem verschult werden soll, entscheiden folgende allgemeine Erwägungen. 1. Je kleiner die Pflanze, um so enger die Verschulung. 2. Je länger eine Pflanze

---

[1]) Bull. Société Centrale Forestière de Belgique 1907.

im Verschulbeet bleiben soll, um so weiter die Verschulung. 3. Je
mehr die Pflanze zur Kronenverbreiterung neigt, um so weiter der Abstand. 4. Der größere Abstand bedeutet für Laubhölzer Steigerung der
Höhe, für Nadelhölzer Steigerung des Flächenwachstums der Krone.
5. Die Verschulungsweite wechselt nach Holzart, Boden und Klimalage;
je besser der Boden, je wärmer das Klima, desto enger der Verband;
Lichtholzarten verlangen weiteren Verband als Schattenholzarten.
6. Soll eine Pflanze zwei oder mehrmals umverschult werden, steigt
der Pflanzenabstand mit jeder Neuverschulung. Der beste Abstand,
bei dem das meiste und beste Pflanzenmaterial gewonnen werden kann,
muß für jeden Garten durch Probieren festgestellt werden. Um einen
Anhalt zu geben, sei erwähnt, daß Forstrat Häffner für seine großen
Pflanzgärten zu Forstenried dieses Optimum der Ausnützung für Fichte
in 6 cm Pflanzen- und 15 cm Reihenabstand erreicht. Lärche und
Tanne bedürfen 10 : 15, Laubholzhalbheister 15 : 15, Vollheister bis zu
50 cm und darüber.

Eigener Vorbereitungen zum Zwecke des Aushebens der Pflanzen
aus dem Verschulbeete bedürfen nur Pflanzen auf lockerem Boden,
welche als Ballenpflanzen Verwendung finden. Zur Festigung der Erde
empfiehlt sich Begießen der Beete und Duldung einer Verunkrautung
des Bodens. Um das Wurzelsystem zu engerer Entwicklung zu zwingen,
werden an Tiefwurzlern ein Jahr vor der Bepflanzung die Wurzeln
mit einem stemmeisenartigen Geräte abgestochen. Muth empfiehlt
zu diesem Zwecke seinen Wurzelverschneider; eine für verschiedene
Bodentiefe verstellbare Klinge an einer pflugähnlichen Vorrichtung wird
durch die Pflanzenreihen hindurchgeführt, so daß an jeder Pflanze
unterirdisch an den vier Seiten ihres späteren Wurzelballens die Wurzeln
abgeschnitten werden. Das Verschneiden bereitet zugleich für das Ausheben selbst vor. Der Erfolg wird gerühmt. Auch Kaisers an einem
Stocke befestigtes Wurzelschneidemesser sei erwähnt.

Das Ausheben der Pflanzen aus dem Verschulbeete, in welchem
dieselben je nach der Entwicklung 2—3 Jahre verbleiben, kann mit
dem gleichen Instrumente, welches schon früher für das Ausheben von
Schlagpflanzen beschrieben wurde, erfolgen. In der Regel wird der
flache Stichspaten oder der schwach gewölbte Kegelspaten benützt.
Werden wurzelnackte Pflanzen gewünscht, so wird die Erde von den
Wurzeln abgeschüttelt. Wenn auch solche Pflanzen im allgemeinen
widerstandsfähig gegen Vertrocknung sind, die Wurzeln sind ebenso
schonend zu behandeln und gegen Besonnung und Vertrocknung zu
sichern wie die Verschulpflanzen; bei Ballenpflanzen genügt das An-
einanderstellen der Erdballen für Aufbewahrung und Transport.

Mit dem Ausheben der Pflanzen ist wiederum eine Musterung
zu verbinden; diese bezieht sich zunächst auf die Größe der Entwicklung, dann aber bei Laubhölzern und insbesondere bei Lärchen und

Föhren auf Schlankheit der Pflanzenachse. Ist diese gekrümmt, sind die Pflanzen zu beseitigen, sobald sie zu den kräftigsten zählen; Schwächlinge können dagegen verwendet werden, da Aussicht besteht, daß sie frühzeitig vom Bestande selbst ausgeschieden werden, somit nur als Füllholz zu dienen haben (Auswahlpflanzung). Auf das Ausheben der Pflanzen zum Zwecke der Verpflanzung ins Freie erfolgt Wiederbestellung der Beete bis zur Aufnahme einer Saat (man vergleiche Seite 398) entweder durch Erdezufuhr (nach Ballenpflanzengewinnung) oder durch Düngung und Bodenbearbeitung; für letztere Arbeit eignet sich vorteilhaft die Grabgabel.

Die Düngung der Pflanzgärten.

Durch Untersuchungen von Helbig, Schröder, Dulk, Councler und anderen ist nachgewiesen, daß durch die jungen Pflanzen dem Boden vor allem Kalium, Phosphor und Stickstoff, auch Calcium, Magnesium, Eisen und Schwefel in größeren Mengen entzogen werden, als durch die Kohlensäurewirkung im Boden aus den Mineralien aufgeschlossen werden. Zwar schwanken die Angaben über die Menge der entzogenen Stoffe beträchtlich; allein auch ohne diese Analysen ist das Düngerbedürfnis der Pflanzen schon früher bekannt gewesen und wird auch heute noch nachgewiesen durch das empfindlichste Reagenz, das ist die Entwicklung der Pflanze selbst. Da die Feststellung des den Pflanzen mangelnden Nährstoffes, d. h. des in minimo vorhandenen und die ganze Pflanzenentwicklung bedingenden Nährstoffes eine schwierige ist, werden in der Regel mehrere Dünger gleichzeitig zur Anwendung gebracht. Über die Anwendung und Einwirkung von Düngemitteln auf die Pflanzen im Garten liegen bereits umfangreiche Untersuchungen und Äußerungen vor von Helbig, Heck, Henze, Grundner, Mathes, Kienitz, Engler, Wein, Schwappach und Möller. Aus den Schriften dieser Forscher kann zunächst entnommen werden, daß es eine große Zahl von Düngemitteln gibt, daß durch Mischungen dieser unter sich und mit Walderde wiederum eine Unzahl von Variationen erzielt werden kann, daß alle Düngemittel eine gute Wirkung auf das Pflanzenwachstum zeigen, vorausgesetzt, daß das Übermaß vermieden wird.

Die häufigsten Düngemittel sind folgende: a) Dünger vegetabilischen Ursprungs: Nadeln, Laub, Moos, Unkrautstreu, zerhackte Nadelholzbetriebe, Torfmull, Rohhumus, Gründüngung durch schmetterlingsblütige Pflanzen zur Bereicherung des Bodens mit Stickstoff;

b) Dünger vegetabilschen Ursprungs mit mineralischen Bestandteilen gemischt: Gartenerde, Mullerde (Humus), Teichschlamm, Torferde, Unkraut aus dem Jätungsbetriebe der Gärten, Waldstreu (Rechstreu);

c) Düngerstoffe animalischen Ursprungs sind: Dünger-

stoffe der thermischen Tierleichenvernichtung, Blutmehl der Schlachthäuser, Guano, Jauche, Knochenmehl, Hornspäne, Poudrette;

d) animalischer und vegetabilischer Dünger gemischt,
tierische Ausscheidungen mit Stroh, Streu, Torfmulle oder Sägemehl
oder Unkräuter; je nach der Tiergattung kommt den Düngerarten wieder
eine besondere Wirkung zu, wie Schaf-, Ziegen-, Pferde- und Rind-
viehmist;

e) mineralischer Dünger, Kalisalze, Kainit mit rund 12%
löslichem Kali, Superphosphat mit rund 15% löslicher Phosphorsäure,
salpetersaure Salze, wie Chilisalpeter mit 15% löslichem Stickstoff,
Norge- oder Luftsalpeter (Kalkstickstoff), Staßfurter Salze, Thomasmehl,
Steinmehl, Holzasche, Rasenasche, Kalkstaub, Gypsmehl, Sand, Lehm,
Löß und andere;

f) mineralischer und animalischer Dünger gemischt:
Straßenkot; Kalkschlamm bei Beschotterung der Straßen mit Kalk,
Basaltschlamm bei Beschotterung mit Basalt; je mineralreicher das
Gestein, um so wertvoller der Straßenabhub. Da obige Düngemittel
nicht nur den Nährwert des Bodens erhöhen, sondern auch die physi-
kalische Beschaffenheit desselben ändern, so ist zu beachten, daß
Düngemittel, wie Sand, Streu, Mist, Rohhumus, Mullerde und andere,
den Boden lockern, somit bei schwerem Boden in erster Linie empfehlens-
wert erscheinen; daß Straßenschlamm, Teichschlamm, Lehm, Löß den
Boden festigen, somit bei lockerem, besonders bei sandigem Boden den
Vorzug verdienen.

Die Anwendung der Düngemittel. Bei der Ernte landwirtschaftlicher Gewächse verbleibt, von rübenartigen Früchten abgesehen,
der Wurzelstock der Nutzpflanzen im Boden; die Ernte läßt einen
vegetabilischen Dünger zurück und beseitigt vor allem nichts vom
mineralischen Boden, von der Ackererde. Im Pflanzgartenbetriebe
werden alle Pflanzen mit den Wurzeln geerntet, es wird Boden beseitigt, zumal wenn das Ausheben der Pflanzen mit dem Erdballen geschieht; auch bei wurzelnackten Pflanzen empfiehlt es sich nicht, den
letzten Rest der Erde aus den Wurzeln auszuklopfen. Für forstliche
Gärten ist somit die bloße Zufuhr von Düngemitteln nicht ausreichend,
es muß auch Erde, selbst Humus, beigegeben werden. Weder die
vegetabilischen oder animalischen Dünger allein, noch die mineralischen
Dünger allein geben Erde, Gartenerde. Erst beide zusammen geben
Erde nach jahrelangen, gegenseitigen Einwirkungen aufeinander. Die
nötige Mischung, Verteilung und Verdünnung der Düngemittel aber erfolgt im Komposthaufen, der für den Pflanz- und Saatgartenbetrieb
unentbehrlich ist. Es soll allgemeine Regel sein, jede Düngung im
forstlichen Pflanzgartenbetriebe nur in Form gedüngter Erde zu
geben, wie sie der Komposthaufen liefert. Damit ist der Gefahr des

Übermaßes in Anwendung eines Düngemittels vorgebeugt, und jeder Dünger wird in der günstigsten Form der Pflanze geboten.

Die einfachste Form solcher Düngerhaufen besteht darin, daß auf den Boden eine ungefähr 30 cm dicke Schicht von Walderde gebracht wird; darauf kommt irgendeines der obigen Düngemittel; statt eines Mittels können auch zwei und mehrere zusammen genommen werden. Diese Schicht soll die Dicke von 10 cm nicht überschreiten. Als Decke werden 20 cm Walderde aufgelegt. Diese Mischung wird im Frühjahr angesetzt, im Herbste vertikal umgestochen, im nächsten Frühjahre gesiebt und als Düngererde zum Eindecken der Saat, als Beigabe zur Verschulung, als Zwischenreihendüngung und als Beeterde nach der Ballengewinnung verwendet.

Werden mehrere Schichten aufeinandergelegt, so kann die Anordnung zwischen der obersten und untersten Walderdeschicht in der mannigfaltigsten Weise variiert werden. So z. B. auf dem Boden 30 cm Walderde, dann 20 cm Torferde oder Straßenkot oder Teichschlamm oder Kalkstaub oder Lehm oder Löß usw.; darauf der Unkrautwuchs aus den Beeten, der vor der Samenbildung ausgejätet werden muß; auf diese eine Walderdeschicht von 30 cm. Darauf eine 10—15 cm starke Lage von mineralischem oder animalischem Dünger; als Decke wiederum 10 cm Walderde.

Forstrat Häffner in Forstenried bei München läßt pilzfaules Holz sammeln (nach Ansicht des Verfassers dürften sich besonders empfehlen die von Wurzelkrebsen Agaricus melleus und Polyporus annosus und anderen Pilzparasiten besetzten Stücke und Stöcke), und mit Unkrautwuchs und Rasenplaggen zu einem kleinen Meiler aufsetzen und verbrennen; zur abgesiebten, mit Rasen- und Faulholzasche vermengten Erde wird Mullerde aus Wegen und Gräben in Buchenwaldungen genommen, die Mischung dann noch mit animalischem Dünger, vorzugsweise dem Blutmehl der Schlachthäuser, vermengt und als Düngererde verwendet.

Verfasser hat mit sehr großem Erfolge dem Komposthaufen eine Schicht von Pilzfrüchten (Schwammerlingen) einverleibt, deren der Wald in manchen Jahren eine gewaltige Menge giftiger wie ungenießbarer Natur erzeugt. Die Düngererde hat sich als sehr kräftig in ihrer Wirkung, ungefährlich und sehr billig in ihrer Zubereitung gezeigt.

Oberforstmeister Weise empfiehlt, den Waldarbeitern stets eine bestimmte Stelle zum Anmachen von Feuer anzuweisen und die Ablieferung der Asche abzulohnen.

Nach Hatzfeld gibt Buchenlaub mit Rasenasche und Walderde unter Übergießen mit Jauche eine vortreffliche Düngererde.

Die Komposterdebereitung hat den großen Vorzug, daß man bei Beachtung genügender Beimischung von Walderde keinen Fehler in der Auswahl der Düngemittel und in der Anwendung nach Zeit und Menge machen kann.

Wie Komposterdedüngung kann auch jederzeit Rohhumusdüngung, Torferdedüngung (Torfschlamm über Winter zerfallen) Anwendung finden. „Für den Kampbetrieb hat sich", sagt Oberforstmeister Dr. A. Möller[1]), „der Trockentorf in allen seinen Formen als ein hervorragendes Düngemittel erwiesen; er ist hierin allen künstlichen Düngemitteln vorzuziehen." Dr. Kienitz, v. Örtzen, Dr. Storp haben ebenfalls auf die Nutzbarmachung des Rohhumus hingewiesen. Möller empfiehlt bei Saat nach Bodenmischung dessen Überdeckung mit 5 cm starker Sandschicht zur Verhinderung der Austrocknung der Sämereien und der Verunkrautung. Animalischer Dünger fester Art wird am besten untergegraben im Frühjahr oder Frühwinter; animalischer, flüssiger Dünger (Jauche), völlig ausgegoren und verdünnt, kann im Frühjahr und Sommer (als Kopfdüngung) Anwendung finden; doch liegen meist die Wurzeln zu tief, um davon vollen Gebrauch machen zu können.

Mineralischer Dünger soll nie rein, nie unmittelbar vor den Saaten oder Pflanzungen, zumeist im Herbste gegeben werden. Durch Überdüngung (insbesondere mit Holzasche) gelbliche Pflanzen sieht man sehr häufig in forstlichen Gärten. Kopfdüngung mit Asche, Gips, Kalk soll besser unterbleiben. Leicht lösliche Salze, wie Chilisalpeter, Norgesalpeter können auf den Boden gestreut werden, da sie vom Regenwasser in die Tiefe geführt werden. Das Ammoniaksuperphosphat leistet im Frühjahr als Kopfdünger vor Vegetationsbeginn gegeben nach Forstrat Dr. Mathes[2]) ausgezeichnete Dienste. Die Gründüngung geschieht durch Anbau der schmetterlingsblütigen Gewächse, wie Lupine, Klee, Wicken, Erbsen; sie sind kurz vor der Samenbildung unterzugraben. Ihre Wirkung ist Lieferung von Stickstoff, von organischer Substanz zur Humusbildung, Durchlüftung des Bodens. Prof. Engler und Glutz (l. c.) wollen auf kalkreichen Böden Ackererbse und Saubohne, auf kalkarmen gelbe Lupine, in höheren Lagen Ackererbse; bei erschöpftem Boden vor Anbau der Lupine Düngung mit Thomasmehl; auf humusarmem aber kräftigem Boden soll die Düngung unterbleiben. Werden Lupinen zweimal hintereinander angebaut, erhöht sich ihre Düngerwirkung. Da als Stickstoffsammler Bakterien notwendig sind, diese aber bei der ersten Kultur in den Böden vielfach fehlen, hat Dr. Hiltner[3]) eine Impfflüssigkeit (Nitragin) empfohlen, welche eine reine Kultur der wirksamen Bakterien darstellt; mit ihr werden die Samen der Schmetterlingsblütler vor der Aussaat benetzt. Die Impfflüssigkeit mit Anweisung liefert die agrikultur-botanische Anstalt zu München. Dr. Grundner[4]) wünscht bei Gründüngung

---

[1]) Dr. A. Möller in der Zeitschr. f. Forst- u. Jagdw. 1900.
[2]) 27. Versammlung Thüringer Forstwirte 1908.
[3]) Forstlich-naturw. Zeitschrift 1897.
[4]) Harzer Forstverein 1896

Mischung der Erde mit solcher aus Leguminosenfeldern. Soll ein Pflanzgarten a u f g e g e b e n werden, so wird die Trostlosigkeit einer ausgebauten Pflanzenstätte noch erhöht, wenn alle Pflanzen bis auf einige Reste aus dem Garten ausgestochen werden, so daß die Stelle mit dem kümmerlich wachsenden Inhalte in der Tat die Bezeichnung „Spital" oder „Friedhof" verdient. Nicht minder groß ist der Fehler, in solchen ausgebauten Gärten anspruchsvolle, fremdländische Baumarten anzupflanzen, „weil der Zaun ausgenützt werden soll". Besser wäre es, den Garten mit einer anspruchslosen Holzart, z. B. Föhre, Birke oder Vogelbeere auszupflanzen. Hat man aber bei der Anlage des Gartens seltenere Baumarten zur Ausschmückung benützt, und hat man den Garten v o r seiner Erschöpfung verlassen, wie es Regel sein sollte, so ist der Anschluß des aufgegebenen Gartens an seine Umgebung eine leichte und durch die Vorwüchsigkeit solcher Schmuckholzarten eine Stätte der Freude und des Gewinnes und nicht mehr, wie bisher, ein häßlicher Fleck im Walde, auf dem nichts wachsen will. Man muß der sächsischen Forstbehörde zustimmen, wenn sie schon bei der Anlage des Gartens eine weitständige Auspflanzung des Gartens verlangt, auf Verbesserung durch die Düngung verzichtet, vielmehr schon nach einmaliger Ausnützung den Garten zu verlassen und ganz aufzuforsten vorschreibt.

D i e A u f b e w a h r u n g d e r P f l a n z e n. Es wäre das beste, auf das Ausheben der Pflanzen sofort die Wiederauspflanzung folgen zu lassen. Wird diese bei bedecktem Himmel oder gar bei nebeliger, schwach regnerischer Witterung ausgeführt, so ist eine Vertrocknung der Wurzeln ausgeschlossen. Werden aber die Pflanzen bei klarer, sonniger Witterung in großen Mengen ausgehoben und sortiert und an einen anderen Ort verbracht, so muß die Wurzelspitze abtrocknen. Um aber ein weiteres Abtrocknen der Wurzeln hintanzuhalten, wird die Pflanze am neuen Orte in Erde eingeschlagen, kräftig auch an den oberirdischen Teilen begossen und sodann gegen Besonnung gedeckt; auf einer Blöße hart am Nordrande eines alten Fichten- oder Tannenbestandes ist der Boden und die Luft im Frühjahre am kältesten. Auch das Einlegen der Pflanzen in feuchte, kalte Keller erfüllt diesen Zweck; am besten wäre die Aufbewahrung im Eiskeller; Verfasser hat gefunden, daß auch das völlige Untertauchen in einem Wassertümpel, der im Waldschatten liegt, den Wachstumsbeginn einer Pflanze außerordentlich zurückhält, ohne der Gesundheit der Pflanze zu schaden; die Versuche ergaben, daß bis Mitte Juli auf diese Weise Pflanzen aufbewahrt werden können. Für frühzeitig erwachende Holzarten empfiehlt sich das Ausheben derselben während frostfreier Tage und offenem Boden, Ausbreiten derselben auf dem Boden und starkes Eindecken mit Schnee; darauf kommt eine Lage Deckreisig oder Stroh oder Schilf und dergleichen. Solche Haufen erhalten sich bis Mitte, selbst Ende April, ohne daß die Pflanzen zu treiben beginnen.

E. Freilandpflanzung.

Pflanzzeit. Das ganze Jahr hindurch kann man pflanzen; welche Jahreszeit aber den Vorzug verdient, hängt von folgenden Erwägungen ab:

Das Klima des Landstriches entscheidet insofern, als eine Winterpflanzung in jenen kühleren Regionen ausgeschlossen ist, in welchen eine gefrorene Bodendecke oder eine Schneelage während des ganzen Winters das Pflanzengeschäft verhindert. Es verbietet sich sodann die Winterpflanzung, wenn bei wenigstens zeitweise offenem, frostfreiem Boden der Winter die trockenere Jahreszeit darstellt, wie dies im ganzen ostasiatischen Monsungebiete der Fall ist; nur in Mittel- und Südeuropa und in Amerika, wo der Winter als feuchte Jahreszeit bezeichnet werden muß, ist auch Winterpflanzung aus klimatischen Gründen wenigstens wohl zulässig; wenn auch keine Neubildung von Wurzeln stattfindet, so wird doch durch Regen und Schneewasser eine Festigung der Pflanze erzielt, welche für das folgende Frühjahr von größtem Werte ist.

Die Sommerpflanzung ist überall vorteilhaft ausführbar, wo der Sommer eine ausgesprochene Regenzeit ist, wie in Ostasien, das von Mai an unter dem Einfluß des südlichen Regenmonsuns liegt. Kleine, wurzelnackte Pflanzen wie selbst große Bäume mit mäßigen Erdballen werden mitten im Sommer verpflanzt. Die Luft ist so warm und feucht, Regen so häufig, Sonnenschein so selten, daß die Pflanzen sofort mit neuen Wurzeln sich befestigen. Wo der Witterungscharakter des Sommers ein schwankender ist, wie in Europa und Ostamerika, ist der Erfolg der Sommerpflanzung reine Glückssache. In kleinen Verhältnissen, wie bei Garten- und Parkanlagen, wo man nach ein paar trockenen Tagen gießen und spritzen kann, ist die Sommerpflanzung selbstredend ausführbar. Im großen, forstlichen Betriebe aber ist jeder derartige Vorschlag, wie z. B. Pflanzung von Föhren „mit bis fingerlangen jungen Trieben", rundweg abzulehnen. Gelingen solche Experimente im großen forstlichen Betriebe, so hat der Experimentator mehr Glück gehabt mit der Witterung als andere; ist der Sommer ausnehmend naß, glückt alles, ist er normal, verunglückt das meiste; ist er ausnehmend trocken, geht alles zugrunde.

Frühjahr und Herbst sind die normalen Pflanzzeiten für Europa, Amerika (mit Ausnahme des kalifornischen Küstenstriches) und Ostasien. Für letzteres insofern, als unmittelbar vor Beginn des sommerlichen Regens (das ist April und Mai) die Pflanzung am leichtesten und sichersten ist. Über die Frage, ob Frühjahr, ob Herbst den Vorzug verdient, sind wertvolle Untersuchungen in neuerer Zeit von Cieslar und Bühler ausgeführt worden. Auch Verfasser beschäftigt sich seit Jahrzehnten mit dieser Frage in seinem forstlichen Versuchsgarten. Der Lösung dürften sich folgende Ergebnisse nähern:

Alle Pflanzen leiden durch die Pflanzung, sie sind nicht mehr normal, wenn auch vielleicht nicht krank. Je jünger eine Pflanze, desto kürzer ist die Leidenszeit, desto geringer der Leidenszustand; schon wegen der längeren Dauer der Leidenszeit und wegen des tief eingreifenden Leidenszustandes (vorzeitiges Zapfenerträgnis!) sollten Pflanzen über 1 m Höhe nur ausnahmsweise zur Waldanlage verwendet werden. Für Pflanzen unter 1 m ist ein Wachstumsunterschied bei Herbst- oder Frühjahrspflanzung kaum nachweisbar; anderweitige Unterschiede können durch die auf die Pflanzung folgende verschiedene Witterung bedingt sein. Je nach den Verhältnissen der Witterung können sie auch in verschiedenem Sinne ausfallen. Werden Pflanzen unter 1 m verwendet, so können für die Entscheidung, ob Frühjahrs- oder Herbstpflanzung, andere Erwägungen Platz greifen, wie Arbeitsverhältnisse, Tageslänge und andere. In der Regel wird die Entscheidung lauten, daß unter den obwaltenden Umständen die Frühjahrspflanzung vorzuziehen sei.

Werden aber Pflanzen von mehr als 1 m Höhe gewählt, so macht sich der Unterschied zwischen Herbst- und Frühjahrspflanzung in folgender Weise geltend:

Bei der Herbstpflanzung bleiben im folgenden Jahre Nadeln oder Blätter und Triebe klein; die Knospen bilden sich zu normaler Größe aus; im zweiten Jahre sind Blätter oder Nadeln normal, Triebe noch zu kurz, Knospen normal; im dritten Jahre ist alles normal geworden.

Bei der Frühjahrspflanzung bleiben in demselben Jahre Blätter oder Nadeln, Triebe und Knospen unter normaler Größe; im zweiten Jahre sind Blätter oder Nadeln noch zu klein, Triebe noch zu kurz, aber die Knospen werden normal; im dritten Jahre werden die Blätter oder Nadeln normal, der Trieb ist noch zu kurz, die Knospen sind normal; erst das vierte Jahr bringt in allen Teilen die Normalität der Pflanze, so wie sie dem neuen Standorte entspricht. Die Pflanzung im Herbste bzw. Winter (Frostballen) wird somit um so wichtiger, je größer die Pflanze ist. Herbstpflanzung ist aber nicht empfehlenswert: 1. Wenn die Pflanze den vorhergehenden Sommer in einem wärmeren Klima zugebracht hat. 2. Wenn es sich um Pflanzen handelt, welche überhaupt einer wärmeren Klimazone angehören, welche somit keine Unterbrechung ihrer Wachstumstätigkeit, die sich bis Ende Oktober erstrecken kann, erleiden dürfen. Durch die Verpflanzung im September oder Oktober wird das Ausreifen der Gewebe verhindert, die Pflanze ist dem Abfrieren oder Erfrieren ausgesetzt. 3. Die Nachteile unter 1 und 2 vermindern sich auch hier, je kleiner die Pflanze.

Die Frühjahrspflanzung bleibt für Europa, Amerika und Asien bei Waldanlagen größeren Stiles die Regel; der Wasservorrat des Bodens aus dem vorhergegangenen Winter, Arbeiterverhältnisse, Tageslänge erklären es, wenn zumeist das Frühjahr als eigentliche Pflanzzeit erscheint. Ihr Erfolg hängt neben der Arbeitsgenauigkeit von der darauf folgenden Witterung ab. Dagegen ist auf schweren Böden die Anfertigung der Pflanzlöcher im Herbste behufs Verkrümelung des Bodens während des Winters anzuraten. Pflanzung mit Erdballen an den Wurzeln (Ballenpflanzung) ist im Herbste wie im Frühjahr und bekanntlich auch im Winter (Frostballen) ausführbar; bei kleinen Pflanzen und großen Ballen ist eine Störung im Wachstum durch die Pflanzung vielfach nicht bemerkbar.

Pflanzmethoden.

Wird beim Ausheben der Pflanzen die Erde von den Wurzeln durch schwaches Schütteln entfernt, so nennt man derartige Pflanzen wurzelnackt, ballenlos; verbleibt aber die Erde in festem Zusammenhange mit den Wurzeln, so spricht man von Ballenpflanzen. Der Pflanzentransport verlangt zur Schonung der Wurzeln ähnliche Maßnahmen, wie sie für die Verschulung beschrieben wurden. Hollwegs (1884) und Spitzenbergs Pflanzenladen leisten gute Dienste, Hauensteins Pflanzenschoner ist für das Hochgebirge bestimmt.

1. Die Ballenpflanzung setzt einen etwas bindigen Boden voraus; zur Erhöhung dieser Eigenschaft bei etwas lockerem Boden wird in Pflanzgärten das Begießen der Pflanzen kurz vor dem Ausheben oder auch die Verunkrautung des Pflanz-beetes als wirksamstes Mittel empfohlen; das Ausheben geschieht mit den schon früher erwähnten Geräten. Mit dem gleichen Gerät wird auch das Pflanzloch gefertigt; zu Beendigung der Pflanzung bedarf es noch des festen Anschlusses des Ballens an das umgebende Erdreich; dieser wird dadurch erzielt, daß das Erdreich an den Ballen, nicht umgekehrt, angedrückt, mit dem

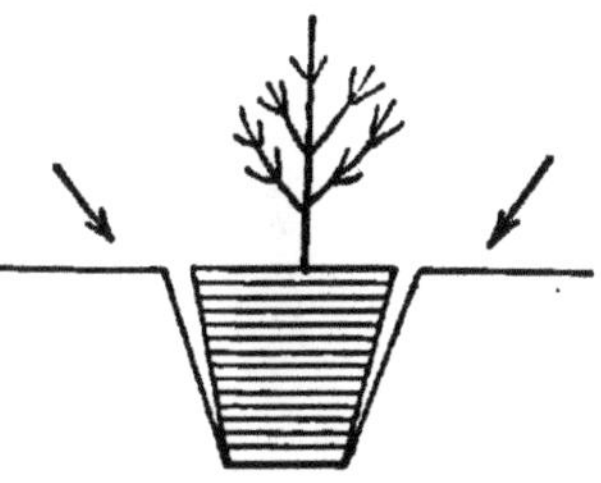

Abb. 25. Ballenpflanzung.

Kulturhammer angeklopft, auch angetreten wird. Ballenpflanzung empfiehlt sich bei Einzelnachbesserungen in kräftig wachsender Umgebung, in schwerenFrostlagen, auf sehr magerem Boden, auf sehr verunkrautetem Boden, bei Holzarten mit frühzeitig flacher Bewurzelung (Fichten, Birken). Es verbietet sich die Verwendung von Ballenpflanzen, wenn diese auf weitere Strecken transportiert werden müssen; die Ballenpflanzung ist die teuerste Pflanzmethode und erschöpft am schnellsten den Boden, aus dem die Pflanzen ausgestochen werden, sie ist aber auch die sicherste Kulturmaßnahme.

2. Klemmpflanzungen werden mit keilförmigen Geräten vorgenommen; sie fertigen im Erdreiche einen Spalt, in welchen die wurzelnackte Pflanze eingesenkt wird; durch einen zweiten Stich mit

dem gleichen Geräte und Andrücken der Erde schließt sich der Spalt. Die einfachsten Instrumente sind das Setzholz, das in der Spitzenbergschen dreikantigen Ausführung kaum als Verbesserung des gewöhnlichen Setzholzes betrachtet werden kann, das Butlarsche Pflanzeneisen, Wartenbergs Eisen, verschiedene andere unter dem Namen Pflanzeisen bekannte gestielte Geräte; sodann wären zu nennen Rembes Pflanzhammer mit gerader, Mayrs Pflanzhammer mit gebogener Klinge, Pflanzbeil, Pflanzlanze u. a. Alle diese Instrumente ermöglichen ein senkrechtes Versenken der Pflanzenwurzeln; die französische Klemmpflanze fertigt mit der Pflanzenhaue oder mit Prouvés Pflanzeisen einen schiefen Spalt, in welchen die Pflanzenwurzel eingeschoben wird, worauf mit dem Fuß der Spalt geschlossen wird. Die Klemmpflanzung

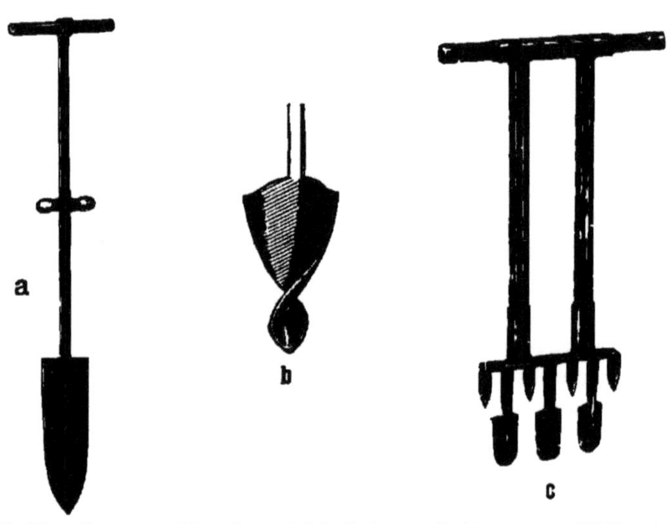

Abb. 26. *a* Prouvós Pflanzeisen, *b* Spiralbohrer, *c* Spitzenbergs Wühlspaten.

erweist sich als vorteilhaft auf lockerem, doch nicht allzu lockerem Boden; sie geht sehr schnell vor sich, ist billig und sicher; sie beschränkt sich auf kleinere Pflanzen, welche nicht verschult sind; auf schwerem Boden werden die Spaltflächen des Bodens erhärtet, und für diesen Fall ist auch v. Dückers Fehde gegen die Klemmpflanzung berechtigt gewesen.

3. Lochpflanzung heißt jene Pflanzmethode, bei der im Boden eine Öffnung durch Ausheben von Erde gefertigt wird, in welche wurzelnackte Pflanzen eingesetzt werden. Pflanzlöcher werden entweder gegraben mit dem Stechspaten, wenn der Boden keine oder nur wenige Steine enthält; oder gebohrt mit den in verschiedener Größe bekannten Spiralbohrern (Abb. 26 *b*), oder gehackt mit der gewöhnlichen oder mit Richters Pflanzhaue, der Rodehaue u. a., oder gestochen mit Kegel-

und Hohlspaten; auch der Klappspaten mag für kleine Pflanzen Anwendung finden. Bei der Pflanzung wird Erde, Walderde, Düngererde, Füllerde beigegeben. Füllerde kann nur auf guten, lockeren Böden erspart werden; dort mag die Erde, welche ausgehoben wurde, zur Umfütterung der Wurzeln wieder benützt werden. Lockere Füllerde gestattet am besten das Einrieseln der Erde zwischen den auseinandergehaltenen Wurzeln der einzusetzenden Pflanze. Mit beiden Händen wird die Pflanze angedrückt und weiter an den Wurzeln mit Erde bedeckt. Vielfach wendet man andere Methoden an, welche noch besser die Einbettung der Wurzeln in die Erde ermöglichen. Zu diesem Ende wird die Pflanze in der linken Hand gehalten, während die rechte Hand alle Wurzeln der Pflanze nach aufwärts legt, so daß sie von den Fingern der linken Hand noch festgehalten werden können. Im Pflanzloch wird zuvor ein kleiner Hügel errichtet, auf welchen nun die linke Hand mit der Pflanze sich locker stützt; während nun die rechte Hand Füllerde auf den Hügel bringt, werden allmählich alle Wurzeln von der linken Hand losgelassen, so daß jede größere Wurzel isoliert in Füllerde zu liegen kommt; ist die letzte Wurzel gefallen, wird Füllerde aufgelegt und festgedrückt; eine derartige Pflanzung muß als die sorgfältigste bezeichnet werden; sie hat sich besonders gegen Frühjahr- und Sommertrockenperioden bewährt.

Die Lochpflanzung hat den Vorzug, daß größere Pflanzen benützt werden können, daß sie ebenfalls leicht, schnell und nicht allzu teuer ausgeführt werden kann; auf sehr steinigem Boden, auf nassem, auf steilem Boden dagegen ist sie kaum durchführbar; in letzterem Falle muß das Pflanzloch möglichst in den Berg hinein versenkt werden (Nischenpflanzung).

4. Die Hügelpflanzung beschränkt sich auf kiesigen, auf nassen, sumpfigen, von Hochwasser gefährdeten Boden und auf ausgesprochene Frostlagen; im ersteren Falle ist beabsichtigt, die Pflanze über das Wasser-, im zweiten Falle über das schlimmste Frostniveau emporzuheben. Nachteilig sind Hügelpflanzungen dadurch, daß Ameisen in den Hügeln sich einnisten; erfahrungsgemäß wachsen solche Pflanzen nicht mehr weiter; in Trockenperioden sind die Hügelpflanzungen besonders gefährdet; dazu kommt, daß die Hügelpflanzung eine kostspielige Methode ist.

Die zu den Hügeln nötige Erde wird schon im Herbste gesammelt, auf Haufen gebracht und im Frühjahr am Pflanzorte in Hügeln verteilt; bei der Pflanzung wird der Hügel in der Mitte geöffnet, die Pflanze eingesetzt und der Hügel mit der abgeschwarteten Rasenplagge gegen Verdunstung eingedeckt (Manteuffels Hügelpflanzung).

5. Biermanns Pflanzung. Trockene Rasenplaggen werden auf Haufen zusammengebracht und angezündet; sie schmoden zu Erde

und Asche zusammen, sogenannter Rasenasche, mit welcher die Pflanzen als Füllerde umgeben werden.

6. Alemanns Klapppflanzung. Das Pflanzloch wird quadratisch ausgestochen, der abgezogene, halbierte Rasen dann nach der Pflanzung um die Pflanze gelegt, am besten mit den Wurzeln nach oben. Wird der ausgestochene Rasen umgekehrt auf den Boden gelegt und in diesen selbst hineingepflanzt, so wird eine derartige Kultur auch 7. Plaggenpflanzung genannt. Werden Gräben ausgehoben und der Aushub zu Dämmen aufgeschüttet, welche bepflanzt werden, so entsteht 8. die Dammpflanzung, welche in feuchtem Gelände in ihrem Wert und in ihrer Gefahr der Hügelpflanzung sich nähert. 9. Spezielle Pflanzmethoden sind für das Hochgebirge bestimmt. In Bayern ist allgemein die Praxis, die für das Hochgebirge bestimmten Pflanzen in der warmen Ebene zu züchten, im Frühjahr in die Berge empor zu bringen, dort einzuschlagen und bei günstiger Witterung auszupflanzen Ein Nachteil von dieser Verwendung von Pflanzen aus der warmen Ebene im Hochgebirge ist bis heute nicht konstatierbar, wohl aber hat sich die Aufzucht der kräftigen Pflanzen in der warmen Ebene für alle Kulturen sehr nützlich erwiesen. Um ganz unabhängig von der kurzen Frühjahrswitterung im Hochgebirge zu sein, hat Melchar den Vorschlag gemacht, die Pflanzen in grob geflochtene Weidenkörbe zu verschulen und mit den Körben dann im Hochgebirge auszupflanzen (Melchars Körbchenkulturen). Dem gleichen Gedanken folgt Rasl mit seiner Verschulung in Blumentöpfen, welche aus Lehm und Kuhmist grob hergestellt sind; die Pflanzen werden mit den Töpfen im Hochgebirge in die Erde eingegraben; auch Reuters Vorschlag der Verschulung in durchlöcherten Papiertöpfen ohne Boden erleichtert den Transport der Pflanzen und wäre für das Hochgebirge verwendbar.

10. Blockpflanzung nennt Hauch die Verwendung von 15 cm im Quadrat haltenden Erdballen, welche mit einjährigen Buchen aus dem Saatbeete ausgehoben werden. Die Saat selbst wird in 14 cm breiten Riefen ausgeführt. Jeder solche Block soll 10—20 Pflanzen tragen. Die Auspflanzung selbst wiederum geschieht in breiten, tief rajolten Streifen.

11. Werden Ballen verwendet, welche mehrere Pflanzen enthalten, die nicht beseitigt werden, so entsteht die Büschelpflanzung; sie ist ein Kind der Not, welcher besser auf andere Weise vorgebeugt wird; wo der Wildstand im Übermaß, soll er reduziert, wo Frost der Beweggrund ist, soll Kahlschlag vermieden werden.

Bodenvorbereitung. Eine Bodenbearbeitung (Rajolen bzw. Durchwühlen) ist für Bepflanzung stets gründlicher und bis zu größerer Tiefe auszuführen, als dies für die Saat zu geschehen hat. Dieselben Bodenbearbeitungsgeräte, welche früher bereits erwähnt wurden, dienen auch hier; die Bodenbearbeitung erfolgt zumeist streifen- oder furchenweise; auch stückriefen- und platzweise. Die Bestockung solcher bearbeiteter Stellen mit Pflanzen geschieht zumeist mittels Klemmpflanzungen; die Lochpflanzung wird ebenfalls erleichtert und das Wachstum der Pflanzen stets gefördert. Von diesen Gedanken ausgehend, hat 12. Spitzenberg (l. c.) eine eigene Pflanzweise eingeführt; seine Wühlspaten für platzweise Bodenbearbeitung (Abb. 26 c) erreichen das Ideal einer völligen Mischung des obenauf liegenden milden oder auch des Rohhumus mit tieferen Schichten. Sein Wühlspaten wird durch Hin- und Herwiegen in den Boden eingedrückt, worauf im rechten Winkel zur ersten Arbeitsrichtung der Spaten abermals eingesetzt und ebenfalls hin und her mit aller Kraft bewegt wird. Die Bodenbearbeitung ist die gründlichste. In die gelockerte Erde wird der Spaltschneider eingestoßen; die in den Spalt eingesenkte, stärkere Pflanze wird mit den Händen festgedrückt.

Eine eigenartige Bodenvorbereitung, welche nachahmenswert scheint, erwähnt Grohmann[1]) unter dem Namen 13. Überwurfkultur. Sie besteht darin, daß ein Pflanzloch mit dem Spaten gefertigt und der Aushub beiseite gelegt wird; dann wird ein zweites Pflanzloch in Angriff genommen, die oberste verunkrautete und humose Schicht abgehoben und in das erste Pflanzloch geworfen; darauf hin wird tiefer gegraben und die sich ergebende Erde jedesmal in das erste Pflanzloch übergeworfen; auf diese Weise lagert sich die nahrungsreichste Erdschicht in jener Tiefe im Pflanzloche ab, in welcher die Wurzeln hauptsächlich sich verbreiten, und obenauf, wo die Wurzeln zumeist wegen Abtrocknung auf größerer Tiefe hin fehlen, liegt auch das minderwertige, dem Untergrunde entstammende Rohland.

14. Die Schrägpflanzung erwähnt Emeis[2]) für ein- und zweijährige Föhren, welche an einem scharf abgestochenen Rande eines Gräbchens ausgebreitet und eingedeckt werden, um das Ausfrieren zu verhindern; Verfasser würde Bedenken tragen, die ohnedies zur Schaftkrümmung neigende Föhre schon von Jugend auf zu einer Krümmung zu zwingen.

Abb. 27. Französische Schrägpflanzung.

15. Verschieden davon ist die französische Schrägpflanzung oder die Methode von Prouvé[3]), welche teils mit einem eigenen Geräte

---

[1]) Sächsischer Forstverein 1897.   [2]) Allgem. Forst- u. Jagdzeitung 1899.
[3]) V. Perona, Economia forestale 1892, der die Abb. 26 a entnommen und die Abb. 27 nachgezeichnet ist.

(Abb. 26 a), teils mit der einfachen ·Pflanzhaue derart ausgeführt wird, daß durch einen Hieb eine dünne Scholle der Erde aufgehoben, in den Spalt die Pflanze eingefügt und mit dem Fuße der Spalt wieder geschlossen wird. Es dürfte diese Methode bei Buchenunterbau sich empfehlen; außerdem ist sie auf seichten Böden in Anwendung.

Als allgemeine, auf naturgesetzlicher Grundlage beruhende, somit für die Praxis beachtenswerte Regeln für alle Pflanzungen sind nachstehende Punkte zu betrachten:

1. Die Pflanze soll im neuen Boden genau so tief zu sitzen kommen, wie sie früher im Pflanzgarten gestanden hatte, und mit dieser Grenzlinie in gleichem Niveau mit der Umgebung liegen.

2. Ist feuchter Boden gegeben, feucht durch Berieselung von benachbarten Wasserbecken oder durch aufsteigendes Grundwasser, so ist die Pflanze mit ihrer Umgebung etwas über das allgemeine Niveau emporzupflanzen; Annäherung an Hügelpflanzung.

3. Auf trockenem Boden, in trockenen Klimastrichen mit längeren regenlosen Perioden (ausgesprochenes Kontinentalklima) soll die Pflanze mit ihrem Erdreich etwas unter das allgemeine Niveau der Umgebung herabsinken, um die Pflanze in eine tiefere und feuchtere Schicht zu bringen und die Ansammlung von Niederschlagswassern zu begünstigen.

4. An steileren Hängen ist aus dem Berg eine Nische herauszuhauen, die Erde in derselben mit einem Gefäll nach dem Berge hin anzuhäufen, die Pflanze ist möglichst tief in die Nische hineinzupflanzen.

5. Stets ist nur eine Pflanze auszusetzen. Finden sich bei Nadelhölzern zwei und mehrere zusammen, welche aus Rücksicht auf Jagd- oder Frostgefahr zunächst beisammen bleiben sollen (Büschelpflanzung), müssen alle bis auf die besten beseitigt werden, sobald dieser, im übrigen ziemlich fragwürdige Schutz·entbehrlich erscheint.

6. Das Beschneiden ist bei Nadelhölzern auf das Einstutzen allzu langer Wurzeln, bei Lärchen und Laubhölzern auf das Beschneiden ebensolcher Wurzeln und Seitenäste (Pyramidenschnitt der Pflanzen) zu beschränken.

7. Beim Einpflanzen sollen die Wurzeln natürlich ausgebreitet liegen, so daß die Stämmchen in völlig vertikale Lage geraten. Nur bei Bodenschutzholzpflanzen ist die Stellung des Stammes gleichgültig (französische Methode).

8. Mehrmaliges Festtreten oder Festdrücken der Pflanzen im ersten Jahre empfiehlt sich in Örtlichkeiten, welche vom Maulwurf häufig·befahren werden.

9. Je kleiner das Pflanzenmaterial, um so rascher, billiger und sicherer die Pflanzung.

Die Pflanzregeln bezüglich der Nachbesserungen sind im zwölften Abschnitte über die Jungwuchspflege vorgetragen.

Der Pflanzenverband. Die Frage, welcher Pflanzenverband
der beste ist, läßt sich nur dann natur- und zielgerecht beantworten,
wenn man zu den bisherigen Erörterungen über Abstand der Reihen
und Abstand der Pflanzen in den Reihen und Verbänden mit Rücksicht
auf die Ernte auch noch die kaum minder wichtigen über die Frage,
unter welchen Verhältnissen eine Pflanze am besten gedeiht, hinzufügt.
Diese nach Klima, Boden, Holzart und Ernteaussicht zu erwägende
naturgesetzliche Frage sollte zuerst beantwortet werden, ehe nach einem
allgemeinen Schema, nach einer Wirtschaftsregel, über ganze Länder
hinweg in gleichem Verbande gepflanzt wird.

Klima. Durch den Kahlschlag in Einsenkungen, auf Hochplateaux
entstehen in Mittel- und Nordeuropa wie in Nordamerika und Ostasien
in allen dem Fagetum und Picetum angehörigen Waldregionen aus-
gesproche Frostlagen. In solchen Örtlichkeiten ist daher der völlige
Kahlschlag zu meiden, vielmehr aus dem schlechtesten, schwächsten
Material des Bestandes, auch wenn es noch so beschädigt, verbogen
und mißhandelt aus dem Abtriebe des Hauptbestandes hervorgeht, eine
Schutzstellung für die Pflanzen zu bilden; dieser Schutzbestand hindert
die Regelmäßigkeit des Pflanzenverbandes. Diese Störung aber ist
durchaus zum Nutzen der Pflanze und des Bodens. In der Regel ver-
fährt man umgekehrt: Um die Regelmäßigkeit des Pflanzenverbandes,
die Arbeit mit der Pflanzkette oder -schnur, nicht zu beeinträchtigen,
wird alles hinweggeschlagen und alle sonstigen Hindernisse auf der
Fläche mit einem Aufwand an Zeit und Geld beseitigt. In empfind-
licheren Frostlagen ist dieses Rasieren der Fläche ein Ausfluß der Ge-
wohnheit, weniger der Notwendigkeit. Es ist auch nicht einzusehen,
warum in Lagen, die zwar keiner besonderen Frostgefahr ausgesetzt sind,
in den gewöhnlichen Kahlschlägen alles beseitigt wird, was an schwachen,
unterständigen Stangen, was an Stauden, Stöcken, Steinen, Grasbüscheln
u. dgl. auf der Fläche sich findet[1]). Alle diese Hindernisse für Schnur
und Kette sind Klimaverbesserungen für die Pflanze, welche an ihnen
den ersten Anschluß findet, der außerordentlich ihr Gedeihen fördert
und die Leidensjahre der Verpflanzung abkürzt. Aus diesem Grunde
wurde bei den Bemerkungen über Bodenvorbereitung zur Beseitigung
dieser „Hindernisse" nicht aufgefordert, da es allgemeine Regel sein
soll, so viel als möglich von diesen Hindernissen zu belassen. Es
würde sich vielmehr auf Grund von Versuchen des Verfassers empfehlen, wenn eine Kahlfläche keine solche schützenden Hindernisse
bietet, sie künstlich anzubringen, z. B. durch Stecklings- und Stangen-
pflanzung von Weidenarten, durch Überstreuen der Fläche mit den
billigen Früchten des Vogelbeerbaumes, des Faulbaumes, der Berbe-

---

[1]) Dr. Frankhauser in Schweiz. Zeitschr. f. das ges. Forstwesen 1896 und
v. Fischbach in Zeitschr. f. Forst- u. Jagdw. 1900 äußern ähnliche Ansichten.

ritzen, des Weißdorns, des roten und schwarzen Hollunders, durch
Birkensaat auf Schnee und anderes. Man wende nicht ein, auf Föhrenboden sei die Maßnahme unmöglich; die Föhrenböden seien bereits so
heruntergekommen, daß sie neben der Nutzholzpflanze keine anderen
Gewächse mehr wegen der Wurzelkonkurrenz zu ertragen vermöchten;
Föhrenböden IV. und V. Bonität mögen diesem Jammerzustande in der Tat
bereits sich nähern, aber gerade die Föhrenböden der II. und III. Bonität
verlangen eindringlichst einen solchen Bodenschutz gegen die Nachteile der Kahlstellung, damit sie nicht zu geringeren Bonitäten herabsinken. Kann die Stockrodung nicht ganz unterbleiben, so mag eine
Femel- oder Plenterrodung Platz greifen, daß ist eine Beseitigung
jener Stöcke, welche von parasitären Wurzelpilzen, insbesondere Polyporus annosus und Agaricus melleus, befallen sind. Diese Stöcke müssen
unter allen Umständen bis in die feineren, erkrankten Wurzeln gerodet
werden. Ist das Staudenwerk der oben genannten Sträucher und noch
vieler anderer, wie Rubus, Rosa, Prunus spinosa, Lonicera, Rhamnus,
Corylus und anderer, in zusammenhängenden Massen über die Schlagfläche
hin wachsend, so wird es in breiten Gassen durchhauen, welche ausgepflanzt werden. Werden diese Unhölzer sowie Gräser und Unkräuter
später von den Edelpflanzen zum Absterben gebracht, so bereichern
sie als wertvolle Dünger den Boden; sie zu beseitigen ist daher so
irrig wie die Beseitigung des Rohhumus, beide sind willkommener,
natürlicher Dünger im Walde.

In Anlehnung an alle diese wohltätigen und schützenden Objekte
der Kahlfläche wird die Pflanzung ausgeführt, indem in die Stock-
achseln, hart neben Sträucher, Grasbüschel, Steine usw. die Pflanzen
verbracht werden. Was dann noch an Kahlflächen übrig bleibt, mag
einen regelmäßigen Verband erhalten, der mit Hilfe der Pflanz-
schnüre oder Pflanzketten ausgeführt werden kann. Diese Pflanz-
verbandsgeräte tragen Vorrichtungen, um den gewählten Abstand der
Pflanzen genau zu bezeichnen; sie werden über die Fläche gespannt,
an den Merkzeichen werden kurze Stäbe in den Boden gesteckt; die
Schnur oder Kette wird dann aufgenommen, neuerdings gezogen und
die Markierung der Pflanzstellen wiederholt. An diesen Stellen erfolgt
die Anfertigung der Löcher.

Verfasser ist der Ansicht, daß auf alle Ketten und Schnüre für
die Freilandpflanzung als Überflüssigkeit, Kostspieligkeit und Verzögerung der Arbeit verzichtet werden kann, wenn man bedenkt, daß
eine Abweichung von dem gewählten, genauen Verbande um ein paar
Zentimeter hinüber oder herüber für die Entwicklung der Pflanze
gleichgültig ist. Jeder Arbeiter kann genügend genau nach dem Augen-
maße oder nach der Länge seines Arbeitsgerätes den Pflanzenabstand
einhalten. Eine derartig ausgeführte Kultur, zumal unter dem wohltätigen Schutze der Strauch-, Unkraut- und Stangenwildnis sicht

vielleicht anfänglich häßlich aus; wichtiger als dieses, nicht von allen geteilte ästhetische Gefühl, ist der Umstand, daß eine derartige Pflanzung, schneller, sicherer und leichter ist als die Anlage von schnurgeraden Pflanzreihen in schutzloser Öde.'

Beim Reihenverband ergibt sich die nötige Pflanzenzahl pro Hektar aus der Formel: $\dfrac{10\,000}{\text{Pflanzenabstand} \times \text{Reihenabstand}}$. Wird die zweite Reihe so verschoben, daß in dieser jede Pflanze zwischen zwei Pflanzen der Nachbarreihe zu stehen kommt, drei Pflanzen somit ein gleichseitiges Dreieck beschreiben, so nennt man dies Dreiecksverband und die Pflanzenzahl pro Hektar ist $\dfrac{10\,000 \times 1 \cdot 155}{\text{Pflanzenabstand}^2}$; sind Reihen und Pflanzenabstand gleich, so bilden vier Pflanzen ein Quadrat, und die Formel lautet $\dfrac{10\,000}{\text{Pflanzenabstand}^2}$; sind die Pflanzen angeordnet wie die Zahl 5 im Würfelspiel, so ergeben sich, wenn man die Pflanzen mit Linien sich verbunden denkt, zwei ineinander eingeschobene Quadrate; die Formel dieses Fünferverbandes lautet: $\dfrac{10\,000 \times 2}{\text{Pflanzenabstand}^2}$, das heißt die Pflanzenzahl ist doppelt so groß als bei dem einfachen Quadratverband.

Man versteht allgemein unter e n g e m Pflanzverband einen solchen bis 1 m Abstand, als weiten einen solchen mit 1—2 m Abstand. Bis vor wenig Jahren galten enge Pflanzverbände insbesondere der Meterverband als Regel. In neuerer Zeit nimmt auf Grund genauerer Beobachtungen (insbesondere von Prof. K u n z e in Tharandt und A. v. G u t t e n b e r g in Wien) und wegen der Erhöhung der Arbeitslöhne die Tendenz überhand, nach Verbänden zu pflanzen, welche sich zwischen den von 1 m und 2 m bewegen.

Im allgemeinen gelten gegenwärtig folgende Zahlen:

Für Aussetzen von angekeimten Eicheln (Keimlingspflanzen) 0,05 bis 0,1 m Abstand;

für Klemmpflanzungen von ein- oder zweijährigen Pflanzen 0,5 m Abstand;

für dreijährige nicht verschulte oder vier- bis sechsjährige verschulte Pflanzen 1,2—1,5 m;

für Vollheister von 2 m und darüber.

Als a l l g e m e i n e R e g e l muß gelten: D e r P f l a n z v e r b a n d h a t n a c h K l i m a, B o d e n, H o l z a r t und Z w e c k der Pflanzung z u w e c h s e l n.

Je besser der B o d e n, je wärmer das K l i m a, um so weiter kann der Pflanzenabstand gewählt werden; auf geringen Böden und in kühlen Lagen empfiehlt sich in weiten Verbänden zu pflanzen. Dr. F a n k -

hauser[1]) will im Hochgebirge 1—1,5 m; v. Oppen[2]) verlangt für Hochlagen von 800—1000 m 1,7—1,8 m. Frömbling wünscht überhaupt enge Pflanzung, um die Ausscheidung der Natur zu überlassen. Enge Pflanzverbände empfehlen sich für Holzarten, welche die Neigung haben, in lockerem Stande minderwertige, krumme Schäfte zu bilden. Hierher zählen nach den Ausführungen über das Ausladungs- und Ausformungsvermögen in Abschnitt VI, S. 239 vor allem die Laubhölzer, dann zwei- und dreinadelige Föhren, Lärche, Chamaecyparis, Thujen, Tsuga, während Strobus, Pseudotsuga, Picea und Abies die gerade Schaftform bei allen Verbänden beibehalten. Engere Verbände liefern größere Massen von (zumeist geringwertigen) Vorerträgen und befördern die Astreinigung. Prof. Bühler[3]) fand, daß verschiedene Pflanzweiten wie auch verschiedene Entstehungsarten einen Unterschied in der Astreinigung von 1—2 m Schafthöhe, verschiedene Bodengüten aber einen solchen von 4—5 m bewirken. Dr. Martin sagt, daß aus engen Pflanzungen dieselben Bestände und Kronen hervorgehen wie aus weiten. Hofrat A. v. Guttenberg[4]) verlangt weiten Verband (Maximum auf bestem Boden 2 m), auf gutem Boden und bei Mangel an Absatz für Kleinnutzholz; der weite Verband hat die Entwicklungsfähigkeit der Zukunftstämme bis zum Beginn der ersten Durchforstung zu sichern. Jolyet in Nancy wünscht nicht unter 2 m Abstand herabzugehen; Schiffel, Schwappach, Schüpfer und andere neigen zu weiten Verbänden.

Als 16. Staffelpflanzung hat man folgendes Verfahren bezeichnet. Kostbares Pflanzenmaterial wird im Verband von 2—4 m ausgepflanzt, der Zwischenraum wird mit einer geringwertigeren Holzart, wie Birken, Hainbuchen, Erlen, ausgefüllt; sie müssen beseitigt werden, sobald sie die Hauptholzarten bedrängen. Unbrauchbar ist hierzu die Buche, weil bei ihrer Seitenbedrängung die Edelpflanzen ihre Seitenäste und Standfestigkeit verlieren und selbst nach der vorsichtigsten Entnahme der Buchen durch Wind, Regen und vor allem durch Schnee umgebogen werden.

Der Staffelpflanzung ähnlich ist die Zwischenpflanzung von Sträuchern an Stelle der raschwüchsigen Baumarten; der Schutz der Sträucher ist zwar geringer, dafür aber sterben diese langsam von selbst ab, da sie mit der Zeit überwachsen werden; hierbei düngen sie den Boden. Weiter empfiehlt sich insbesondere 17. die Auswahlpflanzung. Unter dieser möchte Verfasser folgendes Verfahren verstanden wissen: Die bei der Pflanzensortierung als die besten, schönsten, geradschaftigsten

---

[1]) Schweizer. Zeitschr. f. d. ges. Forstw. 1901.
[2]) Mitteilungen der schweizer. Zentralanst. f. forstl. Vers. 1893.
[3]) Zeitschr. f. Forst- u. Jagdw. 1905.
[4]) Österr. Forst- u. Jagdzeitung 1899.

und kräftigsten ausgewählten Pflanzen werden in einem Verband von
4—5 m ausgepflanzt; zwischen denselben kommen zwei mindergute
der gleichen Holzart zu stehen, wovon starkwüchsige Pflanzen mit
Neigung zur Schaftkrümmung ausgeschlossen sind; letztere werden,
wie bereits erwähnt, ganz beseitigt, wenn sie nicht für Dekorations-
zwecke, Alleebäume oder zu Schutzholzpflanzungen benutzt werden
können. Es besteht alle Aussicht, daß die bestgeformten und schnellwüchsigsten Individuen auch fernerhin die Führung im Bestande beibehalten und nach Unterdrückung des Zwischenstandes, was schon im
Stangenalter geschieht, den Hauptbestand bilden werden. Dies ist der
Zeitpunkt, in dem nach der Idee der Erziehungsverjüngung der Unterbau bei allen Holzarten einsetzt. Daß diese Pflanzung für alle Holzarten
paßt, daß diese Ausnützung der individuellen Wuchsgeschwindigkeit
und die Anlage zur Nutzholzqualität insbesondere den späteren Erziehungshieben eine große Erleichterung bieten, daß diese Auswahlpflanzung die Ernte durch Erhöhung der Massenerträge und durch die
Steigerung der Nutzholzgüte eines solchen Bestandes erhöhen muß,
dürfte kaum in Zweifel gezogen werden.

Die Maßnahmen zum Schutz der Pflanzung sind dem Abschnitt
über Jungwuchspflege zugeteilt.

F. Die Stecklingspflanzung.

Stecklinge sind Zweigstücke, welche vor der Bewurzelung von der
Mutterpflanze abgetrennt und eingepflanzt werden; alle Holzarten, selbst
alle Nadelhölzer lassen sich durch Stecklinge vermehren, aber nur jene
Vermehrung hat ein praktisches, forstliches Interesse, welche leicht und
schnell gelingt. Für die meisten Laubhölzer und insbesondere für die
Abietineen unter den Nadelbäumen bedarf es besonderer Anordnung im
Gewächshause, um die Wurzelbildung vor der Fäulnis des Zweigstückes
hervorzurufen. Eine solche Vermehrung hat keine forstliche Bedeutung.
Leicht gelingt diese Vermehrung bei der Gattung Salix, ziemlich leicht
bei der Gattung Populus, bei den Gattungen Chamaecyparis, Cryptomeria, Taxus, Sciadopitys, Thuja, Thujopsis, Juniperus, Sequoia und
anderen. Nur bei Chamaecyparis und Cryptomeria findet eine regelrechte Waldbegründung in Ostasien, im Gebiet des Sommerregens statt;
in Europa und Amerika wäre eine solche Pflanzung reine Glückssache, die
bei einem sehr nassen Sommer zum Ziele, bei einem Durchschnitts- und
ebenso bei einem trockenen Sommer zum Absterben aller Pflanzen
führen würde. Man verwendet zur Stecklingspflanzung im Walde
einjährige Zweige obiger Holzarten, welche derart abgeschnitten werden,
daß noch 2—3 cm des zweijährigen Holzes am Holze verbleiben. Dieses
Ende wird keilförmig zugeschnitten und so tief in den Boden gebracht,
daß die Jahresgrenze zwischen dem zwei- und einjährigen Triebe noch
etwa 2 cm tief in den Boden kommt. Der ganze Steckling ist 30 cm

lang. Bei allen Stecklingen folgt die Bewurzelung am leichtesten an jener Grenze. Zum Auspflanzen bedient man sich eines Vorsteckhölzchens. Durch Auswahl von sonnengeschützten Lagen mit tief liegendem, frischem Boden kann die Sicherheit einer solchen Kultur etwas erhöht werden.

Man hat als Einwand gegen solche forstliche Kulturen geltend gemacht, daß aus Stecklingspflanzung hervorgehende Bestände stärker an Rotfäule litten als Bestände an Kernwuchs. Es liegt zwar nahe, daß an der Abschnittstelle des Stecklings Fäulnis einsetzen kann; ein unzweideutiger Beweis hierfür liegt jedoch bis heute nicht vor. Am häufigsten ist Stecklingspflanzung zur Anlage von Weidenhegern[1]) gewählt.

Die Anlage einer gewinnbringenden Weidenzucht setzt voraus: wärmeres Klima, das ist mindestens wärmeres Fagetum mit Nutzholzzucht der Eiche und Castanetum; im kühleren Fagetum können nur warme Expositionen in Frage kommen. Da der Weidenheger auf einer Kahlfläche angelegt werden muß, sind geneigte, gegen Spätfröste etwas gesicherte Örtlichkeiten wie auch Flußnähe, Seenähe zu bevorzugen. In Spätfrostlagen, in nassen Einsenkungen ist ein Weidenheger eine verfehlte Anlage. Die Beobachtung, daß die meisten Weiden am Flußufer wachsen, legt den Gedanken nahe, daß für den Weidenheger ein feuchter Boden günstig sein müsse. Nasser Boden erhöht jedoch die Frostgefahr und besitzt nicht den Nährwert, den eine Weidenanlage verlangt. Der Boden muß frisch, locker, tiefgründig und gut sein. Die Forderung der Tiefgründigkeit erklärt sich dadurch, daß der Boden bis auf 50 selbst 70 cm Tiefe bearbeitet werden muß; die Güte ist notwendig, da durch die alljährliche Rutenernte sehr große Mengen mineralischer Salze dem Boden entnommen werden.

Das Aussetzen der Stecklinge, 1—3jähriger Triebe von 20—30 cm Länge, geschieht dadurch, daß mit einem Setzstab ein Loch schief in den Boden gestoßen wird, in welches die Stecklinge bis auf eine ganz kurze Spitze eingesenkt werden; ein Tritt mit dem Fuße schließt den Spalt. Aus den Lentizellen der Rinde brechen die Wurzeln hervor. Seltener wird das Einlegen der Stecklinge in Gräben oder das Auslegen der Stecklinge an den Seitenflächen einer trichterförmigen Vertiefung im Boden (Einkesseln genannt) gehandhabt. Sowohl die Weide als 'obige forstliche Holzarten können auch vor der Pflanzung zur Wurzelbildung gebracht werden. Es geschieht dies in Gräben, welche mit Waldhumus, abgefallenen Blättern und Nadeln angefüllt sind. Die Stecklinge werden nebeneinander in engstem Verbande bis zu zwei Drittel ihrer Länge in die sich schwach erwärmende, humose Masse

---

[1]) F. v. Förster, Die Korbweidenkultur. 1895. Deckert, Mündener forstl. Hefte 1896.

eingestellt und bewurzeln sich rasch; ihre weitere Verwendung ist von der Pflanzung nicht mehr verschieden.

Aus Stecklingen oder auch aus Pflanzung größerer Stangen von Weiden von 2,5—5 cm Dicke und 1,5—2 m Höhe gehen die Anlagen für den Weidenkopfholzbetrieb hervor; bei Pappeln werden auf diesem Wege Dekorationspflanzen gewonnen zu Park- und Straßenalleen, wenn man nicht vorzieht, solches Material aus Sämereien zu ziehen. Freilich bei bestimmten, gärtnerisch wertvollen Variationen (Pyramidenpappel) ist man zur Setzstangenvermehrung gezwungen.

G. Absenkerpflanzung.

Alle Holzarten lassen sich auf diesem Wege vermehren; das Verfahren besteht darin, daß schwächere Stangen oder die Zweige von stärkeren zur Erde gebogen und ihre Kronen ganz übererdet werden, so daß nur die Triebspitzen hervorragen. Wird für fortgesetzte Befeuchtung gesorgt, so bewurzeln alle Triebe sich selbständig; bei einigen Holzarten tritt dies schon im ersten Jahre ein, wie besonders bei Weiden, bei den übrigen Laubholzarten meist erst im zweiten, auch dritten Jahre. Obige Nadelhölzer für die Stecklingspflanzung zeigen schon im ersten, sicher im zweiten Jahre Bewurzelung. Abietineen verlangen viele Jahre hindurch Bedeckung, bis Wurzelbildung auftritt. Man kann die Wurzelbildung durch Einschnitte in der Rinde, am schnellsten durch Ringeln (Beseitigung der Rinde bis zum Holz) an der tiefsten, übererdeten Stelle fördern. Nach Wurzelbildung erfolgt Abtrennung und Verwendung der Pflanze.

Manche Holzarten zeigen auch in der freien Natur Absenkerbildung; so insbesondere die Fichte in der kühlsten Region ihres Vorkommens, in sumpfigen Örtlichkeiten, Thuja und Thujopsis, selbst auf ihren normalen Böden. Isolierter Stand begünstigt die Erhaltung der Äste bis zum Boden herab; Unkrautwuchs und Humusbildung überdecken allmählich die Seitenäste, halten sie feucht und veranlassen ihre Bewurzelung.

H. Ausschlagspflanzung.

Werden Stockausschläge im ersten oder zweiten Jahre ihrer Bildung möglichst tief geringelt und übererdet, oder werden Laub- und Nadelhölzer (ausgenommen Abietineen), welche nach ihrer Auspflanzung buschig, mit stärkeren, tief angesetzten Ästen, somit für spätere Zwecke der Nutzholzbildung ungünstig erwachsen, ebenfalls im Frühjahr möglichst tief geringelt und übererdet, so bewurzeln sich die oberen Ränder aller Ringelungen; solche Pflanzen können am besten im nächsten Frühjahre abgelöst werden, nachdem während des Winters der Zusammenhang im Holz mit der Mutterpflanze sich gelockert hat. Auf diesem Wege können neben einheimischen mit großem Vorteile seltenere Holzarten von Laub- und Nadelbäumen rasch vermehrt werden.

I. Rhizompflanzung.

Nur bei den Gramineen im weitesten Sinne (mit Einschluß der Bambusaceen) sind Rhizome, unterirdische Triebe mit schuppenartigen Blättern und mit oberirdischen Trieben, Blättern und Wurzeln an den Nodien, als selbständige Pflanzen im forstlichen Betriebe verwendbar.

K. Wurzelpflanzung.

Es ist noch nicht genügend untersucht, welche Holzarten sich durch Wurzelstecklinge vermehren lassen. Werden Gräben durch einen Laubholzstangenort wie im Niederwalde angelegt, so erscheinen im Grabenrand, wo die Wurzeln verschiedener Holzarten abgestochen sind, Ausschläge. Ulmus, Carya, Salix, Populus, Prunus, Robinia, Paulownia u. a. wurden vom Verfasser als Ausschläge liefernd erkannt. Voraussichtlich zählen auch alle Holzarten, welche überhaupt Wurzelbrut bilden, hierher. Aber nur für eine Holzart, für die japanische Paulownie, wird bis jetzt von dieser Eigenschaft zur Bestandsanlage Gebrauch gemacht, indem Wurzelstücke unter gleichen Verhältnissen wie Zweigstecklinge in den Boden gebracht werden, worauf sie Ausschläge entwickeln.

L. Wurzelbrutpflanzung.

Die unter Wurzelpflanzung genannten Holzarten besitzen fast alle die Fähigkeit, Ausschläge aus den Wurzeln bei noch lebenden Mutterstämmen emporzusenden; auch Weißerlen und vor allem den zahlreichen Sträuchern Corylus, Rosa, Rubus u. a. kommt diese Fähigkeit zu; für Sträucher ist diese Art der Vermehrung die normale Verbreitung, für Baumarten aber ist das Erscheinen von Wurzelbrut ein Zeichen der Erkrankung des Mutterbaumes, ein Zeichen des Mißbehagens, auch wenn äußerlich kein Symptom hinzutritt. Auf allen schlechten Böden neigen genannte Holzarten am stärksten zur Wurzelbrutbildung. Verwundung der Wurzeln durch Treten, Fahren oder absichtliches Einschneiden fördert die Ausschlagbildung; am lebhaftesten setzt sie ein, wenn der Mutterstamm selbst abgeschnitten wird (PopulusArten). Zum Zwecke der Verpflanzung solcher Ausschläge wird im ersten Jahre durch einen Spatenstich die eine Seite der Verbindung mit dem Mutterstamme durchschnitten; im zweiten Jahre wird die andere Seite abgetrennt, im dritten Jahre kann die Pflanze zur Auspflanzung ausgehoben werden.

M. Stummelpflanzung.

Nach dem Abschneiden des oberirdischen Triebes oder Stämmchens wird der Wurzelstock ausgegraben und zur Einpflanzung an anderer Stelle verwendet; geübt wird dieses Verfahren bei der Birkenstummelpflanzung auf sehr mageren Sandböden, bei Ergänzung der Ausschlagstöcke im Niederwald- und Mittelwaldbetriebe.

3. Beispiele für die künstliche Begründung von reinen und gemischten Beständen.

A. Wahl der Holzart.

Soll eine waldlose Stelle mit Wald bedacht werden, so ist ein Studium der naturgesetzlichen Grundlagen des Standortes, wie sie im ersten Teil dieser Schrift niedergelegt wurden, eine ebenso wichtige, erste Voraussetzung wie die Erwägung, welcher Art der ökonomische Zweck ist, der mit der Waldbegründung erreicht werden soll.

Eine Kenntnis des Klimas des Standortes, so vollkommen, um daraus die Klimazone konstruieren zu können, welcher der Standort zugeteilt werden muß, läßt sich nur durch langjährige Beobachtungen gewinnen; für größere Ödländereien, welche aufgeforstet werden sollen, wie Steppen und Prärien, muß die meteorologische Beobachtung überhaupt erst die Fähigkeit des Standortes, Wald zu tragen, nachweisen; für andere, wie Moor- und Heideflächen und kleinere Steppen, welche Inseln im Walde bilden oder Waldinseln tragen, ist die Beobachtung der Holzarten noch der beste Maßstab für Beurteilung der Klimazone. Die Angleichung an fernere Gebiete, welche klimatisch bekannt sind, ist unzuverlässig, da die meteorologischen Stationen nicht in völlig öden Flächen liegen und daher stets ein milderes Klima ergeben als den neu begründeten Holzarten droht. Jede waldlose Stelle, selbst die kleinste Blöße im Walde hat überdies ein von der Umgebung verschiedenes Klima; Tafel III und IV ergeben dies deutlich. Jeder Südhang ist wärmer und trockener als ein Nordhang; ersterer kann dem Fagetum, letzterer dem Picetum oder ersterer dem Castanetum, letzterer dem Fagetum zugeteilt werden müssen. Sind meteorologische Daten gewonnen, so ist die Zuteilung zur entsprechenden Klima- oder Waldzone mit Hilfe der Klimaparallelen des dritten Abschnittes eine einfache Sache. Die Holzarten der betreffenden Waldzone der nördlichen Halbkugel erscheinen anbaufähig, sobald auch der Boden für ihr Wachstum geeignet ist.

Der Boden. Ist eine Pflanzendecke vorhanden, so kann von dieser ausgehend zunächst auf die Zusammensetzung des Bodens und seine Güte geschlossen werden; der Schluß ist aber durchaus kein untrüglicher; es gibt Sträucher, Gräser und Kräuter, welche eine ganz bestimmte Zusammensetzung und Beschaffenheit des Bodens bevorzugen. Da die genannten Pflanzen jedoch keine Bäume werden und ihre Wurzeln seicht verlaufen, so geben sie nur Anhaltspunkte über die oberflächliche Beschaffenheit des Bodens bis zu geringer Tiefe. Unter dem Wurzelbereiche kann ein sehr fruchtbarer oder ganz unbrauchbarer Boden (Kies, Grundwasser, Fels) lagern, der erst über die Entwicklung der Bäume entscheidet. Diese Kenntnis aber verschafft nur ein Bodeneinschlag und die Untersuchung des Bodens auf seine Zusammensetzung, Härte, Tiefe, seinen Wassergehalt und andere Eigenschaften. Im Anhalte an diese Daten kann aus den Ansprüchen der Holzart an die Bodengüte, wie sie der dritte Abschnitt dieser Schrift gibt, auf die anbaufähige Holzart geschlossen werden. Zur oberflächlichen Orientierung über die Bodenqualität dienen folgende Pflanzen:

Einen steinigen, kalkreichen, jedoch guten Boden zeigen an: Tussilago, Petasites, Clematis, Gentiana, Sambucus usw.

Einen Moorboden, anmoorigen, torfigen Boden: Drosera, Ledum, Sphagum, Eriophorum, Vaccinium uliginosum, Carex, Strauchbirke, Strauchföhre (Mughus), verkümmerte Spirken (uncinnata), verkümmerte, strauchartige Fichten, Föhren (silvestris), Lärchen, Weiden und andere Holzarten.

Mullboden, Gartenboden, sandiger Lehm, somit guter bis bester Boden, Föhrenboden I. und II. Bonität: größere Sträucher von Prunus, Rhamnus, Crataegus und anderen; Atropa, Rubus-Arten, Fragaria, Epilobium, Carex brizoides, Convallaria, Moose wie Polytrichum, Juncus und zahlreiche andere Gewächse.

Sand überwiegend, aber noch frisch: Moose, Farne, Gräser wie Melica, Milium und andere.

Überwiegend Sand, Frische gering: Moose wie Hypnum, Vaccinium, Vitis, Idaea, Myrtillus und andere.

Sand überwiegend, trocken: Hungermoose, Calunna, Erica, Heidegräser.

Rohhumusboden: trockene Moose wie Hypnum, dann Calunna, Vaccinium Myrtillus, Vitis Idaea und andere.

Ist auf einer Bodenfläche noch Wald vorhanden oder eine vorhergehende Bewaldung noch nachweisbar in Baum- oder Waldresten, welche inselförmig auf der waldlosen Fläche auftreten oder dieselbe begrenzen, so wird die Auswahl der anzubauenden Holzarten wesentlich erleichtert; es ist beachtenswert, daß ein Boden, welcher für die vorausgehende Waldvegetation III. oder IV. Bonität war, nicht wieder mit derselben, sondern mit einer bescheideneren Holzart besiedelt werde. Hat aber eine landwirtschaftliche Kultur stattgefunden, so kann aus den angebauten, landwirtschaftlichen Gewächsen ebenfalls, wenn auch nicht auf die Bodengüte in größerer Tiefe, so doch auf das Klima geschlossen werden; zu diesem Ende sind den Klima- und Waldzonen des dritten Abschnittes auch die der Zone entsprechenden, landwirtschaftlichen Kulturgewächse beigegeben worden.

Ist nun festgestellt, welche Holzarten für den neuen Standort in Frage kommen können, so wird unter diesen selbst wiederum die Auswahl zu treffen sein, je nach dem Zweck, den der Grundeigentümer mit seiner forstlichen Kultur beabsichtigt. Es ist nicht Aufgabe des Waldbaues, vor allem nicht dieser für die nördliche Halbkugel bestimmten, vorliegenden Schrift, alle die zahlreichen Holzarten mit ihren Gebrauchsfähigkeiten zu würdigen; es ist unmöglich, alle die zahllosen Bedürfnisse der Menschen zu besprechen und ebenso unmöglich, die Rentabilität einer Holzart voraussetzen zu können. Zur Wertschätzung einer Holzart gehört nicht nur die Kenntnis des gegenwärtigen Marktpreises, sondern auch ein Blick in die Zukunft, der gerade dadurch besonders erschwert ist, daß es Holzarten gibt, deren Produkte durch größere Angebote wertvoller, und solche, welche durch größere Angebote wertloser werden, daß gar manche Holzart aus fremden Landen eine wertvolle Bereicherung der heimischen Waldprodukte in Aussicht stellt.

B. Künstliche Begründung der Schattenholzarten in reinen Gruppen, reinen Kleinbeständen, reinen Großbeständen.

Gattung Picea, reine Fichtenanlagen.

Frühjahrssaat. Auf größerem, kahlem, hierzu bearbeitetem Boden oder auf verlassenem Ackerland empfiehlt sich bei Anwendung der Saat die Verbindung mit einer Getreidefrucht, am häufigsten Hafer (Haferschutzsaat), auch Staudenroggen, Buchweizen; Vollsaat; solche Ansaaten werden vielfach zur Gewinnung von Schlagpflanzen benützt mit den früher erwähnten Vor- und Nachteilen dieser; Streifen-, Riefen-, Stockplatten-, Furchensaaten je nach Örtlichkeit und Bedarf; bei gruppenweisem Anbau sind Stockplattensaaten zulässig. Saat unter lockerem Schirm von anderen Holzarten, am besten Lichtholzarten, gibt günstige Ergebnisse. Die Pflanzung ist gegenwärtig die vorherrschende Art der Fichtenbegründung. Klemmpflanzung mit starken, einjährigen, mit zweijährigen oder schwachen, dreijährigen Pflanzen empfiehlt sich nur auf nicht zu festen, nicht zu sehr verunkrauteten Böden. Pflanzenverband 0,5 m bis 1 m. Stark verunkrautete Böden verlangen drei- bis vierjährige nicht verschulte oder vier- bis sechsjährige verschulte Pflanzen mit oder ohne Erdballen; im letzteren Falle die gewöhnliche Lochpflanzung; Ballenpflanzen in Verhältnissen, welche früher besprochen wurden; Topf- und Körbchenpflanzung im Hochgebirge; Aufzucht kräftiger Pflanzungen für das Hochgebirge in der wärmeren Ebene aus keimkräftigem Saatgute; nach Cieslar und Engler ist es empfehlenswert, im Hochgebirge nur Pflanzen aus Hochgebirgssamen in Verwendung zu nehmen. Büschelpflanzung ist möglichst zu vermeiden. In ganz besonders gefährdeten Frostlagen, Mulden, feuchteren Orten, ist ein Schutzbestand von Birken oder Erlen oder Föhren oder Weymouthsföhren oder sibirischen Zürbeln u. dgl. nötig, unter welchen später die Fichte eingepflanzt wird. Ein solcher Vorwald ist unnötig in Örtlichkeiten, in welchen nur alle vier bis sechs Jahre ein intensiver Spätfrost auftritt; dies sind die Kahlschlags- bzw. Kahlfraßflächen des Hartlandbodens. Pflanzung unter Schirm von Altholz ist zulässig, insbesondere auf stark verunkrauteten Stellen. Pflanzenverband für Fichtenanlagen 1,3 bis 2 m; der weitere Verband ist zulässig, da die Fichten stets geradschaftig erwachsen; nur für solche Holzarten (Tannen, Douglasien, Stroben) hat der weitere Verband von über 1 m Berechtigung. A. Schiffel[1]) verwirft die Saat ganz; Abstand 1,75 bis 2 m; bei engerem Verband und bei Beginn des Schlusses soll die Hälfte der Pflanzen beseitigt werden. Schüpfer (Forstw. Zentralbl. 1908) will weite Verbände gegen Rotwild; gesunde und astige Schäfte seien wertvoller als reine, aber faule. Pflanzung dient sodann zur Ergänzung in Naturverjüngungen, zur Umpflanzung steilrändiger Gruppen, zur Verbindung von Vorwuchs- oder Anwuchsgruppen auf den kahlen Stellen der Durchhiebe; bei Saumschlägen in Fichtenbeständen tritt oft zwei- bis dreijährige Schlagruhe vor der Pflanzung mit Rücksicht auf den Rüsselkäfer ein.

Gattung Abies, reine Tannenanlagen.

Herbstsaat, auch Frühjahrssaat, nur unter Schirm von alten Tannen oder anderen Holzarten nach vorheriger Bodenbearbeitung; auf Kahlflächen Pflanzung mit vier- bis sechsjährigen Tannen bei geneigtem Gelände; Pflanzen mit schwächerem Material unter Schirm von Althölzern häufiger; in allen Fällen ist Schutz der Saat und der Pflanzung gegen Wildverbiß absolut notwendig; in Sachsen wird zugestanden, daß am Rückgange der Tanne allein das Wild schuld ist; in anderen Ländern weiß man es auch, sagt es aber nicht; dagegen berichtet Dr. Voit[2]) über eine Zunahme der Tanne in Unterfranken (Bayern) von 13,7 ha zu Ende des 18. Jahrhunderts auf 2301 ha zu Ende des 19. Jahrhunderts.

Gattung Fagus, reine Buchenanlagen.

Frühjahrssaat unter Schirm nach vorheriger Bodenbearbeitung; Vollsaat, Riefen-, Furchensaat, Saatbedeckung; Blockpflanzung zur Verdichtung natürlicher Verjüngungen; Pflanzung unter Schirm mit schwächerem Gartenmaterial, enge Pflanzung; Pflanzung mit vierjährigen auch auf kahler Fläche bei geneigtem Gelände, Pflanzweite 1 m; bei weiterem Verbande schlechtschaftig; Auswahlpflanzung besonders wichtig.

C. Halbschattenholzarten in reinen Gruppen, reinen Kleinbeständen, reinen Großbeständen.

Gattung Fraxinus, reine Eschenanlagen.

Herbstsaat, nur selten Frühjahrssaat, unter lockerem Schirm auf normalem, frischem, unkrautfreiem Waldboden. Pflanzung in

---

[1]) Wuchsgesetze normaler Fichtenbestände. Wien 1904.
[2]) Dr. E. Voit, Geschichtliche Darstellung des Einflusses der künstlichen Verjüngung auf die Verbreitung der Holzarten in Bayern. 1908.

verunkrauteten, frischen, insbesondere mit Urtica und Impatien als Unkräutern bestockten, selbst feuchten Örtlichkeiten; in letzterem Falle am besten unter Schirm; auf kahler Fläche Pflanzung mit Halbheister von 1 bis 2 m Höhe, seltener Vollheister von 2 bis 3 m, Pflanzweite 1 bis 1,5 m. Enger Verband wegen Neigung zur Krümmung und Vergabelung, Auswahlpflanzung von besonderer Wichtigkeit. Die Erziehung der Eschenheister im Pflanzgarten erzielt E. Herrmann[1]) am schnellsten durch Ausheben von Pflanzen aus natürlicher Verjüngung, gleichgültig, ob krumm oder gerade; die Hauptsache ist vollkommene Bewurzelung. Diese in den Garten verbrachten Pflanzen werden nach ein oder zwei Jahren abgeschnitten; von den sich entwickelten Ausschlägen wird der beste gewählt; in zwei Jahren können Halbheister, in drei bis vier Jahren Vollheister gewonnen werden, besser und schneller, als es durch Saat gelingen kann. Auch alle übrigen Laubhölzer können auf gleiche Weise zu wertvollen Halb- und Vollheistern erzogen werden.

Gattung Alnus, Erlenarten.

Für diese Gattung gelten dieselben Bemerkungen, wie sie für die Gattung Fraxinus gegeben sind; für die Erlen kommt Frühjahrs- statt Herbstsaat zur Anwendung.

Gattung Tilia (Lindenarten), Acer (Ahornarten), Ulmus (Ulmenarten), Carpinus (Hainbuchenarten).

Herbstsaat unter Schirm von lockerem Altholze oder auch auf kahler Fläche, auf normalem, frischem, unkrautfreiem oder bearbeitetem Waldboden; Pflanzung unter denselben Verhältnissen mit zwei- bis dreijährigen nicht verschulten, drei- bis vierjährigen verschulten Pflanzen im Abstand von 1,5 bis 2 m; Auswahlpflanzung von besonderer Wichtigkeit.

Gattung Castanea, Edelkastanie.

Frühjahrssaat mit in frischem Zustande überwintertem Samen auf kahler Fläche als Stecksaat oder Keimlingspflanzung in 0,5 m Abstand; Pflanzung meist zweijähriger Pflänzlinge auf kahler Fläche, besonders geneigtem Gelände des Castanetums. Im Fagetum nur in den wärmsten Lagen; enge Pflanzung bei Hochwaldanlage; weite (2 bis 4 m) bei Niederwald.

Gattung Pinus, Sektion Strobus, Weymouthsföhre und Cembra, Zürbelföhre.

Saaten unter lockerem Schirm von Althölzern oder auch auf freier Fläche sind zwar zulässig, aber selten bis jetzt ausgeführt. Überwiegend ist Pflanzung, Klemmpflanzung auf kahlen Flächen

---

[1]) Deutsche Forstzeitung 1907.

sowohl des Hochgebirges wie der Ebene, in etwa 0,5 bis 1 m Abstand. Pflanzung drei- bis fünfjähriger Angehöriger der Sektion Strobus (Pinus Peuce, Strobus u. a.) auf kahlen Flächen des normalen Bodens, wie auch in anmoorigen, fast sumpfigen Örtlichkeiten; in gleicher Weise und an gleichen Örtlichkeiten auch Pflanzung der Zürbeln mit Pflanzen von vier- bis sechsjährigem Alter und darüber. Pflanzung in besonderen Frostlagen zulässig, jedoch als Ballenpflanzung am günstigsten.

D. Lichtholzarten in reinen Gruppen, reinen Kleinbeständen, reinen Großbeständen.

Gattung Pinus, Sektion Pinaster, Murraya, Jeffreya, zwei- und dreinadelige Föhren.

Frühjahrssaat. Auf unkrautfreiem oder leicht zu bearbeitendem Boden, Vollsaat, Zapfensaat; auf verunkrautetem Boden mit Rohhumus als Riefensaat mit Bodenvorbereitung; Richtung in der Ebene von O nach W, auf hügeligem Gelände in horizontalen Kurven; Riefen von sehr wechselnder Breite sind gebräuchlich. Weinkauff[1]) will nur 18 cm Riefenbreite und Beseitigung aller Gras- und Heidebüsche auf den 60 m breiten, kahlen Säumen. Stockplattensaat; Stückriefensaat; Furchensaat; Saat bei kahlen Löcherhieben. Statt Saat kann auf allen genannten Örtlichkeiten bei lockerem Boden oder nach tieferer Bearbeitung Klemmpflanzung mit ein- oder zweijährigen Pflanzen im Abstand von 0,5 m eintreten. Ergänzung von Fehlstellen in Saaten und Klemmpflanzungen besonders nach Schütte durch Lochpflanzung, auch Ballenpflanzung mit auserwählt schönschaftigem Material; die gepflanzte Föhre neigt überdies mehr zur Astbildung und Verbreiterung (Wolf) als die gesäte. Dr. Stötzer[2]), Frey[3]), Schlieckman, v. Dücker u. a. verlangen dichte Begründung und Erhaltung engen Schlusses; Loch- oder Ballenpflanzung als Schutzholz, als Vorwald, in Frostlagen und auf sumpfigem Gebiete; Pflanzung zur Festigung der Dünen (Ödlandsaufforstung). Auf Örtlichkeiten, welche von der Schütte stark heimgesucht sind, empfiehlt sich eine Mengesaat von zwei Föhren, von denen die eine Schütte fester ist als die andere; zum Beispiel: mitteleuropäische silvestris und nordeuropäische (Finnland, Norwegen) lapponica oder silvestris und Banksiana und andere Mischungen. Wo die Saat mit einheimischer Föhre (silvestris) zwei- ja dreimal wegen der Schütte erneuert werden muß, gewinnt die nordische Art (lapponica) trotz langsameren Wachstums einen Vorsprung; man vergleiche auch die Ausführungen bei Föhren mit Föhren gemischten Beständen. Oberforstmeister Hollweg[4]) hebt als Vorzüge

---

1) Weinkauff, Zeitschrift f. Forst- u. Jagdw. 1907.
2) Thüringer Forstverein 1905.
3) Forstw. Centralbl. 1907.
4) Zeitschr. f. Forst- u. Jagdw. 1901.

der Kulissenverjüngung mit Saat oder Pflanzung einjähriger Föhren auf armen und ärmsten Sand Schutz gegen Schütte hervor.

Gattung Larix, reine Lärchenanlagen.

Frühjahrsvollsaat oder Riefensaat auf kahler Fläche; Kulissen- oder Breitstreifensaat anwendbar; Platzsaat nur bei einer Flächenausdehnung von mindestens 1 ha oder, wenn kleiner, 15—20 Jahre früher als der Anbau der Umgebung. Statt Saat in allen genannten Örtlichkeiten Pflanzung mit drei- bis vierjährigen verschulten Pflanzen unter Beseitigung aller krumm wachsenden Pflanzen; nur die schönsten und starkwüchsigsten Individuen sollen in der Auswahlpflanzung verwendet werden; weniger günstig ist die Staffelpflanzung; Schutz gegen den Rehbock unerläßlich.

Gattung Quercus, Weißeichen.

Mit Recht schlägt Oberforstmeister Ney in seinen Schriften vor, stets die Traubeneiche (sessiliflora) zu begünstigen und das Saatgut aus Gegenden zu beziehen, wo es nur Traubeneichen gibt. Anlage von Gruppen; bei Kleingruppen Altersvorsprung gegenüber der Umgebung notwendig; Anlage von Kleinbeständen und Großbeständen; im Fagetum stets wärmste Lage und bester Boden notwendig.

Frühjahrssaat. Unter lockerem Schirm Stecksaat, Vollsaat, Riefensaat, Leitersaat; letztere führt Forstmeister Endres[1] auf 40 cm breiten Riefen mit 60 cm Abstand der Riefen derart aus, daß die Querrillen bei 20 cm Abstand derselben mit fünf Eicheln 6—8 cm tief belegt werden, so daß pro Hektar nur 7—8 hl notwendig werden. Keimlingspflanzung ebenfalls unter Schirm; Saat mit 0,05—0,1 m Abstand der Früchte. Keimlingspflanzung mit 0,2—0,5 m Abstand. Pflanzung mit ½—1 m hohen Pflanzen unter gleichen Verhältnissen, Abstand 1,5—2 m; Lochpflanzung; weitere Pflanzung nur bei Auswahlpflanzung zulässig.

Pflanzung von Heistern mit 2 m Höhe und darüber in 2—4 m Abstand; Heisterpflanzung wird von Forstmeister Spangenberg[2] als vorteilhaft bezeichnet: auf Föhrenboden I. und II. Bonität, damit die Eiche einen Vorsprung erhalte; im Mittel- und Niederwalde zur Nachbesserung, in Frostlagen, in Örtlichkeiten mit starkem Wildstande, mit Viehweideberechtigungen; entlang den Wegen und Triften. Zur Ergänzung in Ausschlagwaldungen dient auch die Stummelpflanzung.

Auf Sandboden kann sich Eiche nur dann dauernd erhalten, wenn ihr Buche beigegeben wird, sei es in kronenweiser Mischung, sei es als Unterbau; geschieht dieses nicht, gehen die Eichen- in Föhrenwaldungen über.

---

[1] Forstw. Centralbl. 1901.
[2] Schlesischer Forstverein 1895.

Gattung Betula, Birken.

Spätwintersaat auf Schnee; Spätherbstsaat auf gelockertem und
wieder gefestigtem Boden; auf allen Kahlflächen, seien sie durch Kahlschlag, vorherige landwirtschaftliche Benützung oder Kalamitäten entstanden, empfiehlt sich Birkensaat zum Schutze des Edelholzanbaues.
Pflanzung mit Vorwuchspflanzen wegen ausgreifender Wurzeln schwierig,
Ballenpflanzung besser; Vorbau in Frostlagen durch Ballenpflanzung
in einem Abstand von 1,5—2 m, mit Birkenheistern, insbesondere in
sumpfigen, stark vergrasten Frostlagen; Stummelpflanzung auf sehr
magerem Sandboden.

E. Künstliche, gemischte Bestandesanlagen in Gruppen, in Klein-
beständen oder Großbeständen.

Nach der Idee des Kleinbestandswaldes wird nicht mehr der Bestand
gemischt, sondern dieser wird klein gewählt und rein begründet; der ganze Wald setzt sich aus reinen Kleinbeständen verschiedener Holzarten und verschiedenen Alters zusammen. Soll aber
nach bisheriger Überschätzung der Vorzüge der Mischbestände und
Unterschätzung der Opfer an Zeit und Geld zu ihrer Begründung und
Erhaltung, der Bestand selbst aus mehreren Holzarten, somit gemischt,
künstlich begründet werden, so gelten folgende Grundlagen. Liegen
Altholzbestände zur Verjüngung vor, so wird:

1. die künstliche Verjüngung am sichersten unter ähnlichen Verhältnissen erreicht, welche die natürliche Verjüngung verlangt; alle
Gesetze für die Naturverjüngung solcher Bestände sind mutatis mutandis
auch für die künstliche Begründung zu beachten.

2. Soll ein gemischter Bestand künstlich verjüngt werden, so sollen
jene Holzarten, für welche die standortlichen Verhältnisse eine schnelle
und sichere Naturverjüngung gewährleisten, auf natürlichem Wege,
die übrigen Holzarten auf künstlichem verjüngt werden.

3. Die Naturverjüngung soll wenigstens teilweise erstrebt und
erreicht werden für jene Holzarten, welche der künstlichen Verjüngung,
insbesondere auf kahler Fläche, Schwierigkeiten bereiten.

4. Wenn eine natürliche Verjüngung auch als Ergänzung zur künstlichen nicht erzielbar ist, soll der Altholzbestand zur Schutzstellung
für die künstliche Verjüngung benützt werden.

5. Wird der Altholzbestand entfernt in der falschen Voraussetzung,
daß man nur auf kahler Fläche künstlich verjüngen könne, so
wachsen die Schwierigkeiten der künstlichen Bestandsmischung mit
der Zunahme der Frostgefahr, des Unkrautwuchses und der Abnahme
der Bodengüte.

6. Mengesaaten von zwei und mehreren Arten verschiedener
Gattungen auf Kahlflächen sind nur bei Holzarten mit annähernd

gleicher Korngröße ausführbar und geben in der Regel einen Reinbestand, in dem eine Holzart unterdrückt wird oder von Anfang an wegen unpassender Bodengüte oder Frostbeschädigung zurückbleibt.

7. Mengesaaten mit zwei oder mehreren Arten derselben Gattung sind zumeist zum Nutzen des Bestandes, der nach üblicher Auffassung nicht als Misch-, sondern als Reinbestand angesprochen wird.

8. Soll ein Mischbestand mit Arten verschiedener Gattungen angelegt werden, so führt eine Trennung der Sämereien nach der Fläche, d. h. Ansaat jeder Holzart getrennt auf Plätzen, in Gruppen oder in breiten Streifen oder Streifenverbänden (kulissenweise Mischung) zum Ziele.

9. Die Dauer der Mischung wird sodann gewährleistet, wenn eine Trennung der Sämereien nach der Zeit der Aussaat erfolgt, wobei zuerst die lichtbedürftigen und später die schattenertragenden, zuerst die waldbaulich schwächeren, später die waldbaulich stärkeren als Unterbau unter ersteren ;erscheinen; diese Form führt übrigens zur stammweisen Mischung, welche sich bei genügendem Altersvorsprung der waldbaulich schwächeren auch erhalten kann.

10. Auch die platzweise oder kleingruppenweise oder streifenweise Ansaat verschiedener Holzarten kann sich erhalten, wenn die Ansaat der waldbaulich schwächeren früher erfolgt als jene der waldbaulich stärkeren.

11. Mengepflanzungen wie Pflanzungen in abwechselnden Reihen mit verschiedenen Holzarten verschiedener Gattungen gleichzeitig ausgeführt sind in der Regel so aussichtslos wie Mengesaaten; sie geben Reinbestände oder verursachen eine Summe von Verlegenheiten und Arbeiten im kritischen Alter; Mengepflanzungen von mehreren Arten derselben Gattung, z. B. Pinus silvestris und Pinus Banksiana, können vorteilhafter als reine Bestände sein.

12. Es empfiehlt sich Trennung der Holzarten nach der Fläche wie bei der Saat, d. h. Anpflanzung derselben Holzarten in Plätzen, Gruppen, Streifenverbänden (Kulissen).

13. Es empfiehlt sich, bei kleingruppenweiser oder einreihiger Mischung jener Holzart einen Vorsprung an Zeit zu geben, welche die waldbaulich schwächere ist, es entsteht ein streifen- oder gruppenweise gemischter Bestand oder Wald.

14. Mengepflanzung zu verschiedener Zeit ist ebenfalls zulässig, wenn zuerst die waldbaulich schwächere Art begründet wird. Es entsteht ein stammweise gemischter Bestand.

15. Mißlingt eine Saat, so wird sie nicht mehr wiederholt, sondern sofort tritt Pflanzung mit derselben Holzart ein.

16. Mißlingt eine Pflanzung, so wird sie mit derselben Holzart nicht wiederholt, sondern eine andere Holzart hat als Bestandespflanze an ihre Stelle zu treten, wenn die Beseitigung der Ursache des Mißlingens unmöglich ist.

Gattung Picea (Fichten) mit Gattung Fagus (Buchen).

Von einem haubaren Mischbestand ausgehend, wäre zunächst die Buche gruppenartig auf natürlichem Wege zu verjüngen, dann im kahlen Saumschlag mit Pflanzung von Fichten die Mischung herzustellen; es dürfte auch die Saat von Bucheln unter den Fichten und eine Saat von Fichten unter den Buchen oder auch die Saat unter den gleichen Holzarten zum Ziele führen.

Ausgehend vom reinen Fichtenbestande, wäre Buche unter Fichtenschutz anzusäen, so viel, als von jener erwünscht ist; dann käme kahler Saumschlag mit Pflanzung von Fichten. Ausgehend vom reinen Buchenbestand wären ebenfalls so viel Buchen entweder natürlich zu begründen oder künstlich unter Schirm zu säen oder auch zu pflanzen als erwünscht ist. Durch Fichtensaat unter dem Schirm der übrigen Buchen oder auch durch kahlen Saumschlag und Pflanzung von Fichten ergeben sich Buchen und Fichten in gruppenweiser Mischung.

Werden aber die alten Bestände kahl weggeschlagen oder ist überhaupt eine Kahlfläche in einen Fichten- und Buchenmischbestand umzuwandeln, so gibt es dafür zwei Wege; der eine führt zum gruppenweise der andere zum stammweise gemischten Walde. Der erste besteht darin, daß auf geneigtem Gelände Buchen und Fichten in stärkeren Pflanzen, gruppen- oder kulissenweise getrennt, ausgepflanzt werden; der zweite beginnt mit der Anpflanzung eines reinen Fichtenbestandes, der vom 50. Lebensjahre an stärker durchforstet und endlich ständig durchlichtet wird, so daß ein Unterbau von Buchen durch Saat oder Klemmpflanzung oder Lochpflanzung erfolgen kann; bis zur Haubarkeit der Fichten tritt der Buchenbestand allmählich in die Fichtenkronen ein. Eine frühere Kronenmischung hat für die Fichte ohnedies nur Nachteile und Zuwachsverlust.

Gattung Picea (Fichten) mit Gattung Abies (Tannen).

Ausgehend von dem Mischbestande beider Holzarten wäre die Tanne zuerst und zwar auf natürlichem Wege oder durch Saat oder Pflanzung unter Schirm zu verjüngen; die Fichte käme dann durch Pflanzung auf dem kahlen Saumschlage oder durch Saat unter Schirm.

Ausgehend vom reinen Tannenbestand ist unter diesem zuerst auf natürlichem Wege oder durch Saat oder Pflanzung ein gruppenweiser Anflug von Tannen zu erstreben, worauf der Rest des Bestandes saumweise kahl gehauen und mit Fichten ausgepflanzt wird; da die Tannen sturmfester sind, wäre gleichzeitig mit der Tannenverjüngung auch eine Fichtenansaat unter den gelichteten Tannenalthölzern möglich, wenigstens in Wind geschützten Lagen.

Ausgehend von reinem Fichtenbestand muß die Tanne unter dem lockeren Schirm der Fichten angesät oder eingepflanzt werden, worauf Kahlsaumhiebe einsetzen, denen Fichtenpflanzung folgt. Auf Kahlflächen wird die Mischung gruppenweise oder streifenweise betätigt, indem beide Holzarten wenigstens auf schwach geneigtem Gelände ohne allzu große Frostgefahr gepflanzt werden können.

Gattung Abies (Tannen) mit Gattung Fagus (Buchen).

Unter einem erwachsenen Mischholzbestande können Tanne wie Buche auf natürlichem Wege oder durch Saat oder Pflanzung unter Schirm oder nur eine Holzart auf natürlichem Wege, die andere durch Saat oder Pflanzung unter Schirm versucht werden. Auf Kahlflächen ist nur Pflanzung mit kräftigerem Material, gruppenweise oder kulissenweise beide Holzarten getrennt, bei geneigtem Gelände ausführbar. Auch reiner Tannenanbau, vom 50. Jahre an, immer stärker durchforstet und durchlichtet und dann mit Buchen unterbaut gibt eine erst im Haubarkeitsalter in die Kronen der Tanne eintretende Buchenmischung.

Bei einer Mischung von Schattenholzarten mit Halbschattenholzarten ist die Halbschattenholzart in der Behandlung einer Lichtholzart anzugleichen; bei einer Mischung von Halbschatten- mit Lichtholzarten ist die Halbschattenholzart in ihrer Behandlung nach den Regeln einer Schattenholzart zu behandeln; so müssen Ahorne, Ulmen, Linden in Mischung mit Buchen so behandelt werden, als stünde Eiche und Buche in Frage, somit flächenweise Trennung oder Vorsprung an Zeit für die Halbschattenholzarten.

Gattung Larix (Lärchen) mit einer Schatten- oder Halbschattenholzart.

Eine Begründung von Lärchen und Fichten, Lärchen und Tannen, Lärchen und Buchen, Lärchen und Stroben und anderen Holzarten kann mit Aussicht auf Erfolg (Ausbleiben der Krebsbeschädigung als einer tötlichen Krankheit, Erhaltung während des kritischen Stangenholzalters) nach folgenden Regeln geschehen:

1. Mengesaat von Lärche mit Fichte ist wertlos, weil hierbei die Lärche im Stangenalter ausscheidet.

2. Plätzesaat der Lärche auf einer kahlen Fläche von mindestens 5 bis zu 10 a, bei gleichzeitiger Saat oder Pflanzung oder natürlicher Verjüngung der umgebenden Mischholzarten; gruppenweise Mischung der Lärchen.

3. Kulissensaat (6—10 Riefen zusammen); zwischen den Lärchenkulissen Saat oder Pflanzung der Mischholzarten; kulissenweise Mischung der Lärchen.

4. Plätzesaat der Lärche auf kahler Fläche von 0,5—5 a 15 bis 20 Jahre vor der Begründung der Umgebung durch Saat oder Pflanzung oder natürliche Verjüngung; gruppenweise Mischung der Lärchen.

5. Streifenweise (einreihige) Saat der Lärchen 15—20 Jahre vor der Begründung der Zwischenstreifen mit einer anderen Holzart. Streifen wechselnd oder auch mehrere Streifen der Mischholzart zwischen den Lärchenstreifen; streifenweise Mischung.

6. Plätzeweises Auspflanzen der Lärche in der Auswahlpflanzung; Plätze von 5—10 a Größe. Gleichzeitiger Anbau der Mischung; gruppenweise Mischung der Lärchen.

7. Kulissenweises Auspflanzen der Lärche in der Auswahlpflanzung; gleichzeitiger Anbau der Mischung; kulissenweise Mischung der Lärchen.

8. Plätzeweises Anpflanzen der Lärche (Auswahlpflanzung) auf Flächen von 0,5—5 a 10—15 Jahre vor Begründung der übrigen Holzarten. Gruppenweise Mischung.

9. Streifenweise Auswahlpflanzung der Lärchen 15—20 Jahre vor dem Anbau der Holzarten der Umgebung. Streifen mit jenen der anderen Holzart wechselnd oder auch mehrere Streifen der Mischholzart zwischen den Lärchenstreifen.

10. Vollanbau der Lärche auf einer Kahlfläche (Kleinbestands- und Großbestandsfläche) durch Saat oder besser durch Auswahlpflanzung; zwischen den 20. und 30. Lebensjahr Unterbau der beizumischenden Schatten- oder Halbschattenholzarten wie Buchen, Hainbuchen, Eiben, Sektion: Strobus, Cembra und andere.

11. Einzelmischung von Fichte oder Tanne oder Zürbel (Cembra) mit Lärchen bei gleichzeitiger, künstlicher Begründung durch Pflanzung ist nur zulässig in den kühlsten Waldregionen, Annäherung an die alpine oder polare Region, weil dort alle Holzarten in aufgelöstem Schluß erwachsen; in tiefen Lagen würde eine solche Mischung somit ebenfalls zulässig sein, wenn es möglich wäre, so weitständig zu pflanzen oder so fortgesetzt den Bestand zu durchlichten, daß kein Bestandsschluß eintritt.

12. Einzelmischung bei gleichzeitigem Anbau ist stets zulässig zwischen Lärchen und Eiben, Lärchen und westländischer Thuja, Lärchen und Thujopsis oder Sciadopitys, weil diese Holzarten mit Sicherheit überall bis zur Haubarkeit der Lärche unter deren Kronen verbleiben.

13. Einzelmischung in gleichzeitigem Anbau von Fichte (Picea überhaupt) und Lärche ist zulässig auf Böden welche oberflächlich bis 40 cm arm von da an aber nahrungsreicher sind (Sandüberlagerung), weil durch diese Bodenverhältnisse die seichtwurzelnde Fichte zu langsamerem Wuchse gegenüber der tieferwurzelnden Lärche gezwungen wird.

14. Ausbesserung von einzelnen Fehlstellen in Schattenholzkulturen mit Lärchen führt stets zum Untergang der Lärchen, wenn nicht durch einen Unglücksfall, hier Glücksfall, die Umgebung zugunsten der Lärchen geschädigt oder vernichtet wird. Daher ist gleichzeitig Einzelmischung zwischen Fichten und Lärchen, Tannen und Lärchen, Buchen und

Lärchen zulässig, wenn Sicherheit besteht, daß die drei Schattenholzarten ein Dezennium hindurch zurückfrieren oder vom Wild verbissen werden oder die Buchen von den Mäusen teilweise wenigstens
geringelt werden. Häufig aber fällt in solchen Mischungen die Lärche
im Stangenalter den Eichhörnchen zum Opfer, welches die glatten Teile
der Lärche ringelt.

15. Wurden Lärchen zur Ausbesserung in Fichten- und Tannen-
kulturen verwendet, so kann zur Rettung der Lärchen durch Wurzelstümmelung (Abhauen einiger starker Wurzeln) der Fichten oder Tannen
beigetragen werden; auch das Köpfen der bedrängenden Schattenholzarten ist zu empfehlen.

16. Wurden Lärchen durch Übersäen oder Überpflanzen von Buchen-
horsten eingebracht oder zur Ausfüllung von Lücken in Buchenverjüngungen verwendet, so muß die Buche, sobald sie mit ihrem Geäste
die Lärchenkrone erreicht, auf den Stock gesetzt werden, um die Lärche
noch zu retten.

17. Am besten noch eignet sich die Lärche zur Ausfüllung in
Kulturen von Lichtholzarten, aber sie kann sich dort nur halten, wenn
sie auf den ihr passenden Boden kommt.

18. Nur guter, tiefgründiger Boden ist passend; auf anderen Böden
wächst sie zwar die beiden ersten Jahrzehnte sehr rasch, fällt aber
dann rasch ab. An den zahllosen Lärchensünden im Walde ist diese
trügerische Erscheinung in erster Linie schuld.

19. Luftige Höhenlagen sind für den Anbau der Lärche keine notwendige Voraussetzung; sie passen aber der Lärche, wenn solche Höhenlagen auch guten Boden tragen; alle Lärchen lieben kalkreichen Boden
mehr als kieselsäurereichen; in geschützten, selbst sehr frischen und
luftfeuchten Lagen[1]) entwickeln die Lärchen schönere und höhere
Schäfte unter Befolgung obiger Grundsätze.

20. Die besten und schönsten Lärchen einer Pflanzung
oder auch einer Saat, und zwar nur diese, in ungefährem Abstande
von 4 m, müssen gegen den Rehbock geschützt werden.

Gattung Larix (Lärche) mit einer Lichtholzart.

Während Schattenholzarten mit den Lärchen nur so lange friedlich
und zum Nutzen der Lärchen zusammen wachsen, als ihre Kronen
unter den Lärchenkronen verbleiben — es gilt dies bis zum Eintritt
der Lärche in das Baumalter —, passen Lärchen und Lichtholzarten
auch in der Jugend und selbst im kritischen Stangenalter besser zueinander.

Lärche findet sich mit Eiche als Oberholz in Mittelwaldungen
deshalb mit großem Vorteil ein, weil sie den größten Teil ihres Lebens

---

[1]) W. R. Fisher in Quarterly Journal of Forestry 1908 sagt, daß auch das
Holz röter, härter und schwerer, die Stämme viel windfester seien.

freikronig steht. Je besser aber das Klima der Eiche paßt — Annäherung an das Optimum im Castanetum —, desto ungünstiger (weil allzu warm) wird das Klima für die Lärche. Diese Mischung entsteht zumeist durch Anpflanzung der Lärche. Aus den zahlreichen Versuchen der Praxis, zweinadelige Föhren mit Lärchen zu mischen, würden hochwertige Bestände hervorgegangen sein, wenn man die Lärche nicht wie eine Föhre behandelt und von ihr vermutet hätte, daß sie, entsprechend ihrem Verhalten während der ersten 10—15 Jahre, eine bescheidene Holzart sein müßte. Hätte man für die Lärche Bodenpartien mit I. und II. Föhrenbonität gewählt, wären die zahlreichen Lärchenfriedhöfe in Föhrendickungen nicht möglich gewesen. Wird die beste Bodenstelle der Lärche zugewiesen und mit dieser unter Auswahl der besten ausgepflanzt, so erhält man eine gruppenweise Mischung mit der Föhre; stehen größere Flächen von I. und II. Föhrenbonität zur Verfügung, so empfehlen sich ähnliche Maßnahmen wie bei der Mischung mit Schattenholzarten. Es dürfen aber die Gruppen kleiner und die Vorsprünge an Zeit für die Lärche kürzer gewählt werden; auch hier haben Mengesaaten von Lärchen- und Föhrensamen meist ungünstige Ergebnisse, nämlich reine Föhrenbestände gezeitigt. Daß alle solche Mischungen später einen Unterbau mit einer Schatten- oder Halbschattenholzart erhalten müssen, bedarf kaum mehr einer besonderen Erwähnung.

Gattung Quercus (Weißeichen) mit Gattung Fagus (Buchen).

Analog dieser Mischung sind auch andere Laubholzlichtholzarten in Mischung mit der Buche zu behandeln.

Ausgehend von haubaren, reinen Eichenbeständen sind, da brauchbare Vorwüchse selten sind, natürliche Verjüngung der Eichen meist wegen Bodenverunkrautung unmöglich sein wird, unter dem Schirm der Eichen auf den geringeren Bodenpartien Bucheln auszusäen oder Buchen zu pflanzen; auf den besten und besseren Stellen mögen die Eichen kahl hinweggenommen werden, worauf Leitersaat oder Pflanzung mit ein bis fünfjährigen Eichen erfolgt. So ergibt sich eine gruppenweise Mischung beider Arten, welche den Verschiedenheiten im Boden entspricht.

Ausgehend von reinen Buchenbeständen wird über den besten Bodenstellen der wärmsten Klimalage eine lockere Schutzstellung aus den Buchen hergestellt, unter welcher Anbau der Eichen in Riefensaat (Leitersaat) oder durch Keimlingspflanzung in tief bearbeiteten Riefen oder durch Auswahlpflanzung stärkerer Pflanzen, seltener und nur ausnahmsweise Vollheisterpflanzung, erfolgt; bei Wahl der Pflanzung kann die Fläche auch kahl gehauen werden. Auf den schwächeren Böden wird die Buche natürlich oder künstlich verjüngt. Ist alles guter Boden wird alles mit Eichen bestockt, die Buchen erst bei Beginn der Bodenverunkrautung unter die Eichen als Unterbau eingebracht. Gegen die kulissen- oder gassenweise Beimischung der Eichen in Buchen wenden sich von Bornstedt (1896) und andere Schriftsteller. Bleiben Teile der Eichenbestockung bei der Vollsaat zurück, weil sie auf minder passenden Boden geraten sind, werden diese der Buche mittels Saat oder Pflanzung zugewiesen. Frömbling will im Buchenwalde nur Traubeneiche, weil diese bescheidener sei und mit der Buche Schritt halte, während der Stieleiche stets geholfen werden müsse.

Ausgehend von Mischbeständen von Eichen und Buchen, werden, wenn die Eichen die besten Böden innehalten und die Buchen auf geringeren wurzeln, die Eichen meist künstlich durch Saat oder Pflanzung auf der Kahlfläche begründet, die Buchen auf natürlichem Wege verjüngt. Ist der Bestand von gleich gutem Boden, empfiehlt sich allgemeiner Anbau der Eichen und später Unterbau der Buche; stockt aber, was ebenfalls vorkommt, die Eiche auf dem geringeren, die Buche auf dem besseren Boden, so wird mit den Holzarten gewechselt, d. h. die Eiche wird unter dem Schirm der Buchen, die Buchen unter dem Schirm der Eichen eingebracht.

Eine gleichzeitige, stammweise Begründung und Mischung von Buche und Eiche durch Auswahlpflanzung ist nur zulässig in wärmster Klimalage und auf Boden, der kalkarm ist, ohne deshalb überhaupt arm zu sein. Auf solchen Böden wächst die Eiche in gleichem Schritt mit der durch die Kalkarmut geschädigten Buche. In allen sonstigen Lagen von ganz Mitteleuropa ist die Buche der Eiche gegenüber im kritischen Alter vorwüchsig, die Eiche somit später ververloren, wenn ihr nicht fortwährende, zeitraubende und kostspielige Hilfe gebracht wird.

Wie Eiche werden die Halbschattenholzarten Acer, Ulmus, Carpinus, Tilia, Fraxinus u. a. behandelt, wenn eine von ihnen an die Stelle der Eiche tritt.

Bei der Mischung Eiche mit Ahorn oder Ulme oder Esche oder Hainbuche, Erle, Linde spielen die Halbschattenholzarten die Rolle der Buche und werden ebenso behandelt wie diese.

Gattung Quercus (Weißeichen) kann gleichzeitig mit den Gattungen Taxus, Thuja, Thujopsis oder Sciadopitys durch Auswahlpflanzung begründet werden, da die genannten Schattenholzarten stets im Wuchse gegenüber den Eichen zurückbleiben.

Gattung Quercus (Weißeichen) mit Gattung Picea (Fichten).

Weder klimatisch noch biologisch-waldbaulich passen diese beiden Gattungen zusammen; die Eiche ist stets von der durch ihr Schattenerträgnis gewalttätigen Fichte bedroht, nur eine flächenweise Trennung, gruppen- oder kleinbestandsweise Mischung führt zum Ziele; für die

gruppenweise Mischung ist **Mortzfelds** Methode[1] ein nachahmungs-
wertes Vorbild. **Mortzfeld** wählt in einem Fichtenbestande (auch in
Buchen- und anderen Beständen anwendbar!) 10 a große Kulturflächen
kreisförmig auf bestem Boden aus; auf diesen, gegen Wild durch einen
Zaun geschützten Flächen werden zweijährige, auch 4—6jährige Eichen
in so weitem Verbande gepflegt, daß dazwischen Saaten und Verschulungen von Fichten vorgenommen werden können; 10 Jahre darauf
wird der Zwischenbau verlassen, um die Eichengruppe ein Fichten-
oder Buchengürtel angelegt, worauf nach abermals 10 Jahren die Verjüngung des Hauptbestandes einsetzt.

Gattung Quercus (Weifseiche) und Gattung Abies (Tanne).

Gruppenweise Mischung ist wegen der beschattenden Eigenschaft
der Tanne anzustreben; hierbei erhält naturgemäß die Eiche die wärmste
Lage mit dem besten Boden (durch Saat oder Pflanzung) zugewiesen,
während für die Tanne Naturverjüngung unter Schirm gehandhabt wird.
Nach dem Schema: Eiche und Buche kann die Ausführung einer
solchen gruppenweisen Mischung keine Schwierigkeiten bereiten. Weit
günstiger wird allgemein der Reinanbau der Eiche (durch Saat oder
Auswahlpflanzung) und der Unterbau der Tanne im Alter der Verlichtung der Eiche beurteilt. Jedenfalls eignen sich unter den Nadelhölzern
die **Halbschattenholzarten** zum Unterbau unter Eichen besser
als Tanne oder Fichte. Der allzu starken Bedrängung und Beschattung
der Eiche durch Tanne dürfte auch die Minderwertigkeit der Eiche in
den Tannen zugeschrieben werden. Oberförster Dr. **Jäger** will den
allmählichen Ersatz der Weißtanne durch Buche.

*Gattung Quercus (Weifseiche) mit Pinus, zwei- und dreinadeliger Sektion
Pinaster, Murraya, Jeffreya.*

Auf kahler Fläche wird Anbau der Eiche durch Saat, Keimlingspflanzung oder Lochpflanzung auf den besten und wärmsten Standorten
bis zur Größe von 1 a herab, Föhrenbau durch Saat oder Klemmpflanzung oder auch Lochpflanzung auf den übrigen geringeren Bodenpartien ausgeführt. Ist der Boden überall gleich gut (Föhrenboden I.
und II. Bonität), ist zwar die örtliche Trennung durch Ansaat oder
Anpflanzung der Eiche und Föhre am besten, es hat sich jedoch hierbei die kulissenweise Trennung beider Holzarten weniger günstig gezeigt; plätzeweiser Anbau beider Holzarten verdient den Vorzug. Bei
allen Pflanzungen mit Eiche und Föhre gelten Auswahlpflanzungen als
Regel. Dr. **Kienitz**[2] empfiehlt den Unterbau der Föhren mit der
etwas Schatten ertragenden Traubeneiche.

---

[1] Zeitschr. f. Forst- u. Jagdw. 1896.
[2] Märkischer Forstverein 1897.

Gattung Quercus (Weißeiche) mit Halbschattennadelhölzern (Strobus, Cembra, Chamaecyparis, Tsuga und andere).

Der gruppenweise Anbau bedarf keiner weiteren Worte. Auswahlpflanzung für alle Holzarten Regel. Unterbau der Eiche mit 20 bis 30 Jahren durch 2 m weite Pflanzung mit einer oder mehreren der obigen Holzarten gibt stammweise Mischung, welcher in Masse und Güte den reinen Beständen der Eiche überlegen sein werden.

Gattung Picea (Fichte) oder Abies (Tanne) oder Fagus (Buche) mit zwei- oder dreinadeligen Föhren.

Auf ausgesprochen mineralisch kräftigerem Tannen- und Buchenboden wird die Föhre schlechtschaftig und schlechtkernig, auf ausgesprochenem Fichtenboden, mineralisch gut, aber seichtgründig, wird die Föhre kurzschäftig und krumm. Der Anbau in Mischung geschieht somit nur auf Föhrenboden, d. h. kräftigem Boden mit reichlich sandiger Beimengung. Auf Föhrenboden I und II werden bei einer Anlage, welche vom reinen Föhrenstande ausgeht, unter den Föhren Fichten oder Tannen oder Buchen ausgesät, besser gepflanzt unter Auswahl der besten Bodenstellen des Bestandes. Der Bestandesrest wird durch Absäumung mit Saat oder Pflanzung, wie früher beschrieben, verjüngt. Ist ein rückgängiger Fichten- oder Buchen- oder Tannenbestand in einen Föhrenbestand in Mischung mit einer dieser Holzarten umzuwandeln, so wird die Schattenholzart auf dem besten Boden natürlich oder künstlich unter Schirm verjüngt, worauf durch kahle Absäumung für Ansaat oder Pflanzung der Föhre gesorgt wird.

Auf einer Kahlfläche mit schwacher Neigung wird unter Auswahl des besten Bodens Fichte oder Buche oder Tanne angepflanzt; die Umgebung wird mit Föhrenpflanzen in Bestockung gebracht.

Auf Föhrenboden III. und IV. Bonität kann eine gleichzeitige Begründung von Fichte und Föhre erfolgen durch Mengesaat; auf solchen Böden bleibt die Fichte als Bodenschutz oder Füllholz unter dem Dache der Föhre; es liegt somit reiner Föhrenbestand vor.

Sollen Fichten, Buchen oder Tannen das Bodenschutzholz bilden, wird auf allen Föhrenböden im Zeitpunkte der Schlußauflösung (Stangenalter) der Föhrenbestand mit Tannen- oder Buchensaat oder mit Fichten-, Tannen- oder Buchenpflanzung (französische Methode genügt) unterbaut.

Pinus (Sektion der zwei- und dreinadeligen Föhren mit den Föhren einer fünfnadeligen Sektion [Strobus, Cembra] oder mit Chamaecyparis, Tsuga, Thuja und anderen Halbschattennadelholzbäumen gemischt).

Da die fünfnadeligen Föhren, die Weymouthsföhren und Zirben und übrigen Holzarten an den Boden anspruchsvoller sind als die zwei- und dreinadeligen Föhren, so kann eine Kronenmischung nur auf Föhrenboden I.—II. und III. Bonität erreicht werden;

auf geringem Boden sinken die fünfnadeligen Föhren und die übrigen
Arten zu Füll- oder Treib- und Bodenschutzholz herab. Die Mischung
Strobe und Föhre haben zuerst Prof. Endres[1]) und Weinkauff[2])
empfohlen; Dr. Wappes[3]) hebt eine Reihe von Vorzügen, wie Erhaltung des Bestandesschlusses, Ausfüllung von Lücken, Nutzholz-
steigerung, hervor, was alles wünschenswert wäre, wenn die Weymouthsföhre überall gegen Wildverbiß geschützt werden könnte.

Ausgehend von einem Föhrenbestande, wird Zürben- oder Stroben-
samen auf Kahlflächen des Altholzes, entsprechend den besseren Bodenstellen desselben, ausgesät; besser empfiehlt sich die Klemmpflanzung
mit zweijährigen oder die Lochpflanzung mit vierjährigen, bei der
Zürbe auch mit sechsjährigen Pflanzen; der übrige Föhrenbestand wird
wie früher angegeben, künstlich verjüngt.

Um eine stammweise Mischung herbeizuführen, empfiehlt sich ein
Unterbau der zwei- und dreinadeligen Föhren im Stangenalter durch
Pflanzung von Stroben oder Zürben oder einer anderen der oben genannten Holzarten. Auf den besseren Böden werden sie allmählich
hauptständig, auf den geringeren bleiben sie Füll- und Bodenschutzholz; zu letzterem Zwecke können auch Laubhölzer mit Halbschatten-
eigenschaften, wie Tilia, Alnus, Acer, Ulmus, Carpinus und andere, verwendet werden; sie wie die genannten Nadelbäume werden den Boden
unkrautfrei zu halten vermögen, und wenn sie es auch nur bis zu
Stangen bringen, mehr Nutzen geben als die Buche.

Gattung Fraxinus (Eschenarten) wird häufig mit Gattung Alnus (Erlen-
arten) gemischt.

Diese Mischung ist entschieden ungünstiger als die reinen Eschen-
und reinen Erlenbestände. In Mischung, welche zumeist durch Pflanzung
(Auswahlpflanzung) begründet wird, droht der Esche der Untergang
durch die Erle. Der Esche fortgesetzt zu helfen, hat, von den Kosten
abgesehen, auch deshalb keine Berechtigung, weil die Esche in Mischung
mit der Erle viel weniger schönschaftig erwächst als in reinen Beständen, daher auch Gruppenmischpflanzung besser als stammweise
Mischung.

Föhren der Sektion Pinaster mit solchen derselben Sektion oder der Sektion
Murraya.

Der Anbau der Silvestris- (mitteleuropäischen) mit der Lapponica-
(nordischen) Föhre geschieht am besten durch Mengesaat, besonders
auf Föhrenböden als Mittel gegen die Schütte, noch besser
eignen sich hierzu die schnellwüchsigen Murrayaföhren (z. B. Banksiana,

---

[1]) Allgem. Forst- u. Jagdztg. 1896.
[2]) Forstw. Centralbl. 1896.
[3]) Ebenda 1897.

Murrayana u. a.), welche gar nicht vom Schüttepilz leiden, somit in Einzelmischung die Silvestris und andere Pinasterföhren isolieren und gegen den Schüttepilz schützen; in diesem Sinne ist auch Pinus uncinnata (die Hackenföhre) als Einbau zwischen Silvestrisföhren zu benützen. Dazu kommt, daß die Hackenföhre, die etwas Schatten erträgt, den Boden schützt und stets aufrechte Stämme gibt. Banksföhre ist überdies schneedruckfester als Silvestris.

Gattung Quercus (Weißeichen) mit anderen Laubholzlichtholzarten, einheimischen wie fremdländischen.

Die gruppen- und flächenweise Scheidung unter Auswahlpflanzung aller Holzarten bedarf keiner weiteren Erörterung; eine stammweise Mischung, wie sie auf den besten Flußauböden zulässig ist, hat ebenfalls nach den Grundsätzen einer Auswahlpflanzung zu geschehen, wobei die flächenweise Trennung auf Truppgröße sich beschränkt, um dem Bestande den Charakter als Femelwald zu belassen.

Gattung Pinus, zwei- und dreinadelige Föhren, mit Gattung Betula (Birken) oder Alnus (Erlen).

In der kühlsten Waldregion oder in den übrigen Klimalagen auf geringerem Boden (Föhrenboden III.—V. Bonität), empfiehlt sich die Mischung, welche durch Einpflanzung der Birken oder Erlen (Weiß- und Schwarzerlen) zur Ausfüllung von Lücken in Föhrenkulturen (Schneebruch-, Insekten-, Schüttelücken) erreicht werden kann. Im Norden und auf sumpfigen Böden ist gleichzeitige Begründung durch Pflanzung deshalb zulässig, weil kein regelrechter Kronenschluß unter solchen Verhältnissen eintritt. Erlen, insbesondere Weißerlen können auch auf geringeren, allzu feuchten wie allzu trockenen Föhrenböden als Unterbau im Stangenalter der Föhren eingebracht werden. Sie decken den Boden und erhöhen seine Fruchtbarkeit.

Pinus (zwei- und dreinadelig), insbesondere Pinus silvestris mit Robinia.

Akazien- und Föhrenmischung wird vielfach empfohlen, andere Papilionaceen wären zu prüfen; auf Föhrenboden IV. Bonität ist Akazie nur noch am Waldrand zu gebrauchen[1]). Graf v. Finkenstein[2]) hebt als Vorteile der Beimischung der Akazie hervor: Erziehung von Mullboden, Verhinderung der Moosbildung, Minderung der Feuersgefahr, Verschönerung des Waldes und wertvolle Erträge. Abtrieb zwischen 30 und 50 Jahren.

---

[1]) Weise, Mündener forstl. Hefte 1897.
[2]) Märkischer Forstverein 1900.

Alle Laubholzarten mit Ausnahme der Buche bewohnen die Auen entlang dem Unterlauf der Flüsse im Castanetum und wärmeren Fagetum; alle Laubhölzer, mit Ausnahme jener des Castanetums, bewohnen die Auen im Oberlaufe der Flüsse im kühleren Fagetum, zu ihnen gesellen sich, von oben herabgetragen, noch die Nadelhölzer und Laubhölzer des Picetums. Diese Holzarten, deren Erhaltung in ihrer Gesamtzahl Ziel der Forstwirtschaft sein muß, zu sichern, ist allein der Femelwald mit seiner einzelnen, besser truppweisen Mischverjüngung teils auf natürlichem, teils auf künstlichem Wege geeignet. Die allgemein beliebte Umwandlung solcher Waldungen in einen schlagweisen Hochwald hält Verfasser für einen Mißgriff wegen der wünschenswerten Erhaltung der Laubhölzer in solchen Örtlichkeiten, nachdem ihnen die früheren Standorte durch den Einheitswald entrissen wurden.

Es schließt dies nicht aus, daß auch Reinbestände, am besten als Kleinbestände der für Flußauen besonders geeigneten Pappeln, Eschen, Ulmen und anderer in- und ausländischer Holzarten zur Anlage kommen. Alle Pappelarten (Populus), besonders die raschwüchsigen Balsampappeln sollen durch Pflanzung ausgewählt geradschaftiger, kräftiger Individuen angebaut werden. Die Aufzucht der Pappelarten aus Samen im Pflanzgarten ist jeder andern Gewinnung von Pflanzenmaterial vorzuziehen; der Erfolg der Begründung durch Stecklinge und Setzstangen hängt von der Gunst der Witterung und von Erkrankungen der Schnittfläche ab, so daß plötzliche, große Abgänge nicht selten sind; bewurzelte Stecklinge und Wurzelbrutpflanzen mögen ebenfalls Benützung finden.

Zwölfter Abschnitt.
Die Ausschlagverjüngung.

Nachdem die naturgesetzlichen Grundlagen dieser Verjüngungs-
weisen bereits im Abschnitt IV, den waldbaulich-biologischen Eigenschaften der Holzarten, niedergelegt wurden, erübrigt hier noch, der
praktischen Nutzanwendungen dieser Regeln zu gedenken.

A. Der Niederwald.

Die Stockausschlag- oder eigentlichen Niederwaldwirtschaften mit winterkahlen Laubbäumen können nur im
wärmeren Fagetum, im Castanetum und kühleren Lauretum, somit im
Gebiete des raschesten Wachstums und der größten Stockausschlagsfähigkeit der winterkahlen Laubbäume, als gewinnbringend betrieben
werden.

Als Stangenwald, zu Nutz-, Brenn- und Kohlholzzwecken, können
auf frischem und gutem Boden alle Laubholzarten bewirtschaftet werden, zu welchem Ende sie im Verband von 2—4 m
angepflanzt werden; ihre Umtriebszeit (Alter) schwankt je nach Klima,
Bodengüte und Zweck der Wirtschaft; auch Nadelhölzer können, jedoch
nur im Castanetum, zu Stangenausschlagwald herangezogen werden,
wie Cryptomeria, Pinus rigida, mitis und andere. Auf trockeneren
Böden sind nach Hamms[1]) vortrefflicher Schrift Hainbuchen, Birken,
Akazien, Acer campestre, Populus, Alnus incana (Weißerle), auf nassen
Böden Erlen, Weiden und Pappeln zu wählen.

Die Anlage des Kastanienniederwaldes geschieht am
besten durch Pflanzung in 4 m Abstand, seltener durch Saat; kalk- und
kalireiche, leichte Sand- und Lehmböden sind am besten, die Umtriebszeit schwankt zwischen 15—20 Jahren; erster Umtrieb (Abhieb)
nach 8 Jahren.

---

[1]) Hamm, Der Ausschlagwald. 1896.

Akazienniederwald (Robinia) auf gutem bis geringem Boden von mittlerer Tiefgründigkeit. Anlage durch Pflanzung in 4 m Abstand, Bodenbearbeitung bis auf 30 cm Tiefe; auch Stummelpflanzen, von ein- bis dreijährigen Pflanzen gewonnen, finden Verwendung. Verjüngungsgräben, Brutriefen zur Erzielung von Wurzelausschlägen, sollen 0,3 bis 0,4 m tief sein. Wüst[1]) empfiehlt zur Sicherung von Wurzelknöllchen den Pflanzlöchern Füllerde beizugeben, welche von einem Boden genommen ist, auf welchem bereits Akazien gestanden haben.

Eichenschälwald. Zumeist Weißeichen (Albae) eignen sich hierzu, weil nur diese einen hohen Gerbgehalt in ihrer Rinde aufweisen; der Reinbestand einer Weißeiche ist der Mischung mehrerer Weißeichen vorzuziehen. Die Anlage in dem oben erwähnten Klima erfolgt auf gutem Boden durch Pflanzung kräftiger Halbheister in einem Abstand von 4—5 m. Dieser Verband gewährleistet die beste Entwicklung der Ausschläge (Lohden). Angesichts des Umstandes, daß heutzutage nur Schälwaldungen in wärmerem Klima, auf besserem Boden und unter guter Pflege sich als lohnend erweisen, müssen die Mittel angegeben werden, wie man den Schälwald heben beziehungsweise auf seiner Höhe erhalten, anderseits, was man tun kann, wenn aus natürlichen Gründen eine Hebung unmöglich ist. Man vergleiche hierüber in erster Linie die Schrift von Jentsch[2]), welche an Ausführlichkeit und Zuverlässigkeit nichts zu wünschen übrig läßt. Zur Hebung dient: Vermeidung aller landwirtschaftlichen Zwischennutzungen (Hackwaldbetrieb); Beseitigung aller beigemischten Holzarten; Verzicht auf den Überhaltbetrieb; ist aber der Schälwald zu verlassen, so kann an seine Stelle treten:

1. Ein hochwaldartiger Eichenwald; man siehe Umwandlung des Niederwaldes in Hochwald im Abschnitt VIII.

2. Rodung der Eichenstöcke und Anbau von Robinia, Cladrastis, Gleditschia, Prosopis und anderen schmetterlingsblütigen Bäumen durch Pflanzung; dabei kann entweder der Niederwald forgesetzt oder ebenfalls ein Hochwald mit niederer Umtriebszeit gewählt werden.

3. Rodung der Eichenstöcke und Umwandlung durch Saat der Klemmpflanzung in einen Föhrenbestand.

4. Umwandlung in Weinberge, Obstgärten oder in landwirtschaftliches Gelände.

5. Benützung der Eichen zur Trüffelkultur schlägt die landwirtschaftliche Presse (1908) vor.

Für die Behandlung aller Niederwaldungen gelten folgende allgemeine Regeln:

---

[1]) Wüst, Deutsche Forstzeitung 1897.

[2]) Jentsch, l. c.

1. Da die Wiederausschlagsfähigkeit bei allen Holzarten zur Zeit des **Hauptlängenwachstums** am größten ist, ist dieses Alter als Umtriebszeit in den Niederwaldungen und im Unterholz der Mittelwaldungen festzulegen.

2. Hiebe im Niederwalde sind Kahlhiebe und erfolgen meist im Spätwinter oder Frühjahr; im Vorwinter abgehauen leiden die Stöcke während des Winters; bei Fällungen im Sommer werden die Stockausschläge mit dem Ausreifen der Triebe nicht fertig und frieren durch Frühfrost und Winterfrost von der Spitze aus zurück.

3. Die Stockhöhe (vom Boden bis zur Abschnittfläche des Baumes) beträgt bei den Holzarten, welche am Stummelrande (Überwallungswulst) ausschlagen, 5—10 cm; das sind Robinia, die Ulmen, Hainbuchen, Roßkastanien, Hickories und Buchen; bei allen Holzarten aber, welche vorwiegend aus schlafenden Augen Ausschläge bilden: 0—5 cm; das sind Weißeichen, Erlen, Eschen, Birken, Ahorn, Edelkastanien, Kirschen, Haselnüsse, Äpfelarten, Vogelbeerarten; je tiefer der Hieb, desto größer die Aussicht einer selbständigen Bewurzelung der Ausschläge.

4. Je wärmer das Klima des betreffenden Standortes, desto tiefer muß der Abhieb geführt werden, da mit der Wärme die Ausschlagsregion am Stocke abwärts rückt; in kühlerem Klima ist auch aus dem Grunde, daß die Ausschlagsregion höher liegt, auch die Zahl der Ausschläge eine geringere.

5. Der Schnitt soll möglichst glatt sein; wo es durchführbar ist, wie im Edelkastanienniederwald wird an der Abhiebsstelle der Wundrand mit dem Rebmesser geglättet.

6. Der Schnitt soll eine schiefe Ebene darstellen, damit Regenwasser nicht auf der Fläche verbleibt, wodurch Fäulnis hervorgerufen wird. Einzelne Holzarten wie Hainbuche, Ahorn, Birke stoßen Säfte aus, welche durch Bakterienfäulnis eine tiefere Zerstörung des Stockes einleiten. An solchen Stöcken erlischt oft plötzlich die Ausschlagsbildung.

7. Da Licht und Wärme neben plötzlicher Säfteüberfüllung die schlafende Knospe erwecken, so wird um die Stöcke herum jeder Unkrautwuchs, Moos, Gras selbst Erde beseitigt; anderseits wird

8. durch **Wiederanfüllen** der Erde 1—2 Jahre nach Erscheinen der Ausschläge die selbständige Bewurzelung dieser besonders gefördert.

9. Wo Gefahr besteht, daß die Ausschläge versagen könnten wie auf sehr trockenem Boden, in Standorten, welche der Überschwemmung ausgesetzt sind, in Frostlagen empfiehlt es sich, sogenannte Säftezieher, das heißt eine Lohde an jedem Stock zu belassen, bis die neuen Ausschläge erschienen sind, worauf der Hieb der alten nachgeholt wird.

10. Erscheint eine allzu große Zahl von Ausschlägen, so müssen einige davon, besonders die geringeren oder die gekrümmten, beseitigt

werden; man nennt dies Durchreiserung; Reinigungen sorgen für Beseitigung des Unholzes (Fegeholz).

11. Das Befahren der Schläge zum Zweck der Verwundung der Wurzeln, um diese zu Ausschlag anzureizen, ist nicht empfehlenswert; bessere Ergebnisse lassen sich durch Brutriefen 10 cm breit und 15 cm tief oder Brutgräben von 25 cm bis 40 cm Tiefe und Spatenbreite erzielen; es reagieren hierauf in erster Linie Holzarten, welche auch ohne Verwundung Wurzelbrut bilden.

12. Die Ergänzung der absterbenden Stöcke geschieht durch Pflanzung von Kernwüchsen, seltener durch Absenker.

B. Der Mittelwald.

Da der Mittelwald eine untere Etage enthält, welche ein Niederwald ist, und eine obere, welche einem Hochwalde in Lichtstandsform gleicht, so kommen für ihn Niederwald- und Hochwaldregeln, bezüglich der Begründung und Bewirtschaftung in Frage; für das Unterholz gelten die eben ausgeführten Leitsätze. Es gilt somit auch der oberste Satz der Niederwaldungen für den Mittelwald, daß er nur in wärmeren Klimalagen erfolgreich betätigt werden kann.

Der Mittelwald kann ein reiner sein, das heißt nur aus einer Holzart bestehen zum Beispiel als Unterholz ein Eichenschälwald, im Oberholz ebenfalls Eichen, Unter- und Oberholz aus Eschen, aus Birken oder aus Erlen. Es gibt aber auch gemischte Mittelwaldungen, wie Erlen mit Birken auf feuchteren Böden. Auf Flußauböden des wärmeren Klimas (wärmeres Fagetum, Castanetum) kann jede Laubholzart Oberholz oder Unterholz sein; auf Flußauen des kühleren Klimas (kühleres Fagetum) stellen sich neben Laubholzarten im Oberholz auch Fichten[1]), Lärchen und Tannen ein. Auf trockenen (normalen) Böden tritt nach Hamm im Oberholz auf: Birke, Silberpappel, Robinie, Hainbuche, Zitterpappel, Föhre, Lärche, Kirschbäume, Äpfel- und Birnbäume[2]); im Unterholz Hainbuche, Zitterpappel, Schwarzpappel, Silberpappel, Salweide, Birke, Weißerle, Robinie und Sträucher. Auf nassem Boden des Überschwemmungsgebietes: Oberholz: Baumweide, Roterle, kanadische Pappel, Schwarzpappel, Weißerle, Birke; als Unterholz Weide, Rot- und Weißerle, Pappel, Sträucher.

Allgemein ist folgendes zu beachten:

1. Die Umtriebszeit des Unterholzes muß um so kürzer sein, je kurzschaftiger das Oberholz.

2. Je niederer die Untertriebszeit, eine um so größere Zahl von Oberhölzern kann im Mittelwald übergehalten werden.

---

[1]) Nach Deßloch (Forstw. Centralbl. 1896) soll Fichte nur in Horsten im Mittelwalde vertreten sein.

[2]) Vill, Pfälzischer Forstverein 1904.

3. Auf geringen Böden kann nur eine geringe Zahl von Oberständern Fuß fassen, ohne den Unterstand allzusehr zu schädigen; aus diesem Grunde sind es die besten Bodenarten, auf welchen der Mittelwald seine größten Vorzüge aufweist.

4. Ähnlich wie schlechter Boden wirkt kühles Klima; das Schattenerträgnis der Unterhölzer nimmt im kühleren Klima ab, sie werden empfindlicher gegen Überschirmung und äußern ihre Empfindlichkeit in Herabminderung der Stockausschläge.

5. Schatten ertragende und Schatten gebende Oberhölzer, wie Buche, Linde, Ahorn, Ulme, Esche werden nicht länger als zwei bis drei Umtriebszeiten des Unterholzes geduldet, wegen Belästigung des Unterholzes.

6. Da die Schirmfläche der Oberhölzer ständig wächst, so müssen auch im Oberholz Hiebe geführt werden, welche sich vor allem auf die nicht ausdauerfähigen Stämme beschränken; diese Auszugshauungen fallen mit dem Hiebe im Unterholz zusammen.

7. Wird ein Oberständer gefällt, so ist dort genügend Raum für einen neuen; es werden daher die Laßreitel vorzugsweise in der Umgebung eines später zu fällenden Oberständers übergehalten, was um so leichter geschehen kann, als die frei stehenden Oberständer in ihrer Umgebung natürliche Kernwüchse (Vorwüchse) regelmäßig hervorbringen; außerdem sollen Oberhölzer, wie die Überhälter des Hochwaldes, besonders an Wegen, Schneusen, Bestandsrändern stehen, um sie bei notwendiger, vorzeitiger Fällung ohne Schaden für den Unterstand nützen zu können.

8. Alle Ergänzungen im Unterholz erfolgen durch Pflanzung mit solchen Arten, welche später zum Oberholz herangezogen werden können.

9. In solchen Jahren, in welchen die Oberhölzer Samen tragen, wird der Boden in ihrem Schirmbereiche entsprechend verwundet. Ergibt sich ein Aufschlag von Schatten meidenden Nutzholzarten, so sucht man dem Aufschlag durch entsprechende Aufästungs- und Lichtungshiebe im Unterholz und Oberholz Licht zu verschaffen; ebensolche Hiebe sind notwendig, wenn Kernwüchse angepflanzt werden, wie es zur Ergänzung der Unterholzstöcke aber auch des Oberholzes angezeigt erscheint.

10. Die Ergänzung des Oberholzes erfolgt nicht bloß durch Ausschläge der besten Laubhölzer, sondern auch durch Pflanzung (Halbheister bis Vollheister); wobei stets die wertvollsten Holzarten wie Eichen, Walnüsse, Akazien und andere gewählt werden sollen; sollen Nadelhölzer am Oberholz sich beteiligen, wie es in hohem Grade erwünscht ist, so muß Pflanzung von kräftigen Stämmchen eintreten; ganz besonders eignet sich hierzu Föhre und Lärche; für sie aber gilt

die Auspflanzung mit strengster Auswahl raschwüchsiger und geradachsiger Individuen als oberste Regel.

11. Bei Einzelüberhalt ist eine möglichst gleichmäßige Verteilung
der Oberständer erwünscht; das Unterholz kann eine Lichtholzart sein,
wenn auch ihr Zuwachs an Holz oder der Gerbgehalt [in der Rinde
durch die Überschirmung etwas leiden muß.

12. Bei gruppenweisem Überhalt muß das Unterholz unter den
Gruppen aus einer Schattenholzart bestehen.

13. Zur Beseitigung von Wasserreisern, der trockenen Äste sind Aufästungen notwendig; nähere Angaben über Zeit und Art der Ausführung
mögen im dritten Teil dieser Schrift, der von der Pflege und Erziehung der Bäume und Baumvereinigungen handelt, eingesehen werden.

Dreizehnter Abschnitt.

Anbau fremdländischer Holzarten[1]).

Das oberste Natur- und Grundgesetz des Waldbaues, daß jede
Holzart in erster Linie in ihrer natürlichen Heimat angebaut und bewirtschaftet werden soll, muß bei Übertragung
einer Holzart über ihre Heimatgrenze hinaus in ein fremdes Gebiet
eine Erweiterung dahin erfahren, daß jede Holzart zunächst in
ihrer Klimazone angebaut werden soll. Für die europäische Lärche
ist die Heimat in den Alpen und Karpaten, und zwar im kühleren
Fagetum und Picetum; die Klimazone der Lärche ist somit das kühlere
Fagetum und das Picetum nicht bloß ihrer Heimat, sondern auch des
übrigen Europa sowie von Amerika und Asien. Die Heimat der
Küstendouglasie umfaßt das ganze Fagetum und Picetum der Westküste von Nordamerika; die Klimazone umfaßt somit das Fagetum und
Picetum der Heimat sowie die beiden Klimazonen von Ostamerika,
Europa und Asien. Es kann endlich auch eine Holzart über ihre
Klimazone hinaus verbreitet werden, also in ein Gebiet, in welchem
die Natur durch widerstrebende, klimatische Faktoren oder durch Wett-
bewerb anderer Holzarten der betreffenden Holzart den Eintritt ver-
wehrt (Überschreitung der Wärme- und Kältegrenze einer jeden Holzart
durch künstlichen Anbau). In einem solchen Gebiete kann die Holzart

---

[1]) Eingehende Ausführungen hierüber sind in des Verfassers Schrift: Hein-
rich Mayr, Fremdländische Wald- und Parkbäume für Europa (Berlin, Paul
Parey, 1906, 622 Seiten mit zahlreichen Abbildungen und 20 Tafeln), sowie in Léon
Pardés Arboretum national des Barres (Paris 1906) enthalten; letzteres Werk gibt
auf 397 Seiten Text Messungen über Wuchsleistungen, Alter, Höhe, Ansprüche an
Boden usw. von 612 Holzarten; mit 94 prächtigen Abbildungen in einem Atlas.
Seit 1907 erscheint auch ein großes, englisches Werk über die fremden Holzarten:
The trees of Great Britain and Ireland by H. J. Elwes und Aug. Henry, Edin-
burgh. Dieses Werk enthält Angaben über die Anbauergebnisse mit fremdländischen
Holzarten in dem klimatisch so günstig gelegenen Großbritannien. Der überaus
reiche Atlas enthält Abbildungen der schönsten Bäume in vollendeter Wiedergabe.

selbst einen Wirtschaftswert besitzen, wenn auf die normale Betätigung des Pflanzenlebens, Samenbildung, natürliche Verjüngung verzichtet, vielmehr bloß Holz erstrebt wird. Sobald aber der Mensch seine schützende Hand zurückzieht, verschwindet die Holzart allmählich wieder, das ursprüngliche Verhältnis und Gleichgewicht stellt sich wieder her; die menschliche Tätigkeit hat nur die Erkenntnis des Naturgesetzes verschleiert, nicht aber die Naturgesetze selbst aufgehoben. Ja, es gibt Äußerungen in der forstlichen Literatur, welche besagen, der Anbau einer Holzart außerhalb ihrer Klimazone beweise, daß das Naturgesetz der Abhängigkeit der Holzart und ihres Anbaues von der Klimazone überhaupt nicht existiere.

Aus dem im dritten Abschnitt Seite 61 und folgende gebrachten Klimazonen für die wichtigeren Holzarten der nördlichen Halbkugel mit Ausnahme der Tropen und aus der Klimazonenparallele zwischen Europa, Ostamerika, Westamerika, China, Japan und dem Himalaya geht zwar nicht die absolute Sicherheit, so doch die größte Wahrscheinlichkeit der Anbaufähigkeit einer jeden Holzart in einem bestimmten Gebiet der nördlichen Halbkugel hervor; die absolute Sicherheit besteht deshalb nicht, weil die Klimazone nicht absolute Gleichheit, sondern nur einen Parallelismus der größten Ähnlichkeit aufweisen, auf den im folgenden näher hingewiesen werden wird.

Der europäische Wald und der atlantische Wald von Nordamerika verdanken dem gleichen Meere ihr Dasein; gleiche meteorologische Elemente (Wanderungen von Luftverdünnungszentren) geben diesseits und jenseits der Atlantik dem Festlande den Witterungscharakter. In Nordamerika tragen Ost-, Süd- und Südostwinde, in Europa Westwinde die Feuchtigkeit ins Land, während in Europa von Osten, in Ostamerika von Westen her trockene, kontinentale Lüfte wehen und in längerer Trockenperiode den neuen Waldkulturen gefährlich werden. In beiden Gebieten verliert von den Küsten hinweg das Klima mit der Luftfeuchtigkeit seinen ozeanischen Charakter, so daß schließlich das Klima der sogenannten Prärie im Norden der Union und im Süden von Kanada denselben kontinentalen Charakter aufweist wie das Klima im Bereiche der russischen Steppe. Um einige Grade ist die wärmste Zeit (Mai bis August) in Ostamerika noch wärmer als in der parallelen Landschaft in Europa; im gleichen Verhältnis sinkt während des Winters die extremste Temperatur in Nordamerika tiefer als in Europa; Bäume aus dem Osten von Nordamerika nach Europa verpflanzt finden somit ein etwas luftfeuchteres Klima mit etwas reichlicheren Niederschlägen, etwas geringere Sonnenwärme, etwas geringere Wintertemperatur. Nichts ist somit am europäischen Klima, was merklich ungünstig wäre; Holzarten, welche in die parallele europäische Landschaft gelangen, brauchen somit nichts in ihrer inneren Eigenschaft umzuwandeln oder mit anderen Worten sich nicht zu akklimatisieren, um zu gedeihen; sie finden die Verhältnisse in Europa vielfach sogar günstiger. Die Richtigkeit dieser Deduktion beweist das mehrhundertjährige Verhalten der ostamerikanischen Holzarten in Europa. An vielen Punkten Ostamerikas, in den Präriestaaten, auf Eigentumsflächen fast aller Universitäten und Schulen, in größter Vielseitigkeit insbesondere im Arnold Arboretum zu Brookline (Mass.) unter C. S. Sargent werden die dort fremden Holzarten angebaut. Gedeihen Holzarten in Ostamerika, so darf man sicher sein, daß sie auch in Europa bei entsprechender Auswahl von Boden und Klima fortkommen werden; gedeihen sie in Ostamerika nicht, so darf man noch nicht den Schluß ziehen, daß sie auch in Europa nicht werden fortkommen können.

Gleiche klimatische Verhältnisse obwalten im Felsengebirge und seinen Abdachungen nach Westamerika (Kolorado, Idaho, Wyoming). Seine Holzarten erwachsen in Ostamerika ohne Hemmungen; sie gedeihen auch in Europa, in die entsprechende Klimaparallele gebracht, ohne klimatische Störungen.

Wesentlich ungünstiger liegen die Aussichten für die westamerikanischen Holzarten in Europa. Zwar bietet Europa während der Vegetationszeit den westamerikanischen Holzarten eine größere Wärmesumme, dafür aber liegen die Wintertemperaturen in Europa sehr viel tiefer als unmittelbar an der pazifischen Küste; die tiefsten Temperaturen differieren bis zu 14° C zuungunsten Europas; erst höher im Gebirge, im Kaskadengebirge, gleicht sich der Temperaturunterschied etwas aus, ohne aber ganz zu verschwinden. In allzu tiefer Wintertemperatur liegt für die westamerikanischen Holzarten in Europa die größte Gefahr. Auch die Luftfeuchtigkeit ist in Europa nicht so günstig wie an der Pazifik. · Nur an der Küste des Atlantischen Ozeans und seinen Ausbuchtungen, das ist somit in Großbritannien, Nordwestfrankreich, Belgien, Holland, deutsche Nord- und Ostseeküste, finden die pazifischen Holzarten gleich große Luftfeuchtigkeit. In der Tat beweist das bisherige Verhalten der nordwestamerikanischen Holzarten die Richtigkeit der vom Verfasser vor 18 Jahren auf Grund der Klima- und Landschaftsparallele ausgesprochenen Ansicht, daß diese Gebiete für eine Anzahl von westamerikanischen Holzarten geradezu als das Optimalgebiet in Europa sich erweisen müßten. Diesem Verhältnis nähert sich das bewaldete Hügelland von Mitteleuropa, da mit der Erhebung bis zur Zone der Fichte und Lärche hin die Luftfeuchtigkeit steigt und die extremste tiefste Wintertemperatur nicht in dem Maße sinkt, als die gesamte Sommerwärme abnimmt. In den wärmeren, trockeneren, von Spät- und Frühfrösten häufig heimgesuchten Ebenen mit ihren sehr tiefen Wintertemperaturen aber dürften sich für die pazifischen Holzarten die Schwierigkeiten des Anbaues bis zur Unmöglichkeit steigern.

Vergleicht man die Temperatur der Waldzonen Europas mit jener der Waldzonen Japans, so bestehen kaum in die Wagschale fallende Unterschiede; wesentlich verschieden aber sind die Feuchtigkeitsverhältnisse; den japanischen Sommer beherrscht der Regenmonsun, der für die Pflanzenwelt außerordentlich günstige Bedingungen schafft; dagegen ist die Vegetationsruhe in Japan kalt und trocken; auch für die japanischen Holzarten werden nur luftfeuchte Gebiete (Küsten- oder größere Waldgebiete) mit einiger Sicherheit für forstliche Zwecke in Aussicht genommen werden können; denn es steht zu erwarten, daß die japanischen Holzarten gegen Trockenperioden während der Vegetationszeit, wie solche Europa kennt, um so empfindlicher sich erweisen werden, je kontinentaler das Klima.

Kein Land des asiatischen Kontinents nähert sich in seinem Klima enger dem von Europa als China; das ganze kontinentale Europa von der atlantischen Küste bis zum Ural, wie von Sizilien bis Norwegen wiederholt sich, soweit dies jetzt schon beurteilt werden kann, in seinem Klima im Riesenreiche von China. Wenn auch genauere, zahlenmäßige Angaben der klimatischen Faktoren für China nicht bekannt sind, so ist der allgemeine Witterungscharakter schon aus der Verteilung und Zusammensetzung der Waldvegetation selbst erkennbar. China steht noch unter dem Einflusse eines bereits abgeschwächten Regenmonsuns, der aber oft bis zum Mai und Juni sich verzögert; erst mit seinem Einzug brechen Frühling und Sommer zugleich an; es wäre zu erwarten, daß infolgedessen die chinesischen Holzarten später als andere verwandte Holzarten ihre Vegetation beginnen, somit auch gegen Spätfrost härter wären. Auf den regenreichen Sommer folgt ein trockener Herbst von kurzer Dauer und ein langer Winter mit Trockenperioden und Schneefällen im Norden und Regengüssen im Süden.

Auch das Waldgebiet des indischen Himalaya steht unter dem Einflusse des sommerlichen Regenmonsuns; bei Elevationen, welche Landschaften mit gleichen Durchschnitts-Jahrestemperaturen wie europäische Standorte in sich schließen, sind die Winter beträchtlich milder; selbst in der Tannenzone, welche den Wald nach oben hin abschließt, sinkt das Thermometer augenscheinlich nicht unter — 10° C. Es läßt sich erwarten, daß die indischen Holzarten im Winter von Mitteleuropa viel ungünstiger sich verhalten werden als die westamerikanischen; nur Südengland und die Küstengebiete von Südeuropa, die warmen und luftfeuchten Täler der Südalpen haben sich bisher als eine zweite Heimat für die kältesten Himalayabewohner erwiesen.

Der Atlas an der Nordküste von Afrika, der Kaukasus, der Ural liegen bereits außerhalb der Monsunregion; ihr Klima liegt in der Einflußsphäre jener Faktoren, welche auch das Klima von ganz

Europa bedingen. Die griechische Strobe, die serbische Fichte, die spanische wie die griechische Tanne verhalten sich in den ihrer Heimat klimanahen Lagen von Mitteleuropa unter natürlichen Wuchsbedingungen nicht anders, als wären sie in den Alpen, im Schwarzwald, in den Vogesen selbst heimisch.

Aus der Klimaparallele ergibt sich die weitere Tatsache, daß damit auch für Anbauversuche und Waldanlagen mit fremdländischen Holzarten in Ost- und Westamerika, in Japan wie in China die naturgesetzliche Basis gewonnen ist; dortige Forstwirte werden aus Vorstehendem die Unterschiede ihrer Klimate und die Holzarten erkennen, um Anbauversuche mit Aussicht auf Erfolg zu beginnen. In Japan war Verfasser der erste, der mit ungefähr 100 amerikanischen Baumarten, deren Sämereien er selbst sammelte, den Anbau eröffnete. Wie zu erwarten war, hat sich das Klima Japans bei richtiger Auswahl der Zonen für europäische wie amerikanische Holzarten gleich günstig erwiesen.

Verfasser sieht sich auf Grund von Versuchen und Beobachtungen in der freien Natur zur Feststellung gezwungen, daß auch die fremdländischen Holzarten so wenig wie die einheimischen imstande sind, sich einem fremden, vom heimatlichen wesentlich verschiedenen Klima anzupassen, sich zu akklimatisieren, d. h. ihr Inneres und Äußeres umzugestalten, so daß sie ohne Beihilfe des Menschen weiterleben und sich vermehren könnten.

Anbauwürdigkeit. Die größte Zahl der fremdländischen Holzarten erscheint anbauwürdig, wenn man allein ihren ästhetischen Wert, ihren dekorativen Vorzug berücksichtigt. Es fehlt aber auch nicht an Stimmen, welche den Exoten im Walde jegliche Fähigkeit, das natürliche Schönheitsgefühl im Menschen auszulösen und zu befriedigen, absprechen. Der Vater der Forstästhetik, v. Salisch auf Postel, sagt, daß nur einheimische Holzarten ästhetisch schön sein können; wenn v. Salisch dabei im Auge hat vom Wilde verbissene und verunstaltete oder durch unpassende Standorte kränkelnde Exoten, so stimmt Verfasser ihm gern zu. Was aber gesund ist und gesund aussieht, hat auch Anspruch auf die volle Bezeichnung „ästhetisch schön".

Die Zahl der Auserwählten unter den Anbaufähigen vermindert sich sehr beträchtlich vom streng forstlichen Gesichtspunkte aus. Anbauwürdig sind alle Holzarten, welche einen waldbaulichen Vorteil aufweisen. Ein solcher Vorteil wäre es, wenn eine exotische Holzart in ihren Ansprüchen an die Bodengüte noch bescheidener wäre als die bescheidenste unter unseren einheimischen Holzarten, als die Föhre, wenn sie also auf den geringsten Sand- und Kiesböden noch fortkommen und Erträge liefern könnte, oder wenn sie, auf gleich guten Boden mit den einheimischen Holzarten gebracht, auf diesen in kürzerer Zeit größere, und zwar mit einheimischen Arten gleich gute Holzmassen erzeugen würde. Es scheint, als ob es dem Verfasser in der Tat gelungen wäre, in der Pinus Banksiana eine Holzart zu entdecken, die noch bescheidener als die einheimische Föhre und vor allem auch der unserer Föhre drohenden Schüttegefahr gegenüber geradezu immun ist; dazu kommt noch, unter gleichen Verhältnissen mit unserer Föhre eine größere Wuchskraft und Widerstandsfähigkeit gegen Schnee; auch die Quercus rubra, die amerikanische Roteiche, ist bescheidener in ihren Ansprüchen an die Bodengüte als die mitteleuropäische Eiche; aber es steht zu befürchten, daß, was sie auf schwächerem Boden an Quantität mehr leistet, dafür an der Qualität des Produktes wiederum verloren geht. Vor allem sei sodann auf sumpfbewohnende, fremde Holzarten aufmerksam gemacht, nachdem diese Standorte im mittleren und nördlicheren Europa nur einseitig von den einheimischen Holzarten ausgenützt werden. Unter allen Umständen werden sich als hervorragend wertvoll alle Papilionaceenbäume, soweit sie anbaufähig sind, erweisen; mit ihnen kann noch auf den geringwertigen Böden operiert und dennoch ein gutes Material erwartet werden, da sie ja imstande sind, den Stickstoff aus der Luft direkt mittels der Knöllchen an ihren Wurzeln aufzunehmen.

Die meisten Forstleute erklären es als einen Vorteil einer fremdländischen Holzart, wenn sie weniger unter Wildverbiß leidet; Fichten mit stechenden Nadeln werden allen Ernstes zum Anbau an Stelle der einheimischen Fichte auf allen dem Wildverbisse besonders ausgesetzten Örtlichkeiten empfohlen; konsequent durchgeführt müßten wir allmählich zum völligen Ersatz der einheimischen Arten durch eine fremde, rehsichere Fichte schreiten; den entgegengesetzten, extremen Standpunkt nimmt jener Oberforstmeister ein, der geschrieben hat, daß man vom Anbau der Weymouthsföhre Abstand nehmen solle, überall, wo sie doch nur vom Wilde aufgefressen werde! Verfasser erblickt im Wildverbiß keinen Grund, um eine einheimische Holzart zurückzudrängen, und keinen, um eine fremde Holzart, die anbauwürdig ist, auszuschließen. Geh. Oberforstrat Wildbrand trifft ins Schwarze, wenn er das Wild die schlimmste Gefahr nennt, welche den Kulturen droht; dies gilt für einheimische und im verstärkten Maße für fremdländische Baumarten.

Fremde Holzarten wären sodann anbauwürdig, wenn sie auf gleichen Böden mit den einheimischen Arten angebaut bei gleicher Holzgüte in gleichen Zeiträumen zu astreineren, vollholzigeren Schäften aufwachsen würden als die einheimischen Arten, oder wenn sie, den Forderungen unseres Klimas und der Wirtschaft genügend, ein von unseren Hölzern verschiedenes, d. h. ein dauerhafteres oder festeres oder schöneres, schwereres oder leichteres, weicheres usw. Holz erzeugen als unsere einheimischen Arten.

An verschiedenen Orten[1]) hat Verfasser darauf hingewiesen, daß alle Holzarten, deren Gattung im europäischen Walde vertreten ist, dasselbe Holz erzeugen werden wie die einheimische Art derselben Gattung; d. h. daß eine fremdländische Fichte oder Tanne oder Lärche oder Eiche unter denselben Umständen, unter denen die einheimische Fichte, Tanne oder Lärche oder Eiche gutes Holz erzeugt, ebenfalls gutes, unter denselben Umständen, unter welchen die europäischen Arten schlechtes oder schlechtestes Holz bilden, ebenfalls schlechtes oder schlechtestes Holz erzeugen müssen. Daran ändert nichts der Umstand, daß etwa in einem Lande eine Holzart einen besseren Ruf, eine bessere Reklame besitzt als die Holzart derselben Gattung in dem fremden Lande.

Wer daher glaubt, irgendeine japanische oder amerikanische Holzart sei deshalb für Europa wertlos, weil sie in ihrer Heimat gar nicht benützt werde, oder deshalb besonders wertvoll, weil sie in der Heimat so hoch im Ansehen und Werte stehe, befindet sich auf einem Irrwege. Das Urteil des Auslandes ist nur brauchbar zu einer flüchtigen Orientierung, ist aber unbrauchbar zum entscheidenden Vergleich mit den Leistungen der einheimischen Arten, unbrauchbar zur Entscheidung, ob die betreffende Holzart in Europa anbauwürdig ist oder nicht.

Für den Anbau der Föhren und deren Beurteilung in Anbauwürdigkeit gilt der Satz, daß alle jene Föhren in erster Linie anbauwürdig sind, deren Sektion im heimischen Walde noch nicht vertreten ist. Von diesen allein kann ein verschiedenes, waldbauliches Verhalten, ein verschiedenes Holzprodukt erwartet werden; andererseits aber können wir mit Sicherheit voraussagen, daß keine zweinadelige Föhre der Sektion Pinaster aus Amerika oder Asien im europäischen Walde unter gleichen Umständen mehr und Besseres leisten wird als die einheimische Föhre P. silvestris.

Dennoch sollen auch Angehörige derselben Gattung und bei Föhren derselben Sektion in Europa geprüft werden überall, wo eben die europäische Art ebenfalls nicht auf ihrem heimatlichen, ursprünglichen Standorte sich befindet, wo somit auch die europäischen Holzarten nichts anderes sind als Fremdlinge; eine solche fremdländische Holzart ist z. B. die Alpenlärche nördlich der Alpen bis an die Waldgrenze von Norwegen, ist die Föhre im ganzen westlichen Deutschland, in Nordfrankreich und in Belgien. Differenzen, die sich zwischen den Arten einer Gattung zeigen, in Nadel und Blattbildung (z. B. Fichtenarten der Gattung Picea), in der Wuchsform und Schaftbildung (Arten der Gattung Larix), im Widerstand gegen Insekten und Pilze infolge Verschiedenheit in der Vegetationsentfaltung,

---

[1]) Geheimrat Dr. K. Gayer und Prof. Dr. H. Mayr, Die Forstbenutzung, 9. Aufl., 1903.

im Bau der Nadeln u. dgl. können groß genug sein, um den Anbau einer nah verwandten fremden Art außerhalb des natürlichen Verbreitungsgebietes der einheimischen Art zu rechtfertigen.

Alle Vorteile, welche die Anbauwürdigkeit begründen, werden von seiten der Holzarten nichtheimischer Gattungen voraussichtlich am vollkommensten erfüllt, wenn sie in einer mit dem Heimatgebiete parallelen Klimazone angebaut werden. Je weiter hinweg von dieser Zone eine Holzart in ihrer neuen Heimat gerät, um so unwahrscheinlicher wird die Anbaufähigkeit, und um so mehr werden die Vorteile schwinden, bis endlich die Grenze der forstlichen Brauchbarkeit erreicht wird; wo diese Grenze liegt, kann nur durch Versuche herausgefunden werden.

Anbauwürdig sind endlich alle Holzarten, welche neben brauchbarem Holze auch wünschenswerte Nebenprodukte, wie Harz, Gerbstoff, Zucker, eßbare Sämereien u. dgl., hervorbringen.

Um nicht alles wiederholen zu müssen, was bezüglich der Saat und Pflanzung im allgemeinen bereits bei den einheimischen Holzarten im XI. Abschnitte erwähnt wurde, sei nachdrücklichst auf diese Ausführungen hingewiesen. Speziell für den Anbau der fremdländischen Baumarten seien noch folgende Punkte hervorgehoben.

1. Zur Beurteilung der klimatischen Verhältnisse eines Landes, wie kleinerer Gebiete und einzelner Standorte, dienen etwa vorhandene meteorologische Beobachtungen, wobei zum Vergleich mit den fremdländischen Vegetationszonen die Daten auf denselben Grundlagen berechnet werden mögen.

Wo klimatische Daten fehlen, gibt den besten Maßstab für die Beurteilung des Klimas eines Standortes das Studium der an der betreffenden Stelle ursprünglich vorhandenen oder noch vorhandenen Holzarten.

Wo meteorologische Angaben sowohl als Bäume fehlen, kann das Klima eines Standortes und benachbarter Gebiete nach den landwirtschaftlichen Kulturgewächsen beurteilt werden. Zu diesem Ende wurden den Vegetationszonen des Abschnittes auch die für die betreffende Zone typischen, landwirtschaftlichen Nutzgewächse beigefügt.

2. Holzarten, welche aus einer kühleren Klimazone in eine wärmere versetzt werden, sind der Gefahr, durch Spätfröste beschädigt zu werden, stets ausgesetzt, weil die im Frühjahr zur Verfügung stehende, größere Wärmemenge die Pflanze zu frühreitigem Vegetationsbeginne zwingt; sie sind aber gegen Früh- und Winterfröste unempfindlich.

Holzarten, welche aus dem wärmeren Klima in eine kühlere Zone versetzt werden, leiden nicht oder kaum durch verspätete Fröste, weil sie spät ihre Vegetation beginnen; dagegen genügt ihnen oft die dargebotene Wärme nicht zum rechtzeitigen Abschluß ihrer Vegetation; sie sind in der Gefahr, durch Früh- und Winterfröste beschädigt zu werden.

Alle künstlichen Betätigungen an den Pflanzen, wie Saat, insbesondere verspätete Saat, Verschulung, Auspflanzung, Veredelung, starke Düngung, stören im betreffenden Jahre die normale Vegetation einer Pflanze und erhöhen die Gefahr einer Beschädigung im folgenden Herbst und Winter durch Kälte, weil dadurch die vegetative Tätigkeit der Pflanze hinausgeschoben wird. Deckung (Hochdeckung) kann nur im ersten Jahre der Saat und im ersten Jahre der Pflanzung sowie bei Herbstpflanzung von aus wärmeren Gegenden bezogenen Exoten empfohlen werden.

3. Wegen der Kostspieligkeit des Saatgutes kommen für die fremdländischen Holzarten, welche sich leicht verpflanzen lassen, einstweilen am besten nur Aufzucht in Saat- und Pflanzengärten und spätere Auspflanzung ins Freie in Frage.

4. Die Waldbegründung, die Bestandsanlage mag bei den fremdländischen in demselben Verbande wie bei den einheimischen Holzarten ausgeführt werden, in erster Linie empfehlen sich große Gruppen von 1 a bis 0,3 ha und Kleinbestände von 0,3 ha bis 3 ha, und zwar, wie dies Preußen stets handhabte, in reinen Kulturen; für die Pflanzung ist Auswahlpflanzung, auch Staffelpflanzung besonders wichtig.

5. Fremdländische Holzarten zur Ausbesserung der Kulturen von einheimischen Holzarten zu verwenden, dürfte nur bei besonders raschwüchsigen Arten, wie Roteichen, der grünen Douglasie, mit Sitkafichten anzuraten sein.

6. Alle Anbauversuche mit fremden Holzarten sind angesichts der Kostspieligkeit des Pflanzenmaterials, des wissenschaftlichen Wertes solcher Versuche, mag das Resultat günstig oder ungünstig sein, zur Erreichung eines reinen Ergebnisses mehr noch als bei einheimischen Arten gegen Beschädigung aller Art, insbesondere durch Hasen, Rehe, Hirsche, Rüsselkäfer usw., zu sichern. Nur bei Holzarten, welche gerade wegen ihrer Widerstandskraft gegen die genannten Feinde empfohlen werden, fällt diese Sicherung weg. In allen übrigen Fällen aber soll man, wenn man Schutz nicht bieten kann oder will, lieber auf den Anbau fremder Holzarten verzichten. Schützt man aber, so wähle man eine solche Methode, welche nur eine einmalige Ausgabe erfordert und auch bei etwaigem Personalwechsel noch fortdauernd wirkt, im Fall der neue Wirtschafter kein Interesse oder kein Verständnis für eine ernsthafte Behandlung der Fremdländerfrage im Walde besitzen sollte. Bezüglich des Schutzes der Pflanzen und der weiteren Erziehung und Behandlung derselben wolle der dritte Teil dieser Schrift eingesehen werden.

Holzarten für Standorte mit Lauretum-Klima.

Feuchter bis nasser Boden: Chamaecyparis sphaeroidea, Taxodium distichum, Picea sitkaensis.

Guter, frischer Sandboden: Cupressus macrocarpa, Juniperus virginiana, Pinus palustris; Robinia.

Trockener, minder guter, kiesiger oder sandiger Boden: Albizzia, Prosopis, Robinia, Sophora, Cladrastis, Biota.

Beweglicher Sandboden (Dünen- und Binnenlandsand): Pinus insignis, rigida, clausa, corsicana, maritima.

Normalboden, gut bis sehr gut: Carya alba, Juglans nigra, Cedrus atlantica, Deodár, Cryptomeria japonica, Juniperus virginiana, Sequoia sempervirens; Buxus-Arten, Paulownia, Quercus, Trachycarpus excelsa, Zelkowa Keaki u. a.

Steppenböden: Picea pungens, Pinus clausa, Pseudotsuga glauca, Prosopis juliflora, Quercus rubra, variabilis, Robinia, Sophora.

Holzarten für Standorte mit Castanetum-Klima.

Feuchter bis nasser Boden, stehende Nässe: Chamaecyparis sphaeroidea, Taxodium distichum, Thuja occidentalis, Picea pungens, Sitkaënsis.

Feuchter bis nasser Boden, Nässe wechselnd, Überschwemmungs- oder Infiltrationsboden von Bächen und Flüssen: Platanus occidentalis, Cercidiphyllum, Nyssa silvatica, Phellodendron, Pterocarya rhoifolia.

Sandboden II. und III. Bonität: Robinia, Albizzia, Cladrastis amurensis, Prunus serotina, Quercus rubra, Sophora; Chamaecyparis-Arten, Betula lenta, lutea, Maximov., Pinus, Sektion Strobus, Thujopsis, Biota.

Sandboden III. bis V. Bonität: Pinus rigida, Banksiana, Murrayana, pyrenaica, Albizzia, Betula nigra, Prosopis.

Beweglicher Sandboden (Dünen, Binnenlanddünen): Pinus rigida, Cupressus macrocarpa, Pinus clausa, insignis, Thunbergii, corsicana, maritima, Quercus dentata, Rosa rugosa (zur Festlegung).

Normaler, guter bis sehr guter Boden, auch Föhrenboden I. bis II. Bonität: Cedrus atlantica, Deodár, Cryptomeria japonica, Juniperus virgin., Acer sacchar., Carya alba, olivaeformis, Gleditschia, Gymnocladus, Juglans nigra, Sieboldiana, Liriodendron, Melia, Morus alba, Paulownia, Platanus, Quercus palustris, rubra, Robinia, Chamaecyparis Lawsoniana, nutkaënsis, obtusa, pisifera, Libocedrus decurrens, Sciadopitys, Sequoia gigantea, sempervirens, Thuja gigantea, Thujopsis, Tsuga dumosa, heterophylla, Sieboldii; Acanthopanax, Cercidiphyllum, Cladrastis amur., Hovenia,. Cedrela, Magnolia hypoleuca, Nyssa, Phellodendron japonicum, Prunus serotina, Shiuri, Pterocarya, Rhus vernicifera, Sophora, Zelkowa Keaki.

Für Steppenböden: Pinus der Sektion Jeffreya und Murraya, Pseudotsuga glauca, Picea pungens; Albizzia, Carya porcina, Cladrastis,

Fraxinus pubescens, Prosopis, Prunus serotina, Shiuri, Quercus dentata, rubra, variabilis, Robinia, Sophora.

Für verkarstete Standorte: Föhren der Sektion Murraya und die Schwarzföhren der Sektion Pinaster, insbesondere Pinus corsicana sowie die Laubhölzer des Sandbodens II. bis III. Bonität.

Holzarten für Standorte mit Fagetum-Klima.

Für die wärmsten Lagen, in denen Castanea kultiviert noch erfolgreich zum Nutz- und Fruchtbaum erwächst, sollen auch Holzarten der vorigen Klimalage auf den entsprechenden Böden angebaut bzw. versucht werden; auf den kühleren und kühlsten Lagen können die Holzarten der folgenden Klimaregion, die Holzarten des Picetums bzw. Abietums angebaut werden.

Boden feucht bis naß; stehende Nässe, doch während der Vegetationszeit für Cirsium, Euphrasia usw. genügend trocken werdend; Moorboden, auch torfige Unterlage, intensivste Frostlage: Picea pungens, Pinus Banksiana, Peuke, sibirica, Strobus, Thuja occidentalis.

Boden feucht, Wasser sich öfters erneuernd (Flußufer, Überschwemmungen selten). Cercidiphyllum, Fraxinus americana, nigra, Phellodendron, Platanus orientalis, Populus deltoides, monilifera, suaveolens, trichocarpa, Liriodendron.

Sandboden II. und III. Bonität: Chamaecyparis-Arten, Pinus Strobus, Thujopsis, Betula lenta, lutea, Maximovicsiana, Cladrastis, Quercus rubra, Robinia, Sophora.

Sandboden III. bis V. Bonität: Föhren der Sektion Murraya: Banksiana, Murrayana, pyrenaica, pungens; dann Pinus corsicana, Betula lenta, lutea, Maximovicsiana, Cladrastis, Robinia.

Beweglicher Sandboden, Sanddünen: Pinus Banksiana, contorta, Murrayana, rigida, corsicana.

Normaler, guter bis sehr guter Boden, auch Föhrenboden I. und II. Bonität: Acer saccharum, Carya alba, Juglans cinerea, nigra, Sieboldiana, Liriodendron, Robinia, Chamaecyparis Lawsoniana, nutkaënsis, obtusa, pisifera, Cryptomeria, Larix leptolepis, occidentalis, sibirica, Libocedrus decurrens, Pinus koreensis, Lambertiana, monticola, parviflora, pentaphylla, Peuke, sibirica, Strobus, Pseudotsuga Douglasii, glauca, Taxus cuspidata, baccata, Thuja gigantea, Thujopsis, Tsuga canadensis, heterophylla. Alle Abies- und Picea-Arten; Acanthopanax, Betula lenta, lutea, Maximovicsiana, Cercidiphyllum, Cladrastis, Magnolia hypoleuca, Nyssa, Phellodendron, Prunus serotina, Shiuri; Fraxinus pubescens, Quercus rubra; Föhren der Sektion Murrava, Sciadopitys, Sequoia gigantea u. a.

Für Steppenböden: Pinus der Sektion Murraya, Pseudotsuga glauca, Picea pungens, Cladrastis, Fraxinus pubescens, Prunus serotina, Shiuri, Quercus dentata, rubra, Robinia.

Für verkarstete Standorte: Föhren der Sektion Murraya, die Schwarzföhren der Sektion Pinaster und die Laubhölzer des Sandbodens II. bis V. Föhrenbonität.

Holzarten für Standorte mit Abietum- bzw. Picetum-Klima.

Boden feucht bis naß, Erlenbrücher wie bei Fagetumklima: Picea pungens, Pinus Banksiana, contorta, Murrayana, Peuke, sibirica, Strobus, Thuja occidentalis.

Boden frisch bis feucht (Flußufer usw.): Fraxinus americana, nigra, Populus sowie obige Holzarten.

Sandboden II. und III. Bonität: Cladrastis, Pinus Banksiana.

Sandboden III. bis V. Bonität: Pinus Banksiana, Murryana.

Normalboden, auch Föhrenboden I. bis II. Bonität: Pinus Peuke, sibirica, Pseudotsuga Douglasii, glauca, Thujopsis, Sciadopitys, Tsuga canadensis, heterophylla, alle fremden Picea-, Abies- und Larix-Arten außerhalb des ursprünglichen Verbreitungsgebietes der verwandten europäischen Arten; Acanthopanax, Cladrastis.

Beweglicher Sandboden: Picea alba, Pinus Banksiana, rigida.

Mooriger Boden, Hochmoore: Pinus Banksiana, Murrayana, pumila.

Holzarten für das Alpinetum bzw. Polaretum.

Normaler Boden: Pinus pumila, Tsuga Pattoniana, Pinus sibirica.

Holzarten für besondere forstliche Zwecke.

Aus den vorhergehenden Anbauplänen ergibt sich die Verwendung der Baumarten nach Boden und Klima.

Holzarten gegen Wildverbiß: Picea alba, pungens.

Holzarten als Vorbau in Frostlagen mit feuchtem oder normalem Boden: Pinus Banksiana, Murrayana, Peuke, Strobus.

Holzarten für Unterbau unter Eichen, Föhren (I. und II. Bonität im Castanetum- und Fagetum-Klima), Lärchen (im Fagetum-Klima); der Unterbau soll später am Hauptbestande sich beteiligen: Cedrus-Arten (nur Castanetum), Chamaecyparis-Arten, Libocedrus, Pinus der Sektionen Strobus und Cembra, Sciadopitys, Taxus, Thuja-Arten, Thujopsis; Acer saccharum, Ulmus laciniata, Zelkowa Keaki.

Holzarten für Niederwaldbetrieb: Carya alba, Magnolia hypoleuca, Paulownia, Robinia.

Baumarten, hervorragend durch Schnellwüchsigkeit, Holzmassenerzeugung: Populus deltoides, monilifera, suaveolens, trichocarpa, Paulownia imperialis; Sequoia gigantea, Picea sitkaënsis, Pseudotsuga Douglasii, Pinus Banksiana. ·

Holzarten zur Ausfüllung von Pilzlöchern in Nadelholzkulturen: Cladrastis, Prunus serotina, Quercus rubra, Robinia.

Holzarten für Standorte, welche vom Schüttepilz verseucht sind: Pinus lapponica, Föhren der Sektionen Murraya (wie Banksiana, Murrayana u. a.), der Sektionen Strobus und Cembra; diese beiden bei besseren, frischeren Böden; abgesehen sei hier von auf solchen Böden anbaufähigen Laubhölzern.

Holzarten für Hochgebirgsaufforstungen: Pinus flexilis, aristata, Balfouriana, Tsuga Pattoniana, Pinus pumila.

Holzarten als Oberholz in Mittelwaldungen: Chamaecyparis-Arten, Cryptomeria, Larix-Arten, Libocedrus, Pinus der Sektion Cembra und Strobus, Pseudotsuga-Arten, Sequoia; Acer saccharum, Carya alba, Catalpa, Cercidiphyllum, Juglans-Arten, Liriodendron, Magnolia hypoleuca, Paulownia, Phellodendron.

Holzarten, hervorragend durch Schattenerträgnis: Sciadopitys, Taxus-Arten, Thujopsis dolabrata, Acanthopanax, immergrüne Laubbäume.

Holzarten, hervorragend durch Stockausschlagfähigkeit: Camellia, Carya alba, Catalpa, Cercidiphyllum, Cladrastis, Hovenia, Liriodendron, Magnolia hypoleuca, Paulownia, Robinia, Phellodendron.

Der vierte und fünfte Abschnitt dieser Schrift enthalten eine eingehende systematische, biologische und waldbauliche · Beschreibung aller wichtigeren europäischen, amerikanischen und asiatischen Baumarten vom Lauretum bis zum Polaretum; aus diesen Abschnitten möge der Leser sich das forstliche Gesamtbild einer jeden Holzart zusammenfügen; er mag, im Falle ihm die kostbaren Gaben der Vorurteilslosigkeit und der Freiheit der Bewegung im Walde gewährt sind, eigene Versuche, wenn auch bescheidenen Umfanges, einleiten, wie dies so viele Wirtschafter im Walde bereits getan haben; fühlt er sich unsicher, und bedarf er einer Hilfe, so mögen vielleicht die im Eingang dieses Abschnittes zitierten Schriften als Führer dienen.

Alles, was bisher im vorliegenden Waldbau vorgetragen wurde, hat sich gleichmäßig auf Europa wie Amerika und Asien bezogen; in diesem Abschnitt mußte eine Trennung eintreten; denn was für Europa fremdländisch ist, ist für Amerika oder Asien heimisch; diese Weltteile dagegen nennen die europäischen Holzarten fremdländische. Es sollen hier nur die für Europa fremden Baumarten, und zwar solche von diesen behandelt werden, welche auf Grund bisherigen Studiums der Holzarten, ihrer Biologie, ihrer Heimat und auf Grund

der bisherigen Anbauergebnisse[1]) als wertvolle Bereicherungen der
spärlichen europäischen Waldflora zum Anbau empfohlen werden können;
auch einiger europäischer, aber für mitteleuropäische Landschaften
fremder Holzarten soll gedacht werden.

Bis heute müssen als die **wichtigsten Einführungen im
mitteleuropäischen Walde** nachstehende Holzarten bezeichnet
werden.

Pseudotsuga Douglasii (*Carr.*), die Küstendouglasie, auch grüne Douglasie genannt.

In Europa wird ihre Raschwüchsigkeit, in Westamerika die vorzügliche Holzqualität gerühmt. In den preußischen Staatsforsten ist
der Anbau im Großbetriebe des Waldbaues angeordnet worden, in
Bayern und den übrigen Staaten wird sie wenigstens geduldet; behandelt wie eine Fichte, jedoch nur auf gutem und tiefgründigem
Boden, hat die Küsten- oder grüne Douglasie alle Erwartungen noch
übertroffen; getäuscht hat sie nur jene, welche eine schnellwüchsige
Douglasie anzubauen meinten, an ihrer Stelle aber die langsamwüchsige
Art unter den Händen hatten. Je weiter ab ein Anbaugebiet vom
Einfluß des Meeres liegt, um so mehr bedarf die grüne Douglasie eines
leichten Schutzes von Halbschatten- oder Lichtholzarten, nicht so fast
gegen verspätete Fröste (sie leidet durch solche ebenso wie die blaue
Art), als vielmehr gegen die schlimmste Gefahr in der Jugend, zumal
im Verpflanzjahr, das ist **Beschädigung durch Herbstfröste**
(Düngung der Saatbeete deshalb nicht anzuraten) und **Blattgrüntod mit Nadelschütte, Knospen- und Gipfeltod durch strenge Winterfröste**. Vier bis sechs Jahre nach der Auspflanzung mag der Schutz
beseitigt werden. **Von der Meeresküste bis zu 300 m Erhebung**
mag die grüne Douglasie zur Ausfüllung von Lücken und Kulturen
Verwendung finden, von da an aufwärts ist ihre andauernde Vorwüchsigkeit gegenüber Fichte, Tanne, selbst Buche noch fraglich; die
Aufzucht ist von jener der Fichte nicht verschieden; der Anbau soll
in reinen Klein- und Großbeständen erfolgen. Weitständig gepflanzt
(4—5 m) erzielt sie in Schottland nach **Schwappach** in 42 Jahren
27 m Höhe und einen mittleren Durchmesser von 45 cm; in enger
Pflanzung (1,3 m) in Freising bei München nach den Aufnahmen von
Prof. Dr. **Schüpfer**: Alter 23 Jahre, Boden mittelmäßig; mittlere

---

[1]) Prof. Dr. A. **Schwappach** in Zeitschr. für Forst- u. Jagdwesen; Prof.
Dr. R. **Hartig** in Forstl. naturw. Zeitschrift; Prof. Dr. A. **Cieslar** in Zentralblatt f. d. ges. Forstw.; Prof. Dr. **Lorey** in Allgem. Forst- u. Jagdztg.; Prof.
Dr. H. **Mayr** in Forstwissenschaftl. Centralbl.; Prof. Dr. **Somerville** sowie die
Publikationen der Royal English und der Royal Scotch Arboricultural Societies
berichten über englische, L. **Pardé**, **Hickel**, **Fron** über französische Anbauergebnisse.

Baumhöhe 12,8 m, mittlerer Durchmesser 11,1 cm, Schaftmasse 215 fm pro Hektar; Fichte würde auf demselben Standorte nur 40 fm im gleichen Alter ergeben. Im Sachsenwalde stehen nach Oberförster Titze pro Hektar mit 29 Jahren 407 fm, d. i. der doppelte Ertrag der Fichte. Im europäischen Optimum (Großbritannien) leistet die Douglasie nach den Mitteilungen der Royal English und Royal Scotch Arboricultural Societies mehr als jede andere Nutzholzart.

Pseudotsuga glauca (*Mayr*), die blaue Douglasie, auch Koloradodouglasie genannt.

Daß sie anfänglich langsam wächst, ist ein Fehler in den Augen der Forstwirte und der modernen Forstwirtschaft. Allein vom zehnten Lebensjahre an wird ihr Wuchs lebhaft, wenn sie auch nicht mit ihrer schnellwüchsigen Schwester oder mit der einheimischen Fichte Schritt zu halten vermag. Ihr Holz ist so wertvoll wie das aller Douglasien, in Güte am meisten der Lärche sich nähernd.

Je weiter ab vom Meere ihr Anbaugebiet liegt, um so wertvoller wird diese Art, denn sie ist zwar ebenso empfindlich gegen Spätfröste wie die grüne Art, dafür aber ganz unempfindlich gegen tiefe Winterfröste; Nadelbräune, Knospen- und Gipfeltod sind bei dieser Art unbekannt. Sie ist die wertvollste Einführung in den zerklüfteten Waldungen des Binnenlandes bis in die Steppenregion. Man kann es niemand verdenken, wenn er in einem Gebiet, in welchem die grüne Art rasch emporeilt, die langsamwüchsige als wertlos bezeichnet; die Verallgemeinerung aber ist falsch. Verfasser sieht keinen Grund, von seiner Ansicht abzugehen, daß die langsamwüchsige Art ein sehr wertvoller Nutzbaum für Europa ist und für andere Kontinentalgebiete sein wird.

Picea Sitkaënsis (*Carr.*), Sitkafichte.

Ursprünglich angebaut als Fichte, die sich gegen den Wildverbiß selbst zu schützen vermag, hat sie sich mehr durch ihre Wuchsgeschwindigkeit (während der ersten Dezennien wenigstens) als durch ihre Sicherheit gegen den Wildverbiß Beachtung verschafft. Es muß aber trotz allen gegenteiligen Behauptungen solcher Schriftsteller, welche bloß einen einzigen Standort kennen, daran festgehalten werden, daß die Sitkafichte überall, wo die europäische Fichte (excelsa) ursprünglich heimisch ist, sich schlechter, weil frostempfindlicher während des Frühjahres (Spätfröste), und während des Winters (Nadelbräune, Gipfeltod) verhalten hat als die europäische Fichte, daß sie überall, wo die europäische Fichte nicht ursprünglich heimisch ist, das sind alle Standorte in Mitteleuropa unter 400 m Elevation, schnellwüchsiger ist als die europäische Fichte. Dort hat sie sich auf frischem bis feuchtem, selbst anmoorigem Boden bewährt, während sie auf gleichen Standorten über 400 m Elevation ohne einen Schutzbestand von Erlen, Birken, Stroben u. a. wertlos ist.

Picea pungens (*Engelm.*), Stechfichte.

Diese Fichte ist zwar auch anfangs langsamwüchsig, verbessert sich aber hierin ebenso wie die blaue Douglasie; sie ist entschieden frosthärter als die Sitkafichte; ihre Nadeln sind zwar stechender, jedoch scheint sie von den Rehen und Hirschen in erster Linie deshalb gemieden zu werden, weil sie in ihren Nadeln und Trieben gleich der Picea alba und Picea Engelmannii einen die Tiere abstoßenden Geruch in sich trägt. Dadurch dürfte ihr Wert noch größer sein als der der Sitkafichte.

Picea alba (*Link.*), Weißfichte.

Als Nutzholzart augenscheinlich ohne Wert, hat sie sich als Schutzholzart, als Windbrecherin besonders in Dänemark als unentbehrlich erwiesen.

Pinus Strobus (*L.*), die Weymouthsföhre, Strobe.

Daß man die fünfnadeligen Föhren, wie die Stroben und Zürbeln, nicht wie zweinadelige Föhren (silvestris, austriaca) behandeln dürfe, ist allmählich Gemeingut aller Forstwirte geworden; aber immer noch gibt es Anbauversuche mit Stroben auf schlechten, trockenen, sandigen Böden dritter und geringerer Güte, auf denen die Weymouthsföhre ihren Feinden nicht entrinnen kann. v. Wangenheims Empfehlung 1787, der auf Grund seiner Studien in Nordamerika schrieb, daß sie in „Lehmböden mit Sand, Gartenerde oder Humus vermischt, auf lockeren, eher feuchten als trockenen Böden" angebaut werden soll, hat man zu Anfang des vorigen Jahrhunderts gefolgt; aus dieser Zeit sind sehr schöne haubare Bestände in Deutschland vorhanden; erst die letzten Jahrzehnte haben wieder zur richtigen Wertschätzung und zur richtigen waldbaulichen Behandlung der Stroben zurückgeführt. Die Strobe verdient den weitgehendsten Anbau wegen ihrer waldbaulichen Vorzüge (leichte Verpflanzbarkeit, Frosthärte, bessere Widerstandskraft gegen Schneedruck und Schneebruch, gegen Sturm, Raschwüchsigkeit, Bodenverbesserung, Schattenerträgnis) und wegen ihres vom Holze der europäischen Arten verschiedenen Holzes; das Holz junger Bäumchen ist selbstverständlich minderwertig wie bei allen Holzarten, da der Anteil des Kernholzes gering; im erwachsenen Baum ist das Holz dem der Zirbe völlig gleich, dessen Güte niemand bezweifelt. Ihre Verwendung in kleinen Reinbeständen auf frischem, feuchtem Boden, auf Föhrenboden I.—III. Bonität, als Unterbau unter Lichtholzarten ist vollauf gerechtfertigt; gerechtfertigt aber auch die Auslagen für den Schutz gegen den schlimmsten Feind, das Wild. Gegen den zweitgrößten Feind, den Wurzelkrebs Agaricus melleus, schützt noch am besten die Staffelpflanzung mit Zwischenbau von Erlen, Birken oder Sträuchern und stetiger Überwachung derselben mit Schere und Axt bis zum Dickungsschluß, in welchem Alter die Zwischenbäume fallen können.

Pinus Banksiana (*Lamb.*), Banksföhre.

Nach allen Berichten scheint die Banksföhre auf geringen und geringsten Sandböden wie auf nassen, sumpfigen, anmoorigen Böden in schlimmster Frostlage Besseres zu leisten wie die einheimische Silvestris; sie ist völlig frosthart, meidet aber nassen Tonboden; auf solchen Böden wird ihr Gipfel frühzeitig gelb und stirbt ab. Ihre aufwärts gerichteten Äste, ihre kurze Benadelung sichern sie gegen Schneebruch. In sumpfigen Frostlagen gibt es keine Föhre mit spärlicherer Beastung, ihre gelbliche Färbung während des Winters ist besonders auffällig, aber kein Zeichen der Erkrankung, da sie dabei schnellwüchsig bleibt. Als Vorbauholzart auf solchen Örtlichkeiten mit späterem Unterbau einer Fichte ist sie hochwertig, da bei ihr die Aufästung des Vorwaldes wegfällt. Legende ist, daß ihr Holz grobfaseriger sei als jenes der Silvestris, Legende, daß sie nur ein Strauch wird. Die Banksföhren von Grafrath sind jetzt 22jährig mit 10 m Höhe und tadellos geradem, einheitlichem Schafte; in Gartenland (Park) freistehend gepflanzt, fängt sie buschartig an wie viele andere Föhren auch; in Amerika wird sie 25—35 m hoch. Die Banksföhre ist sehr leicht zu verpflanzen, für Ödlandsaufforstungen, als Ausfüllung in Föhrenkulturen oder als Hauptholzart auf schlechtem Sandboden; zur Beimischung (Mengesaat) auf Kahlflächen mit großer Schüttegefahr verdient sie weitgehendste Verbreitung; sie leidet nicht durch die Schütte, wenig durch Knospenwickler, stark unter Wildverbiß.

Pinus austriaca (*Höss.*), die österreichische Schwarzföhre, ist in allen ihren Eigenschaften als warme, kalkreiche Lagen liebende Holzart wohl bekannt; sie leidet jedoch sehr durch Schneedruck und Schneebruch, so daß ihr Anbau im mittleren Europa nur bei Elevation bis zu 400 m sich empfiehlt; von da an aufwärts kann die schönschaftige, kurz benadelte, gegen Verbiß gesicherte und ebenfalls frostharte Pinus corsicana, die korsische Schwarzföhre, an ihre Stelle treten auf allen buchen- und fichtenmüden, auf allen kiesigen, sandigen Böden; beide sind in großen Gruppen oder Reinbeständen anzulegen.

Tsuga canadensis (*Carr.*), die kanadische Tsuge oder Schierlingstanne, Tsuga heterophylla (*Sarg.*) syn., Mertensiana (*Carr.*), westamerikanische Tsuge.

sind zwei Baumarten, deren Gattung im europäischen Walde vollständig fehlt. Sie bilden prächtige Bestände von wertvollem, dauerhaftem, in

Europa unbekanntem Holze und enthalten große Mengen von Gerbstoff in der Rinde; diese Gründe sind groß genug, um ihren Anbau im Walde unter gleichen Verhältnissen, wie bei den Douglasien erwähnt, zu betätigen. Die Pflanzung in großen Gruppen oder reinen Kleinbeständen bietet keinerlei Schwierigkeit.

Robinia Pseudoacacia (*L.*), Robinie, falsche Akazie.

Die Heimat dieses allbekannten, hochwertigen Baumes ist das Castanetum von Ostamerika; dort ein seltener Baum, verdankt die Robinie ihrer wohlriechenden Blüte die Einführung in Europa und weitere Verbreitung. Inzwischen ist sie einer der wichtigsten Laubbäume aus der Fremde geworden. Nur soweit Eichennutzholzzucht betrieben werden kann, also im milden Klima, kann auch mit der Robinie ein nutzbringender Niederwald auf geringwertigem, kiesigem, sandigem Boden angelegt werden. Auch als Oberholz im Mittelwald verdient die Robinie die größte Beachtung. Für Hochwald ist besserer Boden beansprucht. Vadas[1]) empfiehlt in seiner neuen Schrift die Robinie als erste Generation nach heruntergekommenen Laubwaldungen; in Mischwaldungen ist die Robinie zehn Jahre vor dem Hieb der übrigen Holzarten zu fällen, um andere Holzarten vor der Erdrückung durch Robinienausschlag und Wurzelbrut zu sichern. Zur Aufforstung der Steppe in Ungarn und Rußland als eine der besten Holzarten erkannt, hat sie auch im Föhrenwalde Wert zur Ausnutzung und Verbesserung der geringsten Bodenarten, zur Ausfüllung von Pilzlöchern und dergleichen; der Anbau geschieht durch Saat oder Pflanzung; Schutz gegen Hasen, Kaninchen und in der Nähe der Stadt auch gegen Menschen ist notwendig.

Juglans nigra (*L.*), schwarze Walnuß.

Der Beschreibung der Nußarten im VI. Abschnitt ist hinzuzufügen, daß der Anbau in reinen Kleinbeständen oder großen Gruppen geschehen soll; ein späterer Unterbau mit Buchen wird notwendig sein; nur im Castanetum und wärmeren Fagetum auf bestem Boden kommt ein Anbau in Frage. Es mag Aussaat der Nüsse auf platz- oder streifenweise tief bearbeiteten Böden, Auspflanzung angekeimter Nüsse oder auch Pflanzung gewählt werden. Forstrat E. Böhmerle[2]) befürwortet wegen Schwierigkeit der Pflanzung und Wachstumsstockung die Saat unmittelbar im Walde; nigra ist der regia vorzuziehen. Staffelpflanzung nach Forstmeister Rebmann[3]), der langjährige Erfahrungen in ausgedehnten Kulturen gesammelt, in 4—5 m Abstand. Das Zurückfrieren in kalten Wintern, besonders im ersten Winter nach der Pflanzung, ist

---

[1]) Vadas, Forstliche Versuche (Ungarn). 1908.
[2]) Waldbauliche Studien über den Nußbaum und die Edelkastanie. 1906.
[3]) Allgem. Forst- u. Jagdztg. 1903.

weniger auf geneigten als auf ebenen Kahlflächen zu fürchten. Juglans Sieboldiana (*Maxim.*), Siebolds Walnuß aus Japan scheint noch rascher zu wachsen und frosthärter zu sein als die amerikanische, schwarze Nuß.

Carya alba, weiße Hickory.

Wendet man dieser ausgezeichneten Holzart, welche das elastischste Nutzholz unter den Laubbäumen erzeugt, jenes Interesse zu, das sie verdient, so empfiehlt sich ihr Anbau durch Saat in Reinbeständen als Niederwald oder als Hochwald in kleinen Reinbeständen und großen Gruppen in gleichen Klimalagen wie bei den Walnüssen; auch als Oberholz im Mittelwald ist die weiße Hickory hochwertig, doch bedarf die Pflanze wegen ihrer langsamen Jugendentwicklung einiger Fürsorge gegenüber den Ausschlägen des Unterstandes im Mittelwald. Die Auspflanzung ist wegen der sehr langen, weichen, saftigen Wurzeln mit sehr spärlichen, feineren Wurzeln schwierig. Für die Saat soll stets der Boden tief und kräftig bearbeitet werden. Schwappach[1]) verlangt lockere Pflanzung, da in engem Schlusse die Pflanzen wegen dichter Belaubung schlanker wachsen und durch Regen leicht umgedrückt werden.

Quercus rubra (*L.*), Roteiche.

Da diese Art schneller wüchsig ist als die europäischen Weißeichen, da sie mit weniger gutem Boden vorlieb nimmt, mag die Roteiche auf Böden angebaut werden, welche eine rentable Eichenzucht nicht mehr ermöglichen; ihr Holz ist immerhin ein Eichenholz von ähnlicher, aber nicht von gleicher Güte wie jenes der Weißeichen. Für die Faßdaubenindustrie ist das Roteichenholz unbrauchbar; geringer ist auch die Dauer des Holzes, und für eine gewinnbringende Schälwirtschaft enthält die Rinde der Roteiche zu wenig Gerbstoff. Anlagen in Gruppen oder kleinen Reinbeständen auf Föhrenböden III., Fichtenböden II. und III., Buchenböden II., III. bis IV. Bonität auf kiesigem Boden; nach den bisherigen Ergebnissen in Grafrath selbst in Lagen, welche den Weißeichen bereits zu kühl sind. Geh. Oberforstrat Frey[2]) empfiehlt die Roteiche zur Nachbesserung in Kulturen mit Weißeichen.

Als frostharte Holzarten von schnellstem Wuchs verdienen mehrere Pappelarten, wie Populus deltoides (*Marsh*) (syn. canadensis), P. monilifera (*Ait.*) und andere Balsampappeln, Beachtung. Hausrath[3]), Hartig, Zircher u. a. berichten über außerordent-

---

[1]) Prof. Dr. Schwappach, Deutsche Forstzeitung 1907.

[2]) Zeitschr. f. Forst- u. Jagdw. 1905.

[3]) Dr. Hausrath berichtet in Forstwissenschaftliches Centralblatt 1896: Mit 31 Jahren 2,93 fm pro Baum.

liche Leistungen; zu diesen sind aber gute, frische Auböden im Inundationsgebiete der Flüsse notwendig. Stagnierende Wasser sind stets zu meiden[1]). Das Holz der von der Forstwirtschaft systematisch unterdrückten Pappeln ist durch die Papier-, Zündholz- und Möbel- industrie wertvoll geworden. Ihr Anbau kann durch Pflanzung be- wurzelter Stecklinge, seltener durch Setzstangen erfolgen. In neuerer Zeit hat man die Aufzucht der Pappeln im Forstgarten aus Samen mit Erfolg durchgeführt; über die Saat mit Pappelsämereien wurde früher die nötige Andeutung gegeben. Forstrat Hofmann hat die Saat zu- erst mit Erfolg gehandhabt.

Der Zuckerahorn, Acer saccharum (*Marsh*), sollte wegen des Zuckergehaltes des Saftes als Schatten-, als Allee und als Waldbaum weit- gehenden Anbau finden; er ist dem Spitzahorn in Behandlung und Verhalten gleich. Von europäischen Holzarten verdienen wiederholte Empfehlung:

Taxus baccata (*L.*), die Eibe. Nahezu ausgerottet, ob ihres vorzüglichen, rotbraunen Nutzholzes, verschmäht von den Forstwirten, weil sie sehr langsam wächst, ist die Eibe im ganzen kontinentalen Europa im Aussterben begriffen. Conventz hat eine vorzügliche Monographie über die Eibe verfaßt; Zweck dieser Zeilen ist, der Eibe wiederum eine Stätte im Walde zu verschaffen und sie trotz ihrer Langsamwüchsigkeit zu empfehlen als Unterbau unter Lichtholzarten an Stelle der Rotbuche; unter Eichen, Föhren und Lärchen ist sie gegen Frost geschützt, auf der Kahlfläche aber leidet sie, besonders durch Nadelbräune und Abfrieren des Gipfels im Winter.

Die beiden europäischen Zürbeln, die Alpenzürbel und die sibirische Zürbel (Pinus Cembra [*L.*] und Pinus sibirica [*Mayr*]), verdienen Anbau auf kahlen, frostigen, auch anmoorigen bis sumpfigen Flächen, für welche auch die Weymouthsföhre oder Erle als Bestockung passen würden; beide Holzarten eignen sich sodann wie Eibe zum Unterbau unter den Lichtholzarten.

Die europäische Hackenföhre, Pinus uncinnata (*Ramd.*), ist ein vorzüglicher Baum für Festigung der Dünen, für die Aufforstung der sumpfigen, frostreichen Einsenkungen und kann auf Fehlstellen der einheimischen Föhre zur Ausfüllung neben der Banksföhre dienen. P. E. Müller weist auf den wohltätigen Einfluß dieser Mischung hin; auf besseren Böden und im wärmeren Picetum wird die Hackenföhre ein Baum bis zu 25 m.

Auf einige fremde Holzarten soll hier noch die Aufmerksamkeit gelenkt werden; sie sind noch nicht lange genug geprüft, um ihre Vor- teile oder ihre Anbaufähigkeit sicher zu kennen; Verfasser muß auf

---

[1]) Hauptmann Kern, Deutsche Forstztg. 1902.

die ausführlicheren Angaben seiner im Eingang dieses Abschnittes zitierten Schrift hinweisen. Es wird verwundern, daß zu dieser Gruppe der Fremdländer L a r i x l e p t o l e p i s (*Gord.*), d i e j a p a n i s c h e L ä r c h e , n i c h t g e r e c h n e t i s t.

Dieser Modeliebling der Forstwirte hat von seinem Nimbus bereits viel eingebüßt, seit dem Verfasser der Nachweis gelang (1896), daß die japanische Lärche im zweiten Lebensjahrzehnte gegenüber der europäischen im Wuchs zurückbleibt, daß sie somit, zur Ausbesserung von Fichten- öder Buchenkulturen benützt, noch rascher als die einheimische Lärche in ihrer Umgebung untertauchen wird. Es bleibt höchstens noch der Vorzug, daß die japanische Lärche etwas weniger von Insekten und bis heute so gut wie gar nicht vom Lärchenkrebs leidet. Ihr allenfallsiger Anbau ist mit der einheimischen Lärche Seite 441 bereits besprochen.

D i e s i b i r i s c h e L ä r c h e , L a r i x s i b i r i c a (*Led.*), ist zwar anfangs langsamer wüchsig — was bei Anlage von reinen Kleinbeständen weniger bedenklich ist als bei Einmischung mit anderen Holzarten —, aber ihr Schaft ist. am erwachsenen Baume und, wie die bisherigen zehnjährigen Versuche des Verfassers gegenüber der europäischen und japanischen Lärche bereits erkennen lassen, so tadellos gerade, daß sie dennoch empfohlen werden muß.

Von den Chamaecyparis-Arten, insbesondere von L a w s o n s S c h e i n - z y p r e s s e (C h a m. L a w s o n i a n a [*Parl.*]) sind auf guten Böden in milden Lagen bereits so hoffnungsvolle Kleinbestände und Gruppen vorhanden, daß diese Holzart, welche ein vorzügliches, wohlriechendes, feines, dauerhaftes Nutzholz gibt, nicht mehr aus dem europäischen Walde verschwinden sollte.

Die Gattung Thuja zählt zu den ihrigen eine sumpfige, kalte Erlenörtlichkeiten bewohnende Art (Thuja occidentalis [*L.*], der ostamerikanische Lebensbaum) und eine zweite Art, welche ebenfalls sehr bodenfrische Lagen, aber weniger kalte, der Esche und Ulme zusagende Lagen bevorzugt, Thuja gigantea (*Nutt.*), die Riesenthuja von Westamerika. Beide Arten geben hochwertiges Nutzholz.

T h u j o p s i s d o l a b r a t a (*Sieb. et Zucc.*), d i e j a p a n i s c h e H i b a, und S c i a d o p i t y s v e r t i c i l l a t a (*Sieb. et Zucc.*), d i e j a p a n i s c h e S c h i r m t a n n e, sind zwar zwei sehr langsam wachsende, Schatten ertragende Nadelbaumarten, die sich aber dennoch empfehlen als Unterbau unter Lichtholzarten (Eiche, Föhre, Lärche) und als kleine Reinbestände wegen ihres vorzüglichen Holzes.

Im Castenetum von ganz Südeuropa, im gleichen Klimagebiete des westlichen Mitteleuropa und auch in den wärmsten Lagen des Fagetums des übrigen Mitteleuropa sollten als H a u p t n u t z h o l z neben den spärlichen und mangelhaften, europäischen Nutzarten folgende Waldbäume zum Anbau gelangen:

Catalpa speziosa (*Ward.*), westlicher Trompetenbaum, wegen seines sehr dauerhaften Holzes.

Liriodendron tulipiferum (*L.*), Tulpenbaum, wegen des sehr schön gefärbten, gleichmäßig gewachsenen, mittelharten, dauerhaften Holzes, das als Blindholz alle übrigen Baumarten übertrifft.

Magnolia hypoleuca (*Sieb. et Zucc.*), Homagnolie, eine im wärmeren Fagetum noch winterharte Magnolie mit gleichem Holze wie Liriodendron.

Paulownia imperialis (*Sieb. et Zucc.*), Paulownie, mit einem ganz eigenartigen, der vielseitigsten Verwendung fähigen, außerordentlich leichten und weichen Holze.

Prunus serotina (*Ehrh.*) und Prunus Shiuri (*F. Schmidt*), Traubenkirschbäume, mit wertvollem, rotgefärbtem Kernholze; sie mögen auf geringeren kiesigen oder sandigen Böden angebaut werden.

Zelkowa Keaki (*Sieb.*), Keaki, aus Japan ist ein sehr raschwüchsiger, hartes, wertvolles Nutzholz liefernder Baum und verdient sicher Verbreitung auf nahrungsreichem, tiefgründigem Boden.

An Nadelholzarten besitzt Süd- und Westeuropa vielfach nur forstlich minderwertige Föhren oder Zypressen; wo der Boden eine andere Holzart nicht duldet, mag natürlich die bereits vorhandene Föhre neben einer fremdländischen, wie z. B. Pinus palustris, bleiben; für die besseren Böden aber, die noch lange nicht alle in landwirtschaftlichen Besitz übergegangen sind, sollten im ausgedehntesten Umfang fremdländische Nadelbäume, in erster Linie Cedrus atlantica (*Man.*), atlantische Zeder, Cryptomeria japonica (*Don.*), Kryptomerie, und Juniperus virginiana (*L.*), der Bleistiftwacholder, zum Anbau gelangen; sie sind alle hochwertig, für das kontinentale Fagetum jedoch, somit ganz Deutschland, zur Nutzholzproduktion, welche andere Anforderungen an eine Pflanze stellt, als daß sie nur als Zierbaum aufwächst, kaum mehr geeignet.

Vierzehnter Abschnitt.
Ödlandsaufforstung.

Von der nachfolgenden Abhandlung sind ausgeschlossen alle jenen kahlen Flächen, welche Naturereignisse, wie Insekten oder Wind, verschuldet oder betriebsmäßiger Kahlschlag hervorgerufen haben; ausgeschlossen sind sodann alle Blößen im Walde, ob sie vergrast oder versumpft seien, ob sie alter Herkunft oder erst durch einen falschen Kahlhieb (Frostlöcher) entstanden und wegen allzu großer Schwierigkeit der Wiederbewaldung seit Jahren der Vergrasung überlassen seien; sie alle in Wald zurückzuführen, ist nur eine Frage des Geld- und Zeitaufwandes; die Verjüngungsmethode (zumeist Pflanzung mit dem stärksten Material) bietet nur mechanische Schwierigkeiten. Es muß aber nachdrücklich mit Jankowsky[1]) und anderen betont werden, daß die Aufforstung solcher begraster Blößen durchaus nicht immer wünschenswert ist; Wiesengründe rentieren vielfach höher als Wald, und versumpfte Stellen sind wichtiger als Wasserbehälter für die Umgebung und das tiefer liegende Waldland denn als schlecht rentierende und kostspielige, sogenannte „Meliorationen". Wer der Ästhetik im Walde eine hervorragende Bedeutung zuerkennt, muß gerade auf die Erhaltung der Waldblößen und Waldsümpfe das größte Gewicht legen. Das Ödland, von dessen Aufforstung hier die Rede sein soll, ist seit Jahrhunderten ein solches. An seine Aufforstung soll erst dann gegangen werden, wenn die Frage, ob durch die Umwandlung in Wald ein Gewinn finanzieller oder klimatischer oder wirtschaftlicher Art erreichbar ist, gelöst ist. Kann dieses bejaht werden, so ist für die Umwandlung in Wald, für die Wahl der Holzart, der Kulturmethode, der ferneren Bewirtschaftung von grundlegender Bedeutung, daß man die Ursache der Entstehung und des Fortbestehens des Ödlandes erkennt. Hierbei behilflich zu sein, ist das Ziel der Feststellungen über die naturgesetzlichen Existenzbedingungen der Waldungen im ersten Teil dieser Schrift. Im kurzen Auszug sei hier wiederholt:

---

[1]) Jankowsky, Begründung naturgemäßer Hochwaldbestände. 3. Aufl. 1904.

1. Vergleicht man die Fläche, welche waldlos aus natürlichen Ursachen ist, mit jener, deren Waldlosigkeit der Tätigkeit des Menschen zugesprochen werden muß, so übertreffen die Ödflächen, von welchen einstens der Mensch den Wald beseitigt hat, an Umfang längst jene Flächen, welche aus natürlichen Gründen der Ansiedelung von Bäumen unzugänglich waren. Alle Ödländereien innerhalb der acht Waldregionen der nördlichen Halbkugel sind Menschenarbeit, Arbeit der Axt und des Feuers; alle Ödländereien, welche außerhalb oder zwischen den Waldregionen liegen, sind natürlichen Ursprungs. Zu den Werken des Menschen gehören die Ödländereien der Mittel- und Hochgebirge; Europa und Japan forsten dieselben auf; Amerika schafft einerseits umfangreiche neue Ödländer, beginnt anderseits alte mit Wald zu versehen; China konserviert sein ungeheures Ödland in untätigem Gleichmut. Hierher zählen sodann die Sandflächen des Binnenlandes, die in Waldgebiete vorspringenden, aus dem Walde herausgeschlagenen oder herausgebrannten Steppen oder Prärien, die Karste, Heideflächen, ja selbst viele Sümpfe und Moore. Den Aufforstungen aller dieser Ödländereien stellen sich keine naturgesetzlichen, nur mechanische Hindernisse entgegegen, freilich stellen sie hohe Anforderungen an Zeit, Geld und waldbauliche Kunst.

2. Im ersten Teil dieser Schrift wurde festgestellt, daß alle Ländereien der nördlichen Halbkugel, auf welchen während vier Monaten (Mai, Juni, Juli, August) weniger als 50 mm Niederschläge fallen, waldlos sind, auch wenn die relative Feuchtigkeit über 50 % während derselben Zeit liegt, daß ferner Steppe herrscht, wenn zwar die Niederschläge reichlicher sind, aber die relative Feuchtigkeit unter 50 % herabgeht. Für solche Flächen genügt es, den Wald einmal auf künstlichem Wege zu begründen, damit er sich selbst erhalte durch seine Eigenschaft, mit den zum Boden gelangenden Niederschlägen haushälterisch umzugehen. Liegen aber in einem Gebiet sowohl Niederschläge als Luftfeuchtigkeit während derselben Zeit unter den angegebenen Minimalbeträgen, so kann nur eine dauernde Bewässerung Wald begründen und erhalten; fehlt diese Möglichkeit, so fehlt naturgemäß die Möglichkeit einer Aufforstung.

3. Wald fehlt in allen Gebieten, in welchen die Durchschnittstemperatur der vier Monate Mai, Juni, Juli, August unter 10 ° C herabsinkt; das ist die alpine oder auch die polare Grenze des Waldes; über dieser oder nördlich von dieser noch einen Wald, z. B. mit einer fremden Holzart, begründen zu wollen, ist ein nutzloses, weil naturwidriges Beginnen.

4. Sumpfige Gebiete sind waldlos, wenn ein Überschuß an Wasser vorhanden, wie bei jenen, welche erst in der Umwandlung aus seichten Wasserbecken in Sumpf und in Wald begriffen sind; daß Waldgebiete durch die waldvernichtende Tätigkeit des Menschen wieder versumpfen

können, wurde schon oben und im ersten Teile dieser Schrift angedeutet. Aus natürlichen Gründen sind sodann waldlos oder doch baumarm die Hochmoore. Sie in Wald umzuwandeln, verlangt die tiefsten Eingriffe gegen die das Hochmoor immer mehr vergrößernden und erhöhenden Faktoren.

5. Waldlos aus natürlichen Gründen müssen alle Gebiete sein, deren Oberflächen von Winden in Bewegung gehalten werden, wie Flugsandbildungen des Binnenlandes und der Küste.

6. Auch das mitten in Waldregionen gelegene Ödland, das Dezennien hindurch anderen Zwecken (Viehweide, Getreidebau, Wiese) gedient hat, soll hier einbezogen werden. Wiesen und Ackerland ausgeschieden, berechnet Dr. Grieb[1]) das europäische Ödland auf 22 000 Quadratmeilen, das deutsche allein auf 3,7 Mill. Hektar.

Das Ödland der Mittelgebirge. Als Viehweide, insbesondere für Schafe und Rinder benutzt, gibt es meist geringe Erträge. Seine Aufforstung ist nicht schwierig, eine Festigung des Geländes, Verbauung der Wasserrisse meist entbehrlich; Oberforstmeister Ney will nur die Hänge in Wald umwandeln, die Kuppen und Hochplateaux aber als meistens gute Erträge liefernde Weiden- und Wiesenflächen erhalten wissen. Die Eifel ist mit Fichten und Föhren wieder aufgeforstet; die Rhön soll mit Tannen, Lärchen und Fichten zu Wald werden; sicher wäre auch Pinus uncinnata vorteilhaft. Das Ödland der Auvergne, nach den Angaben von Dr. Fankhauser[2]) 25 000 ha groß, wird mit der in der Auvergne heimischen Föhre (Bastard der Auvergne nach Ansicht des Verfassers) in Wald umgewandelt; die größte Schwierigkeit ist der Widerstand der Bevölkerung. Die schwäbische Alb erhält auf schwächeren Böden Schwarzföhre und einheimische Föhre, auf besseren die Fichte und Lärche; als Laubholz sind Weißerle, Vogelbeere, Mehlbeere, Linde und Robinie benützt. Das Kalködland wird durch Vorbau mit obigen Holzarten, wozu auch die Bastardföhre der Auvergne zu versuchen wäre, bepflanzt; auf Kalksteinböden, besonders reinem Kalk und Dolomit, wo nach H. von Liburnau[3]) die Weide die nachteiligsten Folgen zeigt, wären auch Rot- und Weißbuche zu verwenden. Steile Hänge und Bergkuppen im Gebiete des Jura, des Buntsandsteines, des Plänerkalkes zu bewalden, setzt voraus, daß auf der Südseite des Berges in horizontalen Streifen von unten, auf der Nordseite von oben begonnen wird; dadurch wird die Neukultur auf der Südseite an den Nordrand der alten sich anschließen und an erhöhter Bodenfeuchtigkeit gewinnen; die Aufforstung geschieht am sichersten mit starken Ballenpflanzen.

---

[1]) Dr. Grieb, Das europäische Ödland, seine Bedeutung und Kultur. 1898.

[2]) Dr. Fankhauser, Das Ödland der Auvergne. Schweiz. Zeitschr. f. Forstwesen 1903.

[3]) Österreich. Vierteljahrsschr. 1896.

Das Ödland des Hochgebirges. Glänzende Ergebnisse weisen auf diesem Gebiet der Aufforstung Südfrankreich, die Schweiz und Tirol auf. Großen Schwierigkeiten begegnet die Verbauung der Wildbäche, die Festigung des Geländes, die Aufforstung des Einzuggebietes der Wildbäche (Perimeter). Hauptholzarten sind Arve oder Zürbel als beste, dann Fichte, Lärche, auch die Hackenföhre (uncinnata); fremdländische Arten sind im XIII. Abschnitt genannt. Eblin[1]) betrachtet das Gebiet der Alpenrose als ehemalige Waldfläche, welche somit wieder Wald werden kann. Professor Engler[2]) sagt: „Völlige Sicherheit gegen Lawinen gibt nur der gut bestockte Plenterwald"; wo Bauten notwendig seien, soll man permanente, nicht hölzerne aufführen. Zur Erzielung der Ungleichaltrigkeit soll Vorwuchs benutzt werden; unter der Alpenerle erscheine reichlich Fichte; Pflanzung in Trupps von 3—5 Pflanzen, Abstand der Trupps 2—4 m. Engler verlangt bei Hochgebirgsaufforstungen mit Fichte die Abstammung der Pflanzen von Hochgebirgsfichten, da für die Aufforstung günstige Eigenschaften erblich seien; es bedarf noch der Angabe, bei welcher Erhebung die Hochgebirgsfichte beginnt, die Tieflandsfichte endet; im bayerischen Hochgebirge werden mit bestem Erfolge Fichtenpflanzen verwendet, welche von irgendwelchen Fichten abstammen und im Tieflande zu kräftigen Exemplaren erzogen werden. Über die Aufforstung im Hochgebirge Südfrankreichs hat P. Demontzey ein klassisches Werk geschrieben: „Traité pratique du reboisement et du gazonnement des montagnes", (übersetzt von A. von Seckendorf 1880). Um der Abwärtsdrückung der Pflanzen durch den tauenden Schnee entgegenzuwirken, empfiehlt Coaz[3]) die Nischenpflanzung mit einem gegen den Berg hin gesenkten Pflanzloch und einen Stein am Fuß der Pflanze. Es wäre zu prüfen, ob nicht fremdländische Baumarten (XIII. Abschnitt) benutzt werden könnten.

Karste. Bald durch Schaf-, bald durch Ziegenweide, bald durch Feuer, Kahlschläge, Streunutzung entstandene und in diesem Zustande fortbestehende Entwaldungen, vorwiegend in Kalkgebirgen, nennt man Karste. Da in verkarsteten Gebirgen ganz schlechte bis sehr gute Böden wechseln, muß auch eine größere Fülle von Holzarten angebaut werden, um zu verhindern, daß eine oder einige Holzarten das Übergewicht erhalten. Es wäre für die spätere Behandlung, für allenfalsige Kalamitäten von Wichtigkeit, so viel als möglich kleine Reinbestände mit zahlreicher Abwechslung in den Holzarten zu begründen. Als Hauptholzarten, welche vorwiegend ausgepflanzt werden, kommen zur An-

---

[1]) Schweiz. Zeitschr. 1901.

[2]) A. Engler, Über Verbau und Aufforstung von Lawinenzügen. Zeitschr. f. d. ges. Forstw. 1907.

[3]) Oberforstinspektor Coaz, Schweiz. Zeitschr. f. Forstw. 1903.

wendung die Schwarzföhre (Pinus austriaca), die Paroliniföhre (Pinus pyrenaica), die gewöhnliche Föhre, Fichte, Lärche, Weißerle, Hopfenbuche, Blumenesche, sodann Robinie, Acer Negundo (violaceum), Eiche, selbst Edelkastanie, wenn Klima . und Bodenverhältnisse dieses gestatten. Hierzu kommen noch fremdländische Baumarten, deren empfehlenswerteste im vorigen Abschnitte erwähnt wurden. Eine umfangreiche Literatur, vorwiegend in österreichischen, forstlichen Zeitschriften, gibt über den Fortgang dieser Arbeit im österreichischen Karst regelmäßige Aufschlüsse. K. Rubbia bezeichnet die Verbesserung des Bodens durch möglichst raschen Bodenschutz und Bestandesschluß als erste Aufgabe, die zu enger Pflanzung führt; die Saaten sind zumeist erfolglos gewesen. Die Schwarzföhre entspricht am besten; sie ist dort einer Halbschattenholzart gleich; in höheren Lagen dient sie als Vorwald für Tanne und Fichte. (Mitteilungen an den VIII. internationalen Kongreß zu Wien 1907.)

Heideflächen. Auf allen Flächen, auf welchen an Stelle des Waldes Heide (Calluna vulgaris) getreten ist[1]), hat der Boden weitgehende Umgestaltung durch sie erfahren; ihre abgestorbenen Wurzel- und Stengelteile verwittern außerordentlich langsam zu einem sauer reagierenden, mit Sand vermischtem Rohhumus, unter welchem meist eine ausgebleichte Sandschicht (Bleichsand) liegt. Vielfach schreitet die Bodenverschlechterung noch weiter fort, indem unter dem Bleichsand die in die Tiefe geführten, humosen Lösungen den Sand zu Ortstein zusammenkleben, wie P. E. Müller und Ramann nachgewiesen haben. Ist die Heide erst spärlich vertreten, mit nacktem, lockerem Boden zwischen den Büschen, dann kann ohne weitere Bodenbearbeitung an die Aufforstung getreten werden; als Holzart kommt bei magerem Boden wohl die einheimische Föhre in erster Linie in Betracht; das schließt aber nicht aus, daß es auch unter den übrigen europäischen oder auch amerikanischen und asiatischen Föhren noch Holzarten gibt, die der einheimischen hierin überlegen sind, da das Heidegebiet auch für die einheimischen ein Neuland, eine Fremde ist. Es ist höchst wahrscheinlich, daß fremde Heideaufforstungsholzarten, z. B. die Sitkafichte, Pungensfichte, Besseres leisten als die mitteleuropäische und nordische Fichte, welche auf den Heideflächen ebenso Fremdling ist wie ihre amerikanischen oder asiatischen Schwestern.

Auf der dänischen Heide[2]) hat sich bereits die Picea alba, die amerikanische Weißfichte, als Windbrecherin viel wertvoller gezeigt als die europäische Art excelsa. Man pflanzt auch die europäische Lärche

---

[1]) Dr. Grieb, Das europäische Ödland, seine Bedeutung und Kultur (1898), sagt, daß die Lüneburger Heide vor 200 Jahren noch mit Eichen bewachsen war.

[2]) Dr. Metzger, Einiges über die Heide in Jütland und deren Aufforstung. Mündener forstl. Hefte 1898.

an; sie ist dort ebenso fremd wie eine amerikanische oder asiatische Art; wenn es ein Gebiet gibt, in welchem eine Prüfung der fremden Holzarten in erster Linie geradezu ein Gebot der Pflicht und Notwendigkeit ist, so sind es die Heideflächen. Eine andere für die dänische Heide völlig fremde Holzart ist die Hackenföhre, Pinus uncinnata, welche durch Zufall nach Dänemark kam; sie hat sich so vortrefflich bewährt, daß man jahrzehntelang glaubte, sie müßte eine amerikanische Holzart sein und nannte sie Pinus inops; es gibt Wirtschafter und Pflanzzüchter, die diese irrige und rückständige Auffassung heute noch teilen, weil sie nichts lesen und nicht reisen. Wo die Heide bereits eine zusammenhängende Decke bildet, muß sie mit starken Sensen, mit kräftigen Hauen abgeschnitten oder abgeplaggt werden; vielfach genügt auch die Heide abzubrennen; der mit der Plaggenhaue oder dem Schälpfluge abgeschälte Heideboden wird zerhackt und mit dem Untergrund auf 20 cm Tiefe vermischt. Im nächsten Frühjahr dann wird geeggt, Lupinen gesät, und in die Lupinenstoppeln werden mit dem Keilspaten zweijährige Föhren auch Fichte und Lärche eingepflanzt (Greve[1]). Liegt unter der Heide Ortstein, so ist die Durchbrechung dieser Steinschicht notwendig, was nur mit starken Untergrundspflügen, Dampfpflügen geschehen kann. Der emporgebrachte Ortstein verwittert, zerfällt und trägt durch seine Auflösung sogar zur Verbesserung des Bodens bei.

Heideflächen entstehen sehr leicht im regulären Kahlschlagbetriebe, insbesondere auf heißen Südhängen, nach Föhren- und Fichten- selbst Buchenbeständen, wenn bereits Rohhumus sich angehäuft hatte. Während bei Fichte und Föhre an der Rohhumusbildung mangelhafte Erziehung bzw. Mangel des Unterbaues schuld ist, stockt die Buche auf ungünstigem Standort, wenn sie Rohhumus bildet. Der Kahlschlag führt in solchen Fällen Verheidung herbei, welcher in ihrer typischen Bodenschichtung nur der Ortstein fehlt; vielfach treten auch Heidelbeere, Vaccinium Myrtillus und Vaccinium Vitis Idaea, die Preiselbeere, an die Stelle der Heide. Sie üben die gleiche Wirkung auf den Boden aus, obwohl Heide eine schattenfliehende, Heidel- und Preiselbeere schattenertragende Pflanzen sind. Auf solchen Böden wachsen die Fichten sehr langsam und schließen sich spät, nachdem sie Mäusen eine willkommene Zufluchtsstätte geboten haben, so daß alle anderen Holzarten außer Fichten kaum emporzubringen sind, besonders schwierig die auf solchen Standorten oft sehr wohltuende Lärche. Die nordwestdeutsche Heideaufforstung ist in der Literatur am besten bekannt durch das Handbuch der Heideaufforstung von Forstrat v. Bentheim und Dr. Gräbner 1904, durch F. Erdmanns Schrift: „Die Heideaufforstung und die Weiterbehandlung der aus ihr hervor-

---

[1] Forstmeister Greve, Die Heideflächen. Zeitschrift f. Forst- u. Jagdw. 1906.

gegangenen Bestände 1904“, durch Landesforstrat Quaet-Faslem, welcher über hannoverische Heideaufforstung in verschiedenen Vereinen und Schriften Mitteilungen brachte und durch Forstrat Ottos Vortrag im Deutschen Forstverein 1903. Die Nordwestdeutsche Heide umfaßt nach Erdmann mindestens 300 000 ha. In Hannover sind bereits unter Mitwirkung Quaet-Faslems 20 000 ha aufgeforstet. Auch auf der Nordwestdeutschen Heide wird ein Windmantel von Picea alba und auf schlechtestem Boden von Pinus uncinnata angelegt. Wo geringere Verheidung besteht wird Föhrenzapfensaat ausgeführt; Flugsandflächen werden durch Heideplaggen, Steckzaun, Bedeckung mit Stangen und Reisig, Sandgräser, Sandhafer gebunden. Die Kultur der Hauptholzarten, Fichte und Föhre geschieht bei Einzelmischung bald reihen- oder streifenweise, bald in kleineren Gruppen. Eiche verlangt ein Schutzholz; außerdem werden auch Lärche, Birke, Weißerle, Akazie und Weymouthsföhren angebaut. Buche und Tanne unter Vorwald von Lärche und Akazie; alles Pflanzung. Nach der Pflanzung wird der Boden noch fortgesetzt gelockert, um das Wiedererscheinen der Heide zu verhindern; Nordseiten sind für Lärche und Tanne passend. Lärche bleibt auf der Heide längere Zeit vorwüchsig, da die Fichte auf der Heide sehr langsam wächst, was auch die verheideten Fichtenkulturen auf der oberbayerischen Hochebene (Grafrath) bestätigen. P. E. Müller führt das langsame Wachstum der Fichte auf Mangel an Stickstoff zurück; eine Durchpflanzung mit Hackenföhre und der gewöhnlicheren Föhre hebt das Gedeihen, weil, wie P. E. Müller vermutet, deren Mykorhizen den Stickstoff der Luft direkt aufnehmen; besser dürfte nach Ansicht des Verfassers sich Alnus incana oder eine der japanischen Erle, wie Alnus tinctoria, bewähren. Welche unter den fremdländischen Holzarten überhaupt sich besonders für Heideaufforstung eignen könnten, müßten erst Versuche größeren Umfangs feststellen.

Grasflächen, Prärie, Steppe. Wo diese Oberflächen auf natürlichem Wege entstanden waren, wurden sie auf künstlichem noch weiter vergrößert auf Kosten des Waldes; auf künstlichen wie natürlichen Steppen wurde durch die Tätigkeit der Prärialpflanzen nicht eine Verschlechterung des Bodens sondern vielmehr eine Anhäufung von Humusmassen hervorgerufen, welchen eine nachhaltig hohe Fruchtbarkeit zukommt. Aber das mechanische Hindernis der Steppenvegetation selbst in Verbindung mit den unvermeidlichen Feuern hindert die Rückkehr des Waldes. Setzt hier die aufbauende, menschliche Tätigkeit ein, so entsteht ein Wald, der an Wuchskraft das Höchste leistet, freilich bei leichtholzigen Bäumen auch das Minimum an Güte hervorbringt. Je nach der Niederschlagsmenge und der Luftfeuchtigkeit müssen die Maßnahmen zur Aufforstung der Steppe getroffen werden. Für die regenreiche Steppe (über 50 mm Niederschläge der vier Monate Mai bis August) genügt die künstliche Begründung von

Wald, um bei schonender Weiterbehandlung Wald für alle Zeiten zu
sichern. Die ungarischen, südrussischen, die ostamerikanischen bis
zum Rande des Felsengebirges, die ungeheueren Grasflächen des nördlichen China mit Einschluß seiner entwaldeten Gebirge bedürfen nur
einer Anpflanzung von Waldbaumarten, um sie in Wald mit seinen
reichen Segnungen für das Tiefland und für die Bevölkerung umzuwandeln.

Die wichtigste Voraussetzung für die Aufforstung der Steppe ist
die Vernichtung des Graswuchses; das Feuer genügt hierzu
nicht, sonst wäre längst die Steppe vom Erdboden verschwunden. Bei
allen Präriefeuern bleibt der Grasstock unversehrt und gewinnt durch
die Aschendüngung, die nach dem Brande zurückbleibt. Hier hilft nur
Beseitigung des Steppenwuchses durch Ausroden mit der Haue oder
durch Zerstückelung und Übererdung durch den Pflug.

Ist dieses geschehen, so kann Saat oder Pflanzung mit ein-
oder zweijährigen Waldbäumen verschiedener Gattungen eintreten.
Nach dem Bericht von G. N. Wyssotzky[1]) über die russische Steppe
ist die Vertilgung des aufkommenden Unkrautes nach der Pflanzung
einige Male während der Vegetationszeit ebenfalls mit dem Pflug oder
der Haue zu wiederholen. Mit der oberflächlichen Lockerung wird
auch die Abdunstung des spärlichen Wassers aus den tiefen Bodenschichten eingeschränkt. Dieses Verfahren wird wiederholt, bis die
Pflanzung sich schließt. In Südrußland eignet sich am besten zur Aufforstung die Eiche (Quercus pedunculata); um rasch einen Seitenschutz
zu geben hat man auch schneller wachsende Holzarten (Ahorn, Esche,
Ulme) dazwischen gebaut; aber die Schwierigkeit diese Holzarten im
Zaume zu halten, hat dazu geführt, von der Esche und Ulme abzusehen
und dafür Feldahorn, Linde, Birke und Apfelbäume sowie Sträucher
und Halbbäume wie den tartarischen Ahorn, Evonymus und andere,
zu wählen. Wie bei dem Anbau fremder Holzarten hat sich auch auf der
Steppe die Füllstrauchpflanzung besser bewährt als die Füll-
holz- oder Staffelpflanzung, wenn auch hier die Beiholzarten nicht in
den Pflanzenreihen der Eichen, sondern zwischen zwei Eichenreihen zu
stehen kommen. Für die südliche Steppe von Rußland sind auch fremdländische Bäume mit Aussicht auf Gewinn zum Anbau gelangt, nämlich
Gleditschia, Morus, Juniperus virginiana und Robinia Pseudoacacia;
letztere besonders auf Sandböden. Für die ungarische Steppe hat sich
neben Eiche ebenfalls Robinia bewährt; daß für die europäischen
Steppengebiete noch andere, fremdländische Baumarten die Prüfung verdienen, kann nicht zweifelhaft sein; aus diesem Grunde wurden im
vorigen Abschnitt passende Holzarten hierfür empfohlen.

---

[1]) Bericht der 8. Sektion des intern. landw. Kongresses zu Wien 1907.

Auf der amerikanischen Steppe war es eine für die Besiedelung dringend notwendige Einleitung, daß man die Kraft des Windes brach. Man benutzt hierzu vielfach die europäischen Holzarten Fichte, Föhre, Lärche und besonders als Setzstangen ausgepflanzte Pappeln. Erst in den letzten Dezennien wählt man Holzarten aus, welche dem gleichen Zweck entsprechen und dabei noch die Aussicht auf ein wertvolles Produkt eröffnen.

Moore[1]). Grünlands- oder Flachmoore sollen nur dann aufgeforstet werden, wenn ihre Umwandlung in gute Wiesen nicht rentabler erscheint als Waldkultur. Soll aufgeforstet werden, dann eignen sich nach vorheriger Entwässerung am besten hierzu Fichten, Erlen, Birken, Föhren (Silvestris), Hackenföhre und fremde Holzarten.

Der Hoch- oder Buckelmoorbildung im Walde selbst vorzubeugen, ist Sache des Waldbaues; die Ursache der Hochmoorbildung liegt in der saueren Reaktion des Rohhumus, welche die Ansiedelung der niederen Vegetation des Hochmoores begünstigt. Graf zu Leiningen[2]) nennt die Ausbreitungszone des Hochmoores die Kampfzone; „siegreich bleibt die anspruchlosere Hochmoorvegetation, die Feindin des Waldes". Die Erziehung der Bestände (III. Teil) hat mit der Bildung von Rohhumus jener von Hochmooren in kühlen Lagen vorzubeugen. Die Wiederbewaldung der Hochmoore verlangt zunächst ebenfalls eine Entwässerung, dann eine Abtorfung, sobald die Torfschicht über 1 m Höhe Mächtigkeit besitzt. Auf der abgetorften Fläche wird die erste oberste, humose Decke, welche behufs Torfgewinnung beseitigt wurde, wieder ausgebreitet und eine Pflanzung mit Fichte, auch Erle, Birke und Föhre besonders Hackenföhre oder fremden Holzarten durchgeführt. Sowohl bei Flach- wie bei Hochmooren wird; mit der forstlichen Kultur nach der Abtorfung gewartet, bis sich wieder leichte Begrünung eingestellt hat.

Es wurde vor 30 Jahren bereits vom Vater des Verfassers dieser Schrift nachgewiesen, daß unkrautfreie Torfe, feuchte, anmoorige Flächen sehr wohl mit der Riesenpreißelbeere Vaccinium macrocarpum besiedelt werden können. Diese „Kronsbeere" liefert sehr hohe Erträge, freilich auch eine Frucht, die im Aroma der gewöhnlichen Preißelbeere (Vaccinium Vitis Idaea) nachsteht.

Beweglicher Sandboden der Küste (Dünen) und des Binnenlandes verlangen als erstes die Festlegung des Sandes. Die großartigsten Aufforstungen weist die Südwestküste Frankreichs auf, wo bereits 1802 mit der Aufforstung der beweglichen Sandmassen und

---

[1]) Bayerns Moore sind ausführlich beschrieben von Dr. A. Baumann in Forstl. naturw. Zeitschr. 1894.

[2]) Graf zu Leiningen, Die Waldvegetation präalpiner, bayerischer Hochmoore. Naturw. Zeitschr. f. Land- u. Forstwirtsch. 1907.

Dünen der Gascogne von Villers und Peychon begonnen wurde; nach Jentzsch[1]) lagen 800 000 ha nahezu brach; sie wurden mit Pinus maritima aufgeforstet. Bei Dünenaufforstung wird zuerst durch niedere, in ihrer Größe landeinwärts ansteigende Flechtzäune eine Vordüne errichtet[2]), an welcher der vom Wind landeinwärts getriebene Sand sich fängt. Diese Vordüne wird mit Dünenpflanzen wie dem Sandrohre (Arundo arenaria) oder dem Sandhafer (Elymus arenarius) oder der Sandsegge (Carex arenaria) bepflanzt. Hinter der Vordüne kann dann eine Festigung des Sandes durch Flechtzäune und häufiger durch Deckwerk gegeben werden; als Decken werden Föhrenäste, Wachholderbüsche, Heidekrautplaggen, Schilfrohr, Besenpfriemen, selbst Seetang, Moorbodenabhub und anderes so gelegt, daß ein Quadrat oder Rhombus gebildet wird, in dessen Mitte dann die Aufforstungspflanze zu stehen kommt. Auf den beruhigten Sandflächen werden gewöhnlich Föhren (Pinus silvestris) [auf frischem Boden auch Erle, Birke, Fichte und Weißfichte[3])] oder Hackenföhre oder korsische Föhre[4]) im mittleren Europa, Pinus maritima und aleppensis im südlichen Europa, Pinus rigida in Ostamerika, Pinus insignis in Westamerika, Pinus Thunbergii, sinensis und andere in Ostasien angepflanzt; schon unter dem Schatten der Föhren verschwindet das Sandgras Elymus (Psamma). Flugsand im Binnenland wird nach Festigung durch Pappel- und Weidenstecklinge oder durch Deckwerk am häufigsten mit Robinia bestockt.

Schutthalden und anderes bewegliche Gelände im Gebirge werden am besten mit tiefwurzelnden Holzarten, somit unter Ausschluß der Fichte zur Ruhe gebracht. K. v. Fischbach schlägt Stecklingskultur mit der anspruchlosen Saalweide vor; Föhren wie Pinus uncinnata und Pumilio sowie der Sektion Murraya, auch Pinus aristata sowie Erlenarten dürften in erster Linie zu versuchen sein.

Rauchschadenödland. Viele Rauchschadengebiete sind zwar noch nicht ganz Ödland, aber auf dem besten Wege es zu werden; K. Reuß[5]) sagt, die Aufforstung von Rauchblößen bei gleichbleibender oder gar verstärkter Einwirkung des Rauches habe keine Aussicht auf Erfolg. Da das Laubholz widerstandsfähiger als das Nadelholz ist, so verschwindet letzteres früher als ersteres; es kann somit vorüber-

---

[1]) Jentzsch, Forstw. Centralbl. 1907.

[2]) Abromeit, Bock und Jentzsch in: Handbuch des deutschen Dünenbaues, herausgegeben von Gerhardt 1900.

[3]) Nach E. D. van Dissel hat sich die Weißfichte (Picea alba) in Holland nicht bewährt; dagegen haben die österreichische und korsische Föhre gute Ergebnisse aufzuweisen (Catalogus van de tentoonstelling voor oceanographie te Marseilles 1906).

[4]) Planting of sand-dunes at Hokham von D. Munro. Quarterly Jurnal of Forestry 1908.

[5]) K. Reuß, Referat in der 8. Sektion des intern. Kongresses zu Wien 1907.

gehend durch Umwandlung der Nadel- in Laubholzbestände, der Laub-
holzhochwaldungen in Niederwaldungen· geholfen werden; über die
Dauer der Widerstandskraft entscheiden neben der Giftwirkung Klima,
Boden und Alter der Holzart sowie deren Behandlung. Dr. Wisli-
cenus betont in seinem Referate, daß der Ersatz der sehr rauch-
empfindlichen, aber wertvollen Fichte (und der Tanne) durch rauch-
härtere Holzarten nicht gerechtfertigt sei; wo der Wald auch ästhetische
und sanitäre Zwecke für die Stadtbevölkerung zu erfüllen habe, sei
die Umwandlung direkt geboten. Nach Unbescheid[1]) soll in die
Fichten reihenweise die Buche eingemischt werden; zum Anbau eignen
sich sodann Eiche, Roteiche, Erle, Birke, amerikanische Esche; für
diese Holzarten soll ein Mittelwaldbetrieb eingerichtet werden; auch
Bergföhre, Weymouthsföhre (?), Balsampappel seien brauchbar; die
Sitkafichte soll härter als die einheimische sein; auf die Ahorne, besonders den Zuckerahorn und die amerikanische Ulme für Rauch-
gebiete (Großstädte) hat Verfasser vor 19 Jahren („Waldungen von Nordamerika", 1890) hingewiesen.

Eisenbahnlichtungen sollen innerhalb bewaldeter Gebiete
waldfrei bleiben, in Steppen bewaldet sein — zum Abfangen des
treibenden Schnees. Danckelmann und Birner befürworten (1895)
die Eisenbahnstreifen mit Stauden wie Caragana arborescens und frutes-
cens zum Schutze der Singvögel zu bepflanzen; sie ließen sich durch
Aufzucht von Christbäumen auch finanziell besser ausbeuten. In
Steppengebieten kämen die bereits erwähnten Holzarten in räumiger
Stellung in Frage.

Auf landwirtschaftlichem Gelände werden alle Nadelhölzer frühzeitig rotfaul und sterben unter Einwirkung von Polyporus
annosus ab. Prof. Dr. Albert und Zimmermann[2]), welche diese
Erscheinung gründlich untersuchten, empfehlen entweder tiefgehende
Bodenbearbeitung oder Verzicht auf Föhre und Fichte als erste Generation; an ihre Stelle könnten Weißerle, Aspe, Roteiche, Akazie treten;
Lücken im vorhandenen Laubholzbestande sind mit obigen Holzarten
zu füllen. Beachtenswert ist sodann, daß mit der Wärme des Klimas
die Rotfäule in ihrer Häufigkeit gesteigert und in ihrem Auftreten
verfrüht wird.

---

[1]) Sächsischer Forstverein 1897.
[2]) Zeitschrift für Forst- u. Jagdw. 1908.

Dritter Teil.

Walderziehung und Waldpflege.

Eine Baumvereinigung von beliebiger Größe, welche auf unpassendem Boden oder in ungünstiger Klimalage oder in einer für Boden oder Klima oder Holzart ungeeigneten Methode begründet wurde, kann auch durch die natur- und kunstgerechteste Pflege und Erziehung nicht, dem höchsten Werte, welcher dem gegebenen Standorte abgewirtschaftet werden könnte, zugeführt werden. Es sind daher das Studium der naturgesetzlichen Grundlagen des ersten Teiles und die darauf fußende Waldbegründung nach den Andeutungen des zweiten Teiles die nötigen Voraussetzungen für den dritten Teil der Tätigkeit des Forstmannes im Walde, für die Pflege und Erziehung des Geschaffenen. Verfasser zögert nicht zu behaupten, daß Pflege und Erziehung kaum minder schwierig sind als die Begründung, weil sie ein tieferes Eindringen in die Lebensgeschichte der Bäume voraussetzen, daß die Erziehung vom praktischen Gesichtspunkte des Endzieles aller wirtschaftlichen Tätigkeit aus, das ist, den geschaffenen Bestand zur höchsten Wertleistung in kürzester Zeit zu bringen, geradezu als die wichtigste Aufgabe des Forstmannes betrachtet werden muß. In allen Waldbaubüchern und auch im vorliegenden ist der hierüber handelnde Teil dem Umfange nach der kleinste, weil er bis vor kurzem überhaupt als minder wichtig betrachtet wurde und erst seit etwa dreißig Jahren Gegenstand ernstlicherer Forschung geworden ist. Die Anschauung und die daraus folgende Tätigkeit zahlreicher Forstwirte begegnen auf diesem Gebiet noch heute vielfach sich mit den Ansichten jener Laien, welche sagen, daß der Wald, einmal glücklich begründet, ohne Zutun des Menschen am besten aufwachse. Es zählt hierher die mangelhafte Pflege der Jungwüchse, die bis vor ein paar Jahrzehnten nur in unermüdlichem Auspflanzen aller entstehenden Lücken bestand, aber die gefährlichsten Glieder der aufwachsenden Jugend, die krummen, ästigen, vorgewachsenen, duldete; in allen heranreifenden Beständen sind sie als Zeugen einer mangelhaften Pflege eine schwere Schädigung der Nutzholztüchtigkeit des Bestandes und eine Quelle der Verlegenheiten für die Erziehung. Auch jenen, welche sagen, daß sie ihre Bestände erziehen, wenn sie nur im Wettkampfe bereits ausgeschiedenes, unterdrücktes Material herausforsten, muß man entgegenhalten, daß ihre Durchforstung gar keine Erziehung ist, sondern nur eine Nutzung, welcher an manchen Orten vielleicht ein prophylaktischer Wert gegen Insekten und Feuer, aber selten ein finanzieller Gewinn zukommt.

Sind Saat oder Pflanzung ausgeführt, sind die Erstlinge der Naturverjüngung erschienen, so beginnen auch sofort Pflege und Erziehung.

Fünfzehnter Abschnitt.
Pflege und Erziehung der Hochwaldungen.

————

1. Jungwuchspflege.

Zur Pflege des Jungwuchses gehören: Nachbesserungen, Reinigungen und Schutz der Pflanzen gegen Unbillen aller Art bis zum Eintritt des Bestandesschlusses.

a) Nachbesserungen.

Versäumnissen hierin begegnet man im Walde nur selten; jede Lücke wird vielmehr sorgfältig ausgebessert, zwar oft mit einer Holzart, welche später wiederum verschwindet, weil sie überwachsen wird; aber ausgebessert ist alles. Dieser lobenswerte Eifer kann auch zum Übereifer werden; zur Verschwendung an Zeit, Geld und Pflanzenmaterial. In nachstehendem sind auf Naturgesetze gegründete Regeln für eine rationelle Nachbesserung festgelegt.

1. Bei allen Nachbesserungen wird stets die Pflanzung angewendet mit dem wüchsigsten Material (Auswahlpflanzung).

2. Bei allen Nachbesserungen wird stets die Holzart der Umgebung gewählt; eine Nachbesserung mangelhafter Naturverjüngungen mit anderen Holzarten, z. B. von Buche mit Fichte, führt nur zu schädlichen, meanderartig verschlungenen Mischungsrändern.

3. Durch Pflanzung leidet jede Holzart während der folgenden zwei bis drei Jahre im Höhenwuchse; eine Nachbesserung jeder Fehlstelle wird daher nur dann vorgenommen, wenn Aussicht besteht, daß die Nachgebesserte mit der Umgebung noch Schritt halten kann. Dies ist nur dann gegeben, wenn die Nachbesserung in dem auf die Pflanzung folgenden Jahre bereits geschieht. Wird auch in diesem Falle auf Nachbesserung verzichtet in der Hoffnung, daß auch Fehlstellen bis zu drei, ja sechs Pflanzen später sich doch schließen, so ist damit zugestanden, daß der Pflanzverband von Anfang an zu eng war. Vergehen aber zwei bis vier Jahre, so ist

4. Die Nachbesserung einer fehlenden Pflanze zwischen zwei kräftig angewachsenen, in einer Pflanzung von 1 bis 1,5 m Abstand, da aussichtslos, zu unterlassen; die Lücke schließt sich in wenigen Jahren.

5. Beträgt der Pflanzenabstand mehr als 1,5 m, so wird die einzelne, fehlende Stelle ergänzt.

6. Fehlen zwei Pflanzen in einem Verbande von 1 bis 1,5 m, so wird eine Pflanze ergänzt, und zwar genau in der Mitte der beiden fehlenden Pflanzen; beträgt der Pflanzenabstand über 1,5 m, so werden beide ergänzt; bei flächenweisem Absterben von mehr als fünf Pflanzen wird nur eine zentrale Gruppe ausgebessert, zur Verhinderung der allzu starken Beastung der Fehlstellenränder; Föhrensaaten, durch Schütte dezimiert mit einzelnstehenden, wolfartig sich entwickelnden Überresten, werden voll durch Pflanzung ergänzt zur Erzielung günstiger Schaftformen.

7. Hat die Pflanzung bereits eine Höhe von 2 m und mehr erreicht, so werden einzelne und selbst doppelte Fehlstellen nicht mehr mit einzelnen Pflanzen ergänzt; für größere Lücken kommt eine gruppenweise Nachbesserung in Frage derart, daß vom Zentrum ausgehend nach den Lückenrändern hin gepflanzt wird, jedoch so, daß zwischen den Bestandspflanzen und der Nachbesserung ein Abstand gleich der halben Höhe der ersten verbleibt. Hat die Pflanzung 4 m erreicht, bleibt ein 2 m breiter Saum der Lücke frei von aller Nachbesserung, entgegen der Ansicht, daß bis zum Bestandsrande hin zu pflanzen ist; am Bestandsrande kann später nur die Axt oder die Aufästungssäge helfen. Liegt eine größere Abgangsfläche an einem Südhange, so beginnt die Nachbesserung am tiefsten Punkte und schreitet saumweise allmählich nach oben vor, wenn die Ausbesserung nicht in einem Jahre betätigt wird.

b) Reinigungen.

Folgende Arbeiten müssen deshalb als besonders wichtig betrachtet und durchgeführt werden, weil sie für den späteren Nutzbestand entscheidend sind und ihre gewissenhafte Durchführung Aufwand an Arbeit und Geld in späteren Jahren einspart; die Mangelhaftigkeit der erwachsenen oder der Haubarkeit sich nähernden Bestände in Nutzholztüchtigkeit und Gesundheit (Rotfäule), die Verlegenheiten bei den Durchforstungen und Durchlichtungen in den gegenwärtig vorhandenen Beständen sind zum großen Teile auf mangelhafte Reinigungen in den Jugendjahren eines Bestandes zurückzuführen.

1. Allmähliche Beseitigung der zum Zwecke der Verjüngung auf der Kahlfläche belassenen oder absichtlich eingepflanzten, vorher oder nachträglich auf natürlichem Wege angeflogenen Büsche von Unhölzern, wie Salweide, Pappeln, Birken, von Halbbäumen und Sträuchern oder

von eingedrungenen, nicht erwünschten anderen Holzarten. Schädigen sie bessere Holzarten nicht, so bleiben sie, bis sie selbst einen Wert besitzen; am Windrande empfiehlt sich die frühzeitige Beseitigung, damit später nicht allzu große Lücken entstehen.

2. Aufästen des zum Schutze in Frostlagen angelegten Vorwaldes von Föhren, Birken, Weiden, Pappeln; völlige Beseitigung erst dann, wenn dieselben verwertbare Dimensionen erreicht haben, ohne der Umgebung allzusehr Schaden zugefügt zu haben.

3. Aushauen der breitästigen, auf Kosten besserer Nachbarn sich ausladenden Edelhölzer (Wölfe, Kollerbüsche).

4. Beseitigung aller Individuen, welche Schaftverkrümmung oder Schaftvergabelung zeigen; das Beseitigen eines Gabelastes hat keinen nachhaltigen Erfolg, da in der Regel nach einigen Jahren durch innere Anlage die Verunstaltung sich wiederholt; bei Buchen und Föhren sind es gerade derartige minderwertige Individuen, welche die größte Wuchskraft entwickeln; sie sind zu beseitigen ohne Rücksicht auf etwaige Lückenbildungen.

5. Bei Eichen, Buchen sind dann besonders jene Stämmchen herauszunehmen, welche Neigung zur Klebeästigkeit zeigen, oder an welchen Krebswülste entstanden sind.

6. Bei der Tanne sind alle Stämmchen mit Hexenbesen in der Hauptachse herauszunehmen; die Hexenbesen an den Seitenzweigen können verbleiben, da eine Einschränkung der Krankheit aussichtslos und der zur Beule führende Hexenbesen an der Achse ziemlich selten auftritt.

7. In Büschelpflanzungen sind alle Pflanzen bis auf die beste abzuschneiden oder zu verstümmeln, wenn das in diesem Falle wohltätige Verbeißen oder Verschlagen von seiten des Wildes nicht eingetreten sein sollte.

8. Auflösung aller Zwiesel so frühzeitig als möglich durch Beseitigung des schwächeren Triebes mittelst Baumschere oder Säge; bei Laubhölzern sollen steil aufgerichtete Äste eingekürzt, wagerechte belassen werden.

A. Schiffel[1]) glaubt, daß mit verschieden dichter Begründung (Buche und Eiche dicht, Lärche locker, Fichte mehr als 1,75 m) die kostspielige Jungwuchspflege entbehrlich werde; das verschiedene Ausformungsvermögen dürfte jedoch diese Hoffnung vereiteln.

Auswahlpflanzung dürfte eher die Jungwuchspflege verbilligen.

---

[1]) A. Schiffel, Wuchsgesetze normaler Fichtenbestände. Wien 1904.

c) Sonstige Maßnahmen für Pflege und Schutz.

1. Laubholzpflanzen, welche ihre Gipfel verloren durch Wildverbiß, Frostbeschädigung, Fegen des Rehbockes und andere Ursachen, werden tief am Boden abgeschnitten, d. h. auf den Stock gesetzt; das Anteeren der Gipfel schadet stets; sie können nur durch einen Zaun erfolgreich geschützt werden.

2. Allzu dicht stehende natürliche oder künstliche Saaten werden durchschnitten· mit der sogenannten Vorwuchsschere, Durchforstungsschere, oder mit der Heppe durchhauen einzeln oder in sich kreuzenden Gassen.

3. Bei Laub- und Nadelhölzern wird der Aufmunterungsschnitt empfohlen·, d. h. das Einstutzen der Seitenäste zu einer pyramidenförmigen Krone, wodurch der Höhenwuchs gefördert wird. Es erscheint unter allen Umständen ein billigeres Verfahren, von vornherein die am schnellwüchsigsten und geradschaftigsten veranlagten Individuen allein zur Pflanzung (Auswahlpflanzung, Staffelpflanzung, Zwischenstrauchpflanzung) zu benützen.

4. Schutz der Jungwüchse gegen Beschädigung durch Tiere und Pilze ist vielfach Gegenstand einer besonderen Lehre, nämlich des Forstschutzes, von welchem Gegenstande eine ausgezeichnete Bearbeitung mit allen Quellennachweisen, aus denen geschöpft wurde, vorliegt[1]). Es kann sich hier nicht um Aufzählung der zahlreichen Maßnahmen gegen die Feinde der Jungwüchse handeln; die in den letzten Jahrzehnten mit zunehmender Erkenntnis über den wahren Schaden durch Wild im Wald entdeckten und gehandhabten Mittel sollen in Kürze besprochen werden, da es noch Jungwüchse genug gibt, welche der Wirtschafter völlig sich selbst; überläßt in der Hoffnung, daß schon einmal der Zeitpunkt kommen werde, in dem die Pflanzen im Kampfe gegen das Wild siegen werden, wenn auch 15 und 20 Jahre — welcher Zuwachsverlust! — darüber hingehen sollten. Noch größer aber ist die Zahl jener wohldurchdachten, mit aller Mühe ausgeführten Kulturen (Gruppen von Tannen, Unterbau von Buchen usw.), welche nach kurzer Zeit wieder völlig verschwinden — allein durch Wildverbiß. Es klingt sehr traurig, aber leider stimmt es für manchen Revierbezirk, was Prof. Schwappach in seinem Referate auf dem internationalen Kongreß zu Wien 1907 vortrug: „Laubholznachzucht, Anbau der Weißtanne, gemischte Bestände, Kulturen von fremdländischen Holzarten, Naturverjüngung, Horstwirtschaft, Unterbau, kurz, das ganze schöne Repertoire des modernen Waldbaues, worüber die tiefsinnigsten Abhandlungen geschrieben werden, und mit deren Nützlichkeit alle Fachgenossen einverstanden, sie scheitern sämtlich nur zu oft bei der praktischen Anwendung am Wildschaden." Andererseits gibt es auch

---

[1]) R. Heß, Der Forstschutz. 3. Aufl.

Jungwüchse, für deren Schutz gegen Wild mehr vorausgabt wird, als seinerzeit für die Begründung benötigt wurde. Auf Grund einer umfangreichen Erhebung über die Schutzmittel und ihre Wirkung in den Staatswaldungen des Königreichs Bayern kommt Verfasser zu folgenden Feststellungen: Reiht man die Maßnahmen nach ihren Erfolgen ein, nach der Sicherheit der Wirkung, so steht obenan der Zaun, wie er bei der Anlage der Saat- und Pflanzgarten im elften Abschnitt beschrieben wurde; unter den Zäunen ist der beste das Drahtgeflecht; wird es auf Rahmen gespannt, so können während des Sommers einzelne Fächer entfernt werden, um den Tieren den Zutritt zur Grasvertilgung zu gewähren; im Herbste werden die Tiere wieder vertrieben und die Drahtfächer wieder eingeschaltet. Sachgemäß und alljährlich mit größtem Fleiße durchgeführt, geben sodann guten Schutz alle Mittel, welche ein mechanisches Hindernis gegen den Verbiß bedeuten, wie das Belegen des Gipfeltriebes mit Werg, Haaren, Blechkronen, Spiraldrähten und dergleichen; häufig kommen schon Klagen von geringerem Erfolg bei den übel riechenden, übel schmeckenden Substanzen, welche auf den Gipfeltrieb geschmiert werden, als da sind: Teer, entsäuerter Teer, Mischungen von Teer mit Jauche oder mit Kuhmist oder mit Öl, Kalkschlamm, Schwefelschlamm, Raupenleim, Xyloservin und andere; am wenigsten Erfolg zeigen übel riechende Mittel, welche eine Jungwuchsanlage mit einem Kordon zu sichern suchen, z. B. mit Teer beschmierte Stricke werden gespannt, Lappen mit Pikrofoeditin werden aufgehängt. Belegen der Kulturen mit Reisig und Astwerk hat sich nützlich erwiesen.

Rechnet man alle Arbeiten, welche der Schutz gegen Wild verlangt, zusammen, so muß man zugestehen, daß die geringste Arbeitsleistung die einmalige Anfertigung des Zaunes ist; alle übrigen Schutzmaßnahmen müssen alljährlich wiederholt werden, und man kann von sehr gutem Boden und sehr kräftigem Wachstum der Pflanzen sprechen, wenn nach fünf Jahren der Schutz überflüssig wird; er zieht sich aber oft zehn und mehr Jahre hinaus. Dazu kommt aber noch folgendes: Die Erhebung hat gezeigt, daß die einfachen Schutzmittel, wie Teer und andere, gegen Wild nur dann ihren Zweck erfüllen, wenn sie völlig sachgemäß durchgeführt werden; ihre Anwendung verlangt daher eine besondere Sorgfalt und eine ständige Überwachung der Arbeit. Fehlt der nötige Fleiß und für manche Substanzen die nötige Vorsicht, so ist, wie die Erhebung gezeigt hat, zu befürchten, daß das angewandte Mittel schädlicher wird als das Wild, gegen welches die Pflanze geschützt werden soll. Dies gilt ganz besonders von allen Schutzmitteln, welche Teer verwenden.

Was die Dauer der Wirkung der Schutzmittel anlangt, so steht abermals obenan der Zaun. Wird er aus Drahtgeflecht hergestellt, so sind die Erfahrungen bezüglich der Haltbarkeit solcher Geflechte noch nicht alt genug, um eine Dauergrenze geben zu können; Verfasser hat verzinkte Drähte seit 25 Jahren, verzinkte Geflechte seit 15 Jahren in Gebrauch; sie sind noch so gut wie neu; nur die hölzernen Pfosten mußten innerhalb 25 Jahren dreimal erneuert werden; bei hölzernem Zaun mußte innerhalb derselben Zeit dreimal eine völlige Auswechselung eintreten; die übrigen Schutzmittel müssen alljährlich erneuert werden.

Was die Kosten der Sicherung anlangt, so steht zweifellos als einmalige und höchste Ausgabe obenan der Zaun. Es muß den Wirtschaftern überlassen bleiben, alle Kosten für Sicherung mit anderen Mitteln ebenso korrekt zu berechnen, wie dies bei der Anlage des Zaunes geschieht, bei welcher alle Kosten in einem Zeitpunkte zusammenlaufen. Es muß aber aus der Erhebung konstatiert werden, daß immer mehr die Überzeugung sich durchringt, daß für größere Gruppen ja Schläge von Jungwüchsen das beste Schutzmittel, der Zaun, auch das billigste ist. In den französischen Staatswaldungen werden zum Schutze gegen Kaninchen die Grenzen gegen Privatwaldungen auf viele Kilometer hin mit Drahtgeflecht versehen.

In der ganzen Schrift sind keine Kostenvoranschläge zu finden; absichtlich wurden sie weggelassen als zu geringwertig; Kostenanschläge, die um ihr Doppeltes, ja bis zum zehnfachen Betrage, je nach Örtlichkeit und Umständen, variieren, sind wertlos. Die neuere Zeit hat sich in Verbilligung der Schutzmittel und Verteuerung der Arbeitslöhne so geändert, daß alle früheren Anschläge wertlos geworden sind und die gegenwärtigen es ebenso sein müssen, da voraussichtlich in nächster Zeit wiederum sich alles hierin ändert; wo der Bedarf wächst, mindert sich der Preis der Schutzmittel. Man kann im Interesse des Waldes und seiner Rente nur wünschen, daß an Stelle des Einzelschutzes einer jeden Pflanze der Flächenschutz durch den Zaun tritt.

Wird am Einzelschutze festgehalten, oder ist derselbe notwendig aus lokalen Gründen, zu denen, gegenüber fremdländischen Arten, auch die Verweigerung der Mittel durch die vorgesetzte Behörde zählt, so ist Folgendes zu beachten.

5. In Fichtenjungwüchsen, welche in einem Verbande unter 1,5 m Abstand emporwachsen, sei es daß sie aus Saat oder enger Pflanzung hervorgegangen sind, ist es eine Verschwendung, jede Pflanze schützen zu wollen; es genügt, wenn jede zweite mit dem Schutzmittel bedacht wird. Hierdurch werden 50% an den Kosten der Sicherung eingespart und den Tieren des Waldes, deren Ausrottung niemand wünscht, ist Nahrung geboten.

6. In der Auswahl-, in der Staffel- oder Zwischenstrauchpflanzung werden selbstredend nur die Elitepflanzen der Edelholzarten in weitem Verband geschützt; insbesondere gilt dies gegen das Verfegen durch den Rehbock.

7. Wenn es nicht gelingt, ein Schutzmittel gegen das Schälen der Stangen durch das Hirschwild zu finden — vielleicht ist in dem Flammingerschen Baumkratzer dies gefunden —, so ist Hirschwild mit einer Waldwirtschaft, welche rechnet, nicht vereinbar.

8. Das Eichhörnchen, das, wie alle Nager, eine Massenvermehrung erfährt, ist wegen seines schweren Schadens in Saatgärten, wegen des Ausgrabens und Verzehrens der Sämereien, wegen Abschälens der glatten Rinde an jungen und alten Bäumen, wegen Abbeißens der Gipfelknospen mit nachfolgender Verzwieselung, durch Abschuß auf ein minder schädliches Maß (ein unschädliches gibt es bei diesem Tiere überhaupt nicht) zu vermindern.

9. Die Schonung der Feinde aller warmblütigen Schädlinge ruft zwar die Entrüstung der Jäger im Walde hervor; in einem Abschnitte, der sich der Pflege des Waldes widmet, klingt die Empfehlung minder unverständlich; ja, gegenüber dem Jäger, welcher als das schädlichste Tier für die Jagd den Fuchs bezeichnet, muß der waldbauende Forstwirt eingestehen dürfen, daß für den Wald der Fuchs — das nützlichste Tier ist.

In manchen Örtlichkeiten ist der Maulwurf der neuen Kultur schädlich, indem er die mit Füllerde versehenen Pflanzenlöcher durchwühlt, die Pflanzen lockert, so daß sie bei trockener Witterung erliegen. Es empfiehlt sich das mehrmalige Festtreten der Pflanzen während des ersten Sommers.

10. Je mehr das Rechnen im Walde üblich wird, um so mehr treten jene Bekämpfungsmittel gegen Insekten und Pilze zurück, welche auf Vernichtung der bereits vorhandenen Schädlinge abzielen, um so mehr treten die Vorbeugungsmittel in den Vordergrund; gegen den Rüsselkäfer hilft die Beseitigung oder Entrindung seiner Brutstellen, der Stöcke; gegen den Wurzelkrebs durch Agaricus melleus und Polyporus annosus hilft ebenfalls die Rodung der Stöcke und, wo diese in toto nicht zulässig ist, die schon früher erwähnte Femelrodung der Melleus- und Annosus-Stöcke; die Schutzmittel gegen die Schädlinge des Waldes müssen vorbeugender, somit zumeist waldbaulicher Natur sein, wenn sie durchgreifend und billig sein sollen. Gegen die Schütte hilft vielfach das Bespritzen mit Kupfermitteln; nicht scheint Naturverjüngung, nicht die Düngung ein Vorbeugungsmittel zu sein; aber der Anbau schüttefester Föhren hilft in besonders gefährdeten Standorten gründlich; gegen die Maikäferlarve hilft Vermeidung größerer Kahlflächen; gegen Nonnen, Spanner, Borkenkäfer und andere Vermeidung großer reiner Bestände durch Kleinbestandsmischung des Waldes.

11. Gegen Unkrautwuchs, wie hochaufschießende Gräser, rankende, kletternde, schlingende, breitbuschige Sträucher, hilft nur das Abschneiden, Herunterziehen, Aushauen; es genügt, diese lichtbedürftigen

Pflanzen dem Licht zu entziehen und unter die Krone des Jungwuchses zu stoßen oder zu treten; Graswuchs gibt durch seine Beseitigung sogar Gewinn; der oft verdächtigte Efeu ist harmlos.

12. Schutz gegen Schnee, besonders an Hängen gegen das Abgleiten des tauenden Schnees bietet die Coazsche Nischenpflanzung mit Verwendung von Steinen; auch das Aneinanderbinden der Pflanzen in den senkrechten Reihen von einer Bergkuppe 'zur Talsohle mittelst Strohseiles oder auch mit Stangen ist in Verwendung gekommen. Am besten dürfte in solchen Fällen immer die Verwendung **möglichst kleinen** Pflanzenmaterials in terrassierten Streifen sich bewähren; ist letzteres untunlich, so werden kleine Pflanzen stets den größeren vorzuziehen sein. Gegen das Umdrücken der Pflanzen durch Schneebelastung hat man das Abschütteln des Schnees mit gutem Erfolg angewendet; solche abnormen Schneefälle sind Ausnahmen, so daß nicht alljährlich die Maßnahme notwendig wird; eine Pflanze, die in den Wurzeln gezerrt ist, vermag sich von selbst nicht mehr aufzurichten, sie muß angeheftet werden, wie es notwendig ist, zum

13. Schutze gegen Wind. Das beste Mittel ist Verwendung möglichst kleinen Materiales und weitständige Pflanzung; für Heisterpflanzung kann das Anbinden, wie es bei hochstämmigen Obstbäumen üblich ist, notwendig werden; an solchen vom Wind gefährdeten Örtlichkeiten sollte die Heisterpflanzung unterbleiben; sie ist ohnedies für den gegenwärtigen, wirtschaftlichen Betrieb zu teuer.

2. Stangenwuchspflege.

Die Stangenwuchspflege umfaßt den Zeitraum vom Beginn des Bestandsschlusses bis zu seiner künstlichen Auflösung; **ihr Ziel ist Förderung der Schaftschönheit und Güte.** Mit dem Eintritt des Bestandsschlusses beginnt der gedrängte Schluß, der dichteste Schluß, in dem die Seitenäste abgestoßen und das Höhenwachstum gefördert wird. Es muß ein Ziel des natur- und wirtschaftgerechten Waldbaues sein, diese Zeit der Ästereinigung **nicht über Gebühr auszudehnen,** während dieser Zeit aber **möglichst jene Faktoren zu verstärken, welche die Ästeabstoßung be**schleunigen. Je dichter der Schluß, um so rascher und sicherer die Abtötung der Äste durch Lichtentzug, desto rascher durch Ansammlung von Luftfeuchtigkeit die saprophytische Zerstörung der getöteten Äste. In diesem Alter **muß daher der Bestandsschluß ängstlich erhalten werden;** die positiven und negativen Maßregeln, welche am besten „Reinigungen" genannt werden, sind in diesem Alter folgende:

1. Beseitigung von krummwüchsig sich entwickelnden, im Wachstum den übrigen voraneilenden, bessere Individuen in den Kronen bedrängenden Stangen ohne Rücksicht auf Schlußdurchbrechung;

2. Heraushauen von Zwieseln, welche erst im Stangenalter durch Schneebruch, durch Knospenabbiß oder Gipfelschälen der Eichhörnchen, durch Pilze entstehen (die Zwiesel der Jungwuchsperiode wurden rechtzeitig in dieser beseitigt); auch diese Operation darf auf Bestandsschluß keine Rücksicht nehmen;

3. Beseitigung allenfalls in diesem Alter noch vordrängender Unhölzer, ebenfalls ohne Rücksicht auf Schluß.

4. Dagegen wird unterlassen: die Herausnahme der unterdrückten noch lebenden Individuen, gleichgültig ob sie der Hauptholzart oder einer Unholzart oder nur Straucharten angehören; das vielfach übliche Putzen der Stangenhölzer ist eine schädliche Maßnahme, welche vielleicht der Ästhetik, sicher nicht dem Nutzen ihren Ursprung verdankt.

5. Wo keine Feuersgefahr besteht (solche Örtlichkeiten gibt es in feuchteren Waldgebieten sehr viele!), wo nicht Insektengefahr es verbietet, soll auch alles absterbende und abgestorbene Material belassen werden, weil es den Bestand füllt, seine Luftfeuchtigkeit noch erhöht, und durch Zusammenfaulen den absterbenden Ästen saprophytische Infektionssporen züchtet und dem Boden Nutzen bringt. Die Insektengefahr wird durch derlei schwaches Stangenholz in der Regel weit überschätzt. An den dünnen Stangen leben zumeist die harmloseren, mehr wissenschaftlich als forstlich bemerkenswerten Insekten. Auch das Heraushauen der durch Wurzelkrebs, wie Agaricus melleus getöteten Stämme verursacht nur Kosten, bringt aber keinen Wert; das Umsichgreifen der Wurzelkrebskrankheiten erfolgt und unterbleibt, wie Beobachtungen im Walde lehren, trotz Stämmchenrodung und trotz Sicherheitsgräben; der Zeitpunkt der Bekämpfung dieser Krankheiten ist der Zeitpunkt der Verjüngung (Stockrodung).

Man hat vielfach getadelt, daß die Praxis in diesem Alter des gedrängtesten Schlusses nicht durchforstend eingreift, daß sie wartet bis das Material, das genützt wird, die Arbeitskosten deckt. Aus diesem Systeme aber sind vollendet astreine Bestände hervorgegangen. Verfasser zweifelt, daß unter Führung von Durchforstungsregeln, welche im gedrängtesten Schluß einen Erziehungsfehler der Wirtschaft erblicken, ebenso astreine und ebenso hochentwickelte Schäfte und in so kurzer Zeit sich ausformen können. Die Erhöhung des Wertes auch des schwächsten Stangenholzes, wie es der Bestand im gedrängten Schluß ausscheidet, hat dazu geführt, daß gegenwättig eine wahre Jagd auf diese Individuen betrieben wird, die viel zu früh einsetzt und um eines kleinen Gewinnes oder nur der „Sauberkeit" willen ein unersetzliches Mittel für die Stammespflege preisgibt; daß auch Erziehungssysteme erdacht wurden, welche im gedrängten Bestandesschlusse einen der Wertserzeugung schädlichen Zustand erblicken, soll später gezeigt werden.

Es ist nicht nötig, ja nicht einmal rätlich, daß der gedrängte Schluß
so lange beibehalten wird, bis die Schäfte auf wünschenswerte Schafthöhe astrein geworden sind; es genügt und entspricht einer natur-
und rentengerechteren Erziehung, wenn bis zur gewünschten Baumhöhe hinauf die Schaftäste abgetötet wurden; das Reinigen,
das Abstoßen, erfolgt dann in dem folgenden Lebensabschnitt des
Baumes durch den Zahn der Zeit; während dieser Zeit treten aber
wichtigere Aufgaben am einzelnen Baum in den Vordergrund: die
Steigerung des Massenzuwachses; der Stangenwuchspflege
fällt die Förderung der Schaftgüte, der Baumwuchspflege die Förderung der Schaftmassen zu; vom Eintritt
des Bestandsschlusses bis rund zum 30.—40. Jahre soll deshalb der Bestand so dicht als möglich geschlossen erhalten werden. Wenn man
einwendet, daß die Schneegefahr schon vor diesem Alter eine Schlußdurchbrechung fordert, so übersieht man, daß unsere Föhre auch dadurch gegen Schnee nicht geschützt werden kann, weil im Stangenalter das Holz stets allzu spröde und brüchig ist; man übersieht, daß
die Schneegefahr für die übrigen Holzarten doch nur bei außerordentlichen Kalamitäten, welche glücklicherweise selten sind, merklichen
Schaden den Jungwüchsen zufügen kann, — mit und ohne frühzeitige
Auflichtung.

6. Entstehen Löcher im Stangenholze durch Schnee, Insekten,
Pilze, Blitz und andere Ursachen, so werden sie mit möglichst schnell-
wachsenden Holzarten ausgefüllt, in der Weise, daß dem Lochrande
parallel ein Streifen, gleich der halben Höhe des Bestandes frei bleibt.
Bei 10 m Durchmesser der Blöße würde bei 10 m Bestandshöhe kein
Nutzholz, sondern, wenn nötig, nur eine Schutzholzpflanzung eintreten
können.

7. Nach Erreichung der Astreinigung und Asttötung bis zur
wirtschaftlich nötigen Baumhöhe setzen die Durchforstungen
ein. Verfasser[1]) hält daran fest, daß Durchforstungen nach der
ursprünglich gegebenen Deutung und Bedeutung des Wortes solche
Maßregeln sind, welche nur unterdrücktes Material dem Bestande entnehmen, so daß dadurch der Bestandsschluß gar nicht (schwache Durchforstung) oder nur für ganz kurze Zeit (starke Durchforstung) durchbrochen wird. A. Weise sagt in seinem Leitfaden für den Waldbau
1903, daß ein Hieb, der so weit geht, daß zur Deckung des Bodens
besondere Maßnahmen nötig sind, nicht mehr unter den Begriff einer
Durchforstung fällt. Verfasser[1]) hat jene Maßnahmen, welche den Zweck
haben den Bestandsschluß dauernd zu durchbrechen, damit noch ein
Bodenschutzholz sich erhalten oder neu in den Bestand eingefügt

---

[1]) H. Mayr, Die Erziehungshiebe der neueren Schule, Allgem. Forst- u. Jagdzeitung 1899.

werden kann, Durchlichtungen genannt und muß nicht bloß aus prinzipiellen, sondern auch aus praktischen, wirtschaftlichen Gründen an dieser Unterscheidung festhalten, was mit den folgenden Ausführungen näher begründet werden soll. Mit den Durchlichtungen beginnt auch ein neuer Abschnitt im Leben eines Bestandes.

Die Durchforstungen innerhalb der Stangenwuchspflege beginnen zwischen dreißigstem und vierzigstem Lebensjahre und zwar zunächt in der schwächsten Form, der Beseitigung der Toten und völlig Unterdrückten; die zweite mäßige Durchforstung nach etwa fünf Jahren (allgemein genommen sobald neues Durchforstungsmaterial sich ausgeschieden hat) greift neben bereits unterdrückten auch noch die eben mit der Krone untertauchenden Individuen heraus; die dritte nach weiteren fünf Jahren nimmt neben unterdrückten und toten die in den Kronen von den starken Nachbarbäumen eingeengten, schlanken, vom Winde auf die Nachbarkronen geschleuderten und von diesen wieder zurückgeworfenen Stangen (Peitscher genannt), und löst allzu enge Gruppen durch Beseitigung der minderwertigen Stämme auf, so daß mit dieser starken Durchforstung, ungefähr im fünfzigsten Lebensjahr der Baumvereinigung, die Serie der Durchforstungen abschließen kann, worauf die Durchlichtungen folgen. Das Material, das bei den Durchforstungen anfällt, zählt alles, um mit der Praxis zu sprechen, zur Vor- oder Zwischennutzung.

Waren Jungwuchspflege und Stangenwuchspflege energisch und sachgemäß durchgeführt, so findet die Durchforstung keine Stämme mehr, welche wegen Nutzholzfehler beseitigt werden müßten; der Grundsatz der Schlußerhaltung, beziehungsweise Wiederherstellung kann somit bei den Durchforstungen festgehalten werden. Eine Durchlöcherung des Kronenschlusses kann nur durch Beseitigung erkrankender oder getöteter Individuen oder vom Schnee gebrochener Stämmchen gerechtfertigt sein.

3. Baumwuchspflege und -Erziehung.

War die erste Hälfte der Umtriebszeit der Ausschaltung aller zu Nutzholzzwecken unbrauchbaren Holzarten und Stämmchen, der Astreinigung der besten Bestandsglieder gewidmet, so liegt der Schwerpunkt der Erziehung während der zweiten Hälfte der Umtriebszeit in der Erziehung von Holzmassen, welche sich an den mit Eliteschäften versehenen Bäumen bis zur Haubarkeit anlegen. Sind Jungwuchs- und Stangenholzpflege und -erziehung sachgemäß und energisch durchgeführt worden, so bleibt für die folgenden Hiebe nur noch jenes Material übrig, das beseitigt werden muß, damit die Kronen der Hauptstämme sich nicht mehr schließen können; die Hiebe beabsichtigen somit eine Durchbrechung des Kronenschlusses und völlige Freistellung der Kronen; solche Hiebe dürfen nicht Durchforstung genannt werden, ohne die Begriffe zu verwirren und lange Erklärungen nötig zu machen, was man unter solchen Durchforstungen zu verstehen hat. Verfasser hat sie Durchlichtungen genannt und alles Material, das sie entnehmen, ist zur Hauptnutzung zu zählen. Mit etwa 50 Jahren einsetzend werden Durchlichtungen ebenfalls anfänglich mäßig etwa alle fünf Jahre wiederholt, vom achtzigsten Jahre an wird ein Zwischenraum von zehn Jahren genügen, bis zur Haubarkeit; der Abstand der Kronen soll in der ersten Hälfte der Baumwuchspflege etwa 1 m, in der letzten Hälfte etwa 2 m betragen; es entspricht dies einem Standraum der Bäume von rund 25 qm, so daß pro Hektar rund 400 Stämme sich finden, von denen jeder 1—3 fm Derbgehalt, je nach Holzart, Boden und Klima besitzen kann. Damit wäre erreicht, daß der Haubarkeitsbetrag eines derartig erzeugten Bestandes nicht geringer ist, als die Haubarkeitserträge der bisher erzogenen Bestände. Nachdem aber auf dem bisherigen Wege der Durchforstung nur 25 % der Haubarkeitsmassen an Zwischennutzungen gewonnen wurden, so stehen dieser Summe gegenüber die Durchforstungserträge mit rund 20 % und die Durchlichtungserträge von rund 55 % der Haubarkeitsmasse im neuen Walde. In der bisherigen Erziehung ist die Gesamtleistung des Waldes die Summe der Haubarkeitserträge (A_u) plus der Durchforstungserträge (Df) im Alter a, b, c . . . . n; Holzertrag, somit $= A_u + Df_a + Df_b + Df_c + ... + Df_n$. Im neuen Walde ist die gesamte Leistung $= A_u + Df_a + Df_b + ... + Df_n + Dl_a$ (Durchlichtungen) $+ Dl_b . . . . + Dl_n$.

Die Holzmasse ist im ersten Falle $= A_u + \dfrac{A_u}{4}$, im zweiten Falle $A_u + \dfrac{3 A_u}{4}$. Man kann daher als Ideal, auf welches die Erziehung hinstreben soll, eine Formel bezeichnen, welche lautet: Gesamte Derbholzleitung $= 2 A_u$, da $Df_a + Df_b + ... + Df_n + Dl_a + Dl_b + ... + Dl_n = A_u$, das heißt die Vorerträge aus Durchforstungen und Durchlichtungen sollten gleich werden dem Haubarkeitsertrage, ohne daß dieser unter die Haubarkeitsgröße der bisherigen Wirtschaften herabgeht.

Es mag sein, daß dieses Ideal sich nicht überall und bei allen Holzarten erreichen läßt; die dänische Erziehung und Wirtschaft hat es für vier Holzarten: Eiche, Buche, Föhre, Fichte, erreicht, beziehungsweise ist sie dem Ideale sehr nahe gekommen. Bei den günstigeren, klimatischen Bedingungen Mitteleuropas ist kaum zu zweifeln, daß das Ziel erreichbar ist; denn durch die bisherige Methode des geschlossenen Bestandes sind vier Faktoren der Urproduktion nur ungenügend ausgenützt worden, das sind Wasser, Licht, Wärme und Bodengüte, ohne daß etwas an diesen Faktoren eingespart oder angehäuft worden wäre für kommende Baumgeschlechter und Menschengenerationen. Damit aber der Boden hierbei nicht in Güte durch Verwilderung sich verschlechtere, ist Schutz des Bodens nötig durch einen Bodenschutz, der mit der natürlichen Auflichtung der Licht- und Halbschattenarten, mit der Durchlichtung der Schattenholzarten einsetzt. Diesen Bodenschutz kann keine Baumgattung der nördlichen Halbkugel besser gewähren als die Gattung Fagus, die Buchen, weil sie die einzige ist unter allen winterkahlen Laubbäumen, welche einen vollen Schatten selbst anderer Schattenbäume noch erträgt; sie geht schließlich kaum an Licht-, sondern an Wassermangel zugrunde. Im Castanetum wird der Unterbau möglich sein, trotzdem dieses nicht die klimatische Heimat der Rotbuche ist, da die Überschirmung und Überschattung die der Buche nachteilige, allzu große Erhitzung im Sommer mildert; im Fagetum ist die Buche in ihrem urheimatlichen Klima, im wärmeren Picetum gedeiht sie als Unterbau, da die Überschirmung auch die der Buche schädlichen, allzu großen Kälteextreme mildert; im Castanetum und Picetum wird sie ein Strauch bleiben, was ihrer Rolle als Bodenschutz nur günstig ist; im Fagetum wird sie zum Füll- und Triebholze und schließlich zum Hauptstande aufzustreben suchen. An Stelle der Buche können auch Halbschattenholzarten wie Erle, Hainbuche, Ahorn, Linde oder selbst, wenn auch weniger vorteilhaft für den Boden und die Hauptholzarten, immergrüne Halbschattenholzarten (Nadelbäume) treten; Näheres hierüber wird im Abschnitt XVIII, Bodenpflege, gebracht werden.

Unter den weiter unten aufgeführten Durchforstungs- und Durchlichtungssystemen der forstlichen Praxis und Literatur finden sich solche, welche in der Erhaltung des lebenden, unterdrückten Materials einen Ersatz für den Unterbau erblicken; man rühmt die Beweglichkeit des Wirtschafters in der Handhabung der Durchlichtungen in den Kronen, da durch das unterdrückte Material der nötige Bodenschutz gegeben sei. Für Licht- und Schattenholzarten trifft diese Voraussetzung nicht zu, weil das Untertauchende und Unterdrückte sich nur so weit am Leben erhalten und nur eine solche Krone bilden kann als der Lichtzufluß durch das Dach der Herrschenden zuläßt. Lichtdurchlässigkeit des Hauptbestandes und Kronenentwicklung des unterdrückten oder Nebenbestandes stehen in innigstem Zusammenhang. Beide aber ergänzen sich zu einer Summe des Lichtentzuges für den Boden, welche gleich ist der Beschattung der normal geschlossenen Holzart. Es ist somit unter dem Dache des Unterstandes plus des Hauptbestandes einer Lichtholzart nicht heller und nicht dunkler als unter dem Dach eines natürlich gelichteten Lichtholzbestandes, das heißt der Boden verunkrautet; es ist unter dem Unterstande und Hauptbestande eines Schattenholzes z. B. Fichte, Tanne selbst Buche nicht heller oder dunkler als unter dem natürlichen, geschlossenen Dache der betreffenden Schattenholzart, das heißt, am Boden findet ungenügende Zersetzung der Abfallstoffe, Anhäufung von Rohhumus statt; der Boden bleibt somit bei Verwendung des unterdrückten Materials als Bodenschutz in der gleich ungünstigen Lage, als ob der Bestand bei Schattenholzarten zeitlebens geschlossen, bei Lichtholzarten nicht unterbaut worden wäre. Gewinn für den Boden beginnt erst dann, wenn an Stelle der unterdrückten Lichtholzarten eine Halbschatten- oder Schattenholzart, wenn an Stelle der unterdrückten immergrünen Schattenholzart eine winterkahle Schattenholzart tritt. Das unterdrückte Material wird willkommen und nützlich sein bei der Verjüngung als Schutz des Bodens und der neuen Waldgeneration.

Es ist eine durch die Praxis längst festgestellte Tatsache, daß nirgends eine Samenverjüngung so rasch, so leicht, so willig und so sicher sich abspielt als auf frisch verwundetem Buchenboden; denn die beiden wichtigsten Momente sind hier vereinigt: bestes Keimbeet und Fehlen des Unkrautwuchses. Dieses günstige Verhältnis herzustellen und bei der Verjüngung auszunützen, ist einer der Zwecke des Unterbaues aller Holzarten. Der zweite ist die wahre Bewegungsfreiheit in den Durchlichtungshieben; soll aber gleichzeitig das Untertauchende und Unterdrückte vor der Verkümmerung bewahrt werden, muß bei den Durchlichtungen auch auf den Nebenbestand Rücksicht genommen werden; die freie Bewegung ist dadurch gehemmt.

Es wurde bei der vorausgegangenen Darstellung der Jungwuchs-, Stangenwuchs- und Baumwuchspflege und -Erziehung vermieden, eine komplizierte Einteilung der Glieder eines Bestandes nach Kronenklassen zu geben; je einfacher die Unterscheidung, desto besser. Die gegebene Einteilung lehnt sich mehr den ältesten Bezeichnungen, wie besonders Cotta, König und andere sie gaben, und den neueren von Kraft an. Es werden unterschieden: tote, unterdrückte (noch lebende), eben untertauchende, mit der Krone noch eingeklemmte (eingeklemmte), herrschende und vorherrschende Stämme. Was darunter zu verstehen ist, braucht keiner weiteren Erklärung, die aber sofort notwendig wird, sobald man die Klassen mit Buchstaben bezeichnet und mit diesen weiter operiert. Es wurde vermieden, irgendeine Einteilung der Stämme nach Schaftgüteklassen, wie Heck sie vorgeschlagen hat, zu wählen. Es bedarf für den Forstwirt, selbst den ungebildeten, nicht einer Erklärung, was ein Zwiesel, ein kranker, ein krummer oder krebsiger Baum ist, und es bedarf nicht der Vorschrift, daß, wenn ein solcher Baum einen besseren Nutzstamm bedrängt, der erstere fallen muß. Es sei aber zugegeben, daß viele Forstwirte im Gehorsam gegen den Grundsatz der ängstlichen Erhaltung des Bestandsschlusses den untertauchenden, schönschäftigen Stamm beseitigen und den krummschäftigen, vordrängenden Taugenichts am Leben lassen.

Es liegt in der Biologie des Bestandes begründet, daß alle Übergänge von einer Stufe zur anderen vorhanden sein müssen, da ja im Laufe des Bestandslebens Tausende von Stämmen aus herrschenden allmählich zu unterdrückten werden und absterben.

Da Verfasser im ganzen Verlaufe der vorliegenden Schrift die Absicht verfolgt hat, neben der eigenen Ansicht auch jene anderer Schriftsteller und Forscher gelten zu lassen, so sollen in nachfolgender kurzer Zusammenstellung die bisher ausgedachten oder ausgeübten Durchforstungssysteme gebracht werden. Hinsichtlich der Geschichte der Durchforstungen sei auf die Arbeiten von Franz von Bauer, in jüngster Zeit von Dr. Carl Laschke (Neudamm 1902) und Dr. Vinz. Schüpfer 1903 hingewiesen.

Die unten gegebenen Durchforstungssysteme gehen alle von Beständen aus, in welchen während der Jung- und Stangenwuchsperiode die wichtigste Pflege und Erziehung versäumt wurde. Diese Voraussetzung trifft allerdings für die weitaus größte Mehrzahl der aufwachsenden Bestände zu, so daß in der Tat im Zeitpunkt, in dem die Durchforstung beginnt, noch Unhölzer, breitästige Vorwüchse (Protzen), zwieselige, krebsige und krummschäftige Individuen vorhanden sind, zu deren Ungunst dann Regeln (freie Durchforstung nach Heck, Plenterdurchforstung nach Borggreve) oder Ausnahme von den Regeln des Durchforstungssystems aufgestellt werden. Es erhellt daraus aber deutlich, daß die Durchforstungen außerordentlich erleichtert, verbilligt und vereinfacht werden, wenn schon bei der Bestandsbegründung Auswahlpflanzung eintritt und in der Jungwuchspflege, bei der es am leichtesten, billigsten und schadlosesten geschehen kann, alles beseitigt wird, was nicht wert scheint, daß es Baum wird.

G. L. Hartig gibt in seiner Anweisung zur Holzzucht die Regel, daß nur ganz oder halb abgestorbenes, völlig übergipfeltes Holz herausgehauen werden dürfe; seine Vorschrift ist somit eine Durchforstung. Professor Dr. Hausrath[1]) erwähnt, daß die noch jetzt gültigen sogenannten Hartigschen Durchforstungsregeln nicht von Hartig, sondern von Duhamel du Monceau, dem berühmtesten Forstmanne des 18. Jahrhunderts, stammen; Hartigs Verdienst sei es, diesen Regeln durch eine populäre Darstellung zum Durchbruch verholfen zu haben.

H. Cotta und Pfeil 1820 wollen in dem Augenblicke, in welchem Bestandsschluß eintritt, mittels Durchlichtungen verhindern, daß die Kronen sich bedrängen. So oft als möglich sollen diese Hiebe wiederholt werden.

Ch. Liebich vertritt die sogenannte Prager Schule, welche statt

---

Durchforstungen Maßnahmen verlangt, welche man als Durchlichtungen bezeichnen muß. Jeder Stamm soll einen entsprechenden Standraum erhalten; alle 10 Jahre wiederholen sich die Hiebe; damit künftighin diese „Durchforstungen", welche (damals) nur wertloses Material lieferten, in Wegfall kämen, soll sehr weitständig gepflanzt werden.

Hundeshagen will nur die Herausnahme des abgestorbenen Materials.

Pfeil 1860 will anfangs nur Unterdrücktes, später Durchlichtung bei Fichte, bei Eiche nur Durchforstung.

Feistmantel will oftmals durchforsten, aber bloß im Nebenbestande.

K. Heyer will ebenfalls nur das Übergipfelte in anfangs kürzeren, später längeren Perioden nach dem Grundsatz: „Früh, oft und mäßig" herausnehmen.

Grabner ist der Erste, welcher den Gedanken ausspricht, daß der Nebenbestand erhalten werden soll, daß die herrschenden Stämme von Jugend an freizuhauen sind, damit sie ohne jeden Kampf mit den Nachbarn in das Haubarkeitsalter übergehen; seine Methode ist somit keine Duchforstung, sondern eine Durchlichtung.

Fischbach will, daß das Unterholz in der 2—3fachen Zahl der Haubarkeitsstämme zum Zweck der Bodenüberschirmung erhalten bleibe.

Speidels württembergische Wirtschaftsregeln wollen Erhaltung des Nebenbestandes als Bodenschutzholz und entsprechende Pflege des Hauptbestandes durch Freihieb in den Kronen nach Abschluß des Hauptlängenwachstums.

Burckhardt unterscheidet eine dunkle, eine mäßige oder gewöhnliche und eine starke oder vorgreifende Durchforstung; bei allen drei Graden wird der Nebenbestand zuerst herausgehauen.

Kraft hat eine Einteilung der Stämme und Stämmchen eines aufwachsenden Bestandes gegeben, welche am meisten Anerkennung gefunden hat. Sie lautet: Vorherrschende Stämme, herrschende, gering mitherrschende, beherrschte; letztere zerfallen wiederum in zwischenständige oder eingeklemmte und teilweise unterständige (nach der Bezeichnung des Verfassers dieser Schrift „untertauchende"); endlich ganz unterdrückte, welche teilweise noch lebensfähige oder absterbende oder bereits abgestorbene sind. Seine Regeln für die Erziehung der Bestände lauten: Sicherung guter Stammformen durch Verminderung starker Eingriffe in die Schlußverhältnisse der Stangenorte behufs Erzielung astreiner und vollholziger Schäfte; allmähliche Lockerung des Bestandsschlusses zur Gesunderhaltung der Kronen: daher für junge Stangenorte Entfernung der Eingeklemmten; für ältere Stangen- und Baumorte Herausnahme der Mitherrschenden behufs Freistellung der Herrschenden (Durchlichtungen).

Borggreves Plenterdurchforstung, deren Wesen bereits früher bei der Reformwaldwirtschaft besprochen wurde, beginnt erst mit dem 60. Jahre in Beständen, in welchen bis dahin ein rationelle Erziehung gefehlt hat. Sie nimmt Vorherrschende (Protzen) in der Absicht einer hochwertigen Vornutzung und in der Hoffnung eines Eintretens der bedrängten Nachbarn, welche bessere Formen zeigen, in die dadurch entstandenen Lücken; dieses Verfahren wird alle 10 Jahre wiederholt.

Wagener beginnt den Kronenfreihieb der 400 Frohwüchsigsten pro Hektar schon vom 20.—30. Lebensjahr an; es sollen somit gerade in dem Augenblick, in dem der dichteste Schluß für die Astreinigung nach Ansicht des Verfassers am notwendigsten wäre, Durchlichtungen (Kronenabstand 50—70 cm) eingelegt werden; der Füllbestand wird nur schwach durchforstet; alle zehn Jahre wiederholen sich die Durchlichtungen oder die Kronenfreihiebe; nach der zweiten Durchlichtung tritt bereits Unterbau ein.

Bohdanecký in Worlik will ebenfalls den Bestandesschluß als eine die Kronen der Hauptstämme und die Ausnützung des Bodens schädigende Erscheinung frühzeitig auflösen; die Krone muß in einem bestimmten Verhältnis zur Gesamtlänge des Stammes stehen, damit die beste Holzgüte mit einer Jahresringbreite von 3—4 mm entstehe (Millimeterbetrieb genannt); der Nebenbestand ist gleichgültig.

A. Schiffel[1]) gibt für Fichten folgende Durchforstungsregeln:

1. Ohne Rücksicht auf die Art der Begründung und auf die Bonität sind in den Jungwüchsen die Eingriffe wiederholt und in dem Maße fortzusetzen, daß eine Reinigung (Dürrwerden) der untersten Äste so lange hinausgeschoben wird, bis der Bestand die Höhe von mindestens 5 m (bei besseren Bonitäten mehr) erreicht hat.

2. Die Schaftreinigung soll allmählich fortschreiten und darf der halben Schaftlänge erst dann gleichkommen, wenn der Bestand das Maximum des Höhenzuwachses bereits erreicht oder überschritten hat. Hauptziel sei das Drängen im Bestande (Dickungsschluß, Dichtschluß, gedrängter Schluß nach früherer Darstellung) zu verhindern.

3. Bei der Durchführung der Durchforstungen in der Stangenholzperiode tritt unter allen Umständen die Baumindividualität in ihr Recht; auf eine möglichst gleichmäßige Verteilung des Wuchsraumes für alle entwicklungsfähigen Stämme sei zu achten.

4. Nach Erreichung der Schaftreinigung bis zur halben Schaftlänge im Stadium der Höhenzuwachskulmination ist die Hauptaufgabe der Bestandeserziehung gelöst; fortab ist eine weitere gleichmäßige Schlußunterbrechung unnötig, und es sind die weiteren Durchforstungen in größeren Zwischenräumen und mäßig durchführbar. Schiffel will

---

[1]) A. Schiffel, Wuchsgesetze normaler Fichtenbestände. Wien 1904. Zeitschrift für das ges. Forstwesen 1906.

nicht die Begünstigung von Elitestämmen, sondern aller gutwüchsigen, normalkronigen; die dichteste Erziehung verlangen Buche und Eiche, die lockerste die Lärche; allgemeine Regeln für Beginn der Durchforstungen gibt es nicht.

Michaelis[1]) will durch fortgesetzte Steigerung der Durchforstung im Herrschenden (das sind somit Durchlichtungen) eine fortgesetzte Steigerung des Zuwachses erzielen; da bei gleichbleibendem Zuwachse mit der Durchmesserzunahme die Jahrringsbreite abnehmen muß, würde bei Zuwachszunahme ein Gleichbleiben der Jahresringe, das Ziel der Erziehung, sich erreichen lassen.

Martins[2]) Vorschläge gehen dahin, daß nach Herstellung einer guten Schaftform die Kreisflächensumme des Bestandes ermittelt wird; diese soll von da an gleichgroß bleiben; was über sie hinaus zuwächst, soll im Wege periodischer Durchforstungen (dürften später in Durchlichtungen übergehen) weggenommen werden.

A. Schwappach[3]) faßt die Aufgabe der Bestandeserziehung in die Worte zusammen: Ausbildung guter Schaftformen mit genügender Stärke und von tadelloser Holzbeschaffenheit in möglichst kurzer Zeit unter steter Rücksichtnahme auf Bodenpflege.

Er verlangt insbesondere Rücksichtnahme auf die biologischen und physiologischen Eigenschaften der verschiedenen Holzarten und auf die höhere Bedeutung des Jugendstadiums für Massen- und Werterzeugung. Tanne, Fichte und Lärche sollen bis zur Beendigung des Hauptlängenwachstums in lockerem Schluß gehalten werden, so daß bis zu diesem Zeitpunkt die Kronenlänge nur allmählich auf ein Drittel der gesamten Schaftlänge herabsinkt. Eichen und Buchen verlangen dichten Schluß in der Jugend, der durch frühzeitig beginnende Aushiebe aller schlechtwüchsigen, kranken Stämme, durch Auflösung von Gruppen und Beseitigung der Konkurrenz zweier gleichstarker Nachbarn allmählich unter steter Schonung des noch lebensfähigen, unterständigen Materials immer mehr gelockert wird. Die Kiefer ist im wesentlichen den vorigen gleich, doch etwas freier zu erziehen. Nach Beendigung des Hauptlängenwachstums tritt die Aufgabe zur Förderung des Stärkezuwachses in den Vordergrund; die hierfür empfohlenen Hiebe zählen zu den Durchlichtungen. Bei der Bestandeserziehung darf der Wunsch nach Massenerzeugung niemals die Rücksicht auf die gute Beschaffenheit des zu erziehenden Nutzholzes in den Hintergrund drängen.

Ney verlangt Schonung des Unterdrückten, Durchlichtungen erst nach dem Hauptlängenwachstum.

---

[1]) Michaelis, Gute Bestandespflege mit Starkholzzucht. 1907.
[2]) Dr. Martin, Zeitschrift für Forst- u. Jagdw. 1902.
[3]) Prof. Dr. A. Schwappach, Referat über die Begründung und Erziehung von Waldbeständen unter Rücksichtnahme auf hohen Massenzuwachs und gute Holzqualität. Internat. landw. Kongreß. Wien 1907.

v. F ü r s t will den Kampf zwischen den Dominierenden erleichtern durch Entnahme der Bedränger; er will aber auch das Unterholz beseitigen, um den bleibenden Bestand zu fördern.

E c l a i r c i e p a r l e h a u t oder Hochdurchforstung ist eine in Frankreich schon 1790 in den Eichenhochwaldungen geübte D u r c h l i c h t u n g, welche sich vorzugsweise unter Führung von B r o i l l i a r d und B o p p e aus dem Mittelwald heraus entwickelte. Diese Methode schont das Unterständige, greift aber in den herrschenden Bestand kräftig ein (Durchlichtung), damit die Kronen sich nach allen Seiten hin, wie bei Oberhölzern des Mittelwaldes, entwickeln können; gruppenständiges Oberholz des Mittelwaldes ist daher nach dieser Auffassung ebenso schädlich wie gruppenweises Zusammenstehen stärkerer Individuen, womit auch die Verjüngung in den Gruppenformen eine Verurteilung erfährt.

Die D ä n i s c h e D u r c h f o r s t u n g ist nur in der ersten Hälfte der Umtriebszeit eine Durchforstung, von da an eine Durchlichtung; das Verfahren hat daher „Dänische Durchforstung und Durchlichtung" oder „Dänische Erziehung" zu heißen. Durch Reisen und Schriften von Dr. M e t z g e r ist diese sehr beachtenswerte Erziehungsmethode in der forstlichen Literatur näher bekannt geworden. Zwar ist das Verfahren vorzugsweise an der Buche ausgeführt worden; es wird aber auch an Eiche, Föhre und Fichte gehandhabt und dürfte für alle Holzarten passen oder doch sehr beherzigenswerte Lehren zur Behandlung dieser in sich schließen. Das Verfahren unterscheidet: H a u p t s t ä m m e, d. h. solche, welche wegen ihrer Geradschaftigkeit und gleichmäßigen Bekronung zu begünstigen sind, und schädliche Nebenstämme, d. h. solche, welche die zu erhaltenden Hauptstämme belästigen; dann u n b r a u c h b a r e S t ä m m e, d. h. solche, welche keine Nutzholzeigenschaft zeigen; sodann n ü t z l i c h e N e b e n s t a n g e n, welche die Astreinigung des Hauptstammes bis zur beabsichtigten Höhe zu fördern haben; endlich i n d i f f e r e n t e S t ä m m e, welche noch nicht erkennen lassen, ob sie Hauptstämme werden oder zu schädlichen Nebenstämmen herabsinken.

Die Dänische Durchlichtung entfernt stets die schädlichen Stämme, die unbrauchbaren Stämme, verschont aber die indifferenten und nützlichen. Der Unterstand wird somit verschont; die Krone soll $^4/_{10}$ der Schaftlänge betragen; nachdem der Schaft auf 15 m Länge von den Ästen gereinigt ist, beginnen die Durchlichtungen. Vor Eintritt des Samenjahres setzt eine gründliche Bodenlockerung mit Pflügen und Eggen ein. Nach Samenabfall wird abermals geeggt, Fehlstellen werden angesät. Die Fläche wird mit Kalkstaub überstreut. Wegen des kräftigen Wuchses der Pflanzen kann frühzeitig gelichtet werden; die Eichen werden ebenso behandelt, nur müssen sie, wenn Verunkrautung sich zeigt, mit Buchen unterbaut werden. Die Ergebnisse dieser Dänischen Erziehung beweisen, daß es mit Durchlichtungen gelingt, die Vornutzungen den Haubarkeitserträgen in Masse gleichzubringen, ohne die Haubarkeitserträge unter die normalen sinken zu lassen.

H. Borgmanns horst- und gruppenweise Lichtwuchsdurchforstung ist eine erst mit dem 50. Lebensjahre des Bestandes — hier Fichte und Tanne — beginnende Durchlichtung, welche sich auf 10 a große Flächen im Bestande gleichmäßig verteilt; innerhalb der Gruppen finden Hiebe von fünf zu fünf Jahren statt, welche allmählich die bestgeformten Stämme in möglichst regelmäßige Entfernung von 6 m bringen sollen; die unterständigen noch lebensfähigen Stangen bleiben erhalten; mit dem 75. Jahre beginnt von der Mitte der Horste aus die Verjüngung.

Vogl in Kogl (Salzkammergut) verlangt bis zum 50. Jahre in steigender Stärke Durchforstungen; von da an beginnen Durchlichtungen, bis schließlich nur 200—300 starke Stämme pro Hektar übrig bleiben, welche aufgeästet werden. Frühzeitig tritt Verjüngung ein; die Vorwüchse werden ebenfalls aufgeästet; so entsteht eine femelwaldartige Bestandesverfassung, welche große Sicherheit gegen Wind und volle Ausnützung des Lichtungsgewächses gewährt. Die Verjüngung ist eine natürliche; wo sie lückig bleibt, wird gepflanzt; die Fällung der Lichtwuchsstämme über 6—8 m hohem Vorwuchse verursacht nicht solche Beschädigung, daß nicht alles sich wieder verwüchse.

Urichs Lichtwuchskulissenbetrieb beschränkt das Wagenersche Verfahren auf Betriebsstreifen von 15—20 m Breite, zwischen welchen Streifen von 40—60 m Breite liegen bleiben, welche in der bisher üblichen Methode durchforstet werden sollen. Urichs Kulissendurchlichtung sucht die bedenklichsten Erscheinungen in Wageners Durchlichtung: Laubverwehung, Verunkrautung und Verwilderung des ganzen Bestandes, durch die Zwischenstreifen hintanzuhalten. Vom 70. Jahre an werden auch diese Zwischenstreifen der Durchlichtung geöffnet. Im 90. Jahre kann der Bestand gleichmäßig durchlichtet sein und in die Verjüngung eintreten. Urich denkt bei seinem Verfahren zunächst an die Buche.

Hecks freie Durchforstung soll frei sein von jeder Schule und Schablone, frei in der Wahl der zu beseitigenden und zu belassenden Stämme. Man kann Heck hierin zustimmen, wenn er meint, daß in jedem Bestande eine andere Methode oder mehrere Methoden oder selbst ein Gebräu verschiedenster Methoden der Durchforstung und Durchlichtung der richtigen Erziehung entsprechen kann; wenn wir einmal die Biologie der Holzart genauer kennen und diese Kenntnis eine allgemeine Verbreitung gefunden hat, wird jeder von selbst die richtige für den Bestand passende Erziehungsweise herausfinden. Einstweilen aber müssen wir uns immer noch mit Vorschriften darüber, was unter allen Umständen erhalten und unter allen Umständen beseitigt werden muß, begnügen.

Heck gibt Schaftgüteklassen für seine Durchforstung, womit er beweist, daß er Bestände meint, in denen selbst das ABC der Jungwuchs- und Stangenwuchspflege versäumt oder sogar verboten wurde. In seinen Klassen sind Stockausschläge, sehr stark vergabelte Zwiesel, krumme, rauhästige und kurzschaftige Stämme enthalten; er geht somit von Beständen aus, in denen jegliche rationelle Pflege mangelte. Der Freihieb der besten und besseren Schaftformen kennzeichnet Hecks „Freie Durchforstung" als eine „Freie Durchlichtung". Der Bestandesschluß soll im allgemeinen, das Unterdrückte im besonderen erhalten werden.

v. Salisch geht von der waldbaulich als selbstverständlich erscheinenden Voraussetzung aus, daß unter Lichtholzarten (Eichen) unterständige Schattenholzarten (Buchen) nicht beseitigt werden sollen; es ist ja eine der wichtigsten waldbaulichen Regeln die Lichtholzart mit einer Schattenholzart zu unterbauen. Er dehnt nun dies aus ästhetischen Rücksichten auch auf andere Holzarten aus und verlangt Erhaltung des Unterdrückten, Freihieb des Herrschenden, Auflösung von Gruppen kräftig entwickelter Stämme. Weise hat diese Durchforstung Posteler-Durchforstung genannt, sie ist aber eine Durchlichtung.

Kožešniks (1898) und Haugs (1899) Durchforstung nach Stammzahltafeln geht von der Voraussetzung aus, daß es für jede Holzart, jegliches Alter, jeglichen Standort eine bestimmte Stammzahl geben muß, bei welcher die wertvollsten und größten Holzmassen pro Flächeneinheit erzielt werden. Sie verlangen daher die Aufstellung von Stammzahltafeln für jede Holzart, jedes Alter, jeden Standort mittels Probeflächen, welche in möglichst normalem, das heißt geschlossenem Bestande auszuwählen wären. Wenn eine solche Untersuchung überhaupt durchgeführt werden kann, dann scheitert die allgemeine Anwendung der Stammzahltafeln wieder an der Schwierigkeit der Angleichung eines konkreten Falles an die Tafeln. Wären alle diese Schwierigkeiten zu überwinden, so könnten ja solche Tafeln mit Stammzahlen immerhin nach Absicht der Erfinder zur Beruhigung der Wirtschafter dienen, wenn sie über die Stärke des Eingriffes im Zweifel sind. Einem solchen Gedankengange folgt auch Schiffel (l. c. 1904): Als ungefährer Maßstab für die Stärke des Eingriffes kann nach erfolgter Bonitierung die Stammzahl der Ertragstafel für die Lichtschlußform (der Fichte) gelten.

Die forstlichen Versuchsanstalten verfolgen mit ihren Durchforstungsmethoden die genaue, wissenschaftliche Feststellung des Einflusses verschiedener Durchforstungsgrade und -systeme auf Zuwachs in Masse und Güte, sowie auf den Zustand des Bodens. Wenn sie somit auch den Zielen der praktischen Forstwirtschaft dienen, ist es doch unzulässig, daß die Praxis Durchforstungsmethoden, welche zur wissenschaftlichen Erkenntnis der Naturgesetze führen, deshalb als rückständig bezeichnet, weil sie dieselben nicht mehr anwendet; aber zulässig, ja wünschenswert wäre es, daß jeder Praktiker, jeder Theoretiker mit neuen Gedanken und Anregungen sowohl die Forschung wie die Praxis befruchten sollte, ohne daß sie sich gegenseitig in die Arme fallen mit dem Vorwurfe der Rückständigkeit.

Für die Zwecke ihrer Untersuchungen unterscheiden die forstlichen Versuchsanstalten eine n i e d e r e o d e r g e w ö h n l i c h e D u r c h - f o r s t u n g : schwach, mäßig und stark; eine dauernde Kronendurchbrechung tritt nicht ein; der von Prof. B ü h l e r hinzugefügte Grad D als „sehr` starke Durchforstung" ist eine mäßige Durchlichtung, welche noch keinen Unterbau oder kein Unterholz nötig macht. Auf Veranlassung von Prof. S c h w a p p a c h ist zu dieser Serie von Versuchen eine neue hinzugefügt worden a l s H o c h d u r c h f o r s t u n g . Sie pflegt die dereinstigen Hauptstämme und schont das Beherrschte.

Die s c h w a c h e H o c h d u r c h f o r s t u n g ist eigentlich eine Maßnahme zur Beseitigung früherer Versäumnisse, denn Zwiesel, schlecht geformte Stämme, Sperrwüchse (Wölfe) sollten in einem Bestande, in welchem die Durchforstung anhebt, nicht mehr vorhanden sein; es ist aber diese schwache Hochdurchforstung nur eine starke Durchforstung der bisherigen Praxis, die eine Verstärkung in der Auflösung von Gruppen gleichwertiger Stämme erfährt.

Erst d i e s t a r k e H o c h d u r c h f o r s t u n g ist eine Durchlichtung, weil sie die Pflege einer verschieden bemessenen Anzahl von Haubarkeitsstämmen durch Beseitigung der Nachbarstämme anstrebt. .Veröffentlichungen über den Einfluß verschiedener Durchforstungsgrade liegen von K u n z e , S c h w a p p a c h , H e f e l e und neuerdings besonders eingehend von F l u r y vor.

W e i s e (1903) nennt alle Maßnahmen, welche nur unterdrücktes Material beseitigen, „Durchforstungen vom schwachen Holze her"; solche, welche hauptsächlich in dem mitherrschenden oder noch nicht ganz unterdrückten Material sich bewegen, „Durchforstungen von der Mitte her", und solche, welche mit Hinwegnahme der stärksten Stämme beginnen „Durchforstungen vom Starken her". Da bei letzteren (z. B. B o r g g r e v e) immer wieder Bestandesschluß eintreten soll, so zählen eigentlich nur die „Durchforstungen von der Mitte her", wenigstens teilweise, zu den Durchlichtungen. W e i s e sagt, daß für die verschiedenen Lebensabschnitte des Bestandes wahrscheinlich die Durchforstung verschieden gehandhabt werden muß, wenn man die höchsten Bestandeswerte erziehen will, nie aber soll man grundsätzlich bestimmen, daß ein Bestand stets in dieser, ein anderer stets in jener Weise durchforstet werden müsse.

Broillard[1]) sagt, daß durch Kronendurchforstung (Durchlichtung) die Qualität des Eichenholzes sich verbessere, der Buche gleichbleibe, der Nadelhölzer sich verschlechtere; für letztere sei daher Durchforstung (Beseitigung von überschirmten, kranken und krankhaften Stämmen) besser.

Forstmeister Müller[2]) will in reinen Eichen- oder Eichen- und Buchenstangenorten alle nicht als Zukunftsstämme zu bezeichnenden Stangen in 1—1,5 m über dem Boden köpfen; dadurch werden $\frac{1}{2}$—$\frac{2}{3}$ aller Stangen entgipfelt, wodurch ein Bodenschutz- und Treibholz entsteht.

Heß (1906) gestattet bei der ersten Durchforstung nur unterdrücktes, absterbendes, totes Holz zu beseitigen; erst bei der zweiten Durchforstung darf auch krankes, krebsiges, gekrümmtes, drehwüchsiges, vom Winde geschobenes Material beseitigt werden, wenn es herrschend ist. „Die Grundregeln für Anfang, Wiederholung und Stärke der Durchforstungen liegen auch jetzt noch in den Heyerschen Worten: früh, oft und mäßig. Nur sind die drei Begriffe, insbesondere das Wort ‚mäßig‘ je nach Holzart, Standort und Holzalter verschieden zu interpretieren.“

Auch ein Vorschlag des Oberforstrats Reuß[3]) verdient Erwähnung und Erwägung; er will insbesondere bei Fichten streifenweisen Wechsel zwischen schwacher, mäßiger und starker Durchforstung.

Verfasser hat seine Ansichten über Pflege und Erziehung reiner Bestände in den Betrachtungen über Jungwuchs-, Stangenwuchs- und Baumwuchspflege niedergelegt. Teilweise als Ergänzungen obiger Grundsätze, teilweise als Ersatz derselben für alle jene Bestände, welchen eine energische Jungwuchs- und Stangenwuchspflege im Sinne der Erörterungen auf Seite 492 u. ff. nicht oder nur unvollkommen zuteil wurde und auch künftighin nicht zuteil werden soll, wären für reine und gemischte Bestände folgende Regeln zu beachten:

1. Bis zum 50. Lebensjahre eines Bestandes hat der Blick nicht auf die Kronen, sondern zuerst auf die Schäfte sich zu richten; bei Beginn der Durchlichtungen richtet sich der Blick auf die Kronen; die erste Hiebe, mag man sie Durchforstung oder Reinigung — das klassische Försterlatein kennt die köstliche Bezeichnung „Läuteration“ — nennen, haben stets zuerst jene Stämme zubeseitigen, welche unerwünschten Baumarten angehören oder welche umgebogen, schaftkrank, krebsig, zwieselig, krummschaftig, stark drehwüchsig, vergabelt, mit Klebeästen behaftet, dick beastet oder gipfelkrank sind,

---

[1]) Revue des Eaux et Forêts 1901.
[2]) Österr. Forst- u. Jagdzeitung 1901.
[3]) Österr. Forstzeitung 1901.

ohne Rücksicht auf den Bestandesschluß; nach dem 50. Lebensjahre werden kranke Stämme, wie z. B. vom Föhrenschwamme, Trametes pini, befallene Stämme (Schwammhieb) und absterbende Stämme jederzeit, schlecht geformte und Unhölzer nur dann weggenommen, wenn die Durchbrechung nicht allzu groß ist oder durch einen gruppenweisen Unterbau wieder unschädlich gemacht werden kann.

2. Tote Stämme können selbstverständlich jederzeit und überall zur Fällung gebracht werden; Käfer- und Insektengefahr kann sogar hierzu zwingen.

3. Es ist eine nicht zu rechtfertigende Verschwendung an Zeit und Geld, sogenannte schonendste oder schwache Durchforstung auf unterdrücktes Buschwerk und Gestänge auszuführen, deren Entnehmen dem Bestande nichts nützen, deren Verbleiben ihm nichts schaden kann, deren Verkauf nicht einmal die Werbungskosten deckt. Die Praxis nennt das Beseitigen dieser in älteren Stangenorten und oft noch im Baumalter von der Jugendzeit her vorhandenen oder erst später aufgekommenen Unterwüchse das „Putzen" des Bestandes. Wenn schon Ästhetik hier den Ausschlag geben soll, so findet Verfasser die ungeputzten Bestände schöner als die geputzten.

4. Nach den Ausführungen über die biologischen Eigenschaften der Baumvereinigungen drängt das Ausladungs- und Ausformungsvermögen bei Eichen, Birken, Erlen, Fichten, Tannen, Douglasien und anderen, wenn sie aus gleichalterigen Verjüngungen hervorgegangen sind, die bestgeformten Stämme zur Herrschaft, während bei Föhre Lärche, Tsuga, Buchen und anderen Laubhölzern die minder gut geratenen, ja oft die schlechtest geformten Individuen als Protzen zur Herrschaft gelangen; bei ersteren Holzarten bringt somit das Zuwarten bis zur ersten Durchforstung dem Zukunftsmassen- und Gütegehalt des Bestandes keine Einbuße, während bei der letzteren Gruppe der Hauptbestand um so mehr mißgeformte Stämme enthalten muß, je länger mit der ersten Durchforstung gewartet wird; für erstere Gruppe kann mit der ersten Durchforstung gewartet werden, bis ihre Ausführung auch finanziellen Gewinn bringt; für letztere Gruppe ist eine möglichst frühzeitige, erste Durchforstung nach Punkt 1 eine notwendige Kulturmaßregel, welche durchgeführt werden muß, auch wenn sie Geld kostet.

5. Jener Stamm ist stets zu entfernen, welcher einen wertvolleren in der Krone belästigt; der auf der Süd- und Westseite stehende Schädling muß früher fallen als der auf der Nord- und Ostseite befindliche.

6. Das Köpfen eines Schädlings ist bei allen Holzarten zulässig, ausgenommen die Buche; bei ihr ist stets Abhieb am Boden dem Köpfen vorzuziehen.

7. An höheren Stangen, welche nicht geköpft werden können, empfiehlt sich das Abhacken einer oder mehrerer kräftiger Seitenwurzeln (Wurzelstümmelung) des Schädlings, der dadurch gezwungen wird, einige Jahre langsamer zu wachsen, so daß die wertvolleren Nachbarn einen Vorsprung im Höhenwuchs erhalten. Das Stümmeln ist sodann auch da vorzuziehen, wo das durch Köpfen oder Abschneiden gewonnene Staudenwerk nicht verkauft werden kann, vielmehr im Bestande als im höchsten Grade feuergefährlich belassen werden muß; auch das Ringeln der Stämme ist nicht vorteilhaft, weil Nadelhölzer sofort, Laubhölzer nach wenigen Jahren abtrocknen und Insekten- und Feuersgefahr erhöhen.

8. Können zwieselige Stämme nicht ganz beseitigt werden, so darf der schwächere Stamm nur dann noch abgeschnitten werden, wenn er am Abhieb oder Schnitt weniger als 5 cm Durchmesser besitzt. In solchen Fällen ist Aussicht, daß die Wunde in weniger als fünf Jahren sich schließt; ist der Durchmesser größer, so würde nur Wundfäulnis oder Infektion eintreten, welche auch den Hauptstamm ergreifen würde. Es ist daher dringend rätlich, einen Zwieselast von über 5 cm Durchmesser **nicht abzutrennen** — die Praxis schneidet am Zwiesel den unterdrückten Stamm regelmäßig ab —, vielmehr denselben seinem natürlichen Tode preiszugeben. Er wird dann von saprophytischen Pilzen bewohnt und zerstört, welche wiederum ein Schutzmittel gegen parasitische Pilze sind.

9. In einem stammweise gemischten Bestande ist die Erhaltung der Mischung durch die gefährlichste Periode des Dickungs- und Stangenalters nur möglich mittels Durchlichtungen (Eclaircie, dänische Durchforstung und andere).

10. Jedes Erziehungssystem, mag es aus dem reichen Schatze der Literatur gewählt oder eigene Erfindung sein, muß den Weg von schwachen zu stärkeren Eingriffen einhalten; jedes sprungweise, jedes plötzliche Eingreifen ist ganz besonders bei Schattenholzarten gefährlich; weniger bedenkliche Folgen durch Schneebelastung, Regenbelastung, Winde, Rindenbrand sind bei Halbschatten- und bei Lichtholzarten zu gewärtigen.

11. Bei Durchlichtungen ist das Belassen des unterdrückten Nebenbestandes als Bodenschutzholz nur dann von Wert, wenn das Unterdrückte die Strauchhöhengrenze, d. i. 8 m, noch nicht überschritten hat; ist der Unterstand höher, so ist es besser, ihn ebenfalls zu beseitigen und für einen neuen Unterstand durch Unterbau zu sorgen.

Man kann diesen elf Durchforstungsgeboten noch ein zwölftes hinzufügen: Die Praxis braucht keine Stammkronenklassen, keine Stammschaftklassen, wie sie für vergleichende Untersuchungen nötig sind. Sie soll frei sein, das Erziehungssystem zu wählen, welches dem Bestande not tut. Soweit obige elf Gesetze auf Naturgesetzen beruhen, kann auch die freieste Durchforstung sich ihrer nicht entschlagen; die Erziehung des Bestandes soll nicht frei sein nach 'der individuelllen Auffassung des Wirtschafters, sondern nach dem individuellen Bedürfnisse des einzelnen Baumes; nur in diesem Sinne kann man von einer freien Erziehung sprechen.

Die Auszeichnung der Durchforstungen und Durchlichtungen geschieht mit dem allbekannten Baumreißer oder Risser; dabei sollte das untergebene, ungebildete und arbeitende Personal in die Idee der Auszeichnung eingeweiht werden, damit der Wirtschafter von dieser zeitraubenden Arbeit möglichst entlastet werden kann; als beste Zeit erscheint die Vegetationsruhe, die Zeit der Blätterlosigkeit für Laubbäume, weil nur während dieser Zeit ein genaues Studium der Kronenentwicklung bei Betrachtung von unten gewonnen werden kann. Wer die Laubhölzer nur dann voneinander unterscheiden kann, wenn sie Blätter tragen, verdient nicht die Auszeichnung „auszeichnen" zu dürfen.

Aufästungen. Die Beseitigung der Äste kann geschehen vor deren Absterben (Grünästung) oder nach demselben (Trockenästung). Die Trockenästung beabsichtigt in erster Linie die Verbesserung der Nutzholzqualität des geästeten Stammes und erst in zweiter Linie eine Nutzung oder einen anderweitigen Gewinn. Sind die Ausgaben für die Trockenästung durch Verkauf des Materials ganz oder doch zum größten Teile gedeckt, oder ist die hierdurch erzielte Güte- und Wertsteigerung der Haubarkeitsstämme groß genug, so ist sie in allen Bestandes-, Boden- und Klimaverhältnissen durchzführen. Kožešnik verlangt die Trockenästung an den auserwählten Nutzstämmen der Föhre vom 40. Jahre an auf besseren Böden; sie soll mit der Leiter bis zu 10 m Höhe durchgeführt werden; Ästung mittels Säge. Das Astreißen, das Herunterreißen der trockenen Äste, wie es zumeist der ärmeren Bevölkerung gewährt wird, muß als ein der Nutzholzqualität des Baumes nachteiliger Usus bezeichnet werden, der abgeschafft werden sollte. Das Schwergewicht des ganzen Trockenastes befördert das Herausbrechen des Astes an seiner Anhaftungsstelle; durch Überwallung entsteht an dieser Stelle ein kleiner Napf, der das vom Stamme herabfließende Wasser auffängt und längere Zeit aufbewahrt, wodurch die Zerstörung und Auflösung der Astbasis gefördert wird; wird aber durch das Herunterreißen des Astes die Hebelwirkung vermindert, erhält sich der Aststummel längere Zeit und wird von den neuen Holzschichten des Stammes eingeschlossen. Die Trockenästung hat selbstredend auf den Zuwachs des Baumes keinen Einfluß.

Die Grünästung oder Aufästung wird stets von unten nach oben ausgeführt; sie ist seit langen Jahren Gegenstand von Untersuchungen, um ihren Einfluß auf den Baum zu ermitteln. Zuerst haben

Nördlinger und Kienitz, dann R. Hartig, Heß und Kunze aus ihren Ergebnissen berichtet. Sie fanden, daß eine starke Ästung, welche ein Drittel der ganzen Krone beseitigt, eine geringe Zunahme des Höhenwuchses, aber auch eine Abnahme des Stärkewuchses bewirkte. Aus Gründen, die bereits bei der natürlichen Ästung durch den Bestandsschluß erwähnt wurden, vermag eine Grünästung die Zone des stärksten Zuwachses nach aufwärts zu verlegen, wodurch eine Formverbesserung (Vollholzigkeit) eintritt; bei der künstlichen Ästung aber wird dieser Gewinn zumeist ausgeglichen durch einen Verlust an Zuwachs unterhalb der Ästung, welcher bei der natürlichen Ästung wegfällt. R. Hartig glaubt durch die Ästung die Gütequalität des Holzes (nur die Schwere wurde untersucht) beeinflussen zu können; er fand eine Zunahme des spezifischen Gewichtes, das Verhalten der Zuwachsgröße wurde nicht geprüft. Kunze fand bei Ästungen bis auf sieben Astquirlen eine Abnahme des Längstriebes.

Die Grünästung hat sodann bei immergrünen Holzarten den Zweck, Deck- und Dekorationsreisig, bei Birken Besenreisig zu gewinnen, Unterwuchs und Unterpflanzungen gegen Wuchsstockungen und Beschädiggung durch Überschirmung zu schützen, die Feuersgefahr zu mindern, die Schäden der Fällung bei Beseitigung eines stark beasteten Stammes in natürlicher Verjüngung einzuschränken, Straßen, Wege und Waldschneisen trocken zu legen, den ausgewählten Pflanzen bei der Staffel und Zwischenstrauchpflanzung wenigstens anfänglich eine Hilfe zu geben und andere.

Die Grünästung wird derart ausgeführt, daß der Ast möglichst nahe am Schaft abgetrennt wird; um Beschädigung des Stammes zu vermeiden, wird allgemein empfohlen — aber nicht abgewandt — erst etwas von unten her einzusägen, dann von oben her abzuschneiden. Neuerdings wird bei stärkeren Ästen die Stummelästung empfohlen; sie besteht darin, daß der Ast etwa einen halben Meter vom Stamm entfernt ohne weitere Vorsicht abgesägt wird, worauf dann sofort oder auch später die genaue Abtrennung am Schaft leicht und ohne Verletzung des Schaftes betätigt werden kann. Nachteilig ist die doppelte Arbeit, die sich aber bei besonders wertvollen Objekten z. B. Oberhölzern im Mittelwald, Überhältern im Hochwald, rechtfertigen dürfte.

Je nach der Wuchskraft des Baumes können Äste bis zu 10 cm Durchmesser der Wunde beseitigt werden; regelmäßig sollte über 5 bis 7 cm nicht gegangen werden; von 3 cm aufwärts soll Schutz der Wunde durch Teeranstrich erfolgen. Wenn einige Tage gewartet werden kann, bis die Schnittfläche etwas abtrocknet, so wirkt der Teeranstrich nachhaltiger. Burkhardt, Heyer, Hempel und Engler nehmen 7 cm, Tramnitz, Schwappach und andere nehmen 5 cm als oberste Grenze. Für die Nadelhölzer dürfen 5 cm nicht überschritten werden; am besten wird die Grünästung der Nadelbäume ganz vermieden. Bei

Aufästung der Wasserreiser, vorzugsweise an Oberholzeichen, hat nach den Versuchen des Verfassers es sich bewährt, wenn jede, auch die kleinste Schnittfläche mit der Umgebung tüchtig mit dem Pinsel angeteert wird, wodurch die noch vorhandenen schlafenden Augen, aus denen sich neue Wasserreiser entwickeln würden, zum Absterben gebracht werden.

Auch jenen Verfahrens soll gedacht werden, bei welchem an Oberholzeichen im ersten Jahre nur das unterste, im zweiten das mittlere, im dritten Jahre das oberste Drittel der Wasserreiser beseitigt wird worauf eine Neubildung von Klebästen unterbleiben soll.

Zur Ästung sollte nur die Säge verwendet werden; wird der Baum mit der Leiter oder mit dem von Hefele verbesserten Zehnpfundschen Steigerahmen oder mit Steigeisen oder mit dem von Hofrat Friedrich erfundenen Grimpeur bestiegen, so sind die üblichen Baumsägen für den Obstbau zugleich die besten Entästungsgeräte; unter den auf Stangen angebrachten Sägen hat Alers Flügelsäge viel Anerkennung gefunden. Stoßeisen sollten nur bei trockenen, äußerlich bereits etwas mürbe gewordenen Ästen zur Anwendung gelangen.

Sechzehnter Abschnitt.
Pflege und Erziehung der Ausschlagwaldungen.

Die Ausschlagwaldungen verlangen nur geringen Aufwand an Arbeit und Zeit. Sind bei dem Niederwaldbetrieb oder bei dem Unterholz des Mittelwaldes zu viel Ausschläge auf einem Stocke erschienen, so wird ihre Zahl zugunsten der bestgeformten vermindert im Wege einer Durchforstung, welche gewöhnlich Durchreiserung genannt wird. Sie erstreckt sich auch auf kranke, umgebogene, unterdrückte und tote Lohden. E. Mer[1]) hat nachgewiesen, daß der Zuwachs der bleibenden Lohden so außerordentlich sich steigert, daß der finanzielle Effekt auf das Doppelte der nicht durchforsteten Fläche sich erhöhen kann. Werden Kernwüchse oder Ausschläge edler Holzarten durch Ausschlagslohden minderwertiger Holzarten beeinträchtigt, so werden letztere zurückgeschnitten oder ganz hinweggenommen. In Schälwaldungen ist die Beseitigung eindrängender Unholzarten (des Fegeholzes) für die Rentabilität des Betriebes von Wichtigkeit.

Im Akazienniederwalde sind kümmerlich aufwachsende Kulturen auf den Stock zu setzen, damit sich kräftige Triebe bilden; in den ersten Jahren ist der Boden zwischen den Pflanzen roh zu behacken; mit fünf Jahren beginnt die Durchforstung und alle fünf Jahre wird sie wiederholt. Schutz gegen Hasen und Kaninchen durch Bestreichen mit Fett oder Teer ist nötig. Beim Abhiebe können auch die Stöcke herausgehauen werden, so daß die Wurzelabhiebe frei liegen und selbständige Ausschläge entstehen, nachdem die Stockausschläge durch Wind und Schnee leicht am Stocke abbrechen. Weidenheger sind wie Papierheger in Ostasien unkrautfrei zu halten.

Die Pflege des Oberholzes des Mittelwaldes umfaßt folgende Arbeiten: Aufästungen (Dürr- und Grünästung), Bekämpfung der Wasserreiserbildung sind im vorhergehenden Abschnitt geschildert worden; Schutz gegen Rindenbrand wird durch Anbinden von Rindenstücken

---

[1]) E. Mer, Revue des Eaux et Forêts 1907.

an der Südwestseite der glattrindigen Bäume erreicht; zopftrockene, pilzkranke, absterbende und tote Oberhölzer sind nach vorheriger Entästung durch Hiebe, welche **Auszughauungen** heißen, herauszunehmen; das Abwerfen der trockenen Gipfel (Hirschhörner) hat sich nach Prof. **Schuberg** nicht bewährt.

Der Mittelwald verlangt nicht bloß die Durchreiserung und Durchforstung des Unterholzes, sondern auch Hiebe im Oberholz, wenn nicht natürliche Ereignisse deren Zahl auf das Normale bereits herabgemindert haben. Solche Hiebe (ebenfalls Auszughauungen genannt) werden mit dem Hiebe des Unterholzes verbunden und beabsichtigen die Zahl der Überhälter wegen der Zunahme ihrer Kronen und der durch diese geübten Beschirmung des Unterstandes zu reduzieren. Die Lehrmeister des Mittelwaldes sind die Franzosen. So mögen auch ihre Regeln, welche **Boppe** und **Jolyet**[1]) in ihrem Waldbau mitteilen, hier Platz finden. Sie nennen die Überhälter des ersten Umtriebes *balivaux* (Laßraitel), des zweiten *modernes*, des dritten und vierten *anciens*, des fünften und sechsten Umtriebes *vieille écorce*. Für Eichen gelten als Regeln, daß die Zahl der balivaux pro Hektar 50, der modernes 30, der anciens 20 und der vieille écorce 10, somit die Summe der Überhälter pro Hektar 110 sein sollen. Trotz der Reduktion der Stammzahlen zeigt der Flächenraum, den die Kronen bedecken, eine Vergrößerung von 750 qm der modernes auf 900 qm der vieille écorce. Daß das Unterholz nicht Eichenschälwald sein kann, ergibt sich aus der großen Zahl der Oberhölzer. Die Autoren nennen die Hainbuche das beste Unterholz der Mittelwaldungen. Diese Zahlen im Oberholz gelten zunächst für Eiche und andere Lichtholzarten wie Pappel, Birke und zwar in ihrem günstigsten Klima; es läßt sich erwarten, daß je nach Wechsel des Klimas und der Bodengüte die Zahl der Überhälter behufs größter Ausnützung des Luft- und Lichtraumes über dem Unterholze ohne allzu große Behinderung des letzteren verschieden sein muß.

Bei Umwandlung des Mittelwaldes in Hochwald ist erste Sorge die Pflege der Kernwüchse durch Freihieb; **Ney**[2]) verlangt dies alle acht Jahre; außerdem Durchforstungen und Durchreiserungen auf rückgängiges und unterdrücktes Material. Wenn das Unterholz so alt geworden ist, daß es bei Belassung eines ausreichenden Schutzbestandes für eine gruppen- oder kleinbestandsweise Verjüngung nicht mehr ausschlägt, beginnt die Fällung desselben.

---

[1]) **Boppe** et **Jolyet**, Les forêts. Traité de silviculture. 1901.

[2]) Oberforstmeister **Ney**, Versammlung des deutschen Forstvereins zu Straßburg 1907.

Siebzehnter Abschnitt.

Bodenpflege und Bodenverbesserung.

———

Eines der ersten Gesetze des Waldbaues muß lauten: darauf hin zu arbeiten, daß trotz der intensitiven Ausnutzung der Bodenkraft diese nicht abnimmt, der Boden somit nachhaltig die erhoffte Rente geben kann; ja, wenn es durch waldbauliche Maßnahmen ohne allzu große Kosten möglich ist, sollen geringere und schlechte Böden fortschreitend sich verbessern.

Die Mittel, welche dem Waldbau zur Erreichung dieses hohen Zieles zur Verfügung stehen, sind mannigfach und sollen im nachfolgenden erörtert werden:

1. **Die Erhaltung des Bodens selbst**, durch Schutz gegen seine Entführung durch Winde (Flugsandbildung), durch Wasser (Abschwemmung im Gebirge), gegen seine Abwärtsbewegung und Lockerung durch Weidetiere, durch unpflegliche Bringmethoden u. dgl.

Der Entstehung der erwähnten Mißstände beugt eine weise Forstpolitik vor, indem sie verlangt, daß solche Örtlichkeiten ständig mit Wald bestockt bleiben, und sorgt, daß solche Waldungen in Hände gelangen, in denen ihr Bestand gesichert ist. Das wird am allervollkommensten erreicht, indem der Staat die Waldungen entweder selbst an sich bringt oder in den Besitz von Korporationen gelangen läßt, welche unter seiner Kontrolle stehen (wie Gemeinden, Stiftungen und andere juristische Personen). Die waldbauliche Behandlung solcher Schutzwaldungen beschränkt sich auf eine Naturverjüngung unter Schirm. Diese Forderung erfüllt am besten der Femelwaldbetrieb, sowohl der umlaufende wie der periodische. Wenn dabei auf eine truppständige Vereinigung der gleich alten Stämme hingewirkt wird durch Vereinigung in kleinen Gruppen oder Trupps, so ist doch eine gewisse Regelmäßigkeit und Verstärkung der Benützung solcher Waldungen möglich, ohne daß deren Hauptzweck, Schutz des Geländes und Erhaltung der Bewaldung gefährdet wäre; man vergleiche den nächsten Abschnitt.

2. Erhaltung bzw. Herstellung eines normalen Feuchtigkeitsgehaltes im Boden.

a) Die Sicherung der normalen Feuchtigkeitsmenge geschieht einmal durch Bewahrung einer normal verwitternden Bodendecke, damit humose, die Feuchtigkeit haltende Bestandteile dem mineralischen Boden beigemengt werden. Sodann bedingt ein lockerer Bestandesschluß die Frischerhaltung des Bodens; der Bestandesschluß soll nicht zu dicht sein, damit nicht zu viel der Niederschläge von den Kronen zurückgehalten werden, und nicht zu locker, aber doch dicht genug, um die Abdunstung des Wassers aus dem Boden zu verzögern; für jede Holzart, jede Holzartenmischung, jedes Klima, jeden Boden wird einem anderen Schlußgrade jene goldene Mitte zukommen. Ist der Boden allzu trocken, so mag durch Bewässerung, wenn diese durchführbar ist, abgeholfen werden.

b) Bewässerung ist für den Wald nur notwendig in Gebieten, welche Steppen sind, weil in ihnen während der wichtigsten Vegetationszeit genügende Niederschälge fehlen. Wo eine Bewässerung durch oberirdische Zuleitung des Wassers, wie sie in Kalifornien ist, nicht geschehen kann, wird das Untergrundwasser durch Pumpen und Schöpfwerke zur Bewässerung herbeigeholt werden müssen; da löst die Frage der Bewässerung nicht der Waldbau, sondern die Wasserbautechnik. Waldbau zur Aufforstung des Geländes kann erst einsetzen, wenn die Bewässerung gesichert ist.

In allen Waldgebieten von Europa, Amerika und Asien, in denen die Niederschläge für das Aufwachsen von Wald vollkommen genügen, löst die ganze Frage der Waldbewässerung — der Waldbau; wo die Technik zu Hilfe kommen soll oder muß, da ist der Beweis erbracht, daß Waldbau, Waldwirtschaft und Waldpflege falsch waren. Eine Bewässerung des Waldes innerhalb der natürlichen Waldgebiete ist weder nötig noch wünschenswert, und die Leo Anderlindschen Vorschläge zur Flächenbewässerung des Waldes behufs Förderung des Zuwachses, zur Überflutung behufs Vertilgung der Insekten, Erhaltung größerer Wasserstände in den Flüssen, zur Sicherung ihrer Schiffbarkeit usw. gehören in das Gebiet der Phantasien. Für bewaldete Gebiete ist die beste Bewässerung — die Unterlassung der Entwässerung.

c) Entwässerung. Dauernde Entwässerungen sind nur bei ausgedehnten, mit mangelhaftem Holzwuchse bestockten oder holzleeren Versumpfungen auszuführen; ist die Fläche zugleich vertorft, so wird zuerst eine Entwässerungsanlage durchgeführt und die Fläche abgetorft. Soll die Fläche wieder Torf werden, wird die Entwässerungsanlage wieder beseitigt; soll sie dauernd mit Holzwuchs versehen werden, wird die Entwässerungsvorrichtung erhalten; letzteres gilt auch für Grünlands- oder Flächenmoore, welche mit einem besseren Waldbestande versehen werden sollen.

Es gibt zahlreiche Fälle im Walde, in denen nur eine vorübergehende Entwässerung angezeigt ist, um die Schwierigkeiten für Waldbegründung oder für das Aufwachsen des Waldes zu beheben. Ist die Verjüngung geschehen, hat sich der Waldzustand gehoben, so ist für weitere Drainage durch den Wald selbst gesorgt. Solche vorübergehende Entwässerungen sind Versenkungen des Grundwassers z. B. durch Stückgräben, welche in tiefere Sickergruben ausmünden (System Kaiser); Ringgräben fangen das nach einer Mulde zuströmende Tagwasser auf; Entwässerungsgräben mit Faschinen ausgefüllt und mit Erde bedeckt erleichtern die Kultur der Fläche; solange sie Wasser führen, widerstehen die Faschinen der Fäulnis und erfüllen sie ihren Zweck; wird den Gräben durch den heranwachsenden Bestand allmählich das Wasser entzogen, so verfaulen die Faschinen, und es verfallen die Gräben, nachdem sie ihre Schuldigkeit getan haben. Versumpfungen kleinster Ausdehnung werden in gebirgigen Geländen oft dadurch verursacht, daß eine kleine Mulde von einem morschen Baumstamm oder von angehäuften Ast- und Laubmassen abgeschlossen wird, so daß Wasser sich anstaut. Die Beseitigung der Hindernisse genügt, wenn man nicht vorzieht, solche Stellen als Wasserbehälter oder aus ästhetischen Gründen unberührt zu lassen.

Es ist für viele ein Zeichen des Fleißes, für den Verfasser ein Zeichen des Überfleißes, wenn jede, selbst die kleinste Versumpfung im Walde durch Entwässerung „unschädlich" gemacht, wenn jede Wiese im Walde durch Aufforstung „verbessert" wird. Beide nützen in der Regel in der gegenwärtigen Verfassung mehr, als wenn sie mit schweren Geldopfern in Wald umgewandelt werden. Über diesen Punkt wurde bereits früher gesprochen.

Wasserarbeiten größeren Umfanges, wie sie Korrektionen von Flüssen, Tieferlegung von Seen erfordern, wirken für das umliegende Gelände immer als Entwässerung. Sind die Bodenverhältnisse gute und die Niederschlagsmengen sehr reichlich geboten, wie dies z. B. in Mitteleuropa bei allen Elevationen über 500 m der Fall ist, so ist die Entwässerung für die benachbarten, bewaldeten Gebiete belanglos; je geringwertiger aber der Boden, je geringer die Erhöhung und damit die Niederschlagsmenge während der Vegetationszeit, um so gefährlicher kann eine solche Wasserentführung für den anstoßenden Wald werden. Andererseits sichern Flußkorrektionen und Dammbauten gegen Überschwemmung der Waldungen entlang dem Ufer der Flüsse.

Überschwemmungskatastrophen gibt es auch im ganz unbevölkerten Urwalde. Die gefährlichsten Wassermassen der Kulturländer kommen in der Regel nicht aus den Regionen der oberen, sondern der mittleren Flußläufe, wo der Wald am meisten beseitigt, der größte Teil der fallenden Niederschläge nicht mehr in den Boden einsinken kann, viel mehr durch Gräben und Kanalisationen für die möglichst beschleunigte Abfuhr des Wassers in die Flüsse gesorgt ist.

Immerhin schwächt der Wald die Hochwasser- und Wassermangelwirkung ab, indem er, wie schon früher erwähnt, für eine gleichmäßige Verteilung der oberirdisch abfließenden oder in den Boden einsickernden Wassermengen sorgt; auch aus diesem Grunde ist es wünschenswert, daß der Staat vor allem die Gebirgswaldungen in seine Hände bringt, um die für das Tiefland wichtige Kontinuität der Bewaldung zu sichern. Um im gebirgigen Gelände den Wald zu unterstützen und den Wasserablauf möglichst einzuschränken, haben sich Stückgräben vortrefflich bewährt; sie sind zuerst in der Rheinpfalz (1870) zur Anwendung gekommen.

3. Erhaltung bzw. Herstellung eines normalen Lockerungsgrades im Boden.

Ein normaler Lockerungsgrad wird durch die Waldvegetation selbst und die Tiere des Bodens allmählich hervorgerufen; Voraussetzung hierfür sind jedoch passender Bestandesschluß, Streumischung und Sicherung einer normalen Verwitterung der Abfallstoffe. Mehrfach sind in neuerer Zeit direkte Bodenlockerungen im Walde durch verschiedene Werkzeuge empfohlen worden; besonders ist hierin Dänemark vorangegangen. Es muß erst abgewartet werden, ob das Mehr an Zuwachs so groß oder größer ist als das Mehr an Ausgaben Die beste Bodenlockerung läßt sich freilich erzielen in Verbidung mit Bodendüngung; welches Düngemittel festen Boden lockert und lockeren festigt, wurde bei der Düngung des Pflanzgartens bereits besprochen.

Durch Kahlschlag freigelegter Boden erhärtet; unter Schirm besamter Boden bleibt in seinem normalen Lockerheitsgrade. Verheideter Boden neigt zur Bildung von Bleichsand und Humussandstein oder Ortstein. Dieser letzteren Bodenentartung vorbeugend, wirkt der Ausschluß der Heide durch Zwischenbau oder Unterbau einer beschattenden Laubholzart. Damit läßt sich auch eine allgemeine Bodenverbesserung erzielen, welche in Föhrenbeständen III.—V. Bonität zur Pflicht für den Wirtschafter wird. Damit aber eine anspruchsvollere Laubholzart Fuß fassen kann, wird eine Düngung flächenweise, streifenweise oder punktweise, je nach der gewählten Begründungsart der Föhre und ihres Zwischen- oder Unterbaues, notwendig werden. Ist Ortstein bereits vorhanden, so mag er mit dem Untergrundspflug durchbrochen werden, worauf Föhrenanbau und Laubholzzwischenbau (wenn nötig letzteren nach vorheriger Bodendüngung) in wechselnden Streifen erfolgt. Zufolge der geringen Bodengüte bleibt das Laubholz unterständig. Schutz gegen Wild ist unentbehrlich, selbst bei geringstem Wildstande.

4. Erhaltung des Gleichgewichts zwischen Verbrauch und Aufschließung des vorhandenen mineralischen Reservenährgehaltes des Bodens.

Die Aufschließung der Reservemineralien im Boden kann nur unter Mitwirkung von Kohlensäure erfolgen; diese aber entsteht im Boden durch Auflösung der Abfallstoffe der Bäume als da sind: Laub, Nadeln, Zweigstücke, Rinden- und Holzteile, Knospenschuppen, Blüten- und Früchtereste und andere, sowie durch Verwesung von Tieren, Pilzfäden, Bakterien u. dgl. Ihre normale Zerstörung, die normale Auflösung kann nur bei einem bestimmten Feuchtigkeitsgrade und bei Anwesenheit von Bakterien, Tieren und wachsenden Wurzeln sich abspielen. Die Bodenfrische wird gesichert durch einen mäßigen Bestandesschluß, wie zu 2a oben erörtert wurde.

Schädlich, weil die normale Zersetzung der Streuabfälle unterbrechend oder hindernd, sind:

a) Alle Maßnahmen, welche den mäßigen Bestandesschluß jählings unterbrechen, vor allem Kahlschlag, der die Verbrennung, Verflüchtigung, Verwehung oder Erhärtung der Streu nach sich zieht oder ihre rasche Aufzehrung durch Unkrautwuchs bewirkt; ähnlich wirken plötzlich einsetzende starke Durchlichtungen, allzu tiefes Untergraben der Streu bei Bodenbearbeitungen.

b) Ungeeignete Erziehungsformen, wie Beibehaltung eines allzu dichten Bestandesschlusses bei Eintritt ins Baumalter; dadurch wird die Zerstörung der Abfallstoffe verlangsamt oder ganz aufgehoben und Rohhumusanhäufung herbeigeführt; die Verheidung des Bodens unter Lichtholzarten verursacht Bleichsand-, im schlimmsten Falle sogar Ortsteinbildung.

Nützlich sind:

a) Mischung der Holzarten, da Mischstreu sich leichter zersetzt als reine Streu. Nach der Methode des Verfassers würde sich durch den allgemeinen Unterbau aller Holzarten beim Eintritt ins Durchlichtungsalter stets Mischstreu ergeben, welche zwar auch durch die Kronenmischung verschiedener Holzarten, aber nur mit großen anderweitigen Opfern erreicht werden kann.

b) Verbot der Streuunternahme, Ablösung von Streurechten, Erschwerung der Streunutzung durch Bodensträucher, Gestattung der Streuentnahme nur auf den besseren und besten Böden, solange bis die Streuabgabe ganz eingestellt werden kann; Abgabe der Streu, wo sie durch falsche Erziehung des Bestandes angehäuft wurde und Korrektur der Erziehung in der Zukunft.

c) Schutzmittel gegen Streuentführung durch den Wind und Streuvernichtung durch Feuer; Anlage von Windmänteln und Feuermänteln am Bestandsrande, in Europa am

Südwest-, West- und Nordwestrande, oder auch bei lockerstehenden Waldungen durch Wiederholung von Wind- und Feuermänteln im Bestandsinnern. Ohne Windmantel erstreckt sich die Laubverwehung und Bodenaushagerung bis auf 100 m ins Innere des Bestandes. Als Wind- und Feuermantel dienen: die Anlage eines schmalen, niederwaldartig behandelten Streifens von Laubhölzern; Anpflanzung von Fichte, Tanne und anderen Schatten ertragenden, immergrünen Nadelbäumen in mindestens zwei bis drei Reihen. Die Vortrefflichkeit derartiger lebender Zäune als Schutzmittel gegen Laubverwehung und Bodenfeuer wird aber zunichte gemacht, wenn den Nachbarstämmen das Überwachsen solcher Zäune gestattet wird; auch Laubhölzer können für solche Zäune (z. B. Buchen besonders der Abart „Süntelbuche") Verwendung finden. Frey[1]) sagt, daß dauernde Waldmäntel heckenartig geschnitten werden, somit Laubholz sein müssen; Laubholzsträucher eignen sich ebenfalls; Fichten und Tannen entlang den Bestandsrändern seien ungeeignet. Über Feuerstreifen und ihre Behandlung sind die Erfahrungen und Veröffentlichungen von Dr. Kienitz (Allgemeine Forst- und Jagdzeitung verschiedener Jahrgänge) grundlegend.

Man hat sodann empfohlen sowohl zum Schutze gegen Randaushagerung als zum Besten des ganzen Bestandes und seiner Sicherung gegen Wind den Rand eines Bestandes nicht zu durchforsten, damit er sich als Windmantel dicht geschlossen erhält; besser dürften starke Durchforstungen und Durchlichtungen zum Ziele führen, da sie die Astbildung begünstigen; die dänische Waldranderziehung (Metzger) ist hierfür der beste Beweis; solche Säume sollten aber mindestens 2 m weit von der Nachbargrenze abstehen, damit der Nachbar nicht die Beseitigung der Äste verlangen kann. Derartige Wind- oder Waldmäntel sollen eine Breite von 5 m besitzen. Vorzügliche Dienste leisten sodann jene Pflanzen, welche die Natur, sich selbst überlassen, als Windbrecher anzubauen pflegt, das sind die zahlreichen Sträucher; aber auch von diesen ist der hohe Bestand fernzuhalten. Schüpfer[2]) will weitständige Pflanzung am Waldrande und von Jugend auf kräftige Durchforstung; auch im Innern des Waldes sollten die Süd- und Westränder der Bestände derart behandelt werden als ein den Wald festigendes Gerippe. Auch der Vorschlag Thalers[3]) an Wegrändern, Schneusen zum Schutze des Bestandes und aus ästhetischen Gründen eine Art Überhalt der schönsten wie auch breitkroniger, kurzschaftiger, knorriger Stämme zu wählen verdient Beachtung. Kullmann[4]) empfiehlt das Belegen der Laubwaldränder mit Reisig zum Festhalten der Streu;

---

[1]) Allgem. Forst- u. Jagdztg. 1905.
[2]) Forstw. Centralbl. 1909.
[3]) Allgem. Forst- u. Jagdztg. 1908.
[4]) Allgem. Forst- u. Jagdztg. 1904.

gegen Rindenbrand der Buchen, Fichten und andere soll Reisig am Stamme 3—6 m hoch mit Blumendraht befestigt werden. Reuß will die Waldränder durch Auflegen von Steinen auf den Wurzeln festigen.

Als Windmäntel sowohl gegenüber dem Bestande als gegenüber der Laubverwehung wirken die Loshiebsstreifen, welche mit den stärksten Pflanzen der schnellwüchsigsten, immergrünen Nadelbäume bepflanzt werden sollen. Diese Loshiebsstreifen haben den Zweck, den gegen Osten hin liegenden Bestand und Boden zu schützen, wenn der gegen Westen vorliegende Bestand frühzeitiger, wegen höheren Alters, beseitigt werden muß. Solche Streifen anzusäen oder gar der Natur zur Besamung zu überlassen, ist verfehlt.

Isoliermäntel werden bei der Gruppenverjüngung notwendig erachtet, z. B. um Eiche gegen Fichtenumgebung zu sichern; hierzu wird Buche empfohlen, die aber gegen anliegende Eichen nicht minder gewalttätig ist als Fichte; eher dürfte das Ziel mit Lichtholzarten wie Lärchen, Föhren und anderen erreicht werden; nur kleine Gruppen bedürfen des Schutzes; sie mit solch gefährlicher Umgebung anzulegen, war von Anfang an ein Mißgriff; bei Klein- und Großbeständen ist es besser die Berührungsränder als Wege oder Schneusen auszubauen.

Die Aufzehrung des Humus durch Unkraut und Strauchwuchs würde dem Wald keinen Schaden, sondern nur Gewinn bringen, wenn der Unkraut- und Strauchwuchs durch den Waldwuchs selbst wieder vernichtet würde; denn in diesem Falle kämen zu den aus dem Boden aufgenommenen Nährstoffen noch jene als Düngemittel hinzu, welche der Luft entstammen. Da aber der Unkrautwuchs, besonders Gras, genützt oder anderweitig als der Kultur hindernd beseitigt wird, so ergibt sich für den Waldboden nicht nur kein Gewinn, sondern sogar ein Verlust an Nährwerten. Es ist aus diesem Grunde und besonders wegen der physikalischen Bodenverbesserung — Erleichterung der Durchlüftung, der Zufuhr von Wasser mit Kohlensäure in Lösung — wertvoll, den Unkrautwuchs durch Unterbau unter Lichtholzarten oder auch unter durchlichteten Schattenholzarten zu vernichten oder ganz zu verhindern.

Der Unterbau. Wie Borggreve spricht auch Fricke[1]) dem Unterbau jeden Wert ab; er schade als Mitzehrer eher; Fichtenunterbau unter Eichen sei unschädlich, auch wenn die Fichte in die Eichenkrone hineinwachse! Als Mitzehrer kommt Unterbau doch nur dann in Betracht, wenn er zum Treibholze emporwächst; dazu aber bedarf es eines guten Bodens, der den Unterbau auch ohne Schaden ertragen kann.

Zu Unterbauholzarten eignen sich in erster Linie Laubhölzer, da sie die Hälfte des Jahres nicht belaubt sind und damit

---

[1]) Märkischer Forstverein 1900.

Licht, Luft und Regen freien Zutritt zum Boden gestatten, was der normalen Auflösung der Streu förderlich ist; immergrüne, schattenertragende Nadelbäume wie Fichten und Tannen, Eiben sind hier am ungünstigsten und so ungünstig wie immergrüne Laubholzarten; besser als diese sind immergrüne Halbschattholzarten wie Weymouthsföhren, Zürbeln, Scheinzypressen und andere. Unter den Laubhölzern steht an erster Stelle die Buche (Fagus), welche mit Recht die Mutter des Bodens, die Stiefmutter für andere Holzarten genannt wird; an zweiter Stelle sind Alnus, sodann Hainbuchen, Ahorne, Ulmen, Linden u. a.; unter den Nadelhölzernsind die Stroben die Bodenmütter. Dr. Kienitz[1]) rät den Unterbau der Föhre mit der Schatten ertragenden Traubeneiche; Weise[2]) schätzt die Hainbuche unter Föhren höher als die Rotbuche; Fr. Boden empfiehlt die Süntelbuche (Fagus silvatica lusus tortuosa) als Windmantel; sie wäre auch als Unterbau wohl zu gebrauchen. Bodenschutz geben auch Sträucher wie Himbeeren, Hollunder, Haselstrauch, Brombeere, Brennessel und andere. Prof. Schwappach sagt, daß die im Walde durch die Vogelwelt eingebrachten oder aufliegenden Laubhölzer in viel umfangreicherem Maßstabe als es jetzt der Fall ist, ein für günstige Streumischung und Humuszersetzung ausreichendes Unterholz schaffen würden, wenn die Pflanzen nicht fortwährend vom Wilde vernichtet oder wenigstens verbissen würden.

Der Unterbau kann bei der Buche, Hainbuche, Linde durch Saat geschehen, indem mit der Kulturhacke eine flache Scholle vom Boden abgehoben wird, unter welche ein paar Körner gelegt werden; durch einen Tritt mit dem Fuße schließt sich der fast horizontale Spalt; eine solche Stecksaat im Abstande von 20—40 cm erstreckt sich als Vollsaat über den ganzen, zu unterbauenden Bestand. Sicherer ist Pflanzung mit ein- bis dreijährigen (im letzteren Falle schwachen) Buchen und den übrigen Holzarten. Es wird dabei dasselbe Instrument wie für die Saat benützt, der Boden jedoch tiefer und von 50 zu 50 cm, schief eingehackt, wie dies bei der französischen Klemmpflanzung beschrieben wurde und die Pflanze eingeschoben; ein Tritt mit dem Fuß schließt den Spalt; ob der Bodenschutz gerade- oder krummschäftig emporwächst ist gleichgültig. Die Rolle eines Füllholzes in Lichtholzbeständen zur Abstoßung der Äste und Unterdrückung der Wasserreiserbildung sollte dem Unterbau nur auf den beiden ersten Bodenbonitäten zugewiesen werden; überdies ist die Reinigung der Schäfte über eine bestimmte Länge hinaus kein finanzieller Gewinn, vielmehr ein Verlust an Masse und Rente.

---

[1]) Märkischer Forstverein 1900.
[2]) Ebenda 1898.

Fichten unter Föhren werden in der Regel schon bei der Saat, als Mengesaat von Fichten und Föhren begründet; wird die Fichte zu dicht gesät, leidet auch die vorwachsende Föhre. Wird Unterbau gepflanzt, soll allgemein stets 1 m Abstand von den Zukunftsstämmen, nicht von den Zwischenstämmen eingehalten werden.

Würde den Holzarten neben Bodenschutz auch die Aufgabe eines Treibholzes im Jungwuchsalter eines Bestandes zufallen, z. B. bei der Staffelpflanzung, so würden, wie schon erwähnt, sich hierfür Licht- und Halbschattholzarten besser eignen als Schattenholzarten, welche die Nutzholzart zu einer astlosen, schlanken Rute emportreiben, welche ohne Stütze sich nicht aufrechthalten kann. Um Pflanzen zu sparen hat man den streifenweisen Unterbau sowie den gruppenweisen Unterbau des Bestandes vorgeschlagen. Die volle Wirkung übt jedoch nur der totale Unterbau der ganzen Fläche aus. Der Gedanke möglichst an Pflanzen bei dem Unterbau zu sparen, hat Berechtigung wenn der Unterbau mit starken Pflanzen, welche eine normale Lochpflanzung erfordern, ausgefüllt werden soll; ein derartiger Unterbau beschädigt die Wurzeln des Hauptbestandes und ist vor Wildverbiß ebensowenig gesichert, wie die billigere Klemmunterpflanzung oder die Untersaat.

5. Erhöhung des vorhandenen Nährgehaltes des Bodens durch Düngung, Freilanddüngung.

Es wird allgemein angenommen, daß bei Beschränkung der Nutzung auf die oberirdische Holzmasse, bei Vermeidung der Streu- und Stockholzgewinnung der Nährgehalt des Bodens sich nicht abmindert, ja sogar sich erhöht und solche Holzarten, welche reichlich Streuabfälle liefern wie Buchen, Schwarzföhren, Weymouthsföhren, Roteichen und andere werden, geradezu bodenverbessernd genannt. Es dürfte dem höchsten Maße der Erwartung nach dieser Richtung hin voll entsprechen, wenn durch die oberirdische Holzgewinnung das Gleichgewicht zwischen Entnahme und Aufschließung der Nährstoffe im Walde erhalten wird. Ist mit der Nutzung eine bodenschädliche Form verknüpft, wie der Kahlschlagbetrieb, der eine oft mehr als zehnjährige Unterbrechung der normalen Bodentätigkeit mit sich bringt, so liefern, die mit jeder Umtriebszeit auf Sandboden abnehmenden Erträge in diesem Betriebe den Beweis, daß unsere Hoffnung auf Erhaltung des Gleichgewichts, auf Nachhaltigkeit sich nicht erfüllt. Auf den besseren und besten Bonitäten ist die Abnahme der Bodengüte bis heute nicht nachweisbar; der negative Beweis ist aber wegen der Unvollkommenheit der Untersuchungsmethoden kein positiver für die Erhaltung oder gar Zunahme der Bodenkraft. Die zunehmenden Vorschläge für Freilanddüngung sprechen für Abnahme der Bodenkraft.

Es liegt in der Natur der künstlichen Düngung, daß nur die Oberfläche des Bodens angereichert werden kann, somit nur den Waldpflanzen in der frühesten Entwicklung die Vorteile zugute kommen können. Aus diesem Grunde ist die Düngung der Saat- und Pflanzgärten längst in Übung und auch in dieser Schrift an geeigneter Stelle gebührend berücksichtigt. Die Düngung der Freikulturen, besonders bei Ödlandsaufforstungen, gehört erst den letzten Dezennien an, wenn man von der Biermannschen Rasenaschegewinnung und Düngung absieht. Daß die Düngung, wie erwartet werden muß, zunächst das An- und Aufwachsen der Aufforstungspflanzen sichert und fördert, steht heute bereits fest. Der Wert der Entwässerung und Kalkdüngung von Moorflächen behufs Umwandlung in Wald durch die seichtwurzelnde Fichte kann nicht bestritten werden; für die tiefwurzelnden Föhren aber muß erst der Fortgang der Düngungsversuche zeigen, ob der erhöhte Aufwand sich rentiert.

Auf Sand- und Heideböden ist mit Kainit- und Thomasphosphat ein schnelleres Wachstum der eingepflanzten Föhre in der ersten Jugend recht wohl möglich; doch stehen die Ergebnisse in keinem Verhältnisse zum Düngerverbrauch. So z. B. wird berichtet, daß auf dem Gute Hanloh in Westfalen „armer, grüner Sand" für drei Versuche von je ¼ ha Größe ausgewählt wurde. Auf der Fläche I wurde mit 4 Zentnern Kainit und 4 Zentnern Thomasschlacke, auf Fläche II mit 8 Zentnern Kainit und 8 Zentnern Thomasschlacke gedüngt; Fläche III blieb düngerfrei. Achtjährige Föhrenpflanzen erreichten: minimale Höhe auf I 1,35 m; auf II 1,5 m; auf III 0,8 m; maximale Höhe auf I 1,75; auf II 2,25; auf III 1,20 m.

Die gewaltige Düngermenge von 16 Zentnern auf ¼ ha hat die Höhe, welche auf dem „armen, grünen Sand" ohne Düngung erreicht wurde, nicht verdoppelt. Dazu kommt, daß eine Leistung von 2,2 m für achtjährige Föhren eine mittelmäßige ist, daß mit jedem Jahre die Wurzeln immer mehr dem Düngerbereiche entrücken, so daß die Düngermenge gar nicht ausgenützt wird.

„Bahnbrechende Versuche" wurden auf „vollständig unfruchtbarem Boden" ausgeführt. Mit derlei Kraftausdrücken wird eine ziemlich skrupellose Reklame von seiten der Syndikate der Thomasphospatfabriken betrieben, welche mit Recht viele Wirtschafter in der Düngerverwendung im Walde vorsichtig gemacht hat. Es ist gut, daß den Berichten der Fabriken auch zuverlässigere Berichte von unparteiischen Forstmännern gegenüberstehen und einwandfreie Versuche in Preußen, Belgien, Holland, der Schweiz und anderen Ländern eingeleitet wurden.

Professor Schwappach[1]) konnte keine Wirkung bei Vordüngung, d. h. Düngung vor Anbau der Holzart wahrnehmen; Nachdüngung hat

---

[1]) Zeitschrift f. Forst- u. Jagdw. 1907.

sich bei im Wuchs stockenden Verjüngungen wirksam erwiesen; Zwischendüngung in Löchern zwischen den Pflanzen und Anfällen derselben mit Moorerde hat sich bewährt. Bodenlockerung wirkt wie Düngung, weshalb Schweineeintrieb angeraten wird. Nach Beobachtungen des Verfassers wühlt das Schwein allzu große Löcher in den Boden und verzehrt zahllose, feine Wurzeln; Professor Jentsch[1]) sagt, es sei den Holländern durch Bodenbearbeitung und Düngung gelungen, den Umtrieb ihrer Schälwaldungen auf 10—12 Jahre zu ermäßigen, während im angrenzenden Westdeutschland erst ein Umtrieb von 15—20 Jahren gleiche Erträge liefere. In einer späteren Bemerkung schränkt Jentsch[2]) sein Urteil wiederum ein mit dem Satz, daß die bisherigen Ergebnisse in Belgien und Holland die Brauchbarkeit der Walddüngung noch nicht beweisen würden. Nach Dr. Hornberger[3]) besitzen die meisten Versuche im Walde keine Beweiskraft, weil sie keine exakten Versuche seien; sie sind wegen Wechsels in Boden, Luft, Wärme, Bewässerung, Bodenbearbeitung allzu verschieden und nicht vergleichbar.

Die Einwirkung des Kalkes bei Freilanddüngung ist unbestritten. Dr. Vater empfiehlt die Kalkung des Rohhumus und Bodenbearbeitung; Kalkung bzw. Mergelung, sagt Dr. Hornberger, wirkt auf sehr viele Böden wohltätig. Die Einwirkung des Kalkes auf Rohhumus ist von P. E. Müller und Fr. Weis[4]) eingehend untersucht worden. Durch Kalk wird der Stickstoff des Rohhumus in eine für die Pflanzen assimilierbare Form übergeführt, worauf die günstige Wirkung der Kalkung und Bearbeitung des Bodens in Buchenverjüngungen zurückgeführt werden muß. Nach Ramm ergibt Düngung mit Thomasmehl und Kainit bei Tannensaaten, nach Erdmann Kalk mit Bodenbearbeitung für Eiche auf Flottlehm gute Ergebnisse; Oberförster Koch will Beisaat der Lupinen in Fichtenkulturen. Nach Engler und Glutz[5]) geben Ackererbsen und Sauerbohnen auf kalkreichem Boden, Lupinen auf lehmreichem Boden, gelbe Lupinen auf kalkarmem Boden und in höheren Lagen die Ackererbse eine Anreicherung des Bodens mit Stickstoff. Bei erschöpftem Boden soll vor dem Anbau der Lupinen eine mäßige Düngung von Thomasmehl vorausgehen; auf humusarmem, aber mineralisch noch kräftigem Boden soll die künstliche Düngung unterlassen werden.

Verfasser möchte das Augenmerk jener, welchen die traurigsten Waldungen, nämlich Föhrenbestände IV. und V. Bonität, zur Bewirtschaftung unterstehen, auf die Freilanddüngung solcher Bestände

---

[1]) Mündener Forstliche Hefte 1900.
[2]) Forstw. Centralbl. 1901.
[3]) Zeitschr. f. Forst- u. Jagdw. 1908.
[4]) Naturwissenschaftl. Zeitschr. f. Land- u. Forstwirtschaft 1903.
[5]) Mitteilungen der schweiz. Zentralanstalt f. Forstwesen 1903.

mit Kainit, Thomasmehl, Rasenasche und andere kalireiche Dünger
hinweisen; die Düngung hätte in Streifen zwischen den Pflanzreihen
oder Saatriefen, oder punktweise an den Pflanzstellen kurz vor der
allgemeinen Bodenverunkrautung solcher Krüppelbestände zu erfolgen,
nicht um durch die Düngung dem Boden Nährstoffe zur Hebung des
Zuwachses zuzuführen — das wären kostspielige Festmeter —, sondern,
um dadurch den Unterbau eines Laubholzes (Buchen, Hainbuchen, Weißerlen und andere) zu erzielen. Nur durch Laubholz-
unterbau kann der Boden allmählich mit dem geringsten Aufwand an
Mitteln auf eine höhere Bonitätsstufe gehoben werden, selbstverständlich
vorausgesetzt, daß, wie bei jedem Unterbau so auch hier, Streunutzung
und Wildverbiß unterbleibt.

Wenn der Erle dieselbe Eigenschaft wie der schmetterlingsblütigen
Robinie, den Lupinen, Kleearten und anderen Papilionaceen zukommt,
daß sie den Stickstoff aus der Luft aufnimmt und durch Verwesung
ihrer Wurzeln in reichlicher Menge dem Boden zuführt, dann ist diese
natürliche Düngung der künstlichen vorzuziehen; denn die Erle und
alle schmetterlingsblütigen Bäume verbessern den Boden auch physikalisch, wirken in größere Tiefe, geben selbst Erträge und verursachen
die geringsten Kosten. Erle freilich wird als Einbau und Unterbau,
mit und unter Föhren, auf Böden unter III. Bonität ohne Düngung
kaum mehr verwendet werden können.

Vor allem muß betont werden, daß die düngende Wirkung der
Streu nie durch künstliche Dünger ersetzt werden kann; Ersatz für
Entgang an mineralischen Nährstoffen durch die Streunutzung ist zwar
leicht und billig; aber die physikalische Wirkung der Streu ersetzt kein
mineralisches Düngemittel.

Achtzehnter Abschnitt.

Schutzwaldpflege.

Als Schutzwalduugen bezeichnet man solche Waldungen, deren
Beseitigung eine besonders nachteilige, deren Anbau eine besonders
wohltätige Wirkung hervorbringt. Am weitesten gefaßt ist der Begriff
Schutzwaldung in jener Anschauung, welche die Bewaldung eines bestimmten Teiles der Bodenfläche eines Landes verlangt, damit den
Bewohnern das notwendige Holz nachhaltig gesichert sei. Wo der
Holzbedarf gering ist, wie vor allem in den wärmeren Klimaten, wo
die Bevölkerung geringe Ansprüche an den Wald für industrielle Anlagen erhebt, mag diese Forderung erfüllbar sein. Fast alle größeren
Kulturvölker der Erde sind gezwungen — die Vereinigten Staaten
werden in Bälde folgen — von den Holzvorräten anderer Nationen zu
zehren. Selbst Deutschland, von dessen Bodenfläche 25 % bewaldet
sind, muß alljährlich Holz im Werte von 300 Mill. Mark vom Auslande
beziehen.

Angesichts dieser Erscheinung muß als erste Forderung erhoben
werden, daß alles aufforstbare Ödland im eigenen Lande in Wald
umgewandelt werden soll, um den Holzbezug von auswärts einzuschränken und ertragloses oder ertragarmes Land in ertragreiches
Waldland umzuwandeln. Baumlose Flächen, welche höhere Erträge
durch anderweitige Benutzung geben, zählen hier nicht zum Ödland.
Holz mangelt vor allem den Steppenregionen; für die Besiedelung und
Urbarmachung dieser, für die Kultur und Entwicklung ihrer Bewohner
ist Bewaldung die wichtigste Aufgabe, zu der schon die Schutzlosigkeit
gegen die Unbillen der Witterung drängt. Abb. 1 S. 17 gibt die
wichtigsten, durch Mangel an Niederschlägen waldlosen Gebiete der
Erde (in horizontaler Strichelung) wieder; hinzu kommen noch ungeheure, vom Menschen erst entwaldete und brach gelassene Gebiete,
in welche der Wald aus eigener Kraft nicht wieder zurückwandern
kann oder darf. Aus den naturgesetzlichen Grundlagen ergibt sich
weiter, daß von diesen waldlosen Flächen nur ein kleiner Teil nicht
aufforstungsfähig ist; nicht bewaldbar sind sodann jene Landflächen im

Norden und auf den höchsten Bergen, denen die nötige Wärmemenge für das Dasein von Wald fehlt. In der Abbildung 1 sind diese Flächen durch vertikale Strichelung gekennzeichnet, wobei die waldlosen Regionen der höchsten Bergspitzen bei der Kleinheit des Maßstabes selbstverständlich nicht wiedergegeben werden konnten. Über die Aufforstung von Ödland handelt der XIV. Abschnitt.

Als erstrebenswerte Wirtschaftsfigur und Wirtschaftseinheit erscheint bei allen diesen Waldneuanlagen der Kleinbestand mit seiner Erziehung zur Verjüngung. Durch letztere allein besteht Sicherheit, daß das Ödland nicht zurückkehrt und die schweren Kosten der ersten Waldanlage bei der Begründung der zweiten und folgenden Waldgenerationen in Wegfall kommen. Als Begründungsart hat sich allein die Pflanzung mit starkem Material (Strauchzwischenpflanzung, Auswahlpflanzung) als wirksam gegen die zahlreichen Pflanzenfeinde auf den Ödländereien erwiesen.

Allgemein ist die Anschauung verbreitet, daß das Klima eines Landes eine wesentliche Änderung erleiden muß, wenn einstens waldreiches Land entwaldet oder einstens waldloses Land bewaldet wird. In der Tat bestätigt die Beobachtung, daß Steppenklima zu Waldklima sich verhält wie Kontinental- zu Insularklima. Der Wald wirkt wie das Meer nivellierend auf die Extreme in Temperatur und Feuchtigkeit. Die Wirkung des Waldes erstreckt sich jedoch nur über ein paar hundert Meter von seinem Dache hinweg in das waldlose Gebiet und erschöpft sich auf diesem Wege in Erhöhung der Luftfeuchtigkeit um einige Prozente und der Abstumpfung der Extreme um einige, waldbaulich und gärtnerisch freilich sehr wichtige Grade. Unmöglich kann diese geringe Erhöhung der Luftfeuchtigkeit und diese geringe Erniedrigung der Temperatur genügen, um die Niederschlagsverhältnisse eines Landes wahrnehmbar zu verändern, und die von Blanford im mittleren Indien gefundenen Zahlen über Steigerung der Niederschläge nach Wiederbewaldung harren noch der Bestätigung und Aufklärung. Aber Blanfords Beobachtung ist in alle Bücher übergegangen als Bestätigung einer weit verbreiteten Anschauung im Volke. Die Aufforstungen in den regenarmen Gebieten der deutschen und englischen Kolonien von Südafrika sind ausgeführt in der Hoffnung, daß der neu zu begründende Wald die Niederschlagsmenge im Lande mehren und die kostspieligen Bewässerungsanlagen entbehrlich machen werde. Wenn auch die Hoffnungen auf erhöhte Niederschläge sich voraussichtlich nicht erfüllen werden, so bleibt die Hoffnung auf eine bessere, gleichmäßige Verteilung der gefallenen Niederschläge im Boden nach der Bewaldung. Mit allem Fleiß und mit reichlichsten Mitteln sollte daher dort aufgeforstet werden zur Zurückhaltung der Wasserabdunstung, zur Erhöhung der Sickerwassermengen, aus welchen Quellen und die Wasserläufe der Flüsse gespeist werden. Wald, der eine solche Rolle erfüllt, sei es in den Steppen oder innerhalb der Waldregionen selbst im Gebirge, im Hügellande, ist Schutzwald. Man neigt zur Ansicht, daß es eine Bewaldungsfläche gebe, z. B. jene von Deutschland mit 25 %, welche bezüglich der Wasserversorgung als „normal" zu bezeichnen wäre. Man nennt deshalb Länder, welche diese Zahl nicht erreichen, waldarm, solche, welche sie übertreffen, waldreich; waldnormal aber können dabei alle sein. Die normale Bewaldungszahl muß für jedes Land eine andere sein und eigens ermittelt werden. Sie ist die Summe aller Schutzwaldungen. Schutzwaldungen sind zunächst alle Waldungen der Hochgebirge (Talsohlen ausgeschlossen); Länder mit Hochgebirgscharakter, wie z. B. Schweiz und Tirol, erhalten schon dadurch eine sehr hohe, normale Bewaldungszahl; in Ländern mit Mittelgebirgen wird sie nieder sein, in ebenem Gelände kann sie Null sein, da dort Schutzwaldungen aus naturgesetzlichen Gründen fehlen können. In Ländern mit Kontinentalklima werden Schutzwaldungen umfangreicher sein müssen als in solchen mit Insularklima.

Die meisten Forstgesetze verbieten in den Schutzwaldungen der Gebirge den Kahlschlag, in der Erkenntnis, daß durch plötzliche Bodenentblößung der Abwaschung der feinen Erde, der Vergrasung, der Feuergefahr am meisten Vorschub geleistet wird; der urwaldartige Charakter des Femel- oder Plenterwaldes erfüllt am besten die Forderungen des Gesetzes, erschwert aber die Nutzung und beeinträchtigt die Rentabilität solcher Waldungen. Als ein Ausweg erscheint hier der Kleinbestandswald, der in schmale Saumschläge ausgeformt wird; jeder Saum besteht, wenn möglich, aus einer anderen Holzart, wird zur Verjüngung erzogen und im beschleunigten Schirmschlage verjüngt. Soweit noch Buchen wachsen — als Unterbau steigt sie viel höher die Berge hinan denn als Baum — werden zum Unterbau Buchen benützt; wo es der Buche zu kalt wird, mag eine Straucherle oder Sorbus an ihre Stelle treten. Die Richtung dieser Saumhiebe ergibt sich aus einer früheren Betrachtung Seite 312; dieser saumweisen Kleinbestandswirtschaft nähert sich C. Wagners Blendersaum, entfernt sich aber prinzipiell von diesem dadurch, daß für den saumweisen Kleinbestand Reinbestand mit späterem Unterbau als Wirtschaftsziel gilt. Die Verjüngung des saumweisen Kleinbestandes erfüllt auch die Forderung des Gesetzes, weil sie keinen Kahlschlag voraussetzt; vom Kahlschlag aber hat diese Wirtschaftsform das Beste angenommen: seine hohe Rentabilität und große Einfachheit.

Als Schutzwald ist aufzufassen solcher Wald, der die Abrutschung der Erdschichten auf geneigten, von Quellen durchrieselten Hängen verhindern soll. Nur die Bestände einer tiefwurzelnden Holzart können diese Forderung erfüllen. Die seichtwurzelnde Fichte erhöht durch das Gewicht der Stämme die Gefahr; Föhren, Lärchen und

Laubhölzer, als kräftige Pflanzen ausgepflanzt, verbinden die gleitende Schichte am besten mit der Unterlage, selbst wenn diese nur von schmalen Spalten zerklüftet ist. Solche Hangwaldungen wären am besten im Femelbetrieb zu behandeln.

Als Schutzwald erscheint eine lockere Anhäufung von Bäumen, welche hindern, daß die Weidetiere mit ihren Tritten das fruchtbare Gelände abwärts bewegen, lockern und der Abwaschung überliefern. Der aufgelöste Femelschlag schadet am wenigsten der Weide und schützt am besten den Boden.

Soll Wald im Hochgebirge gegen Lawinen schützen, so muß der Wald der größten Standfestigkeit die besten Dienste geben. Ein Wald von tiefwurzelnden Holzarten und seine Erziehung im aufgelösten Schlusse ergeben sich aus diesen Forderungen von selbst. Muß die seichtwurzelnde Fichte gewählt werden, ist ihre freiständige Erziehung und femelartige Verjüngung vorzusehen; der Femelwald hat die größte, der gleichalterige, geschlossene Hochwald die geringste Standfestigkeit.

Als Windbrecher schützt der Wald landwirtschaftliches Gelände (besonders wichtig beim Reisbau in überschwemmten Feldern), Gärten mit Zier- und Nutzbäumen, Ansiedelungen an den Meeresküsten, in ebenen Geländen, vor allem in Steppengebieten. Um möglichst schnell das Ziel zu erreichen, werden immergrüne Holzarten mit tiefer Bewurzelung, rasch wachsend, auf gutem Boden, in weitem Verbande angepflanzt. Je nach Klima und Boden werden Föhren, Pseudotsuga, Tsuga, selbst Lärchen und Fichtenarten, Chamaecyparis, Thuja, dann auch Laubhölzer, immergrüne und winterkahle Verwendung finden können. Da der Schutz ständig gegeben werden soll, kann nur eine Femelwirtschaft in solchen Windmänteln Platz greifen.

Als Schutz gegen Wasser, gegen Überflutungen bei Hochwasser, ist der Wert des Waldes gering. Er hält wohl bei Flüssen, welche vom Gebirge mit Geschieben beladen herabeilen, letztere zurück, verliert aber selbst an Wert, da in ihm die wertvolleren Baumarten ausscheiden. Im Unterlaufe der Flüsse ist der Schutzwert des Waldes gering. Der Wald der besten Laubhölzer erstreckte sich einstens im Unterlauf des Mississippi bis hart an den Vater der Ströme. Heute haben Hochwasser den Wald auf mehrere Kilometer Breite zu beiden Seiten des Stromes weggerissen; sein Wert als Schutz gegen Hochwasser war somit Null.

Nach Prof. Dr. Hondas [1]) Berichten hat der Wald an der Küste Japans bei schweren Hochflutkatastrophen durch Winde (Taifun) oder Erdbeben sich dadurch wohltätig erwiesen, daß er die Masse des in das Festland einflutenden Wassers verminderte und die aus dem

---

[1]) Dr. S. Honda, Bull. Tokio 1989.

Festlande vom zurückfließenden Wasser mitgeschleppten Menschen, Holzhäuser und Holzgeräte absiebte. Föhren, Wacholder (Juniperus) und Eichen (Quercus dentata) haben sich dabei bewährt; in den Tropen dürften die Mangrovewaldungen der Küste ähnlichen Schutz bieten. Für solche Waldungen ist Femelbetrieb nötig.

Der Schutz des Waldes gegen Sandverwehungen, gegen Wanderdünen, ist gering; Wald selbst wird von der Wanderdüne allmählich vernichtet, indem diese im Walde in ungeminderter Schnelligkeit weiterschreitet; hier hilft nur das Übel an der Wurzel zu fassen, nämlich zu verhindern, daß Sandmassen in Bewegung gesetzt werden; diese Festigungsarbeit bespricht der Abschnitt über Aufforstung von Ödländereien.

Aus hygienischen Gründen kann ein Wald Schutzwald sein beziehungsweise kann seine Begründung wünschenswert erscheinen. Soll eine menschliche Niederlassung gegen giftige Gase, wie sie Fabriken in der Luft ausstoßen, gesichert werden, soll gegen Ruß und Staub Schutz gegeben werden, so dürften wegen ihrer geringeren Empfindlichkeit gegen Gifte, Laubhölzer, wie Ulmen, Ahorn, Linden, Akazien, Eichen sich besser eignen als die besser siebenden Nadelhölzer; letztere sind die besten Staubschützer; die Bewirtschaftung solcher Waldungen ist Femelung.

Soll eine malariatische, fieberische, versumpfte Landschaft assaniert werden, so genügt die Umwandlung in Wald wegen der entwässernden Wirkung der Bäume, wenn die Feuchtigkeit dem empordringenden Untergrundwasser zuzuschreiben ist; rührt der Überschuß von Tagwasser, so kann eine Bewaldung das Übel noch vergrößern. In solchen Fällen hat die Entwässerung an Stelle der Bewaldung zu treten. Ist Bewaldung zu wählen, so nehme man Baumarten, welche bei ihrer Nutzung das wertvollste Produkt geben; daß schon der Duft gewisser Baumarten (Koniferen, Eukalyptus) luftreinigend wirke, wird von verschiedenen Seiten bestritten. Für solche Waldungen ist Kleinbestandswirtschaft und -erziehung, behufs späterer natürlicher Wiederverjüngung empfehlenswert.

Es darf nicht verschwiegen werden, daß hygienische Gründe auch zur Vernichtung des Waldes zwingen können; um den Menschen und seine Haustiere gegen schädliche Insekten (Buio, Tsetse) zu schätzen, ist in manchen Örtlichkeiten (Ostasien, Südafrika) das einzige Radikalmittel die Zerstörung der Heimat dieser Peiniger, des Waldes. Es dürfte sich in diesem Fall empfehlen, alle Ortschaften mit einem Ring von landwirtschaftlichem Gelände zu umgeben, um sie vom Walde zu isolieren; eines Versuches wert ist der Gedanke, ob nicht ein breiter Gürtel von scharfriechenden Sträuchern und Bäumen (Eukalyptus, Zanthoxylon und anderen), der die Ortschaften gegen den Wald hin abschließt, die lästigen Dipteren abzuhalten vermag.

Neunzehnter Abschnitt.

Waldpflege aus ästhetischen Gründen.

Es kann nicht zugestanden werden, dem ästhetischen Empfinden und den Ansprüchen der Schönheitspflege eine entscheidende Bedeutung bei der Wahl der Holzart, der Einteilung, der waldbaulichen Behandlung eines Waldes, der öffentliches Eigentum ist, einzuräumen. Solche Waldungen müssen heutzutage in erster Linie der Rente gewidmet sein. Wer in seinem Privatwalde die Ästhetik, die Schönheitspflege, an erste Stelle setzt, wie im Lustpark, wer Affektionswerten die Behandlung seines Waldes unterordnet wie im Wildparkwald, treibt eine rentenarme Wirtschaft; das ist sein Recht und seine Sache!

Der Wildparkwald. Die Hege und Aufzucht des Wildes verlangt in der Auswahl der Holzarten Futter und Schutz bringende Bäume. Futter geben Eichen, Buchen, Roßkastanien, Edelkastanien, Wildobst, Vogelbeeren und zahlreiche beerentragende Sträucher und Kräuter; sie alle anzubauen und zu pflegen, und zwar in einem solchen lichtfreien Betriebe, daß sie möglichst oft fruktizieren, ist eine der Hauptaufgaben des Waldbaues im Wildpark. Der Mittelwald leistet die Aufgabe am besten; um aber Deckung zu geben, sind Dickungen von immergrünen Nadelbäumen wie Fichten, Tannen, sind geschlossene Hochwaldungen nötig. Wiesen und Wildremisen, breite Schneusen für Jagdzwecke sind unentbehrlich. Der Wildparkbetrieb weist Waldbilder auf, welche im natur- und rentengerechten Kulturwald verpönt sind, wie Unterbau der Eichen mit Fichtendickichten, abgefressene Kulturen, angerissene oder geschälte Stangenhölzer, hohe Umtriebszeiten für das frühzeitiger stammfaule Nadel- und Laubholz. Der Kulturwaldbetrieb ist Waldbau auf der Grundlage der Naturgesetze der Holzarten, des Klimas und des Bodens; die Waldpflege ist Kampf gegen die Schädlinge im Walde, zu deren schlimmsten das Wild zählt. Der Parkwaldbetrieb ist Waldbau auf der Grundlage der Naturgesetze zur Erhaltung und Vermehrung der Schädlinge im Walde, der jagdbaren Tiere. Nicht ein Lehrbuch über Waldbau, sondern ein solches über Jagd hat daher mit der Wildparkwirtschaft sich zu befassen.

Der Lustparkbetrieb setzt die Schönheitspflege als oberstes Prinzip der waldbaulichen Auswahl der Holzart, der Begründungsform und ganzen Erziehung. Noch mehr als im Wildparkbetriebe sinkt im Parkwalde die .Rente aus dem Walde herab. Bei der Auswahl der Bäume und Sträucher genügen im Lustparkbetriebe die einheimischen Holzarten nicht; er ist frei von dem Vorurteile als ob fremdländische Gewächse nicht imstande wären, in dem Beschauer Befriedigung des Schönheitsgefühles zu erwecken; verwendet er doch gerade an den hervorragendsten Punkten eine fremdartige Holzart mit Vorliebe. Steht ihm ein fremdländisches Gewächs nicht zur Verfügung, benutzt er einheimische Spielarten, Variationen, Luxus in Blätter- und Kronenformen, in Farben und Blüten. Er meidet freilich ein gruppen- oder gar bestandsweises Zusammenhäufen solcher Formen, weil sie den Eindruck dessen erwecken würden, was sie wirklich sind, krankhafte Erscheinungen und Mißgeburten der heimischen Flora. Verfasser erkennt den Wert der heimischen Bäume, Halbbäume und Sträucher für Schönheitspflege unbedingt an, kann aber nicht finden, daß fremdländische Baumarten, wenn anders sie normal mit saftigem Grün emporwachsen, häßlich sein müssen, weil sie nicht europäische oder gar nicht „deutsche Bäume" sind. Solche schönen Gefühle haben den Bäumen gegenüber keine Berechtigung, weil auch Bäume nicht den Patriotismus besitzen an der deutschen Grenze halt zu machen. Die „deutsche Eiche" ist in ihren Wohltaten und Leistungen unseren westlichen Nachbarn, den Franzosen, den Engländern, den Ungarn gegenüber viel gnädiger als gegen uns. Die „deutsche Buche" ist ebenso schön in Frankreich, England, Dänemark und Österreich wie in Deutschland. Jeder Baum, mag er herstammen, woher er will, ist in seiner Art, wenn gesund und normal erwachsend und erwachsen, schön und geeignet zur Zierde für Park und Wald; Verfasser hat in einer Gartenbauschrift den Satz aufgestellt, daß von zwei Baumarten, welche in ihrem ästhetischen Werte gleich sind, jene angebaut werden soll, welche, wenn sie wieder beseitigt werden muß, einen höheren Wert in ihrem Holze besitzt. Reine, gleichmäßige Bestände einer Art wirken ungünstiger als gruppen- und truppweise, als stammweise gemischte Waldbestände; auch der Kleinbestandswald, welcher an Stelle großer, reiner Bestände kleine, reine Bestände in verschiedenster Abwechslung der Art und des Alters im Walde verlangt, ist ästhetisch höher stehend zu betrachten. Die gleichmäßige Verteilung der Stämme in einem Bestande ist auf die Dauer langweiliger als eine Abwechslung zwischen Stämmen und Gruppen; eine Baumgruppe aus „ästhetischen Gründen" auflösen heißt ihre Ästhetik zerstören.

Unter der Wirtschaft gilt mit Recht der Kahlschlag als die häßlichste Form, weniger deshalb, weil er plötzlich an Stelle des Hochwaldes eine Prärie setzt, sondern vielmehr, weil solche Kahlflächen, zwar abwechslungsreich in Gräsern, Blumen- und Blattpflanzen, in Beerenkräutern und -stauden aller Art stets genaue, geometrische Figuren darstellen; geradezu öde ist der Niederwald; höher steht der Mittelwald insbesondere seine hochwaldartige Form; Hochwald in Plenter- oder Femelform ist das ästhetische Waldideal. Freilich fallen auch bei dem Femelhiebe starke, liebgewonnene Stämme und sie müssen fallen, um das Buschwerk zu erhalten und Jungwuchs nachzuziehen. Mit dieser Feststellung erschöpft sich auch das Interesse, das der Waldbau an der Lustparkwirtschaft nimmt.

Der Schönheitspflege im Wirtschaftswalde sind in den letzten Jahrzehnten zahlreiche Schriften gewidmet worden; allen voran ist die Forstästhetik von Salisch (II. Aufl. 1902) zu nennen; man kann sie betrachten als eine natürliche Reaktion gegen die unnatürliche Unifizierung des Waldes mit einer Holzart, im Süden von Deutschland mit Fichte, im Norden mit Föhre. Niemand wird leugnen, daß der Schönheitspflege im Walde ein Platz gebührt, sobald dieser ohne Einbuße oder nur mit einem geringfügigen Entgang an Rente eingeräumt werden kann.

Der Schönheitspflege obliegt die Sorge dafür, daß das Auge eines jeden, der in den Wald flüchtet zur Erholung, am Walde und seinen Gliedern sich erfreue. Er erwartet Schönheit, Erhabenheit, unverfälschte Natur; an Stelle des klappernden, monotonen Lärmes, des Pfeifens und Tutens des wachsenden Verkehrs in der Stadt will er Naturlaute hören, wie das Rauschen des Windes in den Bäumen, das Ächzen der sich reibenden Stämme und Äste, das Singen, Pfeifen, Summen und Trommeln der fliegenden, springenden, flatternden, kletternden Tierwelt; er ersehnt im Walde an Stelle des Staubes und Geruches ätherische, harzige Düfte, reinen Ozon, reine Lüfte. Je weniger von all den gehofften Genüssen der Wald dem Wanderer bietet, je weniger dieser abgezogen wird von den alltäglichen Sorgen seines Lebens, um so geringer seine geistige und leibliche Erholung, um so niederer der ästhetische Wert des Waldes. Die Ästhetik des Waldes muß in der Erfüllung dieser Grundgedanken ihr Arbeitsfeld erblicken; sie kann es ohne merkliche Schädigung der Rente, obwohl in unmittelbarer Nähe der Stadt es sich rechtfertigen läßt eine förmliche Parkwaldwirtschaft zu betreiben: „Die räumliche Ausdehnung einer solchen Wirtschaft" sagt Weise[1] vortrefflich, „braucht nur eine sehr bescheidene zu sein und meist genügt ein schmaler Schleier, um dahinter die Waldwirtschaft in beliebiger Form unbehelligt durch den Anspruch des Publikums treiben zu können." Verfasser hat schon vor Jahren den Gedanken angeregt, die Städte selbst sollten für eine parkartige Verbindurg ihres Weichbildes mit dem Walde sorgen, indem sie

---

[1] W. Weise. Leitfaden für den Waldbau 1903.

die dem Wege zum Wald anliegenden Grundstücke aufkaufen und park-artig mit Laubhölzern bewalden sollten.

Im folgenden sind einige Aufgaben der Waldästhetik angedeutet; von Salisch, Sektionschef L. Dimitz[1]), Oberforsträte Wilbrand und Thaler, Prof. Siefert[2]), Dr. Schinzing[3]), Oberlandforstmeister Dr. Stötzer u. a. haben den Wert und die Ziele der Waldästhetik hervorgehoben. Dr. Kienitz[4]) hat an der Birke gezeigt, daß vielfach Waldästhetik und Waldschutz Hand in Hand gehen.

Jeder Holzart, welche am betreffenden Standorte überhaupt wachsen kann, sei eine ihrer Bedeutung entsprechende, wenn auch noch so be-scheidene Stelle im Walde eingeräumt; den Sträuchern, den Schling- und Kletterpflanzen seien die Bestandsränder insbesonders an warmen Hängen zugewiesen; dem prächtigen Efeu falle das Halbdunkel der Baumschäfte unter den Kronen zu; je mehr Stämme von ihm über-kleidet sind, desto besser und schöner, denn der Efeu ist an sich völlig unschädlich. Man erhalte kleine Blößen, kleine versumpfte Örtlich-keiten in ihrem Urzustande, belasse die Steine, Felsblöcke in den Waldungen, verschone hohle ohnedies fast wertlose Laubbäume für Höhlenbrüter oder bringe künstliche Brutstellen an. Man schone so lange als möglich besonders hohe, besonders dicke Bäume, welche die Wanderer im Walde immer bewundern und in Höhe und Alter so gerne überschätzen, während sie die dünnen Stämmchen immer unterschätzen; man hege sorgfältig vereinzelte Monstrositäten, vielgipflige, knorrige, verunstaltete, sogenannte malerische Bäume, Abnormitäten in Form und Farbe, kropfige, verschlungene, vergabelte Bäume; man schneide aus dem Wirtschaftswalde einzelne Partien mit besonders starken, alten Bäumen als Naturdenkmäler aus, um einige, wenn auch ganz be-scheidene Andeutungen an den einstigen Urwald zu erhalten. Es ge-bührt Prof. Dr. Conventz das Verdienst diese Frage aufgegriffen und durch Beschreibung der vorhandenen Naturdenkmäler in Preußen erfolgreich gefördert zu haben; Dr. H. Klein in Baden, Stützer in Bayern und andere sind ihm gefolgt. Längst sind Vorschriften zum Schutze seltener Kleinpflanzen erlassen[5]); für selten gewordene Wald-bäume wie Eiben, Zirben, Prunus, Sorbus, Pirus und andere fehlen sie.

Den wärmsten Dank aller studierenden Forstwirte, aller Freunde des Waldes, seiner Schönheit und seiner ethischen Kraft haben sich die Fürsten von Schwarzenberg in Böhmen gesichert, indem sie ein wirkliches Stück Urwald am Berge Kubany bei Eleonorenhain von

---

[1]) Über Naturschutz und Pflege des Waldschönen. 1907.

[2]) Der deutsche Wald, Festrede 1905.

[3]) Allgem. Forst.- u. Jagdztg. 1907.

[4]) Märkischer Forstverein 1895.

[5]) H. Conventz, Schutz der natürlichen Landschaft, vornehmlich in Bayern. 1907.

jeder Benützung, jeder verändernden Tätigkeit durch den Menschen ausschlossen. Verfasser möchte den vor vielen Jahren dem Fürsten gegenüber bereits ausgesprochenen Wunsch wiederholen, daß der Urwald gegen Wild geschützt werde, um den Unterwuchs und Anflug, ein Charakteristikum des Urwaldes, zu retten.

Urwüchsige, aber nicht urwaldartige Waldreste sind in Deutschland vielfach erhalten, am schönsten im Großherzogtum Oldenburg. Die Amerikaner gelten in Europa als die schlimmsten Waldverwüster; sie waren auch die ersten, welche Urwaldreste größter Ausdehnung als „Nationaleigentum" vor weiterer Verwüstung zur wissenschaftlichen Belehrung und ethischen Bewertung dem Feuer und der Axt entrissen. Fällt im Kulturwalde ein alter, morscher, hohler Baum zu Boden, so lasse man ihn liegen, wenn er ohnedies nur geringwertig oder ganz wertlos ist. Sein ästhetischer Wert als Erinnerung an den ehemaligen Urwald, als Baumleiche, für alt und jung als Ruhebank erkoren, ist viel höher, denn sein reeller als Häufchen Asche. Man lasse die Pilzfrüchte mit Ausnahme jener wenigen, welche als Schädlinge der Bäume erkannt oder wohlschmeckend sind; man verschone allen Unterwuchs, dessen Beseitigung dem Wald keinen Nutzen, vielmehr Schaden bringt, da man den kleinen Vögeln im Walde die Sicherheit gegen ihre Feinde raubt. Man überwache oder halte besser ganz fern jene gewerbsmäßigen Vernichter der Waldästhetik, jene Hyänen des Waldes, welche von städtischen Unternehmern angeworben, in Scharen in den Wald geschickt werden, um alles, was den Wald schmückt, auszureißen und in riesige Körbe oder Säcke zu stopfen. Zentnerweise werden Moose und Farne abgerupft, die Seerosen aus den Teichen gefischt, alles, was bunte Blüten, Früchte, Herbstblätter trägt, schonungslos zerrissen, und zurück bleibt buchstäblich die Verwüstung. All dieser Schmuck des Waldes wandert in die Stadt und nach wenigen Tagen oder selbst wenigen Stunden ästhetischen Genusses in die Kehrichttonnen. In der Nähe der Städte ist diese aus Mitgefühl für Arme hervorgegangene Duldung zu einer die Schönheit des Waldes vernichtenden, die Jagd belästigenden, den einsamen Wanderer im Walde in Ruhe und Sicherheit bedrohenden Plage geworden. Das Bestreben, den Wald in die Stadt zu zaubern, vernichtet allen Zauber im Walde. Der Genuß ist nur echt in der freien Natur selbst; dahin sollen die Städter wandern; für ihre Bedürfnisse an Blumen- und Pflanzenschmuck im Hause sorgen die Gärtner.

Man vernichte im Walde schonungslos Sperber und Habichte, schone die Eulen, Bussarde, Rüttelfalken, Spechte, den waldbaulich äußerst nützlichen Eichenstufer, den Eichelhäher; der Schrei der Eulen in lauwarmer Sommernacht, das Kreisen der Bussarde am blauen Himmel, das Rütteln des Falken hoch in den Lüften, das Hämmern der Spechte und ihr Rufen, der Spottgesang des balzenden Eichelhähers, alles das sind ästhetische Genüsse von seltener Kraft und Nachhaltigkeit.

Man entwässere, wenn es sein muß, nur in offenen Gräben, um das herrliche, ästhetische Wasser in der Sonne glitzern zu sehen, um es zu hören, wenn es über Hindernisse hinweglärmt. Man vermeide alles, was an die menschliche Tätigkeit im Walde allzuoft erinnert, wenn es Mittel gibt, das gleiche auf weniger aufdringlichem Wege zu erreichen. Man vermeide Leimringe an den Bäumen in der Nähe der Waldwege, wenn dies ohne Gefahr für den Wald geschehen kann, vermeide den Wald mit üblen Gerüchen zu erfüllen, um die Tiere von den Kulturen zu scheuchen, wenn es besser wirkende Mittel gibt; wenn eingezäunt werden muß, wähle man eine geschmackvolle Form oder einen Zaun, den man erst sieht, wenn man auf ihn stößt (Drahtzaun), und wenn im Walde Verbote über Schießen, Hundeführen, Betreten der Kulturen und dergleichen gegeben werden müssen, so sage man dies in empfehlender, nicht in gebietender Form, damit die zahlreichen Besucher und Freunde des Waldes, welche dem lieben Walde zuliebe gerne folgen, nicht jählings und auf Schritt und Tritt aus allen Freuden, Träumereien und Genüssen geworfen werden; die schlimmen Elemente hält die Furcht vor dem schützenden Beamten mit besserem Erfolge fern als angedrohte Paragraphen und Strafen.

Auch der ästhetisch schönste Wald wird auf das Gemüt des Menschen nicht einwirken können, wenn der Mensch nicht erzogen ist zur Empfänglichkeit für ästhetische Genüsse, wenn ihm nicht von Kindheit an im Hausgarten und in der Schule eingeimpft wird, daß auch Bäume Lebewesen sind, daß ihr sinnloses Ausreißen und Zerfetzen ebenso häßlich ist wie das Zertreten, Morden und Quälen der Tiere, die auf dem Boden kriechen und von Unverständigen als giftig oder schädlich hingestellt werden. In den Schulen sollte, wie Forstinspektor Syrutschek verlangt, ein Teil des Schulgartens als Saatund Pflanzgarten ausgeschieden sein, in welchem Säen und Pflanzen gezeigt und zur Beobachtung des Werdeganges der Waldbäume angeregt werden könnte. Der Arbor day der amerikanischen Schulen verdient Nachahmung: belehrende Ausflüge in Wald und Flur gehören in das Schulprogramm. Der Wald mag noch so reich an ästhetischen Reizen und Objekten für Beobachtung und Zerstreuung sein, wer das Sehen nicht gelernt hat, schaut herum und sieht nichts.

Der hochverehrte Altmeister des Waldbaues, Karl Gayer, eine künstlerische, feinfühlende Natur, ein Feind aller Künste und Künsteleien im Walde, der unermüdliche Kämpfer für Rückkehr zur Natur, hat die letzten Worte, welche sein lebhafter Geist ersann und seine formgewandte Feder niederschrieb, der Ästhetik im Walde gewidmet. Mit seinen letzten Worten, welche er zu Beginn des Jahres 1907 an die

Öffentlichkeit richtete, sei dieser Abschnitt geschlossen: „Das Schönheitsgefühl wird um so reicher befriedigt, je gewissenhafter die Grundsätze einer naturgesetzlichen Waldbehandlung überhaupt Beachtung finden; denn die Gesetze der Natur stellen uns einzig und allein auf den Boden der Wahrheit und damit der ungezwungenen Schönheit.“

Zwanzigster Abschnitt.

Der Kleinbestandswald,

Vorschläge für eine natur- und rentengerechtere Waldwirtschaft.

———

Im eigentlichen Sinne des Wortes ist der dem Urwalde am meisten sich nähernde Plenter- oder Femelwald die Wirtschaft auf kleinster Fläche; denn alle für den betreffenden Standort passenden Holzarten, alle Altersklassen drängen sich auf kleinster Fläche zusammen; eine kahle Stelle größer als ein Trupp kann nicht entstehen; die Verjüngung ist eine natürliche im sogenannten Femelschluß. Diese urspüngliche, natürliche Waldform gilt noch heute und galt der nach geometrischen Figuren strebenden Forsteinrichtung des vergangenen Jahrhunderts als ein Chaos, in das nur Ordnung gebracht werden könne durch Wirtschaften, welche bei der Verjüngung eine großflächenweise Beseitigung der Bäume — aller Stämme beim Kahlschlag, eines Teiles der Stämme beim Schirmschlag — vorschreiben. Damit verschwanden die Femelwaldungen in der Ebene und im Hügellande, selbst im Hochgebirge und an ihre Stelle traten gleichaltrige Waldungen größter Ausdehnung; der erste Schritt vom jungholzreichen Femelwalde zum gleichmäßigen Hochwalde war leicht; der Übergang zur nächsten Waldgeneration vollzieht sich bereits unter erhöhten Schwierigkeiten, so daß erhöhte Ausgaben für künstliche Verjüngung notwendig werden. Der Übergang vom Femel- zum gleichaltrigen Hochwald in großen Beständen hat schwere Gefahren gebracht, so daß noch heute der Femelwald als das Waldideal zur Erhaltung der Holzarten, der Bodenkraft, zur Sicherung gegen Naturereignisse gilt. Zu ihm zurückzukehren, ist eine Unmöglichkeit geworden, denn er entspricht nicht den Forderungen einer rentablen Waldwirtschaft von heute. Nur die aus dem Urwaldzustande erst heraustretenden Waldungen, welche an Absatz und Personal Mangel leiden, sind in Ermangelung einer intensiveren Bewirtschaftung dem periodischen Femelbetrieb unterworfen. In den dichter bevölkerten Kulturländern muß die Rentabilität mehr und mehr in den Vordergrund der vom Walde zu leistenden Aufgaben treten, und eine rentable, d. h. rationelle Wirtschaft wird heutzutage zu einem Kompromiß zwischen dem ökonomischen Prinzipe des nützenden Menschen und dem naturgesetzlichen der aufbauenden Naturkräfte zu gelangen suchen.

Die einfachste und bequemste aller Wirtschaften, der Kahlschlag, wird nur der Rentabilität voll gerecht, die Forderungen der Natur vernachlässigt er, nicht ungestraft, wie die schweren Waldkatastrophen beweisen; er vertreibt die Holzarten zugunsten einiger weniger, er vermindert langsam aber stetig die Bodengüte. Gayer hat dem reinen Bestande seinen Mischbestand, der künstlichen Verjüngung seine natürliche in Gruppenform unter Schirm entgegengestellt. C. Wagner sucht in seinem „Blendersaum", im saumweisen Schirmschlage, Naturverjüngung und Holzartenmischung zu erzielen. Gayers Methode hat, da die Bestände für ihre Verjüngung nicht erzogen wurden, vielfach ganz versagt, vielfach nur Stückwerk ergeben; der langsame Verjüngungsgang hat schwere Nachteile für die Rentabilität gebracht, und was die Mischbestände anlangt, so nehmen sie auch in Bayern, wie die offiziellen Ausweise ergeben, nicht zu und der größte Teil dessen, was heute, kurz nach seiner Begründung, als kleingruppenweiser oder stammweiser Mischbestand erscheint, wird im kritischen Alter des Stangenholzes ohne fortgesetzte Hilfe und Kostenaufwand wieder reiner Bestand werden. Im Kahlschlag wie im Schirmschlag müssen die Reinbestände größter Ausdehnung zunehmen, solange die Einteilung des Waldes, welche auf dem Großflächenprinzip beruht, beibehalten wird.

Will man der Ausdehnung und den Nachteilen der Reinbestände erfolgreich entgegenarbeiten, muß man die Axt an die Wurzel des Übels anlegen, an die Forsteinrichtung, deren Einwirkung auf die ganze Waldwirtschaft aus früher Zeit her noch in der Gegenwart jede freiere Entwicklung einer naturgemäßen Waldbehandlung hemmt. Die Einteilung des Waldes muß geändert werden aus Gründen, welche naturgesetzlicher Art sind, der reine Bestand aber muß beibehalten werden aus Gründen, welche finanzieller Natur sind.

Die Einteilung in Distrikte und Abteilungen mag aus betriebstechnischen Gründen beibehalten werden, die Unterabteilung aber, der heutige Bestand, soll abermals aufgeteilt werden in Bestände von 0,3 bis 3 Hektar Größe, in Kleinbestände, welche ständige Wirtschaftsfiguren sind; jeder Kleinbestand besteht aus einer anderen Holzart, in sich aber ist er ein reiner Bestand. Wo Ausformung des Geländes wie Gebirge und Hochgebirge, Sandboden, nasser Standort, kühles Klima es wünschenswert erscheinen lassen, kann dieselbe Holzart auch im benachbarten Kleinbestande sich anschließen, und mag die Einheit biszu 5 Hektar Größe steigen; es ist aber wünschenswert, daß solche Nachbarbestände größere Altersdifferenzen zeigen.

Alle Kleinbestände werden so begründet und erzogen (durchforstet und durchlichtet), daß sie etwa zwischen dem vierzigsten und fünfzigsten Lebensjahr mit einer Schatten- oder einer Halbschattenholzart (letztere nur unter Lichtholzarten) unterbaut werden können. Daß der Unterbau zu Füll- und Triebholz wird, ist nur auf den besten Bonitäten und nur unter Lichtholzarten willkommen; in diesem Falle aber ist der niedriger bleibende Teil des Unterbaues, wo immer er entbehrlich erscheint, als überflüssiger Zehrer am Boden zu beseitigen. Sucht der Unterbau zwischen Halbschatten- und Schattenholzarten emporwachsen, wird er auf den Stock gesetzt. Der Unterbau verwirklicht die Vorzüge, welche der gemischte Bestand auf den Boden ausübt, in gleicher Vollkommenheit, ohne die wertvollen Bestandsglieder in der Krone zu beeinträchtigen.

Die Durchlichtungshiebe der zweiten Lebenshälfte sichern gegen Naturereignisse; Kraft und andere nach ihm denken sich die Durchlichtungen allmählich so verstärkt, daß natürliche Verjüngung sich einstellt. Kommt sie wirklich, so erscheint sie zu früh; sie beeinträchtigt die Erziehungshiebe, die zwei Zwecken dienen sollen, hemmt die Nutzung des Altbestandes und wird, weil vorwüchsig, schwer durch die Nutzung geschädigt. Der Kleinbestandswald will diese vorzeitige Verjüngung durch Unterbau verhindern. E. André sagt 1832: Wer seine Waldungen richtig durchforstet, hat vom Sturme nichts zu fürchten und kann eine Besamung haben, wann und wie er will.

Die kleinbestandsweise Mischung der Holzarten in einem Walde sorgt dafür, daß Kalamitäten durch Insekten, Stürme, Schnee nicht über den Rahmen des Kleinbestandes hinausgreifen.

Die Verjüngung ist eine natürliche unter Schirm mit allen Vorzügen, welche dieser Verjüngungsform zukommen, aber ohne ihre großen Fehler der Langsamkeit und Ungleichheit. Den Zeitpunkt des Eintrittes der Verjüngung mag die Forsteinrichtung bestimmen; sie findet den Kleinbestand stets verjüngungsbereit. Die freistehenden Althölzer tragen öfter und reichlicher Samen, der Boden ist durch den Unterbau stets aufnahmefähig. Auf Teile oder auch im ganzen Umfange des Kleinbestandes wird in einem Samenjahre nach Abfall des Samens (bei Fichten und Föhren auch kurz vor Abfall des Samens) die Hälfte aller Stämme gefällt und gerodet, der Unterbau gerodet, soweit er nicht zu etwaigem Schutze der Verjüngung nötig erscheint. Wo die Rodung als Bodenverwundung noch nicht genügt, mag eine solche mit eigenen Werkzeugen hinzutreten. Alle unsere bisherigen Erfahrungen über Naturverjüngung müßten Lüge sein, wenn nicht eine gründliche Besamung der Fläche eintreten würde. Nach einem oder zwei Hieben wird der alte Bestand ganz beseitigt, die Verjüngung des ganzen Kleinbestandes kann in 5—6 Jahren vollendet sein; wo ein Teil des ehemaligen Unterbaues zum Schutz belassen wurde, möge er fallen, wenn er seine Schuldigkeit getan; wo Nachhilfe nötig ist, wird die wird die gleiche Holzart gepflanzt. Diese Naturverjüngung ist schnell, sicher und leicht, entspricht somit allen Anforderungen an einen rentablen und naturgesetzlichen Waldbau.

Die ersten Bedenken gegen diese neue Wirtschaft werden der Flächengröße des Kleinbestandes gelten, welche zahlreiche Wege und Schneusen verlangen. Mustert man heute schon in den wenigen Betrieben, in welchen Jungwuchspflege, Durchforstung und Durchlichtung auf der Höhe der heutigen Forderungen stehen, so sind sie alle gezwungen gewesen, die heutigen Bestände aufzuhauen, um ihr Inneres zugänglich zu machen. Die Größe der Bestände ist schuld, weshalb sie im Dickungsalter der Pflege, im Stangenalter der entsprechenden Durchforstung sich entziehen. Mangels an Wegen ist manches Waldgebiet ohne Rente. Im intensiven Betriebe durchziehen schon heute den „Bestand" zahlreiche Waldwege, meist ganz zufällig und ziellos entstanden. Der Kleinbestandswald beseitigt, wenn möglich, alle Wege, welche den Bestand selbst durchkreuzen, und legt sie an die Bestandesgrenzen. Die Mehrzahl dieser Wege bedarf keines Aufhaues und keines Ausbaues; sie ergeben sich von selbst an der Berührung zweier Bestände, weil verschiedene Holzarten aufeinander treffen (man vergleiche die Abb. 12 und 13 Seite 240 und 241). Diesen Weg als unproduktive Fläche zu betrachten und bei der Anlage und Flächenberechnung auszuscheiden, ist ebenso unzulässig, als die zahllosen, durchwurzelten Lücken und Berührungsränder verschiedener Holzarten innerhalb des Waldes als unproduktiv anzusprechen. Erst jene Wege, welche einer dauernden Zurichtung bedürfen und damit für die Wurzeln der Bäume und für die Holzproduktion unzugänglich geworden sind, können als unproduktiv bezeichnet werden. Das Aufhauen der Schneusen ist im Kleinbestande nicht nötig, da die einzelnen Bestände durch den Holzartenwechsel genügend voneinander geschieden sind. Breite Schneusen für Jagdzwecke zu hauen, kann einem Wirtschaftswalde nicht zugemutet werden. Daß überhaupt die Jagd im Kleinbestandswalde zu kurz käme, dürfte weder der moderne, jagdelnde Forstwirt noch der veraltete, wirtschaftelnde Jäger behaupten.

Der Anbau der Holzarten im Kleinbestande soll den Forderungen der naturgesetzlichen Grundlagen des Waldbaues und der zu erhoffenden Rentabilität entsprechen; erstere verlangen, daß alle Holzarten, auch die bisher verstoßenen, auf den ihnen passenden Standorten angebaut werden sollen; das Relief der Holzarten soll genau das Relief der standörtlichen Verschiedenheiten im Walde wiedergeben; nur bei größerer, flächenweiser Gleichheit des Standortes werden die Kleinbestände eine quadratische oder rechteckige Figur erhalten können; die Rentabilität reguliert das Verhältnis der anzubauenden Holzarten, wobei jene, welche gegenwärtig die rentabelsten sind, in den Vordergrund treten mögen.

Man wird sodann einwenden, daß es schwierig oder unmöglich sei, einen Kleinbestandswald kartographisch darzustellen. Das mag sein. In den bayerischen Wirtschaftsregeln ist sogar die Einzeichnung jeder Verjüngungsgruppe in einem Bestande gefordert. Wer prinzipiell die Gruppengröße über 0,3 ha ausdehnt, hat bereits den Kleinbestandswald. Es muß der Forsteinrichtung überlassen bleiben, sich mit diesem neuen Walddetail abzufinden, da sie um ihrer selbst willen dasselbe nicht ablehnen darf. Augenscheinlich nimmt die Anwendbarkeit, ja Notwendigkeit der Kleinbestandswirtschaft zu, je wärmer das Klima, je besser der Boden, je größer die Zahl der Holzarten ist, welche eine Waldregion beherbergt, und welche anbauwürdig erscheint. Im amerikanischen Walde mit seiner Baumartenfülle dürfte der Kleinbestand die beste Form einerseits zur Erhaltung wichtiger Arten, andererseits zur Begründung und zur Aufziehung derselben darstellen. C. A. Schenk in Biltmore sagt in seiner Silviculture 1904: „Amerikanische Forstwirte werden für lange Zeit hinaus wenig Gelegenheit haben, Durchforstungen auszuführen." Wo sie dringend notwendig wären zur Erhaltung der gewünschten Arten im Kampfe gegen die übermächtigen Unhölzer, werden sie unterbleiben, da die Flächengröße, die Zahl der Unhölzer, die Unabsetzbarkeit des Materials und die Höhe der Löhne dies verbieten werden. Die mühevoll begründeten, wertvollen Nutzholzarten werden unter die große Zahl der minderwertigen Arten wieder untertauchen. Dieses Problem löst nur der Reinbestand, dem ein Kahschlag mit künstlicher Begründung durch Pflanzung vorausgeht; nur der Kleinbestand schränkt die Reinbestände auf die naturgesetzlich zulässige Größe ein, sichert die Erhaltung der wertvolleren Holzarten und gestattet die Durchführbarkeit allenfallsiger Reinigungen, Durchforstungen und Durchlichtungen. Erst in der zweiten Waldgeneration kann an eine natürliche Wiederverjüngung solcher Kleinbestände gedacht werden.

Für den ostasiatischen, den artenreichsten Wald, gilt das gleiche. Alle Versuche, die dort mit einer gruppenweisen Naturverjüngung im Sinne Gayers unternommen wurden, haben fehlgeschlagen an der Überhandnahme der Unhölzer, vor allem des Bambus, und an der Unmöglichkeit, die Edelhölzer gegen die Unhölzer zu schützen, ohne die zu erwartende Rente aus dem Walde für die Erziehung des Waldes aufzubrauchen. Nur im Kahlschlag und durch sofortige Auspflanzung der Kleinbestandsfläche mit einer Holzart kann der Kampf gegen die Unhölzer erfolgreich und die Erziehung möglichst einfach und billig gestaltet werden.

Vor allem müßte die Aufforstung aller Ödländereien, der Steppen oder Prärien, der Sandwüsten, der Sümpfe nach dem System des Kleinbestandswaldes geschehen; die Erziehung zur Verjüngung allein gibt neben anderen Vorteilen die Aussicht, daß später eine Verjüngung ohne Kahlschläge durchgeführt und damit der Rückkehr des Ödlandes vorgebeugt werden kann.

In der schmalen, saumweisen Ausgestaltung endlich wird, wie Beispiele zeigen, der Kleinbestandswald auch im stärker geneigten Gelände, selbst im Hochgebirge sich bewähren; er erfüllt die Forderungen der Schutzwaldgesetze und gestattet dem Besitzer eine regelrechte, rentenreichere Benützung seines Waldes.

Aber nicht bloß für den winterkahlen Laubwald und für den Nadelwald, auch für den immergrünen Laubwald der Subtropen, ja selbst für den tropischen Wald von Afrika, Amerika und Asien mit seinem Maximum an Baumarten und Minimum an Wirtschaftern und seinen größten Schwierigkeiten in Begründung, Pflege und Erziehung verlangt eine vereinfachte, geregelte und rentable und dennoch naturgesetzlich aufgebaute Forstwirtschaft die Preisgabe des unregierbaren, ausgedehnten Mischwaldes und seinen Ersatz durch einen kleinbestandsweise gemischten Wirtschaftswald, der zunächst durch Kahlschlag mit darauffolgender Pflanzung, nicht Saat, seine Inszenierung und durch Erziehung zur Verjüngung und Unterbau später seine natürliche Wiederverjüngung erfahren müßte.

Es wird wohl längerer Zeiträume bedürfen, bis diese Vorschläge für eine neue Waldwirtschaft, für welche es an Vorläufern in der Literatur und Vorbildern in der Natur nicht fehlt, Anhänger und Verwirklichung finden werden; die neue Waldwirtschaft bedeutet ja einen Verzicht auf so vieles, was einfach und bequem ist, wie den Kahlschlag, die Durchforstungen auf das Unterdrückte, schließlich die Saatgärten und ihre Kleinarbeit; sie bedeutet die Aufgabe so mancher Liebhabereien in Holzarten und Kulturmethoden, so manchen Vorurteiles gegen andere Holzarten; aber sie bedeutet dafür auch größere Holzmassen verschiedener Güte in kürzerer Zeit, Verminderung der Kosten für Begründung und Erziehung des Waldes, Erhaltung der Bodengüte, Schutz der Jugend, rechtzeitige Nutzung des Alten, Rückkehr bisher verstossener Holzarten, Sicherheit des Waldes gegen Gefahren aller Art und für viele Millionen, welche den Wald aufsuchen zur Erholung, ästhetischen Genuß durch den Holzartenwechsel und durch die Rückkehr der vom Einheitswalde vertriebenen, gefiederten Tierwelt.

Sachregister.

1. Naturgesetzliche Grundlagen. II. Begründung. III. Pflege und Erziehung.

I. Naturgesetzliche Grundlagen. II. Begründung. III. Pflege und Erziehung.

I. Naturgesetzliche Grundlagen. II. Begründung. III. Pflege und Erziehung.

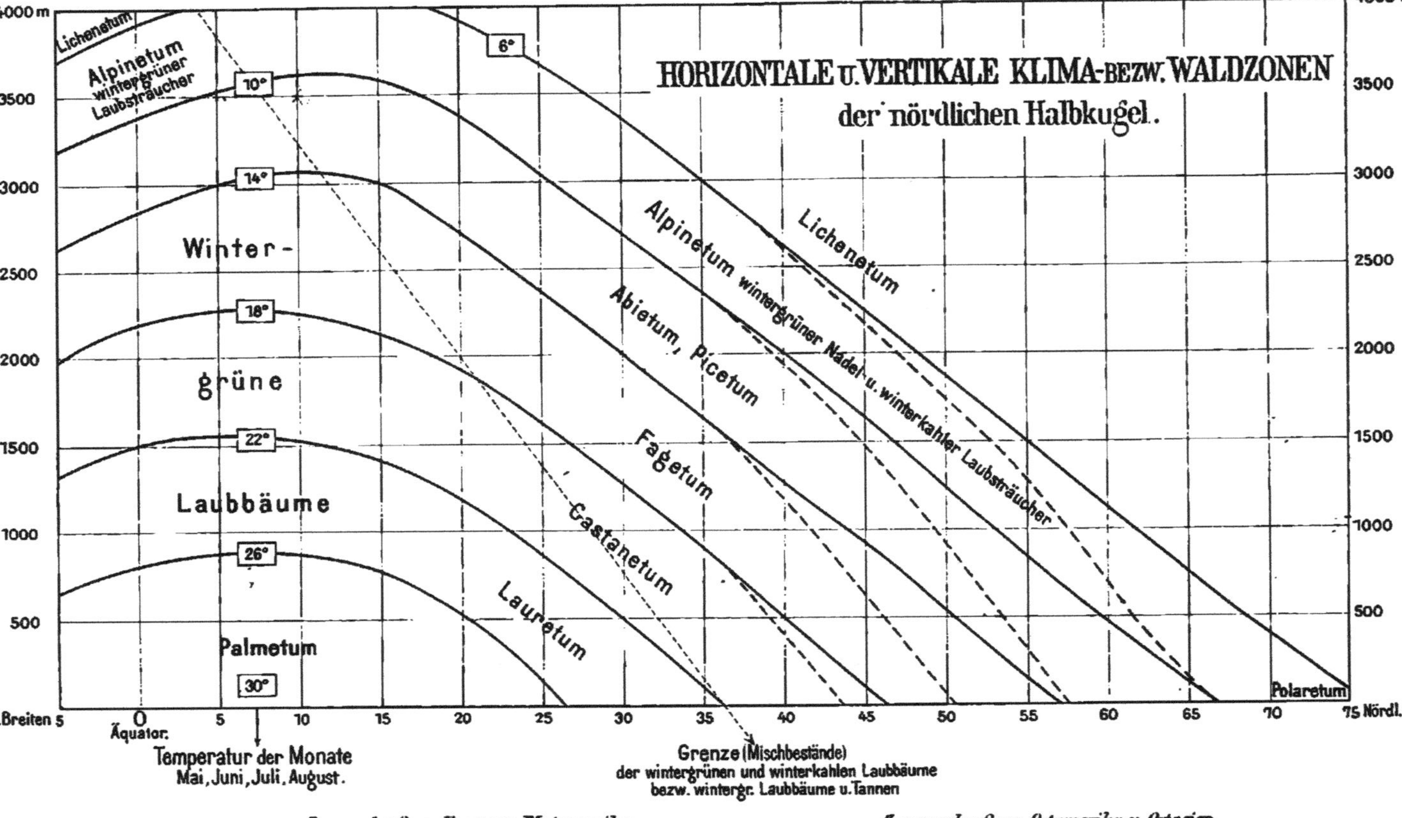
HORIZONTALE u. VERTIKALE KLIMA-BEZW. WALDZONEN
der nördlichen Halbkugel.
Lichenetum
Alpinetum wintergrüner Laubsträucher
Winter-
grüne
Laubbäume
Palmetum
10°
14°
18°
22°
26°
30°
6°
Lichenetum
Alpinetum wintergrüner Nadel- u. winterkahler Laubsträucher
Abietum, Picetum
Fagetum
Castanetum
Lauretum
Polaretum
4000 m
3500
3000
2500
2000
1500
1000
500
Südl. Breiten 5
Äquator.
Temperatur der Monate
Mai, Juni, Juli, August.
Grenze (Mischbestände)
der wintergrünen und winterkahlen Laubbäume
bezw. wintergr. Laubbäume u. Tannen
75 Nördl. Breiten
Zonenverlauf von Europa u. Westamerika
Zonenverlauf von Ostamerika u. Ostasien

VERTEILUNG DER TEMPERATUR IN LUFT UND BODEN.
MITTSOMMER bei klarer, windstiller Witterung.

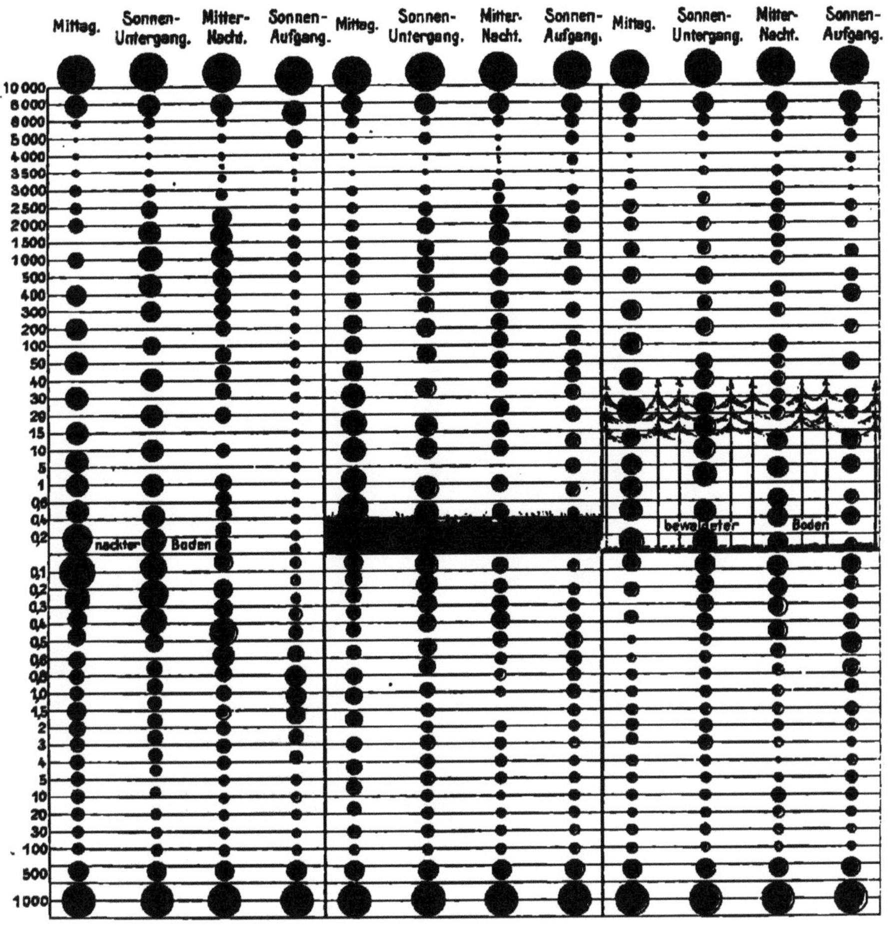

Der Zu- und Abnahme der Temperatur über 0° (rot) und unter 0° (blau)
entsprechen die Größenverhältnisse der Kreise.

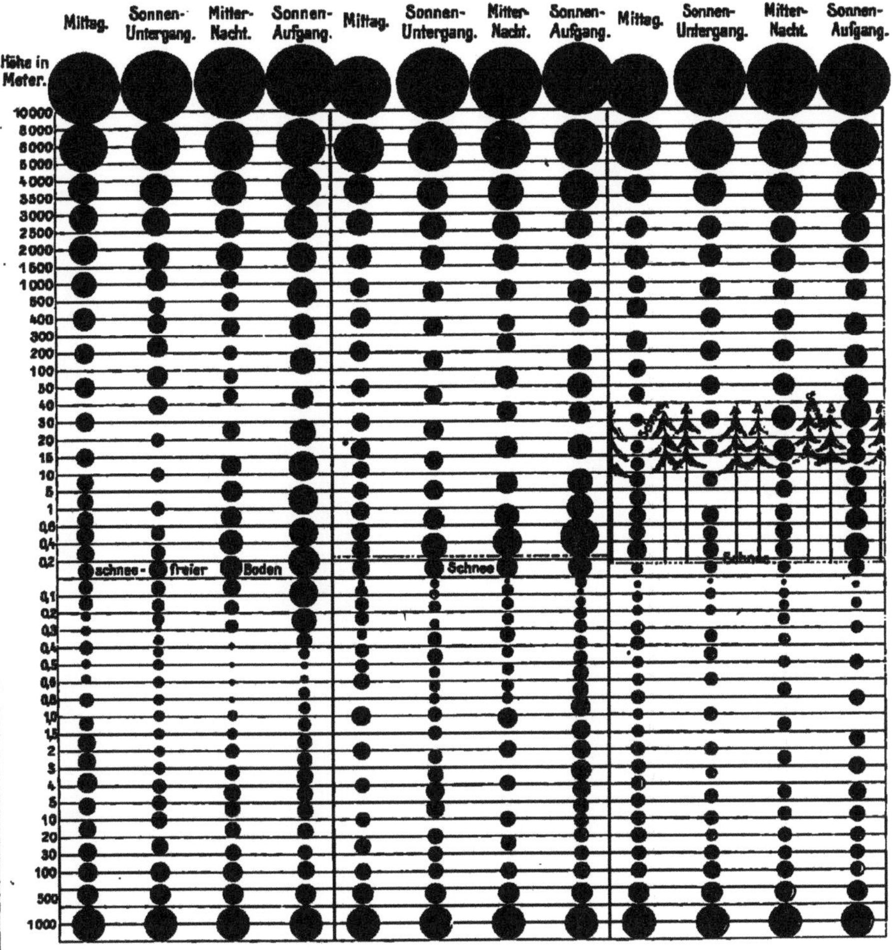

Der Zu- und Abnahme der Temperatur über 0° (rot) und unter 0° (blau) entsprechen die Größenverhältnisse der Kreise.